太阳能分布式
光伏发电系统
设计施工与运维手册

李钟实　等编著

机械工业出版社

本书在介绍太阳能光伏产业的发展及分布式光伏发电系统的应用、系统原理与构成、投资收益分析和新技术展望的基础上，重点讲述了分布式光伏发电系统的系统容量设计、并网接入设计、系统整体配置、设备部件选型及设计、安装施工、检测调试、运行维护及故障排除等内容；详细讲解了分布式光伏发电的项目申报和站址勘察等方面的内容；并提供了具体的设计、施工实例和部分实用资料。

本书内容翔实、图文并茂、通俗易懂，具有较高的资料性和实用性，适合从事太阳能光伏发电系统设计、施工、运行、维护及光伏应用方面的工程技术人员以及光伏发电设备、部件生产方面的相关人员阅读，也可供大专院校相关专业的师生学习参考，还可供对太阳能光伏发电感兴趣的各界人士阅读。

图书在版编目（CIP）数据

太阳能分布式光伏发电系统设计施工与运维手册/李钟实等编著. —2 版 . —北京：机械工业出版社，2019. 11（2023. 12 重印）

ISBN 978-7-111-63990-9

Ⅰ. ①太…　Ⅱ. ①李…　Ⅲ. ①太阳能光伏发电-电力系统-系统设计-手册 ②太阳能光伏发电-电力系统-工程施工-手册 ③太阳能光伏发电-电力系统运行-手册 Ⅳ. ①TM615-62

中国版本图书馆 CIP 数据核字（2019）第 233093 号

机械工业出版社（北京市百万庄大街 22 号　邮政编码 100037）

策划编辑：吕　潇　责任编辑：吕　潇

责任校对：张　征　封面设计：马精明

责任印制：单爱军

北京虎彩文化传播有限公司印刷

2023 年 12 月第 2 版第 8 次印刷

184mm×260mm · 25. 5 印张 · 2 插页 · 629 千字

标准书号：ISBN 978-7-111-63990-9

定价：128. 00 元

电话服务　　　　　　　　网络服务

客服电话：010-88361066　　机　工　官　网：www. cmpbook. com

010-88379833　　机　工　官　博：weibo. com/cmp1952

010-68326294　　金　　书　　网：www. golden-book. com

封底无防伪标均为盗版　　机工教育服务网：www. cmpedu. com

前　言

太阳能分布式光伏发电系统是指在用户场地附近建设，以用户侧自发自用为主、多余电量并入电网，并能适应电网特性的光伏发电设施。

十几年来，在国家光伏发电产业相关政策的有力推动下，我国光伏产业发展变化巨大，全产业链的产品产能、质量和技术都有了长足的发展和进步，系统成本逐年下降，应用领域持续扩大。在大型地面光伏电站为国内的光伏发电带来令人瞩目的装机容量和市场地位的同时，分布式光伏发电在各地的安装和应用也遍地开花、如火如荼。从2015年起，我国光伏并网累计装机容量已经连续四年位居全球首位。政府和城乡居民都在利用太阳能光伏发电积极开展光伏农业、光伏扶贫、光伏养老、家庭及工商业屋顶发电等多种形式的推广和应用，广大用户对太阳能光伏发电这一绿色能源从逐步认识了解到接触认可，再到纷纷拥有自己的各类太阳能光伏电站，既是传统电力的消费者，又是新能源电力的生产者。这些践行者不仅感受到了太阳能光伏发电带来的投资回报和稳定收益，更重要的是他们以实际行动参与到了清洁能源的利用和绿色环保的社会生活中，在享受最时尚的绿色生活的同时，为保护环境、建设绿水青山做出了贡献。

针对太阳能光伏发电产业突飞猛进的发展和新能源光伏发电的大面积推广应用，为使广大读者能全面了解和参与到太阳能光伏发电的实际工作中，尽快成为行家里手，本书在简要介绍太阳能光伏产业的发展及分布式光伏发电的推广应用、光伏发电系统原理与构成、投资收益、新技术展望等内容的基础上，结合实际，利用四章的篇幅，对分布式光伏发电的项目申报及站址勘察、系统容量设计、并网接入设计、系统整体配置、设备部件选型及设计等内容进行了详细介绍，并给出了一些实用的设计方法和计算公式；接着用两章对分布式光伏发电系统的安装施工、检测调试、运行维护与故障检修等内容进行了详细介绍；最后一章以几个不同形式、不同容量规模的分布式光伏发电系统（站）实际工程为例，对分布式光伏发电项目的整体设计思路、系统配置和构成等内容进行了梳理和介绍，使读者能更系统地理解和借鉴；附录部分提供了一些实用的技术资料。

本书作者结合了自己多年从事相关工作的实践经验以及长期积累的数据资料，从实用的角度出发，力求做到内容翔实、图文并茂、通俗易懂，方便读者在实际工作中应用。本书是一本关于太阳能分布式光伏发电实际应用方面的知识性、技术性和资料性的图书，主要供从事太阳能光伏发电系统设计、施工、运行、维护及应用方面的工程技术人员以及光伏发电设备、部件生产方面的相关人员阅读，也适合大专院校相关专业学生及教师学习参考，还可供对太阳能光伏发电感兴趣的各界人士阅读。

本书在编写过程中，参阅了光伏同仁们的部分有关著作及各光伏网站、微信公众号中的相关资料，汲取了营养，借鉴了精华，在此向各位同仁致以崇高的敬意和由衷的感谢。

本书主要由李钟实编写，李皓、王志建、王君、张慧斌、苗中元、张旭峰、王龙光、刘建、苗润平、段仁东、肖勇波、李彦材等为本书提供了许多宝贵资料，并参与了部分章节的编写和整理工作。山西三晋阳光太阳能科技有限公司董事长张慧斌、总经理王君，山西伏源利仁电力工程有限公司总经理王志建对本书的编写给予了方方面面的支持和帮助，在此一并表示感谢。

由于作者水平有限，书中难免存在不妥之处，恳请广大读者予以指正。

作　者

目　录

第1章

太阳能光伏发电——新能源电力的主力军

本章在简要介绍我国太阳能光伏产业发展状况及分布式光伏发电推广应用的基础上，重点介绍了光伏发电系统的分类、构成、工作原理及光伏发电新技术应用等内容，以便读者对光伏发电的方方面面有一个大致的了解。

1.1 我国太阳能光伏产业历史回顾与展望

1.1.1 光伏产业的兴起与基本形成

在我国，光伏发电是从20世纪50年代才开始有萌芽的。为了卫星能够早日上天，我国从1958年开始研制太阳电池，1959年第一块有实用价值的太阳电池诞生。1968年中国科学院半导体研究所开始为实践一号卫星研制和生产硅太阳电池，1969年电子工业部（现中国电子科技集团）第18研究所继续为东方红二号、三号、四号系列地球同步轨道卫星研制生产太阳电池。1971年3月，我国首次应用太阳电池作为科学试验卫星的电源，开始了太阳电池在空间的应用实验，到1975年，太阳电池主要还是以在空间的应用为主。1973年，我国首次在天津塘沽海港浮标灯上进行太阳电池供电应用实验，从此也拉开了太阳电池在地面应用的帷幕。

20世纪70年代，随着现代工业的发展，全球能源危机和大气污染问题日益突出，传统的燃料能源正在一天天减少，特别是中东战争的爆发使原油价格暴涨，全世界都把目光投向了太阳能这一新型能源。许多国家开始将太阳能视为“近期急需的补充能源”与“未来能源结构的基础”，太阳能的研究与发展进入了快车道。美国、日本政府相继制定了各自的太阳能研究、开发计划。1975年7月，国家计划委员会和中国科学院在河南安阳组织召开了全国太阳能利用经验交流会，太阳能研究和推广工作被纳入中国政府计划，并获得了专项经费和物资支持。同年在宁波、开封先后开始成立太阳电池厂，电池制造工艺模仿早期生产空间电池的工艺，太阳电池的应用开始从空间落到地面。太阳电池开始有了少量的商业化应用以及政府政策支持的局部离网光伏发电项目应用。

20世纪80年代，石油价格回落，核电快速发展，许多国家相继大幅削减太阳能研究经费，太阳能光伏产业开始落潮。到80年代中后期，我国政府除了帮助宁波和开封引进了关键太阳电池生产设备，形成生产能力外，还为秦皇岛华美光电设备总公司和云南半导体厂分别引进全新和二手的全套太阳电池生产线，为哈尔滨克罗拉公司和深圳宇康公司分别引进非晶硅太阳电池生产线，形成了4.5MW/年的太阳电池生产能力，我国的太阳电池产业初步形成。

我国老百姓最早能享受到光伏发电为生活照明供电，也是在这个年代初开始的。1983年，在离甘肃兰州市区40km的园子岔乡，建设了国内第一个在当时看来较大规模的太阳能光伏电站，当时的建设规模是10kW。建设这个电站用的是日本京瓷公司制造的单晶硅电池组件，那个年代，由于基础设施很不完善，榆中地区许多偏远乡村还没有通电，就是这个光伏电站给当地各家各户的老百姓带来了光明。1988年，国家计划委员会（现国家发展和改革委员会）拨款100万元支持在西藏阿里地区革吉县建设了一座10kW的光伏电站，这座电站的建设历尽艰辛，于1990年5月正式启用。这座电站的成功实施，为我国边远地区光伏电站的建设和应用开了先河，也为后来的“西藏阳光计划”“西藏无电县建设”“西藏阿里地区光明工程”“送电到乡”等项目的实施提供了宝贵经验。

20世纪90年代，石油价格再次暴涨，全球环境污染和生态破坏日趋严重，发展太阳能再次回归到各国政府的视野，光伏发电越来越受到各国政府的重视。1992年，日本重新制定“新阳光计划”，到2003年，日本光伏组件产量已经占全球的50%，世界前十大厂商有4家在日本；美国是最早制定光伏发电发展规划的国家，1997年，美国又提出了“百万太阳能屋顶计划”；德国制定了新的《可再生能源法》，规定了光伏发电上网电价，也大大推动了光伏市场和产业发展，使德国成为继日本之后世界光伏发电发展最快的国家。其他一些国家如法国、西班牙、意大利、瑞士、芬兰等，也纷纷制定光伏发展计划，并投入巨资进行技术开发，加速了其工业化进程。1996年在津巴布韦召开了“世界太阳能高峰会议”，会议提出在全球无电地区推行“光明工程”的倡议，我国政府积极响应，开始进一步关注太阳能发电，并为实施具体项目做准备。1998年，我国政府决定建设第一套3MW的多晶硅电池及应用系统示范项目。同时，我国太阳电池生产在经过引进、消化、吸收和再创新的发展过程后，生产技术和生产工艺得到了稳步发展和提高，太阳电池和光伏组件的产量逐年增长，基本满足了当时国内市场的需求并有极少量的出口，我国的太阳能光伏产业进入了稳步发展时期。

进入21世纪，随着全球太阳能光伏产业的快速增长，我国光伏产业也进入了快速发展的时代。从2001年开始，保定天威英利公司在原有单晶硅和非晶硅电池生产的基础上，筹建了3MW多晶硅电池生产线；无锡尚德建设了10MW太阳电池生产线。这些在21世纪初创立的光伏电池生产企业，带动了我国光伏电池的工业化生产并取得了骄人的成绩。这些企业的成功给予了中国光伏产业很大的刺激，再加上当时欧洲国家大力补贴支持光伏发电产业的大背景，越来越多的资本开始涌向光伏产业，越来越多的企业开始参与或进入到光伏行业。

2006年底，我国太阳电池和光伏组件的生产能力均超过1GW，同时，一个从原材料生产到光伏发电系统建设的，围绕太阳电池片和光伏组件生产以及光伏市场应用等多个环节的，比较完整的光伏产业链也逐步形成，图1-1所示为光伏产业全产业链示意图。到2007年年底，我国光伏发电系统的累计装机容量达到100MW，从事太阳电池生产的企业达到50余家，太阳电池生产能力达到2900MW，实际年产量达到1188MW，超过了日本和欧洲。到2008年，我国的太阳电池产量占到了全球总量的26%，成为世界太阳电池产量第一大国。

在光伏发电应用方面，从20世纪90年代以后，随着我国光伏产业的初步形成和太阳电池成本逐渐降低，太阳能光伏发电应用开始向工业领域和农村供电应用方向发展。光伏发电

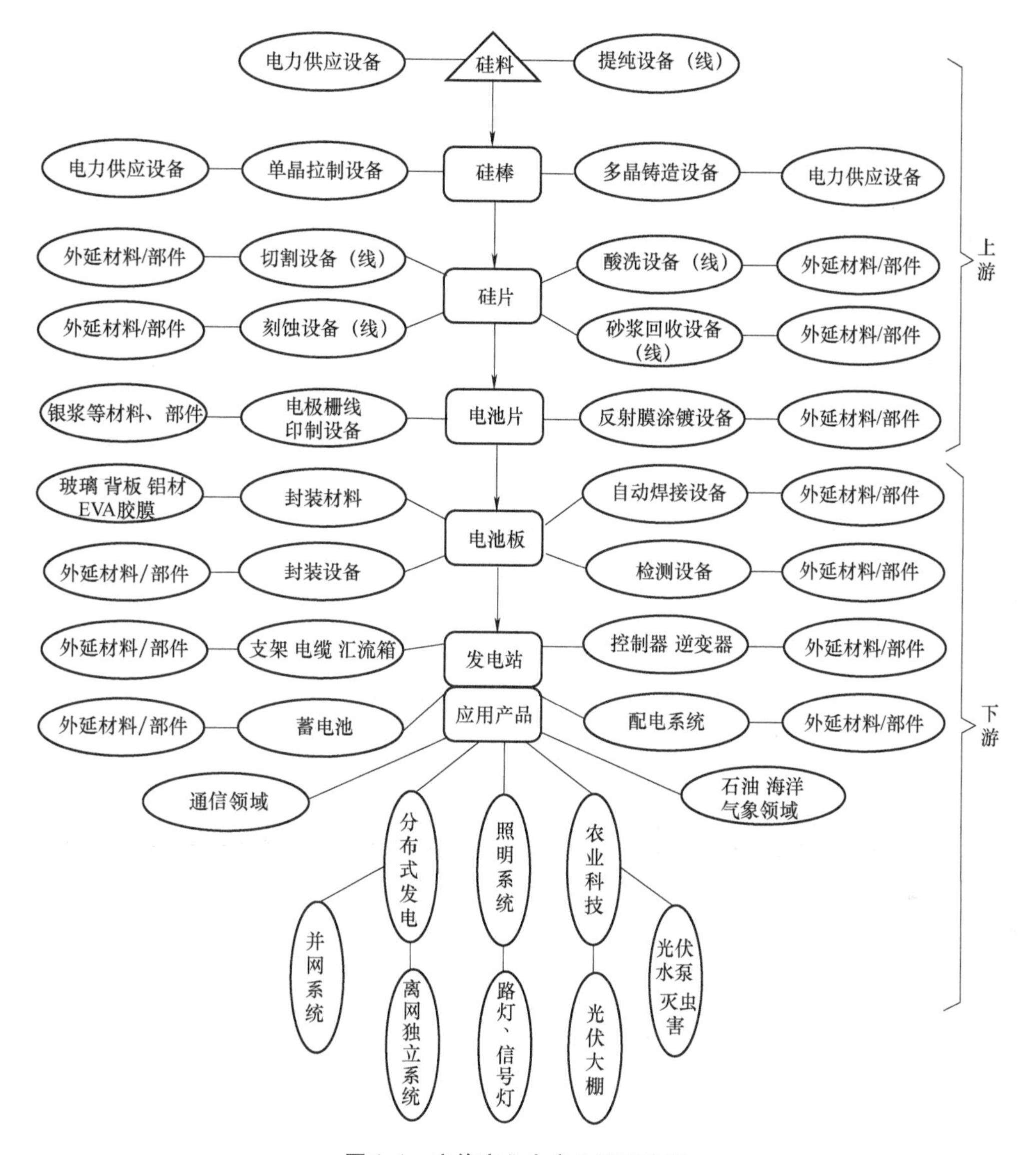

图 1-1　光伏产业全产业链示意图

市场逐步扩大，光伏产业也被逐步列入国家和各地政府计划。

1989—2001 年在海拔 4500m 以上的西藏地区先后建设了 25～100kW 的县级太阳能光伏电站 7 座，总功率达 420kW；2000 年开始，国家计划委员会启动“光明工程”先导项目，为西藏、内蒙古和甘肃地区提供户用系统和建设村落电站；2002 年，国家计划委员会启动了“西部省区无电乡通电计划”，通过建立小型的光伏和风力电站，解决新疆、西藏、甘肃、四川、青海、陕西、内蒙古西部七省区的 780 个无电乡的用电问题，总功率约 20MW。工业应用方面，在横贯塔克拉玛干沙漠的输油输气管线上建设管道阴极保护光伏电源系统 7 座，总功率为 40kW；在气象条件极其恶劣的兰西拉光缆通信工程中建设了光伏电源系统 26 座，总功率 100kW 以上。

2000—2007 年，除上述一些项目外，还有全球环境基金/世界银行中国可再生能源发展项目、中国-荷兰“丝绸之路光明工程”、中国-德国“中德财政合作西部太阳能项目”、中国-加拿大“太阳能农村通电项目”等，通过建立村落电站、示范电站，提供光伏户用系统等手段为我国西部地区的几千万无电人口解决了基本生活用电问题。这些项目的实施，通过开发利用太阳能、风能等新能源，以新的发电方式为那些远离电网的无电地区提供电力，为改变当地贫穷落后的面貌提供了条件，对改善我国边远无电地区人民生活条件，促进当地经济文化建设起到了非常重要的作用，也为维护和促进光伏产业的发展奠定了基础。

1.1.2 光伏产业的跌宕起伏与迅猛发展

在2000—2010年的这一阶段，虽然我国的光伏产业飞速发展，但国内光伏应用市场却依然相对滞后，95%以上的太阳电池和光伏组件等光伏产品要出口海外，形成了原材料（主要是多晶硅原料和部分光伏组件的封装材料）靠进口，产品靠出口的“两头在外”的市场格局。整个光伏产业受制于以欧盟、美国、日本为主的国际市场，市场风险很大，国际光伏市场的风吹草动，对国内整个光伏产业的兴衰都有着直接的影响。这种状况，也引起了我国政府的高度重视，并通过各种政策和措施拉动内需，促进光伏产业国内应用市场的发展。2006年国家正式实施《可再生能源法》，并在《中国国民经济和社会发展“十一五”规划纲要》和《国家可再生能源中长期发展规划》中第一次规划了可再生能源发电的目标，这些规划和目标要求都对我国可再生能源发电的发展起到了指导和推进作用。

同时，我国政府还通过各种途径和形式对光伏产业的技术研发和产业化发展给予了大量的支持，其中包括：光伏发电技术产业化关键技术攻关计划、产业化计划、技术示范及试点等。先后在上海、北京、南京、深圳等地进行了路灯照明、屋顶计划等技术示范工作，并结合北京奥运会、上海世博会等大型活动，推广光伏发电技术及应用示范。一些地方城市，如山东德州、河北保定还发起了建设太阳能城市的活动。

2008年亚洲金融危机的出现，是对我国光伏产业的一次很大的冲击，使光伏组件的海外市场受到很大影响，也给我国发展光伏产业提出了新的思考，并意识到“两头在外”的市场格局是制约我国光伏产业发展、导致我国光伏产业缺乏抗市场风险能力的重要因素。为解决我国光伏产业在金融危机下的产品积压困局，促进光伏产业技术进步和规模化发展，2009年上半年国家又先后颁布了多项政策，来刺激国内市场的启动，这一年也成为启动我国光伏市场的开端之年。

2009年3月财政部联合住房和城乡建设部发布了《关于加速推进太阳能光电建筑应用的实施意见》和《太阳能光电建筑应用财政补助资金管理暂行办法》，支持开展光电建筑应用示范工程，实施“太阳能屋顶计划”，对城市光电建筑一体化应用和农村及偏远地区建筑光电利用等给予定额补助。2009年补助标准为，光伏组件作为建材或建筑构件时，补贴不超过20元/W；与屋顶或墙面结合时，补贴不超过15元/W；2010年分别降至17元/W和13元/W；2012年又一次调整分别降至9元/W和7.5元/W。

2009年7月，国家财政部、科技部和国家能源局联合发布了《关于实施金太阳示范工程的通知》和《金太阳示范工程财政补助资金管理暂行办法》，宣布了“金太阳示范工程”的正式启动，并计划在2~3年内，采取财政补贴方式支持光伏发电示范项目。通过综合采取财政补贴、科技支持和市场拉动方式，加快国内光伏发电的产业化和规模化发展。该办法对装机容量大于300kW的并网光伏电站及配套输配电工程按总投资的50%给予补贴，上网电价按当地脱硫标杆电价执行，对偏远无电地区的独立光伏发电系统按总投资的70%给予补贴等。具体的补贴范围和金额在2009—2012年逐年进行了调整。此外，中央财政还从可再生能源专项资金中安排一定资金，支持光伏发电技术在各类领域的示范应用以及关键技术的产业化。尽管在金太阳示范工程的实施过程中由于事先补贴的方式，出现了个别骗取补贴、以小充大、以次充好等现象，但金太阳示范工程的实施是我国促进光伏发电产业技术进步和规模化发展、培育战略性新兴产业、支持光伏发电技术在各类领域的示范应用及关键技术产业化的具体行动，对开拓我国尚处于萌芽期的光伏市场，加速我国光伏产业的发展，有着不可估量的推动和促进作用。

在这一时期，德国、意大利等国因金融危机和光伏发电补贴力度预期消减等因素，导致光伏产品价格下跌，爆发了抢装热潮，光伏市场迅速回暖。与此同时，我国政府出台了4万亿救市政策，光伏产业获得战略性新兴产业的定位，催生了新一轮的光伏产业投资热潮。

针对大型光伏电站，国家实施了特许权招标方式，在2009年进行了首批特许权光伏电站招标（甘肃敦煌2×10MW，电价为1.09元/kW·h），1.09元/kW·h电价的落定，标志着该上网电价不仅将成为国内后续并网光伏发电的重要基准参考价，同时也是国内光伏发电补贴政策出台及国家大规模推广并网光伏发电可参照的重要依据。2010年国家开展了第二批特许权招标项目（陕西、青海、甘肃、内蒙古、宁夏和新疆13个项目共280MW，中标电价介于0.7288~0.9907元/kW·h之间）。

但是，天有不测风云，从2010年开始，由于美欧债务危机、国际金融和经济危机引发了全球经济衰退，使全球光伏产业发展大受影响。尤其是2011年下半年，全球光伏产业在经济衰退和产能过剩的双重打击下遭到了巨大的冲击。全球光伏市场萎靡不振，多晶硅、光伏电池和组件生产厂大量关闭。我国光伏产业在全球经济危机和产能过剩的冲击下，自然也逃脱不了厄运，先是欧洲取消政府光伏补贴，后是美国对中国的光伏进行“反补贴、反倾销”的双反调查，整个光伏产业进入低迷状态，大量中小光伏企业陷入了困境，纷纷倒闭关门或改弦易辙，一些知名的大型光伏企业也被迫停产、关闭、甚至破产倒闭，原本风光无限的光伏企业集体进入“寒冬”，开始进入“抱团取暖”共渡难关的艰辛历程。整个光伏产业在经历了“十一五”末期的高速发展之后，开始步入了调整期。通过调整，将使过去过度依靠国外市场的不利局面逐步改善，产业规模逐步扩大，国际化程度愈加增强。但由于我国光伏产业的自身发展也面临着产能过剩、供需严重失衡、行业竞争激烈，国外市场萎缩以及美国贸易保护性“双反”调查等问题，使光伏行业的优胜劣汰、调整、整合不可避免。

面对这种形势，2011年以来，我国政府为了挽救和支持民族光伏产业，出台了一系列优惠和扶持政策，下大力气支持光伏产业的发展。特别是2010年两批特许权招标项目之后，业内呼吁光伏标杆上网电价政策出台的呼声很高。2011年7月，国家发展和改革委员会发布了《国家发展改革委关于完善太阳能光伏发电上网电价政策的通知》，制定了全国统一的太阳能光伏发电标杆上网电价，规定2011年7月1日以前核准建设、2011年12月31日建成投产、尚未核定价格的光伏发电项目，上网电价统一核定为1.15元/kW·h；2011年7月1日以后核准的太阳能光伏发电项目，以及2011年7月1日之前核准但截至2011年12月31日仍未建成投产的太阳能光伏发电项目，除西藏执行1.15元/kW·h的上网电价外，其余省（区、市）上网电价均按1元/kW·h执行。

2012年9月，国家能源局印发《太阳能发电发展“十二五”规划》，目标是到2015年中国光伏发电装机容量达到21GW以上，其中分布式发电占据10GW。接着，国家能源局继续印发《关于申报分布式光伏发电规模化应用示范区的通知》，要求每个省市首批可以申报3个不超过500MW的示范区。如果以每个省市（区）申报不超过500MW，全国31个省市（区）总装机容量上限将达15GW，与刚出台的规划规模相比，再次将规模提高50%。分布式发电规划规模的变相提高，反映出了当时国家有关部门在支持和帮扶光伏产业时的矛盾心理。如果严格按照“十二五”规划执行，到2015年，10GW的分布式光伏发电装机容量无法缓解现有危机，如果一味地帮扶，装机量大幅扩大则财政吃紧，也无法从根本上解决光伏产业的市场化问题。总之在当时那种变幻莫测的形势下，国家层面的救助也是根据市场而动，摸着石头过河。

2012年10月，国家电网公司发布《关于做好分布式发电并网服务工作的意见（暂行）》文件，并召开加强分布式光伏发电并网服务新闻发布会，提出未来将对符合条件的分布式光伏项目提高系统方案制订、并网检测、调试等全过程服务，且不收取费用；支持分布式光伏发电分散接入低压配电网，富余电力全额收购；为并网工程开辟绿色通道等措施。并于当年11月1日起正式实施。国家电网公司的这一表态和措施实施，是对分布式光伏发电的启动性支持，对整个光伏行业也具有建设性的意义。

2012年12月，国务院下发了促进光伏产业健康发展的五条措施：①加快产业结构调整和技术进步；②规范产业发展秩序；③积极开拓国内规范应用市场；④完善支持政策；⑤充分发挥市场机制作用，减少政府干预，禁止地方保护等多方面扶植光伏产业发展。2013年8月，作为“国五条”的细化配套政策，《关于发挥价格杠杆作用促进光伏产业健康发展的通知》正式下发，实行三类资源区光伏上网电价及分布式光伏度电补贴，由此正式催生了我国光伏应用市场的“黄金时代”。

2015年底，《国家发展改革委关于完善陆上风电、光伏发电上网标杆电价政策的通知》指出，实行风电、光伏上网标杆电价随发展规模逐步降低的价格政策，并予以实施。截至2019年5月，三类资源区光伏标杆上网电价和自发自用、余电上网类分布式光伏发电项目补贴根据市场发展多次下调，具体情况见表1-1。

表1-1　光伏标杆上网电价调整表（单位：元/kW·h）

年份	光伏标杆上网电价			分布式光伏补贴
	一类资源区	二类资源区	三类资源区	
2013—2015	0.9	0.95	1.00	0.42
2016	0.8	0.88	0.98	0.42
2017	0.65	0.75	0.85	0.42
2018年上半年	0.55	0.65	0.75	0.37
2018年下半年	0.50（未执行）	0.60（未执行）	0.70（未执行）	0.32（未执行）
2019年7月	0.40（指导价） 集中式电站及工商业全额上网分布式竞价排序不超过指导价，补贴不超过0.10	0.45（指导价） 集中式电站及工商业全额上网分布式竞价排序不超过指导价，补贴不超过0.10	0.55（指导价） 集中式电站及工商业全额上网分布式竞价排序不超过指导价，补贴不超过0.10	户用0.18（规模内） 工商业自发自用分布式0.10（规模内）

2017年1月，国家发展和改革委员会和国家能源局正式印发《能源发展“十三五”规划》。规划指出，在太阳能领域，应坚持技术进步、降低成本、扩大市场、完善体系。优化太阳能开发布局，优先发展分布式光伏发电，扩大“光伏+”多元化利用，促进光伏规模化发展。

同时，国家能源局组织编制了《能源技术创新“十三五”规划》，分析了能源科技发展趋势，以深入推进能源技术革命为宗旨，聚焦于清洁能源技术的发展。在清洁能源当中，把太阳能发电技术又作为重中之重来发展，在规划中也看到了太阳能光伏发电技术未来良好的发展前景。

2017年2月5日，中共中央、国务院公开发布《中共中央　国务院关于深入推进农业供给侧结构性改革加快培育农业农村发展新动能的若干意见》，光伏发电不仅首次被列入中央一号文件，还对通过光伏扶贫、“光伏+农业”等模式的发展应用予以肯定，明确了国家鼓励光伏发电在新农村建设和光伏扶贫的方向政策，为新一轮的光伏应用打开了新天地。

1.1.3　光伏产业的政策调整与未来展望

2018年5月31日，国家发展和改革委员会、财政部、国家能源局联合印发了《国家发展改革委　财政部　国家能源局关于2018年光伏发电有关事项的通知》，该通知称：随着我国光伏发电建设规模不断扩大，技术进步和成本下降速度明显加快。为促进光伏行业健康可持续发展，提高发展质量，加快补贴退坡，暂不安排2018年普通光伏电站建设规模，仅安排10GW容量的分布式光伏建设规模，进一步降低光伏发电的补贴力度。此外，为完善光伏发电电价机制，加快光伏发电电价退坡，将标杆上网电价及分布式度电补贴下调了0.05元/kW·h。并明确各地5月31日（含）前并网的分布式光伏发电项目纳入国家认可的规模管理范围，未纳入国家认可规模管理范围的项目，由地方依法予以支持。

这个通知，因降补贴、限规模，力度超出预期，被称为“史上最严光伏新政”。光伏行业在经历了2014—2018年上半年的高歌猛进之后，由于“531政策”的“急刹车”，使国内应用市场快速下滑、产品价格快速下降、企业盈利能力持续位于低位，行业发展热度骤降，整个行业进入了长达1年的休整期。

2018年11月2日，国家能源局召开座谈会，商讨“十三五”光伏行业的发展规划调整，包括：2022年前光伏都有补贴，补贴退坡不会一刀切；“十三五”光伏装机目标有望调整至超过250GW，甚至达到270GW；国家能源局将重点加快研究制定并出台2019年的光伏行业相关政策，对市场的稳定发展提供保障；进一步引导和支持户用分布式光伏的有序发展。

2019年4月12日，国家能源局综合司发布《关于2019年风电、光伏发电建设管理有关要求的通知（征求意见稿）》，是国家能源局通过多种形式的座谈会，听取各方意见后，对绝大部分光伏企业关注的问题，提出了明确的指导意见。

2019年4月28日，国家发展改革委发布了《国家发展改革委关于完善光伏发电上网电价机制有关问题的通知》文件，在这个文件中，将2019年的光伏发电项目分为光伏扶贫项目、户用光伏、普通光伏电站、工商业分布式光伏电站、国家组织实施的专项工程或示范项目等5类进行分类管理，并对各类光伏发电项目的上网电价机制进行了明确。

2019年5月28日，光伏产业内外翘首以盼的政策文件《国家能源局关于2019年风电、光伏发电项目建设有关事项的通知》终于出台。新政策的总体思路是稳中求进，鼓励平价项目优先，竞价补贴项目随后；并对各类项目进行分类管理，形成不同的补贴和竞价机制；适当控制补贴规模，减少和改善过去拖欠补贴的现象。这一政策的出台，对发挥市场在资源配置中的决定性作用，加速降低度电补贴强度，推进光伏产业健康持续发展将有着划时代的作用。

随着光伏产业政策的不断调整与完善，光伏产业会越来越趋于市场化驱动。目前虽然光伏发电度电成本逐年下降，但光伏电站建设仍然还需要政府的补贴扶持。从近几年政府颁布的政策来看，一方面在不断下调标杆上网电价，减少补贴，倒逼企业由粗放式发展向精细化发展转变，由拼规模、拼速度、拼价格向拼质量、拼技术、拼效益转变，通过技术研发和创新来降低发电成本，一些规模小、技术水平低下、创新能力不足、融资能力差的企业将会被迫退出市场；另一方面鼓励企业使用高效产品，如“领跑者”“超级领跑者”计划等，通过各种政策手段不断促进整个行业进行技术创新以提高发电效率。光伏行业的发展动力已经从过去的“补贴驱动”逐步过渡到“市场化驱动”，通过技术产品的创新与规模化应用所带来的“降本提效”来实现平价上网。同时隔墙售电、可再生能源配额制等政策的逐步实施，也会使光伏产业的市场运营管理模式发生根本的改变。

当然，在光伏产业产能和装机规模的快速增长过程中，也面临着一些问题、困难和挑战。主要有以下几个方面。

1）弃光问题依然存在，电网对新能源电力的容纳能力和传输能力不足，充分发挥系统的灵活性、调度性，提高可再生能源利用水平的任务还有待加强。

2）尽管到2020年，光伏装机容量的目标能够提前实现，但要实现2020年光伏发电与电网销售电价相当的发展目标还有一定差距。

3）产业创新活力仍有待进一步发掘，高端装备和关键技术亟待突破，需要进一步促进技术发展，降低发电成本。

4）补贴机制仍有待优化，全面推动新能源发电成本下降，加速平价上网的步伐还需要进一步努力。

针对光伏产业面临的这些问题，国家有关部门也在积极研究和制定相关政策以指导和支持光伏产业的持续健康发展。其中，科技部会同有关部门正在推动科技创新，把支撑大规模可再生能源的全额消纳确定为2030年智能电网专项课题的目标之一，从而解决饱受行业诟病的弃光问题。此外，在科技部组织的“十三五”国家重点研发计划、可再生能源和氢能技术专项中，在光伏技术领域方面进一步强化了光伏电池、光伏系统及部件、太阳能热利用、可再生能源耦合与系统集成等重点任务的部署。

工业和信息化部在研究制定智能光伏产业发展行动计划，增强产业创新能力，统筹利用多种资源渠道，持续支持光伏企业开展关键工艺技术创新和前瞻性技术研究，加快智能制造改造升级，强化标准、检测和认证体系建设，提升产业发展质量和效益。同时，提升光伏发电在工业园区、民用设施、城市交通等多个领域的应用水平，进一步推动光伏＋应用模式创新，加速突破市场发展瓶颈。

国家能源局将着力解决弃风弃光问题，通过实施可再生能源配额制，明确地方政府和相关企业消纳可再生能源的目标任务，通过完善价格政策和市场交易机制，调动各类市场主体消纳可再生能源的积极性，通过加强输电通道建设，落实可再生能源全额收购和优先调度制度，加强风电调峰能力建设等措施，提高电力系统消纳可再生能源的能力。同时，健全光伏行业管理制度，尽快制定出台光伏扶贫、光伏领跑者计划、分布式光伏发电等管理办法，实现光伏发电产业规范化、制度化管理。国家能源局还会同相关部门统筹完善光伏补贴政策，通盘考虑补贴逐步下调机制，确立光伏补贴分类型、分领域、分区域逐步退出的基本思路和退坡机制。

展望未来，我国的光伏产业将呈现如下特征：

1）光伏应用的多元化将为光伏市场的发展提供更为广阔的空间。

2）多能源互补的微电网发展将为光伏电力提供更多的消纳空间。

3）全球光伏需求将呈现去中心化趋势，新型市场开始规模化发展。

4）光伏、风力发电是未来的能源结构中不可或缺的主角，将成为全球绝大多数地区最经济的电力能源。

5）抽水储能、化学储能、电动汽车储能的技术进步，及能源互联网带来的电力共享，决定了“光伏＋储能”会成为未来的主力能源。

畅想未来，有志之士曾经提出了“solar for solar”的光伏发展新理念，就是要在光伏发电成为未来主力能源的过程中，用太阳能光伏电力生产制造太阳能光伏产品，实现光伏制造全产业链的“零碳”生产。当光伏发电得到更大规模应用时，我们完全可以利用廉价的光伏电力进行大规模的海水淡化、沙漠灌溉，让沙漠变成绿洲，用光伏修复生态。当地球上70%的荒漠都能变成绿洲时，就会吸收人类活动以来造成的所有碳排放，实现真正的“零碳”排放和“负碳”发展，到那时，人类还要考虑什么时候搬离地球吗？

有专家预测，到2050年，全球光伏发电装机容量将达到8500GW，风力发电装机容量将达到6000GW，光伏和风电将占到全球电力装机容量的70%以上，可再生能源将占全球发电量的86%。2020—2050年全球平均年光伏装机容量将达到267GW，发展光伏产业，造福人类，任重道远。

1.2 光伏产业发展的新机遇——分布式光伏发电

1.2.1 分布式光伏发电的政策推动

2013年7月，国务院发布了具有里程碑意义的文件《国务院关于促进光伏产业健康发展的若干意见》，提出要大力开拓分布式光伏发电市场，有序推进光伏电站建设。这个文件的发布，为我国分布式光伏发电的发展吹响了冲锋号。

同年8月，国家发展和改革委员会出台了《国家发展改革委关于发挥价格杠杆作用促进光伏产业健康发展的通知》，并明确规定：根据各地太阳能资源条件和建设成本的不同，将全国分为三类资源区，分别执行0.9元/kW·h、0.95元/kW·h、1元/kW·h的上网标杆电价。对分布式光伏发电项目，实行按照发电量进行电价补贴的政策，电价补贴标准为0.42元/kW·h。

为了进一步推动分布式光伏发电的应用，2013年11月，国家能源局印发《分布式光伏发电项目暂行管理办法》，要求分布式光伏发电实行“自发自用、余电上网、就近消纳、电网调节”的运营模式。2014年1月，国家能源局出台《国家能源局关于下达2014年光伏发电年度新增建设规模的通知》，根据通知要求，从2014年起，光伏发电实行年度指导规模管理，国家能源局按照“光伏电站”和“分布式”分别给出了各省的规模控制指标，并鼓励分布式光伏发电项目建设。

随着太阳能光伏发电技术的进步和国内光伏发电规模的提高，2015年12月，国家发展和改革委员会出台《国家发展改革委关于完善陆上风电光伏发电上网标杆电价政策的通知》文件，再次调低上网标杆电价。将全国光伏上网标杆电价调整为：一类资源地区0.8元/kW·h，二类资源地区0.88元/kW·h，三类资源地区0.98元/kW·h，鼓励各地通过招标形式确定上网电价。提出利用建筑物屋顶及附属场所建设的分布式光伏发电项目，在项目备案时可以选择“自发自用，余电上网”或“全额上网”中的一种模式，其中“全额上网”项目的发电量由单位企业按照当地光伏电站上网标杆电价收购，完善了分布式光伏发电的发展模式，极大地促进了分布式光伏发电项目的发展。

2013年、2014年和2015年我国的分布式光伏发电累计装机容量分别为3.1GW、4.67GW和6.06GW。到2016年，我国光伏发电累计装机容量为77.42GW，其中分布式光伏发电累计装机容量为10.3GW，占到了光伏发电累计装机容量的13.3%。

虽然我国已经成为全球光伏发电装机容量最大的国家，但是我国分布式光伏发电的占比与德国、日本等成熟光伏市场相比还有较大差距。《能源发展“十三五”规划》提出，到2020年，太阳能光伏发电规模要达到105GW以上，其中分布式光伏装机容量要达到60GW。未来几年，分布式光伏将拥有至少近50GW的市场空间。

总之，从2017—2020年是分布式光伏发电的爆发式增长期，分布式光伏时代的到来，对新能源企业的业务布局和市场格局将产生颠覆性的影响。首先，业务形态、市场机遇、融资渠道等更加多样化和碎片化。其次，政府在新能源发展中的角色也将发生重大变化，要从政策主导者和资源分配者，转变为市场监督者和配套服务者。最后，分布式的电力交易结构也将进一步推动整个电力交易市场的改革，通过合同能源管理、竞价上网、直供电等多种形式，实现新能源电力的价值回报。

1.2.2 分布式光伏发电的爆发式增长

在过去的几年里，集中式地面光伏电站为国内的光伏发电带来了令人瞩目的装机容量和市场地位。2015年，我国太阳能光伏发电新增并网装机容量达到15.13GW，约占全球新增装机容量的30%。累计并网容量达到43.18GW，首次超过德国成为世界光伏装机第一大国。其中，地面光伏电站为37.12GW，分布式光伏电站为6.06GW。2016年，全国新增装机容量为34.54GW，累计并网装机容量达到77.42GW，其中，集中式地面光伏电站新增装机容量为30.31GW，分布式光伏发电的新增装机容量为4.23GW。从上述数据看，2015年和2016年分布式光伏发电在新增装机容量中的占比依然很小。而集中式地面光伏电站通过几年的急速发展和过渡开发建设暴露出了诸多问题，首先是弃光、限电、补贴及融资的问题尚未解决，质量、土地等新问题又接踵而来。集中式光伏电站在经历了几年的大发展后，俨然进入了瓶颈期，而分布式光伏则迎来了新的发展机遇。

分布式光伏发电具有靠近用户侧，建设规模灵活、安装简单、适用范围广等特点。提高大用电量区域对太阳能的利用率，自发自用余电上网的形式符合太阳能本身分布式的特点，因此，分布式光伏发电也是光伏发电产业发展与推进的必然趋势。为推进分布式光伏发电的发展，国家能源主管部门针对分布式光伏发电发展中存在的问题，在分布式发电上网模式选择、电网接入规范、电力交易、应用形式等方面适时出台了一系列的政策。特别是在新出台的“十三五”规划中，对光伏市场的装机容量做了明确说明，发展重心明显向分布式光伏发电转移。在规划的105GW装机容量中，分布式光伏电站目标为60GW，集中式地面电站目标为45GW，占比过半。同时，国家能源局在2016年12月发布的《太阳能发展“十三五”规划》中提出：继续开展分布式光伏发电应用示范区建设，到2020年建成100个分布式光伏应用示范区，园区内80%的新建筑屋顶、50%的已有建筑屋顶安装光伏发电。

此外，各级地方政府为了推广分布式光伏发电，也都在国家度电补贴的基础上，陆续发布相应的补贴政策，实行地方区域的度电补贴或装机补贴。随着光伏发电成本的快速下降，分布式发电项目投资收益率将明显提高，广大老百姓和工商业用户已经在政策补贴、环保意识及良好的投资收益驱动下，对分布式光伏发电从感兴趣，想了解到纷纷投资建设，方兴未艾，如火如荼。大大小小的光伏企业也纷纷进入分布式光伏的安装推广领域，利用各种创新模式，八仙过海各显神通，力求分得一块蛋糕。各金融机构也通过提供灵活的融资租赁服务，为分布式光伏推广助力。我国中东部地区的浙江省、江苏省、安徽省、山东省等已经成为分布式光伏发电规模较大、增长快速的地区，光伏项目从资源更好的西北地区向中东部转移，说明电网消纳和政策环境已经成为影响投资决策的更重要因素，也就是说，电力需求规模越大，电力供给缺口越大，工商业电价越高，太阳能资源越丰富，太阳能产业基础越雄厚，对分布式光伏发电项目的需求就越大。根据上述规律，对我国分布式光伏发电市场的划分见表1-2。

表1-2　我国分布式光伏发电市场划分

市场顺序	区域特征	主要省份
第一开发区域	太阳能资源匮乏，但电力消耗大，电力供给缺口大，工商业电价高、产业实力强	江苏、广东、浙江、山东、河北
第二开发区域	太阳能资源、产业基础一般，但电力供给缺口大、工商业电价高	河南、上海、辽宁、北京、福建、江西
第三开发区域	太阳能资源丰富，电力需求小，产业实力弱	四川、湖南、重庆、天津、湖北、广西、吉林、黑龙江、新疆、甘肃、陕西、安徽、青海、宁夏、山西、海南、云南、内蒙古、西藏、贵州

可以预测，未来3~5年，我国的分布式光伏市场，特别是户用分布式光伏市场一定将呈现持续爆发状态。2017年更被业内称为户用分布式爆发元年。在整个光伏发展规模上，全国各省距离“十三五”规划目标都还有很大差距，未来市场的发展将会呈现直线上升的趋势。

在国外，分布式光伏在整个光伏能源中的构成占比很大，应用很广泛，据相关资料显示，截至2015年底全球230GW光伏发电项目中，分布式占比为54%，各主要应用国家（如德国、日本、美国）的分布式光伏占比分别达到了74%、86%和42%，而我国分布式光伏占比只有10%左右，远远低于国际平均水平。所以，从规划和目标角度看，分布式光伏装机缺口依然很大，其发展空间不言而喻。2017—2020年，分布式光伏发电将成为光伏产业新一轮的增长点，仅2017年就完成了光伏发电新增装机容量53.06GW，其中分布式光伏装机完成了19.44GW；2018年完成光伏发电新增装机容量44.26GW，其中分布式光伏装机完成了20.96GW；到2019年3月底，一个季度又新增装机容量约5.2GW，累计装机容量为179.7GW，其中集中式光伏电站累计装机容量达到126.25GW，分布式光伏累计装机容量达到53.41GW，分布式光伏装机容量占比明显提高。

1.2.3 分布式光伏发电面临的现状与挑战

我国分布式光伏发电的发展过程基本分为规模化、市场化和商品化三个阶段，其中规模化示范阶段在2013—2015年，2015年下半年起到目前基本上算进入市场化阶段。分布式光伏发电的应用范围扩大到了机关事业单位、学校、医院、农村、家庭等，这一阶段光伏发电的成本持续下降，项目审批手续逐步简化，政府的补贴逐步减少，并逐步过渡到用户侧的平价上网。第三个阶段是商品化阶段，分布式光伏发电将进入不需要政府补贴，依靠市场机制发展的阶段。

分布式光伏的发展机遇与挑战并存，目前面临的诸多问题，如屋顶、资金、优质产品和服务、电网改造等都制约着分布式光伏的发展。

1. 屋顶问题

优质屋顶难找是分布式光伏推广过程中的一大问题。根据《能源发展“十三五”规划》，要完成2020年分布式光伏60GW以上的目标，平均每年要在1.1亿m^2的屋顶上建造光伏电站。但我国的房屋形式多样，面积、朝向、材质、设计寿命、载荷等因素，都直接决定屋顶分布式光伏发电项目的容量大小和使用寿命。在项目开发中，对于分布式光伏电站的投资者来说，面积大、电价高的工商业屋顶是保证投资收益的最佳选择。但是业主信用良好、易安装、无安全隐患的屋顶是有限的。对于个人用户而言，城市居民楼的屋顶产权为业主共同所有，屋顶面积小，且高层建筑较多，有遮挡；对于农村屋顶，虽然基本具有独立产权，但是平房居多，周围往往还有树木遮挡，且由于房屋多为自建，承重能力不定，屋顶质量和安全性存在隐患。

2. 资金问题

分布式光伏电站的安装往往需要先投入一笔资金来建设，然后通过光伏发电的电量销售和政策补贴逐年收回投资成本，获得收益。目前，农村屋顶是分布式屋顶的一大来源，但是农民收入有限，直接拿出一大笔钱做屋顶光伏电站有一定难度。而对于工商业屋顶，由于屋顶面积大，前期投入也是一笔不小的数字。这些初始投资往往需要6~7年甚至更长时间才能收回，所以造成屋顶产权所有者投资意愿不强的状况。尽管目前全国已经有70多家地方商业银行等金融机构开始实施“光伏贷”业务，但还是存在担保、抵押、业务分散以及由于利率高造成用户成本回收期延长、收益期缩短等诸多问题。

3. 产品质量参差不齐，售后运维相对滞后

分布式光伏发电系统产品质量的参差不齐，售后运维的相对滞后降低了一部分业主的积极性。行业规定一套光伏发电系统的寿命是25年，其中光伏组件一般质保10年，逆变器质保5年。光伏系统一旦在质保期外出现问题，受损失的往往是安装光伏电站的业主。个人用户往往对系统质量没有鉴别能力，一些无良企业就用低效、降级品以次充好欺骗用户，还有一些企业在做分布式推广宣传活动中，在发电量数据及收益上刻意夸大，结果造成实际的光伏系统收益及投资回收周期与宣传效果严重不符，挫伤了部分老百姓的安装积极性。

分布式光伏电站分散且数量多，随着安装数量的不断增加，日常维护的工作量也会越来越大，有些电站的巡检只能做到半年一次甚至更长。同时，分布式光伏电站故障定位相对困难，售后响应和故障处理的及时性也较难保证。特别是许多光伏企业主要精力都是忙于分布式光伏电站的业务和安装，疏于售后管理和对用户进行使用维护基本知识的宣传普及，使电站安装运行后，用户经常提出一些不是问题的问题，报修一些不是故障的故障，无形中又增加了售后运维的工作量。

4. 大规模并网带来的电网安全和改造

快速发展的分布式光伏发电对大规模并网提出了很多问题：增加配电网改造投入、配电网总体利用率下降，增加了配电网规划的不确定性，配电网由单电源辐射型网络，变成了双向潮流型网络，对配电网的负荷预测难度加大。接入分布式电源以后，配电网变成了双电源或多电源供电结构，对配电网继电保护的影响使其故障电流的大小、持续时间及方向都将发生改变，容易导致过电流保护配合失误。另外分布式光伏的大规模并网对电网既有的负荷增长模式、电源供应和调峰、供电安全管理模式也都产生了影响，使配电网的改造和管理变得更加复杂。由于现行电网及配套设施不能适应分布式光伏并网的需求，为保证电网安全，各地供电部门要出具各种条条框框约束和规范用户，也就带来了并网手续流程烦琐，并网时间长等现象。

农村是今后分布式光伏发电实施的主要市场，但农村电网基础较差，电网负荷能力一般都比较低，尤其是贫困地区电网负荷量更差，一般农村的变压器容量200～300kW，最大负荷一般为100kW。加大农村电网改造是分布式光伏发电在广大农村推广实施的先决条件。

5. 示范、合作、创新是推动分布式光伏发展的良方

分布式光伏是“第三次工业革命”所描述的能源网与互联网相结合的核心技术，发展分布式光伏是实现新一轮能源革命的重要特征，是全球大势所趋。推广分布式光伏既符合光伏产业和光伏市场的发展规律，也符合我国的国情。分布式光伏的推广可以通过切实落实已有政策，采取“政府引导、企业自愿、金融支持、社会参与”的方式，引入示范机制，在具备开发条件的工业园区、大型企业、学校医院等公共建筑，统一规划和组织实施。在太阳能资源优良、电网接入消纳条件好的农村地区和小城镇，结合新型城镇化建设、旧城镇改造、新农村新民居建设等，统一规划和推进屋顶光伏工程，形成若干光伏小镇、光伏新村，通过推广和示范，使消费者逐步认识和体验到分布式光伏的实用性、经济性和先进性。同时，政府要结合实际进一步规范项目备案、并网、补贴发放流程，强化监督机制、完善管理程序，保障项目收益持续稳定，尽可能消除不必要的政策实施层面的风险。

针对银行等金融机构对于分布式光伏还了解不深、认识不足，信息不对称的状况，光伏企业可以与金融机构一道，根据分布式光伏的特点及实际情况，合作开发更加灵活多样的金融产品，为分布式光伏的推广提供更加便利的融资渠道，建立风险共担机制，吸引保险机构的介入，为光伏电站产权交易等新型分布式光伏项目融资机制的建立创造条件，推动分布式光伏项目资产的证券化。

光伏企业在开拓分布式经营模式、提高从业人员专业化水平的同时，也要深练内功，改进优化，不断提高光伏系统的质量和效率，让消费者切实从光伏发电系统的使用中获得经济收益和环境效益。

国家在大力推动光伏产业发展的同时，还将陆续围绕屋顶情况、电网条件、防雷接地、防水防电弧、数据采集和数据传输、抗风设计、项目验收、运行维护、安装外观要求等方面，制定出台相应的项目准入和技术标准，以规范光伏市场有序健康发展。未来分布式光伏市场的竞争将更加激烈，一些小的集成商、小的生产厂商将会面临被淘汰的危险。

1.2.4 关于光伏发电的政策文件

《国务院关于促进光伏产业健康发展的若干意见》(国发〔2013〕24号)

《国家发展改革委关于发挥价格杠杆作用促进光伏产业健康发展的通知》(发改价格〔2013〕1638号)

《国家发展改革委关于印发〈分布式发电管理暂行办法〉的通知》(发改能源〔2013〕1381号)

《财政部关于分布式光伏发电实行按照电量补贴政策等有关问题的通知》(财建〔2013〕390号)

《关于支持分布式光伏发电金融服务的意见》(国能新能〔2013〕312号)

《关于光伏发电增值税政策的通知》(财税〔2013〕66号)

《国家能源局关于印发分布式光伏发电项目管理暂行办法的通知》(国能新能〔2013〕433号)

《关于对分布式光伏发电自发自用电量免征政府性基金有关问题的通知》(财综〔2013〕103号)

《关于国家电网公司购买分布式光伏发电项目电力产品发票开具等有关问题的公告》(国家税务总局公告2014第32号)

《国家能源局关于下达2014年光伏发电年度新增建设规模的通知》(国能新能〔2014〕33号)

《国家能源局关于进一步落实分布式光伏发电有关政策的通知》(国能新能〔2014〕406号)

《国家能源局 国务院扶贫办关于印发实施光伏扶贫工程工作方案的通知》(国能新能〔2014〕447号)

《国家能源局关于规范光伏电站投资开发秩序的通知》(国能新能〔2014〕477号)

《国家能源局关于推进分布式光伏发电应用示范区建设的通知》(国能新能〔2014〕512号)

《国家能源局关于推进新能源微电网示范项目建设的指导意见》(国能新能〔2015〕265号)

《国家发展改革委关于完善陆上风电光伏发电上网标杆电价政策的通知》(发改价格〔2015〕3044号)

《关于实施光伏发电扶贫工作的意见》(发改能源〔2016〕621号)

《国家发展改革委 国家能源局关于做好风电、光伏发电全额保障性收购管理工作的通知》(发改能源〔2016〕1150号)

《财政部 国家税务总局关于继续执行光伏发电增值税政策的通知》(财税〔2016〕81号)

《国家发展改革委关于调整光伏发电陆上风电标杆上网电价的通知》(发改价格〔2016〕

2729 号)

《国家能源局关于印发〈太阳能发展“十三五”规划〉的通知》(国能新能〔2016〕354 号)

《国家能源局关于可再生能源发展“十三五”规划实施的指导意见》(国能发新能〔2017〕31 号)

《国家能源局、工业和信息化部、国家认监委关于提高主要光伏产品技术指标并加强监管工作的通知》(国能发新能〔2017〕32 号)

《国家发展改革委 国家能源局关于印发〈推进并网型微电网建设试行办法〉的通知》(发改能源〔2017〕1339 号)

《国家能源局 国务院扶贫办关于印发〈光伏扶贫电站管理办法〉的通知》(国能发新能〔2018〕29 号)

《国家发展改革委 财政部 国家能源局关于 2018 年光伏发电有关事项的通知》(发改能源〔2018〕823 号)

《国家发展改革委 国家能源局关于积极推进风电、光伏发电无补贴平价上网有关工作的通知》(发改能源〔2019〕19 号)

《国家发展改革委 国家能源局关于建立健全可再生能源电力消纳保障机制的通知》(发改能源〔2019〕807 号)

《国家发展改革委关于完善光伏发电上网电价机制有关问题的通知》(发改价格〔2019〕761 号)

《国家能源局关于 2019 年风电、光伏发电项目建设有关事项的通知》(国能发新能〔2019〕49 号)

1.3 太阳能光伏发电与分布式光伏发电

1.3.1 什么是太阳能光伏发电

1. 太阳能光伏发电基本原理

太阳能光伏发电的基本原理是利用太阳电池的光生伏打效应直接把太阳的辐射能转变为电能的一种发电方式。太阳能光伏发电的能量转换器就是太阳电池，也叫光伏电池。光伏电池实际上是一块大面积的硅半导体器件。纯净的硅半导体晶体结构如图 1-2 所示，图中正电荷表示硅原子，负电荷表示围绕在硅原子周围的 4 个电子，当将硼或磷的杂质（元素）掺入到半导体硅晶体中时，因为硼原子周围只有 3 个电子，磷原子周围有 5 个电子，所以会产生如图 1-3 所示的带有空穴的晶体结构和带有多余电子的晶体结构，形成 P 型或 N 型半导体。

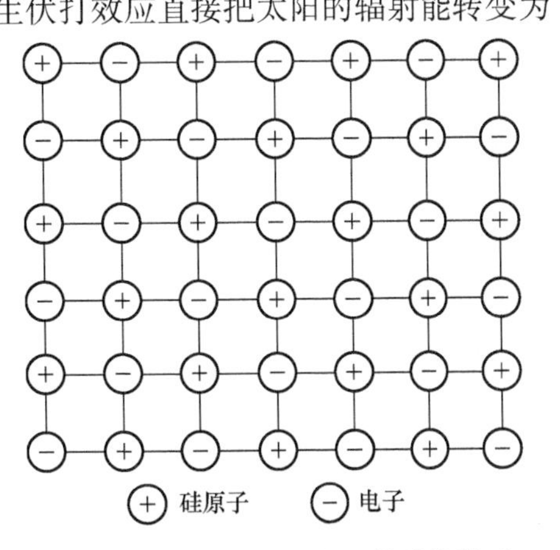

图 1-2 纯净的硅半导体晶体结构排列

由于 P 型半导体中含有较多的空穴，N 型半导

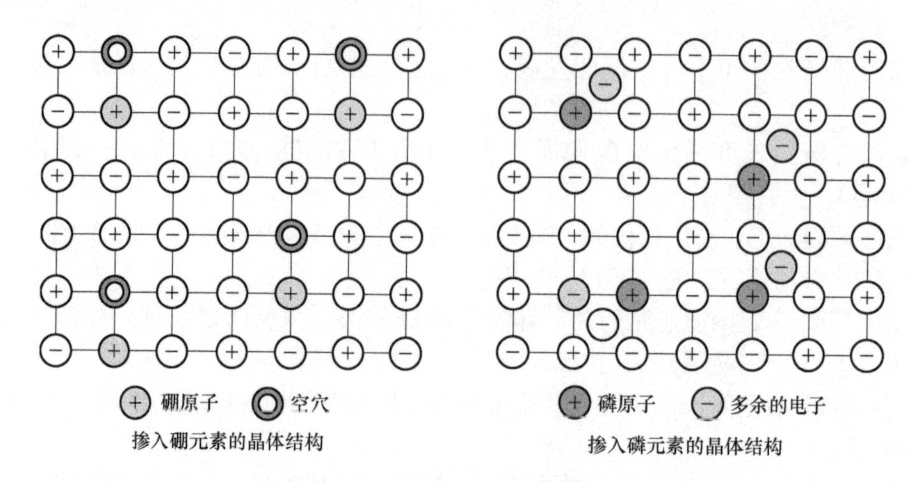

图 1-3　掺入杂质的硅半导体晶体结构排列

体中含有较多的电子，当 P 型和 N 型半导体结合在一起时，在两种半导体的交界面区域会形成一个特殊的薄层，薄层的 P 型一侧带负电，N 型一侧带正电，如图 1-4 所示，形成了 PN 结。

由于 PN 结两边的电子和空穴的浓度不同，电子就要从 N 区向 P 区扩散，空穴要向相反的方向扩散，这两种电荷的移动在半导体内部形成了一个内建电场，这个电场在 PN 结处又形成一个内部电位差，促使电子和空穴进一步扩散。包含这两种电荷层的区域为空间电荷区，电子和空穴的扩散通过空间电荷区的作用达到 PN 结内部的平衡状态。所以，光伏电池在无光线照射时，呈现的是硅二极管的特性。

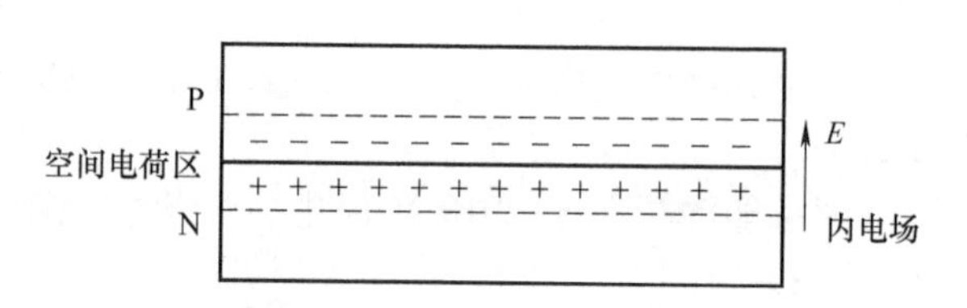

图 1-4　平衡的 PN 结示意图

当太阳光照射在光伏电池上时，其中一部分光线被反射，一部分光线被吸收，还有一部分光线透过电池片。被吸收的光能激发被束缚的高能级状态下的电子，产生电子-空穴对，在 PN 结的内建电场作用下，电子、空穴相互运动（见图 1-5），N 区的空穴向 P 区运动，P 区的电子向 N 区运动，使太阳电池的受光面有大量负电荷（电子）积累，而在太阳电池的背光面有大量正电荷（空穴）积累。若在电池两端接上负载，负载上就有电流通过，当光线一直照射时，负载上将有源源不断的电流流过。单片太阳电池就是一个薄片状的半导体 PN 结，在标准光照条件下，额定输出电压为 0.5 ~ 0.55V。为了获得较高的输出电压和较大的功率容量，在实际应用中往往要把多片太阳电池连接在一起构成电池组件，或者用更多的电池组件构成光伏方阵，如图 1-6 所示。太阳电池的输出功率是随机的，不同时间、不同地点、不同光照强度、不同安装方式下，同一块太阳电池的输出功率也是不同的。

2. 太阳能光伏发电的优点

太阳能光伏发电过程简单，没有机械传动部件，不消耗燃料，不排放包括温室气体在内的任何物质，无噪声，无污染，太阳能资源分布广泛且取之不尽、用之不竭。因此，与风力

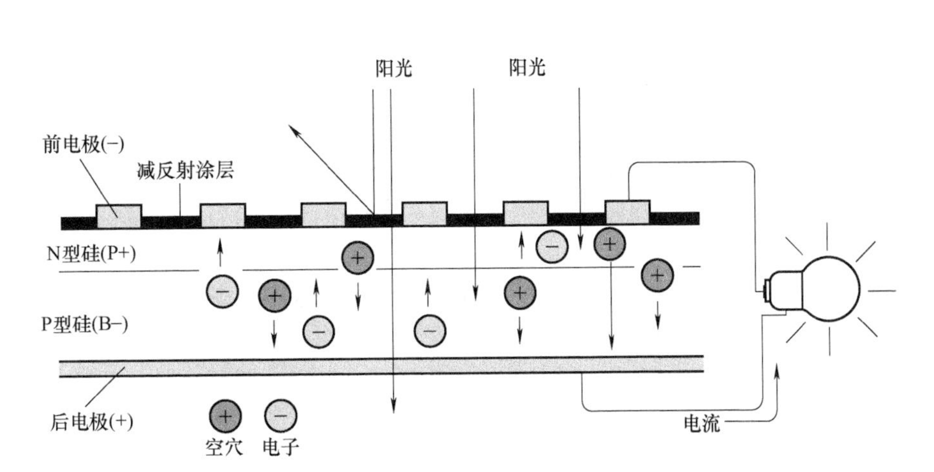

图 1-5　太阳能光伏电池发电原理

图 1-6　从电池片、电池组件到光伏阵列

发电和生物质能发电等新型发电技术相比，太阳能光伏发电是一种最具可持续发展理想特征（最丰富的资源和最洁净的发电过程）的可再生能源发电技术，其主要优点如下：

1）太阳能资源取之不尽、用之不竭，照射到地球上的太阳能要比人类目前消耗的能量大 6000 倍，而且太阳能在地球上分布广泛，只要有光照的地方就可以使用光伏发电系统，不受地域、海拔等因素的限制。

2）虽然在地球表面，由于纬度的不同以及气候条件的差异等因素会造成太阳能辐射的不均匀，但由于太阳能资源随处可得，可就近解决发电、供电和用电，不必长距离输送，避免了长距离输电线路投资及电能损失。

3）光伏发电是直接从光能到电能的转换，没有中间过程（如热能转换为机械能、机械能转换为电磁能等）和机械运动，不存在机械磨损。根据热力学分析，光伏发电具有很高的理论发电效率，可达 80% 以上，技术开发潜力巨大。

4）光伏发电本身不用燃料，温室气体和其他废气物质的排放几乎为零，不产生噪声，也不会对空气和水产生污染，对环境友好。不会遭受能源危机或燃料市场不稳定的冲击，太阳能是真正绿色环保的可再生能源。

5）光伏发电过程不需要冷却水，发电装置可以安装在没有水的荒漠、戈壁中。光伏发电还可以很方便地与建筑物的屋顶、墙面结合，构成屋顶分布式或光伏建筑一体化发电系统，不需要单独占用土地，可节省宝贵的土地资源。

6）光伏发电无机械传动部件，操作、维护简单，运行稳定可靠。一套光伏发电系统只要有太阳，光伏组件就能发电，加之自动控制技术的广泛采用，基本上可实现无人值守，维护成本低。

7）光伏发电系统工作性能稳定可靠，使用寿命长（30 年以上），晶体硅太阳电池的寿命可长达 25 ~ 35 年。在光伏发电系统中，只要设计合理、选型适当，蓄电池的寿命也可长达 10 ~ 15 年。

8）太阳电池组件结构简单、体积小、重量轻，且便于运输和安装。光伏发电系统建设周期短，而且根据用电负荷容量可大可小，方便灵活，极易组合和扩容。

此外，近几年来应用最为广泛的利用各种建筑物屋顶和农业设施屋顶及家庭住宅屋顶建设的分布式光伏发电系统，除同样具有上述优点外，还具有以下优越性：

1）分布式光伏发电基本不占用土地资源，可就近发电、供电，不用或少用输电线路，降低了输电成本。光伏组件还可以直接代替传统的墙面和屋顶材料。

2）分布式光伏发电系统在接入配电网后可以有效地起到平峰的作用，削减城市昂贵的高峰供电负荷，能够在一定程度上缓解局部地区的用电紧张状况。

3. 太阳能光伏发电的缺点

当然，太阳能光伏发电也有它的不足和缺点，归纳起来有以下几点：

1）能量密度低。尽管太阳投向地球的能量总和极其巨大，但由于地球表面积也很大，而且地球表面大部分被海洋覆盖，真正能够到达陆地表面的太阳能只有到达地球范围辐射能量的 10% 左右，致使在陆地单位面积上能够直接获得的太阳能量较少，通常以太阳辐照度来表示，地球表面最高值约为 $1.2\text{kW}\cdot\text{h/m}^2$，且绝大多数地区和大多数的日照时间内都低于 $1\text{kW}\cdot\text{h/m}^2$。太阳能的利用实际上是低密度能量的收集、利用。

2）占地面积大。由于太阳能能量密度低，使得光伏发电系统的占地面积会很大，每 10kW 光伏发电功率占地约需 70m^2，平均每平方米面积发电功率为 160W 左右。随着分布式光伏发电的推广以及光伏建筑一体化发电技术的成熟和发展，越来越多的光伏发电系统可以利用建筑物、构筑物的屋顶和立面，逐步改善了光伏发电系统占地面积大的不足。

3）转换效率较低。光伏发电的最基本单元是太阳电池组件。光伏发电的转换效率指的是光能转换为电能的比率。目前晶体硅光伏电池的最高转换效率在 21% 左右，做成的光伏组件转换效率为 16% ~ 17%，非晶硅光伏组件的转换效率最高超不过 13%。由于光电转换效率较低，使得光伏发电系统功率密度低，难以形成高功率发电系统。

4）间歇性工作。在地球表面，光伏发电系统只能在白天发电，晚上则不能发电，这与人们的用电方式和习惯不符。除非在太空中没有昼夜之分的情况下，太阳电池才可以连续发电。

5）受自然条件和气候环境因素影响大。太阳能光伏发电的能源直接来源于太阳光的照射，而地球表面上的太阳光照射受自然条件和气候的影响很大，一年四季、昼夜交替、纬度和海拔等自然条件以及阴晴、雨雪、雾天甚至云层的变化都会严重影响系统的发电状态。另外，环境因素的影响也很大，特别是空气中的颗粒物（如灰尘等）降落在光伏组件表面，也会阻挡部分光线的照射，使光伏组件转换效率降低，发电量减少。

6）地域依赖性强。不同的地理位置和气候，使各地区的日照资源相差很大。光伏发电系统只有在太阳能资源丰富的地区应用效果才更好，投资收益率才更高。

7）系统成本高。由于太阳能光伏发电的效率较低，到目前为止，光伏发电的成本仍然比其他常规发电方式（火力和水力发电等）要高。这也是制约其广泛应用的主要因素之一。但是也应看到，随着太阳电池产能的不断扩大及电池片光电转换效率的不断提高，光伏发电系统成本下降得也非常快，光伏电池组件的价格已经从前几年的每瓦十几元下降至目前的 2.1 元/W 左右。

8）晶体硅电池的制造过程高污染、高能耗。晶体硅电池的主要原料是纯净的硅。硅是地球上含量仅次于氧的元素，主要存在形式是沙子（二氧化硅）。从沙子变成含量为 99.9999% 以上纯净的晶体硅，期间要经过多道化学和物理工序的处理，不仅要消耗大量能源，还会造成一定的环境污染。

尽管太阳能光伏发电有上述不足和缺点，但是随着全球化石能源的逐渐枯竭以及因化石能源过度消耗而引发的全球变暖和生态环境恶化，已经给人类带来了很大的生存威胁，因此大力开发可再生能源是解决这个问题的主要措施之一。由于太阳能光伏发电是一种最具可持续发展理想特征的可再生能源发电技术，近年来我国政府也相继出台了一系列鼓励和支持新能源及太阳能光伏产业的政策法规，使得太阳能光伏产业迅猛发展，光伏发电技术和水平不断提高，应用范围逐步扩大，并将在全球能源结构中占有越来越大的比重。

1.3.2 什么是分布式光伏发电

1. 分布式发电与分布式光伏发电

当前，新能源和可再生能源的开发利用已经成为保证国民经济可持续发展，解决能源短缺，降低煤炭发电比例和减少环境污染的重要途径，新能源和可再生能源既是我国近期重要的补充能源，也是未来能源结构的基础和重要组成部分。由于可再生能源的分散性、多样性和随机性，分布式发电系统，特别是单机容量较低的光伏发电系统，将成为可再生能源发电的必然网络结构和组成部分。因此，以可再生能源为主的分布式发电技术凭借其投资节省、发电方式灵活、与环境兼容等优点而得到了快速发展。

分布式发电系统是指发电功率为数千瓦到几十兆瓦的小型模块化、分散式、布置在用户现场或用户附近的高效、可靠的，与环境兼容的发电系统。分布式发电的特点是电力就地产生、就地消纳，可与大电网并网运行，还可以和大电网互为备用，即节省输变电投资，也使供电可靠性得以改善。分布式发电系统电源位置灵活、分散、多样的特点极好地适应了分散的电力需求和资源分布。目前分布式发电大多采用天然气、沼气、太阳能、生物质能、风能（小风电）、水能（小水电）等。分布式发电技术主要包括光伏发电技术、风力发电技术、燃料电池发电技术、燃气轮机/内燃机发电技术、生物质能发电技术以及分布式发电的储能技术等。

分布式光伏发电是指通过采用光伏电池组件，将太阳能直接转化为电能并在用户端直接并网发电的方式。分布式光伏发电是分布式发电系统中的重要组成部分，也是适合我国国情的解决能源危机和环境污染、优化能源结构、保障能源安全、改善生态环境、转变城乡用能方式的重要途径。我国是太阳能资源比较丰富的国家，分布式光伏发电遵循因地制宜、清洁高效、分散布局、就近利用的原则，可充分利用当地太阳能资源，替代和减少化石能源消费，是一种新型的、适合国情的、具有广阔发展前景的发电和能源综合利用方式。分布式光伏发电应用范围广，在城乡建筑、工业、农业、交通、公共设施等领域有着广阔的应用前景，既是推动能源生产和消费变革的重要力量，也是促进“稳增长、促改革、调结构、惠民生”的重要举措。

近几年，国家和政府相继出台了多个支持和鼓励分布式光伏发电发展和建设的政策性和指导性文件，对分布式光伏发电系统的开发和应用起到了积极的推动和促进作用，分布式光伏电站在各地的安装和应用遍地开花、如火如荼，政府和城乡居民都在利用分布式光伏发电积极开展光伏农业、家庭发电、光伏扶贫、光伏养老等多种形式的推广应用，金融业也纷纷推出各种光伏贷产品来支持和服务用户，可以说分布式光伏发电的大面积推广应用，标志着全民光伏时代的到来，也是光伏产业发展过程的又一个里程碑。

2. 什么是分布式光伏发电

分布式光伏发电系统主要是指在用户的场地或场地附近建设和并网运行的，不以大规模远距离输送为目的，所生产的电力以用户自用及就近利用为主，多余电量上网，支持现有电网运行，且在配电网系统平衡调节为特征的光伏发电设施。

分布式光伏发电系统一般接入10kV以下电网，单个并网点总装机容量不超过6MW。以220V电压等级接入的系统，单个并网点总装机容量不超过8kW。

在《国家能源局关于进一步落实分布式光伏发电有关政策的通知》（国能综新能〔2014〕406号）文件中，又对分布式光伏发电的定义扩展为：利用建筑屋顶及附属场地建设的分布式光伏发电项目，在项目备案时可选择“自发自用、余电上网”或“全额上网”中的一种模式。在地面或利用农业大棚等无电力消费设施建设、以35kV及以下电压等级接入电网（东北地区66kV及以下）、单个项目容量不超过2万kW（20MW）且所发电量主要在并网点变电台区消纳的光伏电站项目，可纳入分布式光伏发电规模指标管理。

文件指出，国家鼓励开展多种形式的分布式光伏发电应用。充分利用具备条件的建筑屋顶（含附属空闲场地）资源，鼓励屋顶面积大、用电负荷大、电网供电价格高的开发区和大型工商企业率先开展光伏发电应用。鼓励各级地方政府在国家补贴基础上制定配套财政补贴政策，并且对公共机构、保障性住房和农村适当加大支持力度。鼓励在火车站（含高铁站）、高速公路服务区、飞机场航站楼、大型综合交通枢纽建筑、大型体育场馆和停车场等公共设施系统推广光伏发电，在相关建筑等设施的规划和设计中将光伏发电应用作为重要元素，鼓励大型企业集团对下属企业统一组织建设分布式光伏发电工程。因地制宜利用废弃土地、荒山荒坡、农业大棚、滩涂、鱼塘、湖泊等建设就地消纳的分布式光伏电站。鼓励分布式光伏发电与农户扶贫、新农村建设、农业设施相结合，促进农村居民生活改善和农村农业发展。

分布式光伏发电倡导就近发电、就近并网、就近转换、就近使用的原则，不仅能够有效提高同等规模光伏电站的发电量，同时还有效解决了电力在升压及长途输送中的损耗问题。其能源利用率高，建设方式灵活，将成为我国光伏应用的主要方向。目前应用最为广泛的分布式光伏发电系统，是建设在各种建筑物屋顶和农业设施屋顶及家庭住宅屋顶的光伏发电项目。对这些项目应用的要求是必须接入公共电网，或与公共电网一起为附近的用户供电，所发电力一般直接馈入低压配电网或35kV及以下中高压电网中。

1.3.3 分布式光伏发电的特点及应用场合

1. 分布式光伏发电的特点

1）输出功率相对较小，投资收益率不低。一般单个分布式光伏发电系统项目的容量在几千瓦到几百千瓦。光伏发电系统容量的大小对发电效率的影响很小，因此对其经济性的影响也很小，也就是说，小型光伏发电系统的投资收益率并不比大型光伏电站低。

2）分布式光伏发电基本不占用土地资源，可就近发电、供电，不用或少用输电线路，降低了输电成本。光伏组件还可以直接代替传统的墙面和屋顶材料。

3）污染小，环境友好，环保效益突出。分布式光伏发电系统在发电过程中，不消耗燃料，不排放包括温室气体在内的任何物质，没有噪声，也不会对空气和水产生污染。

4）分布式光伏发电系统在接入配电网中是发电用电并存，且在电网供电处于高峰期发电，可以有效得起到平峰的作用，削减城市昂贵的高峰供电负荷，能够在一定程度上缓解局部地区的用电紧张状况。

2. 分布式光伏发电的应用场合

（1）工业园区厂房屋顶，车站、机场等交通枢纽屋顶

这些场合屋顶集中，用电量比较大、用电价格高，但屋顶面积都很大，屋顶开阔平整，可建设规模大。这些场合一般用电负荷较大、稳定，而且用电负荷曲线与光伏发电出力的特点相匹配，可实现自发自用为主，基本就地消纳。充分利用工业厂房屋顶和交通枢纽屋顶建设分布式光伏发电项目，既可以减少企业的能源消耗，又充分利用了闲置的屋顶资源，起到了节能减排的作用，可为企业带来巨大的经济效益和环境效益。

（2）商业建筑屋顶

商业建筑多为水泥屋顶，有利于安装光伏方阵，但是由于对建筑的美观性有要求，而且这类屋顶上的构筑物一般比较多，周围高大建筑物也比较多，对阳光有遮挡，使屋顶可利用面积变少。按照商厦、写字楼、酒店、会议中心、度假村等服务业的特点，用电负荷特性一般表现为白天较高，夜间较低，能够较好地与光伏发电特性匹配，实现自发自用为主。对于一些高楼大厦的商业建筑，除了利用屋顶外，还可以利用外墙立面构成光伏幕墙，既增加光伏发电的容量，又可以使建筑物成为“超凡脱俗”的“高大上”建筑。

（3）市政公共建筑屋顶

政府办公楼、学校、医院等市政公共建筑屋顶，管理统一规范，屋顶利用相对容易协调。用户用电负荷稳定，且用电负荷特性与光伏发电特性相匹配。不足之处是可利用单体面积小，装机容量有限，节假日用电负荷低，余电上网量大，当自用电价较低时，适合全额上网。市政公共建筑屋顶也适合分布式光伏发电系统的集中连片建设。

（4）家庭住宅屋顶

别墅、农村和乡镇居民的家庭住宅屋顶量大、面广，只要是可以长时间接受阳光照射的地方，如屋顶、阳台、院落地面、车棚顶等位置都可以加以利用。能够满足载荷要求的混凝土、彩钢瓦、传统瓦片、沥青瓦等屋顶也可以安装光伏屋顶电站。家庭住宅屋顶的利用比较容易协调，部分农村住宅屋顶还能享受“光伏扶贫”“美丽乡村”等政策的补助。在实际应用中，城市居民住宅屋顶的利用往往存在产权不明晰，异形结构屋顶多的不足；而农村屋顶又存在单体可利用面积小，屋顶承载力不强或不明确的现象。

家庭屋顶光伏电站是我国目前补贴最高的分布式光伏应用形式，也是分布式光伏的核心市场。

（5）农业设施

农村有大量的荒山荒坡等非耕用地，农业大棚、鱼塘、养殖基地等，可实施农光互补、

渔光互补等各种光伏农业项目。农村往往处在公共电网的末梢，电能质量较差，在农村建设分布式光伏发电系统可提高当地用户的用电保障和电能质量。

当然，利用农业设施建设分布式光伏项目，不仅仅是将光伏发电与农业设施的简单叠加，更是近年来兴起的“光伏农业”新型产业模式。通过在农业设施棚顶安装光伏发电设施，在棚下开展农业生产的形式，最大化地吸收和引进最新的光伏与农业技术，促进两个产业的高度融合、健康发展与技术进步，达到“1 +1 >2”的产业融合效果，最大限度地利用土地资源，增加生态效益和社会效益，提高农民收入，带动地方经济的发展。

（6）边远农牧区及海岛

由于距离电网遥远，我国西藏、青海、新疆、内蒙古、甘肃、四川等省份的边远农牧区以及我国沿海岛屿还有数百万无电人口，分布式离网光伏发电系统或与其他能源互补的微电网系统非常适合在这些地区应用。另外，离网光伏发电系统还可以应用于野外施工、野外养殖、野外种植等场合。

（7）光伏充电站

随着各种电动交通工具的越来越多，各种充电站也应运而生，遍地开花，与普通充电站相比，光伏充电站具有设施简单、设置灵活，占地面积小，建设周期短的优势，可以克服目前中心城区土地资源紧张、电网审批手续冗繁、接电成本高等限制，同时光伏储能、放能技术的应用，可以有效缓解高峰时段的电力负荷，达到削峰填谷的效果。

光伏充电站依靠太阳能发电，存入充电桩后为电动车提供充电电力，通过能量存储和转换，将间歇的、不稳定的太阳能资源在用电低谷时储存起来，然后在用电高峰将电输送出去，可达到充电站的最经济运行。

（8）自来水厂和污水处理厂

自来水厂和污水处理厂有着大面积的水处理水池，污水处理厂在处理污水过程中耗电量也比较大，是耗能大户，一般都是24h连续运转，负荷稳定，光伏发电量基本可以自发自用，全部消纳。利用污水处理厂的屋顶、沉淀池、生化池和接触池等处安装光伏发电系统，可以充分利用空间，等于对占用土地进行了二次开发利用，起到集约化原地，对土地进行综合利用的效果。

1.3.4 分布式光伏发电的投资与收益

随着分布式光伏发电的政策支持和推广应用，许多居民和企事业单位也越来越看好这一项目，但分布式光伏发电项目前期投资大，回收周期长，又会使大家驻足观望，那么分布式光伏发电投资收益到底如何呢？在这里先听几句某村干部和村民说的话，然后再给大家分析分析。第一句话是村支书说：“让全村用上光伏发电，是我不可推卸的责任！”另一句是村主任说：“装上光伏等于每年白挣4亩地的收益，大家抓紧吧！最后大伙说：光伏发电装上房，人人家里有银行。”这些话是大家一年多前说的，最近又有村民说：“村委会，请把我的低保取消吧！”

分布式光伏发电的收益既与系统并网模式有关，也与不同地区的太阳能资源状况及各地政府的补贴政策有关。首先我们先看看国家和政府对分布式光伏发电的补贴政策和收益。

1. 分布式光伏发电的补贴和减免政策

（1）国家政策电价补贴

国家对自发自用、余电上网模式的政策电价补贴是光伏系统每发一千瓦时电补贴0.37

元（2018年上半年补贴政策），并呈逐年下调的趋势，到2019年7月已经下调到0.18元/kW·h，具体情况可参看表1-1。补贴期限原则上为20年，有的省市还有地方补贴，比如山东、浙江、广东、河北等，有0.1~0.3元/kW·h不同程度的补贴，那么根据省市地区不同，最终的光伏上网电价=国家补贴+省补贴+市补贴+县补贴等。

（2）增值税减免和费用减免政策

财税〔2013〕66号文件规定：自2013年10月1日至2015年12月31日，对纳税人销售自产的利用太阳能生产的电力产品，实行增值税即征即退50%的政策。

2013年11月，财政部印发《关于对分布式光伏发电自发自用电量免征政府性基金有关问题的通知》的文件规定，对分布式光伏自发自用电量免收可再生能源电价附加、国家重大水利工程建设基金、大中型水库移民后期扶持基金、农网还贷资金等4项针对电量征收的政府性基金。

国家电网〔2014〕1515号文件规定：自2014年10月1日至2015年12月31日，月销售额3万元以内的项目（200~250kW）免收增值税。

2016年7月，财政部、国家税务总局印发《关于继续执行光伏发电增值税政策的通知》，通知规定：自2016年1月1日至2018年12月31日，对纳税人销售自产的利用太阳能生产的电力产品，实行增值税即征即退50%的政策。文到之日前，已征的按本通知规定应予以退还的增值税，可抵减纳税人以后月份应缴纳的增值税或予以退还。

2017年8月，国家能源局印发的《国家能源局综合司关于征求对〈关于减轻可再生能源领域涉企税费负担的通知〉意见的函》中提到，对纳税人销售自产的利用太阳能生产的电力产品，实行增值税即征即退50%的政策，2018年12月31日到期后延长至2020年12月31日。

2. 分布式光伏发电的并网模式

（1）全部自发自用模式

这种模式简单的理解就是用户的光伏系统所发电量全部自己使用消耗了，也就是用户自己的用电量大于光伏发电量的情况以及一些离网系统的模式。

（2）自发自用，余电上网模式

用户的光伏系统所发电量首先自己使用，多余的电量，卖到电网。这种模式是当下应用最多并广为用户所接受的模式，也是各地积极推广的模式。

（3）全部上网模式

用户的光伏系统所发电量全部卖给电网。

3. 分布式光伏发电的收益

根据上面介绍的三种不同的并网模式，分布式光伏发电的主要收益有下列几项：

1）国家和各级政府的政策电价补贴。

2）电费收入：采用自发自用、余电上网模式的用户，自然可以节省一部分电费开支，这部分节省的支出，换个角度来说就是收入。

3）并网卖电收入。光伏发电用户的多余电量通过并网卖给电网公司，电网公司按照当地燃煤发电脱硫标杆电价进行收购。不同的省市，标杆电价也是不一样的。为方便计算，表1-3列出了目前全国各地区燃煤发电脱硫标杆电价价格。

表 1-3　各地区燃煤发电脱硫标杆电价价格表

各地区省级电网燃煤发电脱硫标杆电价					单位：元/kW·h（含税）		
北京	0.3598	天津	0.3655	河北（北）	0.372	河北（南）	0.3644
山西	0.332	山东	0.3949	内蒙古（西）	0.2829	内蒙古（东）	0.3035
辽宁	0.3749	吉林	0.3731	黑龙江	0.374	上海	0.4155
江苏	0.391	浙江	0.4153	安徽	0.3844	福建	0.3932
湖北	0.4161	湖南	0.45	河南	0.3779	四川	0.4012
重庆	0.3964	江西	0.4143	陕西	0.3545	甘肃	0.2978
青海	0.3247	宁夏	0.2595	广东	0.453	广西	0.4207
云南	0.3358	贵州	0.3515	海南	0.4298	新疆	0.25

注：自 2017 年 7 月 1 日后，各省陆续调整省内的脱硫标杆电价，期间价格有浮动，本表格整理于 2019 年 9 月。

对于全额上网用户，将执行Ⅰ类太阳能资源地区 0.55 元/kW·h，Ⅱ类太阳能资源地区 0.65 元/kW·h，Ⅲ类太阳能资源地区 0.75 元/kW·h 的新能源标杆上网电价的收购和补贴政策。其具体收购和补贴来源是光伏发电在当地燃煤发电标杆上网电价以内的部分，由当地省级电网结算收购；高出部分通过国家可再生能源发展基金予以补贴。例如，山西太原市属于Ⅲ类太阳能资源地区，该地区的全额上网用户执行 0.75 元/kW·h 的收购电价补贴，其中，山西省电网公司要按照 0.3320 元/kW·h 的当地燃煤发电标杆脱硫电价向用户支付电价，高出 0.3320 元/kW·h 的部分，由国家可再生能源发展基金予以补贴。

4）不同并网模式下各自的收益计算方法如下。

全部自发自用模式总收益 =（当地标杆电价 + 政策补贴）× 全部发电量

自发自用余电上网模式总收益 = 自发自用的电量 × 当地用电电价 + 上网电量 × 当地标杆电价 + 全部发电量 × 政策补贴

全部上网模式总收益 = 全部发电量 × 当地新能源标杆上网电价

4. 初始投资与回收周期分析

（1）投资回收期一般在 5 ~ 7 年

以家庭分布式光伏发电系统为例，2018 年系统的基本价格为 6.5 ~ 7 元/W，费用包括光伏组件、逆变器、光伏支架、配电箱、线缆等设备和部件及安装调试费用在内。一般家庭根据屋顶面积及资金状况安装容量在 5 ~ 20kW，以 6.5 元/W 为例，初始投资在 3.25 万 ~ 13 万元。同样容量的发电系统，其发电量的多少与当地的太阳能资源（一般以该地区年平均有效日照时间）有很大关系，以山西某地区水平面年平均有效日照时间为 1400h 计算，如果安装容量为 10kW，年发电量就是 10kW × 1400h = 14000kW·h（度），如果当地全额上网的电价是0.75 元/kW·h，那么每年收益就是 14000kW·h × 0.75 元/kW·h = 10500 元，回收周期就是 6.5 万元 ÷ 1.05 万元/年 = 6.19 年。以光伏发电系统 25 年的寿命计算，后 18 年基本上都是净收益了。

在这里需要考虑光伏组件平均每年 1% 左右的衰减，每年的发电量会有所降低。另一个要考虑到国家补贴的持续性以及地方政府补贴的时间性。

（2）投资收益远远大于银行储蓄利息

与银行储蓄相比，假设用 6.5 万元投资光伏发电系统，25 年除去本金的总收益是 10500 元 × 18 年 = 18.9 万元。而将 6.5 万元存入银行，5 年期定期利率为 2.75%，平均每年收益约 1787.5 元，25 年下来的总收益也就在 4.5 万元左右，远远没有光伏发电系统投资的收益率高。

5. 投资切莫贪便宜

小王和邻居老李在一年前通过不同的公司各自安装了一套 5kW 的屋顶光伏发电系统，近日他们陆续收到了电力公司提供的 2018 年光伏发电数据报告，令他俩吃惊的是，两家几乎同时安装了 5kW 屋顶光伏系统，年发电量竟然相差 1000 多 kW · h，要按照自发自用、余电上网的模式计算，老李家的年收入少了 1/4 还多，这是为什么呢？

原来导致差异这么大的原因就是老李被低价格诱惑选择安装了便宜的低劣光伏系统产品，其发电量和收益差异在一年内就显现了出来。家庭光伏发电系统主要由光伏组件、光伏逆变器、并网配电箱、光伏支架、光伏线缆及售后服务 6 个部分组成，大家往往认为在整个系统中，光伏组件最重要。但其实在整个系统中，哪个部分品质不好，都会影响系统收益。

（1）光伏组件

光伏组件的质量等级分为 A、B、C 三类，不同质量等级的光伏组件，价格自然不同。A 类组件有 16.8% 以上的转换效率，20 年内组件功率衰减不大于 20%，使用寿命要保证 25 年以上。B 类组件是有瑕疵的组件，也就是所谓的“降级组件”，这个瑕疵包括电性能质量和外观质量等，例如发电效率比 A 类组件低，后续功率衰减过快，无法保证 25 年的使用寿命等。C 类组件可以说就是等外品，基本上应该销毁处理，当然也可以用在一些非常非常不重要的场合。

做光伏电站，当然必须选择 A 类组件，才能保证光伏系统的正常收益，而且正规厂家的光伏组件都是经过严格检测，并且都有质保证书。同时还要尽量选择发电效率（功率）更高一些的组件，例如选择 270W 甚至更高功率的组件，例如目前流行的高效率单晶组件、半片组件、叠瓦组件、双面发电组件等，这样在同样的屋顶面积占用，在逆变器、线缆、配电箱、支架投资都不变的情况下，只是光伏组件的初始投资略有几百元的增加，25 年下来又可以多收益六七千元。

（2）光伏逆变器

光伏逆变器的质量好坏也会直接影响光伏系统的发电量。质量好坏最简单的要求就是有高的直流电变交流电的转换效率，有更长的平均无故障运行时间和完善的各种保护功能。这些要求的保证，自然会加大逆变器制造成本，所以不同厂家的逆变器由于质量要求不同，价格自然不同。低质量的逆变器往往使用了性能较差的廉价元器件，容易发热，故障也比较多。对用户来讲，高的效率就等于逆变器自身损耗小，发电量自然相对就高。逆变器经常发生故障，系统就会经常停止运行，发电量自然会受到影响。

（3）并网配电箱

电力公司对配电箱的配置和质量是有要求的，不符合要求的配电箱为了降低成本，用的电气开关可能质量差，造成频繁断电或其他故障，还可能不配置过/欠电压自动脱扣保护器等装置。在电网停电的情况下，假如逆变器的防孤岛保护功能缺失，配电箱内又没有欠电压/失电压自动脱扣装置，就有可能将光伏系统发的电反送到电网，影响电网检修甚至发生检修人员触电事故。

（4）光伏支架

光伏支架的作用是保证光伏组件能承受 25 年以上的腐蚀、大风、大雪的破坏。光伏支架的材质有铝合金、镀锌钢材等，标准的光伏支架都具有良好的抗压性、抗风性和抗腐蚀性。如果为了降低成本，使用非标材料、普通角钢等制作支架，时间一久，就会腐蚀变形，甚至撕裂和散架。

目前屋顶安装最常用的是水泥配重、钢结构及化学锚固螺栓等方法，如果水泥配重不达标、钢结构及化学锚固偷工减料，遭遇大风不是刮坏光伏组件就是掀翻支架，会造成很大的经济损失，这类事件已经屡屡发生。

（5）光伏线缆

光伏线缆在光伏系统中虽然不起眼，却很重要。光伏直流线缆要经受长年累月的风吹雨淋日晒，是具有防紫外线、防老化的专用线缆。如果使用普通线缆甚至劣质线缆，用几年就会老化脱皮，发生漏电甚至火灾事故，何谈收益！

（6）售后服务

优质的售后服务体现在光伏发电系统设计、安装施工、验收培训的全过程。优良的选型设计、专业规范的安装施工、完整、及时、负责任的售后服务以及质保期内非人为损坏的免费维修、更换都是成本的体现。对用户进行使用、维护的培训，提供维护手册，使用户能够正确进行光伏系统的日常维护，都是保证系统稳定正常运行，提高收益的保证。

所以，一套质量有保证的光伏发电系统，包含的每个部分都要能经得起时间的检验。相反，如果贪图眼前的利益，图便宜，那就等于放弃了光伏系统的应有质量、服务和保障，最后只能是得不偿失，自食其果。

6. 收益计算案例

（1）案例1：全额上网模式

山西某市的李女士有套空置的老房子，她通过朋友得知屋顶光伏发电的好处，于2016年投资2.4万元安装了一套3kW的光伏发电系统，并采用全额上网模式，平均年发电量可达4500kW·h以上，年收益颇多，具体收益见表1-4。

表1-4　光伏发电全额上网案例收益表

并网卖电价格	0.85元/kW·h
全年收益	4500kW·h×0.85元/kW·h=3825元
投资回收期	24000元÷3825元/年≈6.27年
25年寿命期内总收益	3825元×25年-24000元≈71625元

另外，她又在自家牛棚屋顶安装了一套5kW的光伏发电系统，年平均发电量约7500kW·h，预计25年总发电量可达18万kW·h，全部卖给国家电网，获得额外收入。她逢人便说："这笔钱虽然不多，但年收益率可达到15%以上，比银行存款收益高多了，足够给父母的零花钱，挺好的！再说，等本钱六七年收回来，以后就都是纯收益了，全家人怎么能不高兴呢？"李女士打定主意，再给公婆安装一套，给女儿安装一套，让光伏养老，用光伏陪嫁。

（2）案例2：自发自用、余电上网模式

山西某市的张先生家每月平均用电量在280kW·h左右，全年用电量3360kW·h，每年要交1700多元的电费。2016年底，张先生在自家屋顶安装了一套5kW的光伏发电系统，平均年发电量7660kW·h，他采用自发自用，余电上网的模式，不仅不用交电费了，而且还能每月从电网公司领回卖电收入和国家补贴。具体收益见表1-5。

表 1-5　光伏发电自发自用余电上网案例收益表

总　投　资	4 万元
安装前年平均电费开支	1700 元
安装后年平均电费开支	0 元
国家补贴收入	7660kW · h × 0. 42 元/kW · h = 3217 元
余电上网收入	(7660kW · h − 3360kW · h) × 0. 3205 元/kW · h = 1378. 15 元
全年收益	1700 元 + 3217 元 + 1378. 15 元≈6295 元
投资回收期	40000 元 ÷ 6295 元≈6. 35 年
25 年寿命期内总收益	6295 元 × 25 年 − 40000 元≈117375 元

这两个案例，都是发生在 2016 年。当时的市场价格在 8 元/W 左右。计算时没有考虑光伏发电系统有平均每年 1% 的发电量衰减，如果考虑上这个因素，25 年寿命期内每年的实际收益会逐年有所降低。

这几年来，随着各种光伏设备、原材料成本的下降，光伏组件发电效率的提高，半片组件、叠瓦组件、双玻组件及双玻双面发电组件等新型组件技术的完善和逐步推广应用，光伏系统市场价格也在随着政策补贴的调整逐年下降，到 2019 年后半年，户用光伏政策补贴已经由 2018 年的 0. 37 元/W、0. 32 元/W，调整到目前的 0. 18 元/W，系统安装的市场价格也从 2018 年的 6 ~6. 5 元/W，下降到了目前的 4. 5 ~5 元/W，所以对用户来讲，投资回收期和投资收益率还是有相应保证的。

7. 三种不同投资方式的收益对比

用户安装光伏电站根据自身资金状况，可以选择不同的投资方式，分别是自有资金建设、贷款建设和不做投资，只租赁屋顶。这三种投资方式的收益差距不小，下面分别进行分析。

（1）自有资金建设

这种方式主要针对的是对光伏电站有一定了解且资金充裕的用户，一次性出资购买成套光伏电站，拥有完整的产权并享有电站产生的全部收益。通过上述两个案例可以看出，初期投资基本上在 6 ~6. 5 年就可以收回，25 年内获得的收益回报接近初期投资的 3 倍。而且用户每年都收回了很多成本，使得投资回报率和回本年限都处于一个较好的水平。

（2）贷款建设

这种方式适合手头资金并不充裕的用户，目前贷款模式在江浙沪地区较为广泛，内地也有许多公司在推广这种方式。这种方式就是用户以自己的名义申请一笔贷款，完成电站的开发建设，然后每月按揭还贷，这种方式在还款过程的某个阶段，往往会出现电站实际获得的现金收益不足以支付应还的本息的情况，用户需要另外支付一小部分费用去垫付本息还款的不足部分。

还以上述案例 2 为例，假设 4 万元的电站建设投资全部由贷款承担，且贷款年限为常见的 10 年，利率为 6%/年，采用等额本息的方式还款，则每年应还的贷款金额为 5329 元，虽然第一年的收益总额有 6295 元，但是减去每年 1700 元的电费开支收益，真正到手的现金只有 4595 元，还不足以覆盖当年的应还本息（不考虑收益到账和偿还贷款之间的时间差），还需要把节省的电费的一部分用于补贴还贷。

这样，在前10年，用户共可以到手约4.59万元的现金和节省的1.7万元的电费支出，共6.29万元，应还本息总计为5329×10≈5.33万元，也就是在这10年期间，用户还需要往外支出0.74万元用于补贴还贷。通过对比可以看出，贷款与利用自有资金建设，总收益有1.33万元的差距，并使投资回收周期由原来的6.35年延长到8.5年。

贷款建设虽然极大地降低了用户安装电站的资金门槛，但是要让用户在贷款期间内往外贴钱，推广起来会受到限制，如果想要用户在整个贷款期间内都不用往外贴钱，可以采取延长贷款年限和降低贷款利率的方式。在利率为6%的情况下，只需将贷款年限延长至13年，即可实现，但是这样会进一步降低用户整体获得的收益。

（3）屋顶租赁

屋顶租赁是用户不用支出一分钱，只要将自己适合建设光伏电站的屋顶出租，便可分享光伏电站的收益，即免费用电或收取租赁费。在上述案例的假设条件中，这部分的收益是750元/年，25年共可获得的收益近1.9万元。由于屋顶租赁方式实现了用户的零投入，并使屋顶资源得到利用，目前也是比较热门的用户选择方式。

光伏电站出资自建收益高且回本年限短，但是初始投资较高，适合愿意持有电站资产和了解比较深入的用户。屋顶租赁方式的优势在于零成本，也能实现一定的收益，特别适合前期尝鲜体验的用户。贷款自建则更像是一种折中的方案，兼顾收益与投资之间的平衡。总之三种方式各有利弊，用户可以根据自身的实际承受能力选择最适合自己的投资安装方案。还是那句话：适合自己的才是最好的！

8. 分布式光伏电站的环境效益

安装分布式光伏电站，不仅要算经济账，还要算环保账，具体环保效益是这样的。按一户家庭安装5kW光伏发电系统为例计算，年总发电量7000kW·h左右，25年可以累计发电17.5万kW·h，相当于节约标准煤约53.4t，减少二氧化碳排放142.45t，减少二氧化硫排放1.085t，减少氮氧化物0.37t。

9. 提高光伏电站收益的方法

（1）保证光伏电站的质量

光伏电站质量的好坏直接关系到收益的多少。光伏组件和光伏逆变器是光伏电站的核心设备，也是高消费产品，因此，延长这些设备的使用寿命就可以给光伏电站收益带来保证。延长光伏电站各部件寿命的方法有以下几种：

1）选择安装知名品牌厂家或商家的光伏产品，并要求厂商出具权威性的产品检测和认证报告，以确保光伏产品符合要求。

2）在安装光伏电站时，要有具体的安装设计和建设施工方案，为了确保安装质量，可以委托有资质、有经验的第三方对工程设计、施工安装、项目验收等进行全过程审查和监管。

3）安装结束后，要确保享有售后服务的权利，按要求及时保养和维护光伏电站。

（2）重视光伏电站安全运行，避免出现灾难性事故

安全是最大的效益，光伏电站也不例外，因此，光伏电站要保证对大风、暴雨、雷电等自然灾害有基本的防御能力。同时，还要保证光伏电站各个设备及部件的安全运行，例如光伏线缆、线缆连接器等是最容易引起火灾的环节，要格外重视。

1.4 分布式光伏发电系统的分类、构成与工作原理

1.4.1 光伏发电系统的分类与构成

1. 光伏发电系统的分类

分布式光伏发电系统按大类可分为离网（独立）光伏发电系统和并网光伏发电系统两种，如图1-7所示。

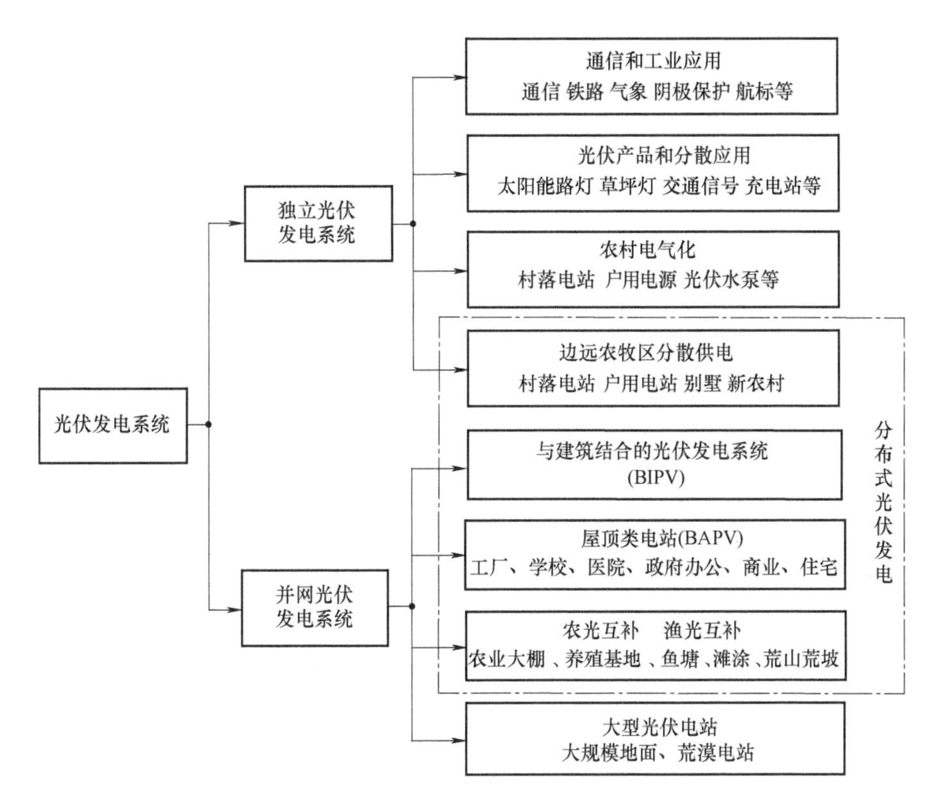

图1-7 分布式光伏发电系统的分类

离网光伏发电系统主要是指分散式的不与电网连接的独立发电供电系统，其主要有两种运行方式：

1）系统独立运行向附近用户的供电；

2）系统独立运行，但在光伏发电系统与当地电网之间有保障供电的自动切换装置。

并网光伏发电系统主要是指与公共电网连接的各种形式的并网光伏发电系统。按运行方式可分为3种：

1）系统与电网系统并联运行，但光伏发电系统对当地电网无电能输出（无逆流）；

2）系统与电网系统并联运行，且能向当地电网输出电能（有逆流）；

3）系统与电网系统并联运行，并带有储能装置，可根据需要切换成局部用户独立供电系统，也可以构成局部区域或用户的“微电网”运行方式。

按接入并网点的不同可分为用户侧并网和电网侧并网两种模式，其中用户侧并网又分为可逆流向电网供电和不可逆流向电网供电两种模式。

按发电利用形式不同可分为完全自发自用、自发自用+余电上网和全额上网三种模式。

按装机容量的大小可分为小型光伏发电系统（≤1MW）；中型光伏发电系统（1MW～30MW）和大型光伏发电系统（>30MW），当然20MW以上的光伏发电系统已经不属于分布式光伏发电的范畴了。

按并网电压等级可分为小型光伏电站：接入电压等级为0.4kV的低压电网；中型光伏电站：接入电压等级为10～35kV的高压电网；大型光伏电站：接入电压等级为66kV及以上的高压电网。

由于目前大家所说的分布式光伏发电系统一般都是指并网光伏发电系统，因此本书也将主要介绍分布式并网光伏发电系统的有关内容。同时用较小的篇幅对离网光伏发电系统的有关内容做必要的介绍。

2. 光伏发电系统的构成

光伏发电系统主要由光伏电池组件、光伏逆变器、直流汇流箱、直流配电柜、交流汇流箱或配电柜、升压变压器、光伏支架以及一些测试、监控、防护等附属设施构成。部分系统还有储能蓄电池、光伏控制器等。

（1）光伏电池组件

光伏电池组件也叫光伏电池板，是光伏发电系统中实现光电转换的核心部件，也是光伏发电系统中价值最高的部分。其作用是将太阳光的辐射能量转换为直流电能，并通过光伏逆变器转换为交流电为用户供电或并网发电。当发电容量较大时，就需要用多块光伏组件串、并联后构成光伏方阵。目前应用的光伏电池组件主要分为晶硅组件和薄膜组件。晶硅组件分为单晶硅组件、多晶硅组件；薄膜组件包括非晶硅组件、微晶硅组件、铜铟镓硒（CIGS）组件和碲化镉（CdTe）组件等几种。

（2）光伏逆变器

光伏逆变器的主要功能是把光伏组件输出的直流电能尽可能多地转换成交流电能，提供给电网或者用户使用。光伏逆变器按运行方式不同，可分为并网逆变器和离网逆变器。并网逆变器用于并网运行的光伏发电系统。离网逆变器用于独立运行的光伏发电系统。由于在一定的工作条件下，光伏组件的功率输出将随着光伏组件两端输出电压的变化而变化，并且在某个电压值时组件的功率输出最大，因此逆变器一般都具有最大功率跟踪（MPPT）功能，即逆变器能够调整组件两端的电压使得组件的功率输出最大。

（3）直流汇流箱

直流汇流箱主要是用在几百千瓦以上的光伏发电系统中，其用途是把光伏组件方阵的多路直流输出电缆集中输入、分组连接到直流汇流箱中，并通过直流汇流箱中的光伏专用熔断器、直流断路器、电涌保护器及智能监控装置等的保护和检测后，汇流输出到光伏逆变器。直流汇流箱的使用，大大简化了光伏组件与逆变器之间的连线，提高了系统的可靠性与实用性，不仅使线路连接井然有序，而且便于分组检查和维护。当光伏方阵局部发生故障时，可以局部分离检修，不影响整体发电系统的连续工作，保证光伏发电系统发挥最大效能。

（4）直流配电柜

大型的光伏发电系统，除了采用许多个直流汇流箱外，还要用若干个直流配电柜作为光伏发电系统中二、三级汇流之用。直流配电柜主要是将各个直流汇流箱输出的直流电缆接入后再次进行汇流，然后输出再与并网逆变器连接，有利于光伏发电系统的安装、操作和维护。

（5）交流配电柜与汇流箱

交流配电柜是在光伏发电系统中连接在逆变器与交流负载或公共电网之间的电力设备，它的主要功能是对电能进行接收、调度、分配和计量，保证供电安全，显示各种电能参数和监测故障。交流汇流箱一般用在组串式逆变器系统中，主要作用是把多个逆变器输出的交流电经过二次集中汇流后送入交流配电柜中。

（6）升压变压器

升压变压器在光伏发电系统中主要用于将逆变器输出的低压交流电（0.4kV）升压到与并网电压等级相同的中高压电网中（如10kV、35kV、110kV、220kV等），通过高压并网实现电能的远距离传输。小型并网光伏发电系统基本都是在用户侧直接并网，自发自用、余电直接馈入0.4kV低压电网，故不需要升压环节。

光伏发电系统用的升压变压器主要为单相或三相变压器，一般有干式和油浸式两种。

（7）光伏支架

光伏发电系统中使用的光伏支架主要有固定倾角支架、倾角可调支架和自动跟踪支架几种。自动跟踪支架又分为单轴跟踪支架和双轴跟踪支架。其中单轴跟踪支架又可以细分为平单轴跟踪、斜单轴跟踪和方位角单轴跟踪支架三种。目前，在分布式光伏发电系统中，以固定倾角支架和倾角可调支架的应用最为广泛。

（8）光伏发电系统附属设施

光伏发电系统的附属设施包括系统运行的监控和检测系统、防雷接地系统等。监控检测系统是全面监控光伏发电系统的运行状况，包括光伏组件的运行状况，逆变器的工作状态，光伏方阵的电压、电流数据，发电输出功率，电网电压频率以及太阳辐射数据等，并可以通过有线或无线网络的远程连接进行监控，通过计算机、手机等终端设备获得数据。

（9）储能蓄电池

储能蓄电池主要用于离网光伏发电系统和带储能装置的并网光伏发电系统中，其作用主要是存储光伏电池发出的电能，并可随时向负载供电。光伏发电系统对蓄电池的基本要求是：自放电率低，使用寿命长，充电效率高，深放电能力强，工作温度范围宽，少维护或免维护以及价格低廉。目前为光伏发电系统配套使用的主要是免维护铅酸电池、铅碳电池和磷酸铁锂电池等，当有大容量电能存储时，就需要将多只蓄电池串、并联起来构成蓄电池组。

（10）光伏控制器

光伏控制器是离网光伏发电系统的主要部件，其作用是控制整个系统的工作状态，保护蓄电池。防止蓄电池过充电、过放电、系统短路、系统极性反接和夜间防反充等。在温差较大的地方，控制器还具有温度补偿的功能。另外，光伏控制器还有光控开关、时控开关等工作模式，以及充电状态、用电状态及蓄电池电量等各种工作状态的显示功能。

1.4.2 离网（独立）光伏发电系统的工作原理

离网光伏发电系统是太阳能光伏发电常见的一种应用方式，其工作原理如图1-8所示。离网光伏发电系统不与电网连接，夜晚用电需要利用储存在蓄电池中的能量。离网光伏发电系统的设计和安装容量，也就是说光伏发电容量和储能容量必须满足用户最大用电量的

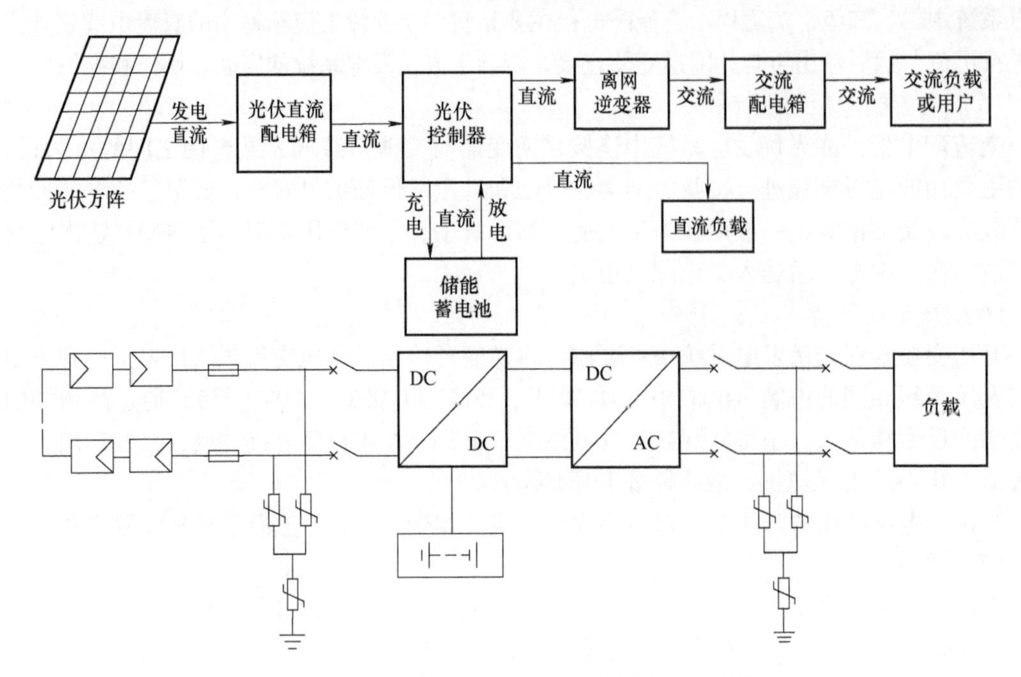

图 1-8　离网（独立）光伏发电系统的工作原理

需求。

离网光伏发电系统的核心部件是光伏组件，它将太阳光的光能直接转换成电能，并通过光伏控制器把光伏组件产生的电能存储于蓄电池中。当负载用电时，蓄电池中的电能通过光伏控制器合理地分配到各个负载上。光伏组件所产生的电流为直流电，可以直接以直流电的形式应用，也可以用光伏逆变器将其转换成为交流电，供交流负载使用。光伏发电的电能可以即发即用，也可以用蓄电池等储能装置将电能存储起来，在需要时使用。

离网光伏发电系统适用于下列情况及场合：

1）远离电网的边远地区、农林牧区、山区、岛屿；

2）不需要并网的场合；

3）夜间、阴雨天等也需要供电的场合；

4）不需要备用电源的场合等。

一般来说，远离电网而又必需电力供应的地方以及如柴油发电等需要运输燃料、发电成本较高的场合，使用离网光伏发电系统将比较经济、环保，可优先考虑。有些场合为了保证离网供电的稳定性、连续性和可靠性，往往还需要采用柴油发电机、风力发电机等与光伏发电系统构成风光柴互补的发电系统。

目前世界上还有约 8 亿人生活在缺电或者无电地区。在我国西部的四川、青海、甘肃、西藏等省区的偏远山区，由于自然条件恶劣、地理环境复杂、民族习惯迥异、居住分散等因素，仍有 20 万人没有解决基本生活用电问题，无法享受现代文明。离网光伏发电不仅可以解决无电或者少电地区居民基本用电问题，还可以清洁高效地利用当地的可再生能源，有效解决能源和环境之间的矛盾。

离网光伏发电系统主要由光伏电池组件、光伏控制器、储能蓄电池、光伏逆变器、交直流配电箱、光伏支架等组成。离网光伏发电系统有下列三种形式。

1. 独立供电光伏发电系统

独立供电光伏发电系统原理见图1-8。该系统由光伏电池组件、光伏控制器、储能蓄电池等组成。有阳光时，光伏电池将光能转换为直流电能向储能蓄电池充电，并同时通过光伏逆变器把直流电转换成交流电，为交流用户或负载提供电能。在夜间或阴雨天时，则由储能蓄电池存储的直流电能通过光伏逆变器转换为交流电向负载供电。这种系统广泛应用在远离电网的移动通信基站、微波中转站，边远地区农村供电等。当系统容量和负载功率较大时，就需要配备光伏电池方阵和蓄电池组。这类系统往往有直流电压输出，可以直接为直流负载供电。

2. 能自动切换的光伏发电系统

带切换装置的离网光伏发电系统如图1-9所示。所谓自动切换就是具有与公共电网自动运行双向切换的功能。一是当光伏发电系统因多云、阴雨天及自身故障等导致发电量不足时，切换器能自动切换到公共电网供电一侧，由电网向负载供电；二是当电网因为某种原因突然停电时，光伏系统可以自动切换使电网与光伏系统分离，成为独立光伏发电系统工作状态。有些带切换装置的光伏发电系统，还可以在需要时断开为一般负载的供电，接通对应急负载的供电。

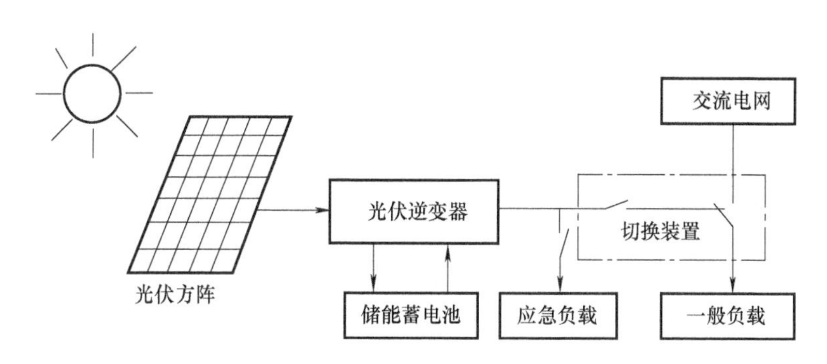

图1-9　能自动切换的光伏发电系统

3. 市电互补光伏发电系统

市电互补光伏发电系统如图1-10所示。所谓市电互补光伏发电系统，就是在独立光伏发电系统中以太阳能光伏发电为主，以普通220V交流电补充电能为辅。这样光伏发电系统中光伏组件和蓄电池的容量都可以设计得小一些，基本上是当天有阳光，当天就用太阳能发的电，遇到阴雨天时就用市电能量做补充。在我国大部分地区全年基本上都有2/3以上的晴好天气，这样系统全年就有2/3以上时间用太阳能发电，剩余时间用市电补充能量。这种形式既减小了太阳能光伏发电系统的一次性投资，又有显著的节能减排效果，是太阳能光伏发电在几年前推广和普及过程中一个过渡性的好办法。这种形式原理上与下面将要介绍的无逆流并网型光伏发电系统有相似之处，但还不能等同于并网应用。

应用举例：某市区路灯改造，如果将普通路灯全部换成太阳能路灯，一次性投资很大，无法实现。而如果将普通路灯加以改造，保持原市电供电线路和灯杆不动，更换节能型LED光源灯具，采用市电互补光伏发电的形式，用小容量的光伏组件和蓄电池（仅够当天使用，也不考虑连续阴雨天数），就构成了市电互补型太阳能路灯，投资减少一半以上，节能效果

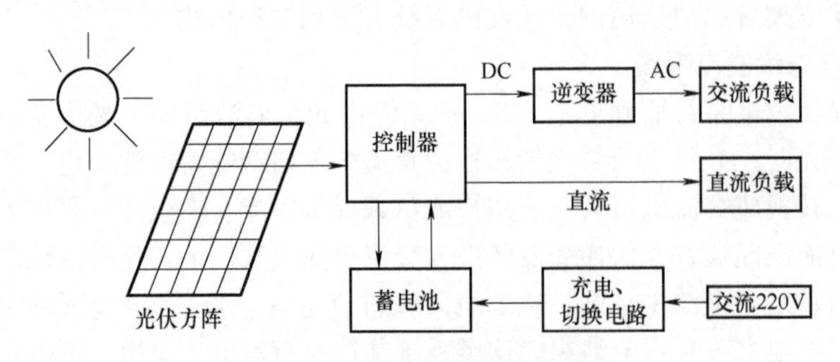

图 1-10　市电互补光伏发电系统

显著。

4. 风光互补及风光柴互补离网光伏发电系统

风光互补及风光柴互补离网光伏发电系统如图 1-11 所示。所谓风光互补是指在光伏发电系统中并入风力发电系统，使太阳能和风能根据各自的气象特征形成互补。一般来说，白天只要天气晴好，光伏发电系统就能正常运行，而夜晚无阳光时往往风力又比较大，风力发电系统恰好弥补光伏发电系统的不足。风光互补发电系统同时利用太阳能和风能发电，对气象资源的利用更加充分，可实现昼夜发电，提高了系统供电的连续性和稳定性，但在风力资源欠佳的地区不宜使用。

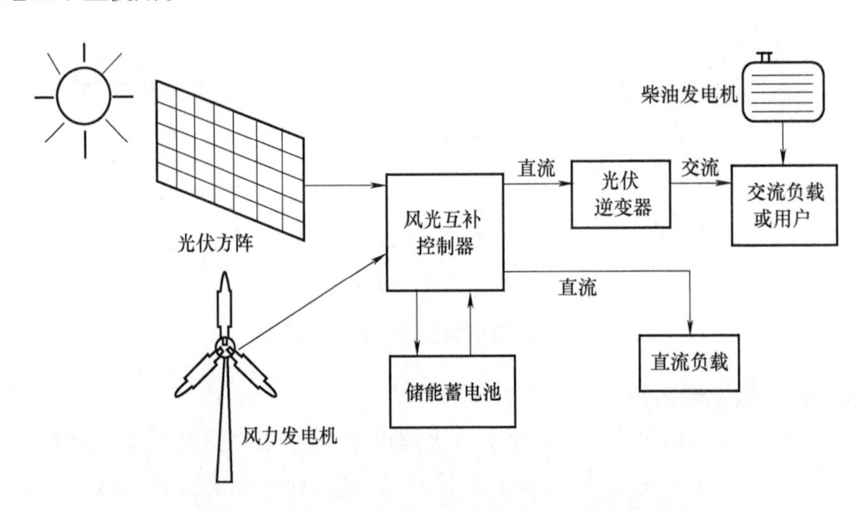

图 1-11　风光互补及风光柴互补离网光伏发电系统

另外，在比较重要的或供电稳定性要求较高的场合，还需要采用柴（汽）油发电机与光伏、风力发电系统构成风光柴互补的发电系统。其中柴（汽）油发电机一般处于备用状态或小功率运行待机状态，当风光发电不足和蓄电池储能不足时，由柴（汽）油发电机补充供电。

1.4.3　并网光伏发电系统的工作原理

并网光伏发电系统适用于当地有公共电网的区域，其可将发出的电力直接送入公共电网，也可以就近送入用户的供用电系统，由用户部分或全部直接消纳，用电不足的部分可由公共电网输入补充。

图1-12所示为并网光伏发电系统的工作原理示意图。并网光伏发电系统由光伏电池方阵将光能转变成电能，并经直流汇流箱和直流配电柜进入并网逆变器，有些类型的并网光伏发电系统还要配置储能系统储存电能。

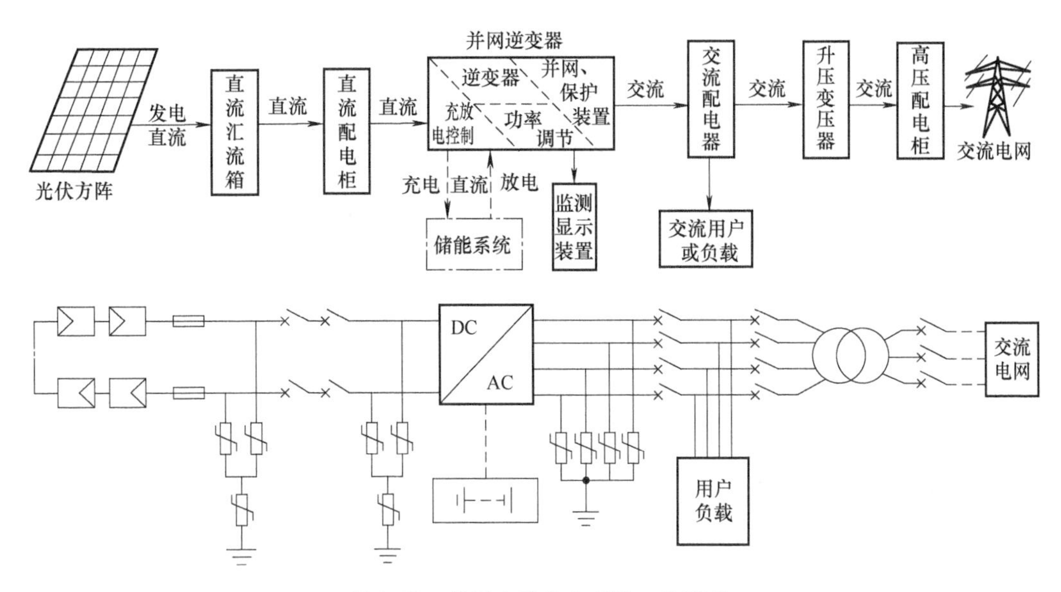

图1-12　并网光伏发电系统工作原理

并网光伏逆变器由功率调节、交流逆变、并网保护切换等部分构成。经逆变器输出的交流电通过交流配电柜后供用户或负载使用，多余的电能可通过电力变压器等设备逆流馈入公共电网（可称为卖电）。当并网光伏系统因气候原因发电不足或自身用电量偏大时，可由公共电网向用户负载补充供电（称为买电）。系统还配备有监控、测试及显示系统，用于对整个系统工作状态的监控、检测及发电量等各种数据的统计，还可以利用计算机网络系统远程传输控制和显示数据。

并网光伏发电系统可以向公共电网逆流供电，其“昼发夜用”的发电特性正好可对公共电网实行峰谷调节，对加强供电的稳定性和可靠性十分有利，与离网光伏发电系统相比，可以不用储能蓄电设备（特殊场合除外），从而扩大了使用范围和灵活性，并使发电系统成本大大降低。

对于有储能系统的并网光伏发电系统，光伏逆变器中将含有充放电控制功能和交流电反向充电功能（双向逆变器），负责调节、控制和保护储能系统正常工作。

分布式并网光伏发电系统是相对集中式大型并网光伏电站而言的，集中式大型并网光伏电站一般都是国家级电站，其主要特点是将所发电能直接输送到电网，由电网统一调配向用户供电。这种电站投资大，建设周期长，占地面积大，需要复杂的控制和配电升压设备。而分布式并网光伏发电系统，特别是与建筑物相结合的屋顶光伏发电系统、光伏建筑一体化发电系统等，由于投资小、建设快、占地面积小、政策支持力度大等优点，是目前和未来并网光伏发电的主流。分布式并网光伏发电系统所发的电能直接就近分配到周围用户，多余或不足的电力通过公共电网调节，多余时向电网送电，不足时由电网供电。分布式并网光伏发电系统一般有下列几种形式。

1. 有逆流并网光伏发电系统

有逆流并网光伏发电系统如图1-13所示。当光伏发电系统发出的电能充裕时，可将剩余电能馈入公共电网，向电网送电（卖电）；当光伏发电系统提供的电力不足时，由电网向用户供电（买电）。由于该系统向电网送电时与由电网供电的方向相反，所以称为有逆流并网光伏发电系统。

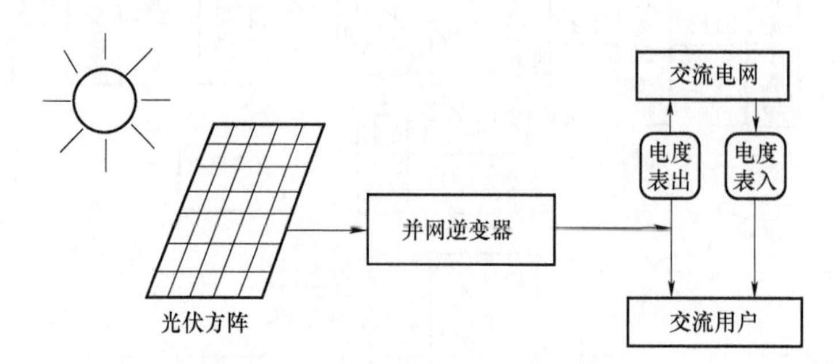

图1-13 有逆流并网光伏发电系统

2. 无逆流并网光伏发电系统

无逆流并网光伏发电系统如图1-14所示。无逆流并网光伏发电系统即使发电充裕时也不向公共电网供电，但当光伏系统供电不足时，则由公共电网向负载供电。

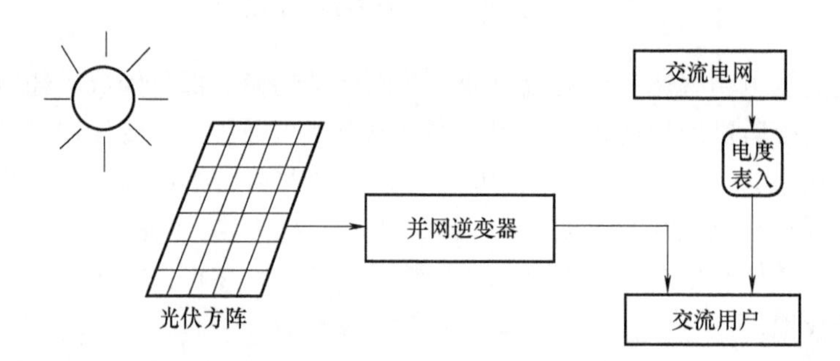

图1-14 无逆流并网光伏发电系统

3. 有储能装置的并网光伏发电系统

有储能装置的并网光伏发电系统如图1-15所示，就是在上述两种并网光伏发电系统中根据需要配置储能装置。带有储能装置的光伏发电系统主动性较强，当电网出现停电、限电及故障时，可独立运行并正常向负载供电。因此，带有储能装置的并网光伏发电系统可作为紧急通信电源、医疗设备、加油站、避难场所指示及照明等重要场所或应急负载的供电系统。同时，当储能系统的并网光伏发电对减少电网冲击、削峰填谷、提高用户光伏电力利用率、建立智能微电网等都具有非常重要的意义。光伏+储能也会成为今后扩大光伏发电应用的必由之路。

4. 分布式智能电网光伏发电系统

分布式智能电网光伏发电系统如图1-16所示。该发电系统利用离网光伏发电系统中的充放电控制技术和电能存储技术，克服了单纯并网光伏发电系统受自然环境条件影响使输出电压不稳、对电网冲击严重等弊端，同时能部分增加光伏发电用户的自发自用量和上网卖电

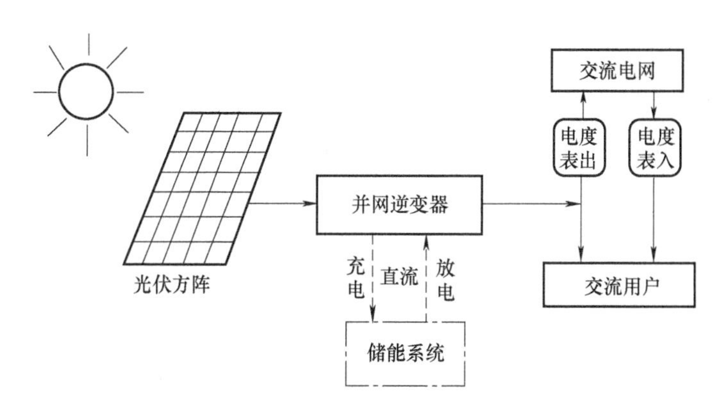

图 1-15　有储能装置的并网光伏发电系统

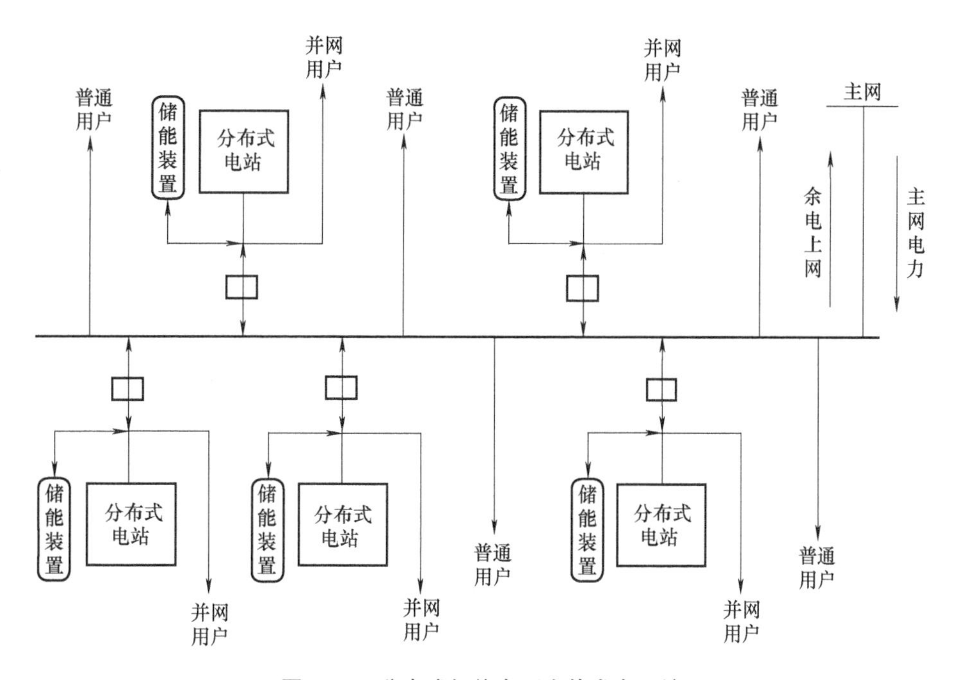

图 1-16　分布式智能电网光伏发电系统

量。另外，利用各自系统储能电量和用电量的不同以及时间差异化，可以使用户在不同的时间段并入电网，进一步减少对电网的冲击。

该系统中每个单元都是一个带储能装置的并网光伏发电系统，都能实现光伏并网发电和离网发电的自动切换，保证了光伏并网发电和供电的可靠性，缓解了光伏并网发电系统启停运行对公共电网的冲击，增加了用户用电的自发自用量。

分布式智能电网光伏发电系统是今后并网光伏发电应用的趋势和方向，其主要优点如下：

1）减小对电网的冲击，稳定电网电压，抵消高峰时段的用电量；

2）增加用户的自发自用量或卖电量；

3）在电网发生故障时能独立运行，解决覆盖范围的正常供电；

4）确保和增加光伏发电在整个能源系统中的占比和地位。

5. 大型并网光伏发电系统

大型并网光伏发电系统如图 1-17 所示，其由若干个并网光伏发电单元组合构成。每个光伏发电单元将光伏电池方阵发出的直流电经光伏并网逆变器转换成 380V 交流电，经升压系统变成 10kV 的交流高压电，再送入 35kV 变电系统后，并入 35kV 的交流高压电网。35kV 交流高压电经降压系统后变成 380 ~400V 交流电作为发电站的备用电源。

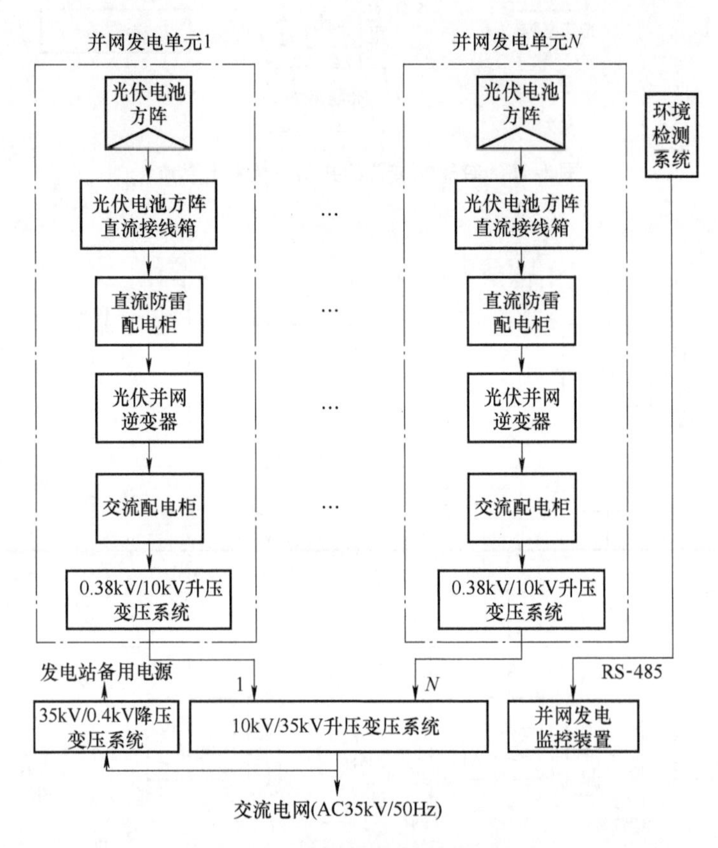

图 1-17　大型并网光伏发电系统

1.5　分布式光伏发电新技术应用

随着光伏产业的不断发展和技术创新，一些相关的新技术也逐步在分布式光伏发电方面得到了推广和应用，这些技术主要有光伏储能技术应用、分布式光伏发电与微电网技术应用、光伏建筑一体化发电系统应用、光伏电站的智能化应用、光伏发电 1100V 系统电压技术应用等。

1.5.1　储能技术在分布式光伏发电系统中的应用

光伏发电系统的并网运行，往往会随着日照条件和气象环境变化的影响造成对配电网的冲击，给配电网的稳定运行和供电质量带来一定的负面影响。特别是随着光伏发电系统规模的不断扩大以及光伏电源在能源结构中的占比越来越大，它对电网产生的冲击和影响就成为一个不可忽视的，必须采取有效技术措施去解决的问题，这个问题不解决，光伏发电在整个能源结构中的占比就极其有限，就会成为光伏发电产业发展和应用的瓶颈。

储能技术在光伏并网发电中的应用是解决上述问题的主要措施，储能的作用涉及发电、输电、配电以及终端电力用户（包括居民用电以及工业和商业用电），在发电侧，储能系统可以参与快速响应调频服务，提高电网备用容量，保证光伏发电能向用户提供持续供电，扬长避短地利用了光伏、风力等可再生能源清洁发电的优点，也有效地克服了其波动性、间歇性的缺点；在输电侧，储能系统可以有效地提高输电系统的可靠性；在配电侧，储能系统可以提高电能的质量；在终端用户侧，分布式储能系统在智能微电网能源管理系统的协调控制下可优化用电、降低用电费用，并且保持电能的高质量。总体来说，储能是建设智能电网和“互联网 + 智慧能源”，进一步提高可再生能源在能源系统占比的重要组成部分和关键支撑技术，是解决光伏电能消纳、增加电网稳定性、提高配电系统利用效率的最合理解决方案。

分布式光伏发电系统引入储能环节后，可以有效地实现需求侧管理，消除昼夜间峰谷差，平抑负荷，有效利用电力设备，降低用电成本，还可以提高系统运行稳定性、参与调频调压、补偿负荷波动。

在此就结合光伏发电系统的特点，分析一下光伏并网发电系统对电网带来的影响，并从电网角度和用户角度介绍储能技术在光伏并网发电，特别是分布式光伏发电系统中的应用，并对储能技术的发展需求进行展望。

1. 光伏并网发电系统对电网的冲击与影响

光伏并网发电系统对电网的冲击与影响主要有以下几点：

（1）对线路潮流的影响

在电网未接入光伏发电系统时，电网支路潮流一般是单向流动的，并且对于配电网来说，随着距变电站的距离增加有功潮流单调减少。当光伏电源接入电网后，从根本上改变了系统潮流的模式且潮流变得无法预测。这种潮流的改变使得电压调整很难维持，甚至导致配电网的电压调整设备（如阶跃电压调整器、有载调压变压器、开关电容器组）出现异常响应，同时，也可能造成支路潮流越限、节点电压越限、变压器容量越限等从而影响系统的供电可靠性。

（2）对系统保护的影响

当光照良好，光伏发电系统输出功率较大时，电路短路电流将会增加，可能会导致过电流保护配合失误，而且过大的短路电流还会影响熔断器的正常工作。此外，对于配电网来说，未接入光伏发电系统之前支路潮流一般是单向的，其保护不具有方向性，而接入光伏发电系统之后，该配电网变成了多源网络，网络潮流的流向具有不确定性。因此，电网必须增加有方向性的保护装置。

（3）对电能质量的影响

受云层遮挡等因素影响，光伏发电系统的输出功率经常会在短时间内大幅度变化，这种变化往往会引起电网电压的波动或闪变以及频率的波动等。此外，光伏发电的逆变器系统也会产生谐波，对电网造成影响。

（4）对运行调度的影响

光伏电源的输出功率直接受天气变化影响而不可控制，使光伏电源的可调度性也受到了一定制约，当某个电网系统中光伏电源占到一定比例后，电网电力的安全可靠调度就成了必须解决的问题。

2. 储能在光伏发电系统中的作用

解决光伏发电系统并网对电网的影响，提高光伏发电的并网容量的措施有两种：一是从光伏发电系统的角度，即用户角度，为光伏发电系统配置储能装置；二是从电网角度考虑，建设智能微电网系统，以提高调度的灵活性、稳定性、可调节性。分布式光伏发电储能技术的应用对系统能量管理、稳定运行以及提高系统的安全性和可靠性，解决具有间歇性、波动性和不可准确预测性的可再生能源接入电网，扩大新能源发电在整个能源结构中的占比都具有重要意义。

从电网角度来讲，储能在光伏发电系统中的作用有以下几种：

1）电力调峰，削峰填谷。储能可与电网调度系统相配合，根据系统负荷的峰谷特性，在负荷低谷期储存多余的发电量，在负荷高峰期释放出蓄电池中储存的能量，从而减少电网负荷的峰谷差，降低电网的供电负担，实现电网的削峰填谷。调峰的目的是为了尽量减少大功率负荷在峰电时段对电能的集中需求，以减少对电网的负荷压力，光伏储能系统可根据需要在负荷低谷时将光伏系统发出的电能储存起来，在负荷高峰时再释放这部分电能为负荷供电，提高电网的功率峰值输出能力和供电可靠性。通过电力调峰，还可以利用峰谷差价，提高电能利用的经济性。

2）控制电网电能质量、平抑波动。储能系统的加入，可以抑制光伏发电的短期波动和长期波动，大大改善光伏发电系统的供电输出的稳定性。通过合适的逆变控制调整，光伏储能系统还可以实现对电能质量的控制，包括稳定电压、调整相位以及有源滤波等。还可以根据电网出力计划，控制储能蓄电池的充放电功率，使得光伏电站的实际功率输出尽可能地接近出力计划，从而增加可再生能源输出的确定性。

3）构成微电网系统，实现不间断供电。微电网是未来输配电系统的一个重要发展方向，它可以显著提高供电可靠性。当微电网与系统分离时，微电网可以在孤岛模式下运行，微电网电源将独立承担所辖负荷的供电任务，特别是在以光伏电源为主构成的微电网中，储能系统作为微电网的组成部分，为微电网提供电压和频率的支撑，实现微电网模式切换过程的快速能量缓冲，保证微电网的平滑切换，保证为负荷提供安全稳定的供电。

从用户角度来讲，储能在光伏发电系统的作用有以下几种：

1）实现负荷转移。从技术角度讲，负荷转移与调峰类似，但它的实现应用是以光伏并网用户使用市电分时段计费为基础的。许多负荷高峰并不是发生在光伏系统发电充足的白天，而是发生在光伏发电高峰期以后，储能系统可在负荷低谷时将光伏系统发出的电能储存起来而不是完全送入电网，待到负荷高峰时再使用，这样，储能系统与光伏系统配合使用可以减少用户在高峰时的用电需求，使用户获得更大的经济利益。

2）实现负荷响应。为保证在负荷高峰时电网可以安全可靠的运行，电网会选定一些高功率的负荷进行控制，使它们在负荷高峰时段交替工作，当这些电力用户配置了光伏储能系统后，则可以避免负荷响应控制对上述高功率设备的正常运行带来的影响。实现负荷响应控制，负荷响应控制实施需要在光伏储能电站与电网之间有一条通信线路。

3）实现断电保护。光伏储能系统一个重要的好处就是可以为用户提供断电保护，即在用户无法得到正常的市电供应时，可以由光伏系统提供用户所需电能。这种有意实现的电力孤岛对用户和电网来说都是有好处的，它既可以允许电网在用电高峰时切掉部分电力负荷，又可以使电力用户在没有市电供应时还能有正常供电使用。

3. 光伏储能系统的几种类型

根据不同的应用场合，光伏储能系统分为离网储能系统、并离网储能系统、并网储能系统和多种能源混合微电网系统等。

（1）离网储能系统

离网储能系统也就是有储能装置的离网光伏发电系统，是专门针对无电网地区或经常停电地区场所使用的。由于离网光伏发电系统无法依赖电网，所以只有靠储能系统完全自发自用，实现“边储边用”或者“先储后用”的工作模式。

（2）并离网储能系统

并离网型光伏发电系统广泛应用于经常停电，或者光伏并网系统自发自用不能余量上网、自用电价比上网电价贵很多、波峰电价比波谷电价贵很多等应用场所。

相对于并网光伏发电系统，并离网系统结合了离网系统和并网系统的优点，使应用范围更宽，用电更灵活。一是可以设定在电价峰值时以额定功率输出，减少电费开支；二是可以利用谷电为储能系统充电，在用电高峰时段使用，利用峰谷差价获得收益；三是当电网停电时，光伏发电及储能系统可做为备用电源切换为离网工作模式继续工作。

（3）并网储能系统

并网储能系统能够存储多余的光伏发电量，提高光伏发电自发自用的比例。当光伏发电系统的发电量小于负载用电量时，负载由光伏发电和电网一起供电，当光伏发电系统发电量大于负载用电量时，光伏发电量一部分给负载供电，另一部分电量储存在储能系统中。

在国外的一些光伏发电系统应用较早的国家和地区，之前安装的光伏发电系统取消光伏补贴后，一般都会再安装一套并网储能系统，让光伏发电完全自发自用。这种“外挂”的并网储能系统可以与原系统的逆变器很好地兼容，原来的系统可以不做任何改动。当储能系统检测到有多余电量流向电网时，储能系统自动启动工作，把多余的电能储存到储能电池中，当储能电池电量也充满后，储能系统还可以接通用户的电热水器，把多余的电能转换为热量存储起来。当傍晚光伏发电系统停止工作后，或用户用电量增加时，可以利用储能系统中存储的电能向负载供电。

（4）微电网储能系统

微电网及储能系统将在本章 1. 5. 2 节中专门进行介绍。微电网可充分发挥各种分布式清洁能源的应用潜力，减少各种分布式清洁能源容量小、发电功率不稳定、独立供电可靠性低等的不利因素，确保电网安全运行，是大电网的有益补充。微电网应用灵活，规模可以从数千瓦直至几十兆瓦，大到厂矿企业、医院学校，小到一座建筑或一个家庭用户都可以实现微电网运行。

4. 光伏储能系统的主要应用模式

（1）配置在光伏系统直流侧的储能系统

配置在光伏系统直流侧的储能系统可在光伏发电系统直流侧进行配接调控，如图 1-18 所示。该系统中的光伏发电系统和蓄电池储能系统共享一个逆变器，但是由于蓄电池的充放电特性和光伏方阵的输出特性差异较大，原系统中的光伏并网逆变器中的最大功率点跟踪器（MPPT）是专门为了配合光伏输出特性设计的，无法同时满足储能蓄电池的输出特性曲线。因此，此类系统需要对原系统逆变器进行改造或重新设计制造，不仅需要使逆变器能满足光伏方阵的逆变要求，还需要增加对蓄电池组的充放电控制和能量管理等功能。这类储能系统一般都是单向输出的，也就是说该系统中的储能蓄电池完全依靠光伏发电来补充电量，电网的电力无法给蓄电池充电。

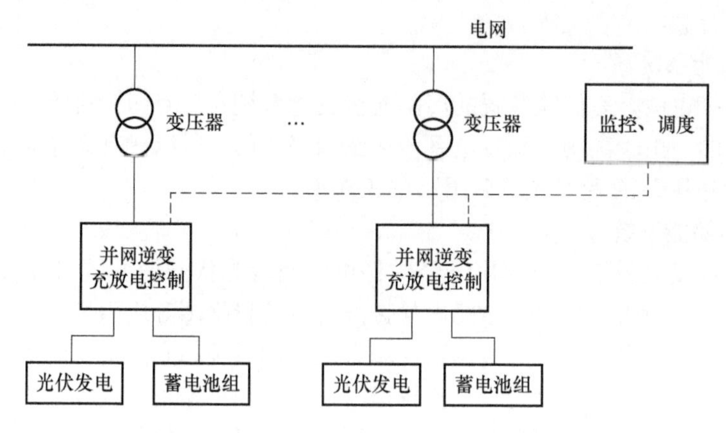

图 1-18　配置在光伏系统直流侧的储能系统

这种储能系统即便是电网出现停电，逆变器停止工作时，也不影响光伏方阵向蓄电池的充电，光伏系统发出的多余电力可直接储存在蓄电池内以等待需要的时候释放出来。这种配置的主要特点是系统效率高，设备投资少，可实现光伏发电与储能无缝连接输出电能，可大大提高光伏发电系统输出电能的平滑、稳定和可调控。这种方式的缺点是使用的逆变器需要特殊设计，不适用于对现有已经安装好的光伏发电系统进行升级改造。

（2）配置在光伏系统交流侧的储能系统

配置在光伏系统交流侧的储能系统如图 1-19 所示，它采用单独的充放电控制器和逆变器（双向逆变器或储能逆变器）来给蓄电池充电或者逆变，这种方案实际上就是给现有光伏发电系统外挂一个储能装置，可在目前任何一种光伏发电系统及风力发电系统或其他新能源发电系统进行升级改造，形成站内储能系统。

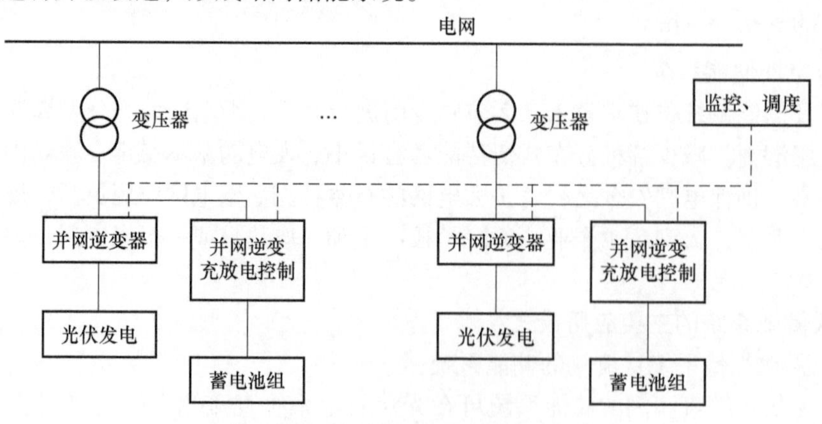

图 1-19　配置在光伏系统交流侧的储能系统

这种模式克服了直流侧储能系统无法进行多余电力统一调度的问题，该储能系统既可以建造在光伏或风力发电系统中，与光伏或风电协调输出，也可以根据电网需要建设成为独立运行的储能电站，其充电还是放电完全由智能化控制系统控制或受电网调度控制，它不仅可以集中全站内的多余电力给储能系统快速有效的充电，甚至可以调度站外电网的廉价低谷多余电力，使得系统运行更加方便和有效。

交流侧接入储能系统的另一个模式是将储能系统接入电网端，如图 1-20 所示。显然，这两种储能系统的不同点只是接入点不同，前者是将储能部分接入到交流低压侧，与原光伏电站共享一个变压器，而后者则是将储能系统形成独立的储能电站模式，直接接入高压电网。

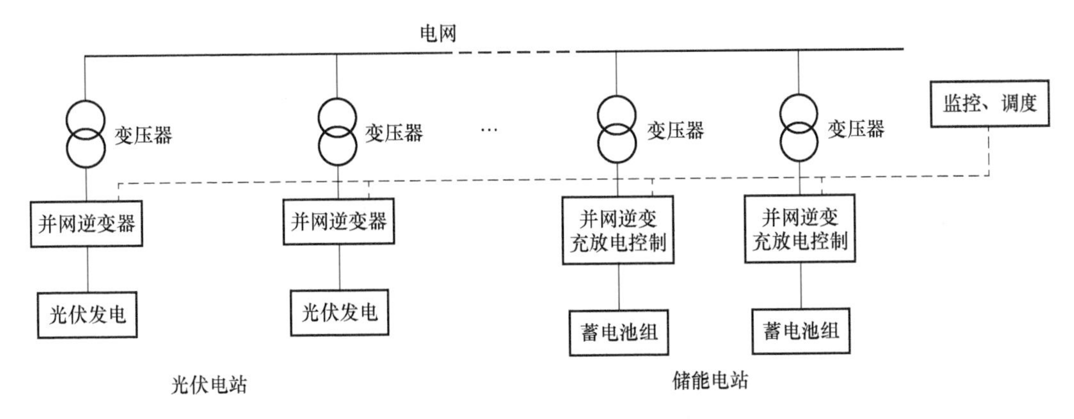

图 1-20　配置在光伏系统交流电网端的储能系统

交流侧接入的方案不仅适用于电网储能，还被广泛应用于诸如岛屿等相对孤立的地区，形成相对独立的微电网供电系统。交流侧接入的储能系统不仅可以在新建发电系统上实施，对于已经建成的发电系统也可以很容易地进行改造和附加建设，且电路结构清晰，发电系统和储能系统可分地建设，相互的直接关联性少，因此也便于运行控制和维修。其缺点是由于发电和储能相互独立，相互之间的协调和控制就需要外加一套专门的智能化的控制调度系统，因此造价相对较高。

5. 光伏储能系统的供用电管理模式

带储能的光伏发电系统往往可以解决对负载的连续供电和提高光伏发电的自发自用量，同时也起到了调峰和减少对电网冲击的作用，其供用电管理模式一般有下列几种：

（1）光伏系统供电管理模式

1）光伏电能首先为蓄电池充电，其次用于供给负载，剩余电力反馈给电网；

2）光伏电能首先为负载供电，其次用于蓄电池充电，剩余电力反馈给电网；

3）光伏电能首先为负载供电，其次先向电网馈电，剩余电力用于为蓄电池充电。

（2）负载用电管理模式

1）当有光伏供电时，优先由光伏供电，光伏供电不足时由市电补充，市电不可用时，则由蓄电池供电；

2）当有光伏供电时，优先由光伏供电，光伏供电不足时由蓄电池供电，若蓄电池不可用时，则由市电供电；

3）当没有光伏供电时，优先由蓄电池供电，若蓄电池不可用时，则由市电供电；

4）当没有光伏供电时，优先由市电供电，当市电不可用时，则由蓄电池供电。

分布式光伏发电在设计和构建储能系统时，整个系统的能源管理模式是系统设计的核心，只有明确整个系统能源管理的使用环境要求及模式特点，才能最终确定系统的设计原则和基本方法。

6. 光伏储能系统的两种架构

（1）MPPT 控制器 + 双向逆变器架构

MPPT 控制器 + 双向逆变器架构如图 1-21 所示。光伏组件产生的光伏直流电通过控制器送到储能电池和双向逆变器的直流端，在为蓄电池充电的同时，直流电通过双向逆变器为交流负载供电，多余的电通过双向逆变器馈回电网。

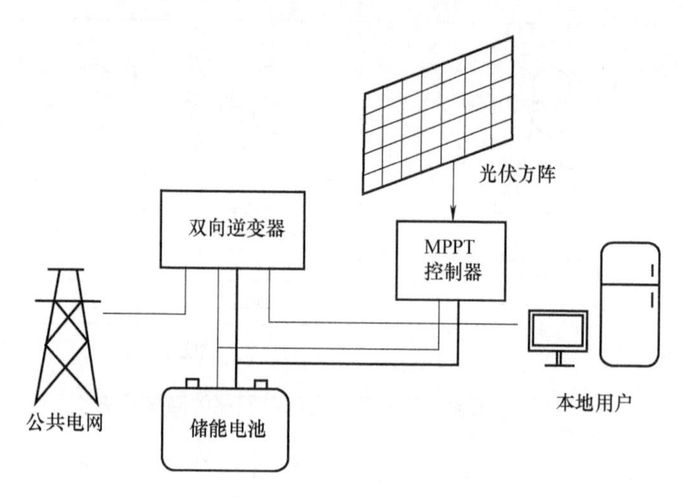

图 1-21　MPPT 控制器 + 双向逆变器架构示意图

（2）并网逆变器 + 双向逆变器架构

并网逆变器 + 双向逆变器架构如图 1-22 所示。光伏组件产生的光伏直流电通过并网逆变器输出交流电为负载供电，为蓄电池充电，多余电力馈到电网。具体运行管理模式通过双向逆变器进行设置。

1）当光伏电力足够供负载需求时，多余的光伏电力用于对蓄电池充电，不能被蓄电池吸收的电力（电池充满或已用最大电流充电）则反馈回电网。

2）当光伏电力不够负载需求时，不足部分主要由蓄电池提供，电网电力做辅助补充。

3）当夜晚无光伏电力时，优先由蓄电池向负载供电，直到蓄电池电力不足或光伏电力再次启动。蓄电池电力不足时，由电网向负载供

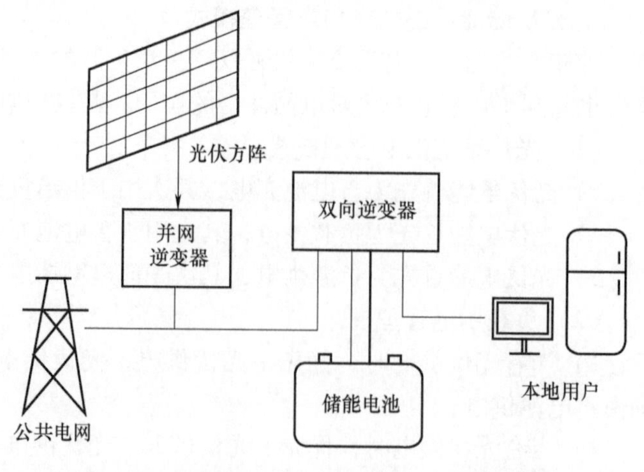

图 1-22　并网逆变器 + 双向逆变器架构示意图

电，但不给蓄电池充电，直到光伏电力启动后，由光伏电力为蓄电池充电。

7. 光伏储能系统的构建与技术要求

目前储能系统基本都采用模块化组件系统方案，构成示意如图 1-23 所示。为了兼顾分布式电源储能和规模并网储能的应用，储能系统最适宜采用的方式就是模块化组合搭建方式，主要包括电池组（模块）、电池管理系统（BMS）、双向储能逆变器/储能变流器（PCS）、监控管理保护系统（EMS）、温度控制系统和消防系统等几部分。储能系统主要用于平抑光伏、风力等有间歇性分布式发电的波动，改善电网对新能源电力的吸纳能力，同时具有对电网的削峰填谷和调峰调频的作用。

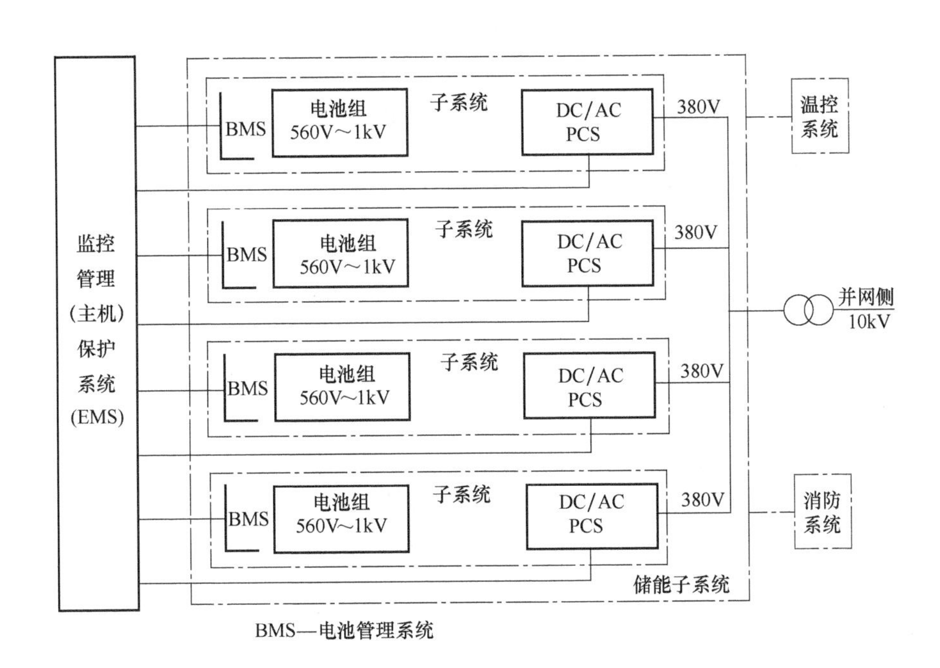

图 1-23　储能系统模块化构成示意图

为了实现储能技术在光伏并网发电系统的广泛应用，对储能系统的技术要求主要有以下几个方面：

（1）储能电池

用于光伏并网发电的储能装置的工作环境往往比较恶劣，而且受光伏发电输出不稳定的影响，储能系统的充放电条件也比较差，有时甚至需要频繁地小循环充放电等。因此，储能电池必须满足以下要求：

1）容易实现多方式组合，满足较高的工作电压和较大的工作电流的要求；

2）电池容量和性能可检测、可诊断，使控制系统能在预知电池容量和性能的情况下实现对电站负荷的调度控制；

3）具备高安全性、高可靠性和电化学性能稳定性，在正常情况下，电池使用寿命不低于 15 年。在极限情况下，即使发生故障，电池也应在受控范围内，不应该发生爆炸、燃烧等危及电站安全运行的事故；

4）具有良好的快速响应和大倍率充放电能力，一般要求达到5～10倍的充放电能力；

5）要具有较高的充放电转换效率和良好的充放电循环性能，易于安装和维护，具有较好的环境适应性，较宽的工作温度范围；

6）符合绿色环保的要求，在电池生产、使用、回收过程中不对环境产生破坏和污染。

目前，电化学储能技术发展进步很大，以锂离子电池、铅炭电池、液硫电池为主导的电化学储能技术在安全性、能量转换效率和经济性等方面均取得了重大突破，并逐步得到推广应用。

（2）电池管理系统

为了使储能装置实现最长的使用寿命、最大的能量输出以及最优的使用效率，需要针对储能装置的特点设置适合应用于分布式光伏发电系统及电力储能系统的充放电和均衡保护管理装置。

电池管理系统一般由电池组管理单元（BMU）、电池组串管理系统（BCMS）、电池堆管理系统（BAMS）和高压控制系统（HVC）组成，其管理架构如图1-24所示，具有模拟信号高精度检测与上报、故障告警上传与存储、电池保护、参数设置、主动均衡、电池组荷电状态定标和与其他设备之间信息交互等功能。

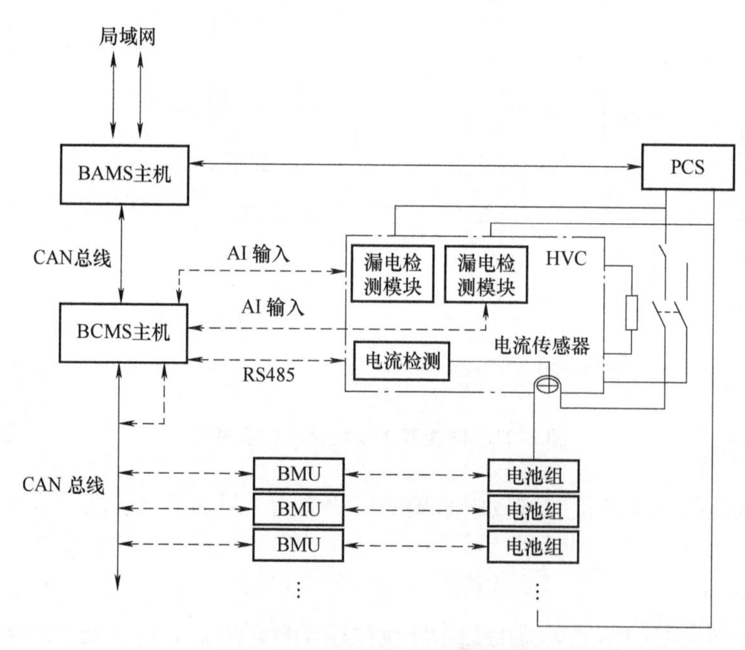

图1-24　BMS系统管理架构图

以目前已经得到推广应用的锂电池储能装置为例，其储能电池模块往往由几十串甚至几百串以上的电池组构成。电池在生产和使用过程中，会造成电池内阻、电压、容量等参数的不一致，这种差异表现为电池组充满电或放完电时串联电芯之间的电压不相同，或能量不相同。这种情况使得部分电芯在充电的过程中会被过充，而在放电过程中电压过低的电芯有可能被过放，从而使电池组的离散性明显增加，使用时更容易发生局部电芯过充和过放的现象，使电池组整体容量急剧下降，整个电池组表现出来的容量为电池组中性能最差的电芯的容量，最终导致电池组提前失效。因此，若对于锂电池组而言，均衡保护电路是必需的。当然，电池管理系统不仅仅是电池的均衡保护，还有更多的要求以保证储能系统稳定可靠运行。

（3）采用大功率PCS拓扑技术的双向储能逆变器（储能变流器）

双向储能逆变器是连接电网或光伏发电系统与储能电池组之间的电力电子接口设备，通过控制可实现电压、电流的交直流双向变换。新型储能变流器采用大功率PCS（Pole Changing Switch，换极开关）拓扑技术，符合大容量电池组的电压等级和功率等级要求，具有结构简单，稳定可靠，功率损耗小，能够灵活进行整流、逆变的双向切换运行等特点。随着新型电池技术的应用以及功率器件和拓扑技术的发展，双向逆变器一般采用DC/DC+DC/AC两极变换结构，首先通过DC/DC直流转换电路将电池组输出电压进行升压，再通过DC/AC逆变电路输出交流电。逆变部分采用多重化、多电平、交错并联等大功率变流技术，以降低并网谐波，简化并网接口。针对经DC/DC转换后较高的电池组电压（5~6kV），换极开关PCS系统采用多电平技术，功率器件采用IGCT或IGBT串联，实现直流→交流和交流→直流的灵活切换运行。

（4）监控系统

储能装置的监控系统主要是针对电池管理系统的监控，主要以计算机为基础，以软件为平台构成的工作过程自动化控制管理平台，按照监控对象以及系统需要对整个储能系统的运行设备进行监视和控制，实现数据采集、显示、报警、设备控制以及参数调节等各项功能，并在计算机、手机等各类终端设备上进行展示，具有高性能、高可靠性、实时性的特点。此外，其还具有多种错误检测方式，可保证庞大数据量上传及指令下发的及时性和准确性，并能在电池组出现严重故障时及时停止系统运行。

（5）温控系统

在大型储能装置中，往往还要加入温度控制系统，温度控制系统一般由压缩机制冷系统、加热系统、通风系统以及控制系统组成。温控系统将根据储能装置工作现场室内外的环境温度、湿度等环境因素变化，通过远程通信和模糊智能控制，自动控制和协调制冷系统和加热系统的工作，为储能装置进行冷却、加热和除湿。温控系统具有掉电记忆、自动重新启动、发生故障远程识别与报警等功能，保证储能装置的稳定运行，减少电力消耗和安全隐患。

（6）消防系统

储能装置的消防系统一般采用七氟丙烷自动灭火装置。该装置具有自动检测、定时巡查、自动报警和自动启动灭火装置的功能，能自动释放灭火剂并实施警铃及声光报警。七氟丙烷（HFC-227ea、FM-200）是无色、无味、不导电、无二次污染的气体，具有清洁、低毒、电绝缘性能好、灭火效率高的特点，是一种比较环保的洁净气体灭火剂。

8. 储能系统的智能化管理

普通的储能系统可以把白天光伏发电的剩余电力存储起来，供本地用户早晚时段使用，实现供电时段的转移和延长，这种功能在离网光伏系统中一直应用。储能系统智能化管理是要通过系统逻辑控制，对未来光伏发电能力和用电需求的预测，实现用电的最经济模式。

智能化系统会在晚上就综合考虑第二天光伏发电情况预测、用户用电模式以及为储能系统充电的优化来决定是否在低谷电价时段用市电储能以及储能的额度。例如，如果智能管理系统中的光伏发电预测模块给出明天发电功率将低于明天用电需求的提示，系统就会控制在夜间低电价时段对储能电池充满电量，然后第二天储能电池与光伏发电共同出力，以最经济的搭配满足用户的用电需求，这样就避免了第二天在用电价格高的时段对电网电力的需求，实现节约开支的目的。

储能技术的应用是促进微电网发展的重要课题。配置储能系统，将提升光伏发电的电能质量，为负荷及电网提供平稳电力；也可将白天的光伏发电存储起来供晚上使用，利用补助政策和不同时段用电价差，在发电产出不变的情况下获得更优化的投资收益。由于可解决发电时段和用电时段不一致的问题，再加上高低峰用电价格差别较大，储能系统可大幅提升投资回报率，在分布式光伏发电未来发展中将举足轻重，前景广阔。

电力安全是国家能源安全的重要组成，储能是保证电力安全、低碳、高效供给的重要技术，是支撑新能源电力大规模发展的重要技术，也是未来智能电网框架内的关键支撑技术。能源互联网作为未来全球能源的发展方向，将会从根本上改变现在的发电、输电、变电、配电、用电模式，实现智能储能、智能用电、智能交易、智能并网等，这就决定了未来电力的潮流控制、分布式电源及微电网模式将被广泛应用，储能技术将是协调这些应用的重要环节，也是构成能源互联网的最基础设施。储能技术在分布式光伏发电的应用将会进入快速发展的阶段。

1.5.2 分布式光伏发电与微电网技术应用

近年来，以可再生能源为主的分布式发电技术凭借其投资节省、发电方式灵活、与环境兼容等优点而得到了快速发展，主要包括太阳能光伏发电和风力发电，还包括燃料电池发电、微型燃气轮机发电、生物质能发电、小型水力发电等。分布式发电尽管优点突出，但其接入电网所引起的众多问题往往限制了分布式发电的广泛应用。为协调大电网和分布式电源的矛盾，充分挖掘分布式发电为电网和用户带来的价值与效益，微电网的概念应运而生。作为“网中网”，微电网既可以并网运行，也可以在主网发生故障或其他情况下与主网断开而孤岛独立运行。

微电网是指由分布式电源、用电负荷、配电设施、监控和保护装置等组成的小型发配用电系统（必要时含储能装置）。微电网分为并网型微电网和独立型微电网，可实现自我控制和自治管理。并网型微电网既可以与外部电网并网运行，也可以离网独立运行；独立型微电网不与外部电网连接，电力电量自我平衡。微电网已成为一些发达国家解决电力系统诸多问题的一个重要辅助手段，它以更具弹性的方式协调分布式电源，从而充分发挥分布式发电的作用。光伏发电系统在与微电网相结合后，将成为电力系统的可靠补充，为电网运行发挥更大的作用。

1. 微电网技术及发展

超大规模电力系统限制了分布式能源的作用，也间接限制了对新能源的利用。在不改变现有配电网络结构的前提下，为了削弱分布式电源对其的冲击和负面影响，世界各国纷纷提出微电网的观点和概念，也就是将分布式发电、用电负载、储能装置及控制装置结合在一起，形成一个单一可控的独立供电系统，也可以看成是管理局部能量关系的基于分布式发电装置的小电网。微电网技术采用了新型电力电子技术，将微型发电系统和储能装置并在一起，直接接在用户侧。对于大电网来说，微电网可被看作是一个可控单元，可以在数秒内动作以满足外部输配电网络的需求；对用户来说，微电网可以满足特定的需求，如降低馈线损耗、增加本地可靠性、维持本地自用电，保持本地电压稳定。微电网和配电网之间可以通过公共连接点进行能量交换，双方互为备用，从而提高了供电可靠性。微电网或与配电网并网运行或孤岛运行，微电网的灵活运行方式使其不但可以避免分布式发电并网所带来的负面影响，还能对配电网起到支撑作用。另外，也使得微电网的结构、模拟、控制、保护、能量管理系统和能量存储技术等与常规分布式发电技术有较大不同。

微电网中一般都包含多个分布式发电单元和储能系统，联合向负载供电，整个微电网对外是一个整体，通过断路器与上级电网相连。微电网中的发电单元可以是多种能源形式（光伏发电、风力发电机、柴油发电机、微型燃气轮机等，见图 1-25），还可以以热电联产或冷热电联产的形式存在，就地向用户提供热能，以进一步提高能源利用效率，如图 1-26 所示。

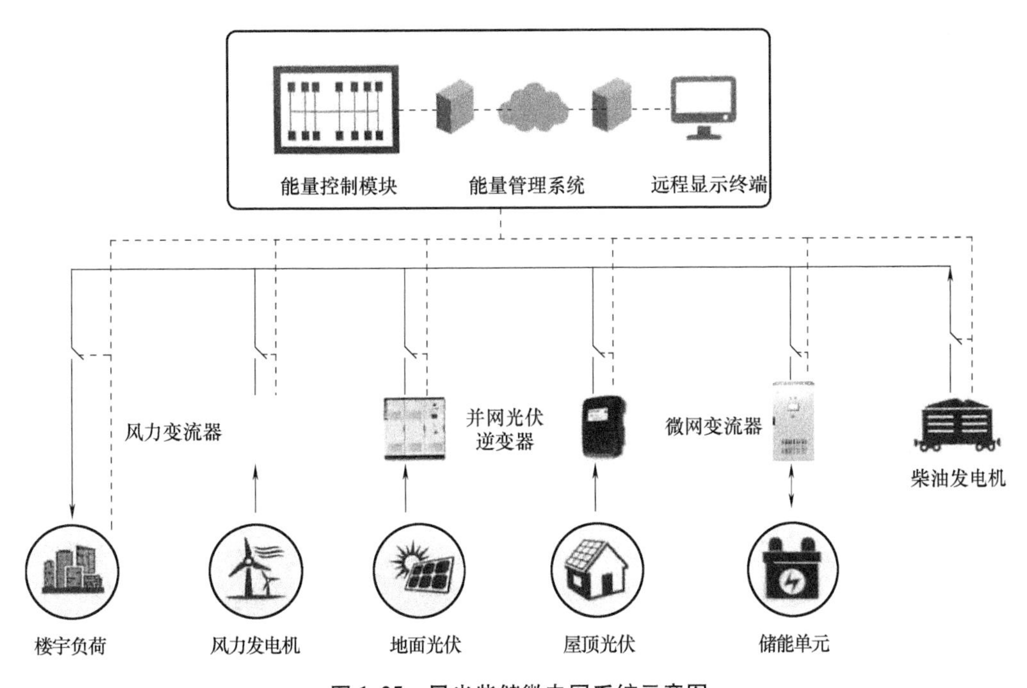

图 1-25　风光柴储微电网系统示意图

微电网的具体结构随负载等方面的需求而不同，但是其基本单元应包含微能源、蓄能装置、管理系统以及负载。其中大多数微电网与电网的接口都要求是基于电力电子的，以保证微电网以单个系统方式运行的柔性和可靠性。在智能电网的发展过程中，配电网需要从被动式的网络向主动式的网络转变，这种网络利于分布式发电的参与，能更有效地连接发电侧和用户侧，使得双方都能实时地参与电力系统的优化运行。微电网是一种新型的网络结构，是实现主动式配电网的一种有效方式。

2. 包含光伏发电系统的微电网

根据国家电网公司对光伏发电系统接入电网技术规定，许多光伏项目大都采用用户侧低压并网的方式，这些也是目前分布式电源的主要形式。其接线形式如图 1-27 所示。

在正常工作时，电网中支路 A 所接的光伏发电系统除了为本路的负载提供电能外，若有多余的电能也可通过 0.4kV 低压母线送至其他 3 条支路中。为了减小光伏发电系统对系统

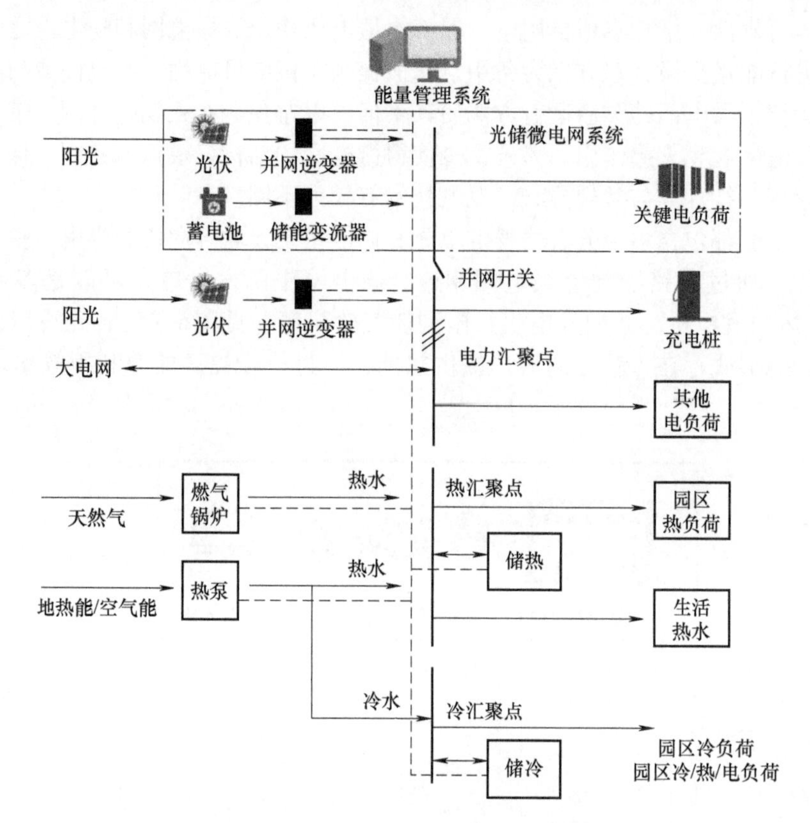

图 1-26　产业园区多能互补系统示意图

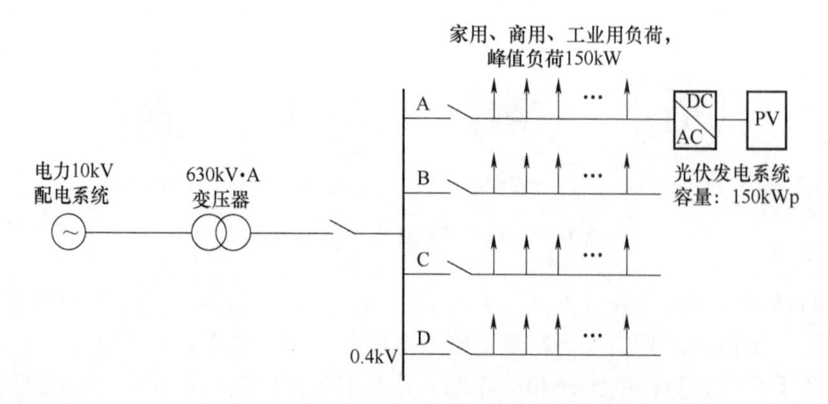

图 1-27　目前的光伏并网发电系统分布形式

电网的扰动和频率、电压等指标的影响，并考虑线路之间保护配置等问题，系统均安装有防逆流装置，即剩余的电能不允许倒送到电力 10kV 配电系统，同时对光伏发电的容量限制在上级变压器容量的 25% 以内。

这种形式的光伏系统发出的电能只占到系统日常总用电量的很小一部分，大部分的电能还需要从电网中购入，这样由于电网系统需要远距离送电和配置变压器，而造成线损和投资的增加，降低了能效，是一种不经济的运行方式。改进型并网光伏发电系统在上述形式基础上进行了改进，增加了光伏发电的容量，则系统结构形式如图 1-28 所示。

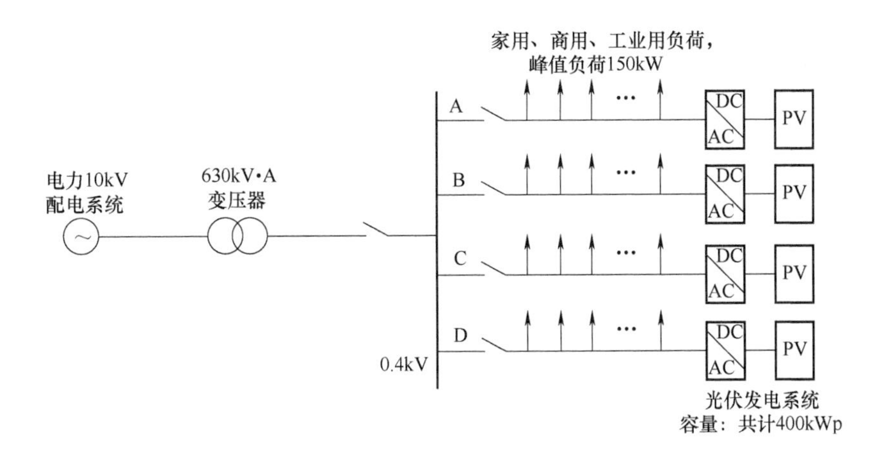

图 1-28　改进后的光伏并网发电系统分布形式

改进后的运行方式虽然增加了光伏发电系统的容量，但是仅靠提高光伏发电系统的容量远不能满足一天正常用电负载的需求，而且系统对电力网也有很大的依赖性。同时，白天光伏系统发出的一部分电能会由于用电负荷不足而白白浪费，而且这个浪费与光伏发电系统的容量成正比关系。

在运行过程中，由于光伏发电自身的特性，电网与该系统的公共连接点处的电流会在瞬间增大或减小，这会对电网系统的频率和电压造成很大的影响，为电网系统带来扰动，使得自身系统的稳定性和可靠性无法满足。因此，它也是一种不经济、不合理的运行方式。那么，系统想要稳定就需要增加其他发电形式和储能部分对它进行补充。这就形成新的以光伏发电系统为主的分布式电源系统，如图 1-29 所示。

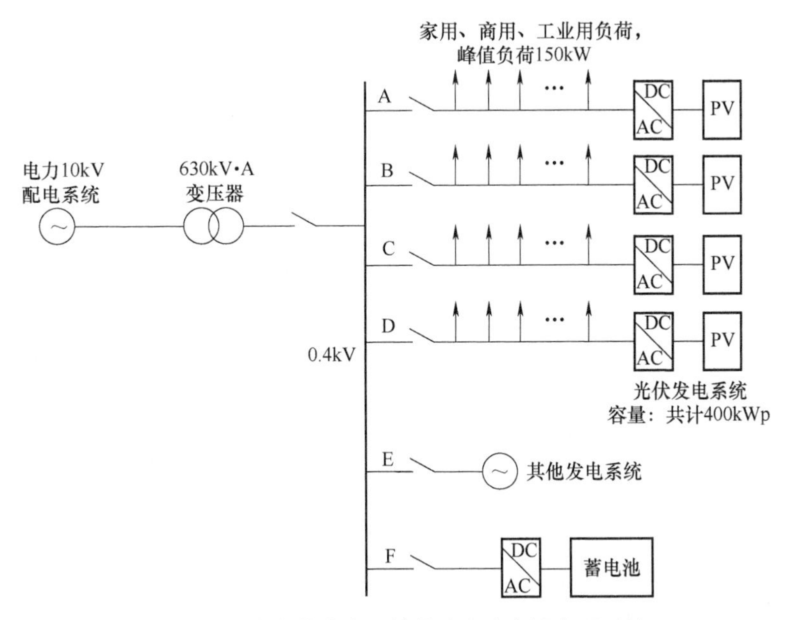

图 1-29　含光伏发电系统的分布式电源电网系统

图 1-29 所示的电网中除了光伏发电系统外，支路 E 可以是风力发电、沼气发电、生物

发电和微型燃气轮机发电等各种发电形式中的一种或多种混合而成；支路 F 为系统储能装置，一般可以为蓄电池、燃料电池、飞轮、压缩空气储能等。

这种分布式电源电网系统在正常运行中满足了电网负载的大部分需求，也降低了对电网系统的影响。但是系统对电网的需求是随着负载的增加和减少实时变化的，这样就会增加调度运行中对潮流管理的难度，导致线路中损耗增加，造成系统的稳定性和可靠性降低，也增加了保护设备整定的难度。因此，它还不是最经济的运行方式。

通过对以上 3 种电网形式的分析和改进，提出了光伏发电系统的微电网系统，如图 1-30所示。

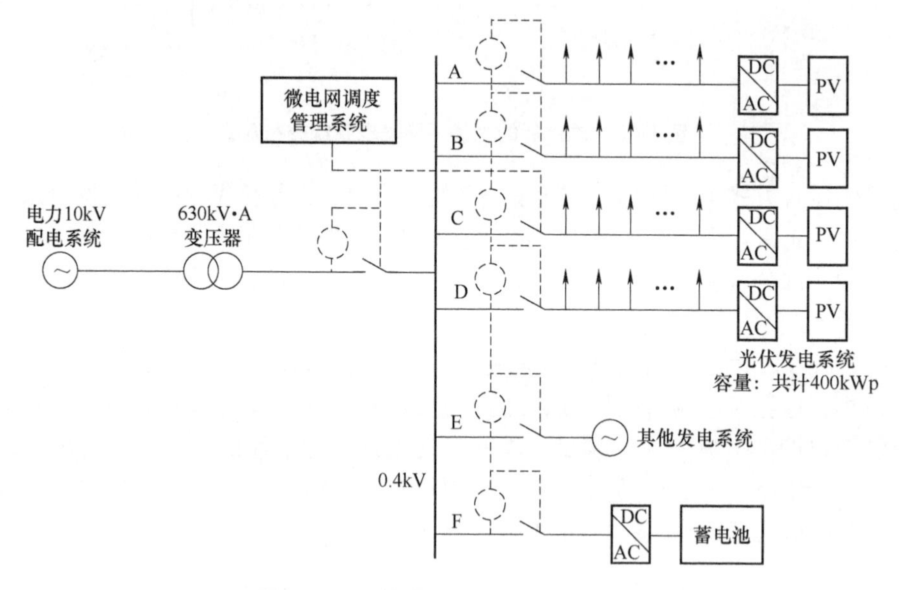

图 1-30　光伏发电系统的微电网系统

正常情况下，整个系统由其中的分布式电源提供电能，并通过微电网的调度管理系统实现微电网内部负载与电源的动态平衡。同时，微电网系统在电网中作为一个稳定的配电单元存在，由 10kV 配电网经变压器为低压母线上的 4 条支路提供部分电源。

从图 1-30 中可以看出，微电网通过增加调度管理系统，利用以太网、广域或局域的无线网络、电力载波、光纤等通信方式，实现对下层微电网的调度管理，并根据负载需求对各发电系统的出力进行实时控制。通过经济调度和能量优化管理等手段，可以利用微电网内各种分布式电源的互补性，更加充分合理地利用能源，最终实现光伏发电系统及其他发电系统和电网共同为所有负载提供电能，并且与电网之间的功率交换维持恒定。当电网发生故障或受到暂态扰动时，断路器可以很方便地自动切换微电网到孤岛运行模式，各分布式电源及储能装置可以采用各种控制策略维持微电网的功率平衡。在灾难性事件发生导致大电网瓦解的情况下，还可以保证对重要负载的继续供电，维持微电网自身供需能量平衡，并协助电网快速恢复，降低损失，促进其更加安全高效运行。因此，光伏发电的微电网系统存在两种运行模式，即电网正常状况下的并网运行模式和电网故障状况下的孤岛运行模式。

3. 光伏发电系统在微电网中的应用及特点

未来的电力系统将会是集中式与分布式发电系统有机结合的功能系统。其主要框架结构是由集中式发电和远距离输电骨干网、地区输配电网及以微型电网为核心的分布式发电系统相结合的统一体，能够节省投资，降低能耗，提高能效，提高电力系统可靠性、灵活性和供电质量。微电网的出现将从根本上改变传统电网应对负荷增长的方式，其在降低能耗、提高电力系统可靠性和灵活性等方面具有巨大潜力。

分布式发电可以将太阳能发电（包括热发电和光伏发电）电源组织起来，并配置一定的储能设备，通过有效的系统控制，提高分布式发电系统的稳定性和电能质量。

在我国青藏、新疆、西北、华北地区拥有丰富的太阳能资源，当地大部分地区人口密度低，非常适宜于发展分布式发电。分布式发电的规模化接入，只要对现有配电系统进行小改造，就可以实现在低压侧或配电侧并网，满足电力系统潮流分布、继电保护和运行控制等方面的要求。然后利用各种微电源的互补性及储能设备的作用，大大提高太阳能光伏发电的稳定性，促进分布式发电的规模化利用。

在一二线城市，建筑体量大，配电网发达，自动化水平高，电网结构合理，分布式光伏发电应结合国家产业政策和电网的规划实现集中并网或用户侧并网。大电网与光伏发电供能系统相结合，有助于防止大面积停电，提高电力系统的安全性和可靠性，并增强电网抵御自然灾害的能力，对于电网乃至国家安全都有重大现实意义。

分布式发电供能系统由于采用就地能源，可以实现分区、分片灵活供电。通过合理的规划设计，在灾难性事件发生导致大电网瓦解的情况下，还可以保证对重要用户的供电，并有助于大电网快速恢复供电，降低大电网停电造成的社会经济损失。分布式发电供能技术还可利用天然气、冷、热能易于在用户侧存储的优点，与大电网配合运行，实现电能在用户侧的分布式替代存储，从而间接解决电能无法大量存储这一世界性难题，促进电网更加安全高效运行。分布式发电供能系统与大电网并网运行，还有助于克服一些分布电源的间歇性问题，进而提高系统供电的电能质量。

以最低的发展成本，实现对太阳能、风电等可再生能源的开发和接纳，发展“智能电网”是一个行之有效的选择。

智能电网的核心思想是，在开放和互联的信息模式下，通过加载数字设备和升级电网网络管理系统，实现发电、输电、供电、用电、售电、电网分级调度、综合服务等电力产业全流程的智能化、信息化、分级化互动管理。同时，再造电网的信息回路，构建用户新型的反馈方式，推动电网整体转型为节能基础设施，提高能源效率，降低客户成本，减少温室气体排放，创造电网价值的最大化。

通过分析可以看到，光伏发电系统在微电网的应用中具备其他能源无法比拟的优点。首先，光伏利用的资源非常丰富，基本无枯竭危险，无需消耗燃料，白天可以提供基本稳定的输出功率；在大电网崩溃和意外灾害出现时，由于太阳能光伏系统的稳定输出，可以支撑微电网进行孤网独立运行，保证重要用户供电不间断，并为大电网崩溃后的快速恢复提供电源支持。其次，光伏发电系统安全可靠，无噪声，无污染排放，不受地域的限制，可利用建筑屋面的优势，建设周期短，获取能源花费的时间短。再者，目前逆变器具备调节功能，通过微电网的调度管理系统控制逆变器的功率输出，来维持微电网中各发电系统的输出功率和系统中用电负荷之间的功率平衡。还有，光伏发电系统本身采用就地能源，通过合理的规划设计，可以实现分区分片灵活供电，电源和负载距离近，输配电损耗很低，降低了输配电成本，并且在运行中实现了电能的削峰填谷、舒缓高峰电力需求，解决电网峰谷供需矛盾。最后，随着光伏发电技术越来越成熟，全球光伏市场价格的不断下跌，安装成本逐年下降，微电网加大对光伏的利用力度，可以获得更大的经济效益。作为一种清洁能源，光伏发电也非常容易使人接受，能够获得广泛的使用。

微电源与储能技术的结合可以大大提高微电网的稳定性、经济性和能源利用率。它们直接接在用户侧，具有低成本、低电压、低污染等特点。在接入问题上，微电网的入网标准只针对微电网和大电网的公共连接点，而不针对各个具体的微电源。这样不仅解决了分布式发电接入的问题，还能充分发挥了它们的优势。所以，分布式发电、微电网运行将成为未来大型电网的有力补充和有效支撑。

1.5.3 分布式光伏发电与光伏建筑一体化应用与设计原则

光伏建筑一体化是光伏发电在建筑上应用的一种形式，也是分布式光伏发电在城市应用的主要形式。简单地讲就是将光伏发电系统和建筑的围护结构外表面如建筑幕墙、屋顶等有机地结合成一个整体结构，不但可以同建筑物友好结合，具有围护结构的功能，同时又能实现光伏发电，产生电能供本建筑及周围用电负载使用。还可通过建筑物输电线路并网发电，向电网提供电能。由于光伏方阵与建筑的结合不占用额外的地面空间，是光伏发电系统在城市中广泛应用的最佳安装方式，因而备受关注。

1. 光伏建筑一体化的分类及优点

光伏建筑一体化分为 BIPV（Building Intergrated Photovoltaic，集成到建筑物上的光伏发电系统）和 BAPV（Building Attached Photovoltaic，在现有建筑物上安装的光伏发电系统）两种类型。BIPV 是指与建筑物同时设计、同时施工和安装并与建筑物形成完美结合的光伏发电系统，也称为“构件型”或“建材型”太阳能光伏建筑。它作为建筑物外部结构的一部分，与建筑物同时设计，同时施工和安装，既具有发电功能，又具有建筑构件和建筑材料的功能，甚至还可以提升建筑物的美感，与建筑物形成完美的统一体。其工程示例如图 1-31 所示。

BAPV 是指附着在建筑物上的光伏发电系统，也称为“安装型”太阳能光伏建筑。它的主要功能是发电，与建筑物功能不发生冲突，不破坏或削弱原有建筑物的功能。其工程示例如图 1-32 所示。

图 1-31 BIPV 光伏建筑一体化工程示例

图 1-32 BAPV 光伏建筑一体化工程示例

光伏建筑一体化主要有下列一些优点：

1）建筑物能为光伏系统提供足够的面积，不需要额外占用土地面积。符合建设条件的建筑量大，可大规模推广应用；

2）光伏系统的支撑结构可以与建筑物结构部分结合，可降低光伏系统基础和部分基础结构的费用；

3）光伏组件安装方式较自由，系统效率较高，可实现较大规模装机；

4）就近并网的运行方式，省去了输电费用，分散发电，减少了电力传输和电力分配的损失，降低了电力传输和分配的投资及维修成本；

5）光伏方阵可部分代替常规建筑材料，节省材料费用；

6）安装与建筑施工结合，节省安装成本；

7）可以使建筑物的外观更具魅力。

光伏发电与建筑相结合，使房屋建筑发展成具有独立电源、自我循环式的新型建筑，是人类进步和社会、科技发展的必然。

2. 光伏建筑一体化的安装结构类型

光伏建筑一体化的安装结构类型主要分为三大安装类型，共8种形式，见表1-6，即建材型安装类型、构件型安装类型和与屋顶、墙面结合安装类型。

表1-6　光伏建筑一体化安装结构类型

安装类型	主要形式	光伏组件	建筑要求	结合方式
建材型	光伏采光顶（天窗）	透明光伏玻璃组件	建筑效果、结构强度、采光、遮风挡雨	集成（BIPV）
	光伏屋顶	光伏屋面瓦	建筑效果、结构强度、遮风挡雨	集成（BIPV）
	透明光伏幕墙	透明光伏玻璃组件	建筑效果、结构强度、采光、遮风挡雨	集成（BIPV）
	不透明光伏幕墙	不透明光伏玻璃组件	建筑效果、结构强度、遮风挡雨	集成（BIPV）
构件型	光伏遮阳板（有采光要求）	透明光伏玻璃组件	建筑效果、结构强度、采光	集成（BIPV）
	光伏遮阳板（无采光要求）	不透明光伏玻璃组件	建筑效果、结构强度	集成（BIPV）
结合型	屋顶光伏方阵	普通光伏组件	建筑效果	结合 BAPV
	墙面光伏方阵	普通光伏组件	建筑效果	结合 BAPV

（1）建材型安装类型

建材型安装是将太阳电池与瓦、砖、卷材、玻璃等建筑材料复合在一起，成为不可分割的建筑构件或建筑材料，如光伏瓦、光伏砖、光伏屋面卷材、光伏玻璃幕墙、光伏采光顶等。组件作为建筑物的屋面和墙面，与建筑结构浑然一体，结合程度非常高。

（2）构件型安装类型

构件型安装是与建筑构件组合在一起或独立成为建筑构件的光伏构件，如以标准光伏组件或根据建筑要求定制的光伏组件构成雨篷构件或遮阳构件等。

（3）与屋顶、墙面结合安装类型

与屋顶、墙面结合安装是在平屋顶上安装、坡屋面上顺坡架空安装以及与墙面平行安装等形式。电池组件安装在屋面上，安装方式包括屋面平行设置和固定倾斜角设置。

3. 光伏建筑一体化系统设计需要考虑的因素和要求

（1）对光伏方阵或组件的朝向布局要求

对于某一个具体位置的建筑来说，与光伏方阵集成或结合的屋顶和墙面，所能接收的太阳辐射是一定的。为了获得更多的太阳能，光伏方阵的布置应尽可能地朝向太阳光入射的方向，如建筑的屋顶、正南、东南、西南等，若面积有限，正东和正西也可以考虑。另外，还要考察建筑物的周边环境，尽量避开或远离遮阴物。

（2）对光伏组件的质量要求

把光伏组件兼作建筑材料，就必须具备建筑材料所要求的几项条件：坚固耐用、隔热保温、防水防潮、适当的强度和刚度等性能。若是用于窗户、玻璃幕墙和采光屋顶等，还必须考虑透光量，也就是说组件既要发电，又可采光。此外，还要考虑光伏组件的颜色与质感要与建筑物协调，尺寸和形状要与建筑物的结构相吻合，还要考虑安全性能及施工简便等。

（3）组件数量及排列方式的要求

设计时要根据组件面积的大小，确定每一个屋面可以安装的组件总数量及排列方式。由于每个屋面的朝向不同，一般一个屋面要对应一个或几个逆变器，设计成组串式逆变器结构，以提高逆变器的工作效率。

4. 光伏建筑一体化的设计原则与方法

（1）设计原则

光伏建筑一体化是光伏系统依赖或依附于建筑的一种新能源利用形式，其主体是建筑，客体是光伏系统。因此，光伏建筑一体化设计应以不损害和影响建筑的效果、结构安全、功能和使用寿命为基本原则，任何对建筑本身产生损坏和不良影响的设计都是不合格的设计。

（2）建筑设计

光伏建筑一体化的设计应从建筑设计入手，首先对建筑物所在地的地理气候条件及太阳能资源情况进行分析，这是决定是否选用光伏建筑一体化的先决条件；其次是考虑建筑物的周边环境条件，即选用建筑部分接受太阳能的具体条件，如被其他建筑物遮挡，则不必考虑选用光伏建筑一体化方式；再者是与建筑物外装饰的协调，光伏组件给建筑设计带来了新的挑战与机遇，画龙点睛的设计会使建筑更富生机，环保绿色的设计理念更能体现建筑与自然的结合；最后是考虑光伏组件的吸热对建筑热环境的改变。

（3）发电系统设计

光伏建筑一体化的发电系统设计与地面光伏电站的系统设计不同，地面光伏电站一般是根据负载或功率要求来设计光伏方阵大小并配套系统，光伏建筑一体化则是根据光伏方阵大小与建筑采光要求来确定发电的功率并配套系统。

光伏系统设计包含 3 个部分，分别为光伏方阵设计、光伏组件设计和光伏发电系统设计。

1）光伏方阵设计：在与建筑墙面结合或集成时，一方面要考虑建筑效果，如颜色与板块大小；另一方面要考虑其受光条件，如朝向与倾斜角。

2）光伏组件设计：涉及电池片的选型（综合考虑外观色彩与发电量）与布置（结合板块大小、功率要求、电池片大小进行）、组件的装配设计（组件的密封与安装形式）。

3）光伏发电系统设计：即确定系统类型为并网系统还是离网系统，控制器、逆变器、蓄电池等的选型，防雷、系统综合布线，监测与显示等环节设计。

（4）结构安全性与构造设计

光伏组件与建筑的结合，结构安全性涉及两方面：一是组件本身的结构安全，如高层建筑屋顶的风荷载较地面大很多，普通的光伏组件的强度能否承受，受风变形时是否会影响到电池片的正常工作等；二是固定组件的连接方式的安全性。组件的安装固定不是安装空调式的简单固定，而是需对连接件固定点进行相应的结构计算，并充分考虑在使用期内的多种最不利情况。建筑的使用寿命一般在 50 年以上，光伏组件的使用寿命一般在 25 年以上，所以结构安全性问题不可小视。

构造设计是关系到光伏组件工作状况与使用寿命的因素，普通组件的边框构造与固定方式相对单一。与建筑结合时，其工作环境与条件有变化，其构造也需要与建筑相结合，如隐框幕墙的无边框、采光顶的排水等普通组件边框已不适用。

5. 光伏建筑一体化不同安装类型的应用

（1）建材型安装类型的应用

作为屋面和墙面使用，组件材料应具有良好的保温、防水、隔断、隔音等功能，使建筑物达到节能、美观等要求，一般需要根据项目特点定制组件。但是在夏季温度较高的情况下，组件散热难度很大。温度过高，光伏组件的输出电压将产生随温度变化的负效应，使系统输出功率降低，光伏组件的使用寿命也会受到很大的影响。

作为屋面材料，建材型组件的边框材料多为金属材料，我国北方地区年度温差很大，热胀冷缩非常严重，长时间运行将造成防水系统破坏，出现渗漏现象。另外，北方寒冷地区建筑屋面多为平屋面或坡度较小的屋面，在冬季有积雪的情况下，这种小坡度屋面将无法自动清除积雪。有些地区还经常出现沙尘天气，在这种情况下，灰尘容易在组件表面形成堆积，这样将对光伏组件的发电效率产生很大影响。

因此，建材型光伏组件结构形式不太适合在寒冷地区使用。

（2）构件型安装类型的应用

构件型安装类型适合不同地区，但是作为构件进行设计时，应充分考虑其安全性，因建筑结构的下方都是人们活动的区域，必须采取安全措施保证安全。建筑构件有特定的功能性和美观性要求，而光伏组件需要最大程度的吸收太阳能，因此光伏构件在建筑物上只能进行选择性安装，如设置在建筑物可以满足日照的立面，不适合其他立面，所以构件型安装类型应综合考虑建筑物的整体造型和功能性要求，选择合适的建筑构件，如果生搬硬套，必然会影响建筑物的整体效果。

（3）与屋顶、墙面结合安装类型的应用

与屋顶、墙面结合安装类型与建筑物的结合程度不高，可根据用户的需要灵活布置，采用常规光伏组件即可实现。对于地处寒冷地带、太阳能资源比较丰富的地域，在建筑物的结构选型方面，可结合建筑物特征优先选择与屋顶、墙面结合安装类型，其次是构件型安装类型，最后是建材型安装类型。

1.5.4 光伏电站的智能化应用

光伏电站智能化是以光伏逆变器的智能化为核心的技术创新和发展，是光伏发电技术和数字信息技术两大领域的跨界和创新，光伏电站智能化就是从电站建设到运行维护全流程进行优化和创新，将数字信息技术、互联网技术与光伏技术进行融合，实现合理优化初始投资、降低运维成本，提高系统发电量，增加投资回报率，且能够适应包括大型地面电站、山地丘陵、农光互补和渔光互补等各种场合。

1. 智能化光伏电站的定义

智能化光伏电站是指在光伏电站的整个运行过程中，尽量减少人工的介入，实现全自动化无人运行，实现故障的自动发现、自动诊断和自动修复，从而提升电站发电量，减少维护成本，提高系统收益。

光伏电站智能化必须经历三个阶段：自动化、信息化、智能化。

自动化是指电站现场减少人工的工作，系统设计成无易损部件，免维护，无需专家现场进行问题诊断，无需人工现场修复；信息化是指对光伏组串的高精度智能检测，信息的高速、可靠、安全、低成本传输，后台数据的高可靠性存储及监视；智能化则是基于大数据的问题分析，实现主动发现问题并提出运维建议。

（1）自动化

光伏电站自动化的实现，首先是光伏逆变器在自动化方面的技术创新，这些技术创新包括无冷却风扇设计、无熔断器设计以及“硅进铜退”的设计理念等。

目前光伏逆变器散热主要有风冷散热和自然散热两种方式，采用风冷方式时，由于风扇必须与外部环境连通，造成逆变器的保护等级最大只能做到 IP54/IP55，防护等级较低，噪声大、可靠性差。同时风扇常年暴露在沙尘、雨水、阳光、冷热交替等气候条件下，腐蚀、堵塞、停转等现象在电站运行期间屡见不鲜，不仅会大大提高维护成本，而且一旦风扇损坏失效，将极大地减弱逆变器的散热能力，严重时造成逆变器发生故障。无冷却风扇设计是在逆变器中采用先进的拓扑技术和软件控制算法，进一步提高逆变器的逆变效率和过载能力，同时采用热管、均温板等强化方式减小热阻，提升散热器的散热能力，使逆变器做到无风扇自然散热。

无熔断器设计是针对传统逆变器熔断器需要更换的改革，其一是针对一般组串式逆变器本身，在其两路 MPPT 控制器组串输入直流侧都设计有熔断器装置，在光伏电站整个运行期间不可避免地需要维护更换。采用无熔断器设计技术的组串逆变器，一般采用 3 路以上的 MPPT 控制器输入设计，每路输入最多只接两路组串，当组串发生故障、反接等情况时，短路电流不超过 10A，完全可以采用电子熔断器电路实现对逆变器的保护，无需专门熔断器装置。其二是指当采用无熔断器设计的组串式逆变器方案建设分布式光伏电站时，比采用集中式逆变器方案减少了直流汇流箱的使用，因为直流汇流箱中需要大量使用熔断器对组串进行保护，必然带来大量的常规维护。熔断器的老化熔断随着熔断器工作时间的增加是会必然发生的，根据资料统计，直流熔断器失效率从电站运行第 4 年开始将显著升高。

“硅进铜退”是数字信息技术与电力电子技术进行跨领域融合的产品设计理念。硅是指以半导体芯片、软件为代表的数字信息部件，铜是指电容器、电感器等电力电子部件。“硅进铜退”就是增加功率半导体器件和控制芯片的用量，通过多电平等更精确的功率转换和先进的软件控制技术使逆变器的输出交流波形更平顺，同时减少电容、电感等部件的使用数量和容量，使逆变器的有更小的体积、重量，更高的转换效率，更优的电能质量，并易于通过技术创新和大规模制造降低成本。同时，通过芯片和软件的引入，每台逆变器都变成了一台“计算机”，促进了光伏电站的智能化，实现了对每路组串的输入进行智能检测、智能故障处理，将数据上报到“云端”的管理中心实现智能运维，并接受电网的智能调度。

（2）信息化

信息化主要是指对传统光伏电站在设备数据通信方面的技术改善和创新。

传统光伏电站具有数据监测颗粒度粗、精度低，做不到组串级监测。通信网络信号传输大都使用 RS485 总线连接，因为连接设备部件种类多且可能是不同的生产厂家（例如直流汇流箱、直流配电柜、逆变器、箱式变电站等设备都具有相应的通信接口），必然会有设计差异，不同的设备连接在一起后存在电位差，容易造成 RS485 端口电路损坏，使传输可靠性降低。

另外，传统光伏电站数据通信系统的环境适应性较差，RS485 通信线路经常出现断线，与电力线缆一起铺设时，往往会受到干扰，而且在潮湿、冻土、耕地等环境中容易损坏，造成通信中断。在光伏电站内部传输一般都使用光纤环网，光纤网络发生问题后又很难定位到故障的确切位置，造成发生故障后极难迅速排查和修复。

智能化光伏电站数据信息监测传输能够做到更高精度的组串级监测，并采用更先进的 PLC 电力载波通信技术和 4G 乃至更新的无线通信技术进行数据通信传输。在组串监测方面，通过采用高精度霍尔传感器构成的监测模块，通过高频差分算法补偿、高精度仪器校准，对各组串电压、电流二维信息的精确监测，实现精度为 0.5% 的高精度监测，并且可以实时监控组串状态，发生异常自动告警，精确定位组串故障。

用 PLC 电力载波通信技术替代 RS485 通信模式，从传输速率上可由 RS485 模式的 9.6bit/s ~ 19.2kbit/s，大大提升到 200kbit/s。在施工方面，PLC 技术利用交流电源线路作为载体，不需要额外铺设线缆，不仅可靠性高，可维护性好，还可以节省通信线缆及施工费用 0.01 元/W。

在光伏电站内部采用（以 4G 为例的）无线通信先进技术，构建智能管理网络也有着多方面的优点。在功能方面，单站最大可覆盖面积达 80km^2，传输时延小于 50ms，并可平滑扩容。在施工运维方面，无需光纤及挖沟铺设光缆，故障定位、检修维护简单。在管理方面，通过光伏电站内的移动互联网、智能光伏终端、无人机及远程专家等进行协同运营维护。

（3）智能化

智能化就是通过建立一套全球化自动运维系统，构建一体化云平台，构建面向“能源互联网”的应用基础，具体体现在以下几个方面。

1）大数据分析主动挖掘低效器件，实现预防性维护。首先是通过大数据对某电站方阵或某一段组件 + 线缆、逆变器、箱变、升压等的段落的线损进行优化分析，通过横向和纵向的数据综合分析，把效率低的电站和阶段找出来，进行优化。其次，通过大数据分析，对所有的组串和设备做离散性分析，把有异常但是没有发出问题告警的组串或设备识别出来，例如某块组件的热斑现象，系统可能没有告警，但是实际输出电能已经比其他组串落后，这时可以通过离散性方向找出来，进行预防性的维护，实现对电站的主动经营。

此外，还可以通过设备间的对比分析，以及设备长期以来的效率和故障统计，对设备进行评估，为以后的设备选型和方案设计提供参考数据。

2）远程运维，实现电站现场“无人值班、少人值守”。在电站现场无需配备值班人员，可由专家在总部集中实施监控、分析及处理。当电站出现问题时，系统主动将告警和修复建议推送至值守人员，值守人员可完全按照指示处理，快速提交闭环。遇到复杂问题时，可进行现场状况实时回传，包括视频、语音、数据等全方位信息，数据回传至云数据中心，由数据中心专家进行远程指导，实现保障现场人员安全、规范修复故障流程、处理结果迅速闭环。

3）精确定位故障，减少误诊断率，提高运维效率。很多集中式电站，组串发生问题时短时间内根本发现不了，发电量的损失也找不回来。提高智能光伏系统组串级的高精度监测，则可以及时发现故障，并通过数据分析，能够精确得显示是哪台设备发生故障，还能根据预先制定和运维经验得来的措施，提出处理建议。这样运维人员可以目标明确的去现场一次性解决问题，避免来回排查。

2. 智能化光伏电站的构成

智能化光伏电站的构成可分为 3 个层次：底层——是设备硬件的智能化（包括光伏组件、逆变器、配电系统等）；中间层——光伏电站生产、监控、管理功能的智能化及发电量最优控制；顶层——大区域决策控制智能化。

（1）底层

光伏电站的硬件设备都应配备智能监测控制装置，通过监测控制，实现对每一路光伏组串进行独立的、精细的数据监测，为准确定位故障和提高运维效率奠定基础。采用更多的 MPPT 路数设计，能实现能量的精细化管理，采用高精度的传感器装置，保证更高的数据精度，提升光伏电站系统的发电量和维护便利性。

（2）中间层

光伏电站智能化管理系统，基本分为光伏智能化监控系统和光伏智能化生产管理系统两部分。两个系统之间的真正互联互通，实现了信息管理系统与各子站的信息互通。整个系统按照“一体化”的设计原则，在统一的通信平台上，配置一体化的计算机监控系统，实现对电站各类设备运行状态的监控。

（3）顶层

集团总部或区域集控运维中心实现对各电站进行集中管理，提高电站的管理和运维效率，提升发电量，降低管理成本；基于云计算平台，具备管理数十吉瓦、数百电站的数据接入能力，支持 25 年数百 TB 的数据存储，有完备的权限控制和鉴权机制，保证数据安全；支持多种电站接入，可以扩展接入新电站，可将位于全国不同位置的多个电站当成本地逻辑电站进行管理，分析各电站全年和各月发电计划完成情况、运维投入情况，汇总多个电站的生产数据、融合分析，评估电站的运行健康状态，快速找出短板，汇总优化建议。

3. 智能化光伏电站的技术特点

相比传统电站，智能光伏电站具有更高的投资收益率和可用度等一系列优势，具体表现在以下几个方面：

1）智能光伏电站的内部收益率（IRR）相比传统电站能提升 3% 以上。由于采用多路 MPPT、多峰跟踪等先进技术，有效降低了组件衰减、阴影遮挡、施工安装不一致、地形不一致、直流电压降等光伏方阵损失的影响，相比传统方案评价发电量提升 5% 以上，内部收益率提升 3% 以上。

2）25 年的系统可靠运行免维护设计。智能光伏电站逆变器采用 IP65 的防护等级，实现设备内外部的环境隔离，使内部器件保持在稳定的运行环境中，降低了温度、风沙、盐雾等外部环境因素对器件寿命的影响。同时由于系统中无易损部件，无熔断器、风扇等需要定期更换的器件，实现了系统的免维护。从器件到系统实现了 25 年可靠性设计及寿命仿真试验，加上严格的验证测试，保证系统部件在整个寿命周期内无需维护，可靠经济运行。

3）光伏电站装机容量的实际利用率高。智能光伏电站年平均故障次数比传统电站少 30%，系统故障对发电量的影响只有传统方案的 1/10，质保期外的维护成本只有传统方案的 1/5。传统的光伏电站本质上是一个串联系统，直流汇流箱、直流配电柜、逆变器、机房散热及辅助电源供电系统等任何一个设备或部件的故障都会造成部分或全部光伏方阵发电损失，由于需要专业人员维护，修复周期长、成本高。而智能光伏电站结构简单，本质上是一个分布式的并联系统，单台逆变器的故障不影响其他设备运行，而且由于体积小、重量轻、现场整机备件，易安装维护，大大提升了系统的可用度。

4）组串级的智能监控及多路 MPPT 技术，确保电站“可视、可信、可管、可控”。智能光伏逆变器对输入的每一路组串进行独立的电流电压检测，检测精度是传统智能汇流箱方案的 10 倍以上，为准确定位组串故障，提高运维效率奠定了基础。多路 MPPT 技术，降低了阴影遮挡、灰尘、组串失配、不同朝向的影响，平坦地形下发电量提升 5% 以上，在屋顶、山地电站中发电量提升 8% ~ 10%。

5）智能主动电网自适应技术实现与电网的友好衔接。利用智能逆变器的高速处理能力、高采样和控制频率、控制算法等优势，自动适应电网的变化，更好实现多机并联控制，更优的并网谐波质量，更好地满足电网接入要求，提高在恶劣电网环境下的适应能力。

6）主动安全。降低直流传输的距离，实现主动安全。光伏电站中直流线路的安全传输与防护是重点，也是难点。智能光伏电站采用无直流汇流设计，组串输出的直流电直接进入逆变器逆变为交流电进行远距离传输，主动规避直流传输带来的安全和防护问题，降低直流拉弧带来的安全隐患，使电站更加安全。

PID 导致的光伏组件功率衰减会极大影响发电量和投资收益，通过智能逆变器自动检测组件电势，主动调整系统工作电压，使光伏组件负极在无需接地的情况下，实现对地正压，有效规避 PID 效应。

随着我国光伏产业发展日趋成熟，光伏电站运营场景逐渐多样化，提升光伏电站发电量，保障光伏电站安全稳定运行成为光伏电站建设运营的基本要求。光伏电站智能化，不仅为不同地区、不同场景的电站提供了最佳解决方案，在降低运维成本，提高光伏电站收益率方面更显优势，是我国智慧能源产业体系的重要组成部分，也是光伏产业发展的新趋势。

1.5.5 光伏发电 1100V 系统电压技术应用

光伏发电系统现有的技术方案都是按照系统电压不超过 1000V 进行设计的。根据最基本公式 P（电功率）= U（电压）I（电流），当功率一定的情况下，电压提升 N 倍，电流将

下降到 $1/N$。在电力传输过程中所涉及的线缆功率损耗、功率部件成本和配电部件成本在电流下降后都会跟着下降，电压越高，损耗越小。

光伏电站采用1100V系统电压比1000V系统电压提高了1.1倍，直流侧输入电压提高后，光伏组件（以多晶60片电池组件计算）的单串数量由原来的22块扩充到了24块，子组串的数量减少了，汇流箱、逆变器以及直流线缆的用量也随之减少，且减少的线损还能充分提升输出电量。总之是用的设备少了，发电量还提升了，可以有效降低系统成本。

1100V系统是将光伏组件单串数量增加到24块，组串输入电压达到700～750V，逆变器效率提高0.3%～0.4%，而当组串输入电压达到720V时，逆变器效率最高。根据某光伏电站的实测数据，24块相对22块发电量提升了0.31%，晴天提升0.38%。

此外，相比1000V系统，1100V方案直流线缆用量减少，线损减小。平均每1MW可以减少线损0.08%。同时光伏支架、基础等成本都会相应减少。

在整个光伏发电系统中，主要有光伏组件、直流线缆和逆变器3个部分与直流系统电压有关。下面就分析一下这3个部分在1100V系统中应用的可行性。

1. 光伏组件

系统电压对光伏组件的影响主要体现在电池片对组件边框之间的电压上，由于组件边框都需要接地，那就等于是组件电池片对地之间的电压。在正常运行的系统中，对于浮地系统，电池正负极对地电压只有系统电压的一半，对于接地系统，电池正负极对地电压等于系统电压。

单块光伏组件在标准条件下开路电压一般在38V（60片串）和46V（72片串）左右，随着串联数量的增加，组件本身开路电压不会变化，而组件对边框（大地）的电压会随着组件串联数量的增加而线性增加。所以系统电压对于组件的风险主要取决于电池片对边框的电压，也就是光伏组件正负极引线与边框组件的绝缘电阻和耐压。

在IEC标准中与光伏组件系统电压有关系的参数主要有以下要求：

1）IEC61215中，主要是一些测试参数上的改变，例如绝缘耐压测试、湿漏电测试，背板局部放电测试等；

2）IEC61730-1中，主要是针对更高等级系统电压对应的空气间隙和爬电距离提出了更高的要求等，对组件的结构设计提出了更高的安全要求；

3）IEC61370-2中，主要是一些安规测试参数上的改变，例如绝缘耐压测试、脉冲电压测试等。

这些电压参数的测试主要变更点为电气安全相关的测试，其他测试如老化、力学测试等没有变化。

在GB 50797—2012《光伏发电站设计规范》中规定，光伏发电系统直流侧的设计电压应高于光伏组件串在当地昼间极端气温下的最大开路电压，系统中所采用的设备和材料的最高允许电压应不低于该设计电压。为了提高光伏发电系统输出效率，计算光伏组件串中组件数量时，需考虑光伏组件的工作温度和工作电压温度系数，由环境温度变化等引起的光伏组件串工作电压的变化范围需在逆变器的最大功率跟踪电压范围之内。

因此组串接入组件的最大数量要根据光伏组件工作条件下的极限低温数据确定。当前根据历史最低极限温度，按照组件在1000W/m^{2}标准光照条件下的开路电压计算，一般都不会超过1000V；按照国内西部地区最低－30℃和常用多晶硅电池板计算，理论上最多是22块串联，但在实际应用中还要考虑辐照度和环境温度对组件实际开路电压的影响。

在系统设计时，常规的开路电压确定方法是根据当地的最低极限温度，按照组件在 1000W/m² 辐照度下的开路电压进行计算，但是在光伏电站实际运行中，当组件（环境）温度最低时，往往辐照度都在 100W/m² 以下，当辐照度达到 1000W/m² 时，组件温度已经升高到 30～40℃了，因此，组串全天开路电压最大的时候是辐照度低于 1000W/m²，温度高于历史极限温度的时段，辐照度低和温度升高都会使开路电压降低，所以，修正了辐照度和温度参数后，组串开路电压比常规算法低 80V 以上。

从组件耐压性考虑，其可靠性和安全性因素包括电池结构（电气间隙）、背板、接线盒、连接器等耐压参数与 IEC61215 标准都有较大的裕量。

在浮地系统中，当组串的正负极有接地故障时，会导致电池组件对地电压等于系统电压，目前国内有技术领先的逆变器厂家会实时检测直流侧的对地绝缘情况，一旦发现绝缘问题，会将组串进行短路处理，让系统电压降到零，消除过电压和漏电风险。所以在浮地系统中使用 1000V 的组件，即使系统电压超过 1000V（在 1100V 以内）也没有可靠性问题。

另外，目前无论是氟膜背板还是涂覆背板，其背板材料分为适用于 1000V 系统和 1500V 系统两类，国内大部分知名背板生产企业的 1000V 系统背板耐压实验数据都大于 1200V，在 1100V 系统中，基本上不需要重新研发就可以使用，当然需要取得相应的认证。

2. 光伏线缆

经过 TUV 认证和 UL 认证的光伏直流线缆都可以满足 1100V 系统使用的要求。其额定电压能达到交流 $U_0/U=0.6$kV/1kV（相对地电压/相对相电压），直流 1.8kV（导线与导线、非接地系统、非负载条件下电路）。

如果在直流系统中使用线缆，两个导体之间的额定电压应不得超过线缆额定电压的 1.5 倍。在单相接地直流系统中，此值应乘以系数 0.5。

对于浮地系统来说，额定电压为 0.6kV/1kV 的线缆可支持直流系统电压在开路时达到 1.8kV，在带载时达到 1.2kV 的要求，因此完全可以满足 1100V 系统的使用。

3. 逆变器

对于逆变器厂商来说，将逆变器开路电压达到 1100V 耐压并不是难事。逆变器内部的器件均满足 1100V 系统的耐压要求。国内外逆变器主流厂商都已经推出了 1100V 逆变器，部分美国逆变器厂商还推出了 1250V 逆变器。

总之，1100V 系统方案在降低成本的同时仍可以继续使用符合现行标准的设备，对应的组件、线缆、逆变器都能满足要求，不需要升级特定的设备。相比 1000V 方案，初始投资成本进一步降低。经过测算，1100V 系统 24 块组件一串的设计方案，比 1000V 系统初始成本可降低约 0.06 元/W，同时提升发电量 3% 左右（比集中式），每年增值 0.07 分/W，100MW 的系统 25 年可增值 1.9 亿元。光伏行业的竞争与发展取决于技术创新，1100V 系统成本、发电量优于 1000V 系统，而在产业链配套、核心部件、技术成熟度以及标准规范上和 1000V 系统基本保持不变，是目前条件下最理想的应用技术方案之一。

第2章

分布式光伏电站的前期选址与项目申报

分布式光伏电站在设计和施工建设前需要进行一些前期的准备和考察工作，这些工作包括光伏电站项目地址的选择，项目现场的调查与踏勘，项目相关资料的收集整理，项目前期的可行性分析和申报等。

2.1 光伏电站项目的整体要求和相关条件

选择分布式光伏电站项目建设地址应根据《可再生能源中长期发展规划》和地区经济发展规划要求，结合项目建设当地自然条件、气候条件、接入电网条件、交通运输状况及周边规划与设施建设等因素综合考虑。

在确定建设地址前，要对拟建项目地址的土地资源性质、地形地貌状态、水文地质条件、自然灾害因素、气候条件、电网接入条件、交通运输条件、周边环境影响、土地占用拆迁等因素进行调查和踏勘。屋顶电站还要对屋顶产权、屋顶建筑结构、屋顶承重能力等进行调查。

2.1.1 土地资源性质

在分布式光伏发电项目如地面电站、渔光互补、农光互补、林光互补、工商业屋顶等项目建设中，往往要涉及征地、土地租赁、设施屋顶租赁、建筑屋顶租赁等事项，在开始这些工作之前，有必要对土地资源的性质做一些了解。

1）土地根据所有权分为国家所有和集体所有两类。城市市区的土地属于国家所有。农村和城市郊区的土地，除由法律规定属于国家所有的以外，属于农民集体所有，宅基地和自留地、自留山，也属于农民集体所有。

土地根据用途不同可分为农用地、建设用地和未利用地三类。农用地是指直接用于农业生产的土地，包括耕地、林地、草地、农田水利用地、养殖水面等；建设用地是指建造建筑物、构筑物的土地，包括城乡住宅和公共设施用地、工矿用地、交通水利设施用地、旅游用地、军事设施用地等；未利用地是指农用地和建设用地以外的土地。

2）分布式光伏电站建设所用土地一般应该是利用建设用地，也可以因地制宜地利用各种废弃土地、荒山荒坡、荒草地、盐碱地、沼泽地、沙地、滩涂、鱼塘、湖泊、煤矿沉陷区、农业大棚等作为分布式光伏电站的建设用地和场所。在电站建设中要节约用地，不破坏原有水系，做好植被保护，尽量减少土石方开挖量，减少房屋拆迁。在选择地址时要与当地政府土地局、林业局、规划局、招商局等相关部门确认土地性质。另外，最终确定的地址范围，还需要得到当地环保部门的环境评价认可。

3）为节约土地资源，大力发展分布式光伏发电产业，国家还鼓励对具备条件的建筑屋顶（含附属空闲场地）资源，屋顶面积大、用电负荷大、电网供电价格高的开发区和大型工商企业屋顶资源，火车站（含高铁站）、高速公路服务区、飞机场航站楼、大型综合交通枢纽建筑、大型体育场馆和停车场等公共设施屋顶资源加以充分利用。当然这些建构筑物占用的土地也应该有相应的合法手续，以保证不是非法建筑。

2.1.2 地形地貌及水文地质条件

光伏电站选择站址的地形地貌主要包括地形的朝向，坡度起伏程度，沟壑及岩壁等地表形态占可选地址总面积的比例，农田、林地等非建设用地与可选地址的交错情况，有无矿产和文物压覆的情况等，其主要选择要点如下：

1）要选择在地势平坦的位置和北高南低的坡度位置，站址的东西方向坡度不宜过大。

2）站址应避免选择在林木较多、地下线路较多的地方。

3）屋顶类光伏电站的建筑，主要朝向应该是南北朝向或接近南北朝向，要避开周边障碍物对光伏组件的遮挡。

在选择站址时，还要充分考虑所选地域的水文地质条件，例如地质灾害隐患、冬季冻土深度、一定地表深度下的岩层结构及土质的化学特性以及防洪排涝状况等。

1）山区要避开有山洪、泥石流、危岩、滑坡的地段和地震断裂带等地质灾害易发区。

2）江河湖海边以及低洼地、滩涂内的光伏电站要注意有防洪设施，其堤坝高度要根据当地 30 年内历史最高水位加 0.5m 的安全超高确定。

3）容易有积水的地域，要根据积水深度加高光伏方阵支架的安装高度，并做好相应的排水设施，防止光伏支架和支架基础长时间在积水中浸泡。

4）当光伏电站站址选择在煤矿采空区影响范围内时，还应进行地质灾害危险性评估，综合评价地质灾害危险程度，提出评价意见，采取相应的防范措施。

5）地表形态和地表土质对光伏支架基础的形式、强度及施工方案设计都有影响。复杂的地表形态和岩层土质会造成基础土建的施工难度和成本增加。

6）北方地区存在冬季冻土的现象，冻土层的深度、上冻和解冻特点对光伏支架基础施工有直接影响。

2.1.3 气候条件

对于光伏电站来讲，太阳能资源、空气质量、风力和积雪等各种气候条件都会对光伏电站的发电效率有直接的影响。

1. 太阳能资源

太阳能资源的数量一般以到达地面的太阳能总辐射量来表示，太阳能资源的丰富程度对光伏电站建成后的发电效率和投资收益率有着决定性的影响，我国把太阳能资源的分布划分为 4 类地区或者叫 4 个等级，见表 2-1。光伏电站的建设应在太阳能资源较丰富地区进行，即表 2-1 中的Ⅲ类地区以上。

表 2-1　我国太阳能资源分布表

资源丰富程度	符号	年总辐射量		平均日辐射量	涵盖地区
		MJ/m²·a	kW·h/m²·a	kW·h/m²·d	
最丰富	Ⅰ	≥6300	≥1750	≥4.8	西藏大部分、新疆南部以及青海、甘肃和内蒙古的西部
很丰富	Ⅱ	5040～6300	1400～1750	3.8～4.8	新疆大部、青海和甘肃东部、宁夏、陕西、山西、河北、山东东北部、内蒙古东部、东北西南部、云南、四川西部
较丰富	Ⅲ	3780～5040	1050～1400	2.9～3.8	黑龙江、吉林、辽宁、安徽、江西、陕西南部、内蒙古东北部、河南、山东、江苏、浙江、湖北、湖南、福建、广东、广西、海南东部、四川、贵州、西藏东南部、台湾
一般	Ⅳ	<3780	<1050	<2.9	四川中部、贵州北部、湖南西北部

另外，电站选址应尽量选择开阔无遮挡的位置，在没有选择余地时，要采取措施尽量减少遮挡并就遮挡物对太阳能资源的影响进行估算。

2. 空气质量

空气质量因素包括空气透明度、空气中的尘埃悬浮量及空气中的盐雾含量等。

当空气透明度低时，会造成太阳能辐射量因为被反射和散射而下降，从而直接影响光伏电站的发电量。

空气中的尘埃除了影响太阳能辐射量外，还会沉积在光伏组件表面，形成遮挡，严重时还会在组件表面形成难以清洗的沉积物，直接影响光伏组件的发电效率。

空气中的盐雾一是对光伏支架有腐蚀性，日积月累，会减少光伏支架的结构强度和使用寿命，二是极易在光伏组件表面形成盐分沉积，同样造成对光伏组件发电效率的影响。盐雾在沿海地区比较常见，在此类地区进行光伏电站选址，需要考虑防盐雾措施。

3. 风力和积雪

风力和积雪都是影响光伏支架设计强度的主要因素，在有灾害性强力风力的地域不适宜建设光伏电站。在北方冬天有积雪的地区，特别是内蒙古东部和东北地区，要考虑光伏支架对过厚积雪的承载力。

2.1.4　电网接入条件

光伏电站的站址选择应充分考虑电站达到规划容量时接入电力系统的出线条件。

1）落实当地电力系统的电力平衡情况和电网规划情况及光伏发电量的就近消纳情况，避免项目建成后的“弃光”“限电”情况发生。

2）落实站址附近的接入条件，尽可能以较短的距离、合适的电压等级接入附近的变电站。并对可用于接入系统的变电站的容量、预留间隔和电压等级等进行了解。

3）一般容量大些的分布式地面电站离可以用来接入电力系统的变电站都较远，会造成输电线路造价高和输电线路损耗大，是对电站建设投资经济性产生负面影响的两个因素，而接入电力系统电压等级高低与上述因素也有直接关系。

4）要初步了解站址建设的施工用电和电站用电的来源、方式和路线。

2.1.5 交通运输条件

在站址选择时要充分利用现有的道路交通条件，既要考虑施工时项目大型设备（如大功率逆变器、升压变压器等）运输进场的需要，还要考虑将来运行维护、检修时的交通便利。电站站址要尽可能选择在已有或已经规划的航空、铁路、公路、河流等交通线路上，这样可以减少交通运输的困难和投资，加快建设并降低运输成本。如在荒山、荒坡等场合没有现成的道路利用或只有山间小路时，就要考虑修建道路的可行性和所需要的费用在电站整体投资中占的比重。

当光伏方阵靠近主要道路布置时，还应考虑光伏组件表面玻璃光线反射对道路行车安全的影响。

2.2 光伏电站的站址踏勘与选择

近来，随着光伏产业政策的推动，分布式光伏电站的建设正处于热火朝天、方兴未艾的状态。适合建设光伏电站的土地和屋顶资源也越来越少，光伏电站的选址工作也越来越受到重视。下面将讲述光伏电站站址踏勘与选择的工作步骤和工作内容。

2.2.1 站址踏勘的总体要求

光伏电站建设项目的站址踏勘，是为了查明准备建设地点的各种相关因素和条件而进行的沟通、询问、调查、观察、勘察、测量、测试、测绘、鉴定、研究和综合评价的工作。其目的是为光伏电站建设的站址选择和工程设计与施工提供科学、可靠的依据和基础资料。站址踏勘工作的深度和质量是否符合有关技术标准的要求，站址选择得是否合适，对光伏电站工程建设的质量和成本有直接影响，站址踏勘工作的总体要求如下：

1）站址踏勘是光伏电站工程建设第一位的工作，在光伏电站规划设计建设的整个过程中，必须坚持先踏勘、后设计、再施工的原则。没有符合要求的站址踏勘数据资料，就不能确定具体站址区域或位置，更不能进行设计和施工。

2）站址踏勘阶段的划分应与设计阶段相适应。各阶段的工作内容和深度要求，应按照有关规范、规程及相关技术标准的规定，结合光伏电站工程建设的特点以及拟建电站的实际情况确定。

3）站址踏勘的方法和工作量，主要应依据工程类别与规模、踏勘阶段、站址工程地质复杂程度和研究状况、工程经验、建筑物和构筑物的等级及其结构特点、地基基础设计与施工的特殊要求等加以确定。

2.2.2 站址踏勘的步骤与内容

1. 站址踏勘的一般分为准备阶段、现场踏勘阶段、后续确认阶段三个步骤

（1）准备阶段

从开始工作到进行现场踏勘之前为准备阶段，这一阶段的主要工作是收集已有资料，了解相关政策，与业主进行沟通，准备踏勘用具，制定踏勘提纲等。

（2）现场踏勘阶段

由业主、建设方、设计方相关人员组成踏勘小组，进行现场勘察。主要工作是现场调查、绘制草图、实景拍照、点位勘察测试、大致范围确定等。

（3）后续确认阶段

这一阶段主要是确定经济合理的站址方案。要以拟建电站的主要要求及技术参数为依据，进行资料分析、确定站址可用土地位置、面积和地形图、确定并网接入方案、确定运输路线、编制工程踏勘图表或踏勘结论报告等。

对于地理环境、地质条件比较复杂的位置，站址踏勘可能需要多次反复进行。

2. 站址踏勘的主要工作内容

（1）准备阶段

除屋顶式光伏电站外，地面类光伏电站的场址一般都在相对偏远的地方，去一趟现场往往比较耗费时间和人力，因此，在去现场之前一定要把准备工作做好。

首先要与业主进行简单沟通，了解业主之前做了哪些工作，业主的要求和想法，并了解几个问题：

1）项目场址的具体地点，最好能有经纬度。

2）场址面积大概多大，计划做多大规模。

3）场址的大概地形地貌和水文地质条件。

4）场址附近是否有可接入的升压变电站，多大电压等级，有无间隔等。

其次要了解当地政府在站址附近的建设规划和对光伏发电项目有没有相应的鼓励和补贴政策。所在地是否有建成的光伏电站项目，收益如何，是否有在建的项目，进展到什么程度等。

如果可以的话，最好能做一个室内的宏观选址。如果业主能提供项目地点的经纬度，可利用卫星图片地图软件，看一下周边的地形地貌，对场址情况做到大概心里有数。再利用当地的太阳能资源数据，计算出拟建规模的发电量，并按大致的投资水平估算一下项目的收益情况通报业主。

最后，要准备踏勘设备、工具和软硬件。如手持 GPS 设备、装有卫星图片地图软件、高斯坐标转换软件和 CAD 的笔记本电脑、照相机等。

（2）现场踏勘阶段

屋顶电站和平坦地面电站的现场踏勘相对比较简单，在此主要介绍山地场址现场踏勘需要注意的几个问题：

1）观察山体的山势走向，是南北走向还是东西走向？山体应是东西走向，必须有向南的坡度。另外，周围有其他山体遮挡的不考虑。可以按两个山体距离高于山体高度 3 倍以上来粗略估计。

2）山体坡度大于 25°的一般不考虑。山体坡度太大，后续的施工难度会很大，施工机械很难上山作业，土建工作难度也大，项目造价会大大提高。另外，未来的维护（清洗、检修）难度也会大大增加。同时，在这样坡度的山体上开展大面积的土方开发（如挖电缆沟等），可能水土保持审批就过不了。

3）目测基本地质条件。虽然准确的地质条件要做地质勘探，但基本地质条件可以大概目测一下，最好目测有一定厚度的土层。也可以从一些断层或被开挖的断面，看一下土层到底有多厚，土层下面是什么情况。如果目测到土层半米以下是坚硬的石头，那将来基础的工作量就会特别大。有些情况是肉眼就可以看到的，比如有大块裸露岩石的地面一般不能用，否则平整工作量太大。

上述几个问题解决后，用GPS设备围着现场几个边界点打几个点，基本圈定站址范围。同时，要从各角度看一下站址内的地质情况。因为光伏站址需要面积很大，从一个边界点根本看不了全貌，很可能会忽略很多重要因素而给以后的建设施工造成麻烦。这些重要因素包括：沟壑、坟头、农民自己开荒的地、一两间快倒塌的小房子、羊圈和牛圈等。

（3）后续确认阶段

1）确定站址面积。将现场打的点在卫星图片地图软件上大致落一下，看一下这个范围内及其周围的卫星照片，同时测一下面积，大概估算一下可以做的容量。一般每1MW占地面积为10000~13000m^2（15~20亩），山地面积利用率更低，占地面积更大，每1MW占地面积甚至达到24000~30000m^2（40~45亩）。

2）确定可以接入的变电站。根据站址面积大致估计出规模以后，就要考虑用多高的电压等级送出。要调查一下，距离项目站址最近的升压变电站的电压等级、容量，最好能调查到该变电站的电气资料，确定一下是否有剩余容量可以使用。如果可以接入，要考察一下站址与变电站之间的距离以及输送路线，在输送路线中是否有铁路、高速公路、水库等影响线路输送的情况。输电线路的造价也很高，如果项目规模不大，送出距离又远，那投资收益率就可能很不理想。

3）确定站址范围土地性质。上述工作都做好以后，就要去当地国土局、林业局查一下站址范围的土地性质。这项调查是非常必要的，因为往往一块看中的站址土地哪里都好，土地性质很可能不合适。很多时候，往往看着是荒地，但在地类图里面是农田或者包含有农田。看着没有树，在地类图里面却是林地。如果调查不清楚盲目开展后续工作，会造成很多无效劳动和人力物力浪费。

除了确定土地性质，最好还要和当地政府了解一下站址周边是否有建设规划，将来对电站是否造成影响。

下面是站址踏勘中容易遇到的几个问题：

1）站址实际可利用面积太小。在站址踏勘过程中，站在山头，遥望远方，看着好像一大片地都能用，但经过深入踏勘，打坐标点，实际一算，往往可利用面积确很小，这是最容易遇到的一个问题。

2）地形地势不对。有句话叫“只缘身在此山中”。当置身山脚下时，虽然能看得清山体大致的走向，但是无法看清山体的全貌的，实际上只能看清一小部分。因此，很多时候，觉得这个山坡就是朝南的，但是用卫星图片地图软件鸟瞰一下，却发现大部分是东南、西南方向，甚至有基本朝东或朝西的。另外，用卫星图片地图软件也可以看清整地的地貌，对宏观选址是非常有用的。

另外，有时候还需要在整个打点范围看一圈，看看是不是山外有山。如果山外有山，就很容易造成山体的遮挡。

3）不合适的丘陵地。一些小丘陵地，看似很平缓了，实际全是一个个小山包，有的山包之间甚至有大沟。如果有一个5°的北向倾角，那阵列间距就要增加50%以上。因此，光伏电站项目只能用向南的山坡，最多再用一下坡度不大的、向东或者向西的山坡。如果全是一个个小山包，那光伏方阵就太分散，一分散，所有的投资都要增加。所以，建设光伏电站的场地，最好是连绵成片的山体。

2.2.3 屋顶电站的站址考察

随着分布式光伏发电市场的撬动，产权明晰的优质屋顶逐渐成为了稀缺资源，越来越多的实体工商企业也开始重视自己的屋顶资源。分布式屋顶光伏电站建设不同于地面电站，前期不需要办理土地、规划等手续，但分布式屋顶电站也有其自有的特点，如何充分的利用可用屋顶，在有限的空间内实现容量、发电量、收益率的最大化，就需要认真做好前期考察，通过实地勘察、收集屋顶相关资料，为后续的方案设计及投资收益分析做基础准备。对屋顶电站的勘察主要有以下几个方面，如厂房建设年限、屋顶荷载、屋面状况、电网接入距离、用电负荷、合作模式等。

现场勘察要携带的工具有激光测距仪、水平仪、指南针或手机指南针 APP、10m 以上钢卷尺和记录本、笔等。

1. 屋顶情况

1）要考察屋顶产权的明晰性和业主长期稳定的存续性，还要考察屋顶的设计使用寿命年限等。工厂类企业屋顶还要考察厂房的使用功能。

优先选择企业实力较强或行业发展前景好的业主进行合作，尽量避开有腐蚀性、油污气体及烟尘排放的屋顶建设，绝对不在火灾危险等级为甲、乙类的厂房、仓库等屋顶建设。

临时性的建筑物、构筑物一般都不能考虑建设光伏电站。使用寿命已经超过 10 年以上，并且屋顶彩钢板锈蚀严重或者防水层破坏、漏水的屋顶也应该谨慎选择。

另外，要询问和调查在准备安装光伏系统的屋顶周围特别是南面是否有高层楼建设规划。

2）屋顶面积。屋顶面积直接决定光伏发电项目的容量，是最基础的元素，屋顶上是否存在附属物，如风楼、风机、电梯房、女儿墙、广告牌等，设计时需要避开阴影影响。

3）屋顶朝向和角度。屋顶朝向决定着光伏支架、光伏组件、光伏方阵及汇流箱等的布置原则，比如东西走向的屋面，背阴面的方阵是否需要设置倾角，组件串联时阴阳两面尽量避免互连，汇流箱及逆变器直流输入尽量为同一屋面朝向的方阵。屋顶倾斜角度可以通过测量屋面宽度和房屋宽度进行计算。

4）屋顶类型。屋顶类型一般分为彩钢板、瓦片、混凝土屋顶等，其中彩钢板屋顶分为直立锁边型、咬口型（角驰式，龙骨呈菱形）、卡扣型（暗扣式）、固定件连接（明钉式，梯形凸起）型。前两种一般都有专用转接件，后两种需要在屋顶打孔固定。

瓦片屋顶也需要使用专用支架挂钩件与屋顶支撑件固定。勘察时要对瓦片尺寸和厚度进行测量，便于决定支架系统挂钩等零件尺寸的选取。要掀开部分瓦片查看屋顶结构，注意测量记录主梁、檀条的尺寸和间距，便于确定支架挂钩的固定位置。因为瓦房顶组件支架系统的挂钩一般都是安装固定在檀条上的。

混凝土屋顶一般需要制作支架基础，基础与屋顶可以做成配重块形式加钢拉索结构，如风力过大地区可以考虑部分基础与屋顶采用植筋连接或结构胶连接等浇筑连接，并做好屋顶破坏面的防水处理。采用什么形式主要考虑屋顶的抗风载能力及屋顶设计荷载等因素。

5）屋顶防水。如果屋顶有渗漏现象，应在施工前先对屋顶做防水处理。

6）屋顶荷载。屋顶荷载可分为永久荷载和可变荷载。永久荷载也称恒荷载，主要是指屋顶结构的自重荷载。在项目前期考察时，需要着重查看建筑设计说明中恒荷载的设计值，或通过业主获取房屋结构图纸资料进行计算，并落实除屋顶自重外，是否额外增加其他荷载，如管道、吊置设备、屋顶附属物等，并落实恒荷载是否有余量能够安装光伏电站。光伏电站安装在屋顶后，需要运营 25 年，屋顶荷载是需要重点了解和确认的内容。混凝土屋顶的荷载一般都在 $200kg/m^2$，基本都能满足光伏系统的荷载要求。

可变荷载是考虑极限状况下暂时施加于屋顶的荷载，分为风荷载、雪荷载、地震荷载、活荷载等，是不可以占用的。特殊情况下，可变荷载可以作为分担光伏电站荷载的选项，但不可以占用过多，需要做具体分析。如果荷载确实不够，需要考虑屋顶的加固。

2. 建筑间距及配电并网设施

在同一个建设区域内，建筑数量越多，间距越大，意味着电气设施如电缆、逆变器、变压器等的投资要增加，要评估和考虑投资收益。

区域内现有的配电设施及高压输电线路是光伏电站选择并网方案的根据之一，主要考察内容有：区域内电力变压器容量、电压比、数量、母联、负荷比例等；区域内计量表位置、配电柜数量、母排规格、开关型号等。区域内是否有独立的配电室，配电室有没有多余的空间，如没有，是否有空余房间或空地安装新增加的变配电设备。考察时优先选择现有变压器总容量大，负荷比例大的用户。

对于小型屋顶系统用户，要重点查看进户电源是单相还是三相，单相输出的光伏发电系统宜接入到三相中用电量较多的一相上。条件允许时最好用三相逆变器或三个单相逆变器并网。查看业主的进线总开关的容量，光伏发电系统的输出电流不宜大于户用开关的容量。另外在铺设线路方便节约的前提下，确定逆变器和并网配电柜的安装位置，并要考虑通风散热和防雨防晒问题。

3. 业主用电消纳情况

分布式光伏发电项目以自发自用、余电上网为核心，鼓励就地消纳。对业主来说，在现行补贴政策下，自发自用量越大，收益越大。因此需要考察业主建设区域的用电量及用电价格。例如，区域内每月、每日的平均用电量，白天用电量、用电高峰时段及比例。区域内的用电价格，白天用电加权价格或峰谷用电时间分布等，作为光伏系统安装容量的参考。

4. 开发建设模式

开发建设模式主要是根据上述考察内容信息，以及与屋顶业主商谈的结果，确定电站项目开发建设的具体合作方式。目前主流的开发模式主要有屋顶租赁模式、电价优惠供应模式、合资合作模式等，要通过综合考虑投资收益及业主意愿进行确定。

另外，与分布式地面电站类似，除考察上述因素外，还应考察电站建设期间设备采购运输成本、当地人工成本、运营维护难度、建设区域周边社情等。

总之，光伏电站是需要长期运营的项目，项目前期开发要从长远利益考虑，需要顾及方方面面关系和项目后期运营收益的各种因素，需要把工作做到最细致处，通过数据采集，最后实现量化分析，最终确定项目是否可行。

2.2.4 光伏电站的安全规划

分布式光伏电站的规划设计与大型地面光伏电站有很大不同，地面光伏电站单纯以发电为目标，仅作为发电电站运行，所发电力通过升压后直接送入到输电网。而分布式光伏发电大多是接入到配电网，发电和用电并存，并且需要尽可能地就地消纳。分布式光伏电站需要依附居民住宅、工业厂房、仓库、商业大楼、学校、市政建筑、农业大棚以及村边的空闲地面（例如光伏扶贫项目）等，这些建筑物中及附近一般都住有大量人口，还可能配装有相关的精密仪器设备或存放有易燃物质。光伏电站在这些环境中运行，首要前提就是不影响这些建筑物原有的正常生产、生活功能，对人员、生产、物资等没有安全隐患。

这些可能造成的安全隐患主要有：一是新增加的发电设备和线路对人或家畜可能造成的触电隐患；二是周边环境因素、雷电因素以及光伏发电系统自身质量引起的火灾隐患。因此，分布式光伏电站在规划设计和设备选型时，要把这些因素考虑进来。

1. 做好空间规划

分布式发电系统载体建筑大多空间资源宝贵，空间使用成本高，为防止非专业人员接触发电设备及线路，最大限度地避免安全事故发生，电站规划必须要有专门的空间区域放置光伏组件和逆变器、配电柜等发电设施，最好把所有设备都放置在一般人员无法接触到的地方，如高墙面、屋顶、原建筑的配电室等。

2. 充分利用光伏发电设备的智能化运维自检功能

分布式光伏发电系统应用于城乡环境及建筑屋顶，诸如鸟粪等自然和人为的不可预见的影响因素太多，使得光伏组件光斑高温、短路等火灾隐患出现的概率更高，分布式发电所处环境易燃物较多，一旦发生火灾，所造成的人员及财产损失不可估量。因此除了要有基本的消防安检措施外，在设备选型时，特别要选择具有自我检测、识别异常光伏组串或部位，能主动停止异常光伏组串工作的功能，降低火灾发生的可能性。现在，光伏逆变器、直流汇流箱等设备，都具备或可以加装这一智能化自检自控功能。在设备选型时，还要特别关注所选用设备的品质和产品认证情况。

2.3 分布式光伏电站的项目申报

分布式光伏电站项目因装机容量小，投资规模小，并网等级低等特点，不仅具有较大的应用市场，其申报审批手续办理也相对简单。分布式光伏发电项目也分为多种类型，其手续办理过程也有所区别。特别是国家能源局发布的相关文件，对分布式光伏发电项目做了更细致的区分，同时规定对屋顶分布式光伏发电项目及全部自发自用的地面分布式光伏发电项目不限制建设规模，各市发改部门随时受理项目备案，电网企业及时办理并网手续，项目建成后即纳入补贴范围。

国家能源局发布的《分布式光伏发电项目管理暂行办法》中明确规定，对于分布式光伏发电项目，“免除发电业务许可、规划选址、土地预审、水土保持、环境影响评价、节能评估及社会风险评估等支持性文件”，“以35kV及以下电压等级接入电网的分布式光伏发电项目，由地级市或县级电网企业按照简化程序办理相关并网手续，并提供并网咨询、电能表安装、并网调试及验收等服务”。

2.3.1 分布式光伏发电项目申报流程及资料

分布式光伏发电项目并网申报的基本流程如图2-1所示，主要体现在投资主体的不同，分为自然人和法人，也就是说是以个人名义申报还是以单位名义申报，但总的手续大体相同。所不同的是，法人投资项目需要先立项备案，才能组织施工。自然人投资项目也需要备案，但是由电网公司统一集中代办。

1. 自然人投资项目

对于自然人利用自有宅基地及其住宅区域内建设的 380/220V 分布式光伏发电项目，不需要单独办理立项手续，只需要准备好支持性资料，到当地（市级）供电公司营销部（或办事大厅）提交《分布式电源项目接入申请表》，供电公司受理后，根据当地能源主管部门项目备案管理办法，按月集中代自然人项目业主向当地能源主管部门进行项目备案，并于项目竣工验收后，办理项目立户手续（银行卡），负责电费及补贴发放。

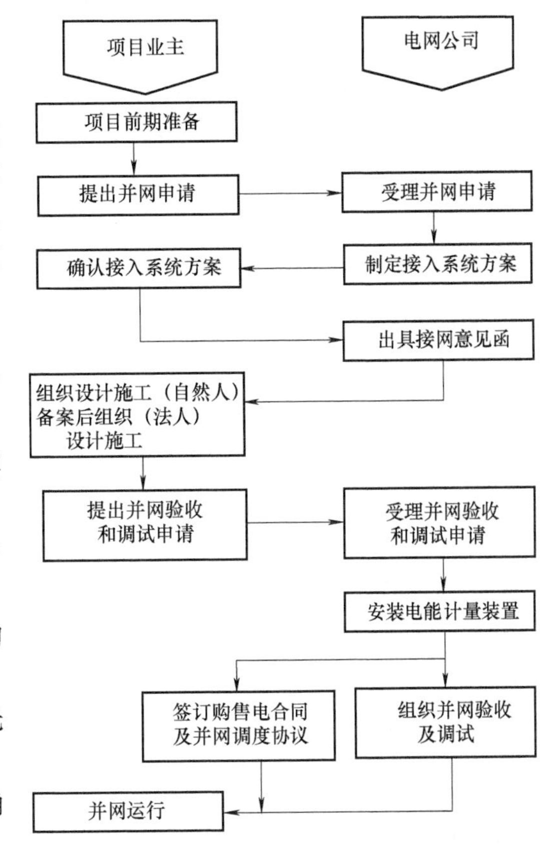

图 2-1　分布式光伏发电项目并网申报流程

项目实施过程中涉及的资料文件主要如下：

1）项目申请人的身份证及复印件、户口本等有效身份证明；

2）房屋、场地产权证明（房产证、购房合同或屋顶租赁合同、土地证明等）；

3）小区物业出具的同意建设分布式光伏发电项目的证明；

4）申请人银行账户手续（新办或者确定的银行卡）；

5）用电申请书；

6）居民分布式光伏发电系统申请书；

7）分布式光伏发电电力接入系统方案；

8）低压非居民用电登记表；

9）分布式光伏发电项目备案表；

10）低压供电方案答复单；

11）光伏组件检测报告、合格证；

12）并网逆变器检测报告、合格证；

13）并网验收和并网调试申请书；

14）客户受电工程竣工验收单；

15）分布式光伏发电项目发用电合同。

其中第 10 ~ 15 项是项目竣工验收时需要提供的资料。

2. 法人投资项目

法人投资的分布式光伏发电项目，与其他大型光伏发电项目手续基本相同，需要先备案后施工。备案资料基本如下：

1）经办人身份证原件及复印件和法人委托书原件（或法定代表人身份证原件及复印件）；

2）董事会决议；

3）项目立项的请示，县区初审意见；

4）企业法人营业执照、土地证（非直接占地项目，需所依托建筑的土地证）、房产证等项目合法性支持性文件；

5）政府投资主管部门同意项目开展前期工作的批复（有些地区要求）；

6）规划部门选址意见（规划局）；

7）节能审查意见（地方发展改革委）；

8）发电项目前期工作及接入系统设计所需资料；

9）屋顶抗压、屋顶面积可行性证明；

10）项目申请报告（或可研报告）；

11）登记备案申请表；

12）分布式光伏发电电力接入系统方案；

13）光伏组件检测报告、合格证；

14）并网逆变器检测报告、合格证；

15）并网验收和并网调试申请书；

16）客户受电工程竣工验收单；

17）分布式光伏发电项目发用电合同；

18）法人单位账户手续。

其中，第13～18项是项目竣工验收时需要提供的资料。

2.3.2 分布式光伏发电项目开展步骤与内容

1. 企业备案初步审查

1）地方发展改革委与地方供电公司确定分布式光伏项目备案初步审查制度；

2）凡是企业申请的项目，先由业主到地方发展改革委相关部门办理项目的备案初审意见，业主通过初审后将初审意见和相关的申请资料报到供电公司营业窗口，资料满足并网受理要求后供电公司受理；

3）个人居民项目由供电公司代为前往能源主管部门备案，居民直接可到营业厅申请，目前有些地方要求必须有房产证方可备案，所以无房产证的个人项目，公司会告知其补办房产证后方可受理。

2. 受理申请与现场勘查

供电公司营业厅负责受理分布式光伏项目业主提出的并网申请，协助用户填写《分布式电源项目前期申请表》，接受相关支持性文件，审核项目并网申请材料，审查合格后方可正式受理。

（1）企业项目支持性文件

1）经办人身份证原件及复印件和法人委托书原件（或法定代表人身份证原件及复印件）；

2）企业法人营业执照、土地证、房产证等项目合法性支持性文件；

3）项目地理位置图（标明方向、邻近道路、河道等）及场地租用相关协议；

4）对于合同能源管理项目，需提供项目业主和电能使用方签订的合同能源管理合作协议以及建筑物、设施的使用或租用协议；

5）政府投资主管部门同意项目开展前期工作的批复；

6）其他项目前期工作相关资料。包括项目供用电情况和用户变电所电气一次主接线图等。

（2）个人项目支持性文件

1）经办人身份证、户口本原件及复印件；

2）房产证等项目合法性支持性文件；

3）对于利用居民楼宇屋顶或外墙等公共部位建筑安装分布式电源的项目，应征得物业、业主委员会或居民委员会或同一楼宇内全体业主对项目安装的书面同意意见。

（3）现场勘查配合

供电公司在正式受理申请后会组织公司经研所等有关部门开展现场勘查，为编制接入系统方案做准备，项目业主应安排相应工作人员给予配合，并提供所需的现场电气图样等。现场勘查的服务时限是自受理并网申请之日起 2 个工作日内完成。

3. 接入方案制定与审查

受理后供电公司将依据国家、行业及地方相关技术标准，结合项目现场条件等实际情况，免费编制《分布式电源项目接入系统方案》，并通过内部评审后出具《接入系统方案项目（业主）确认单》，10kV 以上项目为《接入电网意见函》，连同接入系统方案送达业主，并提请业主签收盖章确认。双方各持一份，项目业主确认接入方案后，即可开展项目备案和工程建设等后续工作。供电公司对接入方案制定与审查的服务时限是自受理并网申请之日起 20 个工作日（多点并网的是 30 个工作日）内完成。

4. 并网工程设计与建设

（1）设计文件审查

对于 380（220）V 多点并网或 10kV 并网的项目，企业用户在正式开始接入系统工程建设前，需要自行委托有相应设计资质的单位进行接入系统工程设计，并将设计材料提交供电公司审查。

设计审查所需要的资料如下：

1）设计单位资质复印件；

2）接入工程初步设计报告，图样及说明书；

3）隐蔽工程设计资料；

4）高压电器装置一次、二次接线图及平面布置图；

5）主要电器设备一览表；

6）继电保护、电能计量方式等。

供电公司依据国家、行业、地方、企业标准，接受相关支持性资料文件，对企业用户的接入系统设计文件进行组织审查，出具、答复审查意见。协助用户填写《设计资料审查申请表》，出具《设计资料审查意见书》。若审查不通过的项目，由供电公司提出修改意见，若需要变更设计，应将变更后的设计文件再次送审，通过后方可实施。设计文件审查的服务时限是自收到设计文件之日起 5 个工作日完成。

（2）工程建设施工

企业用户根据接入方案答复意见和设计审查意见，自主选择具有相应资质的施工单位实施分布式光伏发电本体工程及接入系统工程。工程应满足国家、行业及地方相关施工技术及安全标准。承揽工程的施工单位应具备政府主管部门颁发的承装（修、试）电力设施许可证、建筑业企业资质证书、安全生产许可证等。

施工中接入用户内部电网的分布式项目内容，所涉及的工程由项目业主投资建设，接入引起的公共电网改造部分内容由供电企业投资建设。

电源项目接入如涉及公共电网的新建（改造）的，项目业主在启动发电项目建设后，持项目建设承包（施工）合同、主要设备的购货合同等材料联系供电公司客户经理，由客户经理组织公司相关部门实施公共电网的新建（改造）工程。

5. 并网验收与调试申请

光伏发电本体工程及接入系统工程完工后，企业用户可到供电公司营业厅提交并网验收及调试申请，供电公司将协助项目业主填写《并网验收及调试申请表》，接收并审核验收及调试所需要的相关材料，相关资料具体要求见表2-2。

表2-2　并网验收及调试相关资料

序　号	资料名称	380V项目	10kV项目	35kV项目
1	项目备案文件	要	要	要
2	施工单位资质复印件：承装（修、试）电力设施许可证；建筑企业资质证书；安全生产许可证	要	要	要
3	主要电气设备技术参数、形式认证报告或质检证书：组件、逆变器、变电设备、断路器、刀闸等设备	要	要	要
4	并网前单位工程调试报告或记录，验收报告或记录	要	要	要
5	并网前设备电气试验，继电保护装置整定记录，通信设备、电能计量装置安装调试记录	要	要	要
6	并网启动调试方案	—	—	要
7	项目运行人员名单及专业资质证书复印件	—	—	要

注：光伏组件、逆变器等设备，需取得国家授权的有资质的检测机构出具的检测报告。

资料齐全后供电公司将会组织人员进行电能计量装置的安装，并与客户按照平等自愿的原则签订《发用电合同》，对项目开展验收。对于10kV以上的项目还需要签订《电网调度协议》，约定发电用电相关方的权利和义务。这些工作的服务时限是自受理并网验收及调试申请之日起5个工作日内完成。

供电公司组织相关人员为客户免费进行并网验收调试，并网验收合格的，出具《并网验收意见书》，调试后直接并网运行。对并网验收不合格的，将提出整改方案进行整改，经再次进行调试通过后，出具《并网验收意见书》，没有通过验收的项目不可并网运行。并网验收调试的服务时限是自表计安装完毕及合同、协议签署完毕之日起10个工作日内完成。

6. 合同签订

A类，适用于接入公用电网的分布式光伏发电项目，为双方合同（常规电源）。

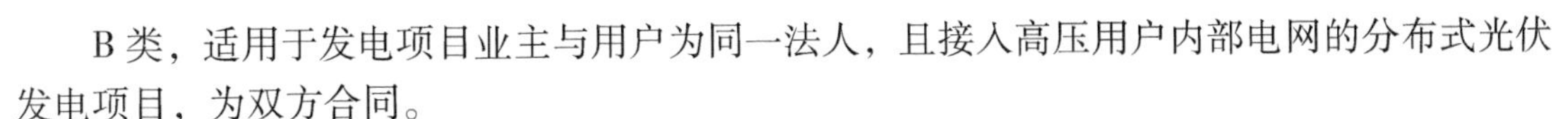

B 类，适用于发电项目业主与用户为同一法人，且接入高压用户内部电网的分布式光伏发电项目，为双方合同。

C 类，适用于发电项目业主与用户为同一法人，且接入低压用户内部电网的分布式光伏发电项目，为双方合同。

D 类，适用于发电项目业主与用户为不同法人，且接入高压用户内部电网的分布式光伏发电项目，为三方合同。

E 类，适用于发电项目业主与用户为不同法人，且接入低压用户内部电网的分布式光伏发电项目，为三方合同。

7. 计量与结算

（1）计量

分布式光伏项目所有的并网点以及与公共电网的连接点均应安装具有电能信息采集功能的计量装置，以分别准确计量分布式电源项目的发电量和用电客户的上、下网电量。

（2）结算

分布式光伏上、下网电量分开结算，不得互抵，电价执行国家相关政策。供电公司为享受国家电价补贴的分布式电源项目提供补贴计量和结算服务，在收到财政部门拨付的补贴资金后，按照国家政策规定，及时支付给项目业主。

在合同签订完毕正式生效且项目正式并网运行后，供电公司负责对分布式光伏发电、上网电量进行采集和计算，向分布式光伏业主发布预、终结算单，企业性质的分布式电源结算电费发票由电源业主每月按时开具并交给公司电费部门，个人性质的结算发票由公司电费部门代为开具。

8. 分布式电源接入电网系统设计要求

供电公司在编制分布式光伏接入系统方案时，要按照国家、行业、地方及企业相关技术标准，并参照《分布式电源接入配电网相关技术规范》《分布式电源接入系统典型设计》等文件制定接入方案。参考标准为：8kW 及以下光伏发电系统可接入 220V 电网；8kW ~ 400kW 光伏发电系统可接入 380V 电网；400kW ~ 6MW 光伏发电系统可接入 10kV 电网；5MW ~ 30MW 以上光伏发电系统可接入 35kV 电网。最终并网电压等级会根据电网条件，通过技术经济比选论证确定。若高低两级电压均具备接入条件，优先采用低电压等级接入。当采用 220V 单相接入时，会根据当地配电管理规定和三相不平衡测算结果确定最终接入的电源相位。

2.4 光伏电站建设用地的申请办理

2.4.1 光伏电站建设用地报批程序

分布式光伏电站也会遇到建设用地审批的问题，其申请和批复程序主要有：预审（包括选址）、农转用和征用、两公告、登记、县政府同意补偿方案批复、供地等，具体程序如图 2-2 所示。

1. 预审

到用地科办理，须提供下列材料：

1）用地预审申请表；

2）预审的申请报告（内容包括拟建设项目用地基本情况、拟选址情况、拟用地规模和拟用地类型、补充耕地基本方案）；

3）需审批的项目还应提供项目建议书批复文件和项目可行性研究报告（两者合一的只要可行性研究报告）；

4）规划部门选址意见；

5）标注用地范围的土地利用总体规划图；

6）企业营业执照或法人单位代码证（报省、部审批的还需要地质灾害评估报告和矿产压覆情况表）。

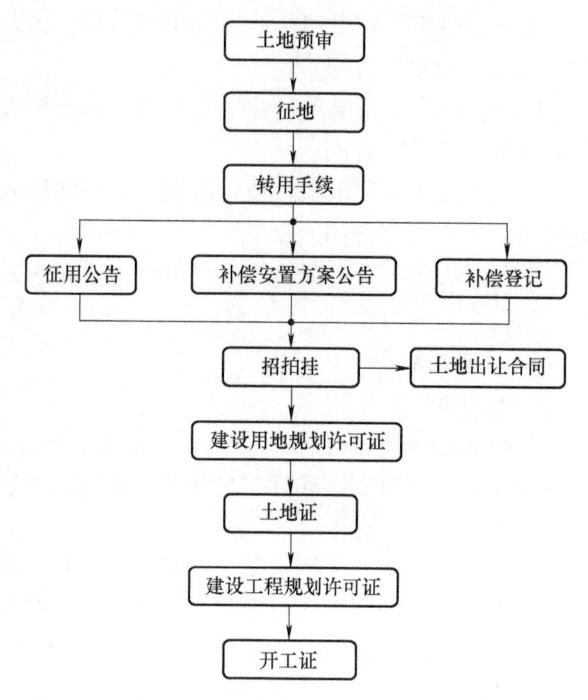

图 2-2　光伏电站建设用地报批程序示意图

2. 办理征地手续

用地单位凭预审意见到征地事务所办理征地手续。

3. 办理转用手续

用地单位向规划科提出转用申请并提交下列材料：

1）建设用地预审意见；

2）征地手续；

3）立项文件；

4）建筑总平面图；

5）环评报告；

6）规划用地许可证和红线图；

7）较大和特殊项目的特定条件；

8）办理集体使用需提供使用集体土地说明；

9）违法用地需提供处罚文件、处罚补办意见。

4. 用地单位到审批中心窗口缴纳农转用有关规费

5. 上报上级审批

6. 颁布征地公告

收到省政府批文后，县府颁布征用土地公告，告知土地征用位置、范围、面积及补偿方法。

7. 颁布征地补偿安置方案公告

征地公告颁布张贴 15 天后无异议的，颁布征地补偿安置公告。

8. 补偿登记

征地补偿安置方案公告颁布 15 天后无异议的，征地事务所负责作好征地补偿登记后，发放征地费。

9. 具体项目审批

用地单位向县行政中心国土资源窗口提出具体建设项目用地申请，提交下列材料：

1）建设用地申请表；

2）用地预审意见；

3）土地评估报告文本；

4）农转用审批材料、“二公告、一登记”及征地补偿方案批复材料；

5）建筑总平面；

6）征地红线图；

7）项目批准文件；

8）初步设计批复；

9）建设用地规划许可证；

10）环评报告；

11）违法用地需再提交《处罚决定书》和上级部门同意补办意见。

10. 缴纳出让金和规费

2.4.2 单位申请土地的登记程序

1. 初始登记

1）土地登记申请书。

2）单位的营业执照或法人代码证、法定代表人身份证明和个人身份证明。委托代理人、申请人的，还应当提交授权委托书和代理人身份证明。

3）土地权属来源证明：

① 建设用地呈报表或说明书、建设用地许可证、土地出让合同或划拨土地批准书、征地协议书或征地公告等规划用地许可证、用地红线图，计划部门立项文件。房地产开发项目还需提交县土地测绘所出具的用地面积和建筑面积的证明。

② 老城拆迁：房地产开发公司土地证（未发证提交建设用地呈报表或说明书、建设用地许可证、土地出让合同或划拨土地批准书、规划用地许可证、用地红线图）。老城拆迁安置协议及定位公证书、购房发票或购房证、原土地证或土地登记注销文件。

③ 历史遗留的无用地审批文件的，应提交主管部门的证明，用地协议或村委会意见等有效证件。

④ 其他应当提交的证明。

2. 变更登记

1）因国有土地使用权类型、用途及使用年限发生变化引起的变更：县政府及土地行政主管部门批准文件、出让合同或合同变更协议、出让金缴纳凭证、原国有土地使用证。

2）企业改制变更：原企业国有土地使用证、县级以上政府批准文件、出让合同、出让金缴纳凭证、国有土地使用权转让审批表。

3）房地产转让变更：原国有土地使用证、国有土地使用权转让审批表、土地使用权转让协议。

4）因单位合并，分立及更名引起的变更：原国有土地使用证、主管部门批准文件、协议。

5）因地址名称更改引起的变更：原国有土地使用证、县地名办或民政部门批准文件。

6）因出售公房引起的变更：原国有土地使用证、公房出售批准文件、售房合同、变更后产权证、国有土地使用权转让审批表。

7）因处分抵押财产而取得土地使用权引起的变更：原国有土地使用证、法院民事裁定书和执行书、拍卖或转让协议、国有土地使用权转让审批表。

8）变更登记除提交上述有关材料外，还需提交初始登记中1~2项有关材料。

第 3 章

分布式光伏发电系统容量设计

分布式光伏发电系统的设计一般有两部分内容，一是系统的容量设计，主要是对光伏组件发电容量（发电功率）和蓄电池的电能存储容量进行设计与计算，目的就是要通过设计计算出整个系统能够满足用户用电或并网发电所需要的最大容量；二是对系统的整体构成进行电气、机械设计与配置选型等。与集中式大型地面光伏电站相比，分布式光伏电站单体容量较小，安装场所和环境各异，不宜采用相同的设计和施工模式，而应该结合分布式光伏电站系统的特点，根据具体情况分门别类，采用“准标准化设计＋根据现场条件适度调整的”模式，因地制宜进行设计、配置与选型。

分布式光伏发电系统的整体配置主要是根据需要合理地配置整个系统的构成，对系统中的电力电子设备、部件、材料进行配置选型和局部设计，对相关附属设施也要进行设计与计算，目的是根据实际情况选配合适的设备、部件和材料等，与系统容量设计的结果相匹配。

另外，整体配置还要根据实际需要和系统容量的大小决定相关附属设施的取舍。例如，有些小型光伏发电系统由于容量或者环境的因素，就可以不考虑配置防雷接地系统和监控测量系统等。

图 3-1 所示为典型离网光伏发电系统的配置构成，图 3-2 所示为典型并网光伏发电系统的配置构成。本章先介绍一些光伏发电系统容量设计需要了解的基本知识后，然后分布式光伏发电系统的容量设计与计算方法，关于系统的配置选型与相关设计可参看第 4 章和第 5 章中的相关内容。

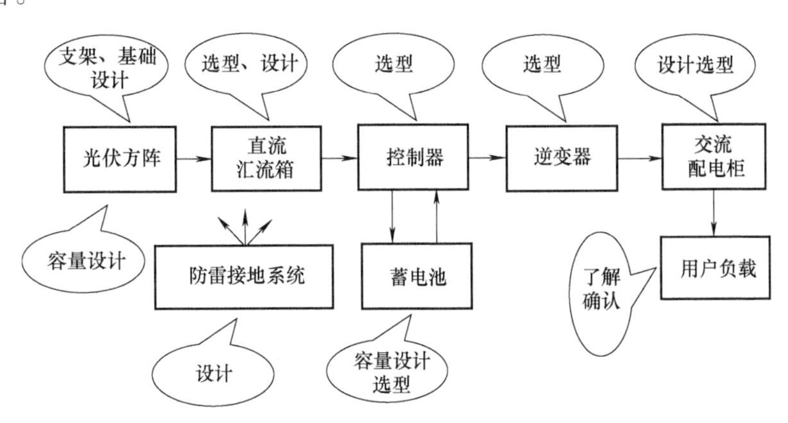

图 3-1　离网光伏发电系统配置构成示意图

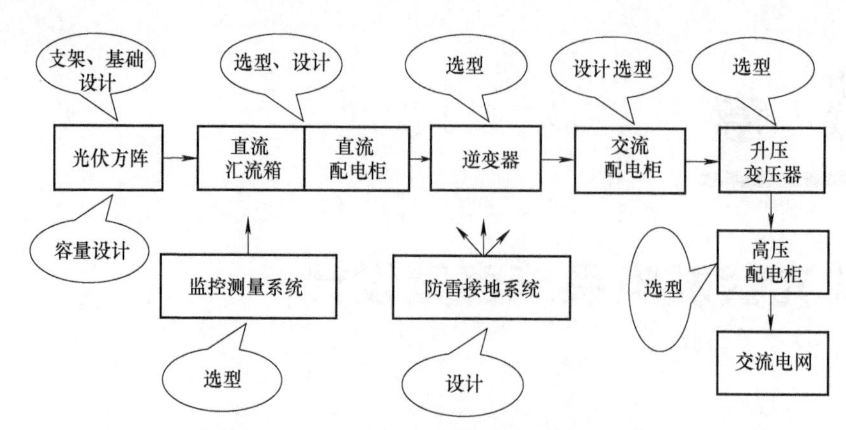

图 3-2　并网光伏发电系统配置构成示意图

3.1　系统的设计原则、步骤和内容

3.1.1　系统设计原则

光伏发电系统有离网、并网之分，负载大小有别，用途各异，发电系统所处的地理位置以及气象条件等因素也各不相同，而且许多数据在不断变化着，这就使得光伏发电系统的容量设计较为复杂。光伏发电系统的设计要本着合理、实用、高可靠和高性价比（低成本）的原则。既能保证光伏发电系统的长期可靠运行，充分满足并入电网或用户负载的用电要求，同时又能使系统的配置最合理、最经济，特别是在满足正常使用条件下确定最小的光伏发电容量和蓄电储能容量；同时还要协调整个系统工作的最大可靠性和系统成本之间的关系，在满足需要保证质量的前提下节省投资，达到最好的投资收益效果。设计中一定要避免盲目追求低成本或高可靠性的不良倾向，尤其是片面追求低成本，任意减少系统配置或选用廉价设备、部件，造成系统整体性能差，故障频发的不良后果，得不偿失。

3.1.2　系统设计的步骤和内容

光伏发电系统的设计步骤和内容如图 3-3 所示。

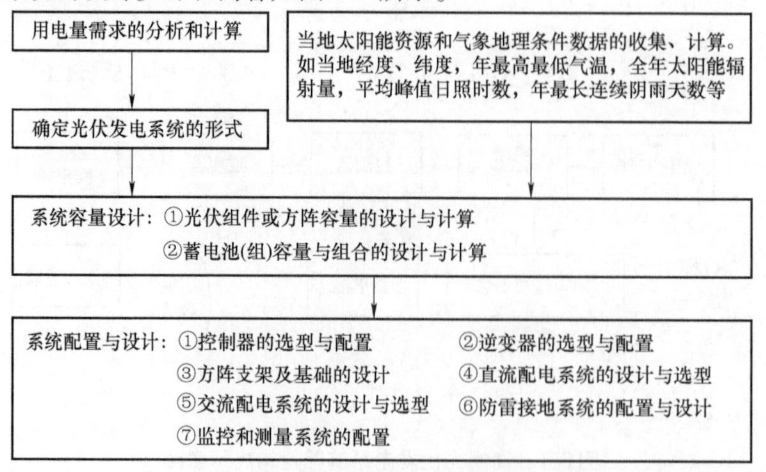

图 3-3　光伏发电系统的设计步骤及内容

3.2 与设计相关的因素和技术条件

在设计光伏发电系统时，应当根据负载的要求和当地太阳能资源及气象地理条件，依照能量守恒的原则，综合考虑下列各种因素和技术条件。

3.2.1 系统用电负载的特性及负荷需求

在设计光伏发电系统和进行系统设备的配置、选型之前，对于离网系统来说，要充分了解用电负载的特性和用电负荷。如负载是直流负载还是交流负载，负载的工作电压是多少，额定功率是多大，是冲击性负载还是非冲击性负载，是电阻性负载、电感性负载还是电力电子类负载等。其中，电阻性负载如白炽灯泡、电子节能灯、电熨斗、电热水器等在使用中无冲击电流；而电感性负载和电力电子类负载如日光灯、电动机、电冰箱、电视机、水泵等起动时都有冲击电流或起动电流，且电动机类负载的起动电流往往是其额定工作电流的5～10倍。在控制器、逆变器及蓄电池的容量设计和设备选型时，往往要把这些负载的起动功率考虑进去，留有合理余量。逆变器的输出功率要大于负载的使用功率（含起动功率）。对于摄像监控系统，通信基站等要求严格的场合，输出功率要按所有的负载功率之和考虑。对于一般贫困家庭用户的基本生活用电而言，考虑到所有的用电负载不可能同时开启，为了节省成本，可以把总负载功率之和乘以0.7～0.9的系数。很多用户对负载功率不是很清楚，设计时可以参考表3-1中常用电器的额定功率和用电量数据。

表3-1 常用电器额定功率和用电量表

电器名称	一般额定功率/W	估计用电量/kW·h
窗式空调器（1～1.5匹）	800～1300	每小时最高0.8～1.3
分体式空调器（1～1.5匹）	900～1500	每小时最高0.9～1.5
白炽灯泡	60～100	每小时最高0.06～0.1
家用电冰箱	65～180	每天0.85～1.7
家用单缸洗衣机	230	每小时最高0.23
家用双缸洗衣机	380	每小时最高0.38
家用滚筒洗衣机（加热）	850～1750	每小时最高0.85～1.75
微波炉	950	每10min0.16
电热水器	1500～3000	每小时最高1.5～1.3
电热水壶	1000～1800	每小时1.0～1.8
电饭煲	800～1200	每小时0.8～1.2
电熨斗	750	每20min0.25
理发吹风机	450	每5min0.04
台式电脑	300	每小时0.3
笔记本电脑	100	每小时0.1
吸尘器	600	每10min0.1
电风扇、小型吊扇	80	每小时0.08

（续）

电器名称	一般额定功率/W	估计用电量/kW·h
大型吊扇	150	每小时 0.15
21in 彩色电视机	70	每小时 0.07
25、29in 彩色电视机	100~120	每小时 0.1~0.12
42in 液晶电视	180	每小时 0.18
DVD 影碟机	30	每小时 0.03
卫星接收机	20	每小时 0.02
音响器材	100	每小时 0.1
抽油烟机	180	每 10min 0.03
浴霸（两灯）	550	每小时 0.55
普通枪式摄像机（带红外线）	5（12）	每 24 小时 0.12（0.15）
带云台球机	60	每 24 小时 1.5
无线网桥	20~30	每 24 小时 0.48~0.72

从全天使用时间上分，可分为仅白天使用的负载，仅晚上使用的负载及白天和晚上连续使用的负载，以及那些是连续工作的负载（如照明灯、电视机、电脑等），那些是间隙工作的负载（如电冰箱、空调器、热水器等）。对于仅在白天使用的负载，多数可以由光伏组件直接供电，不需要考虑或仅需少量考虑蓄电池的配备，起一个稳定供电的作用。对于连续工作的负载，用电量等于负载功率乘以使用时间，但对于间歇性工作负载，要估算每天的累积使用时间。例如一台 1 匹空调器的额定功率一般在 800W 左右，也就是说满负荷工作 1h 要消耗 0.8kW·h 的电，但空调器的运行时间与室内外温差、房间面积、设定温度、空调器自身的能效比等因素有很大关系，一晚上运行 8h，耗电量可能会有 3~4kW·h 的差别。

另外，系统每天需要供电的时间有多长，要求系统能正常供电几个阴雨天，是否有其他辅助供电方式等，都是需要在设计前了解的问题和数据。

由于光伏发电系统的容量及投资与用电负荷的需求成正比，因此有些用户为了减少投资，在系统设计时往往低估用电负荷，从而出现光伏系统的发电量不足，系统不能稳定运行等情况。因此，在系统设计之前，通过一段时间的实际检测来准确确定用电负荷量是很有必要的。另外，在利用太阳能光伏发电系统供电的情况下，要尽量选用节能型电器设备，或者对一些高能耗的旧电器设备（如白炽灯泡、旧电视、冰箱、冰柜等）进行更新替换，所需要的费用，往往比增加相应的光伏发电系统容量费用要更低更划算。

对于并网发电系统，一般都采取的是全额上网或自发自用余电上网的模式，所以基本上不用考虑用电负载特性和用电需求的因素。

3.2.2 当地的太阳能辐射资源及气象地理条件

由于光伏发电系统的发电量与太阳光的辐射强度、大气层厚度（即大气质量）、所在地的地理位置、所在地的气候和气象、地形地物等因素和条件都有着直接的关系和影响，因此在设计光伏发电系统时应考虑的太阳能辐射资源及气象地理条件有太阳辐射的方位角和倾斜角、峰值日照时数、全年辐射总量、连续阴雨天数及最低气温等。

1. 光伏组件（方阵）的方位角与倾斜角

光伏组件（方阵）的方位角与倾斜角的选定是光伏发电系统设计时最重要的因素之一。所谓方位角一般是指东西南北方向的角度。对于光伏发电系统来说，方位角以正南为0°，由南向东向北为负角度，由南向西向北为正角度，如太阳在正东方时，方位角为-90°，在正西方时方位角为90°。方位角决定了阳光的入射方向，决定了各个方向的山坡或不同朝向建筑物的采光状况。倾斜角是地平面（水平面）与光伏组件之间的夹角。倾斜角为0°时表示光伏组件为水平设置，倾斜角为90°时表示光伏组件为垂直设置。

（1）光伏组件方位角的确定

光伏组件的方位角一般都选择正南方向，以使光伏组件单位容量的发电量最大。如果受光伏组件设置场所如屋顶、土坡、山地、建筑物结构及阴影等的限制时，则应考虑与它们的方位角一致，以求充分利用现有地形和有效面积，并尽量避开周围建、构筑物或树木等产生的阴影。只要在正南±20°之内，都不会对发电量有太大影响，条件允许的话，应尽可能偏西南20°之内，使太阳能发电量的峰值出现在中午稍过后某时，这样有利用冬季多发电。有些光伏建筑一体化发电系统在设计时，当正南方向光伏组件铺设面积不够时，也可将光伏组件铺设在偏东、偏西或正东、正西方向。一般方位角偏离正南30°时，方阵的发电量将减少约10%~15%，偏离正南60°时，方阵的发电量将减少约20%~30%。

（2）光伏组件倾斜角的确定

最理想的倾斜角是光伏组件全年发电量尽可能大，而冬季和夏季发电量差异尽可能小时的倾斜角。在离网光伏发电系统中，一般取当地纬度或当地纬度加上几度作为当地光伏组件安装的倾斜角。当然如果能够采用计算机辅助设计软件进行光伏组件倾斜角的优化计算，使两者能够兼顾，这对于高纬度地区尤为重要。高纬度地区的冬季和夏季水平面太阳辐射量差异非常大，如我国黑龙江省相差约5倍。如果按照水平面辐射量参数进行设计，则蓄电池冬季存储量过大，造成蓄电池的设计容量和投资都加大。选择了最佳倾斜角，光伏组件面上冬季和夏季辐射量之差变小，蓄电池的容量也可以减少，求得一个均衡，使系统造价降低，设计更为合理。

如果没有条件对倾斜角进行计算机优化设计，也可以根据当地纬度粗略确定光伏组件的倾斜角：

纬度为0°~25°时，倾斜角等于纬度；

纬度为26°~40°时，倾斜角等于纬度加5°~10°；

纬度为41°~55°时，倾斜角等于纬度加10°~15°；

纬度为55°以上时，倾斜角等于纬度加15°~20°。

但不同类型的光伏发电系统，其最佳安装倾斜角是有所不同的。在离网光伏发电系统中，例如为太阳能路灯等季节性负载供电的光伏发电系统，这类负载的工作时间随着季节而变化，其特点是以自然光线的强弱来决定负载每天工作时间的长短。冬天时白天日照时间短，太阳能辐射能量小，而夜间负载工作时间长，耗电量大。因此系统设计时要考虑照顾冬天，按冬天时能得到最大发电量的倾斜角确定，其倾斜角应该比当地纬度的角度大一些。而对于主要为光伏水泵、制冷空调等夏季负载供电的离网光伏发电系统，则应考虑夏季为负载提供最大发电量，其倾斜角应该比当地纬度的角度小一些。

而在有市电互补、风光互补及风光柴互补等混合型离网光伏发电系统中，可以不再考虑季节因素对光伏组件发电量的影响，只需要考虑光伏组件全年发电量最大化，这样可以有效地利用太阳能，光伏组件可以基本按当地纬度确定倾斜角度。由于混合型系统的蓄电池容量相对较小，在太阳能辐射较强的夏季，在光伏发电占比较大的系统中，会出现蓄电池及负载无法完全储存和消纳光伏发电量，导致系统能量浪费，利用效率降低，影响系统的经济性。这类系统在设计时就要根据实际用电需要适当减小光伏组件的容量或适当加大蓄电池的容量，使系统的配置更加合理，例如可以按照太阳能辐射最好的月份把光伏组件的发电量占比控制在整个系统发电量的80%~90%为佳。

对于并网光伏发电系统，则要根据全年发电量的最大化来确定光伏组件或方阵的倾斜角度，通常该倾斜角为当地的纬度，也可以根据现场实际情况调整。本书附录6提供了全国各城市并网光伏发电最佳安装角度和发电量速查表，可供确定倾斜角时参考。对于因方位限制使光伏组件或方阵必须朝向东面或西面安装时，可以尽量降低安装倾斜角，以提高光伏组件或方阵的倾斜面辐照度。

综上所述，无论哪种形式的光伏发电系统，光伏组件最佳倾斜角的确定，都需要结合安装现场实际情况进行考虑，例如安装地点、屋顶角度、建筑物外观的限制，有利于积雪滑落等因素。因此，光伏组件的倾斜角可以根据实际需要在不使光伏发电量大幅度下降的前提下做小范围的调整。

2. 平均日照时数和峰值日照时数

要了解平均日照时数和峰值日照时数，首先要知道日照时间和日照时数的概念。

日照时间是指太阳光在一天当中从日出到日落实际的照射小时数。

日照时数是指在某个地点，一天当中太阳光达到一定的辐照度（一般以气象台测定的120W/m² 为标准）时一直到小于此辐照度所经过的小时数。日照时数小于日照时间。

平均日照时数是指某地的一年或若干年的日照时数总和的平均值。例如，某地2005年到2015年实际测量的年平均日照时数是2053.6h，日平均日照时数就是5.63h。

峰值日照时数（也叫有效日照时间）是将当地的太阳辐射量，折算成标准测试条件（辐照度1000W/m²）下的小时数，如图3-4所示。例如，某地某天的日照时间是8.5h，但不可能在这8.5h中太阳的辐照度都是1000W/m²，而是从弱到强再从强到弱变化的，若测得这天累计的太阳辐射量是3600W·h/m²，则这天的峰值日照时数就是3.6h。因此，在计算光伏发电系统的发电量时一般都采用平均峰值日照时数作为参考值。表3-2是年水平面总辐射量与日平均峰值日照时数间的对应关系表。

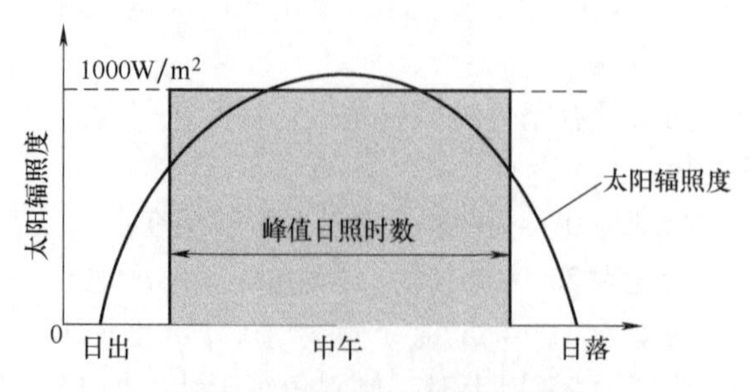

图3-4 峰值日照时数示意图

3. 全年太阳能辐射总量

在设计光伏发电系统容量时，当地全年太阳能辐射总量也是一个重要的参考数据。应通过气象部门了解当地近几年甚至8~10年的太阳能辐射总量年平均值。通常气象部门提供的是水平面上的太阳辐射量，而光伏组件一般都是倾斜安装的，因此还需要将水平面上的太阳能辐射量换算成倾斜面上的辐射量。

表 3-2 年水平面总辐射量与日平均峰值日照时数间的对应关系表

年总辐射量/(kJ/cm²)	740	700	660	620	580	540	500	460	420
年总辐射量/(kW·h/m²)	2055	1945	1833	1722	1611	1500	1389	1278	1167
日平均峰值日照时数/h	5.75	5.42	5.10	4.78	4.46	4.14	3.82	3.50	3.19

还有一种表示方法是把全国太阳能资源的分布划分为4类地区或者叫4个等级，具体内容参见第2章中表2-1。

4. 最长连续阴雨天数

最长连续阴雨天数是设计离网光伏发电系统必须考虑的一个参数。所谓最长连续阴雨天数也就是需要蓄电池向负载维持供电的天数，从发电系统本身的角度说，也叫“系统自给天数”。也就是说，如果有几天连续阴雨天，光伏组件方阵就几乎不能发电，只能靠蓄电池来供电，而蓄电池深度放电后又需尽快地将其补充好。连续阴雨天数可参考当地年平均连续阴雨天数的数据。对于不太重要的负载如太阳能路灯等也可根据经验或需要在3~7天内选取。在考虑连续阴雨天因素时，还要考虑两段连续阴雨天之间的间隔天数，以防止第一个连续阴雨天到来使蓄电池放电后，还没有来得及补充，就又来了第二个连续阴雨天，使系统在第二个连续阴雨天内根本无法正常供电。因此，在连续阴雨天比较多的南方地区，设计时要把光伏组件和蓄电池的容量都考虑得稍微大一些。

表3-3是全国各主要城市太阳能资源数据表，供设计离网系统时参考。其他地区设计时可参考就近城市的数据。

表 3-3 全国各主要城市太阳能资源数据表

城市	纬度	最佳倾角	平均峰值日照时数/h	水平面年平均辐射量		斜面年辐射量	斜面修正系数 K_{op}
				kW·h/m²	kJ/cm²	kW·h/m²（平均）	
北京	39.80°	纬度+4°	5.01	1547.31	557.03	1828.55	1.0976
天津	39.10°	纬度+5°	4.65	1455.54	523.99	1695.43	1.0692
哈尔滨	45.68°	纬度+3°	4.39	1287.94	463.66	1605.80	1.1400
沈阳	41.77°	纬度+1°	4.60	1398.46	503.44	1679.31	1.0671
长春	43.90°	纬度+1°	4.75	1376.05	495.38	1736.49	1.1548
呼和浩特	40.78°	纬度+3°	5.57	1680.42	604.95	2035.38	1.1468
太原	37.78°	纬度+5°	4.83	1527.02	549.73	1763.56	1.1005
乌鲁木齐	43.78°	纬度+12°	4.60	1466.49	527.94	1682.45	1.0092
西宁	36.75°	纬度+1°	5.45	1701.01	612.36	1988.95	1.1360
兰州	36.05°	纬度+8°	4.40	1517.39	546.26	1606.21	0.9489
银川	38.48°	纬度+2°	5.45	1678.29	604.19	1988.74	1.1559

（续）

城市	纬度	最佳倾角	平均峰值日照时数/h	水平面年平均辐射量		斜面年辐射量	斜面修正系数 K_{op}
				$kW\cdot h/m^2$	kJ/cm^2	$kW\cdot h/m^2$（平均）	
西安	34.30°	纬度+14°	3.59	1295.85	466.51	1313.19	0.9275
上海	31.17°	纬度+3°	3.80	1293.72	465.74	1388.12	0.9900
南京	32.00°	纬度+5°	3.94	1328.09	478.12	1440.43	1.0249
合肥	31.85°	纬度+9°	3.69	1269.90	457.16	1348.37	0.9988
杭州	30.23°	纬度+3°	3.43	1183.01	425.88	1254.38	0.9362
南昌	28.67°	纬度+2°	3.80	1327.59	477.93	1390.45	0.8640
福州	26.08°	纬度+4°	3.45	1216.77	438.04	1262.39	0.8978
济南	36.68°	纬度+6°	4.44	1423.81	512.57	1621.62	1.0630
郑州	34.72°	纬度+7°	4.04	1351.72	486.62	1476.02	1.0476
武汉	30.63°	纬度+7°	3.80	1338.43	481.84	1389.74	0.9036
长沙	28.20°	纬度+6°	3.21	1153.51	415.26	1175.00	0.8028
广州	23.13°	纬度-7°	3.52	1227.82	442.02	1287.84	0.8850
海口	20.03°	纬度+12°	3.84	1402.72	504.98	1369.76	0.8761
南宁	22.82°	纬度+5°	3.53	1268.88	456.80	1291.09	0.8231
成都	30.67°	纬度+2°	2.88	1053.63	379.31	1044.71	0.7553
贵阳	26.58°	纬度+8°	2.86	1047.05	376.94	1037.72	0.8135
昆明	25.02°	纬度-8°	4.25	1439.12	518.08	1554.60	0.9216
拉萨	29.70°	纬度-8°	6.71	2159.68	777.49	2448.64	1.0964

3.2.3 有关太阳能辐射能量的换算

1. 太阳能辐射能量不同单位之间的换算

在计算光伏发电系统的容量时，有时会遇到用不同计量单位表示的太阳能辐射能量，如焦（J）、卡（cal）、千瓦（kW）等，为设计和计算方便，就需要进行单位换算。它们之间的换算关系为

1 卡(cal) = 4.1868 焦(J) = 1.16278 毫瓦时(mW·h)

1 千瓦时(kW·h) = 3.6 兆焦(MJ)

1 千瓦时/米²($kW\cdot h/m^2$) = 3.6 兆焦/米²(MJ/m^2) = 0.36 千焦/厘米²(kJ/cm^2)

100 毫瓦时/厘米²($mW\cdot h/cm^2$) = 85.98 卡/厘米²(cal/cm^2)

1 兆焦/米²(MJ/m^2) = 23.889 卡/厘米²(cal/cm^2) = 27.8 毫瓦时/厘米²($mW\cdot h/cm^2$)

2. 太阳能辐射能量与峰值日照时数之间的换算

在计算中，有时还需要将辐射能量换算成峰值日照时数，换算公式如下。

1）当辐射量的单位为卡/厘米²（cal/cm^2）时，则：

年峰值日照小时数 = 辐射量 ×0.0116（换算系数）

例如，某地年水平面辐射量为 139kcal/cm^2，光伏组件倾斜面上的辐射量为 152.5kcal/cm^2，则年峰值日照小时数为 152500cal/cm^2 ×0.0116 =1769h，峰值日照时数为 1769h ÷365 =4.85h。

2）当辐射量的单位为兆焦/米^2（MJ/m^2）时，则：

年峰值日照时数 = 辐射量 ÷3.6（换算系数）

例如，某地年水平面辐射量为 5497.27MJ/m^2，光伏组件倾斜面上的辐射量为 6348.82MJ/m^2，则年峰值日照小时数为 6348.82MJ/m^2 ÷3.6 =1763.56h，峰值日照时数为 1763.56h ÷365 =4.83h

3）当辐射量的单位为千瓦时/米^2（kW · h/m^2）时，则：

峰值日照时数 = 辐射量 ÷365 天

例如，北京年水平面辐射量为 1547.31kW · h/m^2，光伏组件倾斜面上的辐射量为 1828.55kW · h/m^2，则峰值日照小时数为 1828.55kW · h/m^2 ÷365 =5.01h

4）当辐射量的单位为千焦/厘米^2（kJ/cm^2）时，则：

年峰值日照小时数 = 辐射量 ÷0.36（换算系数）

例如，拉萨年水平面辐射量为 777.49kJ/cm^2，光伏组件倾斜面上的辐射量为 881.51kJ/cm^2，则年峰值日照小时数为 881.51kJ/cm^2 ÷0.36 =2448.64h，峰值日照时数为 2448.64h ÷365 =6.71h。

3.2.4 光伏方阵组合、排布及间距的设计与计算

光伏方阵也称光伏阵列，英文名称为“Solar Array”或“ PV Array”。光伏方阵是为满足高电压、大功率的发电要求，由若干个光伏组件通过串、并联连接，并通过一定的机械方式固定组合在一起的。除光伏组件的串、并联组合外，光伏方阵还需要防逆流（防反充）二极管、旁路二极管、直流电缆等对光伏组件进行电气连接，还需要配专用的、带避雷器的直流汇流箱及直流防雷配电柜等。有时为了防止鸟粪等沾污光伏方阵表面而产生“热斑效应”，还要在方阵顶端安装驱鸟器。另外整个光伏方阵还要固定在光伏支架上，因此支架要有足够的强度和刚度，整个支架要牢固的安装在支架基础上。

1. 光伏组件的热斑效应

当光伏组件或某一部分表面不清洁、有划伤或者被鸟粪、树叶、建筑物阴影、云层阴影覆盖或遮挡时，被覆盖或遮挡部分所获得的太阳能辐射会减少，其相应电池片的输出功率（发电量）自然随之减少，相应组件的输出功率也将随之降低。由于整个组件的输出功率与被遮挡面积不是线性关系，所以即使一个组件中只有一片电池片被覆盖，整个组件的输出功率也会大幅度降低。如果被遮挡部分只是方阵组件串的并联部分，那么问题还较为简单，只是该部分输出的发电电流将减小，如果被遮挡的是方阵组件串的串联部分，则问题较为严重，一方面会使整个组件串的输出电流减少为该被遮挡部分的电流，另一方面被遮挡的电池片不仅不能发电，还会被当作耗能器件以发热的方式消耗其他有光照的光伏组件的能量，长期遮挡就会引起光伏组件局部反复过热，产生热斑，这就是热斑效应。这种效应能严重地破坏电池片及组件，可能会使组件焊点熔化、封装材料破坏，甚至会使整个组件失效。产生热斑效应的原因除了以上情况外，还有个别质量不好的电池片混入光伏组件、电极焊片虚焊、电池片隐裂或破损、电池片性能变坏等。

2. 光伏组件的串、并联组合

光伏方阵的连接有串联、并联和串、并联混合几种方式。当每个单体的光伏组件性能一致时，多个光伏组件的串联连接，可在不改变输出电流的情况下，使整个方阵输出电压成比例的增加；而组件并联连接时，则可在不改变输出电压的情况下，使整个方阵的输出电流成比例的增加；串、并联混合连接时，即可增加方阵的输出电压，又可增加方阵的输出电流。但是，组成方阵的所有光伏组件性能参数不可能完全一致，所有的连接电缆、插头/插座接触电阻也不相同，于是会造成各串联光伏组件的工作电流受限于其中电流最小的组件；而各并联光伏组件的输出电压又会被其中电压最低的光伏组件钳制。因此方阵组合会产生组合连接损失，使方阵的总效率总是低于所有单个组件的效率之和。组合连接损失的大小取决于光伏组件性能参数的离散型，因此除了在光伏组件的生产工艺过程中尽量提高光伏组件性能参数的一致性外，还可以对光伏组件进行测试、筛选、组合，即把特性相近的光伏组件组合在一起。例如，串联组合的各组件工作电流要尽量相近，每串与每串的总工作电压也要考虑搭配的尽量相近，最大幅度的减少组合连接损失。因此，方阵组合连接要遵循下列几条原则：

1）串联时需要工作电流相同的组件，并为每个组件并接旁路二极管；

2）并联时需要工作电压相同的组件，并在每一条并联线路中串联防逆流二极管；

3）尽量考虑组件连接线路最短，并用较粗的导线；

4）严格防止个别性能变坏的光伏组件混入光伏方阵。

3. 防逆流（防反充）和旁路二极管

在光伏方阵中，二极管是很重要的器件，常用的二极管基本都是硅整流二极管，在选用时要注意规格参数留有余量，防止击穿损坏。一般反向峰值击穿电压和最大工作电流都要取最大运行工作电压和工作电流的 2 倍以上。二极管在光伏发电系统中主要分为两类。

（1）防逆流（防反充）二极管

防逆流二极管的作用之一是当光伏组件或方阵不发电时，在离网系统中是防止蓄电池的电流反过来向组件或方阵倒送，不仅消耗能量，而且会使组件或方阵发热甚至损坏；作用之二是在光伏方阵中，防止方阵各支路之间的电流倒送。这是因为串联各支路的输出电压不可能绝对相等，各支路电压总有高低之差，或者某一支路因为故障、阴影遮蔽等使该支路的输出电压降低，高电压支路的电流就会流向低电压支路，甚至会使方阵总体输出电压的降低。在各支路中串联接入防逆流二极管就避免了这一现象的发生。

在离网光伏发电系统中，一般光伏控制器的电路上已经接入了防反充二极管，即控制器带有防反充功能时，组件输出就不需要再接二极管了。同理，在并网光伏发电系统中，一般直流汇流箱或逆变器输入电路中也都接入了防反充二极管，组件输出也就不需要再接二极管了。

（2）旁路二极管

当有较多的光伏组件串联组成光伏方阵或光伏方阵的一个支路时，需要在每块电池板的正负极输出端反向并联 1 个（或 2、3 个）二极管，这个并联在组件两端的二极管就叫旁路二极管。

旁路二极管的作用是防止方阵串中的某个组件或组件中的某一部分被阴影遮挡或出现故障停止发电时，在该组件旁路二极管两端会形成正向偏压使二极管导通，组件串工作电流绕过故障组件，经二极管旁路流过，不影响其他正常组件的发电，同时也保护被旁路组件避免受到较高的正向偏压或由于“热斑效应”发热而损坏。

旁路二极管一般都直接安装在组件接线盒内，如图3-5所示，根据组件功率的大小和电池片串的多少，安装1～3个二极管，如图3-6所示。其中图3-6a采用1个旁路二极管，当该组件被遮挡或有故障时，组件将被全部旁路；图3-6b和c分别采用2个和3个二极管将光伏组件分段旁路，则当该组件的某一部分有故障时，可以做到只有旁路组件的一半或1/3，其余部分仍然可以继续正常工作。

图3-5　旁路二极管在接线盒内的安装

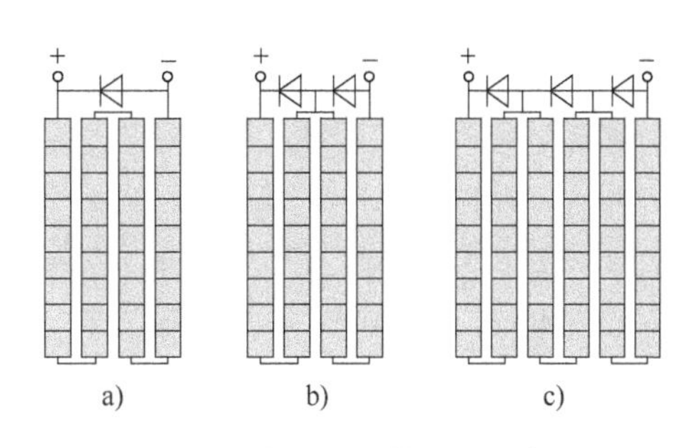

图3-6　旁路二极管接法示意图

旁路二极管也不是任何场合都需要的，当组件单独使用或并联使用时，是不需要接旁路二极管的。对于组件串联数量不多且工作环境较好的场合，也可以考虑不用旁路二极管。

4. 光伏方阵的电路

光伏方阵的基本电路由光伏组件串、旁路二极管、防逆流二极管和带避雷器的直流汇流箱等构成，常见电路形式有并联方阵电路、串联方阵电路和串、并联混合方阵电路，如图3-7所示。

5. 光伏方阵组合的能量损失

光伏方阵由若干的光伏组件及成千上万的电池片组合而成，这种组合不可避免存在各种能量损失，归纳起来大致有这样几类：

1）连接损失：因为连接电缆的本身电阻和接插件连接不良所造成的损失。

2）离散损失：主要是因为光伏组件产品性能和衰减程度不同，参数不一致造成的功率损失。方阵组合选用不同厂家、不同出厂日期、不同规格参数以及不同牌号电池片等，都会造成光伏方阵的离散损失。

3）串联压降损失：电池片及光伏组件本身的内电阻不可能为零，即构成电池片的PN结有一定的内电阻，造成组件串联后的压降损失。

4）并联电流损失：电池片及光伏组件本身的反向电阻不可能为无穷大，即构成电池片的PN结有一定的反向漏电流，造成组件并联后的漏电流损失。

6. 光伏方阵组合的计算

光伏方阵是根据负载需要将若干个组件通过串联和并联进行组合连接，得到设计需要的输出电流和电压，为负载提供电力的。方阵的输出功率与组件串并联的数量有关，串联是为了获得所需要的工作电压，并联是为了获得所需要的工作电流。

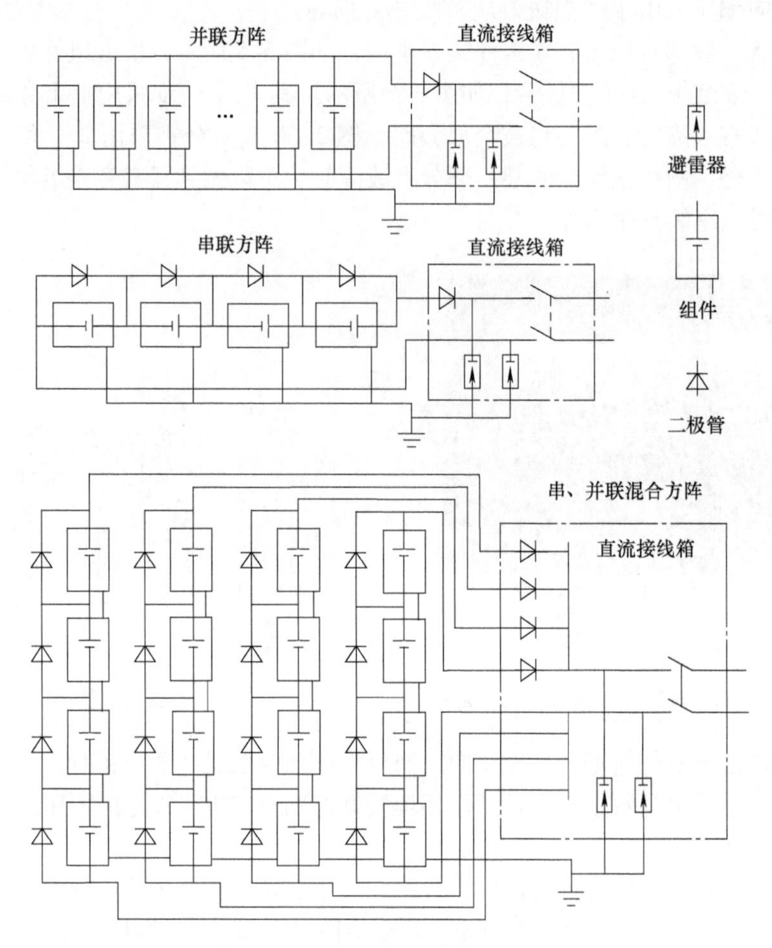

图 3-7　光伏方阵基本电路示意图

一般离网光伏发电系统电压往往被设计成与蓄电池的标称电压相对应或者是它的整数倍，而且与用电器的电压等级一致，如 220V、110V、48V、36V、24V、12V 等。并网光伏发电系统，方阵的电压等级往往为 110V、220V、380V、500V 等，对电压等级更高的光伏发电系统，则采用多个方阵进行串并联，组合成与电网等级相同的电压等级，如组合成 600V、1kV 等，再通过逆变器后直接与公共电网连接，或通过升压变压器后与 35kV、110kV、220kV 等高压输变电线路连接。

方阵所需要串联的组件数量主要由系统工作电压或逆变器的额定输入电压来确定。离网系统还要考虑蓄电池的浮充电压、线路损耗以及温度变化等因素。一般带蓄电池的光伏发电系统方阵的输出电压 = 1.43 × 蓄电池组标称电压。对于不带蓄电池的光伏发电系统，在计算方阵的输出电压时一般将其额定电压提高 10%，再选定组件的串联数。

例如，一个组件的最大输出功率为 245W，最大工作电压为 29.9V，设选用逆变器为交流三相，额定电压 380V，逆变器采取三相桥式接法，则直流输出电压 $U_p = U_{ab}/0.817 = 380/0.817 \approx 465V$。再来考虑电压裕量，光伏方阵的输出电压应增大到 1.1 × 465 = 512V，则计算出组件的串联数为 512V/29.9V ≈ 18 块。

下面再从系统输出功率来计算光伏组件的总数。现假设负载要求功率是 30kW，则组件总数为 30000W/245W≈123 块，从而计算出组件并联数为 123/18≈7，可选取并联数为 7 块。结论：该系统应选择上述功率的组件 18 串联 7 并联，组件总数为 18×7 = 126 块，系统输出最大功率为 126×245W = 30.87kW。

7. 光伏方阵的排布及间距计算

在光伏发电系统的设计中，光伏方阵的排布要考虑施工安装、线路走向及连接、维护和清洗的便利性等因素。在光伏方阵中光伏组件的排布有纵向排列和横向排列两种方式，如图 3-8 所示，纵向排列一般每列放置 2～4 块光伏组件，横向排列一般每列放置 3～5 块光伏组件。光伏组件采用纵向排列还是横向排列，对整个系统的发电量、支架用量和施工难度都有一定影响。当方阵光伏组件纵向排列时，如果组件最下面一排电池片不可避免地全部被前排方阵阴影遮挡时，阴影会同时遮挡组件的 3 个电池串，组件的 3 个旁路二极管会全部正向导通将电池组串短路，而使被遮挡的组件都不能发电。即便是 3 个旁路二极管没有导通，该组件产生的功率也会通过发热的形式消耗在被遮挡的电池片上，组件依然没有功率输出。当方阵光伏组件横向排列是，如果组件最下面一排电池片全部被阴影遮挡时，阴影只遮挡了 1 个电池串，则相应的旁路二极管导通，组件中另外两个电池组串仍然可以正常发电，组件还可以发出 2/3 的功率，如图 3-9 所示。所以当因场地紧张，方阵前后排间距无法调整时，光伏方阵采用横向排布的方式，可以获得更多的发电量。

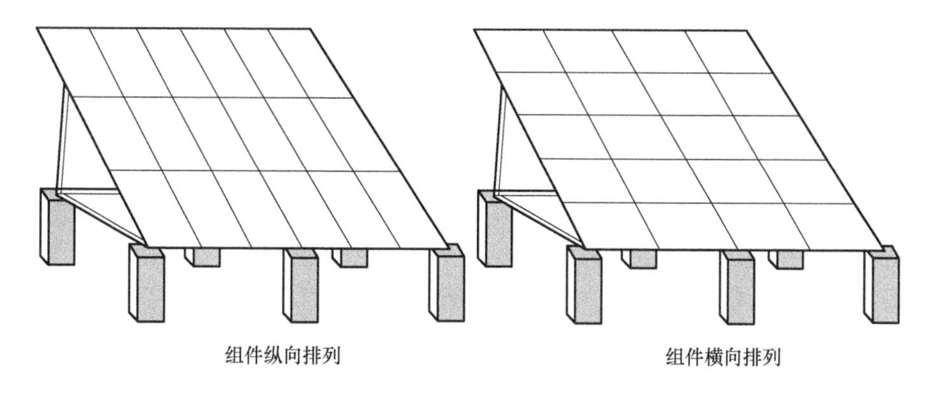

图 3-8　光伏方阵组件排列示意图

目前大多数发电系统都采用纵向排列的方式，这是因为纵向排列比横向排列安装施工更容易些。横向排列时，最顶端的光伏组件安装比较困难，影响施工进度。另外，横向排列时，光伏支架的造价也会比纵向排列成本略高一些。

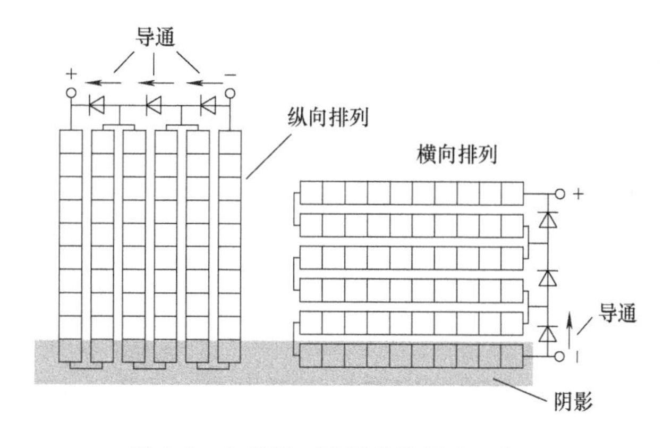

图 3-9　组件排列阴影遮挡影响示意图

通常在排布光伏方阵时，为减少光伏方阵占地面积或可用面积有限时，可分别选取每个光伏方阵中光伏组件的拼装组合数量使其高度尺寸成阶梯型，也可以考虑方阵基础制作成阶梯型安装光伏方阵。具体方法如图 3-10 所示。

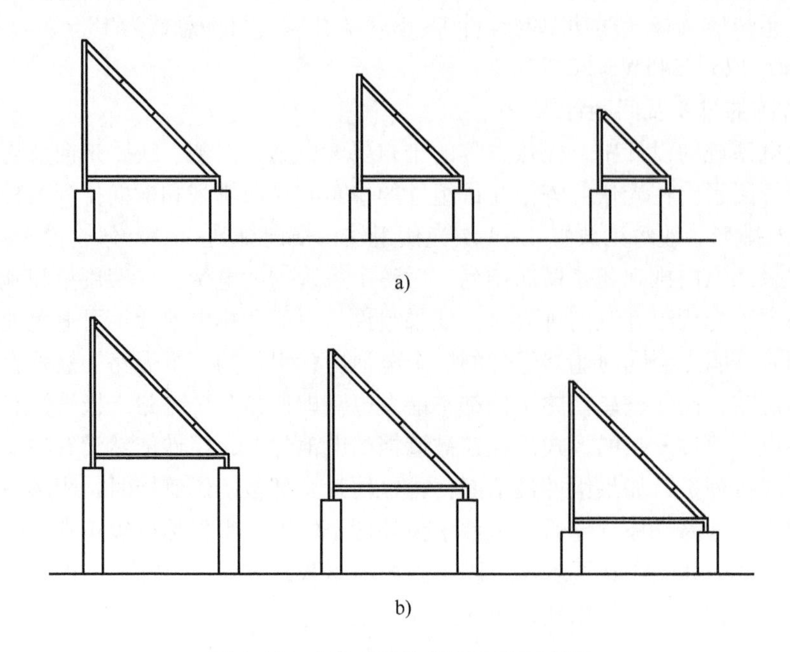

a)

b)

图 3-10　光伏方阵阶梯型安装示意图

a）电池板组合成阶梯型　b）基础制作成阶梯型

对于采用跟踪类支架的光伏方阵，特别是斜单轴和双轴跟踪方阵，方阵之间出现遮挡的情况较多，可尽量考虑横向排列光伏组件。

无论是屋顶还是地面，设计方阵间距时除了考虑方阵与方阵前后之间的阴影遮挡以外，还要考虑避开方阵周边的遮挡。在方阵排布时，除了要预留检修通道外，还要与周边的烟囱、排风机等保持足够的安全距离。前后排方阵之间的正常间距应该按照冬至日上午 9 点至下午 3 点间，前排方阵对后排方阵没有遮挡为最佳间距。如果前后两组方阵之间的距离太小，前边的光伏方阵的阴影会把后面的光伏方阵部分遮挡。因此设计时要计算前后方阵之间的合理距离。假设光伏方阵的上边缘高度为 L_1，其南北方向的阴影长度为 L_2，太阳高度角为 A，方位角为 B，则阴影的倍率 R 为

$$R = L_2/L_1 = \cot A \times \cos B$$

这个倍率最好按冬至那一天的数据进行计算，因为冬至这一天的阴影最长。例如，光伏方阵的上边缘的高度为 H_1，下边缘的高度为 H_2，则方阵之间的距离 M 为 $M = (H_1 - H_2) \times R$。当纬度较高时，光伏方阵之间的距离应加大，相应地安装场所的面积也会增加。对于有防风要求的光伏方阵，为了减小受风面，增加抗风能力，可以根据实际情况适当降低光伏方阵的安装倾角。对于有防积雪措施的光伏方阵来说，其倾斜角度一般要增大，会造成光伏方阵的高度增加，为避免阴影的影响，相应地也会使光伏方阵之间的距离加大。

3.2.5　发电系统的安装场所和方式

发电系统的安装主要是指光伏组件或光伏方阵的安装，其安装场所和方式可分为杆柱安

装、塔架安装、地面安装、屋顶安装、山坡安装、建筑物墙壁安装及建材一体化安装等。

1. 杆柱、塔架安装

杆柱、塔架安装是将光伏发电系统安装在由金属、混凝土以及木制的杆、柱子、塔架上等，如太阳能路灯、高速公路监控摄像装置等，如图3-11所示。

2. 地面安装

地面安装就是在地面打好基础，然后在基础上安装倾斜支架，再将光伏组件固定到支架上。有时也可利用山坡等的斜面直接做基础和支架安装光伏组件。如图3-12所示。

图3-11　杆柱、塔架安装实例

图3-12　地面安装实例

3. 屋顶安装

屋顶安装大致分为两种：一种是以屋顶为支撑物，在屋顶上通过支架或专用构件将光伏组件固定组成方阵，组件与屋顶间留有一定间隙用于通风散热；另一种是将光伏组件直接与屋顶结合形成整体，也叫光伏方阵与屋顶的集成，如光电瓦、光电采光顶等，如图3-13所示。

图3-13　屋顶安装实例

4. 墙壁安装

与屋顶安装一样，墙壁安装也大致分为两种：一种是以墙壁为支撑物，在墙壁上通过支架或专用构件将光伏组件固定组成方阵。就是把组件方阵外挂到建筑物不采光部分的墙壁上；另一种是将光伏组件做成光伏幕墙玻璃和光伏采光玻璃窗等光伏建材一体化材料，作为建筑物外墙和采光窗户材料，直接应用到建筑物墙壁上，形成光伏组件与建筑物墙壁的集成，如图3-14所示。

图 3-14　墙壁安装实例

3.3　离网系统的容量设计与计算

离网光伏发电系统容量设计与计算的主要内容是：

1）光伏组件功率和方阵构成的设计与计算；

2）蓄电池的容量与蓄电池组合的设计与计算。由于离网光伏发电系统容量设计对带储能的并网光伏发电系统容量设计有借鉴作用，所以在遇到带储能并网光伏发电系统容量设计时，可以参考这部分内容。

3.3.1　设计的基本思路

离网光伏发电系统往往用于无法利用电网供电的场合，所以属于刚性消费需求。用户也分为两大类，一类是不在意投资大小，最关心的是系统供电的可靠性，这类用户主要是私人海岛业主、别墅业主、通信基站、监控系统等；另一类是偏远地区无电或电力供应不足的用户，往往想用最少的投入解决用电需求，最关心的是系统的价格。从项目规模上看，一种是针对单个用户的小项目或者单个项目的小工程，另一种是针对特定人群的大项目，如国家无电地区光伏扶贫项目。所以离网光伏发电系统的设计要针对不同的用户，采取不同的设计方案，尽量满足用户的实际需要。

在离网系统设计之前，要做好前期调研工作，首先需要先了解用户安装地点的气候条件，负载类型和用电功率，白天和晚上的用电量等。还要了解用户的预算和经济情况。离网光伏发电系统，用电是靠天气，没有 100% 的可靠性，这一点一定要和用户讲清楚。知道以上这些情况，就可以开始做设计了。

对离网光伏发电系统来说，光伏组件的设计原则是要满足平均天气条件（太阳辐射量）下负载每日用电量的需求。也就是说，光伏组件的全年发电量要略大于或等于负载全年用电量。因为天气条件有低于和高于平均值的情况，所以设计光伏组件容量要满足光照最差、太阳能辐射量最小季节的需要。如果只按平均值去设计，势必造成全年 1/3 多时间的光照最差季节光伏组件发电量不足，造成蓄电池的连续亏电。蓄电池长时间处于亏电状态将造成蓄电池的极板硫酸盐化，使蓄电池的使用寿命和性能受到很大影响，整个系统的后续运行费用也将大幅度增加。设计时也不能考虑为了给蓄电池尽可能快的充满电而将光伏组件容量设计的过大，否则在一年中的绝大部分时间里光伏组件的发电量会远远大于负载的用电量，造成光伏组件的浪费和系统整体成本的过高。因此，光伏组件设计的最佳容量就是使光伏组件发电功率能基本满足光照最差季节的用电需要，就是在光照最差的季节蓄电池也能够基本上天天充满电。

在有些地区，最差季节的光照度远远低于全年平均值，如果还按最差情况设计光伏组件的功率，那么在一年中的其他时候发电量就会远远超过实际所需，造成浪费。这时只能考虑适当加大蓄电池的设计容量，增加储存电能，使蓄电池处于浅放电状态，弥补光照最差季节发电量的不足对蓄电池造成的伤害。有条件的地方还可以考虑采取风力发电与光伏发电互相补充（简称风光互补）及市电互补等措施，达到系统整体综合成本效益的最佳。

总之，离网光伏发电系统的设计，常常被人们喻为是技术和艺术的结合，在设计和计算光伏发电系统的容量时靠技术，而和用户沟通以确定真实合理的用电量时要靠艺术，用户往往不认为自己能消耗那么多的电量。所以设计离网光伏系统时，要因地制宜，灵活掌握，综合考虑各种相关因素，不要拘泥于某一个固定公式，并要格外注意以下几点：

1）光伏组件、控制器、逆变器、蓄电池设计时要匹配，任何一个都不能过大或者过小，新手设计时，经常会把用电量计算过大，如1匹空调运行12h，算成耗电10kW·h，300W的冰箱运行24h，算成耗电7.2kW·h，造成蓄电池容量过大，系统成本过高。设计蓄电池容量时，最好2天时间就给能充满。

2）光伏离网系统输出连接负载，每个逆变器输出端电压和电流相位和幅值都不一样，有些厂家逆变器不支持输出端并联，不要把逆变器输出端接在一起。

3）遇到有负载电动机正反转使用的场合时（如电梯等），负载电动机不能直接和逆变器输出端相连接，因为电动机在反转时，会产生一个反电动势，串入逆变器输出端时，造成逆变器中逆变元器件损坏。如果要用离网系统为这类负载供电时，建议在逆变器和电动机之间加一个交流变频器。

4）带市电互补输入的光伏离网系统，组件的绝缘要做好，如果组件对地有漏电流，会传到市电，引起市电的漏电开关的频繁跳闸。

3.3.2 简单负载的系统容量设计方法

前文已经讲过，光伏组件的容量设计就是满足负载年平均日用电量的需求。所以，设计和计算光伏组件容量大小的基本方法就是用负载平均每天所需要的用电量（单位为W·h或kW·h）为基本数据，以当地太阳能辐射资源参数如峰值日照时数、年辐射总量等为参照数据，并结合一些相关因素数据或系数进行综合计算。而蓄电池的设计主要包括蓄电池容量的设计计算和蓄电池组串并联组合的设计。

设计和计算光伏系统容量，有很多种方法和公式。最常用的方法一种是以峰值日照时数为依据的简单负载容量计算方法；另一种是以峰值日照时数为依据的多路负载容量计算方法，本节就先介绍第一种计算方法。

单路负载光伏组件和蓄电池容量计算常常用下面介绍的公式计算，这是一个相对简单的计算公式，常用于小型离网太阳能光伏发电系统的快速设计与计算，也可以用于对其他计算方法的验算。其主要参照的太阳能辐射参数是当地峰值日照时数，具体计算公式为

光伏组件功率 =(用电器功率 × 用电时间/当地峰值日照时数)× 损耗系数

蓄电池容量 =(用电器功率 × 用电时间/系统电压)× 连续阴雨天数 × 系统安全系数

在本公式中，光伏组件功率、用电器功率的单位都是瓦（W）；用电时间和当地峰值日照时数的单位都是小时（h）；蓄电池容量单位是安时（A·h）；系统电压是指在系统中确定的蓄电池或蓄电池组的工作电压，单位是伏（V）。

因为光伏组件的发电量并不能100%的转化为用电量，在设计时要考虑光伏组件灰尘遮挡影响的转换效率，光伏控制器在充放电控制过程中的损耗以及蓄电池充放电过程中的损耗等。因此光伏组件功率计算公式中的损耗系数主要是指线路损耗、控制器、逆变器等接入损耗、光伏组件玻璃表面脏污及安装倾角不能兼顾冬季和夏季等因素造成的损耗等。损耗系数可根据经验及系统具体情况在1.6~2之间选取，各种损耗越大，系数取值越高。

蓄电池容量计算公式中的系统安全系数主要是为蓄电池放电深度（剩余电量）、冬天低温时放电容量减小以及逆变器转换效率等因素所加的系数，计算时也可根据经验及系统具体情况在1.6~2之间选取，各种影响因素越大，系数取值越高。

计算举例：某地安装一套太阳能庭院灯，使用两只9W/12V的LED灯做光源，每日工作4h，要求能连续工作3个阴雨天。已知当地的峰值日照时数是4.46h，求光伏组件的功率和蓄电池容量。

计算：将数据代入公式求光伏组件功率 P 为

$$P = (18\text{W} \times 4\text{h}/4.46\text{h}) \times 2 = 32.28\text{W}$$

因为当地环境污染比较严重，损耗系数选2，考虑选用一块功率35W的光伏组件。

求蓄电池容量 B 为

$$B = (18\text{W} \times 4\text{h}/12\text{V}) \times 3 \times 2 = 36\text{A} \cdot \text{h}$$

本实例是直流供电系统，虽然没有交流逆变过程和损耗，但因为当地在冬季时最低温度可达到 -10℃左右，冬季时会造成蓄电池容量减小，再加上当地环境污染的因素，系统安全系数也取了最高值2，考虑选用一只38A·h/12V蓄电池。

3.3.3 多路负载的系统容量设计方法

为了确定用户所有负载的总用电量，也就是用户平均每天需要消耗几度（kW·h）电量，就需要确定用户每个负载的用电量。所以要了解各用电负载的功率（W）、每日运行总的时间（h）、每周使用的天数等。如果系统中各用电器每日耗电量都相同时，可以用表3-4所示的每日负载耗电量统计表进行统计和计算。

表3-4 负载耗电量统计表

负载名称	直流/交流	负载功率/W	数量	合计功率/W	每日工作时间/h	每日耗电量/W·h
负载1						
负载2						
负载3						
负载4						
合计						

在统计用户耗电量时，有时会遇到有些用电负载在一周内可能只运行几天，有些负载可能每天都在运行，对于一周内不是每天运行的负载，要先利用下列公式进行每天平均用电量的单独计算，然后再和其他负载用电量一起统计。

每日平均用电量(W·h)＝用电器功率(W)×日运行小时(h)×周运行天数/7天(周)

例如用户的一台全自动洗衣机功率是230W，每周使用3天，每次使用55min，利用上面的公式计算平均每天的耗电量为

$$230\text{W}\times0.92\text{h}=211.6\text{W}\cdot\text{h}\approx0.222\text{kW}\cdot\text{h}$$

该洗衣机每次使用的耗电量为0.222kW·h，如果每周使用3天，那么这台洗衣机的每日平均耗电量为：211.6W·h×3天/7天＝91W·h/天。把洗衣机一周的耗电量平均到每一天，得到的值要稍高于不使用洗衣机那些天的值，而低于使用洗衣机那几天的值，这种计算方法得到的耗电量是比较合理的。

通过一周内各负载运行的平均用电量的情况统计，基本可以反映出用户每个月以及全年的负载运行情况。

多路负载每日耗电量不相同时，需要用表3-5所示的负载耗电量统计表进行统计和分别计算。在此表中，以某个家庭用离网光伏发电系统为例，进行负载日耗电量的统计计算。

表3-5　负载耗电量统计表

负载电器	数量	负载功率/W	每日工作时间/(h/天)	每周工作天数/天	合计功率/W	周总功率/W	每日耗电量(W·h/天)
220L电冰箱	1	120	11	7	120	9240	1320
50in液晶电视	1	180	4	6	180	4320	617
网络机顶盒	1	25	4	6	25	600	86
全自动洗衣机	1	230	0.92（55min）	3	230	634.8	91
LED照明灯	5	15	4	7	75	2100	300
组合音响	1	80	6	7	80	3360	480
台式电脑	1	300	4	4	300	4800	686
总计	—	—	—	—	1010	—	3580

1. 光伏组件（方阵）发电容量的计算

根据统计出的负载每日总耗电量，利用下列公式就可以计算出光伏组件（方阵）需要提供的发电容量：

光伏组件(方阵)发电容量(W)＝负载日耗电量(W·h)/峰值日照时数(h)/系统效率系数

公式中的系统效率系数主要与下列因素有关。

1）光伏组件的功率衰降。在光伏发电系统的实际应用中，光伏组件的输出功率（发电量）会因为各种内外因素的影响而衰减或降低。例如，灰尘的覆盖、组件自身功率的衰降、线路的损耗等各种不可量化的因素，在交流系统中还要考虑交流逆变器的转换效率因素。因此，设计时要将造成光伏组件功率衰降的各种因素按10%的损耗计算，如果是交流光伏发电系统，还要考虑交流逆变器转换效率的损失也按小功率逆变器10%～15%，大功率逆变器5%～10%计算。这些实际上都是光伏发电系统设计时需要考虑的安全系数。设计时为光伏组件留有合理余量，是系统年复一年长期正常运行的保证。

2）蓄电池的充放电损耗。在蓄电池的充放电过程中，光伏组件产生的电流在转化储存的过程中会因为发热、电解水蒸发等产生一定的损耗，也就是说蓄电池的充电效率根据蓄电池的不同一般只有90%～95%。因此在设计时也要根据蓄电池种类的不同将光伏组件的功率增加5%～10%，以抵消蓄电池充放电过程中的耗散损失。

所以确定系统效率系数：光伏组件功率衰降、线路损耗、尘埃遮挡等的综合系数，一般取0.9；交流逆变器的转换效率，小功率逆变器取0.85～0.9，大功率逆变器取0.9～0.95；蓄电池的充放电效率，一般取0.9～0.95；这些系数可以根据实际情况进行调整。

计算出光伏组件或方阵的总容量功率后，选择额定功率适合的光伏组件，用总容量除以选择的组件容量，就可以计算出需要的组件数量了。

在进行光伏组件的设计与计算时，还要考虑季节变化对系统发电量的影响。因为在设计和计算得出组件容量时，一般都是以当地太阳能辐射资源的参数如峰值日照时数、年辐射总量等数据为参照数据，这些数据都是全年平均数据，参照这些数据计算出的结果，在春、夏、秋季一般都没有问题，冬季可能就会有点欠缺。因此在有条件时或设计比较重要的光伏发电系统时，最好以当地全年每个月的太阳能辐射资源参数分别计算各个月的发电量，其中的最大值就是一年中所需要的光伏组件的数量。例如，某地计算出冬季需要的光伏组件数量是8块，但在夏季可能有5块就够了，为了保证该系统全年的正常运行，就只好按照冬季的数量确定系统的容量。

计算举例：某地建设一个为移动通信基站供电的光伏发电系统，该系统采用直流负载，负载工作电压48V，用电量为每天7200W·h，该地区最低的光照辐射是1月份，其倾斜面峰值日照时数是3.5h，选定160W的光伏组件，其主要参数：峰值功率160W、峰值工作电压18.8V、峰值工作电流8.51A，计算光伏组件使用数量及光伏方阵的组合设计。

根据上述条件，并确定组件损耗系数为0.9，充电效率系数也为0.9。因该系统是直流系统，所以不考虑逆变器的转换效率系数。

计算：

光伏方阵发电容量 = 7200W·h/3.5h/0.9/0.9 = 2540W

光伏组件数量 = 2540W/160W ≈ 16块

根据以上计算数据，结合48V系统电压参数，确定光伏组件每4块串联为1个组串，4个组串并联连接构成光伏方阵，连接示意如图3-15所示。该光伏方阵总功率 = 160W × 16 = 2560W。

2. 蓄电池和蓄电池组的容量设计

蓄电池的任务是在太阳能辐射量不足时，保证系统负载的正常用电。能在几天内保证系统的正常工作，就需要在设计是引入一个气象条件参数：连续阴雨天数。这个参数在前面已经做了介绍，一般计算时都是以当地最大连续阴雨天数或用户需要保证供电的连续阴雨天数为设计参数，但也要综合考虑负载对电源的要求。

蓄电池的设计主要包括蓄电池容量的设计计算和蓄电池组串并联组合的设计。在光伏发电系统中，目前使用的大部分都是铅酸蓄电池，也有少量锂电池，主要是考虑到技术成熟和成本等因素，因此下面介绍的设计和计算方法也还是以

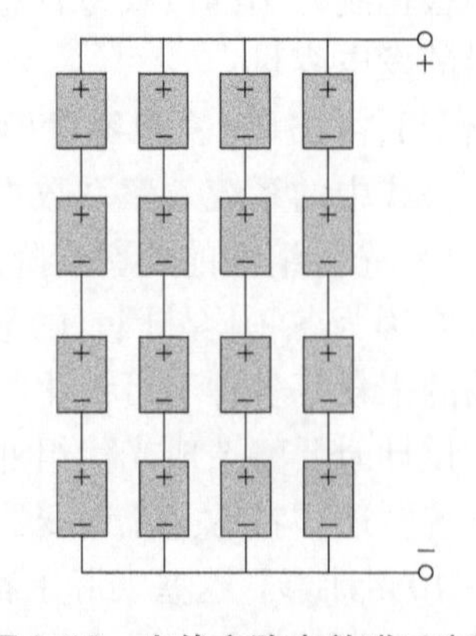

图3-15　光伏方阵串并联示意图

铅酸蓄电池为例。

先将负载每天需要的用电量乘以根据当地气象资料或实际情况确定的连续阴雨天数就可以得到初步的蓄电池容量。然后将得到的蓄电池容量数除以蓄电池容许的最大放电深度系数。由于铅酸蓄电池的特性，在确定的连续阴雨天内绝对不能100%的放电而把电用光，否则蓄电池会在很短的时间内寿终正寝，大大缩短使用寿命。因此需要除以最大放电深度系数，得到所需要的蓄电池容量。最大放电深度的选择需要参考蓄电池生产厂家提供的性能参数资料。一般情况下，浅循环型蓄电池选用50%的放电深度，深循环型蓄电池最多选用60%~75%的放电深度，锂电池选用80%~85%的放电深度。蓄电池容量的计算公式为

蓄电池(组)容量=负载日耗电量(W·h)×连续阴雨天数×放电率修正系数/系统直流电压(V)/逆变器效率/蓄电池放电深度/低温修正系数

公式中系统直流电压是指蓄电池或蓄电池组串联后的总电压。系统直流电压的确定要根据负载功率的大小，并结合交流逆变器的选型。确定的原则是：①在条件允许的情况下，尽量采用高电压，以减少线路损失，减少逆变器转换损耗，提高转换效率；②系统直流电压的选择要符合我国直流电压的标准等级，即12V、24V、48V、96V、192V等。公式中的逆变器效率系数可根据设备选型在0.85~0.93之间选择。

对蓄电池的容量和使用寿命产生影响的另外两个因素是蓄电池的放电率和使用环境温度。

（1）放电率对蓄电池容量的影响

在此先对蓄电池的放电率概念做个简单介绍。所谓放电率就是放电时间和放电电流与蓄电池容量的比率，一般分为20小时率（20h）、10小时率（10h）、5小时率（5h）、3小时率（3h）、1小时率（1h）、0.5小时率（0.5h）等。大电流放电时，放电时间短，蓄电池容量会比标称容量“缩水”；小电流放电时，放电时间长，实际放电容量会比标称容量增加。比如，容量100A·h的蓄电池用2A的电流放电能放50h，但要用50A的电流放电就肯定放不了2h，实际容量就不够100A·h了。蓄电池的容量随着放电率的改变而改变，这样就会对容量设计产生影响。当系统负载放电电流大时，蓄电池的实际容量会比设计容量小，会造成系统供电量不足；而系统负载工作电流小时，蓄电池的实际容量就会比设计容量大，会造成系统成本的无谓增加。特别是在光伏发电系统中应用的蓄电池，放电率一般都较慢，差不多都在20~50小时率以上，而生产厂家提供的蓄电池标称容量是10h放电率下的容量。因此在设计时要考虑到光伏发电系统中蓄电池放电率对容量的影响因素，并计算光伏发电系统的实际平均放电率，根据生产厂家提供的该型号蓄电池在不同放电速率下的容量，就可以对蓄电池的容量进行校对和修正了。当手头没有详细的容量-放电速率资料时，也可对慢放电率20~100h（小时率）光伏系统蓄电池的容量进行估算，一般相对应的比蓄电池的标准容量提高2%~10%，相应的放电率修正系数为0.98~0.9。光伏发电系统的平均放电率计算公式为

平均放电率（h）=连续阴雨天数×负载工作时间/最大放电深度

对于有多路不同负载的光伏发电系统，负载工作时间需要用加权平均法进行计算，加权平均负载工作时间的计算方法为

负载工作时间=∑负载功率×负载工作时间/∑负载功率

根据上面两个公式就可以计算出光伏发电系统的实际平均放电率，根据蓄电池生产厂商

提供的该型号蓄电池在不同放电速率下的蓄电池容量，就可以对蓄电池的容量进行修正了。

（2）环境温度对蓄电池容量的影响

蓄电池的容量会随着蓄电池温度的变化而变化，当蓄电池的温度下降时，蓄电池的容量会下降，温度低于0℃时，蓄电池容量会急剧下降；当温度升高时，蓄电池的容量略有升高。蓄电池的标称容量一般都是在环境温度25℃时标定的，随着温度的降低，0℃时的容量下降到标称容量的95%~90%，－10℃时下降到标称容量的90%~80%，－20℃时下降到标称容量的80%~70%，所以必须考虑蓄电池的使用环境温度对其容量的影响。当最低气温过低时，还要对蓄电池采取相应的保温措施，如地埋、移入房间，或者改用价格更高的胶体型铅酸蓄电池、铅碳蓄电池或锂离子蓄电池等。

当光伏系统安装地点的最低气温很低时，设计时需要的蓄电池容量就要比正常温度范围的容量大，这样才能保证光伏系统在最低气温时也能提供所需的能量。因此，在设计时可参考蓄电池生产厂家提供的蓄电池温度－容量修正曲线图，从该图上可以查到对应温度蓄电池容量的修正系数，将此修正系数纳入计算公式，就可对蓄电池容量的初步计算结果进行修正了。如果没有相应的蓄电池温度－容量修正曲线图，也可根据经验确定温度修正系数，一般0℃时修正系数可在0.95~0.9之间选取；－10℃时可在0.9~0.8之间选取；－20℃时可在0.8~0.7之间选取。

另外，过低的环境气温还会对最大放电深度产生影响，具体原理在第4章蓄电池一节中会有介绍。当环境气温在－10℃以下时，浅循环型蓄电池的最大放电深度可由常温时的50%调整为35%~40%，深循环型蓄电池的最大放电深度可由常温时的75%调整到60%。这样既可以提高蓄电池的使用寿命，减少蓄电池系统的维护费用，同时系统成本也不会太高。

当确定了所需的蓄电池容量后，就要进行蓄电池组的串并联设计了。下面介绍蓄电池组串并联组合的计算方法。蓄电池都有标称电压和标称容量，如2V、6V、12V和50A·h、300A·h、1200A·h等。为了达到系统的工作电压和容量，就需要把蓄电池串联起来给系统和负载供电，需要串联的蓄电池个数就是系统的工作电压除以所选蓄电池的标称电压。需要并联的蓄电池数就是蓄电池组的总容量除以所选定蓄电池单体的标称容量。蓄电池单体的标称容量可以有多种选择，例如，假如计算出来的蓄电池容量为600A·h，那么可以选择1个600A·h的单体蓄电池，也可以选择2个300A·h的蓄电池并联，还可以选择3个200A·h或6个100A·h的蓄电池并联。从理论上讲，这些选择都没有问题，但是在实际应用中，要尽量选择大容量的蓄电池以减少并联的数目。这样做的目的是尽量减少蓄电池之间的不平衡所造成的影响。并联的组数越多，发生蓄电池不平衡的可能性就越大。一般要求并联的蓄电池数量不得超过3组。蓄电池串并联数的计算公式为

蓄电池串联数＝系统工作电压/蓄电池标称电压

蓄电池并联数＝蓄电池总容量/蓄电池标称容量

计算举例：某地建设一个移动通信基站的光伏供电系统，该系统采用直流负载，负载工作电压为48V。该系统有两套设备负载：一套设备额定功率为70W，每天工作24h；另一套设备额定功率为220W，每天工作12h。该地区的最低气温是－20℃，最大连续阴雨天数为6天，选用深循环型蓄电池，计算蓄电池组的容量和串并联数量及设计连接方式。

根据上述条件，并确定最大放电深度系数为0.65，低温修正系数为0.7。

计算：为求得放电率修正系数，先计算该系统的平均放电率：

加权平均负载工作时间 = 70W × 24h + 220W × 12h/(70W + 220W) = 14.9h

平均放电率 = 6（天）× 14.9h/0.65 = 138 小时率

138 小时率属于慢放电率，在此可以根据蓄电池生产厂商提供的资料查出的该型号蓄电池在 138h 放电率下的蓄电池容量进行修正；也可以按照经验进行估算，138h 放电率下的蓄电池容量会比标称容量增加 13% 左右，在此确定放电率修正系数为 0.87。将数据代入公式计算，先计算负载日平均用电量为

负载日平均用电量 = 70W × 24h + 220W × 12h = 4320W · h

再计算蓄电池(组)容量为

蓄电池(组)容量 = 4320W · h × 6(天) × 0.87/48V/0.65/0.7 = 1032A · h

根据计算结果和蓄电池手册参数资料，可选择 2V/500A · h 蓄电池或 2V/1000A · h 蓄电池，这里选择 2V/500A · h 型。

蓄电池串联数 = 48V/2V = 24 块

蓄电池并联数 = 1032A · h/500A · h = 2.07 块≈2 块

蓄电池组总块数 = 24 块 × 2 = 48 块

根据以上计算结果，共需要 2V/500A · h 蓄电池 48 块构成蓄电池组，其中每 24 块串联后，再 2 串并联，如图 3-16 所示。

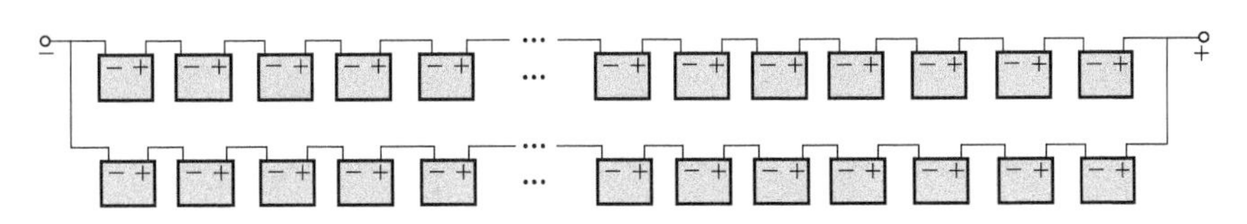

图 3-16　蓄电池组串并联示意图

和本例一样，目前很多光伏发电系统都采用两组蓄电池并联模式，目的是万一有一组蓄电池有故障不能正常工作时，就可以将该组蓄电池断开进行维修，而另一组蓄电池还能维持系统正常工作一段时间。假如是一组蓄电池的话，只要有一块蓄电池出现故障，系统就会停止工作，直到蓄电池被更换或修复，系统才能再次启用。当然，蓄电池组的并联数量一般也不建议超过三组（串），如果并联超过三组甚至更多的蓄电池串，会造成各组蓄电池充放电不均衡的情况，降低蓄电池组的总体寿命。总之，蓄电池组的并联设计需要根据不同的实际情况做选择。

根据计算出的光伏组件或方阵的总容量（功率）及蓄电池组容量等参数，参照光伏组件和蓄电池生产厂家提供的技术参数和规格尺寸，结合光伏组件（方阵）设置安装位置的实际情况，就可以确定构成方阵所需光伏组件的规格尺寸和构成蓄电池组的容量及串联、并联块数了。

3. 设计实例

某地一个大气环境监测站有 220V 交流设备及照明灯等（见表 3-6），当地年辐射量为 670kJ/cm^2，平均峰值日照时数为 5.17h，连续阴雨天数为 5 天，求光伏组件和蓄电池组的容量。

根据表 3-6 统计的日耗电量，考虑增加 10% 的预期负载余量，并确定使用直流工作电压为 48V 的逆变器，计算步骤如下：

表 3-6　大气环境监测站设备耗电量情况统计

负载名称	直流/交流	负载功率/W	数量	合计功率/W	每日工作时间/h	每日耗电量/(W·h)
气象遥测仪	交流	35	1 台	35	24	840
计算机	交流	320	1 台	320	5	1600
GSM 通信设备	交流	120	1 台	120	12	1440
照明灯	交流	18	4 只	72	6	432
大气质量分析仪	交流	30	1 台	30	2	60
空气净化器	交流	28	2 台	56	4	224
合计	—	—	—	633	—	4596

光伏组件方阵容量(功率) = 4596W · h × 1.1/5.17h/(0.9 × 0.85 × 0.9) = 1420W

根据计算结果拟选用峰值功率 180W、峰值电压 19.07V（为 12V 蓄电池充电的电压）、峰值电流 9.44A 的单晶硅电池组件 8 块，4 块串联 2 串并联组成光伏组件方阵，总功率为 1440W。

计算蓄电池组的容量 B 为

$$B = 4596\text{W} \cdot \text{h} \times 1.1 \times 5\ (\text{天})/48\text{V}/0.85/0.5 = 1239\text{A} \cdot \text{h}$$

根据计算结果拟选用 2V/600A · h 铅酸蓄电池 48 块，24 块串联 2 串并联组成电池组，总电压 48V，总容量 1200A · h。

3.4　并网系统的容量设计与发电量计算

分布式并网光伏发电系统以电网储存电能，一般没有蓄电池容量的限制，即使是有备用蓄电池组，一般也是为应急、防灾、储能等情况而配备的。并网光伏发电系统的容量计算也就没有离网光伏发电系统那样严格了，注重考虑的应该是在光伏组件方阵有效的占用面积里，怎样实现全年发电量的最大化，或是根据用户负载的用电量，在能量平衡的条件下确定所需要的最小光伏方阵容量。条件允许的情况下，光伏组件方阵的安装倾斜角也应该是全年能接收到最大太阳辐射量所对应的角度。

3.4.1　光伏组件的串并联设计

1. 光伏组件的串联设计

在离网光伏发电系统中，光伏组件的串联匹配主要是依据系统工作电压，也就是系统中蓄电池组的工作电压来确定。在并网光伏发电系统中，光伏组件的串联匹配主要是依据所配逆变器的最大直流输入电压和逆变器正常工作电压输入范围（MPPT 电压输入范围）来确定。匹配的组件串最大开路电压不能超过逆变器的最大直流输入电压，组件串的最大工作电压范围不能超出逆变器的 MPPT 电压的输入范围。组件串的最大工作电压不仅会随着太阳能辐射强度随时变化，而且还随着环境温度的高低随时变化，因此，光伏组件串的串联匹配要结合这两个因素进行计算。在此基础上，要考虑组件串联的块数尽量取较高值，从减少整个方阵的电缆使用量及电池损耗。

（1）光伏组件的温度系数

在 25℃的标准条件下，光伏组件的开路电压温度系数是 -0.34%/℃，短路电流温度系数是 -0.055%/℃，也就是说环境温度低于 25℃时，开路电压会升高，短路电流会减小；当环境温度高于 25℃时，开路电压会降低，短路电流会增大。所以在进行组件串的匹配时，要考虑开路电压温度系数，防止环境温度过低时，组串开路电压超过自身的最大系统电压和逆变器的最大直流输入电压。目前大部分光伏组件和逆变器的最大系统电压均为 DC 1000V，有一部分逆变器产品的最大系统达到了 DC1100V。

（2）组件串联电压与逆变器的匹配

在并网系统容量设计时，组件串的串联电压一定要小于光伏组件能耐受的最大系统电压。同时，必须兼顾考虑系统所在地的最低环境温度。组件串在最低温度时的开路电压，一定要小于所匹配逆变器可以接受的最大直流输入电压，并且都要留有 10%~20%的余量。例如对于最大直流输入电压为 500V 的逆变器，光伏组串的匹配电压应该在 400V，最大不超过 450V；对于最大直流输入电压为 1000V 的逆变器，光伏组串的匹配电压应该在 800V，最大不超过 900V。其计算公式为

逆变器最大直流输入电压（V）≥组件标称开路电压（V）×组件串联数×[1+组件开路电压温度系数×(使用环境最低温度-25℃)]

（3）MPPT 工作电压范围匹配

组件串联后的最大工作电压必须在逆变器的 MPPT 工作电压范围之内。即

MPPT 最小输入电压≤组串最大工作电压≤MPPT 最大输入电压

组串最大工作电压=组件最大工作电压（V）×组件串联数×[1+组件开路电压温度系数×(使用环境温度-25℃)]

2. 光伏组串的并联设计

光伏组件的串联数量确定以后，光伏组串的并联匹配主要是依据所配逆变器的最大直流输入电流和逆变器的最大输入功率来确定的。

（1）光伏组串并联电流与逆变器的匹配

光伏发电系统在实际运行中，由于环境温度对光伏组件输出电流的影响不是很大，所以在计算时，可以不考虑温度系数对输出电流的影响，直接利用标准测试条件下的光伏组件最大工作电流数据进行计算，使经过串并联构成的光伏方阵输出的最大工作电流不超过逆变器容许的最大直流输入电流即可。计算公式为

光伏组串并联数=逆变器最大直流输入电流/光伏组件串最大工作电流

（2）组件方阵安装容量与逆变器的功率匹配

有了光伏组件的串联数量和光伏组串的并联数量，就可以计算出光伏方阵的总容量，并和逆变器的最大输入功率进行匹配。

光伏方阵总容量功率(W)=光伏组件串联数×光伏组串并联数×选定组件的最大输出功率(W)

理论上讲，光伏方阵总容量应该与逆变器的最大输入功率相等，就算是匹配了，但实际上逆变器的最大输入功率并不一定是建议的最大光伏方阵的功率，逆变器在 MPPT 工作状态下，理想状态应该是工作在光伏方阵的最大功率峰值上，但由于太阳光照条件、环境温度、

系统效率、安装方式等因素的变化，使逆变器在一整天内最大功率峰值是不同的，因此逆变器功率与光伏方阵容量的配比可以根据实际环境情况在一定范围内确定，以提高与逆变器的容量配比，降低逆变器及配套变压器等的成本投入。逆变器功率与光伏方阵容量的配比一般在下列范围内确定，即

$$95\% < 逆变器最大输入功率/光伏方阵总容量功率 < 115\%$$

以某单相3kW逆变器为例，逆变器额定输入电压为380V，配270W组件，工作电压为31.2V，配12块串联工作电压为374.4V，功率为3.24kW，配比最佳。又如三相30kW逆变器，逆变器额定输入电压为650V，允许最大光伏输入功率为35kW，配270W组件，工作电压31.2V，每路21块串联，组串电压为655.2V，共分6路输入，合计126块组件，总功率为34.02kW，配比最佳。

另外，在设计光伏组串的串并联接入时，还要遵循以下几个原则：

① 不同倾角或方位角的组串，不宜串并联到一起，或接入同一个MPPT回路中；

② 不同输出电压或电流的组串，不宜串并联到一起，或接入同一个MPPT回路中；

③ 不同阴影遮挡情况的组串，不宜串并联到一起，或接入同一个MPPT回路中；

④ 尽量将同一环境条件，同一方向角度的光伏组串集中接入到同一台逆变器中。

（3）计算举例

下面以用265W多晶硅光伏组件设计一套6kW并网光伏发电系统为例，进行一下匹配设计。所选光伏组件和光伏逆变器的技术参数见表3-7和表3-8，使用地环境最低温度为-16℃，最高温度为65℃。

表3-7　多晶硅光伏组件技术参数

光伏组件规格	最大功率 P_{max}/W	最大工作电压 U_{mp}/V	最大工作电流 I_{mp}/A	开路电压 U_{oc}/V	短路电流 I_{sc}/A	最大系统电压/V
156×156 60片	265	30.8	8.61	38.3	9.10	DC 1000（IEC）
标准测试条件	辐照度：1000W/m²；组件温度：25℃；AM：1.5。					

表3-8　锦浪光伏逆变器技术参数

逆变器型号	GCI-1P6K-4G
最大输入功率/kW	6.9
最大直流输入电压/V	600
MPPT电压范围/V	100～500
启动电压/V	120
最大直流电流/A	11/11
MPPT路数	2
额定输出功率/kW	6
最大输出电流/A	27.3
额定电网电压/V	220

1）用逆变器最大直流输入电压/光伏组件开路电压估算组件串联块数：600V ÷ 38.3V ≈ 15.7块，暂时确定每串组件为15块。考虑到过低的环境工作温度，结合温度系数后反复计算，确定组件串由13块组件构成：

$$38.3\text{V}\times13\times[1+(-0.34\%)\times(-16-25)]=567.3\text{V}<600\text{V}$$

2）计算13块组件串的工作电压符合不符合逆变器的MPPT工作电压范围。当温度在-16℃时，组串输出的工作电压为

$$30.8\text{V}\times13\times[1+(-0.34\%)\times(-16-25)]=456.2\text{V}<500\text{V}$$

当温度在65℃时，组串输出的工作电压为

$$30.8\text{V}\times13\times[1+(-0.34\%)\times(65-25)]=345.95\text{V}>100\text{V}$$

3）计算光伏组串并联数为

22A ÷ 8.61A ≈ 2.56串，确定选择2串。

4）光伏方阵总容量为

$$13\times2\times265\text{W}=6890\text{W}=6.89\text{kW}<6.9\text{kW}$$

表3-9提供了3kW、6kW、10kW、30kW等几款并网光伏发电系统主要设备材料配置表，供设计时参考。

表3-9 分布式光伏发电系统主要设备材料配置表

3kW分布式光伏发电系统				
序号	名　称	型号、规格	单位	数　量
1	光伏组件	265W	块	12
2	光伏逆变器	3kW	台	1
3	出口断路器	C20A/2P、30mA 具有短路、过载、漏电保护功能	个	1
4	浪涌保护器	U_c = 460V　U_p = 1.8kV	个	1
5	新增电能表（单向）	由电力公司免费提供	个	1
6	原用户电能表改双向表	由电力公司免费提供	个	1
7	交流电力线缆	ZR-YJV-1KV 3 × 4mm²	m	按需要
8	光伏直流线缆	PFG1169-1 × 4mm²	m	按需要
6kW分布式光伏发电系统				
序号	名　称	型号、规格	单位	数　量
1	光伏组件	265W	块	24
2	光伏逆变器	6kW	台	1
3	出口断路器	C40A/2P、30mA 具有短路、过载、漏电保护功能	个	1
4	浪涌保护器	U_c = 460V　U_p = 1.8kV	个	1
5	新增电能表（单向）	由电力公司免费提供	个	1
6	原用户电能表改双向表	由电力公司免费提供	个	1
7	交流电力线缆	ZR-YJV-1KV 3 × 6mm²	m	按需要
8	光伏直流线缆	PFG1169-1 × 4mm²	m	按需要

（续）

10kW 分布式光伏发电系统				
序号	名　称	型号、规格	单位	数　量
1	光伏组件	265W	块	40
2	光伏逆变器	10kW	台	1
3	出口断路器	C25A/4P、30mA 具有短路、过载、漏电保护功能	个	1
4	浪涌保护器	U_c = 460V　U_p = 1.8kV	个	1
5	新增电能表（单向）	由电力公司免费提供	个	1
6	原用户电能表改双向表	由电力公司免费提供	个	1
7	交流电力线缆	ZR-YJV-1KV 5×6mm²	m	按需要
8	光伏直流线缆	PFG1169-1×4mm²	m	按需要
30kW 分布式光伏发电系统				
序号	名　称	型号、规格	单位	数　量
1	光伏组件	265W	块	110
2	光伏逆变器	30kW	台	1
3	出口断路器	C63A/4P、30mA 具有短路、过载、漏电保护功能	个	1
4	浪涌保护器	U_c = 460V　U_p = 1.8kV	个	1
5	新增电能表（单向）	由电力公司免费提供	个	1
6	原用户电能表改双向表	由电力公司免费提供	个	1
7	交流电力线缆	ZR-YJV-1KV 5×16mm²	m	按需要
8	光伏直流线缆	PFG1169-1×4mm²	m	按需要

表3-10是10～400kW并网光伏发电系统系统配置表，供设计时参考。

表3-10　10～400kW并网光伏发电系统系统配置表

系统容量	组件功率、数量	组件连接方式	逆变器功率、数量	交流电缆	交流开关
10kW	270W、40块	20块串联，2串并联	10kW、1台	2.5mm²	20A
12kW	270W、48块	16块串联，3串并联	12kW、1台	2.5mm²	20A
15kW	270W、60块	20块串联，3串并联	15kW、1台	2.5mm²	25A
20kW	270W、80块	20块串联，4串并联	20kW、1台	4mm²	32A
25kW	270W、100块	20块串联，5串并联	25kW、1台	6mm²	40A
30kW	270W、120块	20块串联，6串并联	30kW、1台	10mm²	50A
33kW	270W、132块	22块串联，6串并联	33kW、1台	10mm²	63A
40kW	270W、160块	20块串联，8串并联	40kW、1台	16mm²	80A
50kW	270W、200块	20块串联，10串并联	50kW、1台	25mm²	100A
60kW	270W、240块	20块串联，12串并联	60kW、1台	35mm²	100A
70kW	270W、264块	22块串联，12串并联	70kW、1台	50mm²	120A

（续）

系统容量	组件功率、数量	组件连接方式	逆变器功率、数量	交 流 电 缆	交 流 开 关
80kW（一）	270W、320 块	20 块串联，各 8 串并联	40kW、2 台	$50mm^2$	160A
80kW（二）	340W、240 块	20 块串联，12 串并联	80kW、1 台	$50mm^2$	160A
100kW	270W、378 块	21 块串联，各 6 串并联	33kW、3 台	$50mm^2$	200A
160kW（一）	270W、640 块	20 块串联，各 8 串并联	40kW、4 台	$120mm^2$	315A
160kW（二）	340W、480 块	20 块串联，各 12 串并联	80kW、2 台	$120mm^2$	315A
200kW（一）	270W、800 块	20 块串联，各 8 串并联	40kW、5 台	$150mm^2$	350A
200kW（二）	340W、590 块		70kW/2 台 +60kW/1 台	$150mm^2$	350A
240kW	340W、720 块	20 块串联，各 12 串并联	80kW、3 台	$70mm^2 \times 2$	400A
300kW（一）	270W、1120 块	20 块串联，各 8 串并联	40kW、7 台	$120mm^2 \times 2$	500A
300kW（二）	340W、890 块		80kW/3 台 +60kW/1 台	$120mm^2 \times 2$	500A
400kW（一）	270W、1600 块	20 块串联，各 8 串并联	40kW、10 台	$150mm^2 \times 2$	630A
400kW（二）	340W、1200 块	20 块串联，各 12 串并联	80kW、5 台	$150mm^2 \times 2$	630A

3.4.2 光伏系统发电量的计算

并网光伏发电系统的发电量计算要根据系统所在地的太阳能资源情况，系统设计、光伏组件转换效率、光伏方阵布置和各种环境条件和因素等确定后，按照下面介绍的方法计算。一是通过光伏方阵的计划占用面积计算系统的年发电量；二是通过光伏组件的安装容量计算系统的发电量，共有下列 3 个公式供参考。

1. 利用光伏方阵面积计算年发电量

**年发电量(kW·h) = 当地水平面年总辐射能(kW·h/m²) × 光伏方阵面积(m²) ×
光伏组件转换效率 × 修正系数**

即 $E_p = HA\eta K$。

式中，光伏方阵面积不仅仅是指占地面积，也包括光伏建筑一体化并网发电系统占用的屋顶、外墙立面等等。

组件转换效率 η，根据生产厂家提供的电池组件参数选取，一般单晶硅组件取 16.5% ~ 17.5%，多晶硅组件取 15.5% ~ 16.5%。

2. 利用光伏方阵安装容量计算年发电量

年发电量(kW·h) = 当地水平面年总辐射能(kW·h/m²) × 光伏方阵安装容量(kW) × 修正系数

即 $E_p = HPK$。

3. 利用峰值日照时数计算年发电量

年发电量（kW·h）= 当地年峰值日照小时数（h）× 光伏方阵安装容量（kW）× 修正系数

即 $E_p = tPK$。

4. 修正系数确定

上述三个公式，可以采用同样的修正系数，并根据具体情况进行选择。修正系数 $K = K_1K_2K_3K_4K_5K_6K_7K_8$。

K_1 为光伏组件类型修正系数。不同类型光伏组件的转换效率在不同辐照度、不同波长时会不同，该修正系数应根据光伏组件类型和技术参数确定，一般晶体硅光伏组件在不同的光照强度下，转换效率是个定值，所以系数一般取 1。

K_2 为灰尘遮挡玻璃及温度升高造成组件功率下降修正系数，一般取 0.9 ~ 0.95，该系数的取值与环境的清洁度、环境温度及组件的清洗方案等有关。

K_3 为光伏组件长期运行性能衰降修正系数，一般取 0.9。

K_4 为光伏方阵朝向与倾斜角修正系数，具体参数可参看表 3-11 选择。同一系统有不同方向和倾斜角的光伏方阵时，要根据各自条件分别计算发电量。

表 3-11　光伏方阵朝向与倾斜角的修正系数

组件朝向	太阳电池组件（方阵）与地面的倾斜角			
	0°	30°	60°	90°
东	93%	90%	78%	55%
东南	93%	96%	88%	66%
南	93%	100%	91%	68%
西南	93%	96%	88%	66%
西	93%	90%	78%	55%

K_5 为光照利用率系数。有些光伏发电系统由于环境或地理条件因素，光伏方阵不可避免地会受到障碍物对太阳光的遮挡，或者光伏方阵之间的互相遮挡，造成对太阳能资源的充分利用有影响，因此光照利用率系数取值范围小于等于 1。当系统确保全年完全没有遮挡时，系数取 1；当系统能保证全年 9 ~ 16 点时段内无遮挡时，系数取 0.99。

K_6 为光伏发电系统可用率系数。光伏发电系统可利用系数是指光伏发电系统因故障停机及检修所影响的时间与正常使用时间的比值，即 K_6 = [8760 -（停机小时 + 检修小时）]/8760，因光伏发电系统结构简单，设备部件可靠性高，一般很少出故障且维修方便，因此该系数一般取 0.99 以上。

K_7 为线路损耗修正系数，一般取 0.96 ~ 0.99。线路损耗包括光伏方阵至逆变器之间的直流线缆损耗、逆变器至配电柜、变压器或并网计量点的交流电缆损耗，以及升压变压器的空载、负载损耗。

K_8 为逆变器效率修正系数，一般取 0.95 ~ 0.98。也可根据逆变器生产商提供的欧洲效率参数确定。这里说的逆变器效率是指逆变器将输入的直流电能转换为交流电能在不同功率段下的加权评价效率。

3.4.3　光伏系统的组件容量超配设计

光伏组件容量与逆变器的容量比，被称为容配比。在光伏组件与逆变器的配置设计中，我们一直按照光伏方阵容量与逆变器容量以 1∶1 的容配比进行设计，但在实际应用中，由于光伏系统组件功率的衰减、灰尘遮挡以及线路损耗的存在，再加上不同地区的光照条件差异，为了最优化系统收益，有经验的设计工程师会把光伏组件的总容量配得比逆变器容量大一些，使系统的容配比大于 1∶1，这种情况被称为超配设计。适当的超配设计，将有利于提高系统的发电量，有利于提升系统的整体经济收益。

1. 影响系统容配比的主要因素

合理的容配比设计，需要结合具体项目的情况综合考虑，其主要影响因素包括辐照度、系统损耗、组件安装角度等方面。

（1）不同区域辐照度不同

我国太阳能资源分为四类地区，不同区域辐照度差异很大。即使在同一资源地区，不同的地方全年辐射量也有较大差异。例如同是Ⅰ类资源区的西藏噶尔地区和青海格尔木地区，噶尔地区的全年辐射量为 7998MJ/m^2，比格尔木地区的 6815MJ/m^2 高 17%，意味着相同的系统配置，即相同的容配比下，噶尔地区的发电量比格尔木高 17%。若要达到相同的发电量，可以通过改变容配比来实现。

（2）系统损耗

在光伏发电系统中，能量从太阳辐射到光伏组件，经过直流电缆、汇流箱、直流配电箱等到达逆变器，当中各个环节都有损耗。如图 3-17 所示，直流侧损耗通常在 7%～12%，逆变器损耗约 1%，总损耗约为 8%～13%（此处所说的系统损耗不包括逆变器后面的变压器及线路损耗部分）。也就是说，在组件容量和逆变器容量相等的情况下，由于客观存在的各种损耗，逆变器实际输出最大容量只有逆变器额定容量的 90% 左右，即使在光照最好的时候，逆变器也没有满载工作。降低了逆变器和系统的利用率。

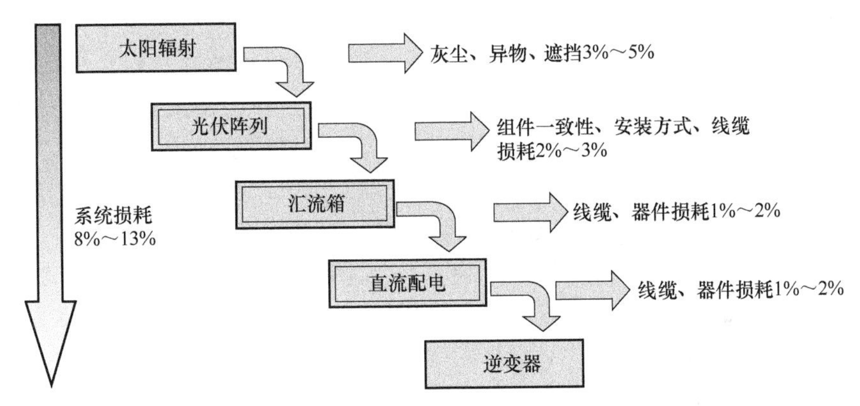

图 3-17　光伏系统各环节损耗构成示意图

（3）组件安装角度

不同倾斜角安装的组件所接收到的辐照度不同，如某些分布式屋顶多采用平铺的方式，则在使用相同容量的组件时，实际输出容量比有一定倾斜角的要低一些。

2. 组件超配设计的方式

组件超配设计分为补偿超配和主动超配两种方式，补偿超配就是通过提高组件容量，补偿各种原因引起的系统损耗，使光伏方阵的实际输出最大容量能满足逆变器按最大输入功率满负荷工作的需要。主动超配就是在进行了补偿超配的基础上，进一步提高光伏方阵的容量，提高光伏系统满载工作的时间。当然主动超配时，逆变器系统在中午光照较好时段可能会发生一定时间内的限功率运行，但整个光伏系统在寿命周期运行中可使 LCOE（度电成本）达到最低值，即收益最大化。

（1）补偿超配

由于光伏系统中的系统损耗客观存在，通过适当提升组件配比，补偿能量在传输过程中的系统损耗，使得逆变器可达到满功率工作的状态，这就是光伏系统补偿超配方案设计思路。

（2）主动超配

在补偿超配使得逆变器部分时间段达到满载工作后，继续增加光伏组件容量，通过主动延长逆变器满载工作时间，在增加的组件投入成本和系统发电收益之间寻找平衡点，实现 LCOE 最小，这就是光伏系统主动超配方案设计思路。

在主动超配的情况下，由于受到逆变器额定功率的影响，在组件实际功率高于逆变器额定功率的时段内，系统将以逆变器额定功率工作；在组件实际功率小于逆变器额定功率的时段内，系统将以组件实际功率工作。最终所产生的系统实际发电量曲线将出现“削顶”现象。

主动超配方案设计，系统会存在部分时间段内处于限发工作，此段时间内逆变器控制组件工作偏离实际最大功率点。但是，在合适的容配比值下，系统整体的 LCOE 是最低的，即收益是增加的。

补偿超配、主动超配与 LCOE 的关系是这样的：LCOE 随着容配比的提高不断下降，在补偿超配点，系统 LCOE 没有到达最低值，进一步提高容配比到主动超配点，系统的 LCOE 达到最低。再继续提高容配比后，LCOE 则将会升高。因此，主动超配点是系统最佳容配比值。

3. 超配设计对逆变器的要求

1）超配设计中除了需要考虑当地光照条件、系统损耗、铺设倾斜角度等因素的影响外，逆变器的性能和选型也十分重要。集中式逆变器由于单机容量大，过载能力强，比组串式逆变器更适于超配。此外，超配后由于接入逆变器的组件容量提高了，会不会超过逆变器的运行范围，造成逆变器长期过载运行而影响逆变器安全，限功率运行时，直流电压会不会超过逆变器的直流电压允许范围都是在超配设计时要考虑的问题。

2）超配设计是光伏发电系统的组件容量相对交流侧容量而言的。对于一个光伏发电系统，其容量应该以交流功率侧容量来标定。例如一个 6MW 的电站，通常是指其交流侧输出功率可以达到 6MW，而不是直流侧组件功率是 6MW。对于逆变器来讲，也是同样的，首先要关注其交流额定功率参数，然后分析其“实际可用交流侧功率”，逆变器的“实际可用交流侧功率”才是对超配真正有意义的。如某个组串式逆变器，其交流侧额定功率参数是 36kW，但按照其直流侧真实最大可配置到的功率只有 34kWp，考虑逆变器自身损耗，其“实际可用交流侧额定功率”一定是小于 34kW，从超配系数 1.1 的角度看，现实版“实际可用交流侧额定功率”可能仅仅是 30kW。因此，“实际可用交流侧功率”是系统进行超配设计的前提。

3）逆变器需要有良好的散热能力。由于组串逆变器主要应用于小型屋顶及小型山丘等复杂分布式电站，环境温度高，散热条件相对较差，如在天气较为炎热的夏天，由于屋顶彩钢瓦或水泥屋顶受光照后热辐射导致屋顶环境温度比地面电站至少要高 10℃ 以上。在这样的场景下，系统超配后，逆变器满载及过载的运行时间会加长，对于逆变器的散热能力提出了挑战。因此高效的散热能力是逆变器稳定、不降额运行的保障。在选择逆变器时，散热方式的选取上也需要慎重，实际测试表明，对于几十 kW 的电力电子设备，长期工作在满载状态下，智能风扇散热效果更优。

4）直流输入端子数量必须足够多。为了实现超配设计，组串式逆变器需要足够的端子数量。目前国内常使用组件功率分别是 255W、260W、270W，通常每个组串由 22 块组件串联组成，以当前常见的交流额定功率为 40kW 的组串式逆变器为例，针对常见的 270W 及以下的组件，40kW 组串式逆变器至少需要配置 8 串才能满足 1.1 以上的超配设计要求。不同于集中式逆变器方案，组串式逆变器是直接连接组件，中间没有直流汇流环节，所能连接的组件串数受限于自身的输入端子数，因此，足够的输入端子数量实现超配设计的必要保证。

5）逆变器需要有较强的过载能力，一方面，当组件可输出能量在扣除直流侧线损之后，仍然大于逆变器的额定功率，具备过载能力的逆变器，可以尽量减少限发时间，减少发电量损失。另一方面，随着越来越多的用户使用逆变器替代电站的SVG功能，具备过载能力的逆变器可以在响应无功调度的同时，输出超过额定容量的有功功率。

通过超配设计，可以把逆变器的性能和光伏发电系统的整体效率发挥到最佳。根据光照条件的不同，组件和逆变器将有不同的配比。在一类光照地区，平均峰值日照时间超过5h，发电时间按每天10h计算，建议组件和逆变器按1:1配置，组件全天平均功率在50%左右；在二类光照地区，平均峰值日照时间为4h左右，发电时间按每天9h计算，建议组件和逆变器按1.1:1配置（4h×1.1/9h），组件全天平均功率在49%左右；在三类光照地区，平均峰值日照时间为3.5h左右，发电时间按每天8.5h计算，建议组件和逆变器按1.2:1配置（3.5h×1.2/8.5h），组件全天平均功率在49.4%左右；在四类光照地区，平均峰值日照时间将低于3h，发电时间按每天8h计算，建议组件和逆变器按1.3:1配置（3h×1.3/8h），组件全天平均功率在48.75%。

对于组件方阵朝向各异的山地光伏电站，以及屋顶情况复杂的分布式光伏电站，当有些组件方阵不朝向正南时，倾斜角度不是最佳倾角时，都可以结合实际情况灵活进行超配设计。

3.5 并网系统的电网接入设计

3.5.1 并网要求及接入方式

1. 并网要求

（1）对并网点的要求

分布式光伏发电系统根据容量及并网电压等级要求，可以实施单点并网或多点并网，并网点要设置在易于操作、可闭锁且具有明显开断点的位置，以确保电力设施检修维护人员的人身安全。

（2）系统接入功率

分布式光伏发电系统接入电网功率应根据接入电压等级、接入点实际情况控制。具体能够接入多大功率要根据电网实际运行情况、电能质量控制、防孤岛保护等方面论证。一般接入功率的总容量要控制在所接主变、配变接入侧线圈额定容量的30%以内。T接方式接入10/20kV公用线路的光伏系统，其总容量宜控制在该线路最大输送容量的30%以内。

2. 电压等级

光伏发电系统接入电压等级的确定，既要满足地区电力网络的需要，也要根据光伏电站的容量、规划、一次性投资和长期运营费用等因素综合考虑。光伏发电并网电压接入等级可根据装机容量进行初步选择，一般8kW及以下容量可接入220V电网；8～400kW可接入380V电网；400～6000kW（6MW）可接入10kV（20kV）电网；5000kW（5MW）～

30000kW（30MW）可接入35kV电网。总之，光伏发电接入电压等级应根据接入电网的要求和光伏发电站的安装容量，经过技术经济比较后，结合下列条件选择确定。

1）光伏发电站安装总容量小于等于1MW时，可采用0.4kV电压等级，不能就地消纳时，也可采用10kV等级。总容量小于等于1MW的光伏电站，大多数是分布式电站，当自发自用能就地消纳，并网电量基本不上网时，为降低造价和运营费用，优先采用0.4kV等级。当不能就地消纳时，可以采用10kV等级。

2）光伏电站安装总容量大于1MW，在30MW以内时，可以根据情况采用10~35kV电压等级。母线电压在10kV、20kV和35kV三种等级中选择，主要取决于其综合技术经济效益和光伏电站周边电网的实际情况。

3. 并网接入方式

光伏发电系统的并网接入，一般有专线接入方式、T接接入方式和用户侧接入方式三种，如图3-18所示。

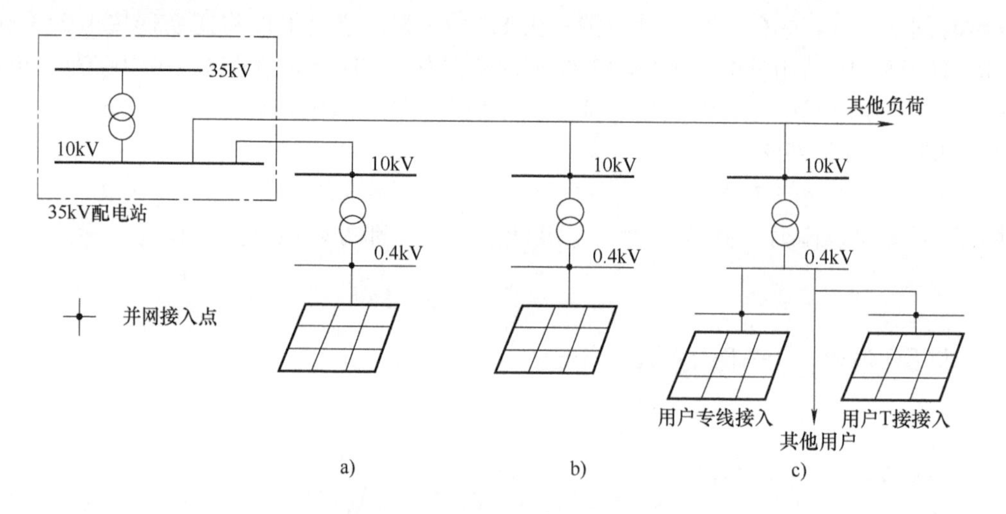

图3-18　并网接入方式示意图

a）专线接入　b）T接接入　c）用户侧接入

4. 并网接入线缆导线截面积选择

光伏发电系统并网接入导线截面积的选择应遵循以下原则。

1）光伏发电并网接入导线截面积选择需根据所要输出的容量、并网电压等级选取，并考虑光伏发电系统发电效率等因素。

2）光伏发电并网接入导线截面积一般按持续极限输送容量选择。

3）应结合并网地配电网规划与建设情况选择适合的导线。一般380V并网线缆可选用$70mm^2$、$120mm^2$、$150mm^2$、$185mm^2$、$240mm^2$等截面积；10kV并网线缆可选用$70mm^2$、$185mm^2$、$240mm^2$、$300mm^2$等截面积；10kV架空线缆可选用$70mm^2$、$120mm^2$、$185mm^2$、$240mm^2$等截面积；20kV架空线缆可选用$185mm^2$、$240mm^2$、$300mm^2$等截面积。

3.5.2　典型接入方案

国家电网公司针对10kV及以下电压等级接入电网，且单个并网点总装机容量小于6MW

的分布式光伏发电系统，推出了《分布式光伏发电接入系统典型设计》方案。该方案根据接入电压等级、运营模式和接入点不同，共划分8个单点接入系统方案，5个多点接入系统方案。每个典型设计方案内容包括接入系统一次、系统继电保护及安全自动装置、系统调度自动化、系统通信、计量与结算的相关方案设计。

1. 接入方案分类及要求

1）单点接入方案。按照接入电压等级，分为接入10kV、380/220V两类；按照接入位置，分为接入变电站/配电室/箱变、开闭站/配电箱、环网柜和线路四类；按照接入方式，分为专线接入和T接两类；按照接入产权，分为接入用户电网和接入公共电网两类。

2）多点接入方案。考虑单个项目多点接入用户电网，或多个项目汇集接入公共电网情况，设计多点接入组合方案。按照接入电压等级，分为多点接入380V组合方案、多点接入10kV组合方案、多点接入10kV/380V组合方案三类。按照接入产权，分为接入单一用户组合方案、接入公共电网组合方案两类。

3）计量点设置。对于接入用户电网，计量点设置分为两类，一是装设双向关口计量电能表，用户上、下网电量分别计量；另一类装设发电量计量电能表，用于发电量和电价补贴计量。对于接入公共电网，计量点设置在产权分界点处，装设发电量计量电能表，用于电量计量和电价补偿。

4）防孤岛检测和保护。分布式光伏发电系统逆变器必须具备快速主动检测孤岛，检测到孤岛后立即断开与电网连接的功能。接入10kV的分布式光伏发电项目，形成双重检测和保护策略。380V电压等级由逆变器实现防孤岛检测和保护功能，但在并网点应安装易操作，具有明显开断指示的开断设备。

5）通信方式根据配电网区域发展差异，按照降低接入系统投资和满足配网智能化发展的要求考虑通信方式。优先利用现有配网自动化系统和营销集抄系统通信。

6）发电系统信息采集接入10kV的项目，采集电源并网状态、电流、电压、有功、无功、发电量等电气运行工况。接入380V的项目，暂只采集电能信息，预留并网点断路器工位等信息采集的能力。

2. 接入设计方案

单点接入设计方案见表3-12。多点接入设计方案见表3-13。

表3-12 分布式光伏单点接入方案表

方案标号	接入电压	运营模式	接入点	送出回路数	单并点参考容量
XGF10-T-1	10kV	全额上网模式（接入公共电网）	专线接入变电站10kV母线	1回	1～6MW
XGF10-T-2			专线接入10kV开关站、配电室或箱变	1回	400kW～6MW
XGF10-T-3			T接10kV线路	1回	400kW～1MW
XGF10-Z-1		自发自用/余量上网（接入用户电网）	专线接入用户10kV母线	1回	400kW～6MW

（续）

方案标号	接入电压	运营模式	接入点	送出回路数	单并点参考容量
XGF380-T-1	380V	全额上网模式（接入公共电网）	配电箱/线路	1回	≤100kW・8kW及以下可单相接入
XGF380-T-2			箱变或配电室低压母线	1回	20～400kW
XGF380-Z-1		自发自用/余量上网（接入用户电网）	用户配电箱/线路	1回	≤400kW・80kW及以下可单相接入
XGF380-Z-2			用户箱变或配电室低压母线	1回	20～400kW

表3-13　分布式光伏多点接入方案表

方案标号	接入电压	运营模式	接入点
XGF380-Z-Z1	380V/220	自发自用/余量上网（接入用户电网）	多点接入配电箱/线路、箱变或配电室低压母线（用户）
XGF10-Z-Z1	10kV		多点接入用户10kW母线、用户箱变或配电室（用户）
XGF380/10-Z-Z1	10kV/380V		以380V一点或多点接入配电箱/线路、箱变或配电室低压母线（用户），以10kW一点或多点接入用户10kV母线、用户箱变或配电室（用户）
XGF380-T-Z1	380V/220	全额上网模式（接入公共电网）	多点接入配电箱/线路、箱变或配电室低压母线（公用）
XGF380/10-T-Z1	10kV/380V		以380V一点或多点接入配电箱/线路、箱变或配电室低压母线（公用），以10kV一点或多点接入10kV配电室或箱变、开关站、变电站10kV母线、T接40kV线路（公用）

这13个典型接入方案的具体连接示意图请参看国家电网《分布式光伏发电接入系统典型设计》中的有关内容，下面是几款并网光伏发电系统以专线和T接方式接入公共电网或用户内部电网的典型接入方案示意图，供设计时参考。

1）光伏发电系统专线接入10（20）kV公共电网的典型接入方案如图3-19所示。其中图3-19a为接入公共电网变电站10kV母线方案；图3-19b为接入公共电网开关站、配电室或箱式变压器等10kV母线方案。

2）光伏发电系统T接方式接入10（20）kV公共电网的典型接入方案如图3-20所示。

3）光伏发电系统接入10kV用户内部电网的典型接入方案如图3-21所示。

4）光伏发电系统接入380V公共电网的典型接入方案如图3-22所示。

5）光伏发电系统接入380V用户内部电网的典型接入方案如图3-23所示。

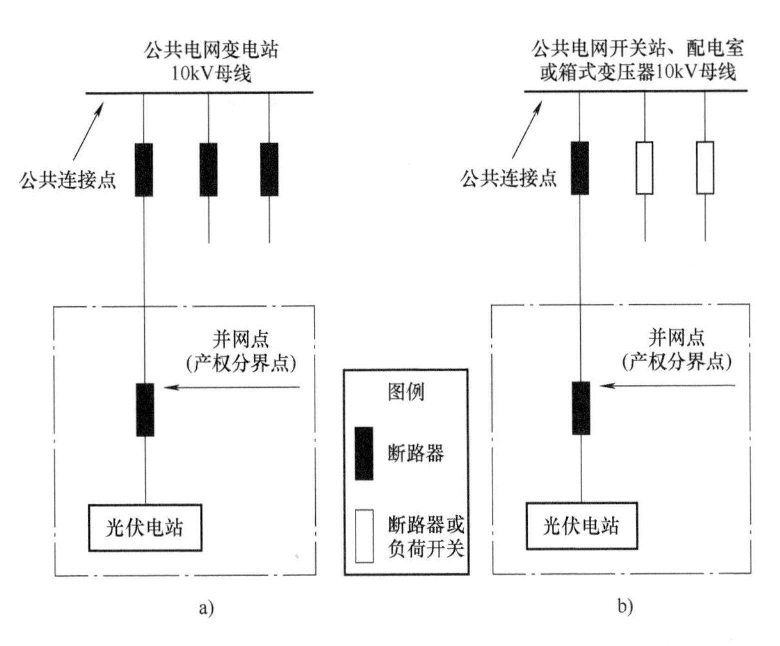

图 3-19　专线接入 10（20）kV 公共电网典型接入方案示意图

3.5.3　并网计量电能表的接入

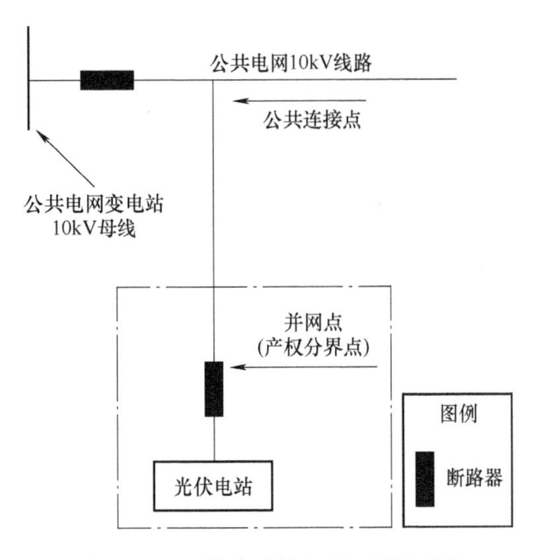

图 3-20　T 接方式接入 10（20）kV 公共电网典型接入方案示意图

1. 电能计量接入要求

光伏发电系统要在发电侧和电能计量点分别配置、安装专用电能计量装置，电能计量装置要校验合格，并通过电力公司认可或发放投入使用。光伏电站接入电网前，应明确上网电量和使用电网电量的计量点，计量点原则上设置在产权分界的光伏发电系统并网点。每个计量点都要装设电能计量装置，其设备配置和技术要求要符合 DL/T448—2000《电能计量装置技术管理规程》以及相关标准和规范等。

中型以上光伏电站的同一计量点应安装同型号、同规格、同精确度的主、副电能表各一套，主、副表应有明确的标识。

电能表一般采用静止式多功能电能表，技术性能符合 DL/T614—2007《多功能电能表》的要求，至少应具备双向有功和四象限无功计量功能、事件记录功能、要配置有标准通信接口，具备本地通信和通过电能信息采集终端远程通信的功能。

图 3-24 和图 3-25 所示为单相、三相余电上网和单相、三相全额上网系统接入示意图，供设计时参考。

公共电网10kV母线
公共连接点
产权分界点
用户10kV母线
用户内部负荷
并网点
光伏电站
方案1
图例
断路器
断路器或
负荷开关
公共电网10kV线路
公共连接点
公共电网变电站
10kV母线
产权分界点
用户10kV母线
用户内部负荷
并网点
光伏电站
方案2

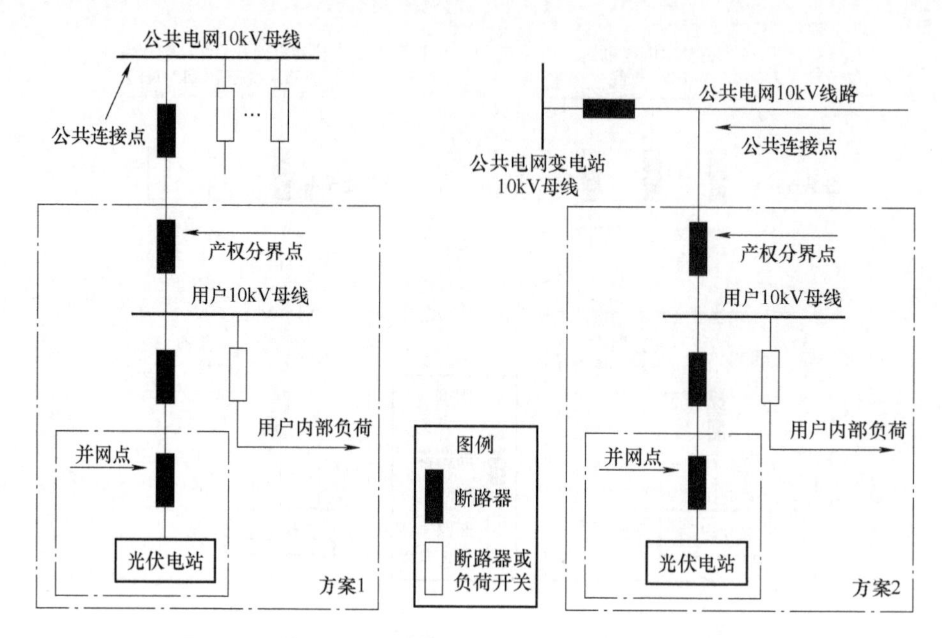

图 3-21　接入 10kV 用户内部电网的典型接入方案示意图

2. 电能表接线方式

1）对于低压供电，负荷电流在 50A 及以下时，宜采用直接接入式电能表；负荷电流在 50A 以上时，宜采用经电流互感器接入式的接线方式。

2）接入中性点绝缘系统的电能计量装置，应采用三相三线有功、无功电能表。接入非中性点绝缘系统的电能计量装置，应采用三相四线有功、无功电能表或 3 只感应式无止逆单相电能表。

3）接入中性点绝缘系统的 3 台电压互感器，35kV 及以上的宜采用 Y/y 方式接线；35kV 以下的宜采用 V/v 方式接线。接入非中性点绝缘系统的 3 台电压互感器，宜采用 Y0/y0方式接线，其一次侧接地方式和系统接地方式相一致。

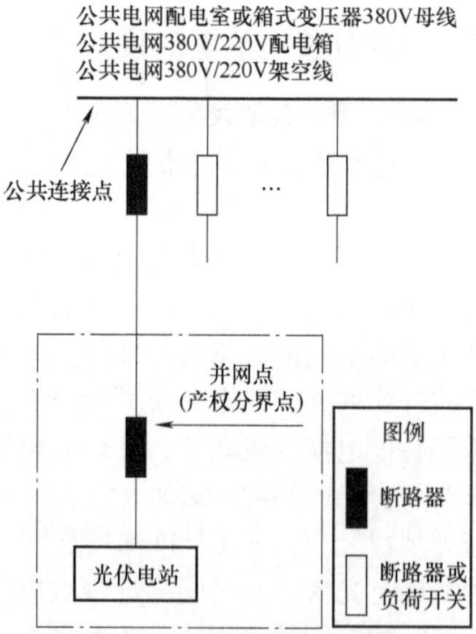

公共电网配电室或箱式变压器380V母线
公共电网380V/220V配电箱
公共电网380V/220V架空线
公共连接点
并网点
(产权分界点)
光伏电站
图例
断路器
断路器或
负荷开关

图 3-22　接入 380V 公共电网的典型接入方案示意图

4）对三相三线制接线的电能计量装置，其 2 台电流互感器二次绕组与电能表之间宜采用四线连接。对三相四线制连接的电能计量装置，其 3 台电流互感器二次绕组与电能表之间宜采用六线连接。

图 3-26 所示为几种电能表内部接线图。

图 3-27 所示为低压电路三相四线电能表接电流互感器的接线图，一般要求三只电流互感器安装在断路器负载侧，三相相线电缆从互感器中穿过，电能表 1、4、7 端为三相电流进

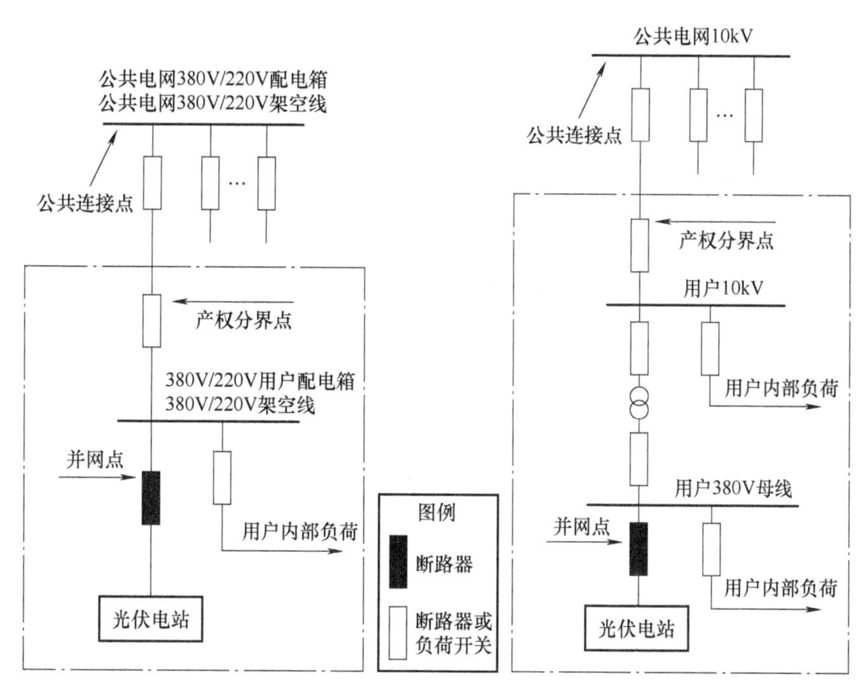

图3-23 接入380V用户内部电网的典型接入方案示意图

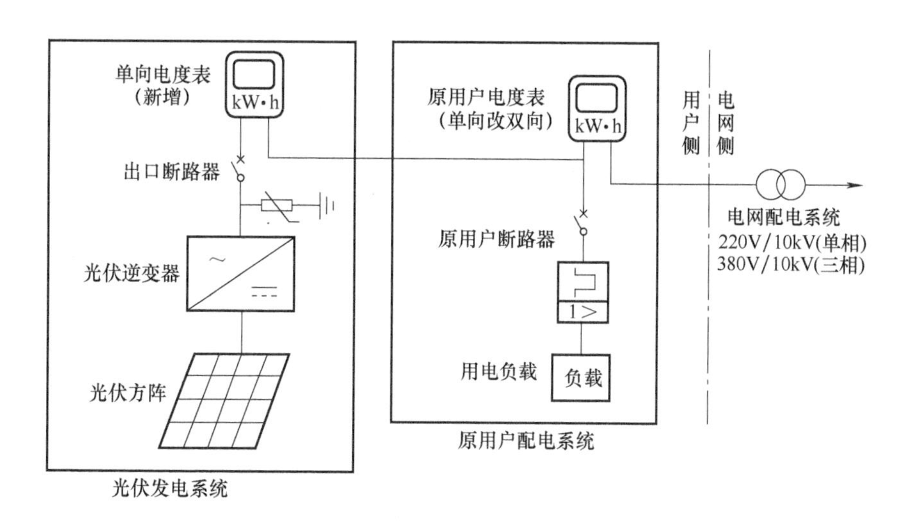

图3-24 单相、三相余电上网系统接入示意图

线端，依次接A、B、C互感器的S1（P1）端，电能表3、6、9端为三相电流出线端，依次接A、B、C互感器的S2（P2）端，电能表2、5、8端为三相电压端，依次通过跳线与A、B、C三相连接，输入、输出中性线N接电能表的10端。电流互感器的外壳接地端统一与配电箱内接地端连接。

3. 电能表在并网电路中的几种接法

（1）单相并网接法一（1个双向电能表+1个单相电能表）

这种接法是利用1个单相电能表计量光伏发电系统的总发电量，利用双向电能表计量光

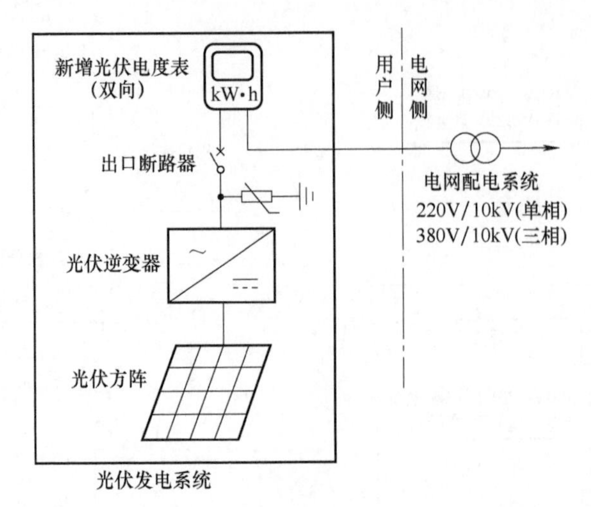

图 3-25　单相、三相全额上网系统接入示意图

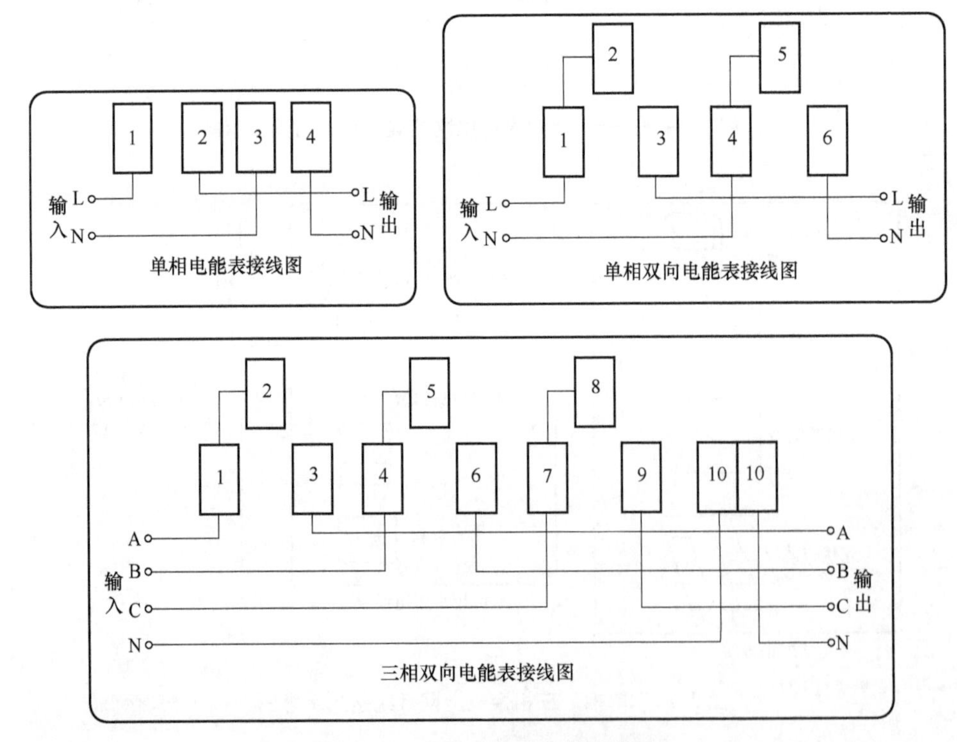

图 3-26　几种电能表内部接线图

伏余电上网电量和用户的市电实际用电量，具体接线如图 3-28 所示。

（2）单相并网接法二（1 个双向电能表 +1 个单相电能表）

这种接法是利用 1 个单相电能表计量用户的总用电量，利用双向电能表计量光伏余电上网电量和用户市电实际用电量，具体接线如图 3-29 所示。这种接法适合用在“完全自发自用”的场合，要计量光伏系统总发电量需要通过各个电能表计量数字的加减计算，不是很方便。

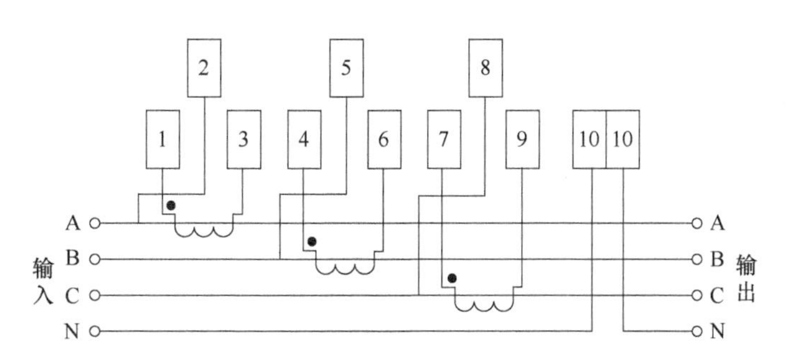

图 3-27　三相四线电能表接电流互感器接线图

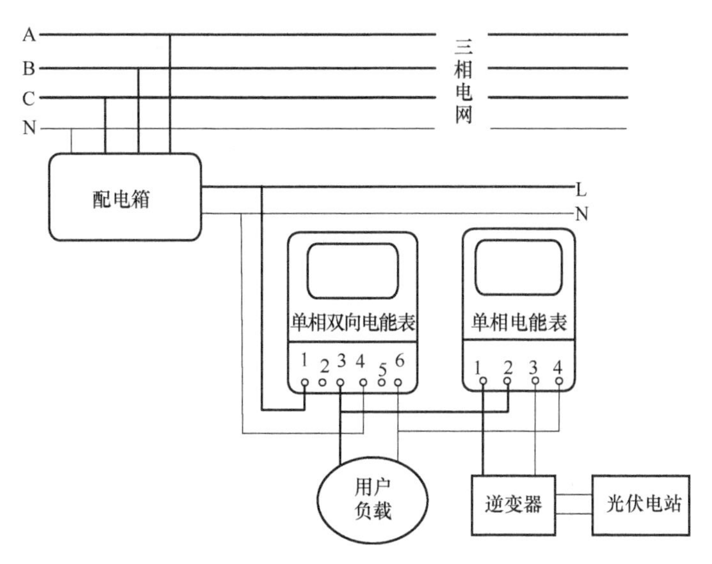

图 3-28　单相并网电能表接法一

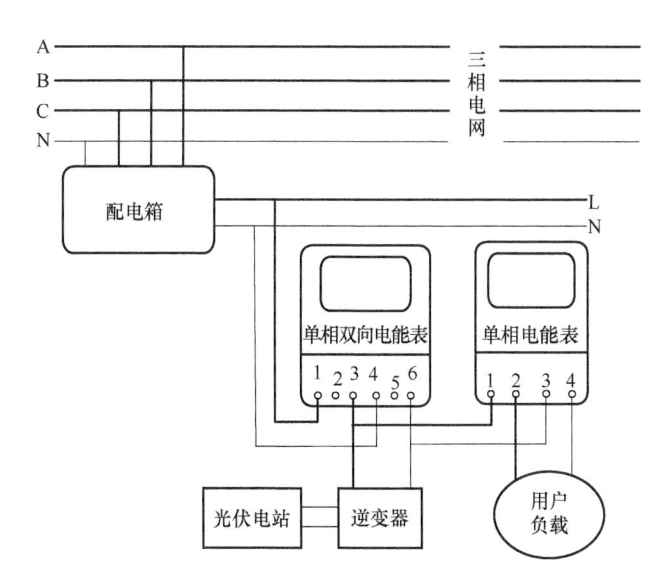

图 3-29　单相并网电能表接法二

（3）单相并网接法三（1 个双向电能表 +2 个单相电能表）

这种接法是利用 1 个单相电能表计量光伏发电系统的总发电量，利用另一个单相电能表计量用户的总用电量，利用双向电能表计量光伏余电上网电量和用户的市电实际用电量，具体接线如图 3-30 所示。

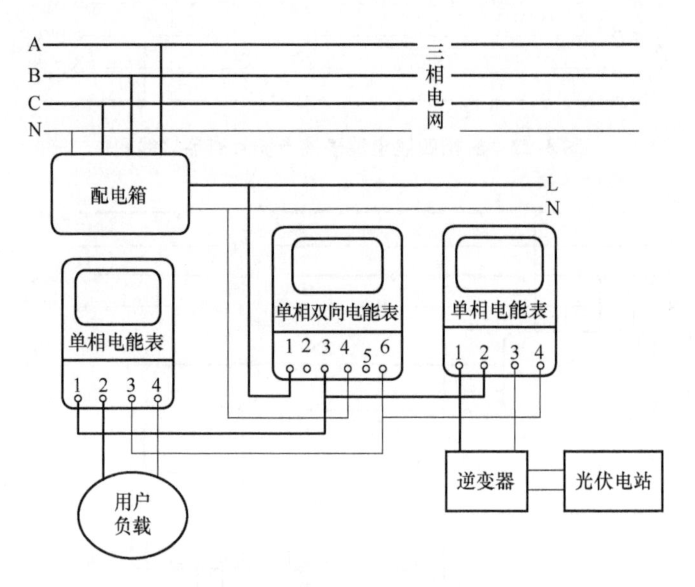

图 3-30　单相并网电能表接法三

（4）三相并网接法一（1 个三相双向电能表 +1 个单相电能表）

这种接法是利用 1 个三相双向电能表计量光伏发电系统的总发电量，利用单相电能表计量用户的实际用电量，具体接线如图 3-31 所示。

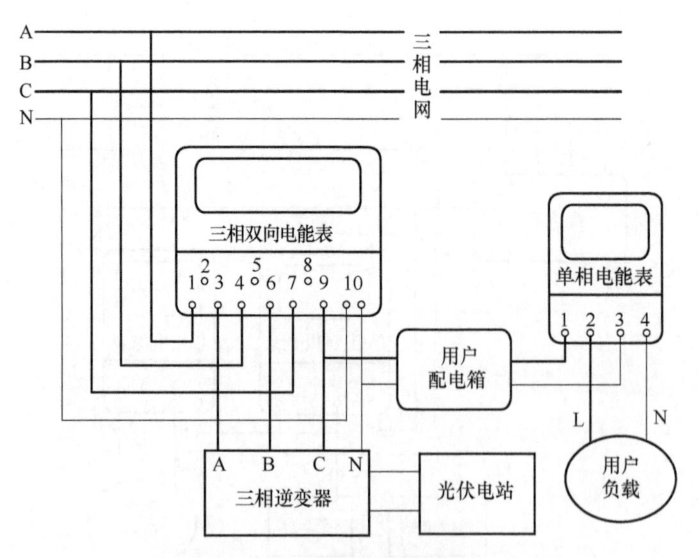

图 3-31　三相并网电能表接法一

（5）三相并网接法二（2 个三相双向电能表 +1 个单相电能表）

这种接法是利用 1 个三相双向电能表计量光伏发电系统的总发电量，利用单相电能表计量用户的实际总用电量，另 1 个三相双向电能表计量光伏发电系统的余电上网量和用户市电使用量，具体接线如图 3-32 所示。

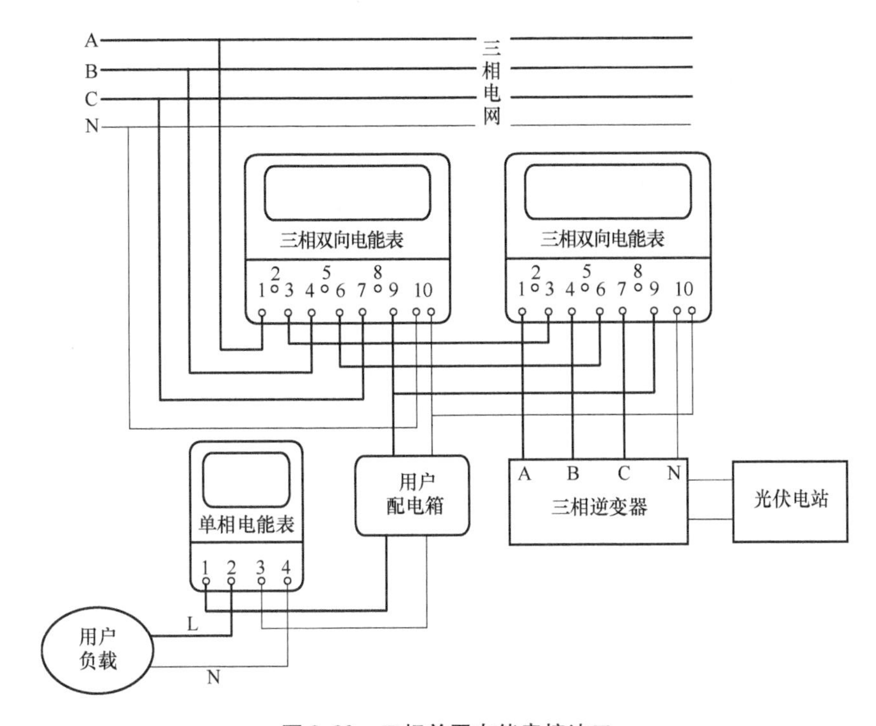

图 3-32　三相并网电能表接法二

（6）三相并网接法三（2 个三相双向电能表）

这种接法是利用 1 个三相双向电能表计量光伏发电系统的总发电量，另 1 个三相双向电能表计量光伏发电系统的余电上网量和用户市电使用量，具体接线如图 3-33 所示。

3.6　并网光伏发电系统配置设计案例

这一节主要以实例形式介绍并网光伏发电系统的整体配置设计的技术方案、一些设计要点以及相关资料，供读者设计、选型和配置时参考。

3.6.1　3kW 和 5kW 户用光伏发电系统典型设计

3kW 和 5kW 并网光伏发电系统是家庭用户屋顶最常用的系统配置，3kW 系统配置的光伏组件一般选用最大发电功率 265W、270W 或 275W 的多晶硅光伏组件 12 块串联构成一串光伏组串，送入光伏逆变器两个端口中的任意一对端口。所以 3kW 光伏发电系统实际容量根据所选用光伏组件最大发电功率的不同分为 3. 18kW、3. 24kW 或 3. 3kW。

5kW 系统配置的光伏组件一般选用最大发电功率 265W、270W 或 275W 的多晶硅光伏组件 20 块，每 10 块一串构成光伏组串两串，然后分两路送入光伏逆变器相应端口。5KW 光伏发电系统的实际容量根据所选用光伏组件最大发电功率的不同分为 5. 3kW、5. 4kW 或 5. 5kW。

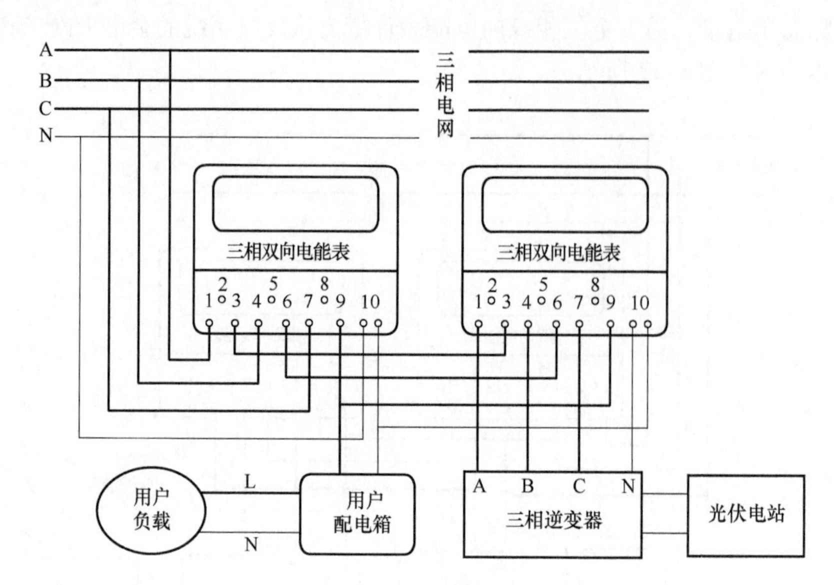

图 3-33 三相并网电能表接法三

1. 系统配置及线路连接

3kW 和 5kW 光伏发电系统设备、材料配置一览见表 3-14。

表 3-14 3kW、5kW 光伏发电系统设备、材料配置表

序号	名 称	规格型号	单 位	系统规格	
				3kW	5kW
1	光伏组件	多晶硅组件（265W、270W、275W）	块	12	20
2	组串逆变器	与系统容量配套（3kW、5kW）	台	1	1
3	并网配电箱	含：小型断路器 32A 2P 2 只；过/欠电压保护器 220V 1 只；浪涌保护器 20kA 2P 1 只；刀闸开关 60A 1 只	台	1	1
4	支架	与屋顶结构配套	套	1	1
5	光伏直流线缆	PV1-F $1\times4mm^2$	m	40	80
6	组串连接器	MC4	对	4	8
7	数据采集棒	直插式 WiFi 或 GPRS 传输	只	1	1
8	交流线缆	ZR-YJVR $3\times4mm^2$	m	20	20
9	接地线缆	BVR $1\times4mm^2$	m	10	10
10	接地线缆	BVR $1\times16mm^2$	m	40	40
11	接地扁钢	镀锌扁钢，40×4（mm），长 6m	根	4	4
12	接地极	镀锌角铁，L50×50×5（mm），长 2.5m	根	2	2
13	线缆槽	50mm×25mm，铝合金线槽	m	20	20
14	PVC 管	ϕ25/30mm	m	40	40
15	其他辅材	膨胀螺栓、扎带、管槽固定件、铜鼻子等	按需配置		

3kW 和 5kW 光伏发电系统的线路连接如图 3-34 和图 3-35 所示。

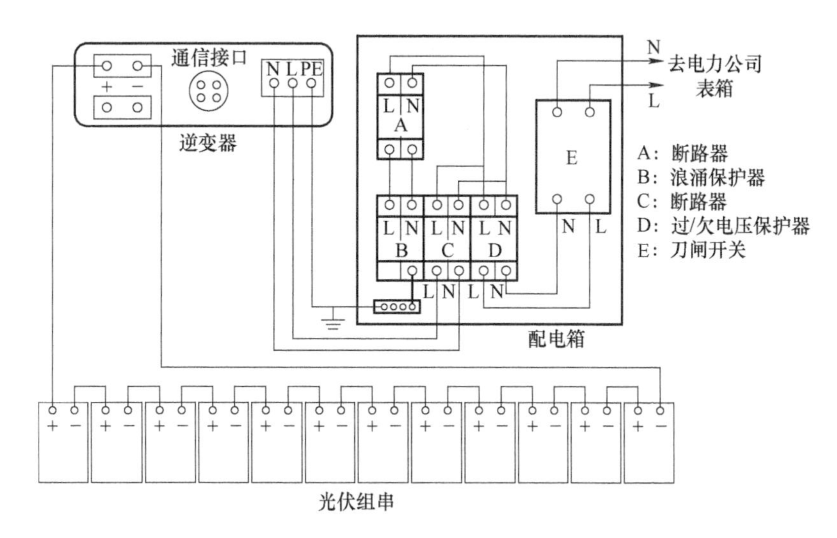

图 3-34　3kW 光伏发电系统线路连接示意图

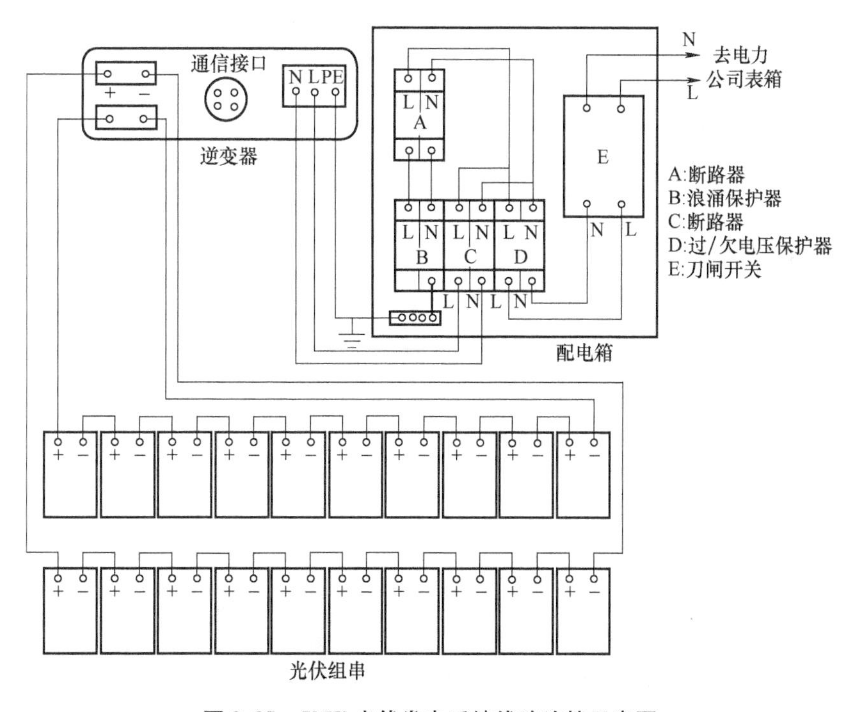

图 3-35　5kW 光伏发电系统线路连接示意图

2. 系统计量方案

家庭分布式光伏发电以自发自用、余电上网的方式为主，其电能计量要求设置两套电能计量装置，实现光伏发电量、上网电量和用户用电量的分别计量，其计量接线方式如图 3-36所示。其中电能表 2 需要选择支持正反向计量功能，具备电流、电压、功率、功率因数的测量和显示功能。光伏系统总发电量由电能表 1 进行计量，用户使用电量和余电上网电量由电能表 2 进行计量，那么用户自发自用电量 = 总发电量 - 余电上网电量。

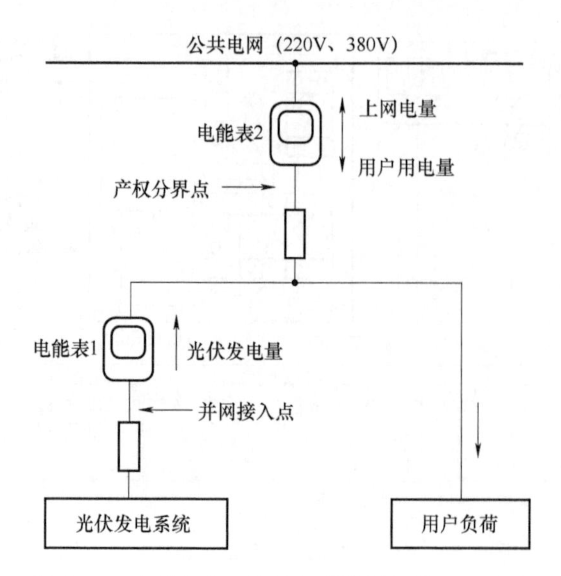

图 3-36　光伏发电系统接入及计量设置点示意图

3. 并网配电箱配置

户用光伏发电系统都需要配置一套并网配电箱，并网配电箱一般有两种，如图 3-37 所示，一种是带电能表位置的配电箱，电力公司只需要在并网时直接将电能表安装在已有的配电箱内，进行并网连接；另一种配电箱是没有电能计量表位置的，电力公司在并网时还要安装一个包含计量电能表及必要的断路器等装置的配电箱与现有配电箱连接并网。

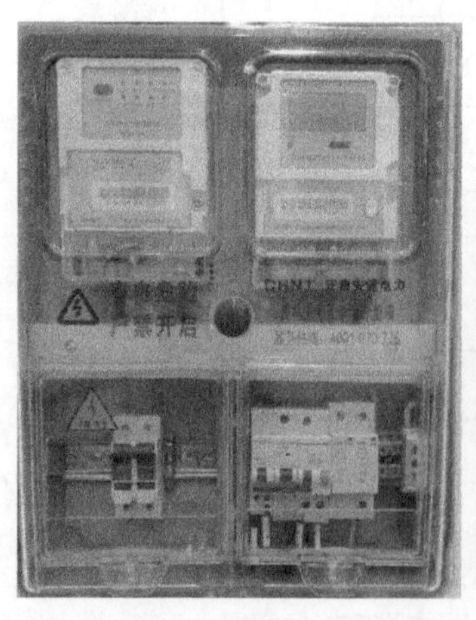

图 3-37　户用光伏发电系统配电箱实体图

4. 对并网断路点的要求

1）分布式电源并网点应安装易操作、具有明显开断指示、具备开断故障电流能力的断路器。断路器可选用微型、塑壳型或万能断路器，要根据短路电流水平选择设备开断能力，并应留有一定余量。

2）分布式电源以 380/220V 电压等级接入电网时，并网点和公共连接点的断路器应具备短路速断、延时保护功能和分励脱扣、失电压跳闸及低压闭锁合闸等功能，同时应配置剩余电流保护功能。

3.6.2 建筑屋顶并网光伏发电系统设计要点

建筑屋顶并网光伏发电系统设计与地面光伏发电系统设计有所不同，地面光伏发电站一般是根据供电覆盖范围的负载或耗电功率要求来设计光伏方阵的容量大小及其配套系统的，建筑屋顶则是根据建筑安装面积能容纳的光伏方阵容量大小来确定发电功率容量并配套系统。

建筑屋顶光伏发电系统设计时需要考虑建筑的整体效果，并要考虑方阵的受光条件，如方阵的朝向与安装倾角等。其主要设计内容有工艺设计、电气设计、土建设计等几个方面，具体如光伏电池组件方阵排布、支架基础设计、电气线路连接、电缆敷设、设备选型、防雷接地设计、监控检测系统设计等。

1. 方阵倾角设计

从发电角度看，将光伏组件方阵以合适的角度安装在水平屋面上具有较好的经济型，原因如下。

1）它可以根据不同地理位置所接受太阳光的高度角和方位角的不同，进行针对性的最佳角度安装，从而获得最大的发电量。

2）由于组件布置形式比较规整，所以可以采用常规标准电池组件，成本减少，性能稳定。

3）屋顶为最不影响视觉的部位，在水平屋顶安装组件，能把对建筑物外观和功能的影响降到最低。

图 3-38 所示前后两排组件间距与倾角关系示意图。图中 D 是组件前后排间距（即遮挡物阴影的长度）

$$D = L \times \sin\theta \times \cos\beta / \tan\alpha$$

式中，L 为组件长度，θ 为安装倾角，α 为太阳高度角，β 为太阳方位角。从公式中可以看出，组件的前后间距正比于安装倾角的正弦值。

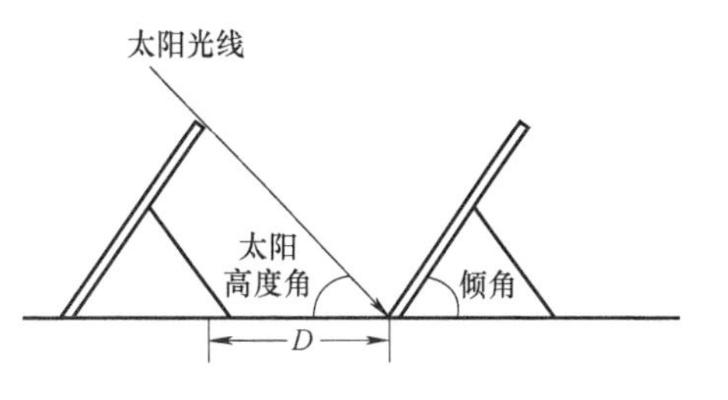

图 3-38 组件间距与倾角关系示意图

由于一般建筑屋面的可利用面积相对较小，而且在最佳倾角附近倾斜面上接收到的太阳能辐射量相差不大，所以设计时可以考虑适当降低光伏方阵安装倾角来减少组件方阵前后排间距，这样虽然损失了少量的太阳能辐射利用率，但增加了较大的装机容量，可充分利用建筑屋面的宝贵面积。同时，适当降低的方阵倾角，对建筑物的整体美观性及降低风载荷都是有利的。

2. 组串设计

建筑屋顶光伏发电系统的组串设计一般与地面项目略有不同，主要原因是由于屋顶面的可利用面积有限，屋面资源宝贵，尺寸限制性也大，要在满足固定倾角无阴影遮挡的情况下尽量增加装机容量，所以建筑屋顶电池组串设计需要考虑的因素包括组串输出电压在逆变器的 MPPT 跟踪范围之内、组串输出功率要小于或等于逆变器的最大支流功率、组串数量与屋面排布组件数量相匹配等。

3. 逆变器的选型设计

由于建筑的多样化，光伏组件安装也需要因地制宜采用多种方式。为了使光伏组件的转换效率最高，同时又兼顾建筑的外形美观，实现最大发电量，就要根据不同场合选择逆变器。

光伏并网逆变器主要分为集中式逆变器、组串式逆变器、多组串式逆变器和组件式逆变器等。集中式逆变器一般运用于大型光伏发电站系统中，其特点是系统的功率大、电能质量高，成本低，能提高整个光伏系统的效率和发电量。集中式逆变器适合大型厂房类屋顶发电项目，要求建筑物屋顶形状规整、无遮挡物。

组串式逆变器适用于中小型的屋顶光伏发电系统，组串式逆变器采用模块化设计，多个光伏组串对应一个逆变器，在直流端具有最大功率跟踪功能，在交流端并联并网。其优点是不受组串间模块差异和阴影遮挡的影响，同时减少了光伏电池组件最佳工作点与逆变器不匹配的情况，最大程度增加了发电量，使整个系统工作在最佳效率状态上。

逆变器选型设计时，其最小输入电压应当与光伏组件在标准光照强度（$1000W/m^2$）下，组件最高温度75℃时，光伏组串输出的最大峰值电压相符；最高输入电压应当与光伏组件在标准光照条件下，环境温度最低时，光伏组串输出的最大开路电压相符。对于追求全年最大发电量的光伏发电系统设计，逆变器的最大功率与光伏方阵的峰值功率比值宜在大约110%。如果要设计比较经济的光伏发电系统，应避免使用过大容量的逆变器，逆变器的最大功率应为光伏峰值功率的90%左右。假如光伏组件没有安装在最理想的光照朝向时，应适当减少逆变器的容量。

4. 交流输出主线路的设计原则

大型建筑屋顶光伏电站的交流输出主线路应根据建筑物间距离、区域内各电压等级、线路走向、集中配电室位置等综合考虑。一般宜在光伏并网集中逆变器旁就地升压至10kV或35kV进行电能的传输，以节约投资，降低输电损耗。

5. 防雷接地系统设计

屋顶光伏发电系统的防雷等级依据所在建筑物的防雷等级确定，防雷接地系统设计参考GB50057—2004《建筑防雷设计规范》。在工程设计中注意以下几点。

1）尽量避免避雷针的投影落在光伏组件上。

2）防止雷电感应。配电控制机房内的全部金属物包括设备、机架、金属管道、电缆的金属外皮都要可靠接地，每件金属物品都要单独接到接地干线，不允许串联后再接到接地干线。

3）屋顶光伏发电系统中一般以每一栋建筑物为一个单元，可以分别利用其建筑物原有的接地系统共用一个接地网。接地电阻要满足其中的最小值要求。

3.6.3 光伏发电系统设计相关资料

1. 太阳能光伏发电系统电价的确定

太阳能光伏发电电价确定的主要依据是设备初投资、回收年限及设备使用寿命这几个因素。从初投资看，设太阳光强度为$1kW/m^2$，平均一天发电5h，则设备利用率为$5/24 \approx 20.8\%$。例如，常见的家庭户用太阳能光伏发电系统的容量一般为5~20kW，目前国内市场平均价格为人民币6.5~7元/W（按2018年平均市场价格），10kW的设备初投资为6.5~7

万元。假设设备寿命为 25 年，每天发电 5h，则总共发电量为

$$10\text{kW}\times 5\text{h}\times 365\times 25=456250\text{kW}\cdot\text{h}\ (\text{度})$$

以此推算，假设电费为 0.7 元/kW · h，则投资回收年限为 5 ~5.5 年左右，电费为 0.55 元/kW · h 时，投资回收年限为 6.5 ~7 年。因此，可以推算出光伏发电的电费目前为 0.55 ~0.7 元/kW · h 较为合理。

2. 火力发电能耗及排放数据

我国火力发电厂每发电 1kW · h，需要消耗标准煤 305g；

二氧化碳（CO_2）排放指数为 0.814kg/kW · h（国际能源署《世界能源展望 2007》数据）；

硫氧化物（SO_x）排放指数为 6.2g/kW · h（脱硫前统计数据）；

氮氧化物（NO_x）排放指数为 2.1g/kW · h（脱氮前统计数据）。

第 4 章

光伏发电系统的设备与部件

光伏发电系统设备、部件的选型要按照安全、可靠、经济、灵活的原则进行。安全就是所选型的设备、部件要满足光伏系统相关设计规范，保证系统操作、运行的安全可靠，对可能出现的误操作具备安全保护功能。设备要具备可靠连续运行的能力和出现故障时能够可靠断开故障的能力。设备、部件选型还要兼顾经济性和运行维护的方便灵活性，在保证系统质量的前提下，降低成本，减少维护成本和时间，方便后期扩建。

4.1 光伏组件——把阳光变成电流的“魔术板”

光伏组件也叫太阳能电池组件，通常还称为太阳能组件或光伏电池板，英文名称为“Solar Module”或“ PV Module”。光伏组件是把多个单体的晶体硅电池片根据需要串并联起来，并使用专用材料通过专门生产工艺进行封装后的产品。

目前光伏发电系统采用的光伏组件以晶体硅电池片（单晶硅和多晶硅）制造为主，因此这里主要以晶体硅光伏组件为主介绍原理构造，光伏方阵的组合、配置和连接以及光伏组件选型等内容。

4.1.1 光伏组件的基本要求与分类

1. 光伏组件的基本要求

光伏组件在应用中要满足以下要求：

1）能够提供足够的机械强度，使光伏组件能经受运输、安装和使用过程中，由于冲击、震动等而产生的应力，能经受冰雹的冲击力；

2）具有良好的密封性，能够防风、防水、隔绝大气条件下对光伏电池片的腐蚀；

3）具有良好的电绝缘性能；

4）抗紫外线辐射能力强；

5）工作电压和输出功率可以按不同的要求进行设计，可以提供多种接线方式，满足不同的电压、电流和功率输出的要求；

6）因光伏电池片串、并联组合引起的效率损失小；

7）光伏电池片间连接可靠；

8）工作寿命长，要求光伏组件在自然条件下能够使用 25 年以上；

9）在满足前述条件下，封装成本尽可能低。

2. 光伏组件的分类

光伏组件的种类较多，根据光伏电池片的类型不同可分为晶体硅（单、多晶硅）组件、非晶硅薄膜组件及砷化镓组件等；按照用途的不同可分为普通型光伏组件和建材型光伏组件。其中建材型光伏组件又分为单玻透光型光伏组件、双玻光伏组件和中空玻璃光伏组件以及用双面发电电池片制作的双面发电光伏组件等。由于用晶体硅电池片制作的光伏组件应用占到市场份额的 85% 以上，在此就主要介绍用晶体硅电池片制作的各种光伏组件。

4.1.2 光伏组件的构成与工作原理

1. 普通型光伏组件

普通型光伏组件功率现在可以做到 400W 左右，是目前光伏发电系统中应用的主流产品。常见的光伏组件外形如图 4-1 所示。是目前见得最多、应用最普遍的光伏组件。该组件主要由面板玻璃、硅电池片、两层 EVA 胶膜、光伏背板及铝合金边框和接线盒等组成，结构如图 4-2所示。面板玻璃覆盖在光伏组件的正面，构成组件的最外层，它既要透光率高，又要坚固耐用，起到长期保护电池片的作用。两层 EVA 胶膜夹在面板玻璃、电池片和光伏背板之间，通过熔融和凝固的工艺过程，将玻璃与电池片及背板凝接成一体。光伏背板要具有良好的耐候性能，并能与 EVA 胶膜牢固结合。镶嵌在光伏组件四周的铝合金边框既对组件起保护作用，又方便组件的安装固定及光伏组件方阵间的组合连接。接线盒用硅胶粘结固定在背板上，作为光伏组件引出线与外引线之间的连接部件。

图 4-1 普通型光伏组件的外形

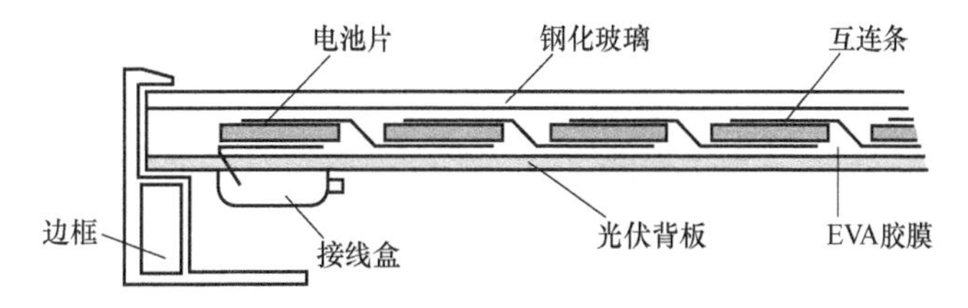

图 4-2 普通型光伏组件的结构

图 4-3 所示为目前流行的半片光伏组件的外形图，这种组件是目前许多厂家研发和生产的主流产品，主要是将整片的电池片切成半片后串焊封装，其结构与普通光伏组件一样。半片光伏组件用同样数量的电池片能获得更高的功率输出，能有效降低阴影遮挡造成的功率损失，同时还能降低组件工作温度与热斑造成的局部温升，在系统应用中有效降低了单瓦系统成本，具有更好的发电性能及可靠性。另外目前新型的光伏组件还有叠瓦光伏组件，其基本结构是把电池片切割成更小尺寸，然后通过导电胶水把电池片边缘栅线正负极叠加粘接串连在一起，如同瓦片铺设一样，电池片边缘一片压一片，在组件面板上看不到主栅线，也不需

要互连条焊带，组件电池片受光面没有焊带遮挡，提高了组件的发电效率。

2. 建材型光伏组件

图4-3　半片光伏组件外形

建材型光伏组件就是将光伏组件融入建筑材料中，或者与建筑材料紧密结合，将光伏组件作为建筑材料的一部分进行使用，可以在新建建筑物或改造建筑物的过程中一次安装完成，即可以同时完成建筑施工与光伏组件的安装施工。建材型光伏组件的应用降低了组件安装的施工费用，使光伏发电系统成本降低。建材型光伏组件具有良好的耐久性和透光性，符合建筑要求，可以与建筑完美结合，可广泛用于建筑物透光屋顶，建筑物光伏幕墙，建筑护栏、遮雨棚，农业光伏大棚，公交站台和阳光房等设施中。

建材型光伏组件分为单玻透光型光伏组件、双玻光伏组件和中空玻璃光伏组件等几种。它们的共同特点是可作为建筑材料直接使用，如窗户、玻璃幕墙和玻璃屋顶材料等，既可以采光，又可以发电。设计时通过调整组件上电池片与电池片之间的间隙，就可以调整室内需要的采光量。

（1）双玻光伏组件

双玻光伏组件就是电池片夹在两层玻璃之间，组件的受光面采用低铁超白钢化玻璃，背面采用普通钢化玻璃，其用作窗户玻璃时玻璃厚度可选择2.5mm×2.5mm、3.2mm×3.2mm等；用作玻璃幕墙时根据单块玻璃尺寸大小，选择玻璃组合厚度为3.2mm×5mm、4mm×5mm、5mm×5mm等；用作玻璃屋顶时也要根据单块玻璃尺寸大小，选择玻璃组合厚度为5mm×5mm、5mm ×8mm、8mm×8mm等。双玻光伏组件的外形和结构分别如图4-4和图4-5所示，其在光伏屋顶的应用如图4-6所示。图4-7所示为一种应用于光伏屋顶的双玻光伏组件的结构示意图。

图4-4　双玻光伏组件的外形

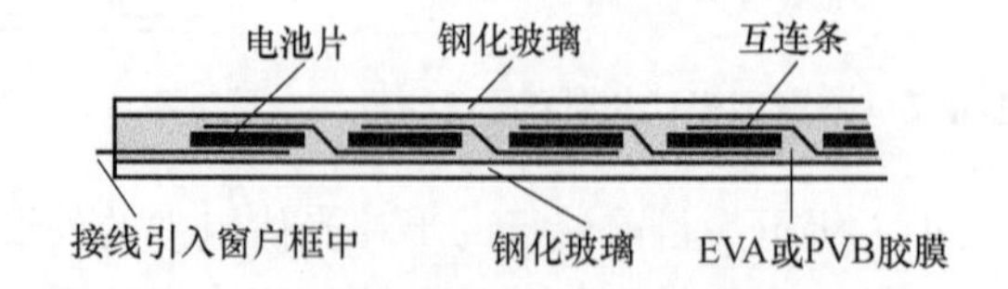

图4-5　双玻光伏组件的结构

（2）中空玻璃光伏组件

中空玻璃光伏组件除了具有采光和发电的功能外，还具有隔音、隔热、保温的功能，常用于作为各种光伏建筑一体化发电系统的玻璃幕墙光伏组件，其外形如图4-8所示。中空玻璃光伏组件是在双玻光伏组件的基础上，再与一片玻璃组合而构成的。在组件与玻璃间用内

图 4-6　双玻光伏组件在屋顶的应用

部装有干燥剂的空心铝隔条隔离，并用丁基胶、结构胶等进行密封处理，把接线盒及正负极引线等也都用密封胶密封在前后玻璃的边缘夹层中，与组件形成一体，使组件安装和组件间线路连接都非常方便。中空玻璃光伏组件同目前广泛使用的普通中空玻璃一样，能够达到建筑安全玻璃要求，中空玻璃光伏组件的结构如图 4-9 所示。中空玻璃光伏组件在光伏幕墙上的应用如图 4-10 所示。

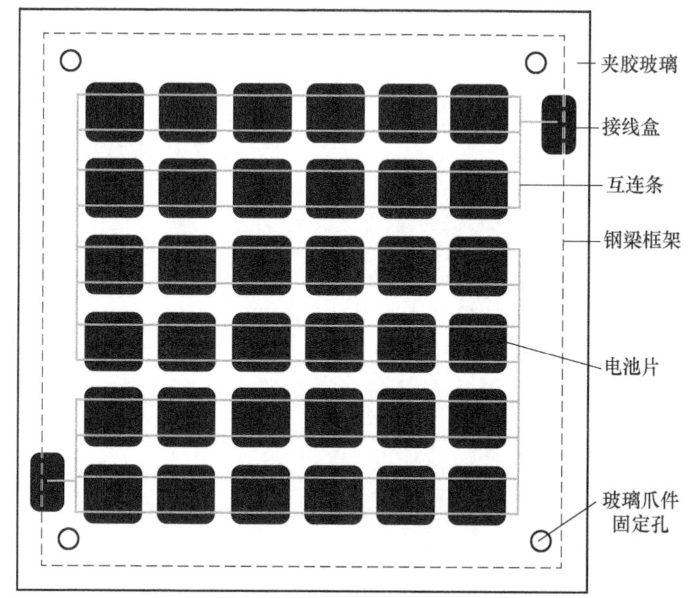

图 4-7　一种双玻光伏组件的结构

图 4-8　中空玻璃光伏组件的外形

建材型光伏组件除了要满足组件本身的电气性能外，还必须符合建筑材料所要求的各种性能：

1）符合机械强度和耐久性要求；

2）符合防水性的要求；

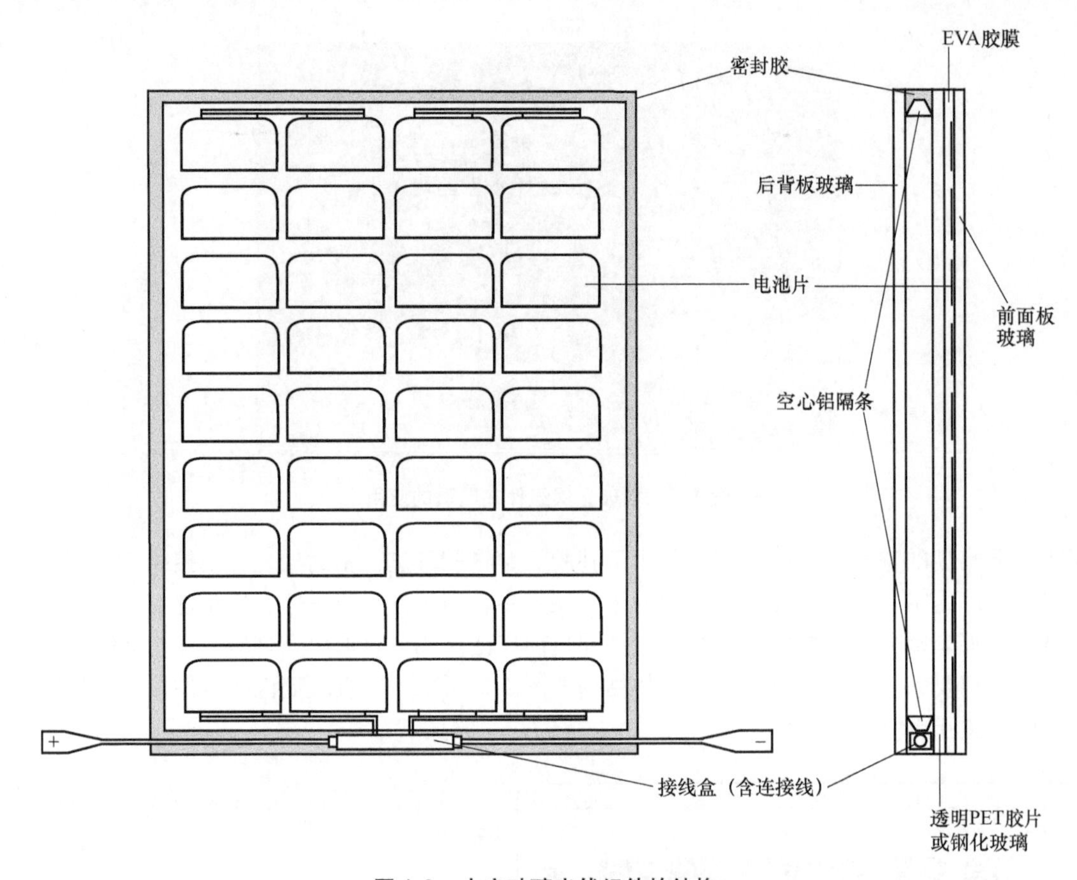

图 4-9　中空玻璃光伏组件的结构

图 4-10　中空玻璃光伏组件在光伏幕墙上的应用

3）符合防火、耐火的要求；

4）符合建筑色彩和建筑美观的要求。

表 4-1 是几款建材型光伏组件规格尺寸与技术参数，供选型设计时参考。

表 4-1　几款建材型光伏组件规格尺寸与技术参数

组件类型	双玻组件		中空玻璃组件
组件尺寸/mm	1330×1495×8.5	1330×1495×13.5	1100×1100×28
电池片及排布	单晶 125　8×9		单晶 125　6×6
受光面玻璃	3.2mm 超白钢化	6mm 超白钢化	
背光面玻璃	4mm 钢化	6mm 钢化	
中空层玻璃			6mm 钢化
层压胶膜	EVA	PVB	
额定功率/W	195	180	90
工作电压/V	37.6	36.8	18.5
工作电流/A	5.19	4.89	4.86
开路电压/V	44.8	44.6	22.2
短路电流/A	5.49	5.30	5.33
组件效率	9.9%	9%	7.4%
组件透光率	43%	43%	53%
组件质量/kg	42	64	60
组件用途	蔬菜大棚	各种顶棚、护栏、建筑屋顶和建筑幕墙	温室大棚、建筑屋顶、建筑幕墙

3. 新型光伏组件

新型光伏组件主要有带逆变器的交流输出光伏组件、双面发电光伏组件以及带融雪功能的光伏组件等。

（1）交流输出光伏组件

交流输出光伏组件是在每个组件的背面都安装了一个小型光伏逆变器，也称组件式逆变器，如图 4-11 所示。由于每块光伏组件都直接输出交流电，因此，通过并联组合就可以很方便地得到需要的交流电功率。它可以比较简单、快速地构成光伏发电系统。

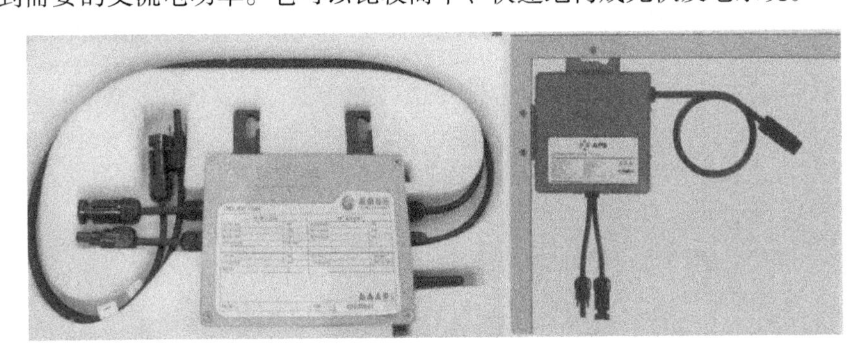

图 4-11　交流输出光伏组件及逆变器外形

交流输出光伏组件具有下列特点：

1）可以以组件的块数为单位增设系统容量，系统扩大方便。

2）MPPT 控制到每一块组件，能减少组件因阳光部分遮挡以及多方位设置等造成的损耗，提高系统效率。

3）由于省去了直流配线，可减少因电气连接及锈蚀等出现的故障。

4）由于单块组件就能构成一个交流光伏发电系统，增加了系统设置的灵活性。

目前交流输出光伏组件的输出功率在 200 ~ 500W，线路连接方法如图 4-12 所示。

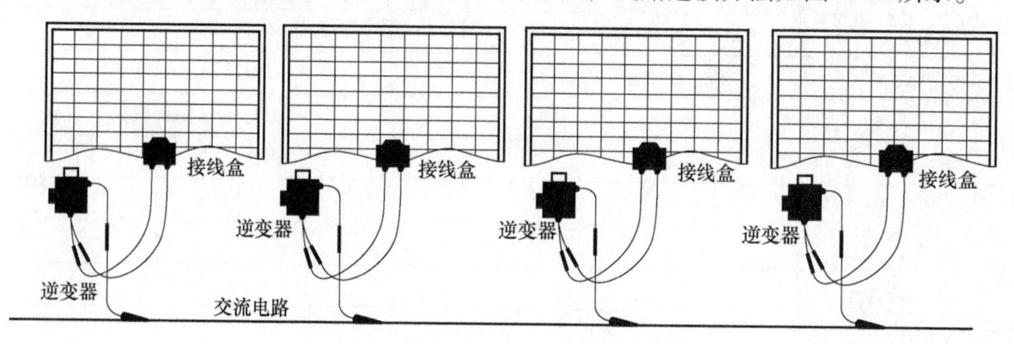

图 4-12　交流输出光伏组件的连接方法

（2）双面发电光伏组件

双面发电光伏组件的结构与建材型双玻光伏组件类似，只是双面发电光伏组件采用了新型的双面发电电池片进行封装制作，这种电池片两面可以同时发电，从而可有效提高发电效率。在传统的光伏电池中，单晶硅电池的转换效率最高可达 19% 左右，而这种新型的双面电池可以将转换效率提高 10% ~ 30%。同时，单片（156mm × 156mm）单晶硅电池的发电功率也从传统电池的 4 ~ 4.5W 提高到 4.5 ~ 6W。双面光伏组件可以利用组件表面的直射光和组件背面的直射光、反射光或散射光进行发电，如图 4-13 所示，使同样面积组件的发电量显著增加。图 4-14 所示为双面发电光伏组件在太阳能庭院灯的应用，灯具上面的扇形组件及灯杆中间的组件全部都是双面发电光伏组件。图 4-15 所示为双面发电双玻光伏组件外形图。由于双面发电光伏组件正面和背面都可以发电，所以安装方向可以任意朝向，安装倾角也可以任意设置，更适合应用于如农光互补电站、地面电站、水面电站、光伏大棚、公路铁路隔音墙、车棚及 BIPV 等场合。双面发电光伏组件在倾斜安装时，与普通光伏组件相比，组件背面环境场景的差异，会导致组件背面受光强度的不同，使组件背面发电功率也会随之

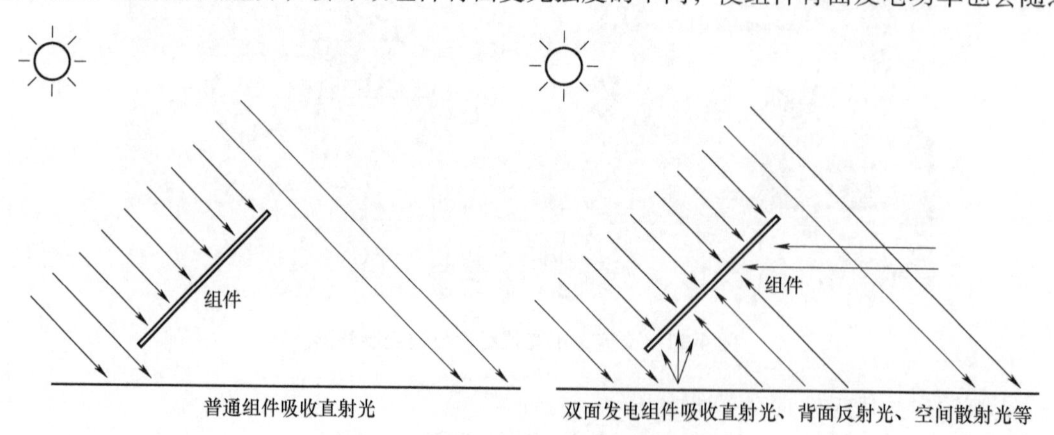

图 4-13　双面发电光伏组件受光示意图

变化。通过实验，当地面为白颜色背景（白色漆或涂料涂刷）时，反射效果最好，背面发电增益最高，依次是铝箔、水泥面、黄沙、草地等。

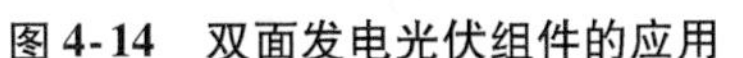

图4-14　双面发电光伏组件的应用

图4-15　双面发电双玻光伏组件外形

（3）带融雪功能的光伏组件

冬天的积雪覆盖光伏组件后，会阻止或影响光伏组件的发电，带融雪功能的光伏组件在遇到积雪时可利用系统深夜的电力，通过逆变器给光伏组件通电，用光伏电池所产生的热量使光伏组件上的积雪融化，使光伏组件恢复正常发电。

（4）带蓄电功能的光伏组件

带蓄电功能的光伏组件使用体积小、重量轻、循环寿命长的锂电池作为储能电池，将锂电池分组安装在光伏组件四周的铝合金边框中，还将组件接线盒与控制器电路合二为一，形成一个便携式的发电储能装置，只需要直接连接用电器就可实现太阳能供电。使用这种组件克服了普通光伏发电系统储能铅酸蓄电池寿命短的不足，方便了系统的安装、施工和维修，减小了线路连接的损耗。

4.1.3　光伏组件的制造工艺及生产流程

太阳能光伏组件是光伏发电系统中最重要的组成部件，它主要由电池片、钢化玻璃、EVA胶膜、光伏背板、铝合金边框、接线盒等组成，这些材料和部件对光伏组件的质量、性能和使用寿命都影响很大。另外，光伏组件在整个光伏发电系统中的成本，占到光伏发电系统建设总成本的40%以上，而且光伏组件的质量好坏，直接关系到整个光伏发电系统的质量、发电效率、发电量、使用寿命和收益率等。因此了解构成光伏组件的各种原材料和部件的技术特性，熟悉光伏组件的制造工艺技术和生产流程非常重要。

1. 光伏组件的主要原材料及部件

为便于大家对光伏组件有更多的了解，下面就生产制造光伏组件所需的主要原材料及部件的构成、性能参数和基本要求等分别进行介绍。

（1）硅电池片

硅电池片的基片材料是P型的单晶硅或多晶硅，它是将单晶硅棒或多晶硅锭（如图4-16所示）通过专用切割设备切割成厚度为180μm左右的硅片后，再经过一系列的加工工序制作完成的，硅电池片的生产工艺流程如图4-17所示。

图4-16　硅棒、硅锭外形图

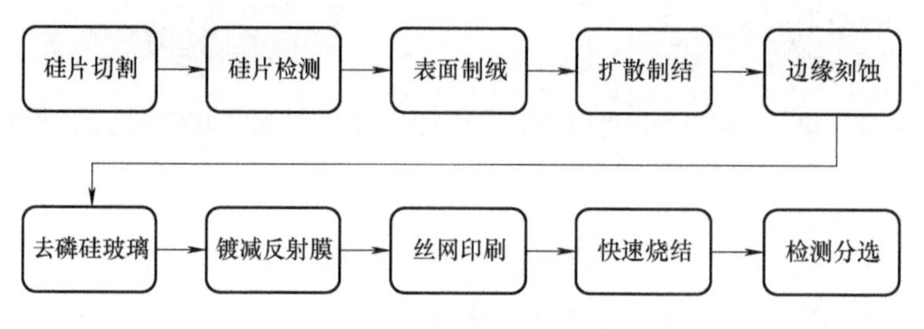

图4-17　硅电池片的生产工艺流程

1）硅电池片的特点。硅电池片是电池组件中的主要材料，外形如图4-18所示。合格的硅电池片应具有以下特点。

① 具有稳定高效的光电转换效率，可靠性高；

② 采用先进的扩散技术，保证片内各处转换效率的均匀性；

③ 运用先进的PECVD成膜技术，在电池片表面镀上深蓝色的氮化硅减反射膜，颜色均匀美观；

④ 应用高品质的银和银铝金属浆料制作背场和栅线电极，确保良好的导电性、可靠的附着力和很好的电极可焊性；

⑤ 高精度的丝网印刷图形和高平整度，使得电池片易于自动焊接和激光切割。

2）硅电池片的分类及外观结构。硅电池片按用途可分为地面用晶体硅电池、海上用晶体硅电池和空间用晶体硅电池，按基片材料的不同分为单晶硅电池和多晶硅电池。硅电池片常见的规格尺寸有125mm×125mm、156mm×156mm和156.75mm×156.75mm等，目前主流应用的大部分是156.75mm×156.75mm的，电池片厚度一般在180～200μm。从图4-18中可以看到，电池片表面有一层蓝色的减反射膜，还有银白色的电极栅线。其中很多条细的

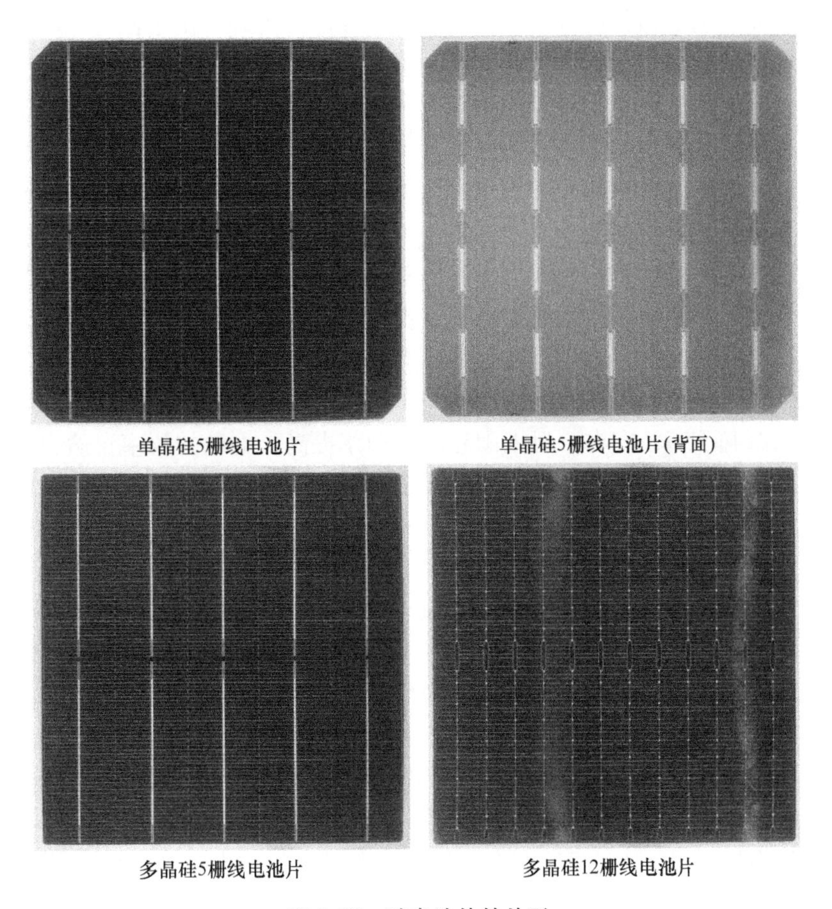

图4-18　硅电池片的外形

栅线，是电池片表面电极向主栅线汇总的引线，几条宽一点的银白线就是主栅线，也叫电极线或上电极（目前有4条、5条甚至12条主栅线的电池片在生产）。电池片的背面也有几条与正面相当应的间断银白色的主栅线，叫下电极或背电极。电池片与电池片之间的连接，就是把互连条焊接到主栅线上实现的。一般正面的电极线是电池片的负极线，背面的电极线是电池片的正极线。太阳电池无论面积大小（整片或切割成小片），单片的正负极间输出峰值电压都是在0.52～0.56V之间。而电池片的面积大小与输出电流和发电功率成正比，面积越大，输出电流和发电功率越大。

3）单晶硅与多晶硅电池片的区别。由于单晶硅电池片和多晶硅电池片前期生产工艺的不同，它们从外观到电性能都有一些区别。从外观上看：单晶硅电池片四个角呈圆弧缺角状，随着电池片制造技术的发展，目前已经有了小倒角或者是方角的单晶电池片，表面没有花纹；多晶硅电池片四个角为方角，表面有类似冰花一样的花纹；单晶硅电池片减反射膜绒面表面颜色一般呈现为黑蓝色，多晶硅电池片减反射膜绒面表面颜色一般呈现为蓝色。

对于使用者来说，相同转换效率的单晶硅电池和多晶硅电池是没有太大区别的。单晶硅电池和多晶硅电池的寿命和稳定性都很好。虽然单晶硅电池的平均转换效率比多晶硅电池的平均转换效率高1%左右，但是由于单晶硅太阳电池只能做成准正方形（四个角是圆弧或小倒角），当组成光伏组件时就有一部分面积填不满，而多晶硅电池片是正方形，不存在这个问题，因此对于光伏电池组件的效率来讲几乎是一样的。另外，由于两种电池材料的制造工艺不一样，多晶硅电池制造过程中消耗的能量要比单晶硅电池少30%左右，所以过去几年多晶硅电池占全球电池总产量的份额越来越大，制造成本也大大小于单晶硅电池，从生产工艺角度看，使用多晶硅电池更节能、更环保。

随着多晶硅电池片制造技术的不断发展，目前多晶硅电池片的转换效率已经从17%~17.5%提高到18%以上，也成为高效电池片。该高效多晶电池片与传统的多晶电池片相比，除了表面颜色变成了黑色以外，外观上看不出其他差异。但实际上，这种电池片比传统的电池片效率高出0.3%~0.7%，而原有多晶硅电池片生产技术，想让其效率提高0.1%都难度很大。高效多晶电池片的技术原理，就是将原有电池表面较大尺寸的凹坑经过化学刻蚀的方法处理成许多细小的小坑，即在原有电池的纳米结构上生成纳米尺寸小孔，让电池表面的反射率从原来的15%降到5%左右。对太阳光的利用率提高，电池的效率自然也就提升了。通过化学反应后得到的电池片材料在外观上呈黑色，故得名“黑硅”，该项技术也被称为黑硅技术。

尽管如此，从目前的制造技术看，多晶硅电池片的转换效率已经接近实验室水平，要达到18.5%以上比较困难，上升空间有限。而随着单晶硅电池片制造技术的不断改进，P型和N型单晶硅电池片的转换效率已分别达到19%~19.5%和21%~24%的水平，转换效率的提高，使单晶硅电池片的制造成本逐渐下降，到目前已经基本与多晶硅电池持平，单晶硅电池在光伏发电系统（电站）的发电量、度电成本和发电收益率等方面的优势将逐步显现出来。根据测算，按照目前行业普遍承诺的25年使用年限来计算，一个相同规模的光伏电站，使用单晶硅光伏组件比使用多晶硅光伏组件要多13.4%的发电收益。尽管目前单晶硅光伏组件比多晶硅光伏组件每瓦成本高5%左右，但由于单晶硅组件发电效率高，同样的装机容量占地面积小，基础、支架、电缆等系统周边器材使用量也相应减少，综合投入成本基本相当。关于在光伏发电系统设计中选择多晶硅光伏组件或单晶硅光伏组件，与年发电量及投资收益率大小的分析，请参看本章中有关光伏组件选型的内容。

4）硅电池片的等效电路分析。硅电池片的内部等效电路如图4-19所示。为便于理解，我们可以形象地把太阳电池的内部看成是一个光电池和一个硅二极管的复合体，既在光电池的两端并联了一个处于正偏置下的二极管，同时电池内部还有串联电阻和并联电阻的存在。由于二极管的存在，在外电压的作用下，会产生通过二极管PN结的漏电流I_d，这个电流与光生电流的方向相反，因此会抵消小部分光生电流。串联电阻主要是由半导体材料本身的体电阻、扩散层横向电阻、金属电极与电池片体的接触电阻及金属电极本身的电阻几部分组成，其中扩散层横向电阻是串联电阻的主要形式。正常电池片的串联电阻一般小于1Ω。并联电阻又称旁路电阻，主要是由于半导体晶体缺陷引起的边缘漏电、电池表面污染等使一部分本来应该通过负载的电流短路形成电流I_r，相当于有一个并联电阻的作用，因此在电路中等效为并联电阻，并联电阻

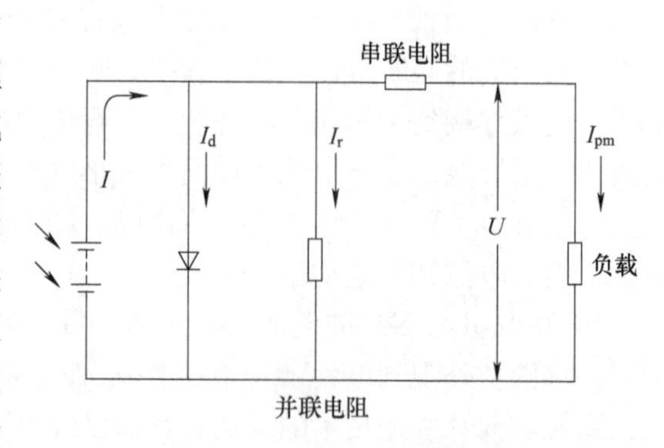

图4-19　光伏电池的等效电路

的阻值一般为几千欧。通过分析说明，光伏电池的串联电阻越小，旁路电阻越大，就越接近于理想的电池，该电池的性能就越好。

5）硅电池片的主要性能参数。硅电池片的性能参数主要有：短路电流、开路电压、峰值电流、峰值电压、峰值功率、填充因子和转换效率等。

① 短路电流（I_{sc}）：当将电池片的正负极短路，使 $U=0$ 时，此时的电流就是电池片的短路电流，短路电流的单位是A，短路电流随着光强的变化而变化。

② 开路电压（U_{oc}）：当将电池片的正负极不接负载，使 $I=0$ 时，此时太阳电池正负极间的电压就是开路电压，开路电压的单位是V，单片太阳电池的开路电压不随电池片面积的增减而变化，一般为0.6～0.7V，当用多个电池片串联连接的时候可以获得较高的电压。

③ 峰值电流（I_m）：峰值电流也叫最大工作电流或最佳工作电流。峰值电流是指太阳电池片输出最大功率时的工作电流，峰值电流的单位是A。

④ 峰值电压（U_m）：峰值电压也叫最大工作电压或最佳工作电压。峰值电压是指太阳电池片输出最大功率时的工作电压，峰值电压的单位是V。峰值电压不随电池片面积的增减而变化，一般为0.5～0.55V。

⑤ 峰值功率（P_m）：峰值功率也叫最大输出功率或最佳输出功率。峰值功率是指太阳电池片正常工作或测试条件下的最大输出功率，也就是峰值电流与峰值电压的乘积：$P_m = I_m \times U_m$。峰值功率的单位是 W_p（峰瓦）。太阳电池的峰值功率取决于太阳辐照度、太阳光谱分布和电池片的工作温度，因此太阳电池的测量要在标准条件下进行，测量标准为欧洲委员会的101号标准，其条件是辐照度1kW/m^2、光谱AM1.5、测试温度25℃。

⑥ 填充因子（FF）：填充因子也叫曲线因子，是电池片的峰值输出功率与开路电压和短路电流乘积的比值：$FF = P_m / I_{sc} \times U_{oc}$。填充因子是一个无单位的量，是评价和衡量电池输出特性好坏的一个重要参数，它的值越高，表明太阳电池输出特性越趋于矩形，太阳电池的光电转换效率越高。

太阳电池内部的串、并联电阻对填充因子有较大影响，太阳电池的串联电阻越小，并联电阻越大，填充因子的系数越大。填充因子的系数一般为0.7～0.85，也可以用百分数表示。

⑦ 转换效率（η）：电池片的转换效率用来表示照射在电池表面的光能量转换成电能量的大小，一般用输出能量与入射能量的比值来表示，也就是指电池受光照时的最大输出功率与照射到电池上的太阳能量功率的比值。即

$$\boldsymbol{\eta = P_m}\text{(电池片的峰值功率)}/\boldsymbol{A}\text{(电池片的面积)}\times \boldsymbol{P_{in}}\text{(单位面积的入射光功率)}$$

式中 $P_{in} = 1000\text{W/m}^2 = 100\text{mW/cm}^2$。

（2）面板玻璃

光伏组件采用的面板玻璃是低铁超白绒面或光面钢化玻璃。一般厚度为3.2mm和4mm，建材型光伏组件有时要用到5～10mm厚度的钢化玻璃。无论厚薄都要求透光率在91%以上，光谱响应的波长范围为320～1100nm，对大于1200nm的红外光有较高的反射率。

低铁超白就是说这种玻璃的含铁量比普通玻璃要低，含铁量（Fe_2O_3）≤150ppm，从而增加了玻璃的透光率。同时从玻璃边缘看，这种玻璃也比普通玻璃白，普通玻璃从边缘看是偏绿色的。

绒面的意思就是说这种玻璃为了减少阳光的反射，在其表面通过物理和化学方法进行减

反射处理，使玻璃表面成了绒毛状，从而增加了光线的入射量。有些厂家还利用溶胶凝胶纳米材料和精密涂布技术（如磁控喷溅法、双面浸泡法等技术），在玻璃表面涂布一层含纳米材料的薄膜，这种镀膜玻璃不仅可以显著增加面板玻璃的透光率2%以上，还可以显著减少光线反射，而且还有自洁功能，可以减少雨水、灰尘等对组件玻璃表面的污染，保持清洁，减少光衰，并提高发电率1.5%~3%。

钢化处理是为了增加玻璃的强度，抵御风沙冰雹的冲击，起到长期保护太阳电池的作用。面板玻璃的钢化处理，是通过水平钢化炉将玻璃加热到700℃左右，利用冷风将其快速均匀冷却，使其表面形成均匀的压应力，而内部则形成张应力，有效提高了玻璃的抗弯和抗冲击性能。对面板玻璃进行钢化处理后，玻璃的强度比普通玻璃可提高4~5倍。

（3）EVA胶膜

EVA胶膜是乙烯与醋酸乙烯酯的共聚物，是一种热固性的膜状热熔胶，在常温下无黏性，经过一定条件热压便发生熔融黏结与交联固化，变得完全透明，是目前光伏组件封装中普遍使用的黏结材料，EVA胶膜的外形如图4-20所示。光伏组件中要加入两层EVA胶膜，两层EVA胶膜夹在面板玻璃、电池片和TPT背板膜之间，将玻璃、电池片和TPT粘接在一起。它和玻璃粘合后能提高玻璃的透光率，起到增透的作用，并对电池组件功率输出有增益作用。

图4-20　EVA胶膜的外形

EVA胶膜具有表面平整、厚度均匀、透明度高、柔性好，热熔粘接性、熔融流动性好，常温下不粘连、易切割、价格较廉等优点。EVA胶膜内含交联剂，能在150℃的固化温度下交联，采用挤压成型工艺形成稳定的胶层。其厚度一般在0.2~0.8mm之间，常用厚度为0.46mm和0.5mm。EVA的性能主要取决于其分子量与醋酸乙烯酯的含量，不同的温度对EVA的交联度有比较大的影响，而EVA的交联度直接影响到组件的性能和使用寿命。在熔融状态下，EVA胶膜与太阳电池片、面板玻璃、TPT背板材料产生黏合，此过程既有物理的黏结也有化学的键合作用。为提高EVA的性能，一般都要通过化学交联的方式对EVA进行改性处理，具体方法是在EVA中添加有机过氧化物交联剂，当EVA加热到一定温度时，交联剂分解产生自由基，引发EVA分子之间的结合，形成三维网状结构，导致EVA胶层交联固化，当交联度达到60%以上时能承受正常大气压的变化，同时不再发生热胀冷缩。因此EVA胶膜能有效地保护电池片，防止外界环境对电池片的电性能造成影响，增强光伏组件的透光性。

EVA胶膜在光伏组件中不仅是起粘接密封作用，而且对太阳电池的质量与寿命起着至关重要的作用。因此用于组件封装的EVA胶膜必须满足以下主要性能指标。

1）固化条件：快速固化型胶膜，加热至135～140℃，恒温15～20min；常规型胶膜，加热至145℃，恒温30min。

2）透光率：大于90%。

3）交联度：快速固化型胶膜大于70%，常规型胶膜大于75%。

4）剥离强度：玻璃/胶膜大于30N/cm，TPT/胶膜大于20N/cm。

5）耐温性：高温85℃，低温－40℃，不热胀冷缩，尺寸稳定性较好。

6）耐紫外光老化性能（1000h，83℃）；黄变指数小于2，长时间紫外线照射下不龟裂、不老化、不变黄。

7）耐热老化性能（1000h，85℃）：黄变指数小于3。

8）湿热老化性能（1000h，相对湿度90%，85℃）：黄变指数小于3。

为使EVA胶膜在光伏组件中充分发挥应有的作用，在使用过程中，要注意防潮防尘，避免与带色物体接触；不要将脱去外包装的整卷胶膜暴露在空气中；分切成片的胶膜如不能当天用完，应遮盖紧密。EVA胶膜若吸潮，会影响胶膜和玻璃的粘接力；若吸尘，会影响透光率；和带色、不洁的物体接触，由于EVA胶膜的吸附能力强，容易被污染。

（4）背板材料

背板材料根据光伏组件使用要求的不同，可以有多种选择。一般有钢化玻璃、有机玻璃、铝合金、TPT类复合胶膜等。用钢化玻璃作为背板主要是制作双面透光建材型的光伏组件，用于光伏幕墙、光伏屋顶等，价格较高，组件重量也大。除此以外目前使用最广的就是TPT复合膜。通常见到的光伏组件背面的白色覆盖物大多就是这类复合膜，外形如图4-21所示。背板膜主要分为含氟背板与不含氟背板两大类。其中含氟背板又分双面含氟（如TPT、KPK等）与单面含氟（如TPE、KPE等）两种；而不含氟的背板则多通过胶黏剂将多层PET胶粘复合而成。目前，光伏组件的使用寿命要求为25年，而背板作为直接与外环境大面积接触的光伏封装材料，应具备卓越的耐长期老化（湿热、干热、紫外）、耐电气绝缘、水蒸气阻隔等性能。因此，如果背板膜在耐老化、耐绝缘、耐水气等方面无法满足光伏组件25年的环境考验，最终将导致太阳电池的可靠性、稳定性与耐久性无法得到保障，使光伏组件在普通气候环境下使用8～10年或在特殊环境状况下（高原、海岛、湿地）下使用5～8年即出现脱层、龟裂、起泡、黄变等不良状况，造成电池模块脱落、电池片移滑、电池有效输出功率降低等现象，更危险的是光伏组件会在较低电压和电流值的情况下出现电打弧现象，引起光伏组件燃烧并促发火灾，造成人员安全损害和财产损失。

目前，有些背板膜和组件生产企业考虑到双面含氟材料给整个背板膜和组件产品造成的成本压力，采用了EVA材料（或其他烯烃聚合物）替代双面含氟的“氟材料-聚酯-氟材料”结构的背板膜内层的氟材料，推出了由“氟材料-聚酯-EVA”三层材料构成的单面含氟的复合胶膜。此类结构的背膜在与组件封装用的EVA胶膜粘结后，由于其光照面无含氟

图 4-21　TPT 背板膜材料外形

材料对背板膜的 PET 主体基材进行有效保护，组件安装后背膜无法经受长期的紫外线照射老化考验，在几年之内组件就会出现背膜变黄、脆化老化等不良现象，严重影响组件的长期发电效能。但由于这类背板膜少用一层氟材料，其性能虽然不及 TPT，但成本约为 TPT 的 2/3，与 EVA 黏合性能也较好，故常用于一些小组件的封装。

TPT（KPK）是“氟膜-聚酯（PET）薄膜-氟膜”的复合材料的简称。这种复合膜集合了俗称“塑料王”的氟塑料具有的耐老化、耐腐蚀、防潮抗湿性好的优点，和聚酯薄膜优异的机械性能、高绝缘性能和水汽阻隔性能，因此复合而成的 TPT（KPK）胶膜具有不透气、强度好、耐候性好、使用寿命长、层压温度下不起任何变化、与粘接材料结合牢固等特点。这些特点正适合封装光伏电池组件，作为光伏组件的背板材料有效地防止了各种介质尤其是水、氧、腐蚀性气体等对 EVA 和电池片的侵蚀与影响。

常见复合材料除 TPT（KPK）以外，还有 TAT 即 Tedlar 与铝膜的复合膜和 TIT 即 Tedlar 与铁膜的复合膜等中间带有金属膜夹层结构的复合膜。这些复合膜还具有高强、阻燃、耐久、自洁、散热好等特性，白色的复合膜还可对阳光起反射作用，能提高光伏组件的转换效率，且对红外线也有较强的反射性能，可降低光伏组件在强阳光下的工作温度。

目前，双面含氟背板根据生产工艺的不同分为覆膜型和涂覆型两大类，覆膜型背板就是将 PVF（聚氟乙烯）、PVDF（聚偏氟乙烯）、ECTFE（三氟氯乙烯-乙烯共聚物）和 THV（四氟乙烯-六氟丙烯-偏氟乙烯共聚物）等氟塑料膜通过胶黏剂与作为基材的 PET 聚酯胶膜粘接复合而成。而涂覆型背板是以含氟树脂如 PTFE（聚四氟乙烯）树脂、CTFE（三氟氯乙烯）树脂、PVDF 树脂和 FEVE（氟乙烯-乙烯基醚共聚物）为主体树脂的涂料采用涂覆方式涂覆在 PET 聚酯胶膜上复合固化而成。

（5）铝合金边框

光伏组件的边框材料主要采用铝合金，也有用不锈钢和增强塑料的。光伏组件安装边框主要作用，一是为了保护层压后的组件玻璃边缘；二是结合硅胶打边加强了组件的密封性能；三是大大提高了光伏组件整体的机械强度；四是方便了光伏组件的运输、安装。光伏组件无论是单独安装还是组成光伏方阵都要通过边框与光伏组件支架固定。一般都是在边框适当部位打孔，同时支架的对应部位也打孔，然后通过螺栓固定连接，也有通过专用压块压在组件边框进行固定。

光伏组件铝合金边框材料一般采用国际通用牌号为6063T6的铝合金材料，边框的铝合金材料表面通常都要进行表面氧化处理，氧化处理分为阳极氧化、喷砂氧化和电泳氧化三种。

阳极氧化也就是对铝合金材料的电化学氧化，是将铝合金的型材作为阳极置于相应电解液（如硫酸、铬酸、草酸等）中，在特定条件和外加电流作用下，进行电解。阳极的铝合金氧化，表面上形成氧化铝薄膜层，其厚度为5～20μm，硬质阳极氧化膜可达60～200μm。金属氧化物薄膜改变了铝合金型材的表面状态和性能，如改变表面着色，提高耐腐蚀性、增强耐磨性及硬度，保护金属表面等。

喷砂氧化就是将铝合金型材经喷砂处理后，表面的氧化物全被处理，并经过喷砂撞击后，表面层金属被压迫成致密排列，且金属晶体变小，在铝合金表面形成牢固致密硬度较高的氧化层。

电泳氧化就是利用电解原理在铝合金表面镀上一薄层其他金属或合金的过程。电镀时，镀层金属做阳极，被氧化成阳离子进入电镀液；待镀的铝合金制品做阴极，镀层金属的阳离子在铝合金表面被还原形成镀层。为排除其他阳离子的干扰，且使镀层均匀、牢固，需用含镀层金属阳离子的溶液做电镀液，以保持镀层金属阳离子的浓度不变。电镀的目的是在基材上镀上金属镀层，改变基材表面性质或尺寸。电镀能增强金属的抗腐蚀性（镀层金属多采用耐腐蚀的金属）、增加硬度、防止磨耗，增强了铝合金型材的润滑性、耐热性和表面美观性。

铝合金边框型材常用规格根据组件尺寸大小有17mm、25mm、30mm、35mm、40mm、45mm、50mm等。铝合金边框的框架四个角有两种固定方法，一种方法是在框架四个角中插入齿状角铝（俗称角码），然后用专用撞角机撞击固定或用自动组框机组合固定；另一种方法是用不锈钢螺栓对边框四角进行固定。

（6）接线盒

接线盒是光伏组件内部输出线路与外部线路连接的部件，常用接线盒外形如图4-22所示。从光伏组件内引出的正负极汇流条（较宽的互连条），进入接线盒内，插接或用焊锡焊接到接线盒中的相应位置，外引线也通过插接、焊接和螺丝压接等方法与接线盒连接。接线盒内还留有旁路二极管安装的位置或直接安装有旁路二极管，用以对光伏组件进行旁路保护。接线盒除了上述作用以外，还要最大限度地减少其本身对光伏组件输出功率的消耗，最大限度地减少本身发热对光伏组件转换效率造成的影响，最大限度地提高光伏组件的安全性和可靠性。

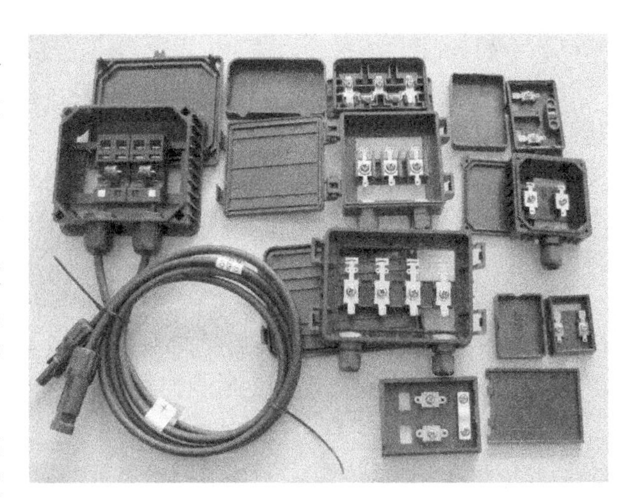

图4-22　常用接线盒外形图

有些接线盒还直接带有输出电缆引线和电缆连接器插头，方便光伏组件或方阵的快速连接。当引线长度不够时，还可以使用带连接器插头的延长电缆进行连接。

接线盒的产品规格除了规格尺寸外都有个适用功率范围，选用时要和组件功率的大小相匹配，另外还要结合组件的引出线数量，是两条、三条或四条以及是否接旁路二极管等来确定所采用接线盒的规格尺寸和内部构造等。

（7）互连条

互连条也叫涂锡铜带、涂锡带，宽一些的互连条也叫汇流条，外形如图4-23所示。它是光伏组件中电池片与电池片连接的专用引线。它以纯铜铜带为基础，在铜带表面均匀的涂镀了一层焊锡。纯铜铜带是含铜量99.99%的无氧铜或紫铜，焊锡涂层成分分为含铅焊锡和无铅焊锡两种，焊锡单面涂层厚度为0.01～0.05mm，熔点为160～230℃，要求涂层均匀，表面光亮、平整。互连条的规格根据其宽度和厚度的不同有20多种，宽度可从0.08mm到30mm，厚度可从0.04mm到0.8mm。

图4-23　互连条外形图

（8）有机硅胶

有机硅胶是一种具有特殊结构的密封胶材料，具有较好的耐老化、耐高低温、耐紫外线性能，抗氧化、抗冲击、防污防水、高绝缘。主要用于光伏组件边框的密封，接线盒与光伏组件的粘接密封，接线盒的浇注与灌封等。有机硅胶固化后将形成高强度的弹性橡胶体，在外力的作用下具有变形的能力，外力去除后又恢复原来的形状。因此光伏组件采用有机硅胶密封，将兼具有密封、缓冲和防护的功能。

一般用于光伏组件的有机硅胶有两种，一种是用于组件与铝型材边框及接线盒的粘接密封的中性单组分有机硅密封胶，它的主要性能特点是：

① 室温中性固化，深层固化速度快，使组件的表面清洗清洁工作可以在3小时后进行；

② 密封性好，对铝材、玻璃、TPT、TPE背板材料、接线盒塑料等有良好的粘附性；

③ 胶体耐高温、耐黄变，独特的固化体系，与各类EVA有良好的相容性；

④ 可提高组件抗机械震动和外力冲击的能力。

另一种是用于接线盒灌封的双组分有机硅导热胶。这种硅胶是以有机硅合成的新型导热绝缘材料，其主要性能特点是：

① 室温固化，固化速度快，固化时不发热、无腐蚀、收缩率小；

② 可在很宽的温度范围（－60℃～200℃）内保持橡胶弹性，电性能优异，导热性

能好；

③ 防水防潮，耐化学介质，耐黄变，耐气候老化25年以上；

④ 与大部分塑料、橡胶、尼龙等材料粘附性良好。常用的有机硅胶如图4-24所示。

2. 光伏组件生产流程和工序

晶体硅光伏组件生产的内容主要是将单片电池片进行串、并互连后严密封装，以保护电池片表面、电极和互连线等不受到腐蚀，另外封装也避免了电池片的碎裂，因此光伏组件的生产过程，其实也就是电池片的焊接和封装过程，电池片焊接和封装质量的好坏决定了光伏组件的使用寿命。没有良好的生产工艺，多好的电池也生产不出好的光伏组件。

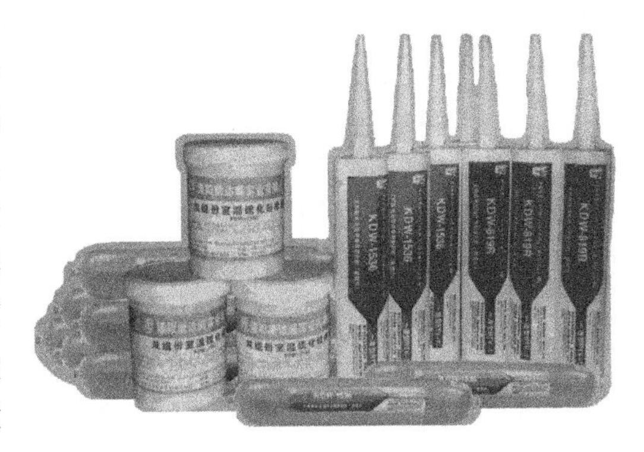

图4-24 常用有机硅胶外形图

（1）工艺流程

1）手工生产线工艺流程：电池片测试分选→激光划片（整片使用时无此步骤）→电池片单焊（正面焊接）并自检验→电池片串焊（背面串接）并自检验→中检测试→叠层敷设（玻璃清洗、材料下料切割、敷设）→层压（层压前灯检、层压后削边、清洗）→终检测试→装边框（涂胶、装镶嵌角铝、装边框、撞角或螺丝固定、擦洗余胶）→装接线盒、焊接引线→高压测试→清洗、贴标签→组件抽检测试→组件外观检验→包装入库。

2）全自动化生产线工艺流程：自动串焊机→自动裁切铺设机→自动摆串机→人工焊汇流条→EL检测→外观检查→自动层压机→自动修边机→外观检查→自动组框机→安装接线盒→自动固化线→外观清洗→自动绝缘测试→自动IU测试→EL检测→产品外观检查→自动分档→自动化包装。

（2）手工生产线工序简介

1）电池片测试分选：由于电池片制作条件的随机性，生产出来的电池性能参数不尽相同，为了有效地将性能一致或相近的电池片组合在一起，所以应根据其性能参数进行分类。电池片测试即通过测试电池片的输出电流、电压和功率等的大小对其进行分类。以提高电池的利用率，做出质量合格的光伏组件。分选电池片的设备叫电池片分选仪，自动化生产时使用电池片自动分选设备。除了对电池片性能参数进行分选外，还要对电池片的外观进行分选，重点是色差和栅线尺寸等。

2）激光划片：就是用激光划片机将整片的电池片根据需要切割成组件所需要规格尺寸的电池片。例如在制作一些小功率组件时，就要将整片的电池片切割成二等分、四等分、六等分、九等分等。在电池片切割前，要事先设计好切割线路，编好切割程序，尽量利用边角料，以提高电池片的利用率。

3）电池片单焊（正面焊接）：是将互连条焊接到电池片的正面（负极）的主栅线上。要求焊接平直，牢固，用手沿45°左右方向轻提互连条不脱落，过高的焊接温度和过长的时间会导致低的撕拉强度或碎裂电池。手工焊接时一般用恒温电烙铁，大规模生产时使用自动焊接机。焊带的长度约为电池片边长的2倍。多出的焊带在背面焊接时与后面的电池片的背面电极相连。

4）电池片串焊（背面焊接）：背面焊接是将规定片数的电池片串接在一起形成一个电池串，然后用汇流条再将若干个电池串进行串联或并联焊接，最后汇合成电池组件并引出正负极引线。手工焊接时电池片的定位主要靠模具板，模具板上面有9～12个放置电池片的凹槽，槽的大小和电池的大小相对应，槽的位置已经设计好，不同规格的组件使用不同的模板，操作者使用电烙铁和焊锡丝将“前面电池”的正面电极（负极）焊接到“后面电池”的背面电极（正极）上。使用模具板保证了电池片间间距的一致。同时要求每串的电池片间距也要均匀，颜色一致。

5）中检测试：简称中测，是将串焊好的电池片放在组件测试仪上进行检测，看测试结果符合不符合设计要求，通过中测可以发现电池片的虚焊及电池片本身的隐裂等。经过检测合格时可进行下一工序。标准测试条件：AM1.5，组件温度25℃，辐照度1000W/m^2。测试结果有以下一些参数：开路电压，短路电流，工作电压，工作电流，最大功率等。

6）叠层敷设：是将背面串接好且经过检测合格后的组件串，与玻璃和裁制切割好的EVA、TPT背板按照一定的层次敷设好，准备层压。玻璃事先要进行清洗，EVA和TPT要根据所需要的尺寸（一般比玻璃尺寸大10mm）提前下料裁制。敷设时要保证电池串与玻璃等材料的相对位置，调整好电池串间的距离和电池串与玻璃四周边缘的距离，为层压打好基础。（敷设层次为由下向上：玻璃、EVA、电池、EVA、TPT背板）。

7）组件层压：将敷设好的电池组件放入层压机内，通过抽真空将组件内的空气抽出，然后加热使EVA熔化并加压使熔化的EVA流动充满玻璃、电池片和TPT背板膜之间的间隙，同时排出中间的气泡，将电池、玻璃和背板紧密粘合在一起，最后降温固化取出组件。层压工艺是组件生产的关键一步，层压温度和层压时间要根据EVA的性质决定。层压时EVA熔化后由于压力而向外延伸固化形成毛边，所以层压完毕应用快刀将其切除。要求层压好的组件内单片无碎裂、无裂纹、无明显移位，不能在组件的边缘和任何一部分电路之间形成连续的气泡或脱层通道。

8）终检测试：简称终测。是将层压出的电池组件放在组件测试仪上进行检测，通过测试结果看组件经过层压之后性能参数有无变化或组件中是否发生开路或短路等故障等。同时还要进行外观检测，看电池片是否有移位、裂纹等情况，组件内是否有斑点、碎渣等。经过检测合格时可进入装边框工序。

9）装边框：就是给玻璃组件装铝合金边框，增加组件的强度，进一步的密封电池组件，延长电池的使用寿命。边框和玻璃组件的缝隙用硅胶填充。各边框间用角铝镶嵌连接或螺栓固定连接。手工装边框一般用撞角机。自动装边框时用自动组框机。

10）安装接线盒：接线盒一般都安装在组件背面的出引线处，用硅胶粘接。并将电池组件引出的汇流条正负极引线用焊锡与接线盒中相应的引线柱焊接。有些接线盒是将汇流条插入接线盒中的弹性插件卡子里连接的。安装接线盒要注意安装端正，接线盒与边框的距离统一。旁路二极管也直接安装在接线盒中。

11）高压测试：高压测试是指在组件边框和电极引线间施加一定的电压，测试组件的耐压性和绝缘强度，以保证组件在恶劣的自然条件（雷击等）下不被损坏。测试方法是将组件引出线短路后接到高压测试仪的正极，将组件暴露的金属部分接到高压测试仪的负极，以不大于500V/s的速率加压，直到达到1000V+2倍开路电压，维持1min，如果开路电压小于50V，则所加电压为500V。

12）清洗、贴标签：用 95% 的无水乙醇将组件的玻璃表面、铝边框和 TPT 背板表面的 EVA 胶痕、污物、残留的硅胶等清洗干净。然后在背板接线盒下方贴上组件出厂标签。

13）组件抽检测试及外观检验：组件抽查测试的目的是对电池组件按照质量管理的要求进行对产品抽查检验，以保证组件 100% 合格。在抽查和包装入库的同时，还要对每一块电池组件进行一次外观检验，其主要内容为：

① 检查标签的内容与实际板形相符；

② 电池片外观色差明显；

③ 电池片片与片之间、行与行之间间距不一，横、竖间距不成 90° 角；

④ 焊带表面没有做到平整、光亮、无堆积、无毛刺；

⑤ 电池板内部有细碎杂物；

⑥ 电池片有缺角或裂纹；

⑦ 电池片行或列与外框边缘不平行，电池片与边框间距不相等；

⑧ 接线盒位置不统一或因密封胶未干造成移位或脱落；

⑨ 接线盒内引线焊接不牢固、不圆滑或有毛刺；

⑩ 电池板输出正负极与接线盒标示不相符；

⑪ 铝材外框角度及尺寸不正确造成边框接缝过大；

⑫ 铝边框四角未打磨造成有毛刺；

⑬ 外观清洗不干净；

⑭ 包装箱不规范。

14）包装入库：将清洗干净、检测合格的电池组件按规定数量装入纸箱。纸箱两侧要各垫一层材质较硬的纸板，组件与组件之间也要用塑料泡沫或薄纸板隔开。

4.1.4 光伏组件的性能参数与技术要求

光伏组件的性能主要是它的电流-电压输入输出特性，将太阳的光能转换成电能的能力到底有多大，就是通过光伏组件的输入输出特性体现出来的。图 4-25 所示的曲线就反映了当太阳光照射到光伏组件上时，光伏组件的输出电压、输出电流及输出功率的关系，因此这条曲线也叫作光伏组件的输出特性曲线。如果用 I 表示电流，用 U 表示电压，则这条曲线也称为光伏组件的 I-U 特性曲线。在光伏组件的 I-U 特性曲线上有 3 个具有重要意义的点，即峰值功率、开路电压和短路电流。

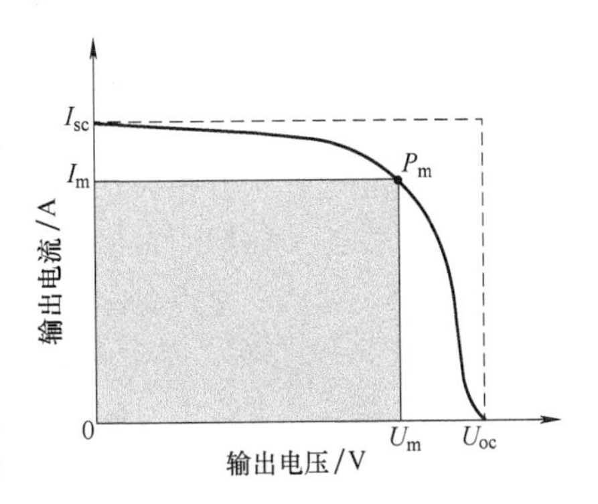

图 4-25 光伏组件 I-U 特性曲线

1. 光伏组件的性能参数

光伏组件的性能参数主要有：短路电流、开路电压、峰值电流、峰值电压、峰值功率、填充因子和转换效率等。

1）短路电流（I_{sc}）：当将光伏组件的正负极短路，使 $U=0$ 时，此时的电流就是光伏组件的短路电流，短路电流的单位是 A（安培），短路电流随着光强的变化而变化。

2）开路电压（U_{oc}）：当光伏组件的正负极不接负载时，组件正负极间的电压就是开路电压，开路电压的单位是 V（伏特），光伏组件的开路电压随电池片串联数量的增减而变化，一般 60 片电池片串联的组件开路电压为 35V 左右。

3）峰值电流（I_m）：峰值电流也叫最大工作电流或最佳工作电流。峰值电流是指光伏组件输出最大功率时的工作电流，峰值电流的单位是 A。

4）峰值电压（U_m）：峰值电压也叫最大工作电压或最佳工作电压。峰值电压是指电池片输出最大功率时的工作电压，峰值电压的单位是 V。组件的峰值电压随电池片串联数量的增减而变化，一般 60 片电池片串联的组件峰值电压为 30 ~ 31.5V。

5）峰值功率（P_m）：峰值功率也叫最大输出功率或最佳输出功率。峰值功率是指光伏组件在正常工作或测试条件下的最大输出功率，也就是峰值电流与峰值电压的乘积：$P_m = I_m \times U_m$。峰值功率的单位是 Wp（峰瓦）。光伏组件的峰值功率取决于太阳辐照度、太阳光谱分布和组件的工作温度，因此光伏组件的测量要在标准条件下进行，测量标准为欧洲委员会的 101 号标准，其条件是：辐照度，$1000W/m^2$；光谱 AM1.5；测试温度 25℃。

6）填充因子（FF）：填充因子也叫曲线因子，是指光伏组件的最大功率与开路电压和短路电流乘积的比值：$FF = P_m / I_{sc} \times U_{oc}$。填充因子是评价光伏组件所用电池片输出特性好坏的一个重要参数，它的值越高，表明所用电池片输出特性越趋于矩形，电池的光电转换效率越高。光伏组件的填充因子系数一般为 0.65 ~ 0.85，也可以用百分数表示。

7）转换效率（η）：转换效率是指光伏组件受光照时的最大输出功率与照射到组件上的太阳能量功率的比值。即 $\eta = P_m$（光伏组件的峰值功率）/A（光伏组件的有效面积）$\times P_{in}$（单位面积的入射光功率），其中 $P_{in} = 1000W/m^2 = 100mW/cm^2$。

2. 影响光伏组件输出特性的主要因素

1）负载阻抗：当负载阻抗与光伏组件的输出特性（I-U 曲线）匹配得好时，光伏组件就可以输出最高功率，产生最大的效率。当负载阻抗较大或者因为某种因素增大时，光伏组件将运行在高于最大功率点的电压上，这时组件效率和输出电流都会减少。当负载阻抗较小或者因为某种因素变小时，光伏组件的输出电流将增大，光伏组件将运行在低于最大功率点的电压上，组件的运行效率同样会降低。

2）日照强度：光伏组件的输出功率与太阳辐射强度成正比，日照增强时组件输出功率也随之增强。日照强度的变化对组件 I-U 曲线的影响如图 4-26 所示。从图中可以看出，当环境温度相同且 I-U 曲线的形状保持一致时，随着日照强度的变化，光伏组件的输出电压变化不大，但输出电流上升很大，最大功率点也随同上升。

3）组件温度：光伏组件的温度越高时，组件的工作效率越低。随着组件温度上升，工作电压将下降，最大功率点也随着下降。环境温度每升高 1℃，光伏组件中每片电池片的输出电压将下降 5mV 左右，整个光伏组件的输出电压将下降 0.18V 左右（36 片）或 0.36V 左右（72 片）。组件温度变化与输出电压的关系曲线如图 4-27 所示。

4）热斑效应：在光伏组件或方阵中，当有阴影（例如树叶、鸟粪、污物等）对光伏组件的某一部分发生遮挡，或光伏组件内部某一电池片损坏时，局部被遮挡或损坏的电池片就要由未被遮挡的电池提供负载所需要的功率，而被遮挡或损坏的电池片在组件中相当于一个反向工作的二极管，其电阻和电压降都很大，不仅消耗功率，还产生高温发热，这种现象就叫热斑效应。在高电压大电流的光伏方阵中，热斑效应能够造成电池片碎裂、焊带脱落、封装材料烧坏，甚至引起火灾。

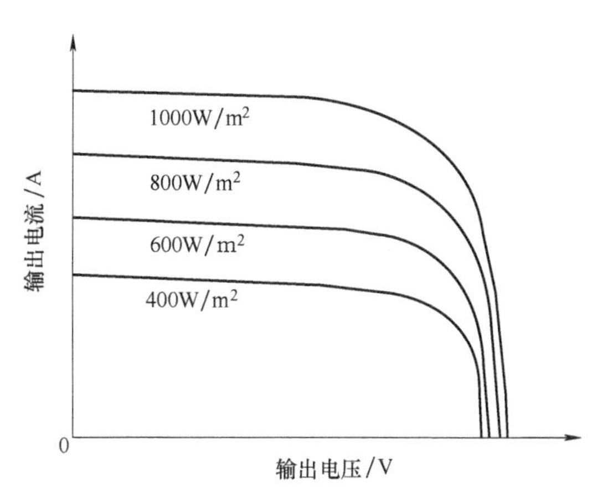

图4-26　日照强度变化对组件输出电流的影响

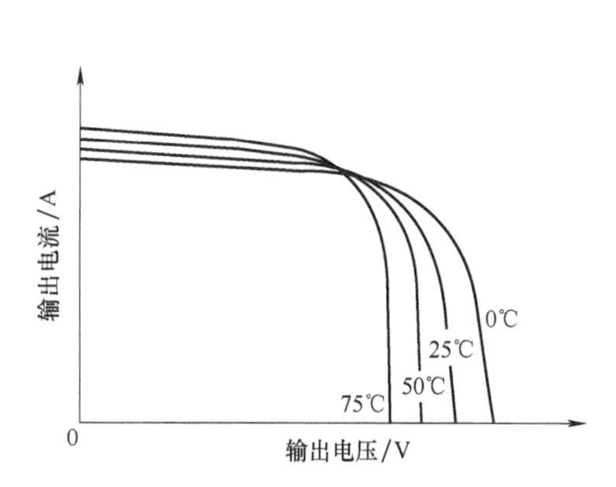

图4-27　组件温度变化与输出电压的关系曲线图

3. 光伏组件的技术要求

合格的光伏组件应该达到一定的技术要求，相关部门也制定了光伏组件的国家标准和行业标准。下面是对晶体硅光伏组件的一些基本技术要求。

1）光伏组件在规定工作环境下，使用寿命应大于25年；

2）组件功率衰降在20年内不得低于原功率的80%；

3）组件的电池上表面颜色应均匀一致，无机械损伤，焊点及互连条表面无氧化斑；

4）组件的每片电池与互连条应排列整齐，组件的框架应整洁，无腐蚀斑点；

5）组件的封装层中不允许气泡或脱层在某一片电池与组件边缘形成一个通路，气泡或脱层的几何尺寸和个数应符合相应的产品详细规范规定；

6）组件的功率面积比大于65W/m²，功率重量比大于4.5W/kg，填充因子FF大于0.65；

7）组件在正常条件下的绝缘电阻不得低于200MΩ；

8）组件EVA的交联度应大于65%，EVA与玻璃的剥离强度大于30N/cm，EVA与组件背板材料的剥离强度大于40N/cm；

9）每块组件都要有包括如下内容的标签：

① 产品名称与型号；

② 主要性能参数：包括短路电流 I_{sc}，开路电压 U_{oc}，峰值工作电流 I_{m}，峰值工作电压 U_{m}，峰值功率 P_{m} 以及 I-U 曲线图，组件重量，测试条件，使用注意事项等；

③ 制造厂名、生产日期及品牌商标等。

4. 光伏组件的检验测试

光伏组件的各项性能测试，一般都是按照GB/T9535—1998《地面用晶体硅光伏组件 设计鉴定与定型》中的要求和方法进行。下面是光伏组件的一些基本性能指标与检测方法。

（1）电性能测试

在规定的标准测试条件下（AM：1.5；光强辐照度1000W/m²；环境温度25℃）对光伏组件的开路电压、短路电流、峰值输出功率、峰值电压、峰值电流及伏安特性曲线等进行测量。

（2）电绝缘性能测试

以 1kV 的直流电压通过组件边框与组件引出线，测量绝缘电阻，绝缘电阻要求大于 200MΩ，以确保在应用过程中组件边框无漏电现象发生。

（3）热循环实验

将组件放置于有自动温度控制、内部空气循环的气候室内，使组件在 40～85℃之间循环规定次数，并在极端温度下保持规定时间，监测实验过程中可能产生的短路和断路、外观缺陷、电性能衰减率、绝缘电阻等，以确定组件由于温度重复变化引起的热应变能力。

（4）湿热-湿冷实验

将组件放置于有自动温度控制、内部空气循环的气候室内，使组件在一定温度和湿度条件下往复循环，保持一定恢复时间，监测实验过程中可能产生的短路和断路、外观缺陷、电性能衰减率、绝缘电阻等，以确定组件承受高温高湿和低温低湿的能力。

（5）机械载荷实验

在组件表面逐渐加载，监测实验过程中可能产生的短路和断路、外观缺陷、电性能衰减率、绝缘电阻等，以确定组件承受风雪、冰雹等静态载荷的能力。

（6）冰雹实验

以钢球代替冰雹从不同角度以一定动量撞击组件，检测组件产生的外观缺陷、电性能衰减率，以确定组件抗冰雹撞击的能力。

（7）老化实验

老化实验用于检测光伏组件暴露在高湿和高紫外线辐照场地时具有有效抗衰减能力。将组件样品放在温度 65℃，光谱约 6.5 的紫外太阳下辐照，最后检测光电特性，看其下降损失。值得一提的是，在曝晒老化实验中，电性能下降是不规则的。

4.1.5 光伏组件的选型

光伏组件是光伏电站最重要的组成部件，在整个光伏电站中的成本，占到光伏电站建设总成本的 40% 以上，而且光伏组件的质量好坏，直接关系到整个光伏电站的质量、发电效率、发电量、使用寿命和收益率等。因此光伏组件的正确选型非常重要。

1. 光伏组件形状尺寸的确定

在光伏发电系统组件或方阵的设计计算中，虽然可以根据用电量或计划发电量计算出光伏组件或整个方阵的总容量和功率，确定了光伏组件的串并联数量，但是还需要根据光伏组件的具体安装位置来确定光伏组件的形状及外形尺寸，以及整个方阵的整体排列等。有些异型和特殊尺寸的光伏组件还需要与生产厂商定制。

例如，从尺寸和形状上讲，同一功率的光伏组件可以做成长方形，也可以做成正方形或圆形、梯形等其他形状；从电池片的用料上讲，同一功率的光伏组件可以是单晶硅或多晶硅组件，也可以是非晶硅组件等，这就需要我们选择和确定。光伏组件的外形和尺寸确定后，才能进行组件的组合、固定和支架、基础等内容的设计。本书附录 2 提供了分布式光伏发电常用晶体硅光伏组件的规格尺寸和技术参数，可供选型时参考。

目前应用在分布式光伏发电系统的光伏组件主要有两种规格，一种是由 60 片 156.75mm × 156.75mm 电池片构成的组件，外形尺寸为 1650mm × 990mm 左右。目前技术水平的最大功率范围多晶组件在 265～280W，单晶组件在 290～310W；另一种是由 72 片 156.75mm ×

156.75mm 电池片构成的组件，外形尺寸为 1950mm × 990mm 左右，目前技术水平的最大功率范围多晶组件在 315 ~ 330W，单晶组件在 340 ~ 360W。

在对这两种规格的组件进行选择时，不能错误地认为单晶组件就一定比多晶组件的效率高，或者 72 片电池片构成的组件就一定比 60 片电池片构成的组件效率高，其实同样输出功率的单晶组件和多晶组件转换效率是一样的，输出功率为 270W 的 60 片组件和输出功率 320W 的 72 片组件转换效率也是一样的。

效率相近而规格不同的组件单瓦数价格也基本相同，只是选择大尺寸组件时，在组件安装费用、组件间的连接线缆数量和线损能比小尺寸组件有所降低；同时，相同排列方式下大尺寸组件的支架和基础成本也会略有降低。

2. 多晶与单晶组件的选择

光伏组件的正确选型对电站的发电量及稳定性都有着重要的关系，前几年广大用户投资光伏电站项目追求的是初期投资的最小化，目前广大用户更关心的是光伏电站发电量和长期收益的最大化。

一般来讲，多晶和单晶光伏组件的性能、价格都比较接近，差别不大。由于多晶光伏组件的价格要比单晶组件稍低，从控制工程造价方面考虑，选用多晶光伏组件有一定优势。多晶在生产过程中的耗能比单晶低一些，因此，采用多晶组件也相对更环保。

由于单晶光伏组件的转换效率可以做到比多晶组件稍高，通常为了在有效的面积安装更多容量的场合要选用单晶光伏组件。另外当侧重考虑光伏发电系统的长期发电量和投资收益率时，也应该选用转换效率较高的单晶光伏组件，因为单晶组件更具有度电成本的优势。

度电成本是指光伏发电项目单位上网电量所发生的综合成本，主要包括光伏项目的投资成本、运行维护成本和财务费用。根据测算，按照目前行业普遍承诺的 25 年使用年限计算，一个相同规模的电站，使用转换效率更高的单晶组件要比使用多晶组件多出 13% 左右的收益。当前虽然单晶组件每瓦比多晶组件成本高出 10% 左右，但单晶组件最高发电效率更高，同样的装机容量占地面积更小，连同节省的光伏支架、光伏线缆等系统周边成本，综合投入与使用多晶组件相差不多，即光伏组件以外的投资基本能抵消单晶组件 10% 的成本差距，因此，从度电成本的角度看，选择单晶组件将更具优势。

总之，在光伏组件单位价格相近的情况下，应该尽量优先选用高转换效率、单片峰值功率较大的组件，以提高单位发电效率，减少辅材的使用量。

4.2 光伏控制器——蓄电池的保护神

光伏控制器是离网光伏发电系统的核心部件，也是平衡系统的主要组成部分，在有些带储能装置的并网系统中，有时也会用光伏控制器来对储能系统进行充放电管理。小型系统中的控制器主要用来保护蓄电池，通过电子开关的形式控制蓄电池的过度充电与过度放电。大中型系统中的控制器则在保护蓄电池的基础上，还担负了平衡光伏系统能量，控制蓄电池分阶段均衡充电，维持整个系统正常工作和显示系统工作状态等重要作用。控制器可以单独使用，也可以和逆变器等合为一体，称为逆变控制一体机。常见的光伏控制器外形如图 4-28 所示。

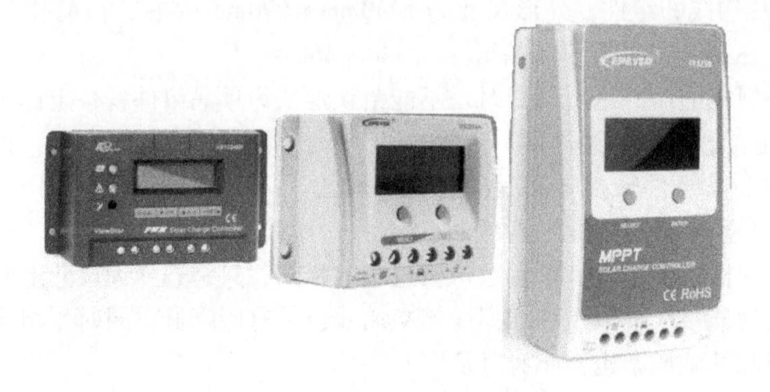

图 4-28　常见光伏控制器外形图

光伏控制器应具有以下功能：

1）防止蓄电池过充电和过放电，延长蓄电池寿命；

2）防止光伏组件或光伏方阵、蓄电池极性接反；

3）防止负载、控制器、逆变器和其他设备内部短路；

4）具有防雷击引起的击穿保护；

5）具有温度补偿的功能；

6）显示光伏发电系统的各种工作状态，包括：蓄电池（组）电压、负载状态、光伏方阵工作状态、辅助电源状态、环境温度状态、故障报警等。

4.2.1　光伏控制器的分类及电路原理

光伏控制器按电路方式的不同分为并联控制电路、串联控制电路、脉宽调制（PWM）型控制电路、智能型控制电路和最大功率跟踪（MPPT）型控制电路等，有些控制器是上述几种电路的组合应用；按光伏组件输入功率和负载功率的不同可分为小功率型、中功率型、大功率型；按放电过程控制方式的不同，可分为常规过放电控制型和剩余电量（SOC）放电全过程控制型。对于应用了微处理器电路，实现了软件编程和智能控制，并附带有自动数据采集、数据显示和远程通信功能的控制器，称之为智能控制器。常用光伏控制器的类型和技术特点见表 4-2。

虽然控制电路根据光伏系统的不同其复杂程度有所差异，但其基本原理是一样的。图 4-29所示为最基本的光伏控制器电路原理框图。该电路由光伏组件、控制器、蓄电池和负载组成。开关 1 和开关 2 分别为充电控制开关和放电控制开关。开关 1 闭合时，由光伏组件通过控制器给蓄电池充电，当蓄电池出现过充电时，开关 1 能及时切断充电回路，使光伏组件停止向蓄电池供电，开关 1 还能按预先设定的保护模式自动恢复对蓄电池的充电。当开关 2 闭合时，由蓄电池给负载供电，当蓄电池出现过放电时，开关 2 能及时切断放电回路，蓄电池停止向负载供电，当蓄电池再次充电并达到预先设定的恢复充电点时，开关 2 又能自动恢复供电，开关 1 和开关 2 可以由各种开关元件构成，如各种晶体管、晶闸管、固态继电器、功率开关器件等电子式开关和普通继电器等机械式开关。下面就按照电路方式的不同分别对各类常用控制器的电路原理和特点进行介绍。

表4-2　常用光伏控制器的类型和技术特点

控制器类型	技术特点	应用场合
小型控制器	• 两点式（过充和过放）控制，也有充电过程采用 PWM 控制技术 • 继电器或 MOSFET 做开关器件 • 防反充电 • 有过充电和过放电 LED 指示 • 一般不带温度补偿功能	主要用于太阳能户用电源系统（1kW 以下）
智能控制器	• 采用单片机控制 • 充电过程采用 PWM 控制方式或具有 MPPT 功能 • 一点式过放电控制、防反充电 • 继电器、MOSFET、IGBT、晶闸管等作为开关器件 • LED 和数字仪表指示 • 有温度补偿功能 • 有运行数据采集和存储功能 • 有远程通信和控制功能 • 有交流市电互补功能	用于较大型的离网光伏发电系统和光伏电站

1. 并联控制电路

并联控制电路也叫旁路控制电路，它是利用并联在光伏组件两端的机械或电子开关器件控制充电过程。当蓄电池充满电时，把光伏组件的输出分流到旁路电阻器或功率模块上去，然后以热的形式消耗掉；当蓄电池电压回落到一定值时，再断开旁路恢复充电。这种电路形式的缺点是有一小部分功率被变成热能消耗掉了。

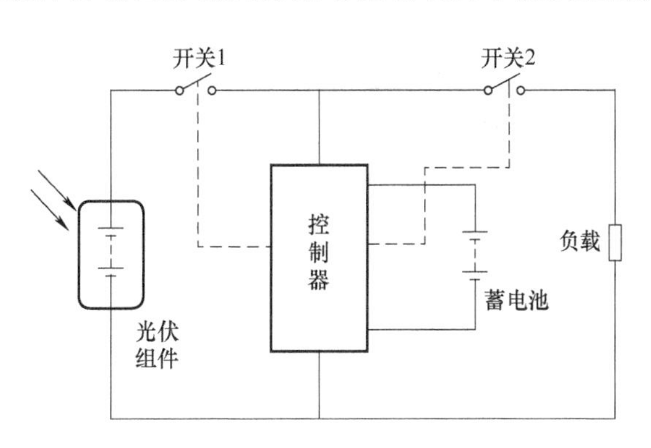

图4-29　光伏控制器基本电路框图

并联控制电路的原理如图4-30所示。电路中充电回路的开关器件S1并联在光伏组件的输出端，控制检测电路监控蓄电池的端电压，当充电电压超过蓄电池设定的充满断开电压值时，开关器件S1导通，同时防反充二极管VD1截止，使光伏组件的输出电流直接通过S1旁路泄放，不再对蓄电池进行充电，从而保证蓄电池不被过充电，起到防止蓄电池过充电的保护作用。

开关器件S2为蓄电池放电控制开关，当蓄电池的供电电压低于蓄电池的过放保护电压值时，S2关断，对蓄电池进行过放电保护。当负载因过载或短路使电流大于额定工作电流时，控制开关S2也会关断，起到输出过载或短路保护的作用。

检测控制电路随时对蓄电池的电压进行检测，当电压大于充满保护电压时，S1导通，电路实行过充电保护；当电压小于过放电电压时，S2关断，电路实行过放电保护。

电路中的VD2为蓄电池接反保护二极管，当蓄电池极性接反时，VD2导通，蓄电池将通过VD2短路放电，短路电流将熔断器熔断，电路起到防蓄电池接反保护作用。

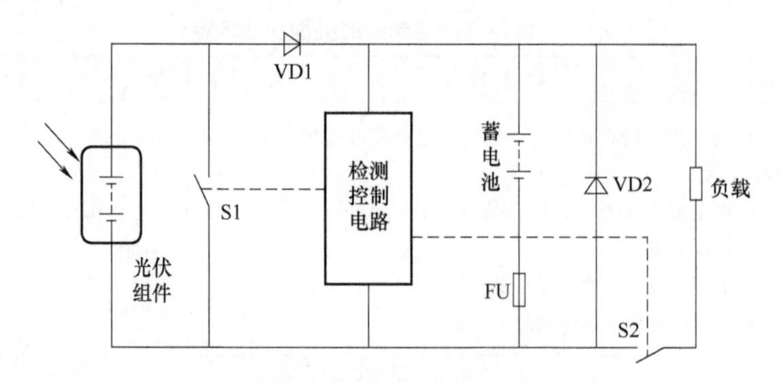

图 4-30　并联控制电路原理图

2. 串联控制电路

串联控制电路是利用串联在充电回路中的机械或电子开关器件控制充电过程。当蓄电池充满电时，开关器件断开充电回路，停止为蓄电池充电；当蓄电池电压回落到一定值时，充电电路再次接通，继续为蓄电池充电。串联在回路中的开关器件还可以在夜间切断电池组件供电，取代防反充二极管。串联型控制器同样具有结构简单、价格便宜等特点，但由于控制开关是串联在充电回路中，电路的电压损失较大，使充电效率有所降低。

串联控制电路原理如图 4-31 所示。它的电路结构与并联型控制器的电路结构相似，区别仅仅是将开关器件 S1 由并联在光伏组件输出端改为串联在蓄电池充电回路中。控制器检测电路监控蓄电池的端电压，当充电电压超过蓄电池设定的充满断开电压值时，S1 关断，使光伏组件不在对蓄电池进行充电，从而保证蓄电池不被过充电，起到防止蓄电池过充电的保护作用。其他元件的作用和并联控制电路相同，在此就不重复叙述了。在此对其中的检测控制电路构成与工作原理做一介绍。

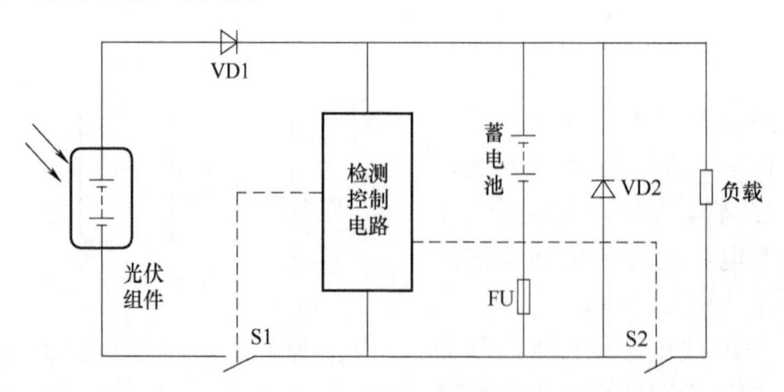

图 4-31　串联控制电路原理图

串、并联控制器的检测控制电路实际上就是蓄电池过/欠电压的检测控制电路，主要是对蓄电池的电压随时进行取样检测，并根据检测结果向过充电、过放电开关器件发出接通或关断的控制信号。检测控制电路原理如图 4-32 所示。该电路包括过电压检测控制和欠电压检测控制两部分电路，由带回差控制的运算放大器组成。其中 IC1 等为过电压检测控制电路，IC1 的同相输入端输入基准电压，反相输入端接被测蓄电池，当蓄电池电压大于过充电电压值时，IC1 输出端 G1 输出为低电平，使开关器件 S1 接通（并联型控制电路）或关断（串联型控制电路），起到过电压保护的作用。当蓄电池电压下降到小于过充电电压值时，

IC1 的反相输入电位小于同相输入电位，则其输出端 G1 又从低电平变为高电平，蓄电池恢复正常充电状态。过充电保护与恢复的门限基准电压由 W1 和 R1 配合调整确定。IC2 等构成欠电压检测控制电路，其工作原理与过电压检测控制电路相同。

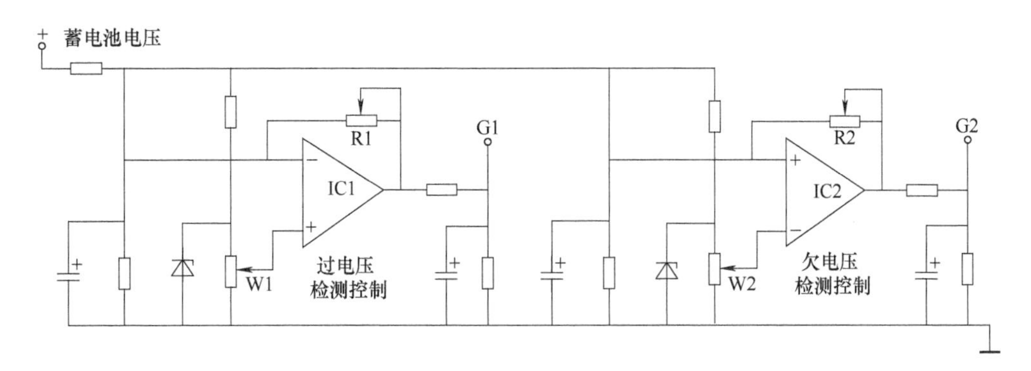

图 4-32　电压检测控制电路原理图

3. 脉宽调制型控制电路

脉宽调制（PWM）型控制电路原理如图 4-33 所示。该控制器以脉冲方式开关光伏组件的输入，当蓄电池逐渐趋向充满时，随着其端电压的逐渐升高，PWM 电路输出脉冲的频率和时间都发生变化，使开关的导通时间延长、间隔缩短，充电电流逐渐趋近于零。当蓄电池电压由充满点向下降时，充电电流又会逐渐增大。与前两种控制器电路相比，脉宽调制充电控制方式虽然没有固定的过充电电压断开点和恢复点，但是电路会控制当蓄电池端电压达到过充电控制点附近时，其充电电流要趋近于零。这种充电过程能形成较完整的充电状态，其平均充电电流的瞬时变化更符合蓄电池当前的充电状况，能够增加光伏系统的充电效率并延长蓄电池的总循环寿命。另外，脉宽调制型控制器还可以实现光伏系统的最大功率跟踪功能，因此可作为大功率控制器用于大型光伏发电系统中。脉宽调制型控制器的缺点是控制器的自身工作有大约 4%～8% 的功率损耗。

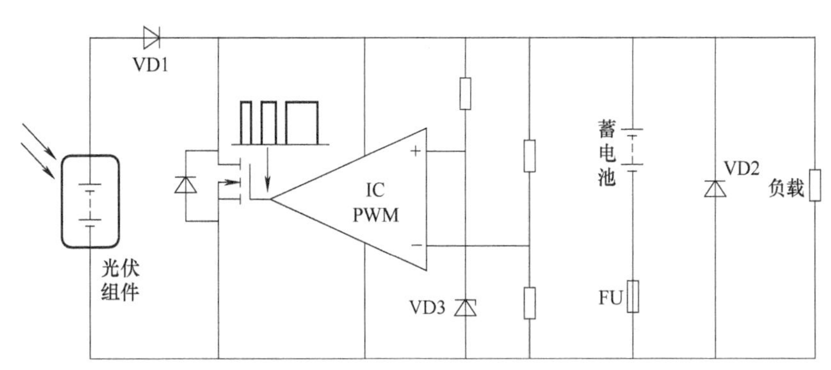

图 4-33　脉宽调制（PWM）型控制电路原理图

4. 智能型控制电路

智能型控制电路采用 CPU 或 MCU 等微处理器对光伏发电系统的运行参数进行高速实时采集，并按照一定的控制规律由单片机内程序对单路或多路光伏组件进行切断与接通的智能控制。中、大功率的智能型控制器还可通过单片机的 RS232/485 接口通过计算机控制和传输数据，并进行远距离通信和控制。

智能型控制器除了具有过充电、过放电、短路、过载、防反接等保护功能外，还利用蓄电池放电率高准确性的进行放电控制。智能型控制器还具有高精度的温度补偿功能。智能型控制电路原理如图 4-34 所示。

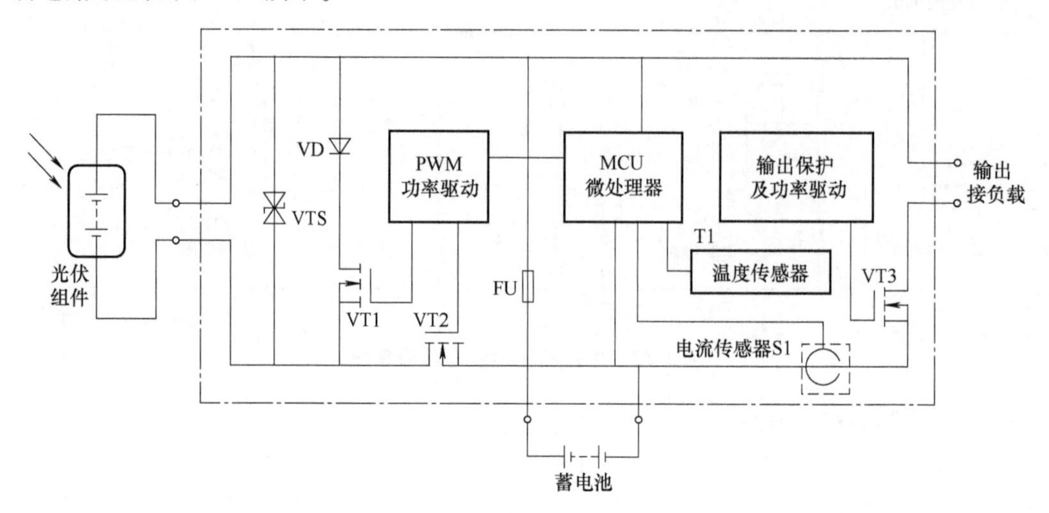

图 4-34 智能型控制电路原理图

5. 最大功率点跟踪（MPPT）型控制电路

MPPT 型控制电路的原理是将光伏组件或光伏方阵的电压和电流检测后相乘得到的功率，判断光伏组件或方阵此时的输出功率是否达到最大，若不在最大功率点运行，则调整脉冲宽度、调制输出占空比、改变充电电流，再次进行实时采样，并作出是否改变占空比的判断。通过这样的寻优跟踪过程，可以保证光伏组件或光伏方阵始终保持运行在最大功率点，以充分利用光伏组件或光伏方阵的输出能量。同时，采用 PWM 调制方式，使充电电流成为脉冲电流，以减少蓄电池的极化，提高充电效率。

使用没有 MPPT 功能的控制器时，光伏组件必须选择最大输出电压与蓄电池的电压相匹配的类型，例如，为 12V 蓄电池系统充电的光伏组件最大输出电压要求约为 17 ~ 18V，为 24V 蓄电池系统充电的光伏组件最大输出电压要求约为 34 ~ 35V 等。而采用了 MPPT 电路的控制器其光伏电压输入范围较宽，MPPT 电路能把从光伏组件获取的较高电压调节到适合蓄电池系统充电电压要求的水平，MPPT 电路可以通过降低电压，加大电流来保持充电功率不变，所以可以利用较高的光伏直流电压为电压较低的蓄电池系统充电，这样在系统构成时，对光伏组件的选择范围就更宽了。由于带 MPPT 控制功能的控制器价格较高，一般都用在要求较高或较大型的光伏发电系统中。

4.2.2 光伏控制器的性能特点与主要技术参数

1. 光伏控制器的性能特点

（1）小功率光伏控制器

1）目前大部分小功率光伏控制器都采用低损耗、长寿命的 MOSFET 等电子开关器件作为控制器的主要开关器件。

2）运用脉宽调制控制技术对蓄电池进行快速充电和浮充充电，使光伏发电能量得以充分利用。

3）具有单路、双路负载输出和多种工作模式。其主要工作模式有：普通开/关工作模式（即不受光照和时间控制的工作模式）、光控开/光控关工作模式、光控开/时控关工作模式。双路负载控制器的时间控制关闭的时间长短可分别设置。

4）具有多种保护功能，包括蓄电池和光伏组件接反、蓄电池开路、蓄电池过充电和过放电、负载过电压、夜间防反充电、控制器温度过高等多种保护功能。

5）用LED指示灯对工作状态、充电状况、蓄电池电量等进行显示，并通过LED指示灯数量或颜色的变化显示系统工作状况和蓄电池的剩余电量等的变化。

6）具有温度补偿功能。其作用是在不同的工作环境温度下，能够对蓄电池设置更为合理的充电电压，防止过充电和欠充电状态而造成电池充放电容量过早下降甚至过早报废。一般当蓄电池温度低于25℃时，蓄电池应要求较高的充电电压，以便完成充电过程。相反，当蓄电池温度高于25℃时，蓄电池要求充电电压降低。通常铅酸蓄电池单体的温度系数为-4mV/℃。

（2）中功率光伏控制器

一般把额定负载电流大于30A的控制器划分为中功率控制器。其主要性能特点如下：

1）采用LCD屏显示工作状态和充放电等各种重要信息，如电池电压、充电电流和放电电流、工作模式、系统参数、系统状态等。

2）具有自动/手动/夜间功能，可编制程序设定负载的控制方式为自动或手动方式。手动方式时，负载可手动开启或关闭。当选择夜间功能时，控制器在白天关闭负载；检测到夜晚时，延迟一段时间后自动开启负载，定时时间到，又自动地关闭负载，延迟时间和定时时间可编程设定。

3）具有蓄电池过充电、过放电、输出过载、过电压、温度过高等多种保护功能。

4）具有浮充电压的温度补偿功能。

5）具有快速充电功能。当电池电压低于一定值时，快速充电功能自动开启，控制器将提高电池的充电电压，当电池电压达到理想值时，开启快速充电倒计时程序，定时时间到后，退出快速充电状态，以达到充分利用太阳能的目的。

（3）大功率光伏控制器

大功率光伏控制器采用微电脑芯片控制系统，具有下列性能特点：

1）具有LCD液晶点阵模块显示，可根据不同的场合通过编程任意设定、调整充放电参数及温度补偿系数，具有中文操作菜单，方便用户调整。可通过LED指示灯显示各路光伏充电状况和负载通断状况。

2）具有电量累计功能，可实时显示蓄电池电压、负载电流、充电电流、光伏电流、蓄电池温度、累计光伏发电安时数和瓦时数、累计负载用电瓦时数等参数。

3）有1~12路光伏组件输入控制电路，控制电路与主电路完全隔离，具有极高的抗干扰能力。

4）具有历史数据统计显示功能，如过充电次数、过放电次数、过载次数、短路次数等。用户可分别设置蓄电池过充电保护和过放电保护时负载的通断状态。

5）具有蓄电池过充电、过放电、输出过载、短路、浪涌、光伏电池接反或短路、蓄电池接反、夜间防反充等一系列报警和保护功能。

6）可根据系统要求提供发电机或备用电源启动电路所需的无源干节点。具有不掉电实时时钟功能，可显示和设置时钟。

7）配接有 RS232/485 接口，便于远程遥信、遥控；PC 监控软件可测实时数据、报警信息显示、修改控制参数，读取 30 天的每天蓄电池最高电压、蓄电池最低电压、每天光伏发电量累计和每天负载用电量累计等历史数据。

8）参数设置具有密码保护功能且用户可修改密码。

9）具有过电压、欠电压、过载、短路等保护报警功能。具有多路无源输出的报警或控制接点，包括蓄电池过充电、蓄电池过放电、其他发电设备启动控制、负载断开、控制器故障、水淹报警等。具有雷电防护功能和温度补偿功能。

10）工作模式可分为普通充放电工作模式（阶梯型逐级限流模式）和一点式充放电模式（PWM 工作模式）。其中一点式充放电模式分为恒流快充、恒压均衡和浮充等 3 或 4 个阶段，控制更精确，更好地保护蓄电池不被过充电，对太阳能予以充分利用。

2. 光伏控制器的主要技术参数

光伏控制器的主要技术参数如下。

（1）系统工作电压

系统工作电压也叫额定工作电压，是指光伏发电系统的直流工作电压，电压一般为 12V 和 24V，中、大功率控制器也有 48V、96V、192V 等。

（2）最大充电电流

最大充电电流是指光伏组件或方阵输出的最大电流，根据功率大小分为 5A、6A、8A、10A、12A、15A、20A、30A、40A、50A、70A、100A、150A、200A、250A、300A 等多种规格。有些厂家用光伏组件最大功率来表示这一内容，间接体现了最大充电电流这一技术参数。

（3）光伏组件方阵输入路数

小功率光伏控制器一般都是单路输入，而大功率光伏控制器都是由光伏组件方阵多路输入，一般大功率光伏控制器可输入 2 ~ 4 路，最多的可接入 6 路、12 路。

（4）电路自身损耗

控制器的电路自身损耗也是其主要技术参数之一，也叫空载损耗（静态电流）或最大自消耗电流。为了降低控制器的损耗，提高光伏电源的转换效率，控制器的电路自身损耗要尽可能低。控制器的最大自身损耗不得超过其额定充电电流的 1% 或 0.4W。根据电路不同自身损耗一般为 5 ~ 20mA。

（5）蓄电池的过充电保护电压（HVD）

蓄电池的过充电保护电压也叫充满断开或过电压关断电压，一般可根据需要及蓄电池类型的不同，设定在 14.1 ~ 14.5V（12V 系统）、28.2 ~ 29V（24V 系统）和 56.4 ~ 58V（48V 系统）之间，典型值分别为 14.4V、28.8V 和 57.6V。蓄电池过充电保护的关断恢复电压（HVR）一般设定为 13.1 ~ 13.4V（12V 系统）、26.2 ~ 26.8V（24V 系统）和 52.4 ~ 53.6V（48V 系统）之间，典型值分别为 13.2V、26.4V 和 52.8V。

（6）蓄电池的过放电保护电压（LVD）

蓄电池的过放电保护电压也叫欠电压断开或欠电压关断电压，一般可根据需要及蓄电池类型的不同，设定在 10.8～11.4V（12V 系统）、21.6～22.8V（24V 系统）和 43.2～45.6V（48V 系统）之间，典型值分别为 11.1V、22.2V 和 44.4V。蓄电池过防电保护的关断恢复电压（LVR）一般设定为 12.1～12.6V（12V 系统）、24.2～25.2V（24V 系统）和 48.4～50.4V（48V 系统）之间，典型值分别为 12.4V、24.8V 和 49.6V。

（7）蓄电池充电浮充电压

蓄电池的充电浮充电压一般为 13.7V（12V 系统）、27.4V（24V 系统）和 54.8V（48V 系统）。

（8）温度补偿

控制器一般都具有温度补偿功能，以适应不同的环境工作温度，为蓄电池设置更为合理的充电电压。控制器的温度补偿系数应满足蓄电池的技术要求，其温度补偿值一般为 -20～-40mV/℃。

（9）工作环境温度

控制器的使用或工作环境温度范围随厂家不同一般在 -20～50℃。

（10）其他保护功能

1）控制器输入、输出短路保护功能。

2）防反充和极性反接保护功能。

3）控制器输入端应具有防雷击的保护功能，避雷器的类型和额定值应能确保吸收预期的冲击能量。

4）耐冲击电压和冲击电流保护。在控制器的太阳电池输入端施加 1.25 倍的标称电压持续 1h，控制器不应该损坏。将控制器充电回路电流达到标称电流的 1.25 倍并持续 1h，控制器也不应该损坏。

4.2.3 光伏控制器的配置选型

光伏控制器的配置选型要根据系统功率、系统直流工作电压、光伏方阵输入路数、蓄电池组数、负载状况以及用户的特殊要求等确定其类型。一般要考虑下列几项技术指标。

（1）系统工作电压

这个电压要根据直流负载的工作电压或交流逆变器的配置选型确定，一般有 12V、24V、48V、96V 和 192V 等。组件的最大输出电压要和蓄电池的标称电压相匹配。

（2）额定输入电流和输入路数

控制器的额定输入电流取决于光伏组件或方阵的输入电流，选型时控制器的额定输入电流应等于或大于光伏组件的输入电流。

控制器的输入路数要多于或等于光伏方阵的设计输入路数。小功率控制器一般只有一路光伏方阵输入，大功率控制器通常采用多路输入，每路输入的最大电流 = 额定输入电流/输入路数。因此，各路光伏方阵的输出电流应小于或等于控制器每路允许输入的最大电流值。

（3）控制器的额定负载电流

控制器的额定负载电流也就是控制器输出到直流负载或逆变器的直流输出电流，该数据要满足负载或逆变器的输入要求。选择时要特别注意其额定工作电流必须同时大于光伏组件或方阵的短路电流和负载的最大工作电流。

（4）控制器的额定功率

控制器的额定功率要和组件或方阵的输出功率接近，例如一个48V、30A的控制器，最大输出功率为1440W，组件的输出功率应该选择在1500W左右。

除上述主要技术数据要满足设计要求以外，使用环境温度、海拔高度、防护等级和外形尺寸等参数以及生产厂家和品牌也是控制器配置选型时要考虑的因素。

一般小功率光伏发电系统采用单路脉宽调制（PWM）型控制器，大功率光伏发电系统采用带多路输入或带有通信功能和远程监测控制功能的智能控制器或MPPT型控制器。

一般脉宽调制型控制器的效率约85%，输入电压范围比较窄，但价格比较低，MPPT控制器效率约95%，输入电压范围比较宽，但价格比较高。

选用脉宽调制型控制器时，由于脉宽调制型控制器在电池组件和蓄电池之间通过电子开关连接控制，中间没有过宽的电压调整电路，组件或组串的输出电压要和蓄电池的标称电压相匹配，一般选蓄电池组标称电压的1.4～1.5倍之间。例如标称电压24V的蓄电池组，组件输出电压可以在33～36V之间，理想值是34V左右。所以与这类控制器匹配的电池组件一般都得选用36片串或72片串的组件。

选用MPPT型控制器时，由于其内有电压（功率）调整电路，光伏组件或组串到控制器输入端的输出电压可以更高一些，也就是说MPPT型控制器的输入电压范围更宽，输入端可以接收较高电压，并在输出端可以将电压降低一些，一般可以在蓄电池组标称电压的1.3～3倍之间选择，例如标称电压24V的蓄电池组，组件输出电压可以在31～72V之间。通过选用有能力降低光伏组件电压的MPPT型控制器，就给了我们更多的设计选择，不仅可以增大组件的选择范围，例如直接选用在并网系统中使用的60片串组件进行组合，还可以在组串设计时多用组件，通过提高组串输出电压，来减少输出电流，可以减少光伏方阵与控制器之间的导线截面积。选用MPPT型控制器的最大优点是可以充分利用光伏方阵的输出功率，而无需过多考虑蓄电池组的充电电压。

为适应将来的系统扩容和保证系统长时期的工作稳定，建议控制器的选型最好选择高一个型号。例如，设计选择48V/20A的控制器就能满足系统使用时，实际应用可考虑选择48V/25A或30A的控制器。

选型时还要注意，控制器的功能并不是越多越好，注意选择在本系统中适用和有用的功能，抛弃多余的功能，否则不但增加了成本，而且还增大了出现故障的可能性。

4.3 光伏逆变器——从涓涓细流到波涛汹涌

将直流电能变换成为交流电能的过程称为逆变，完成逆变功能的电路称为逆变电路，而实现逆变过程的装置称为逆变器或逆变设备。光伏发电系统中使用的逆变器是一种将光伏组件所产生的直流电能转换为交流电能的转换装置。它使转换后的交流电的电压、频率与电力系统交流电的电压、频率相一致，以满足为各种交流用电负载供电及并网发电的需要，图4-35所示为常见逆变器的外形图。

光伏发电系统对逆变器的基本要求：

1）合理的电路结构，严格的元器件筛选，具备各种保护功能；

2）较宽的直流输入电压适应范围；

图 4-35　光伏逆变器的外形图

3）较少的电能变换中间环节，以节约成本、提高效率；

4）高的转换效率；

5）高可靠性，无人值守和维护；

6）输出电压、电流满足电能质量要求，谐波含量小，功率因数高；

7）具有一定的过载能力。

4.3.1　光伏逆变器的分类及电路结构

1. 光伏逆变器的分类

逆变器的种类很多，可以按照不同方式进行分类。

按照逆变器输出交流电的相数，可分为单相逆变器、三相逆变器和多相逆变器。

按照逆变器逆变转换电路工作频率的不同，可分为工频逆变器、中频逆变器和高频逆变器。

按照逆变器输出电压的波形不同，可分为方波逆变器、阶梯波逆变器和正弦波逆变器。

按照逆变器线路原理的不同，可分为自激振荡型逆变器、阶梯波叠加型逆变器、脉宽调制型逆变器和谐振型逆变器等。

按照逆变器主电路结构的不同，可分为单端式逆变结构、半桥式逆变结构、全桥式逆变结构、推挽式逆变结构、多电平逆变结构、正激逆变结构和反激逆变结构等。其中，小功率逆变器多采用单端式逆变结构、正激逆变结构和反激逆变结构，中功率逆变器多采用半桥式逆变结构、全桥式逆变结构等，高压大功率逆变器多采用推挽式逆变结构和多电平逆变结构。

按照逆变器输出功率大小的不同，可分为小功率逆变器（<10kW)、中功率逆变器（10～100kW)、大功率逆变器（>100kW)。

按照逆变器隔离方式的不同，可分为带工频隔离变压器方式、带高频隔离变压器方式和不带隔离变压器方式等。

按照逆变器输出能量的去向不同，可分为有源逆变器和无源逆变器。对光伏发电系统来说，在并网光伏发电系统中需要有源逆变器，而在离网光伏发电系统中需要无源逆变器。

在光伏发电系统中还可将逆变器分为离网逆变器和并网逆变器。

在并网逆变器中，又可根据光伏组件或方阵接入方式的不同，分为集中式逆变器、组串式逆变器、微型（组件式）逆变器和双向储能逆变器等。

2. 光伏逆变器的电路结构

逆变器主要由半导体功率器件和逆变器驱动、控制电路两大部分组成。随着微电子技术与电力电子技术的迅速发展，新型大功率半导体开关器件和驱动、控制电路的出现促进了逆变器的快速发展和技术完善。目前的逆变器多数采用功率场效应晶体管（VMOSFET）、绝缘栅双极晶体管（IGBT）、门极关断（GTO）晶闸管、MOS 控制晶体管（MGT）、MOS 控制晶闸管（MCT）、静电感应晶体管（SIT）、静电感应晶闸管（SITH）以及智能型功率模块（IPM）等多种先进且易于控制的大功率器件，控制逆变驱动电路也从模拟集成电路发展到单片机控制，甚至采用数字信号处理器（DSP）控制，使逆变器向着高频化、节能化、全控化、集成化和多功能化方向发展。

逆变器根据逆变转换电路工作频率的不同分为工频逆变器和中、高频逆变器。工频逆变器首先把直流电逆变成工频低压交流电，再通过工频变压器升压成 220V/50Hz 或 380V/50Hz 的交流电供负载使用。工频逆变器的优点是结构简单，各种保护功能均可在较低电压下实现，因其逆变电源与负载之间有工频变压器存在，故逆变器运行稳定、可靠，过载能力和抗冲击能力强，并能够抑制波形中的高次谐波成分。但是工频变压器存在笨重和价格高的问题，而且其效率也比较低，一般不会超过 90%，同时因为工频变压器在满载和轻载下运行时铁损基本不变，所以在轻载运行时空载损耗较大，效率也较低。

高频逆变器首先通过高频 DC-DC 变换技术，将低压直流电逆变为高频低压交流电，然后经过高频变压器升压，再经过高频整流滤波电路整流成 360V 左右的高压直流电，最后通过工频逆变电路得到 220V 或 380V 的工频交流电供负载使用。由于高频逆变器采用的是体积小、重量轻的高频磁性材料，因而大大提高了电路的功率密度，使逆变电源的空载损耗很小，逆变效率提高，因此在一般用电场合，特别是造价较高的光伏发电系统，都首选高频逆变器。

逆变器的基本电路构成如图 4-36 所示。由输入电路、输出电路、主逆变开关电路（简称主逆变电路）、控制电路、辅助电路和保护电路等构成。各电路作用如下：

1）输入电路：输入电路的主要作用就是为主逆变电路提供可确保其正常工作的直流工作电压。带 MPPT 功能的输入电路将保证光伏组件或方阵产生的直流电能最大程度被逆变器所利用。

2）主逆变电路：主逆变电路是逆变器的核心，它的主要作用是通过半导体开关器件的导通和关断完成逆变的功能，把升压后的直流电压转换为交流电压和电流。逆变电路分为隔离式和非隔离式两大类。

3）输出电路：输出电路主要是对主逆变电路输出的交流电的波形、频率、电压、电流的幅值和相位等进行修正、补偿、调理，使之能满足使用需求。

4）控制电路：控制电路主要是为主逆变电路提供一系列的控制脉冲来控制逆变开关器

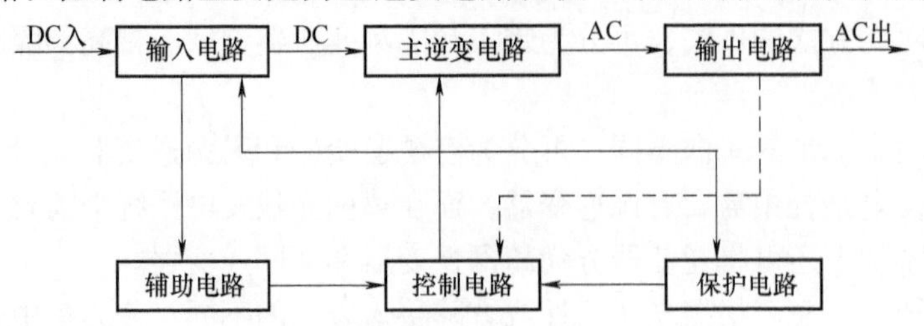

图 4-36 逆变器的基本电路构成示意图

件的导通与关断，配合主逆变电路完成逆变功能。

5）辅助电路：辅助电路主要是将输入电压变换成适合控制电路工作的直流电压。辅助电路还包含了多种检测电路。

6）保护电路：保护电路主要用于监测逆变器运行状态，并在出现异常时，触发内部保护元件实施保护。保护电路包括输入过电压、欠电压保护，输出过电压、欠电压保护，过载保护，过电流和短路保护，过热保护等。

4.3.2 光伏逆变器的电路原理

1. 单相逆变器的电路原理

逆变器的工作原理是通过功率半导体开关器件的导通和关断作用，把直流电能变换成交流电能的。单相逆变器的基本电路有推挽式、半桥式和全桥式三种，虽然电路结构不同，但工作原理类似。电路中都使用具有开关特性的半导体功率器件，由控制电路周期性地对功率器件发出开关脉冲控制信号，控制各个功率器件轮流导通和关断，再经过变压器耦合升压或降压后，整形滤波输出符合要求的交流电。

（1）推挽式逆变电路

推挽式逆变电路原理如图4-37所示。该电路由两只共负极连接的功率开关管和一个一次侧带有中心抽头的升压变压器组成。升压变压器的中心抽头接直流电源正极，两只功率开关管在控制电路的作用下交替工作，输出方波或三角波的交流电。由于功率开关管的共负极连接，使得该电路的驱动和控制电路可以比较简单，另外由于变压器具有一定的漏感，可限制短路电流，因而提高了电路的可靠性。该电路的缺点是变压器效率低，带感性负载的能力较差，不适合直流电压过高的场合。

（2）半桥式逆变电路

半桥式逆变电路原理如图4-38所示。该电路由两只功率开关管、两只储能电容器和耦合变压器等组成。该电路将两只串联电容的中点作为参考点，当功率开关管VT1在控制电路的作用下导通时，电容C1上的能量通过变压器一次侧释放，当功率开关管VT2导通时，电容C2上的能量通过变压器一次侧释放，VT1和VT2的轮流导通，在变压器二次侧获得了交流电能。半桥式逆变电路结构简单，由于两只串联电容的作用，不会产生磁偏或直流分量，非常适合后级带动变压器负载。当该电路工作在工频（50Hz或者60Hz）时，需要较大的电容容量，使电路的成本上升，因此该电路更适合用于高频逆变器电路中。

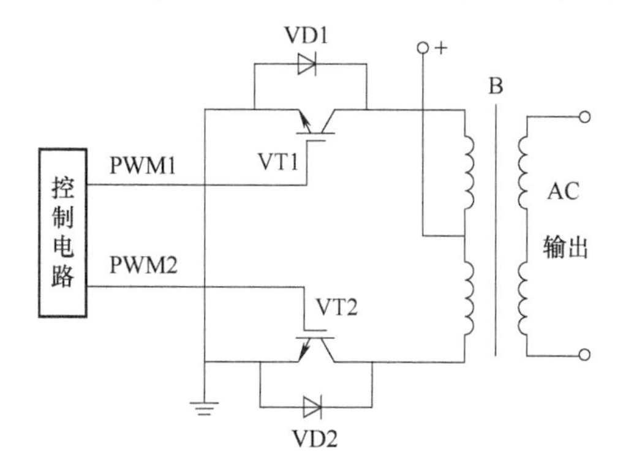

图4-37 推挽式逆变电路原理图

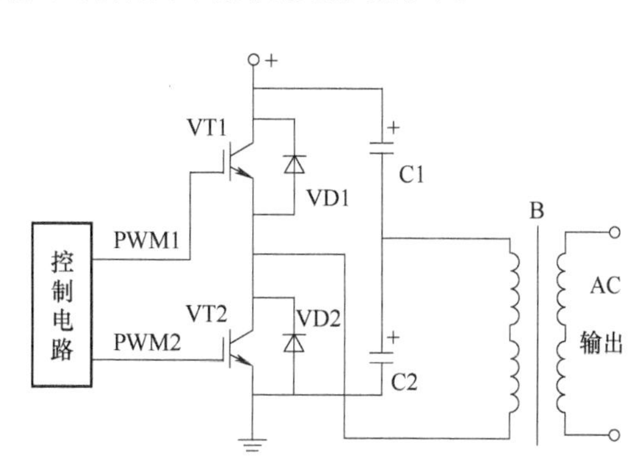

图4-38 半桥式逆变电路原理图

（3）全桥式逆变电路

全桥式逆变电路原理图和等效电路如图 4-39 所示。该电路由 4 只功率开关管和变压器等组成。该电路克服了推挽式逆变电路的缺点，功率开关管 VT1、VT4 和 VT2、VT3 反相，VT1、VT3 和 VT2、VT4 轮流导通，使负载两端得到交流电能。为便于大家理解，用图 4-39b所示等效电路对全桥式逆变电路原理进行介绍。图中 E 为输入的直流电压，R 为逆变器的纯电阻性负载，开关 S1 ~ S4 等效于图 4-39a 中的 VT1 ~ VT4。当开关 S1、S3 接通时，电流流过 S1、R、S3，负载 R 上的电压极性是左正右负；当开关 S1、S3 断开，S2、S4 接通时，电流流过 S2、R 和 S4，负载 R 上的电压极性相反。若两组开关 S1、S3 和 S2、S4 以某一频率交替切换工作时，负载 R 上便可得到这一频率的交变电压。

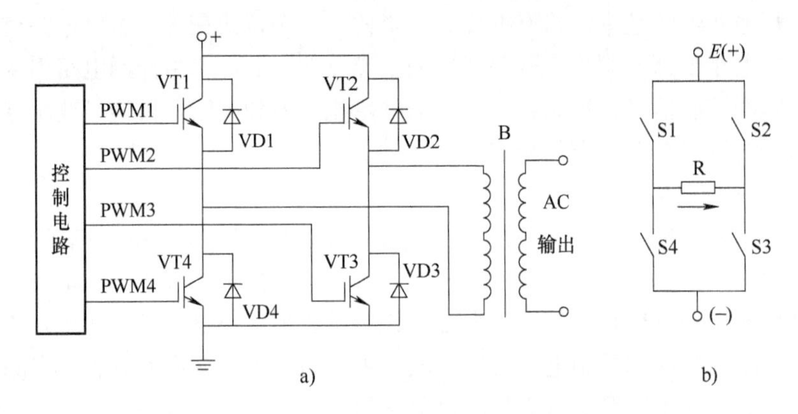

图 4-39　全桥式逆变电路原理图和等效电路

上述几种电路都是逆变器的最基本电路，在实际应用中，除了小功率光伏逆变器主电路采用这种单级的（DC-AC）变换电路外，中、大功率逆变器主电路都采用两级（DC-DC-AC）或 3 级（DC-AC-DC-AC）的电路结构形式。一般来说，中、小功率光伏系统的光伏组件或方阵输出的直流电压都不太高，而且功率开关管的额定耐压值也都比较低，因此逆变电压也比较低，要得到 220V 或者 380V 的交流电，无论是推挽式还是全桥式的逆变电路，其输出都必须加工频升压变压器，由于工频变压器体积大、效率低、重量大，因此只能在小功率场合应用。

随着电力电子技术的发展，新型光伏逆变器电路都采用高频开关技术和软开关技术实现高功率密度的多级逆变。这种逆变电路的前级升压电路采用推挽逆变电路结构，但工作频率都在 20kHz 以上，升压变压器采用高频磁性材料做铁心，因而体积小、重量轻。低电压直流电经过高频逆变后变成了高频高压交流电，又经过高频整流滤波电路后得到高压直流电（一般均在 300V 以上），再通过工频逆变电路实现逆变得到 220V 或者 380V 的交流电，整个系统的逆变效率可达到 90% 以上，目前大多数正弦波光伏逆变器都是采用这种 3 级的电路结构，如图 4-40 所示。其具体工作过程：首先将光伏方阵输出的直流电（如 24V、48V、96V 和 192V 甚至 450V、500V 等）通过高频逆变电路逆变为波形为方波的交流电，逆变频率一般在几千赫兹到几十千赫兹，然后通过高频升压变压器整流滤波后变为高压直流电，最后经过第 3 级 DC/AC 逆变为所需要的 220V 或 380V 工频交流电。

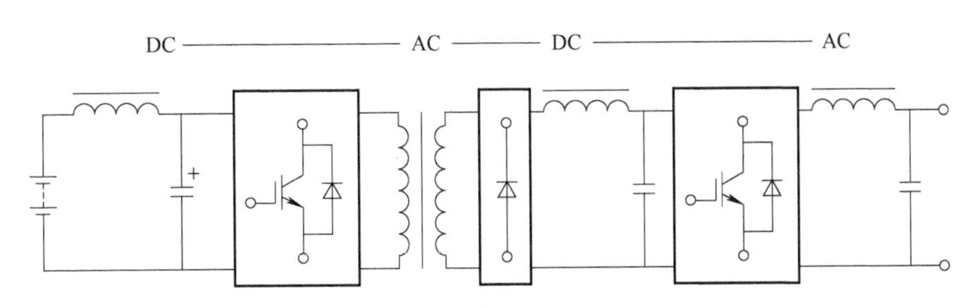

图 4-40 逆变器的 3 级电路结构原理示意图

图 4-41 所示为逆变器将直流电转换成交流电的转换过程示意图，以帮助大家加深对逆变器工作原理的理解。半导体功率开关器件在控制电路的作用下以 1/100s 的速度开关，将直流切断，并将其中一半的波形反向而得到矩形的交流波形，然后通过电路使矩形的交流波形平滑，得到正弦交流波形。

（4）不同波形单相逆变器优缺点

逆变器按照输出电压波形的不同，可分为方波逆变器、阶梯波逆变器和正弦波逆变器，其输出波形如图 4-42 所示。在太阳能光伏发电系统中，方波和阶梯波逆变器一般都用在离网小功率系统场合，下面就分别对这 3 种不同输出波形逆变器的优缺点进行介绍。

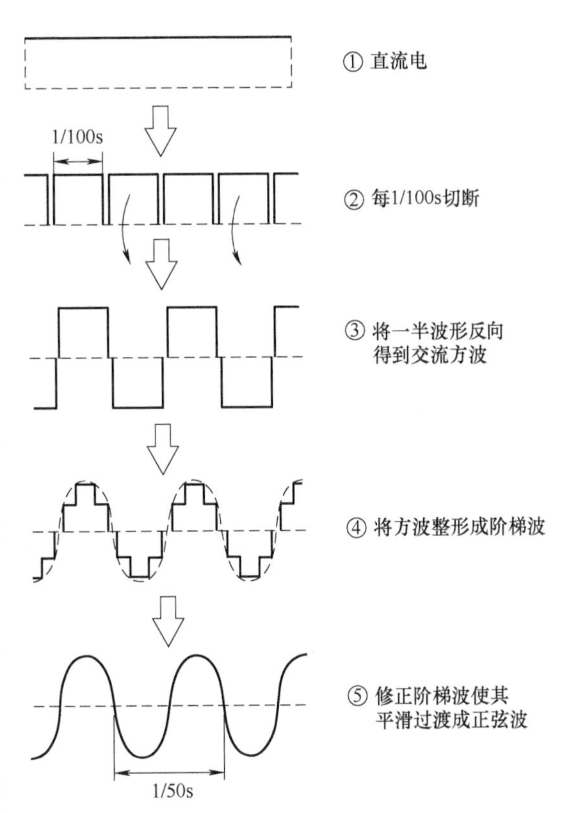

图 4-41 逆变器波形转换过程示意图

1）方波逆变器。方波逆变器输出的波形是方波，也叫矩形波。尽管方波逆变器所使用的电路不尽相同，但共同的优点是线路简单（使用的功率开关管数量最少），价格便宜，维修方便，其设计功率一般在数十瓦到几百瓦之间。缺点是调压范围窄，噪声较大，方波电压中含有大量高次谐波，带感性负载如电动机等用电器中将产生附加损耗，因此效率低，电磁干扰大。

2）阶梯波逆变器。阶梯波逆变器也叫修正波逆变器，阶梯波比方波波形有明显改善，波形类似于正弦波，波形中的高次谐波含量少，故能够满足包括感性负载在内的大部分用电设备的需求。当采用无变压器输出时，整机效率高。因阶梯波逆变器价格适中，在对用电质量要求不是很高的边远地区家用电源中应用比较广泛。阶梯波逆变器的缺点是线路较为复杂。为把方波修正成阶梯波，需要多个不同的复杂电路，产生多种波形叠加修正才可以，这些电路使用的功率开关管也较多，电磁干扰严重，并存在 20% 以上的谐波失真，在驱动精密设备时会出现问题，也

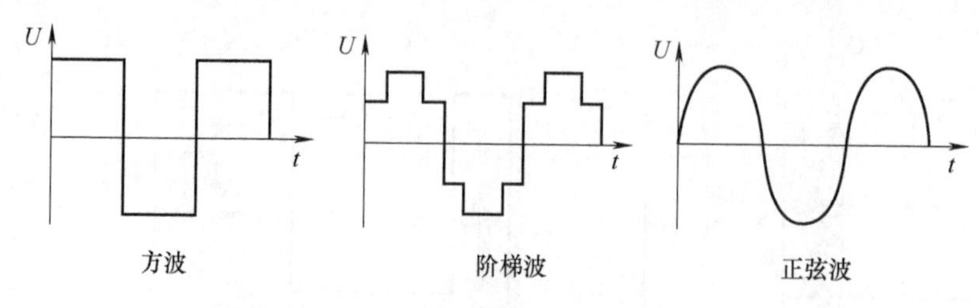

图 4-42　逆变器输出波形示意图

会对通信设备造成高频干扰。因此，在这些场合不能使用阶梯波逆变器，更不能应用于并网发电的场合。

3）正弦波逆变器。正弦波逆变器输出的波形与交流市电的波形相同。这种逆变器的优点是输出波形好，失真度低，干扰小，噪声低，适应负载能力强，保护功能齐全，整机性能好，效率高，能满足所有交流负载的应用，适合于各种用电场合。其缺点是线路复杂，维修困难，价格较贵。在光伏并网发电的应用场合，为了避免对公共电网的电力污染，必须使用正弦波逆变器。

2. 三相逆变器的电路原理

单相逆变器电路由于受到功率开关器件的容量、零线（中性线）电流、电网负载平衡要求和用电负载性质等的限制，容量一般都在 10kV · A 以下，大容量的逆变电路大多采用三相形式。三相逆变器按照直流电源侧滤波器形式的不同，分为电压型逆变器和电流型逆变器。电压型逆变器在其直流侧并联有大电容器，这个大电容器既能抑制直流电压的波纹，减小直流电源的内阻，使直流侧近似为恒压源，又可为来自逆变侧的无功电流流动提供通路。而电流型逆变器是在其直流侧串联有大的电感器，这个电感器既能抑制直流电流的纹波，使直流侧近似一个恒流源，又能为来自逆变侧的无功电压分量提供支撑，维持电路间电压的平衡，保证无功功率的交换。

（1）三相电压型逆变器

电压型逆变器就是逆变电路中的输入直流能量由一个稳定的电压源提供，其特点是逆变器在脉宽调制时输出电压的幅值等于电压源的幅值，而电流波形取决于实际的负载阻抗。三相电压型逆变器的基本电路如图 4-43 所示。该电路主要由 6 只功率开关器件和 6 只续流二极管以及带中性点的直流电源构成。图中负载 L 和 R 表示三相负载各路的相电感和相电阻。

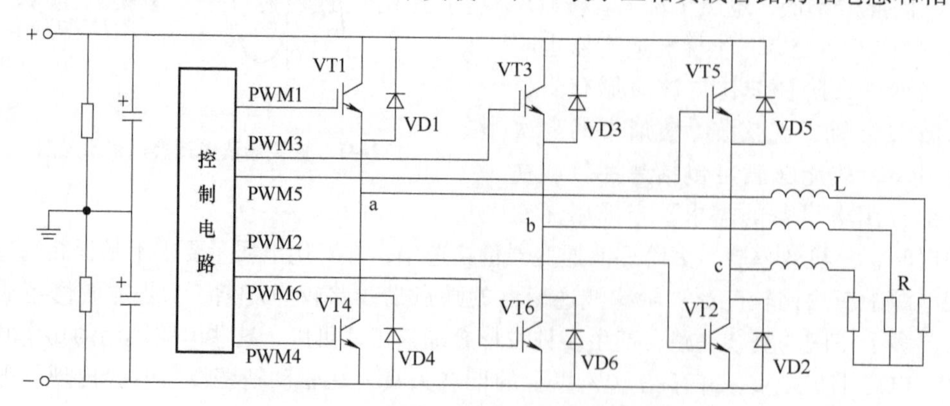

图 4-43　三相电压型逆变器电路原理图

功率开关器件 VT1 ~ VT6 在控制电路的作用下，当控制信号为三相互差 120°的脉冲信号时，可以控制每个功率开关器件导通 180°或 120°，相邻两个开关器件的导通时间互差 60°。逆变器 3 个桥臂中上部和下部开关器件以 180°间隔交替导通和关断，VT1 ~ VT6 以 60°的相位差依次导通和关断，在逆变器输出端形成 a、b、c 三相电压。

控制电路输出的开关控制信号可以是方波、阶梯波、脉宽调制方波、脉宽调制三角波和锯齿波等，其中后三种脉宽调制的波形都是以基础波作为载波，正弦波作为调制波，最后输出正弦波波形。普通方波和被正弦波调制的方波的区别如图 4-44 所示。与普通方波信号相比，被调制的方波信号是按照正弦波规律变化的系列方波信号，即普通方波信号是连续导通的，而被调制的方波信号要在正弦波调制的周期内导通和关断 *N* 次。

（2）三相电流型逆变器

电流型逆变器的直流输入电源是一个恒定的直流电流源，需要调制的是电流，若一个矩形电流注入负载，电压波形则是在负载阻抗的作用下生成的。在电流型逆变器中，有两种不同的方法控制基波电流的幅值。一种方法是直流电流源的幅值变化法，这种方法使得交流电输出侧的电流控制比较简单；另一种方法是用脉宽调制来控制基波电流。三相电流型逆变器的基本电路如图 4-45所示。该电路由 6 只功率开关器件和 6 只阻断二极管以及直流恒流电源、浪涌吸收电容等构成，R 为用电负载。

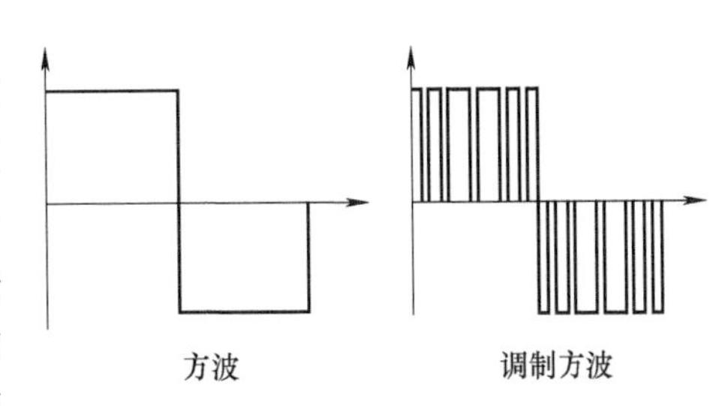

图 4-44　方波与被调制方波波形示意图

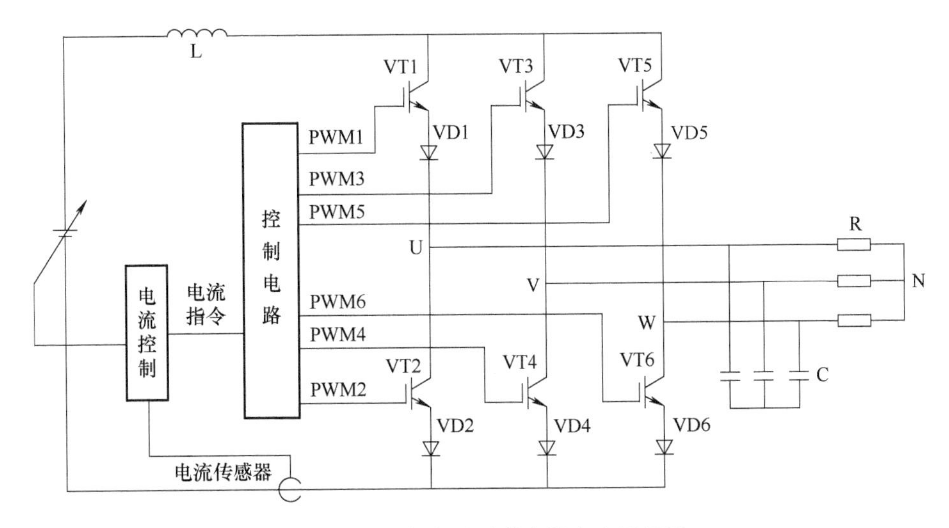

图 4-45　三相电流型逆变器电路原理图

电流型逆变器的特点是在直流电输入侧串接了较大的滤波电感，当负载功率因数变化时，交流输出电流的波形不变，即交流输出电流波形与负载无关。从电路结构上与电压型逆变器不同的是，电压型逆变器在每个功率开关器件上并联了一只续流二极管，而电流型逆变器则是在每个功率开关器件上串联了一只反向阻断二极管。

与三相电压型逆变器电路一样，三相电流型逆变器也是由 3 组上下一对的功率开关器件构成的，但开关动作的方法与电压型的不同。由于在直流输入侧串联了大电感 L，直流电流的波动变化较小，当功率开关器件开关动作和切换时，都能保持电流的稳定性和连续性。因此 3 个桥臂中上边开关器件 VT1、VT3、VT5 中的一个和下边开关器件 VT2、VT4、VT6 中的一个，均可按每隔 1/3 周期分别流过一定值的电流，输出的电流波形是高度为该电流值的 120°通电期间的方波。另外，为防止连接感性负载时电流急剧变化而产生浪涌电压，在逆变器的输出端并联了浪涌吸收电容 C。

三相电流型逆变器的直流电源即直流电流源是利用可变电压的电源通过电流反馈控制来实现的。但是，仅用电流反馈，不能减少因开关动作形成的逆变器输入电压的波动而使电流随着波动，所以在电源输入端串入了大电感（电抗器）L。

电流型逆变器非常适合在并网系统中应用，特别是在太阳能光伏发电系统中，电流型逆变器有着独特的优势。

（3）Z 源逆变器

传统的电压型逆变器和电流型逆变器，其输出特性都有一定的局限性，电压型逆变电路是降压工作模式，电流型逆变电路是升压工作模式，当逆变器直流侧电压变化范围大（如光伏方阵输出电压变化）或负载要求输出范围比较宽的场合，单一的电压型或电流型逆变电路也许不能满足逆变需要，必须通过增加一级功率变换电路来实现，这样会带来电路复杂、效率降低的问题，Z 源逆变器电路结合了电压型和电流型逆变电路的特点，是一种新型的逆变电路，其典型拓扑结构如图 4-46 所示。Z 源逆变器用独特的包含电感器 L1、L2 和电容器 C1、C2 构成的 X 型 L、C 网络代替了传统的电压型逆变器中的电容器和电流型逆变器中的电感器，因而 Z 源逆变器的直流输入端可以是电压源形式也可以是电流源形式，并能通过特殊的控制方式使得系统工作在升压或降压模式，实现逆变器输出电压高于或低于直流输入电压，且不需要中间变换电路。在光伏发电系统中，使用 Z 源逆变器取代传统的电压型逆变器，利用 Z 源逆变器独特的升压、降压功能，可以放宽太阳能电池方阵的电压输入范围，非常适合因光照强度的强烈变化而导致电池方阵输出电压大范围波动的情况。

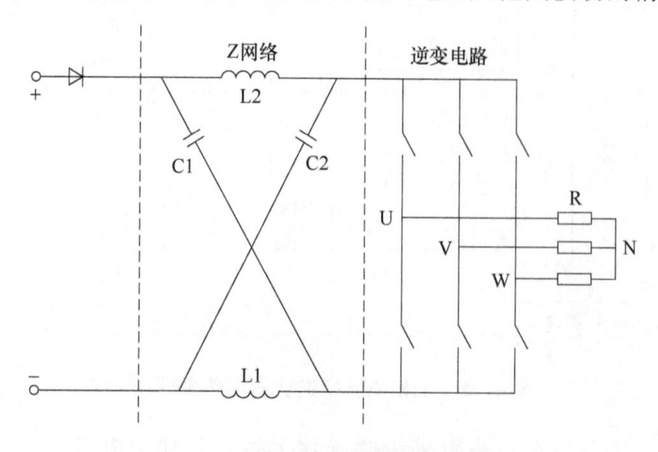

图 4-46　Z 源逆变器的拓扑结构图

3. 双向储能逆变器（变流器）电路原理

双向储能逆变器的基本电路原理如图 4-47 所示，电路中由 L1、VT1、VT2、VD1、VD2、C1 等构成双向升降压电路（Buck/Boost 电路），由 VT3 ~ VT6、VD3 ~ VD6 及 L2、C2

等构成双向全桥 DC/AC 变换电路。该拓扑结构能够实现升压与逆变、降压与整流的解耦控制，电路结构简单，控制容易实现。当储能蓄电池处于放电运行状态时，前级的双向升降压电路将工作于 Boost 升压模式，后级的全桥变换器工作于逆变模式，其工作原理与普通逆变器一样。当储能蓄电池处于充电运行状态时，前级的双向升降压电路将工作于 Buck 降压模式，后级的全桥变换器将构成全桥整流电路，通过 PWM 控制将电网交流电通过整流、降压后为储能蓄电池充电。双向储能逆变系统根据光伏发电系统的运行状况，可分为下列几种充放电模式：

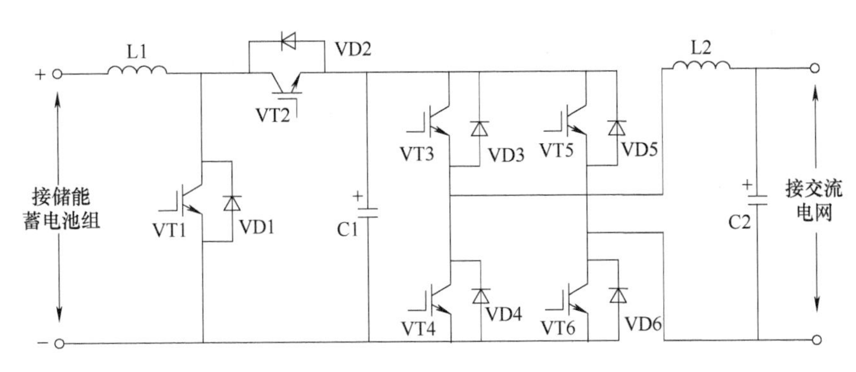

图 4-47　双向储能逆变器电路原理图

1）并网充电模式：在并网运行状态下，当蓄电池容量不足时，通过市电为蓄电池充电。

2）离网充电模式：在离网运行状态下，当蓄电池容量不足时，且光伏发电系统有多余电量时，通过光伏发电多余电量为蓄电池充电。

3）离网独立放电模式：在离网运行状态下，当光伏发电系统停止发电时，蓄电池放电为负载继续提供所需用电。

4）离网辅助放电模式：在离网运行状态下，当光伏发电系统的发电量不能满足负载用电需要时，蓄电池同时辅助放电，维持用电负载的正常工作。

4. 并网型逆变器的控制技术及电路原理

并网逆变器是并网光伏发电系统的核心部件。与离网型光伏逆变器相比，并网型逆变器不仅要将光伏组件发出的直流电转换为交流电，还要对交流电的电压、电流、频率、相位与同步等进行控制，也要解决对电网的电磁干扰、自我保护、单独运行和孤岛效应以及最大功率跟踪等技术问题，因此对并网型逆变器要有更高的技术要求。图 4-48 所示为并网光伏逆变系统结构示意图。

（1）并网逆变器的技术要求

光伏发电系统的并网运行，对逆变器提出了较高的技术要求，这些要求如下。

1）要求系统能根据日照情况和规定的日照强度，在光伏方阵发出的电力能有效利用的限制条件下，对系统进行自动启动和关闭。

2）要求逆变器必须输出正弦波电流。光伏系统馈入公用电网的电力，必须满足电网规定的指标，如逆变器的输出电流不能含有直流分量，高次谐波必须尽量减少，不能对电网造成谐波污染。

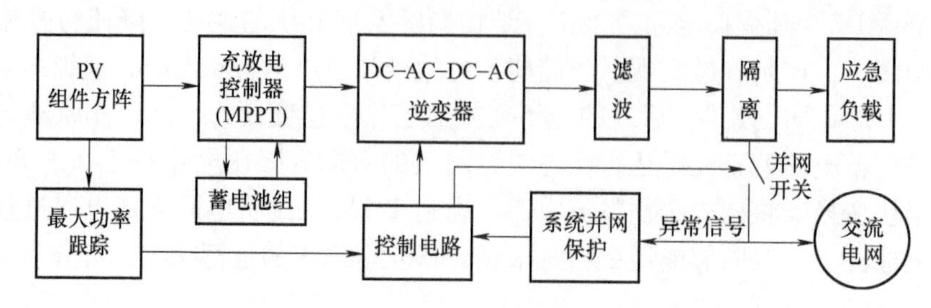

图 4-48　并网光伏逆变系统结构示意图

3）要求逆变器在负载和日照变化幅度较大的情况下均能高效运行。光伏系统的能量来自太阳能，而日照强度随着气候而变化，所以工作时输入的直流电压变化较大，这就要求逆变器在不同的日照条件下都能高效运行。同时要求逆变器本身也要有较高的逆变效率，一般中、小功率逆变器满载时的逆变效率要求达到 88%～93%，大功率逆变器满载时的逆变效率要求达到 95%～99%。

4）要求逆变器能使光伏方阵始终工作在最大功率点状态。光伏组件的输出功率与日照强度、环境温度的变化有关，即其输出特性具有非线性关系。这就要求逆变器具有最大功率点跟踪控制（MPPT）功能，即不论日照、温度等如何变化，都能通过逆变器的自动调节实现光伏组件方阵的最大功率输出，这是保证太阳能光伏发电系统高效率工作的重要环节。

5）要求具有较高的可靠性。许多光伏发电系统处在边远地区和无人值守与维护的状态，这就要求逆变器具有合理的电路结构和设计，具备一定的抗干扰能力、环境适应能力、瞬时过载保护能力以及各种保护功能，如输入直流极性接反保护、交流输出短路保护、过热保护、过载保护等。

6）要求有较宽的直流电压输入适应范围。光伏组件及方阵的输出电压会随着日照强度、气候条件的变化而变化。对于接入蓄电池的并网光伏系统，虽然蓄电池对光伏组件输出电压具有一定的钳位作用，但由于蓄电池本身电压也随着蓄电池的剩余电量和内阻的变化而波动，特别是不接蓄电池的光伏系统或蓄电池老化时的光伏系统，其端电压的变化范围很大。例如，一个接 12V 蓄电池的光伏系统，它的端电压会在 11～17V 之间变化。这就要求逆变器必须在较宽的直流电压输入范围内都能正常工作，并保证交流输出电压的稳定。

7）要求逆变器具有电网检测及自动并网功能。并网逆变器在并网发电之前，需要从电网上取电，检测电网的电压、频率、相序等参数，然后调整自身发电的参数，与电网的参数保持同步、一致，然后进入并网发电状态。

8）要求在电力系统发生停电时，并网光伏系统即能独立运行，又能防止孤岛效应，能快速检测并切断向公用电网的供电，防止触电事故的发生。待公用电网恢复供电后，逆变器能自动恢复并网供电。

9）要求具有零（低）电压穿越功能。当电网系统发生事故或扰动现象，引起光伏发电系统并网点电压出现电压暂降时，在一定的电压跌落范围内和时间间隔内，逆变器要能够保证不脱网连续运行，甚至需要逆变器向电网注入适量的无功功率以帮助电网尽快恢复稳定。

10）要求具有数据采集功能。主要采集光伏逆变器和光伏方阵等设备的实时运行数据，并对系统运行状态进行实时记录。数据采集系统一般要求具备以下功能：

① 相关范围光伏发电系统输出的电压、电流、频率、总功率值等，三相电压的不平衡

度，逆变器的各种工作状态、故障信息，各接入光伏方阵的输出电压、电流。

② 能够执行按指定地址切断逆变器的输出，切断光伏方阵的输出等操作指令。

③ 能够将采集的系统数据和故障信息进行存储，可进行人工查阅，并能以数据报表的形式进行打印。

（2）并网逆变器的控制电路原理

1）三相并网型逆变器的控制电路原理。三相并网型逆变器的输出电压一般为交流380V或更高电压，频率为50 Hz /60Hz，其中50Hz为中国和欧洲标准，60Hz为美国和日本标准。三相并网型逆变器多用于容量较大的光伏发电系统，输出波形为标准正弦波，功率因数接近1.0。

三相并网逆变器的控制电路原理如图4-49所示，分为主电路和微处理器电路两个部分。其中，主电路主要完成DC-DC-AC的变换和逆变过程。

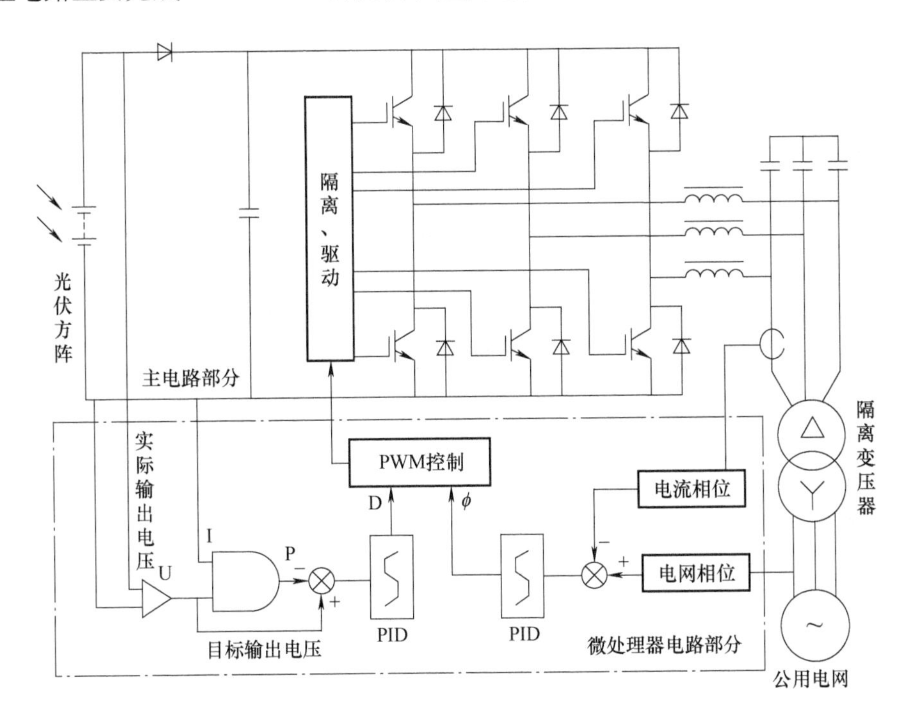

图4-49 三相并网逆变器的控制电路原理示意图

微处理器电路部分主要完成系统并网的控制过程。系统并网控制的目的是使逆变器输出的交流电压值、波形、相位等维持在规定的范围内，因此，微处理器控制电路要完成电网、相位实时检测，电流相位反馈控制，光伏方阵最大功率跟踪以及实时正弦波脉宽调制信号发生等内容，其具体工作过程：公用电网的电压和相位经过霍尔电压传感器送给微处理器的A/D转换器，微处理器将回馈电流的相位与公用电网的电压相位做比较，其误差信号通过PID运算器运算调节后送给脉宽调制器（PWM），这就完成了功率因数为1的电能回馈过程。微处理器完成的另一项主要工作是实现光伏方阵的最大功率输出。光伏方阵的输出电压和电流分别由电压、电流传感器检测并相乘，得到方阵的输出功率，然后调节PWM输出占空比。这个占空比的调节实质上就是调节回馈电压的大小，从而实现最大功率寻优。当 U

的幅值变化时，回馈电流与电网电压之间的相位角 ϕ 也将有一定的变化。由于电流相位已实现了反馈控制，因此自然实现了相位有幅值的解耦控制，使微处理器的处理过程更简便。

2）单相并网型逆变器的控制电路原理。单相并网型逆变器的输出电压为交流 220V 或 110V 等，频率为 50Hz，波形为正弦波，多用于小型的户用系统。单相并网型逆变器的控制电路原理如图 4-50 所示。其逆变和控制过程与三相并网型逆变器基本类似。

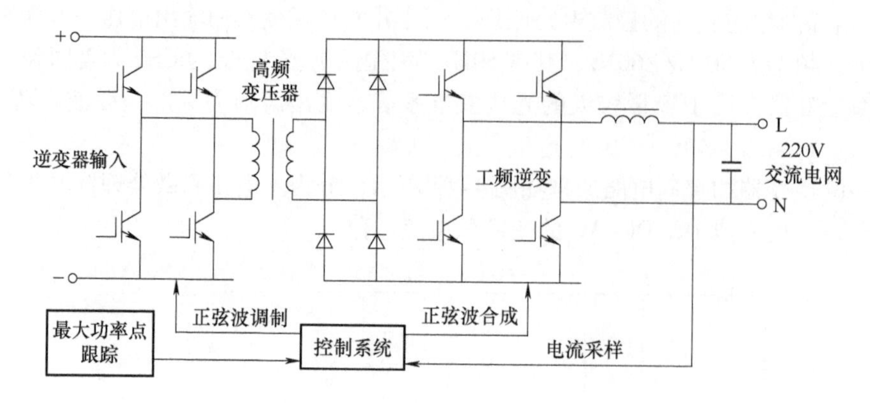

图 4-50　单相并网型逆变器电路原理示意图

3）并网逆变器孤岛运行的检测与防止。在光伏并网发电过程中，由于光伏发电系统与电力系统并网运行，光伏发电系统不仅向本地负载供电，还要将剩余的电力输送到电网。当电网系统由于电气故障、人为或自然因素等原因发生异常而中断供电时，如果光伏发电系统不能随之停止工作或与电网系统脱开，则会向电网输电线路继续供电，这种运行状态被形象地称为“孤岛运行”。特别是当光伏发电系统的发电功率与负载用电功率平衡时，即使电网系统断电，光伏发电系统输出端的电压和频率等参数也不会快速随之变化，使光伏发电系统无法正确判断电网系统是否发生故障或中断供电，因而极易导致孤岛运行现象的发生。

孤岛运行会产生严重的后果。当电网发生故障或中断供电后，由于光伏发电系统仍然继续给电网供电，会威胁到电力供电线路的修复及维修作业人员和设备的安全，造成触电事故。不仅妨碍了停电故障的检修和正常运行的尽快恢复，而且会因为电网不能控制孤岛供电系统的电压和频率，使电压幅值的变化及频率的漂移给配电系统及一些负载设备造成损害。因此为了确保维修作业人员的安全和电力供电的及时恢复，当电力系统停电时，必须使光伏发电系统停止运行或与电力系统自动分离（某些光伏发电系统可以自动切换成独立供电系统继续运行，为一些应急负载和必要负载供电）。当越来越多的光伏发电系统并于电网时，发生孤岛运行的概率就越高，所以必须有相应的对策来解决孤岛运行的问题。

在逆变器电路中，检测出光伏系统孤岛运行状态的功能称为孤岛运行检测。检测出孤岛运行状态，并使光伏发电系统停止运行或与电力系统自动分离的功能就叫孤岛运行停止或孤岛运行防止。

孤岛运行检测功能分为被动式检测和主动式检测两种方式。

① 被动式检测方式。当电网发生故障而断电时，逆变器的输出电压、输出频率、电压相位和谐波都会发生变化，被动式检测方式就是通过实时监视电网系统的电压、频率、相位和谐波的变化，检测因电网电力系统停电使逆变器向孤岛运行过渡时的电压波动、相位跳动、频率变化和谐波变化等参数变化，检测出孤岛运行状态的方法。

被动式检测方式有电压相位跳跃检测法、频率变化率检测法、电压谐波检测法、输出功率变化率检测法等，其中电压相位跳跃检测法较为常用。

电压相位跳跃检测法的检测原理如图4-51所示，其检测过程：周期性的测出逆变器的交流电压的周期，如果周期的偏移超过某设定值时，则可判定为孤岛运行状态。此时使逆变器停止运行或脱离电网运行。通常与电力系统并网的逆变器是在功率因数为1（即电力系统电压与逆变器的输出电流同相）的情况下运行，逆变器不向负载供给无功功率，而由电力系统供给无功功率。但孤岛运行时电力系统无法供给无功功率，逆变器不得不向负载供给无功功率，其结果是使电压的相位发生骤变。检测电路检测出电压相位的变化，判定光伏发电系统处于孤岛运行状态。

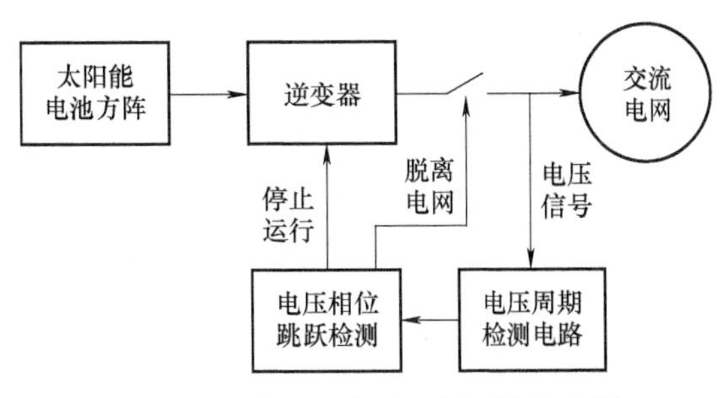

图4-51 电压相位跳跃检测法原理图

被动式检测方式的不足是当逆变器的输出功率正好与局部负载功率平衡时就很难检测出孤岛运行的发生，因此被动式检测方式存在局限性和较大的检测盲区。

② 主动式检测方式。主动式检测方式是由逆变器的输出端主动向系统发出电压、频率或输出功率等变化量的扰动信号，并观察电网是否受到影响，根据参数变化检测出是否处于孤岛运行状态。在电网正常工作时，电网具有平衡作用，检测不到这些扰动信号，当电网发生故障时，逆变器输出的扰动信号就会被检测到。

主动式检测方式有频率偏移方式、有功功率变动方式、无功功率变动方式以及负载变动方式等，较常用的是频率偏移方式。

根据GB/T19939—2005《光伏系统并网技术要求》中的规定，光伏发电系统并网运行时应与电网同步运行，电网额定频率为50Hz，光伏发电系统并网后的频率允许偏差为±0.5Hz，当超出频率范围时，必须在0.2S内动作，将光伏发电系统与电网断开。

频率偏移方式的工作原理如图4-52所示，该方式是根据“孤岛运行”中的负载状况，使光伏发电系统输出的交流电频率在允许的变化范围内变化，根据系统是否跟随其变化来判断光伏发电系统是否处于孤岛运行状态。例如，使逆变器的输出频率相对于系统频率做±0.1Hz的波动，在与系统并网时，此频率的波动会被系统吸收，所以系统的频率不会改变。当系统处于孤岛运行状态时，此频率的波动会引起系统频率的变化，根据检测出的频率可以判断为孤岛运行。一般当频率波动持续0.2s以上时，则逆变器会停止运行或与电力电网脱离。

主动式检测方式精度高，检测盲区小，但是控制复杂，而且降低了逆变器输出电能的质量。目前更先进的检测方式是采用被动式检测方式与一种主动式检测方式相结合的组合检测方式。

4）并网型逆变器的开关结构类型。并网型逆变器的成本一般来说占了整个光伏发电系统总成本的10%~15%，而并网型逆变器的成本主要取决于其内部的开关结构类型和功率电子部件，目前的并网型逆变器一般有以下3种开关结构类型。

① 带工频变压器的逆变器。这种开关类型通常由功率晶体管（如MOSFET）构成的单

相逆变桥和后置工频变压器两部分组成，工频变压器即可以轻松实现与电网电压的匹配，又可以起到DC—AC的隔离作用。采用工频变压器技术的逆变器工作非常稳定可靠，且在低功率范围有较好的经济性。这种结构的缺点是体积大，笨重，逆变效率相对较低。

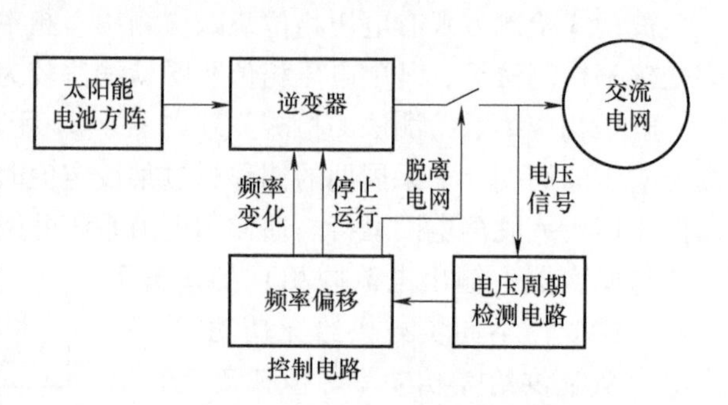

图4-52 频率偏移方式的工作原理图

② 带高频变压器的逆变器。使用高频电子开关电路可以显著减小逆变器的体积和重量。这种开关结构类型由一个将直流电压升压到300多伏的直流变换器和由IGBT构成的桥式逆变电路组成。高频变压器比工频变压器体积、重量都小许多，如一个2.5kW逆变器的工频变压器重量约为20kg，而相同功率逆变器的高频逆变器只有约0.5kg。这种结构类型的工作效率较高，缺点是高频开关电路及部件的成本也较高，甚至还要依赖进口。但总体衡量成本劣势并不明显，特别是高功率应用有相对较好的经济性。

③ 无变压器的逆变器。这种开关结构类型因为减小了变压器环节带来的损耗，因而有相对最高的转换效率，但抗干扰及安全措施的成本将提高。

4.3.3 光伏逆变器的性能特点与技术参数

掌握和了解光伏逆变器的性能特点和技术参数，对于考察、评价和选用光伏逆变器有着积极的意义。

1. 光伏逆变器的主要性能特点

（1）离网逆变器的主要性能特点

1）采用16位单片机或32位DSP微处理器进行控制；

2）太阳能充电采用PWM控制模式，大大提高了充电效率；

3）采用数码或液晶显示各种运行参数，可灵活设置各种定值参数；

4）方波、修正波、正弦波输出。纯正弦波输出时，波形失真率一般小于5%；

5）稳压精度高，额定负载状态下，输出精度一般不大于±3%；

6）具有缓启动功能，避免对蓄电池和负载的大电流冲击；

7）高频变压器隔离，体积小、重量轻；

8）配备标准的RS232/485通信接口，便于远程通信和控制；

9）可在海拔5500m以上的环境中使用。适应环境温度范围为-20~50℃；

10）具有输入接反保护、输入欠电压保护、输入过电压保护、输出过电压保护、输出过载保护、输出短路保护、过热保护等多种保护功能。

（2）并网逆变器的主要性能特点

1）功率开关器件采用新型IPM，大大提高了系统效率；

2）采用MPPT自寻优技术实现光伏组件最大功率跟踪功能，最大限度地提高系统的发电量；

3）液晶显示各种运行参数，人性化界面，可通过按键灵活设置各种运行参数；

4）设置有多种通信接口可以选择，可方便地实现上位机监控（上位机是指人可以直接发出操控命令的计算机，屏幕上显示各种信号变化，如电压、电流、水位、温度、光伏发电量等）；

5）具有完善的保护电路，系统可靠性高；

6）具有较宽的直流电压输入范围；

7）可实现多台逆变器并联组合运行，简化光伏发电站设计，使系统能够平滑扩容；

8）具有电网保护装置，具有防孤岛保护功能。

2. 光伏逆变器的主要技术参数

在光伏系统中，光伏逆变器的技术指标及参数主要受蓄电池、负载和并网要求的影响，其主要技术参数如下。

（1）额定输出电压

光伏逆变器在规定的输入直流电压允许的波动范围内，应能输出额定的电压值，一般在额定输出电压为单相220V和三相380V时，电压波动偏差有如下规定：

1）在稳定状态运行时，一般要求电压波动偏差不超过额定值的±5%；

2）在负载突变时，电压偏差不超过额定值的±10%；

3）在正常工作条件下，逆变器输出的三相电压不平衡度不应超过8%；

4）三相输出的电压波形（正弦波）失真度一般要求不超过5%，单相输出不超过10%；

5）逆变器输出交流电压的频率在正常工作条件下其偏差应在1%以内。国家标准GB/T 19064—2003规定的输出电压频率应为49～51Hz。

（2）负载功率因数

负载功率因数的大小表示了逆变器带感性负载或容性负载的能力，在正弦波条件下负载功率因数为0.7～0.9，额定值为0.9。在负载功率一定的情况下，如果逆变器的功率因数较低，则所需逆变器的容量就要增大，导致成本增加，同时光伏系统交流回路的视在功率增大，回路电流增大，损耗必然增加，系统效率也会降低。

（3）额定输出电流和额定输出容量

额定输出电流是指在规定的负载功率因数范围内逆变器的额定输出电流，单位为A；额定输出容量是指当输出功率因数为1（即纯电阻性负载）时，逆变器额定输出电压和额定输出电流的乘积，单位是kV·A或kW。

（4）额定输出效率

额定输出效率是指在规定的工作条件下，输出功率与输入功率之比，以百分数表示。一般情况下，光伏逆变器的标称效率是指纯电阻性负载、80%负载情况下的效率。逆变器的效率会随着负载的大小而改变，当负载率低于20%和高于80%时，效率要低一些。标准规定逆变器的输出功率在大于等于额定功率的75%时，效率应大于等于90%。目前主流逆变器的标称效率在95%～99%之间，对小功率逆变器要求其效率不低于85%。在光伏发电系统设计中，不但要选择高效率的逆变器，同时还应通过系统合理配置，尽量使光伏系统负载工作在最佳效率点附近。

（5）欧洲效率和最大效率

欧洲效率是根据欧洲光照条件，给出一个有标准配置阵列的光伏逆变器，在不同功率点的权值，用来估算逆变器的总体效率。具体是指逆变器在不同负荷条件下的效率乘以概率加权系数的和，具体公式：

欧洲效率 =0.03η5% +0.06η10% +0.13η20% +0.1η30% +0.48η50% +0.2η100%

可以看到，六个系数的和是1，每个系数反映了欧洲光照条件下逆变器在各自功率点工作的概率，总体就反映了逆变器的效率。

逆变器的最大效率是指逆变器能达到的最大效率。

（6）过载能力

过载能力是要求逆变器在特定的输出功率条件下能持续工作一定的时间，其标准规定如下：

1）输入电压与输出功率为额定值时，逆变器应连续可靠工作4h以上；

2）输入电压与输出功率为额定值的125%时，逆变器应连续可靠工作1min以上；

3）输入电压与输出功率为额定值的150%时，逆变器应连续可靠工作10s以上。

（7）额定直流输入电压

额定直流输入电压是指光伏发电系统中输入逆变器的直流电压，小功率逆变器输入电压一般为12V、24V和48V，中、大功率逆变器输入电压有48V、150V、300V和500V等。

（8）额定直流输入电流

额定直流输入电流是指光伏发电系统为逆变器提供的额定直流工作电流。

（9）直流电压输入范围

对于离网光伏逆变器，直流输入电压允许在额定直流输入电压的90%~120%范围内变化，而不影响输出电压的变化。对于并网逆变器来说，一般直流电压输入范围都比较宽，例如160~800V、200~1000V等，还有一个MPPT工作电压范围一般也在120~600V、450~800V等。

（10）使用环境条件

1）工作温度：逆变器功率器件的工作温度直接影响到逆变器的输出电压、波形、频率、相位等许多重要特性，而工作温度又与环境温度、海拔、相对湿度以及工作状态有关。

2）工作环境：对于高频高压型逆变器，其工作特性与工作环境、工作状态有关。在高海拔地区，空气稀薄，容易出现电路极间放电，影响工作。在高湿度地区则容易结露，造成局部短路。因此逆变器都规定了适用的工作范围。

光伏逆变器的正常使用条件为：环境温度-20~+50℃，海拔≤5500m，相对湿度≤93%，且无凝露。当工作环境和工作温度超出上述范围时，要考虑降低容量使用或重新设计定制。

（11）电磁干扰和噪声

逆变器中的开关电路极容易产生电磁干扰，容易在铁芯变压器上因振动而产生噪声。因而在设计和制造中都必须控制电磁干扰和噪声指标，使之满足有关标准和用户的要求。其噪声要求：当输入电压为额定值时，在设备高度的1/2、正面距离为3m处用声级计分别测量50%额定负载和满载时的噪声，应小于等于65dB。

（12）保护功能

光伏发电系统应该具有较高的可靠性和安全性，作为光伏发电系统重要组成部分的逆变器应具有如下保护功能。

1）输入欠电压保护：当输入电压低于规定的欠电压断开（LVD）值时，即低于额定电压的85%时，逆变器应能自动关机保护和作出相应的显示。

2）输入过电压保护：当输入电压高于规定的过电压断开（HVD）值时，即高于额定电压的130%时，逆变器应能自动关机保护和作出相应的显示。

3）过电流保护：逆变器的过电流保护，应能保证在负载发生短路或电流超过允许值时及时动作，使其免受浪涌电流的损伤。当工作电流超过额定值的150%时，逆变器应能自动保护。当电流恢复正常后，设备又能正常工作。

4）短路保护：当逆变器输出短路时，应具有短路保护措施。逆变器短路保护动作时间应不超过0.5s。短路故障排除后，设备应能正常工作。

5）极性反接保护：逆变器的正极输入端与负极输入端反接时，逆变器应能自动保护。待极性正接后，设备应能正常工作。

6）防雷保护：逆变器应具有防雷保护功能，其防雷器件的技术指标应能保证吸收预期的冲击能量。

（13）安全性能要求

1）绝缘电阻：逆变器直流输入与机壳间的绝缘电阻应大于等于50MΩ，逆变器交流输出与机壳间的绝缘电阻也应大于等于50MΩ。

2）绝缘强度：逆变器的直流输入与机壳间应能承受频率为50Hz、正弦波交流电压为500V、历时1min的绝缘强度试验，无击穿或飞弧现象。逆变器交流输出与机壳间应能承受频率为50Hz、正弦波交流电压为1500V，历时1min的绝缘强度试验，无击穿或飞弧现象。

4.3.4 离网光伏逆变器的选型

离网光伏逆变器是离网光伏发电系统的主要部件和重要组成部分，为了保证光伏发电系统的长期正常运行，离网逆变器的选型除了根据光伏发电系统的各项技术指标并参考生产厂家的产品手册数据确定外，还要重点考虑下列几项技术指标。

（1）额定输出功率

额定输出功率表示逆变器向负载供电的能力。额定输出功率高的逆变器可以带更多的用电负载。选用逆变器时应首先考虑具有足够的额定输出功率，以满足最大负荷下设备对电功率的要求，以及系统的扩容及一些临时负载的接入。当用电设备以纯电阻性负载为主或功率因数大于0.9时，一般选取逆变器的额定输出功率比用电设备总功率大10%~15%。同时逆变器还应具有抗容性和感性负载冲击的能力。对一般电感性负载，如电动机、电冰箱、空调器、洗衣机、水泵等，在启动时，其瞬时功率可能是其额定功率的5~10倍，此时，逆变器将承受很大的瞬时浪涌电流。针对此类系统，逆变器的额定输出功率要留有充分的余量，以保证负载能可靠启动。

（2）输出电压的调整性能

输出电压的调整性能表示逆变器输出电压的稳压能力。一般逆变器产品都给出了当直流输入电压在允许波动范围变动时，该逆变器输出电压的波动偏差的百分率，通常称为电压调整率。高性能的逆变器应同时给出当负载由0向100%变化时，该逆变器输出电压的偏差百分率，通常称为负载调整率。性能优良的逆变器的电压调整率应小于等于±3%，负载调整率应小于等于±6%。

（3）整机效率

整机效率表示逆变器自身功率损耗的大小。容量较大的逆变器还要给出满负荷工作和低负荷工作下的效率值。一般千瓦级以下的逆变器的效率应为85%~95%，10kW级的效率应为95%~97%，更大功率的效率必须在98%~99%以上。逆变器的效率高低对光伏发电系统提高有效发电量和降低发电成本有重要影响，因此选用逆变器要尽量比较、选择整机效率高一些的产品。

（4）启动性能

逆变器应保证在额定负载下可靠启动。高性能的逆变器可以做到连续多次满负荷启动而不损坏功率开关器件及其他电路。小型逆变器为了自身安全，有时采用软启动或限流启动措施或电路。

以上几条是作为离网逆变器设计和选购的主要依据，也是评价离网逆变器技术性能的重要指标。

离网逆变器的选型一般是根据光伏发电系统设计确定的直流电压来选择逆变器的直流输入电压，根据负载的类型确定逆变器的功率和相数，根据负载的冲击性决定逆变器的功率余量。逆变器的持续功率应该大于使用负载的功率，负载的启动功率要小于逆变器的最大冲击功率。在选型时还要考虑为光伏发电系统将来的扩容留有一定的余量，并可参考下列公式确定：

逆变器的功率 = 阻性负载功率 ×（1.2～1.5）+ 感性负载功率 ×（5～7）

在离网光伏发电系统中，系统电压的选择应根据负载的要求而定。负载电压要求越高，系统电压也应尽量高，当系统中没有12V、24V直流负载时，系统电压最好选择48V、96V或144V、192V等，这样可以使系统直流电路部分的电流变小。系统电压越高，系统电流就越小，从而可以使系统及线路损耗变小。

光伏发电系统中使用的逆变器性能涉及许多方面。逆变器在将光伏电能从直流转换至交流电能时需要具有较高的效率，需要具有在不同的环境和工作状态下，都能够准确的追踪光伏发电系统的最大功率点，并同时在运行当中能满足不同地区电网规则的要求。所有的功能都必须保障多年长时间的稳定运行，所需维护越少越好。在很多情况下，逆变器需要在极为严酷的环境中运行，如沙漠地区的高温和沙尘环境、大海边的高湿和盐雾环境等。对于逆变器的要求主要是在整个产品寿命周期内将能源产出最大化和成本最小化，以获得最大的经济回报。

4.3.5 并网光伏逆变器的选型与应用

1. 并网逆变器的应用特点

在并网光伏发电系统中，根据光伏组件或方阵接入方式的不同，将并网逆变器大致分为集中式逆变器、组串式逆变器（含双向储能型逆变器）和微型（组件式）逆变器3类。图4-53所示为各种并网逆变器的接入方式示意图。

（1）集中式逆变器

集中式逆变器的特点就如其名字一样，是把多路光伏组件串构成的方阵集中接入到一台大型的逆变器中。一般是先把若干个光伏组件串联在一起构成一个组串，然后再把所有组串通过直流汇流箱汇流，并通过直流汇流箱集中输出一路或几路后输入到集中式逆变器中，如图4-53a所示，当一次汇流达不到逆变器的输入特性和输入路数的要求时，还要通过直流配电柜进行二次汇流。这类并网逆变器容量一般为100～2000kW。

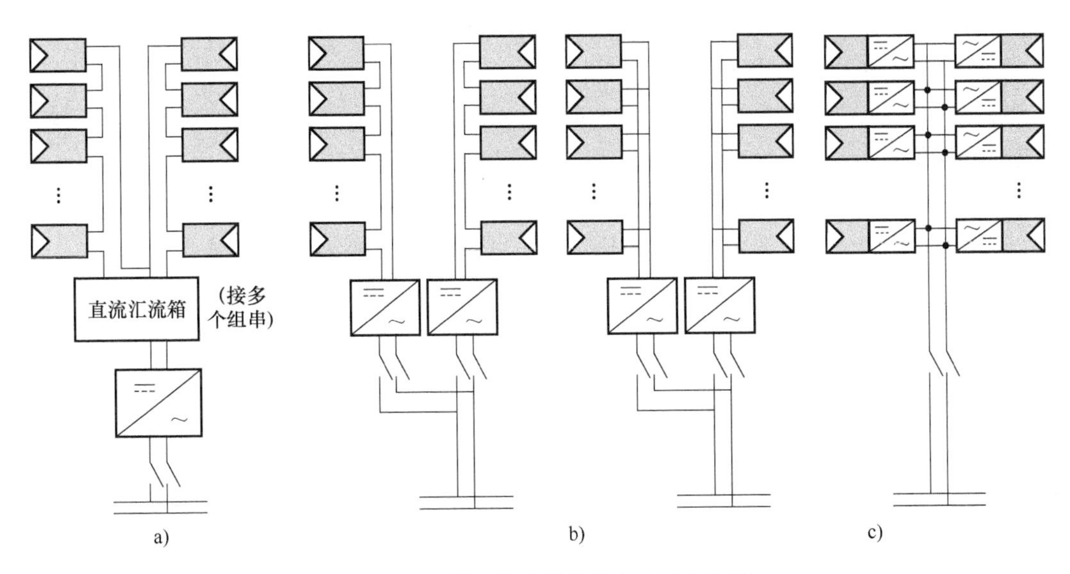

图4-53　各种并网逆变器的接入方式示意图

集中式逆变器的主要特点如下：

1）由于光伏方阵要经过一次或二次汇流后输入到并网逆变器，该逆变器的最大功率跟踪（MPPT）系统不可能监控到每一路光伏组串的工作状态和运行情况，也就是说不可能使每一组串都同时达到各自的MPPT模式，所以当光伏方阵因照射不均匀、部分遮挡等原因使部分组串工作状况不良时，会影响到所有组串及整个系统的逆变效率。

2）集中式逆变器系统无冗余能力，整个系统的可靠性完全受限于逆变器本身，如其出现故障将导致整个系统瘫痪，并且系统修复只能在现场进行，修复时间较长。

3）集中式逆变器通常为大功率逆变器，其相关安全技术花费较大。

4）集中式逆变器一般体积都较大，重量较重，安装时需要动用专用工具、专业机械和吊装设备，逆变器也需要安装在专门的配电室内。

5）集中式逆变器直流侧连接需要较多的直流线缆，其线缆成本和线缆电能损耗相对较大。

6）采用集中式逆变器的发电系统可以集中并网，便于管理。在理想状态下，集中式逆变器还能在相对较低的投入成本下提供较高的效率。

（2）组串式逆变器

组串式逆变器是基于模块化的概念，即把光伏方阵中每个光伏组串输入到一台指定的逆变器中，多个光伏组串和逆变器又模块化的组合在一起，所有逆变器在交流输出端并联并网，如图4-53b所示。这类逆变器容量一般为1～10kW。

组串式逆变器的主要特点如下：

1）每路组串的逆变器都有各自的MPPT功能和孤岛保护电路，不受组串间光伏组件性能差异和局部遮影的影响，可以处理不同朝向和不同型号的光伏组件，也可以避免部分光伏组件上有阴影时造成巨大的电量损失，提高了发电系统的整体效率，非常适合在分布式光伏发电系统中应用。

2）组串式逆变器系统具有一定的冗余运行功能，即使某个光伏组串或某台逆变器出现故障也只是使系统容量减小，可有效减小因局部故障而导致的整个系统停止工作所造成的电量损失，提高了系统的稳定性。

3）组串式逆变器系统可以分散就近并网，减少了直流电缆的使用，从而减少了系统线缆成本及线缆电能损耗。

4）组串式逆变器体积小、重量轻，搬运和安装都非常方便，不需要专业工具和设备，也不需要专门的配电室。直流线路连接也不需要直流汇流箱和直流配电柜等。

5）组串式逆变器分散分布于光伏系统中，为了便于管理，对信息通信技术提出了相对较高的要求，但随着通信技术的不断发展，新型通信技术和方式的不断出现，这个问题也已经基本解决。

（3）多组串式逆变器

多组串式逆变器是为了同时获得组串式逆变器和集中式逆变器的各自优点，在组串式逆变器基础上，形成多组串输入方式，系统将使与其相关联的几组组串共同参与工作且互不影响，从而生产更多的电能。这种形式的多组串逆变器是借助 DC-DC 变换器把很多组串连接在一个共有的逆变器系统上，并仍然可以完成各组串或若干组串各自单独的 MPPT 功能，从而提供了一种完整的比普通组串逆变系统模式更经济的方案。

多组串逆变器系统方案不仅使逆变器应用数量减少，还可以使不同额定值的光伏组串（如不同的额定功率、不同的尺寸、不同厂家和每组串不同的组件数量）、不同朝向的组串、不同倾斜角和不同阴影遮挡的组串连接在一个共同的逆变器上，同时每一组串都工作在它们各自的最大功率峰值点上，使因组串间的差异而引起的发电量损失减到最小，整个系统工作在最佳效率状态上。

多组串式逆变器容量一般在 10～100kW。无论是单组串逆变器还是多组串逆变器，在业内都统称为组串式逆变器。

（4）双向储能逆变器

双向储能逆变器又叫双向并网逆变器或双模式储能逆变器。既能实现离网和并网发电功能，又能实现电能的双向流动控制，可以将交流电变换成直流电，也可以将直流电变换成交流电。白天光伏组件所发的电力可通过双向储能逆变器给本地负载供电或并入电网，同时还可以用来给储能系统充电；晚上根据需要可以把储能系统中的电能释放出来供负载使用。此外电网也可通过逆变器给储能设备充电。双向储能逆变器可以应用到有电能存储要求的并网发电系统中，又可以和组串式逆变器结合构成独立运行的光伏发电系统，原理如图 4-54 所示。

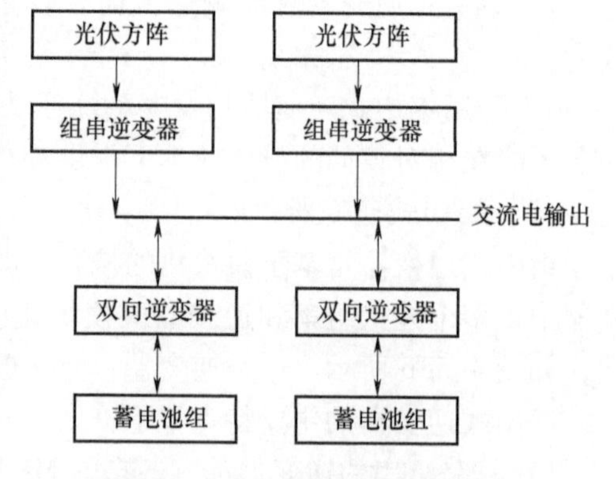

图 4-54　双向储能逆变器的应用

双向储能逆变器由蓄电池组供电，将直流电变换为交流电，在交流总线上建立起电网。组串式逆变器自动检测光伏方阵是否有足够能量，检测交流电网是否满足并网发电条件，当条件满足后进入并网发电模式，向交流总线馈电，系统启动完成。系统正常工作后，双向储能逆变器检测负载用电情况，组串式逆变器馈入电网的电能首先供负载使用。如果有剩余的电能，双向储能逆变器将其变换为直流电给蓄电池组充电；如果组串式逆变器馈入的电能不够负载使用，双向储能逆变器又将蓄电池组供给的直流电变换为交流电馈入交流总线供负载使用。以此为基本单元组成的模块化结构的分散式独立供电系统还可与其他电网并网。

在无光伏发电补贴及电网实行峰谷电价的地区，利用双向储能逆变器可以实现把光伏发电的多余电能存储在蓄电系统中，供晚上使用，最大化的提高光伏发电系统的自发自用量，也可以实现利用便宜的夜间谷价电力给蓄电系统充电，用光伏发电满足白天的用电，存储的电力在傍晚至夜间用电高峰时使用，从而减少用户电费支出。

双向储能逆变器作为应用于储能、微电网系统的关键设备，将会广泛应用到分布式光伏发电系统中，并逐步形成智能微电网的新能源电力结构。

（5）微型逆变器

微型逆变器也叫组件式逆变器或模块式逆变器。其外形见图 4-11。微型逆变器可以直接固定在组件背后，每一块光伏组件都对应匹配一个具有独立的 DC-AC 逆变功能和 MPPT 功能的微型逆变器。目前微型逆变器已经发展为一台逆变器可连接两块或 4 块光伏组件，形成两路或 4 路独立 MPPT 输入，最大输出功率可达 1200W，可广泛应用在各种分布式光伏发电系统中。用微型逆变器构成的光伏发电系统更为高效、可靠、智能，在光伏发电系统的运行寿命期内，与应用其他逆变器的光伏发电系统相比，发电量最高可提高 25%。

微型逆变器有效地克服了集中式逆变器的缺陷以及组串式逆变器的不足，并具有下列一些特点：

1）发电量最大化。微型逆变器针对每个单独组件做 MPPT，可以从各组件分别获得最高功率，发电总量最多可提高 25%。

2）对应用环境适应性强。微型逆变器对光伏组件的一致性要求较低，实际应用中诸如出现阴影遮挡、云雾变化、污垢积累、组件温度不一致、组件安装倾斜角度不一致、组件安装方位不一致、组件细小裂缝和组件效率衰减不均等内外部不理想条件时，问题组件不会影响其他组件，从而不会显著降低整个系统的整体发电效率。

3）能快速诊断和解决问题。用微型逆变器构成的光伏发电系统采用电力载波技术，可以实时监控光伏发电系统中每一块组件的工作状况和发电性能。

4）几乎不用直流电缆，但交流侧需要较多的布线成本和费用。

5）避免单点故障。传统集中式逆变器是整个光伏发电系统的薄弱环节和故障高发单元，微型逆变器的使用不但取消了这一薄弱环节，而且其分布式架构保证不会因单点故障导致整个系统停止工作。

6）施工安装快捷、简便、安全。微型逆变器的应用使光伏发电系统摆脱了危险的高压直流电路，安装时组件性能不必完全一致，因而不用对光伏组件挑选匹配，使安装时间和成本都降低 15%～25%，还可以随时对系统做灵活变更和扩容。

7）微型逆变器内部主电路采用了谐振式软开关技术，开关频率最高达几百千赫兹，开关损耗小，变换效率高。同时采用体积小、重量轻的高频变压器实现电气隔离及功率变换，功率密度高。实现了高效率、高功率密度和高可靠性的需要。

2. 并网光伏逆变器的选型

随着分布式光伏发电的快速发展，光伏发电系统及光伏电站类型的日益多样化，对光伏发电系统的设计选型也提出了更高的要求，所以光伏逆变器的选型也应当体现“因地制宜、科学设计”的基本原则。

光伏逆变器的选型，从宏观上讲，要结合光伏发电工程建设方方面面的实践经验，根据光伏电站建设的实际情况如建设现场的使用环境、电站的分布情况、当地的气候条件等因素来选用不同类型的逆变器。结合工程的实际情况选择合适的逆变器，不仅可以节省工程成本，简化安装条件，缩短安装时耗，而且可以有效提高系统发电效率。具体来说，对于地面光伏电站、沙漠光伏电站等，集中式并网逆变器一直是主流解决方案。集中式逆变器安装数量少，便于管理，逆变器设备投入也相对较少。因此更低的初始投资，更友好的电网接入，更低的后期运行维护成本是选择集中式逆变器的主要依据。组串式逆变器则大多应用在中小型光伏电站中，特别是分布式光伏电站及与建筑结合的光伏建筑一体化类的发电系统。而组件式并网逆变器则更适用于几千瓦以内的小型光伏发电系统，如光伏车棚、光伏玻璃幕墙等。

随着并网逆变器种类和应用技术的不断丰富和提高，并网逆变器的选型和应用也要与时俱进，灵活应用，例如，在平坦无遮挡的应用场合，集中式逆变器和组串式逆变器的发电量基本持平，所以可以采用集中式逆变器为主，组串式逆变器补充的组合方式；而对于较大规模的分布式屋顶电站、渔光互补、水上漂浮电站等，只要安装面平坦，无不同朝向，没有局部遮挡，考虑到安装和维护的便利性，也可以首选集中式逆变器；而组串式逆变器由于单机容量小，MPPT数量多，配置灵活，主要用于复杂的小型山丘电站、农业大棚和复杂的屋顶等应用场合，总之逆变器的选型要以高效、可靠、低成本为原则。根据逆变器的特点，一般8kW以下的系统宜选用单相组串式逆变器，8～500kW的系统选用三相组串式逆变器，500kW以上的系统，可以根据实际情况选用组串式逆变器或集中式逆变器。表4-3为根据不同系统容量对并网逆变器造型的推荐方案，供参考。

表4-3　不同系统容量对并网逆变器的选择

系统容量	逆变器选择	选择说明
500kW以下	组串式逆变器	500kW以下系统，组串式逆变器与集中式逆变器成本相差不大，但组串式逆变器发电量能提高5%到10%
500kW～2MW	组串式逆变器	这个容量区间的系统，选用组串式逆变器比集中式逆变器成本高5%，但组串式逆变器发电量要高5%～10%，系统总体收益好
2～6MW	日照均匀的地面电站用集中式逆变器，屋顶类等用组串式	根据实际安装场地选择
6MW以上	集中式逆变器	集中式逆变器能更好地适应电网的要求

图4-55和图4-56所示为分别用集中式逆变器和组串式逆变器构成的光伏发电系统电气原理图，从图中可以更直观地看出光伏方阵输入并网逆变器的不同接法。

在此从几个方面对这两类逆变器各自的优缺点进行具体比较，并结合选型实例供读者参考。

（1）系统成本方面

组串式逆变器体积小、重量轻，搬运和安装都非常方便，不需要专业工具和设备，也不需要专门的配电室，直流线路连接也不需要直流汇流箱和直流配电柜等。

集中式和组串式逆变器配电方式和设备的不同也导致了整个发电系统铺设线缆数量不

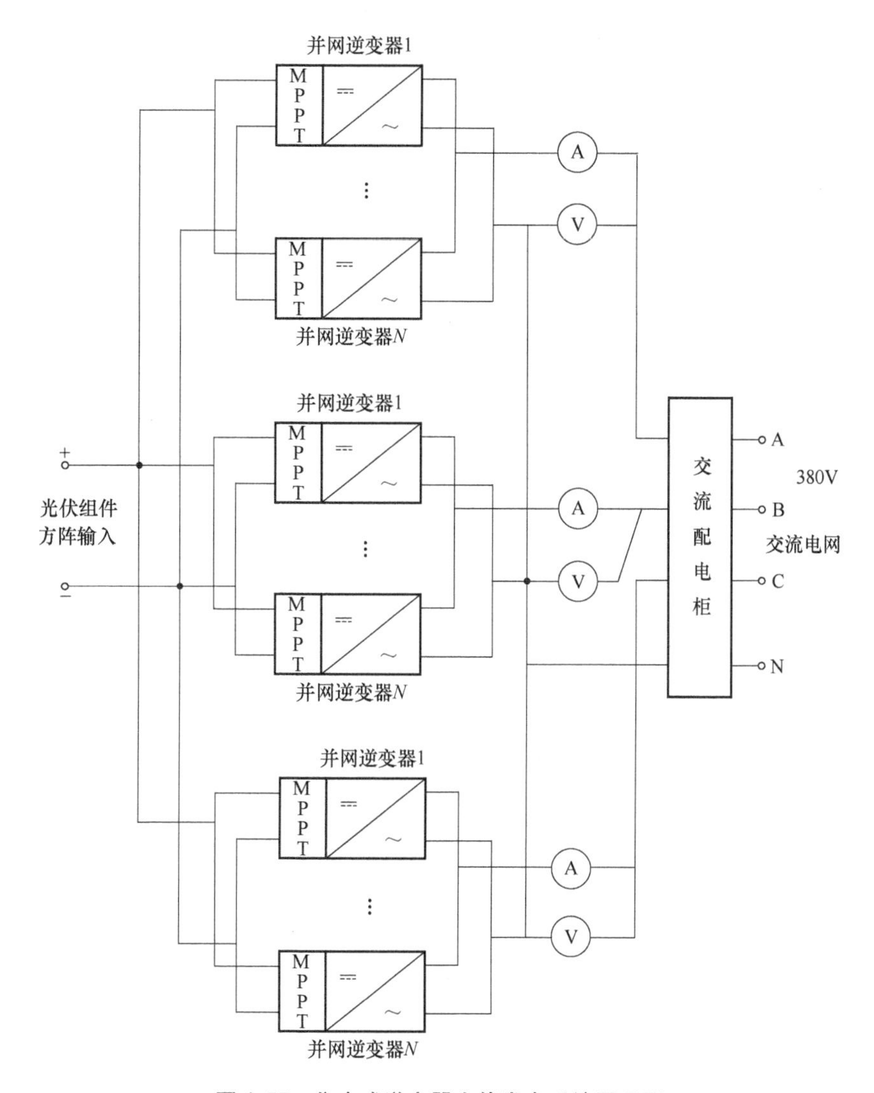

图4-55 集中式逆变器光伏发电系统原理图

同。集中式逆变器要使用直流汇流箱进行一次汇流，而直流汇流箱一般都安装在光伏方阵旁边，所以这部分线缆的使用量比组串式逆变器系统相对要少很多。但集中式逆变器系统要从直流汇流箱到直流配电柜进行二次汇流，这部分使用的线缆相对较粗，而组串式逆变器系统则不需要这部分线缆，所以组串式逆变器系统这部分成本相对较低。

对逆变器输出的交流侧线缆来说，集中式逆变器系统交流侧使用线缆相对较少，而组串式逆变器系统使用线缆相对较多。

（2）系统效率方面

目前，就并网逆变器本身的效率而言已经达到了比较高的水平，且集中式和组串式并网逆变器的效率基本相当，都可以达到98%以上。系统效率的主要差别还是在系统优化和线路损耗等方面。在集中式逆变器系统中，由于光伏方阵经过了两次汇流后才输入到逆变器，所以逆变器的最大功率点跟踪（MPPT）系统无法监控到每一路光伏组串的运行情况，因此也不可能使每一路光伏组串都达到MPPT状态，只能对整个光伏方阵进行跟踪调控。而组串

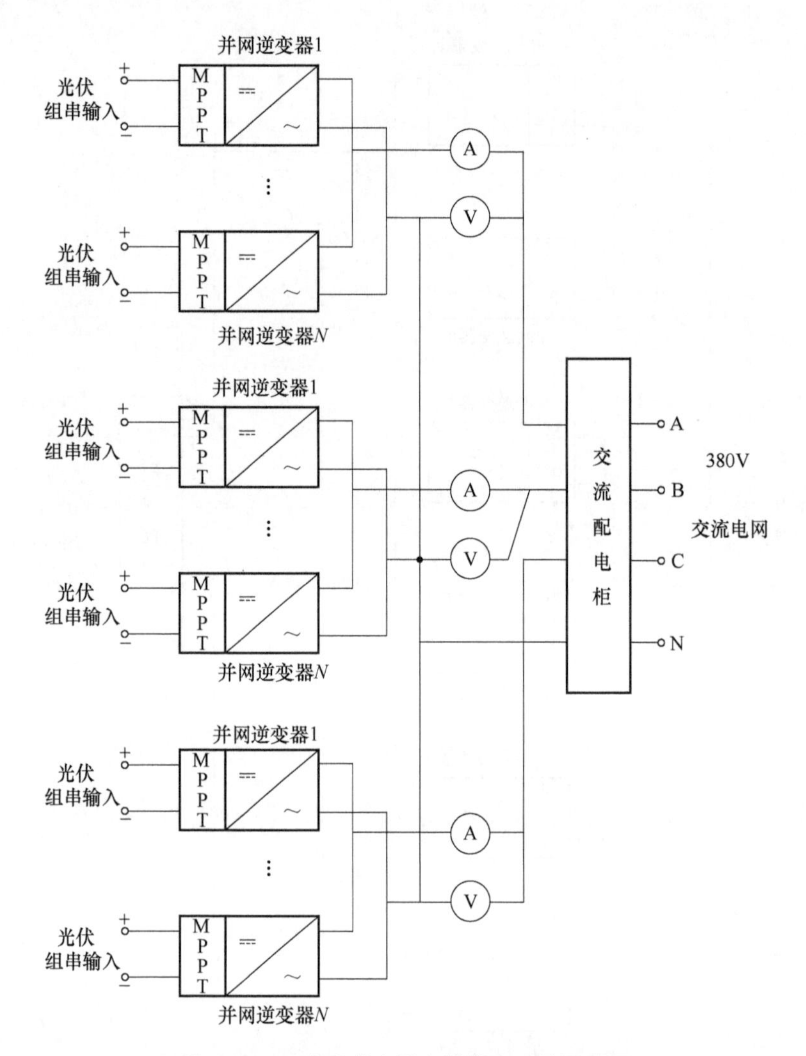

图 4-56　组串式逆变器光伏发电系统原理图

式逆变器是每一或几组光伏组串输入到一台逆变器中，并且逆变器对输入的光伏组串都可以单独进行 MPPT，确保每一组串都产生最多的电量，即使某一组串由于太阳辐射不足或因故障断开，其他组串也不受影响继续正常发电，使整个发电系统总的能量输出实现了最大化。

（3）系统运行特性方面

采用不同类型的并网逆变器使的系统运行性能方面也产生了不同的效果。除了上面所说的运行效率不同外，集中式逆变器系统无冗余能力，如有任何问题，整个系统将全部停止发电。而组串式逆变器系统则有冗余运行能力，当有个别逆变器发生故障时，整个系统不受其影响，依然可以正常发电。另外集中式逆变器系统可集中并网，便于管理，而组串式逆变器系统则可以分散就近并网，系统损耗小。

在组串式逆变器的选型中，要优先选用容量更大的逆变器，一般单台逆变器容量越大，单位造价越低，转换效率越高，后期维护工作量越小。不同品牌同类规格产品，要优先选择直流输入电压范围宽，MPPT 输入路数多，转换效率高的逆变器。一个项目采用多台逆变器时，要尽量选用同品牌和规格型号的逆变器。

3. 并网光伏逆变器选型案例

下面先以一个1MW的地面光伏发电系统工程为例，对采用两种不同类型并网逆变器的发电系统进行对比设计，并对其工程造价进行对比分析。该工程分别采用2台500kW的集中式并网逆变器和64台15kW的组串式并网逆变器进行对比设计，500kW的逆变器安装在专用配电室内，15kW的逆变器安装在光伏方阵支架的后面。

采用不同类型的并网逆变器，光伏方阵的容量和面积是一样的，主要的差别就是不同类型并网逆变器系统布线方式和线缆数量的差别造成系统成本的较大差异。经过计算，集中式逆变器比组串式逆变器直流侧线缆多投资5万元左右，而交流侧线缆又少投资3万元左右，具体费用对比见表4-4。

表4-4 不同类型的并网光伏逆变器费用概算对比表

序　　号	项　　目	集中式并网系统	组串式并网系统	增加费用/元
1	砖混或箱式配电房	需要	不需要	约5万
2	直流汇流箱	需要	不需要	约6万
3	直流防雷配电柜	需要	不需要	约3万
4	直流侧线缆	多	少	约5万
5	交流侧线缆	少	多	约-3万
6	安装过程	工程量大，需专用工具、设备	不需要	约0.1万
7	逆变器成本	低	略高	约-4万
8	合计增加	—	—	12.1万

从表4-4中可以看出，同样一个工程，采用组串式逆变器系统要比采用集中式逆变器系统节省12万元左右，这还不包括由于组串式逆变器的维护费用低而节省的费用，以及组串式逆变器可以最大效率的跟踪输入的每一路的MPPT而提高的系统发电量。目前组串式逆变器与集中式逆变器的价格已经基本相当，所以在光伏发电工程设计选型中，选择组串式逆变器构成发电系统的优势越来越明显。

上述案例侧重于选择不同的逆变器对光伏发电系统一次性投资成本的对比分析，随着国家和各级政府对光伏发电补贴政策的不断深化，目前的补贴方式已经由过去的对光伏发电工程投资进行补贴逐步改变为对光伏发电系统或电站的发电量进行补贴，俗称“度电补贴”。因此，选择什么结构形式的逆变器应用于光伏发电系统，不仅要考虑光伏发电系统建设的一次性投资成本，更要考虑如何提高整个光伏发电系统的最大发电量和投资回报率。下面再介绍一个选用组串式逆变器提高光伏电站投资回报率的分析案例。

这是一个70MW的地面光伏电站，其中50MW采用了单体功率为20kW的组串式逆变器，另外20MW采用了单体功率为333kW的集中式逆变器，整个电站看不到给逆变器盖的房子（配电室）。这个电站采用了德国某品牌防护等级为IP65的逆变器，单体20kW的逆变器为壁挂安装方式，单体333kW的逆变器为箱式地面安装方式，两种逆变器全部安装在电池板的下面。

首先从产品和系统方面进行分析：以单体20kW的三相组串式逆变器为例，虽然单台仅为20kW，但是其相比更高功率的逆变器具有更多的优势。比如其紧凑的外形可以便捷地安装于光伏方阵的背后，节省了空间和安装成本。在宽泛的480~850V输入电压范围内，实现了光伏方阵的最大效率输出。即使在较低的太阳照射水平下，也能达到98.2%的峰值效率。体积小、重量轻和直接插拔设计，使得维护方便也是这款逆变器的一个更明显的优点。此外，由于功率较小，所以即使发生故障，它所影响的光伏阵列的范围也很小，因此大大提高了电站的发电效率。

其次从投资成本和长期的投资回报率方面分析：20kW 组串式逆变器构成的逆变系统初期投入相对略高一些，但是从系统成本及长期运营角度看，总成本低，投资回报率高。333kW 集中式逆变系统无论从初期硬件投入还是从长期运营维护费用来看，都适中。假设选用 500kW 的逆变系统初期硬件投入费用较少，但系统整体成本和后期维护成本较高。

目前在国内市场集中式逆变器占了绝大多数，而从全球市场来看，由于组串式逆变器的诸多优点，组串式逆变器在全球市场占主导地位。随着国内光伏市场的发展，投资商和运营商对逆变转换效率和可靠性及整个逆变系统可靠性的要求会越来越高，组串式逆变器会得到越来越多的选择。表 4-5 是分别以 20kW、333kW 和 500kW 逆变器为例构建 1MW 光伏发电系统的性能特点对比分析，供读者选型参考。

表 4-5　不同逆变器构成光伏发电系统性能特点对比表

20kW	333kW	500kW
组串式逆变器（无隔离变压器）	集中式逆变器	集中式逆变器
不需要汇流箱，直流输入细分到每一串	需要汇流箱，集中汇流，可节约直流线缆	需要汇流箱，集中汇流必要时需要分级汇流以节约直流线缆
直流侧布线简单，分布式就地并网，直流线缆短，成本低	直流侧输入电压最高可达 1500V，每串可连接更多组件，直流线损小，成本低	直流侧布线相对复杂且距离长，必要时需要配置多级汇流，成本相对较高
交流侧电缆连接距离长，每个逆变器需要一个交流断路器，可就地并网或交流汇流并网	交流侧输出电压达 690V，交流电缆线损较小，到变压器距离较短，交流布线成本低。相同电缆截面输送 690V 比输送 400V 交流电，传输损失降低了 66%	交流侧到变压器距离很短，线损小，交流布线简单，成本较低
输出三相交流 400V，可以直接低压并网，不需要隔离变压器	输出三相交流 690V，可多台逆变器共用一台隔离变压器	输出三相交流 315V，两台逆变器共用一台隔离变压器
防护等级 IP65 不需要另建配电室，就地安装在电池板背后，提高了土地利用率，也节省了基建成本和空调费用	防护等级 IP65 不需要另建配电室，就地安装在电池板背后，提高了土地利用率，也节省了基建成本和空调费用	防护等级 IP54，需要置于配电室内
免维护，自然冷却	简单维护，强制风冷	需定期维护，液体冷却 + 风冷双冷却系统
宽泛的直流电压输入范围和 MPPT 运行电压范围，最高效率 98.2%	采用最新的拓扑电路，效率最高可以达到 98.5%	最高效率 98.2%
维护方便，需要时直接更换整个逆变器，安装简单	常规维护	需专业维护
50 个 MPPT 追踪精度非常高	3 个 MPPT 追踪精度高	2 个 MPPT 追踪精度一般
尺寸：宽 535mm/高 601mm/深 277mm，重量：41.5kg	尺寸：宽 230mm/高 1610mm/深 810mm，重量：850kg	尺寸：宽 1100mm/高 2000mm/深 600mm，重量：1700kg

4.3.6 并网光伏逆变器发展趋势

随着新技术、新产品的应用，也不断促进了光伏逆变器技术的进步，使光伏电站的设计更加精细化、系统集成度也进一步提高。光伏逆变器的发展趋势主要体现在大功率、高效率、智能化以及适应性等方面，产品形式也更加多样化，以适应不同应用场景的需求。对于大型地面电站，集中式逆变器一直是主流解决方案，更低的初始投资，更友好的电网接入，更低成本的后期运维是选择集中式逆变器的主要依据。多项实际运行数据表明，在平坦无遮挡的应用场合，集中式逆变器与组串式逆变器发电量基本持平。且集中式逆变器的单机容量在不断增大，1MW以上的系统单元会越来越多，组串式逆变器作为补充，40～100kW等更大功率的组串式逆变器将逐步取代20～40kW的组串式逆变器。而对于分布式光伏发电系统，组串式逆变器由于单机容量小，MPPT数量多，配置灵活，依然是应用主流。

光伏逆变器的发展趋势，主要表现在下列几个方面。

1）逆变器硬件技术快速提高。SiC、CAN、性能优异的DSP等新型器件和新型拓扑的应用，促使逆变器的效率不断提高，目前逆变器的最大效率已经达到99%，下一个目标是99.5%。

2）集中式逆变器功率加大，效率提高，电压等级升高。目前已经开发出单机容量2.5MW的逆变器，2MW、2.5MW逆变器将被广泛应用，成为主流。与1MW单元系统相比，2.5MW的单元系统应用可降低成本约0.1元/W，即100MW的电站可降低1000万元的初始投资。同时1500V系统电压也是今后大型电站的发展趋势。

3）组串式逆变器单机功率不断提高，功率密度加大。组串式逆变器的功率不断加大，目前最大功率已经做到80kW，功率密度也在不断提高，重量不断降低，以适应安装维护困难的复杂应用环境。40kW逆变器最低重量已经做到39kg。高功率、高效率、高功率密度是逆变器未来发展的方向。

4）电网适应性不断增高，各种保护功能更加完善。随着技术的发展，逆变器对电网的适应能力进一步加强，漏电流保护、SVG功能、LVRT、直流分量保护、绝缘电阻检测保护、PID保护、防雷保护、光伏组件正负极接反保护等不断完善的保护功能，使光伏系统的运行更加安全可靠。

5）逆变器的环境适应能力不断提高。随着沿海、沙漠、高原等各种恶劣环境下的光伏电站应用增多，逆变器的抗腐蚀性、抗风沙等环境适应性能不断提高，确保了恶劣环境下的高可靠性。

6）“光伏+互联网”实现光伏系统数字化。在今后的光伏发电系统中，基于云存储和计算的电站管理平台将广泛应用，成为主流。通过云计算、大数据平台对光伏电站进行实时全面掌控，自动化运维，持续优化，实现光伏电站的智慧化运营和运维管理，使电站的运营管理更加直观和智能化，提升了电站的资产价值。

7）“光伏+储能”的组合将成为解决“弃光”、平滑输出以及构建智慧微电网系统的重要环节。

随着分布式光伏发电如火如荼的发展，储能技术也开始微风渐起。储能技术的应用，除了存储能量、解决弃光弃风问题以外，还可以用于电网的调峰调频、微电网的建立以及户用系统余电的存储等，其应用前景非常广阔。

4.4 光伏储能电池及器件——能量的“蓄水池”

在日常生活中，人们对于重要的东西总要留一些出来，以备不时之需，比如粮食、煤炭、石油等。但是对于电力，却由于其即生即灭的特性，自问世以来就很难储存。太阳每天会照样升起，温暖万物，普照大地，可是当太阳落山以后呢？大家需要点灯照明，需要烧煤取暖，需要燃气做饭，要能留住阳光多好！几节电池的手电筒，也能留住些许阳光。科技发展到今天，已经有了很多方法，怎样让太阳在落山以后，还能持续为大家服务，其中最直接、最便捷的方法就是光伏储能。

储能电池与储能器件是离网光伏发电系统和带储能的并网光伏发电系统不可缺少的存储电能的部件。其主要功能，一是存储光伏发电系统的电能，并在日照量不足、夜间以及应急状态时为负载供电，或在并网系统中利用存储电能避谷调峰、减少对电网冲击等；二是对光伏组件的输出电压起到钳位的作用，使光伏组件的输出电压在环境变化的过程中不会有太大的波动；三是可以为负载提供较大的启动电流。大规模的储能可以把电像水库里的水一样储存起来，让用户随心所欲地使用。储存电能的方式有很多，主要方式之一就是利用各类储能电池和器件来完成储能的任务。在光伏发电系统中，常用的储能电池及器件有铅酸类蓄电池、锂离子电池和磷酸铁锂电池、镍氢电池，以及具有前沿性的液流电池、钠硫电池及超级电容器等，它们分别应用于太阳能光伏发电的不同场合或产品中。由于技术、性能及成本的原因，目前在太阳能光伏发电系统中应用最多、最广泛的还是铅酸蓄电池和磷酸铁锂电池。

光伏发电系统对储能蓄电部件的基本要求：

1）自放电率低；

2）使用寿命长；

3）深放电能力强；

4）充电效率高；

5）少维护或免维护；

6）工作温度范围宽；

7）价格低廉。

4.4.1 铅酸蓄电池

铅酸蓄电池的储能方式是将电能转换为化学能，需要时再将化学能转换为电能。由于组成蓄电池正极的材料是氧化铅，负极是铅，而电解液主要是稀硫酸，所以称为铅酸蓄电池。铅酸蓄电池具有电能转换效率高、循环寿命长、端电压高、安全性强、性价比高、安装维护简单等特点，是目前在各类储能、应急供电和电力启动等装置中应用最多的化学电池。

1. 铅酸蓄电池的分类

铅酸蓄电池按产品的结构型式，可分为开口式、阀控密封免维护式和阀控密封胶体式等几种；按使用环境及场合可分为移动式和固定式。在光伏发电系统中应用最多的是固定式阀控密封免维护铅酸蓄电池和阀控密封胶体蓄电池。

2. 铅酸蓄电池的基本结构

铅酸蓄电池主要由正极板，负极板，电解质，隔板，电池槽、盖，跨桥，安全阀，接线端子等组成，如图 4-57 所示。电池可组装成 2V、6V、12V，电池每 2V 为一个单位。

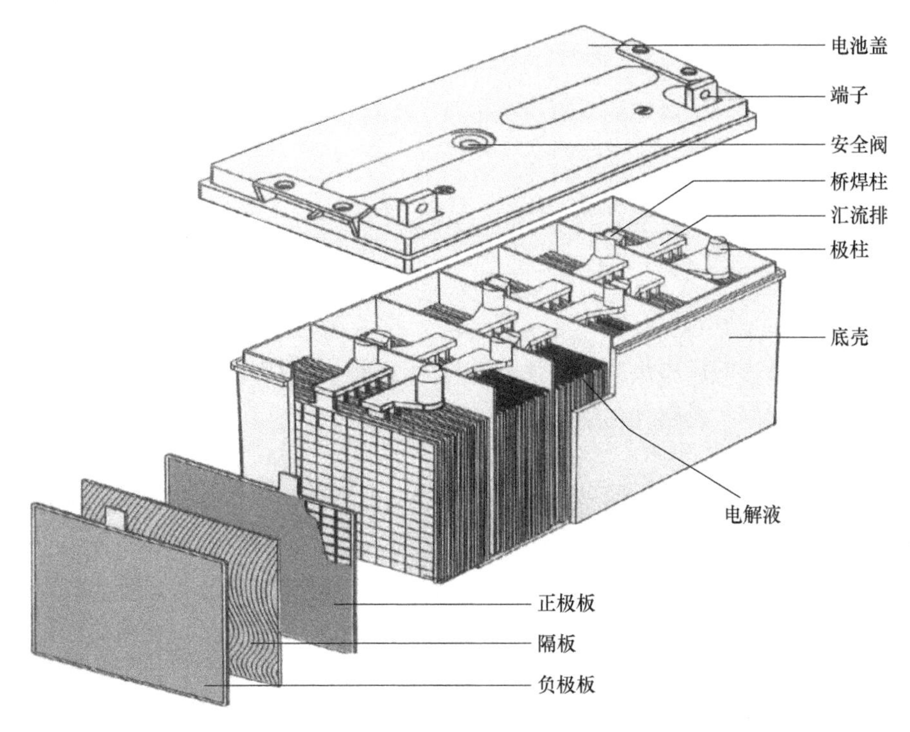

图 4-57　铅酸蓄电池结构示意图

（1）正极板

正极板是指铅酸蓄电池的阳极板，是发生氧化反应的电极。它是以结晶紧密、疏松多孔的二氧化铅作为存储电能的活性物质，正常颜色为红褐色，铅酸蓄电池的每个单元也分为正极和负极，阳极是放电时的负极，充电时的正极。

（2）负极板

负极板是铅酸蓄电池的阴极，是发生还原反应的电极。它是以海绵状的金属铅作为存储电能的物质，正常颜色为深灰色。负极板是放电时的正极，充电时的负极。

（3）电解质

铅酸蓄电池的电解液是稀硫酸溶液，胶体蓄电池的电解质是一定浓度的硫酸和硅凝胶的胶体电解质。电解质在铅酸蓄电池中的作用是：参加电化学反应；传导溶液的正负离子；扩散极板在反应时产生的温度。电解质是影响电池容量和使用寿命的主要因素。

（4）隔板

隔板有塑料隔板、微孔橡胶隔板、玻璃纤维 CAGMD 隔板、高分子微孔（PE）隔板等，隔板的作用是吸收电解液，并将正负极板隔开而互不短路。隔板可以防止极板的弯曲和变形，防止活性物质的脱落，降低电池的内阻。因此隔板材料要有足够的机械强度和多孔性；还要有良好的绝缘性能和耐酸性、亲水性。

（5）电池槽、盖

电池槽、盖就是蓄电池的外壳。它为整体结构，壳内由隔壁分成三个或六个互不相通的单格，格子底部有突起的筋条，用来搁置极板组。筋条间的空隙用来堆放从极板上脱落下来的活性物质，以防止极板短路。外壳材料要保证电池密封，有优良的耐腐蚀、耐热和耐机械力性能。一般选用硬橡胶或 ABS 工程塑料。

（6）跨桥

跨桥的作用是并联电池单体的所有正负极板，以确保电池的容量并传导电流。跨桥的材料是耐腐蚀铅合金。

（7）安全阀

安全阀的作用是维持电池正常的内部压力，防止外界空气和杂质的进入。安全阀一般用三元乙丙橡胶制作。

（8）接线端子或引出线

接线端子或引出线的作用是实现电池与外界的连接，传导电流。接线端子的材质一般是铜材镀银，引出线一般是多股纯铜线。

3. 铅酸蓄电池的工作原理

铅酸蓄电池的工作过程就是通过电化学反应将电能转化为化学能，再将化学能转化为电能的过程。铅酸蓄电池的正极（PbO_2）和负极（Pb）浸在电解液（浓度 37% 的稀硫酸）中，在放电过程中，两个电极都变为硫酸铅（$PbSO_4$），电解液变成水，因此放电后的铅酸电池，电解液会在环境温度 0℃以下时冻结，而无法继续充放电过程。在充电过程中，两个电极上的硫酸铅变回初始状态（正极为 PbO_2，负极为 Pb），硫酸离子重新回到电解液中，生成硫酸液，其电化学反应过程如下：

正极　电解液　负极　　正极　　水　　负极

放电过程：$PbO_2 + 2H_2SO_4 + Pb \longrightarrow PbSO_4 + 2H_2O + PbSO_4$

充电过程：$PbO_2 + 2H_2SO_4 + Pb \longrightarrow PbSO_4 + 2H_2O + PbSO_4$

铅酸蓄电池在充电和放电过程中的可逆反应理论比较复杂，目前公认的是“双硫酸化理论”。该理论的含义为铅酸电池在放电后，两电极的活性物质和硫酸发生作用，均转变为硫酸化合物——硫酸铅；充电时又恢复为原来的铅和二氧化铅。

铅酸蓄电池在充电过程中会产生气体（氢气和氧气），少量放气是正常的，大量放气说明电池在被过充电，如果此时周围有火花或明火，可能引发气体爆炸，因此要注意保持蓄电池周围场所空气流通良好。通常在蓄电池充电容量达到 80% ~ 90% 时，蓄电池就会开始放气，这是正常现象。随着铅酸蓄电池技术的发展，后期有了阀控和密封型铅酸蓄电池，其基本原理与上文的化学反应相同，当蓄电池充电后期，在正极板产生氧气，在负极板产生氢气，为了解决充电后期水的电解，阀控蓄电池将原有的栅板进行了改进，采用了铅钙合金栅板，这样提高了释放氢气的电位，抑制了氢气的产生，从而减少了气体释放量，同时使自放电率降低。利用负极活性物质海绵状铅的特性，与氧快速反应，使负极吸收氧气，抑制水的减少。在充电最终阶段或在过充电时，充电能量消耗在分解电解液的水上，使正极板产生氧气，此氧气与负极板的海绵状铅以及硫酸起反应，使氧气再化合为水。同时，一部分负极板变成放电状态，因此也抑制了负极板氢气产生。与氧气反应变成放电状态的负极物质经过充电又恢复到原来的海绵状铅，由此导致电池在浮充过程中产生的气体被消除 90% 以上，少量气体通过可闭的阀控制排放，这就实现了有条件的密封，即阀控密封蓄电池。铅酸蓄电池内部的详细电化学反应原理和过程请参考相关资料，在此就不详细叙述了。

4. 铅酸蓄电池的基本概念与技术术语

（1）铅酸蓄电池的基本概念

1）蓄电池充电。蓄电池充电是指通过外电路给蓄电池供电，使电池内发生化学反应，从而把电能转化成化学能而存储起来的操作过程。

2）过充电。过充电的意思是指对已经充满电的蓄电池或蓄电池组继续充电。

3）放电。放电是指在规定的条件下，蓄电池向外电路输出电能的过程。

4）自放电。由于蓄电池中电极与电解液间的相互作用，蓄电池的能量未通过外电路放电而自行减少，这种能量损失的现象叫自放电。

5）活性物质。在蓄电池放电时发生化学反应从而产生电能的物质，或者说是正极和负极存储电能的物质统称为活性物质。

6）放电深度。放电深度是指蓄电池在某一放电速率下，电池放电到终止电压时实际放出的有效容量与电池在该放电速率的额定容量的百分比。放电深度和电池循环使用次数关系很大，放电深度越大，循环使用次数越少；放电深度越小，循环使用次数越多。经常使电池深度放电，会缩短电池的使用寿命。

7）极板硫化。在使用铅酸蓄电池时要特别注意的是，电池放电后要及时充电，如果蓄电池长时期处于亏电状态，或经常充电不足，或者由于过充、蒸发等造成的水分丢失使电解液浓度异常，极板就会形成 $PbSO_4$ 晶体，这种大块晶体很难溶解，无法恢复原来的状态，导致极板硫化就无法充电了。

8）相对密度。相对密度是指电解液与水的密度的比值。相对密度与温度变化有关，25℃时，充满电的电池电解液相对密度值为 $1.265g/cm^3$，完全放电后降至 $1.120g/cm^3$。每个电池的电解液相对密度都不相同，同一个电池在不同的季节，电解液相对密度也不一样。大部分铅酸蓄电池的电解液相对密度在 $1.1 \sim 1.3g/cm^3$ 范围内，充满电之后一般为 $1.23 \sim 1.3g/cm^3$。

（2）铅酸蓄电池的常用技术术语

1）蓄电池的容量。处于完全充电状态下的铅酸蓄电池在一定的放电条件下，放电到规定的终止电压时所能给出的电量称为电池容量，以符号 C 表示，常用单位是安时（A·h）。通常在 C 的下角处标明放电时率，如 C_{10} 表示是 10 小时率的额定容量；C_3 表示是 3 小时率的额定容量，数值为 $0.75\ C_{10}$；C_1 表示是 1 小时率的额定容量，数值为 $0.55\ C_{10}$；C_{60} 表示是 60 小时率的额定容量；C_T 表示是当环境温度为 T 时的蓄电池实测容量；C_a 表示是在基准温度（25℃）条件时的蓄电池容量。

蓄电池容量分为实际容量和额定容量。实际容量是指电池在一定放电条件下所能输出的电量。额定容量（标称容量）是按照国家或有关部门颁布的标准，在电池设计时要求电池在一定的放电条件下（如在 25℃环境下以 10 小时率电流放电到终止电压），应该放出的最低限度的电量值。例如，国家标准规定，对于启动型蓄电池，其额定容量以 20 小时率标定，表示为 C_{20}；对于固定型蓄电池，其额定容量以 10 小时率标定，表示为 C_{10}。例如 100A·h 的蓄电池，如果是启动型电池，表示其以 20h 率放电，可放出 100A·h 的容量。若不是以 20 小时率放电，则放出的容量就不是 100A·h；如果是固定型蓄电池，则表示其以 10 小时率放电，可放出 100A·h 的容量，若不是 10 小时率放电，则放出的容量就不是 100A·h。

蓄电池的容量不是固定不变的，它与充电的程度、放电电流大小、放电时间长短、电解液密度、环境温度、蓄电池效率及新旧程度等有关。通常在使用过程中，蓄电池的放电率和电解液温度是影响容量的最主要因素。电解液温度高或浓度高时，容量增大，电解液温度低或浓度低时，容量减小。

2）放电率。根据蓄电池放电电流的大小，放电率分为时间率和电流率。时间率是以放电时间表示的放电速率，是指在某电流放电条件下，使蓄电池放电到规定终止电压时所经历的时间长短，常用时率和倍率表示。根据 IEC 标准，放电的时间率有 20 小时率、10 小时率、5 小时率、3 小时率、1 小时率、0.5 小时率，分别标示为 20h、10h、5h、3h、1h、0.5h 等。电池的容量与放电率有关，电池的放电倍率越高，放电电流越大，放电时间就越短，放出的相应容量就越少。例如一个容量 $C=100\text{A}\cdot\text{h}$ 的蓄电池的 20h 放电率，表示电池以 $100\text{A}\cdot\text{h}/20\text{h}=5\text{A}$ 电流放电，放电时间为 20h。

电流率一般用字母 I 表示，如 I_{10} 表示是 10 小时率的放电电流（A），数值为 $0.1C_{10}$；I_3 表示是 3 小时率的放电电流（A），数值为 $0.25C_{10}$；I_1 表示是 1 小时率的放电电流（A），数值为 $0.55C_{10}$ 等。

不同放电率对蓄电池容量的影响见表 4-6。

表 4-6　不同放电率对蓄电池容量的影响

电池规格	各小时率容量/A·h				
	20h（10.8V）	10h（10.8V）	5h（10.5V）	3h（10.5V）	1h（10.02V）
12V/40A·h	43.4	40	36	32.7	25.6
12V/50A·h	54	50	45	41.1	32
12V/65A·h	70.5	65	58.5	53.3	41.6
12V/75A·h	82	75	67.5	61.5	48.5
12V/90A·h	98	90	80	73.8	57.6
12V/100A·h	108	100	90	83.1	65
12V/150A·h	162	150	135	123	97.5
12V/200A·h	216	200	180	165	130

3）放电终止电压。放电终止电压是指在蓄电池放电过程中，电压下降到不宜再放电时（非损伤放电）的最低工作电压。为了防止电池被过放电而损害极板，在各种标准中都规定了在不同放电倍率和温度下放电时电池的终止电压。一般 10 小时率和 3 小时率放电的终止电压为每单体 1.8V，1 小时率的终止电压为每单体 1.75V。由于铅酸蓄电池本身的特性，即使放电的终止电压继续降低，电池也不会放出太多的容量，但终止电压过低对电池的损伤极大，尤其当放电达到 0V 而又不能及时充电时将大大缩短蓄电池的寿命。对于光伏发电系统用的蓄电池，针对不同型号和用途，放电终止电压设计也不一样。终止电压视放电速率和需要而规定。通常，小于 10h 的小电流放电，终止电压取值稍高一些；大于 10h 的大电流放电，终止电压取值稍低一些。

4）电池电动势。蓄电池的电动势在数值上等于蓄电池达到稳定时的开路电压。电池的开路电压是无电流状态时的电池电压。当有电流通过电池时所测量的电池端电压的大小将是变化的，其电压值既与电池的电流有关，又与电池的内阻有关。

5）浮充寿命。蓄电池的浮充寿命是说蓄电池在规定的浮充电压和环境温度下，蓄电池寿命终止时浮充运行的总时间。

6）循环寿命。蓄电池经历一次充电和放电，称为一个循环（一个周期）。在一定的放电条件下，电池使用至某一容量规定值之前，电池所能承受的循环次数，称为循环寿命。影响蓄电池循环寿命的因素是综合因素，不仅与产品的性能和质量有关，而且与放电倍率和深度、使用环境和温度及使用维护状况等外在因素有关。

7）过充电寿命。过充电寿命是指采用一定的充电电流对蓄电池进行连续过充电，一直到蓄电池寿命终止时所能承受的过充电总时间。其寿命终止条件一般设定在容量低于 10 小时率额定容量的 80%。

8）自放电率。蓄电池在开路状态下的储存期内，由于自放电而引起活性物质损耗，每天或每月容量降低的百分数称为自放电率。自放电率指标可衡量蓄电池的储存性能。

9）电池内阻。电池的内阻不是常数，而是一个变化的量，它在充放电的过程中随着时间不断地变化，这是因为活性物质的组成、电解液的浓度和温度都在不断变化。铅酸蓄电池的内阻很小，在小电流放电时可以忽略，但在大电流放电时，将会有数百毫伏的电压降损失，必须引起重视。

蓄电池的内阻分为欧姆内阻和极化内阻两部分。欧姆内阻主要由电极材料、隔膜、电解液、接线柱等构成，也与电池尺寸、结构及装配因素有关。极化内阻是由电化学极化和浓差极化引起的，是电池放电或充电过程中两电极进行化学反应时极化产生的内阻。极化电阻除与电池制造工艺、电极结构及活性物质的活性有关外，还与电池工作电流大小和温度等因素有关。电池内阻严重影响电池的工作电压、工作电流和输出能量，因而内阻愈小的电池性能愈好。

10）比能量。比能量是指电池单位质量或单位体积所能输出的电能，单位分别是 W · h/kg 或 W · h/L。比能量有理论比能量和实际比能量之分，前者指 1kg 电池反应物质完全放电时理论上所能输出的能量，实际比能量为 1kg 电池反应物质所能输出的实际能量。由于各种因素的影响，电池的实际比能量远小于理论比能量。比能量是综合性指标，它反映了蓄电池的质量水平，也表明生产厂家的技术和管理水平，常用比能量来比较不同厂家生产的蓄电池。该参数对于光伏发电系统的设计非常重要。

5. 胶体型铅酸蓄电池

（1）胶体型铅酸蓄电池工作原理

胶体型铅酸蓄电池是对液体电解质铅酸蓄电池的改进，实际上是将铅酸蓄电池中的硫酸电解液换成胶体电解液，其工作原理仍与铅酸蓄电池相似。胶体电解液是用 SiO_2 凝胶和一定浓度的硫酸，按照适当的比例混合在一起，形成一个多孔、多通道的高分子聚合物。胶体电解液进入蓄电池内部或充电若干小时后，会逐渐发生胶凝，使液态电解质转变为胶状物，胶体中添加有多种表面活性剂，有助于灌装蓄电池前抗胶凝，而且还有助于防止极板硫酸盐化，减小对隔板的腐蚀，提高极板活性物质的反应利用率。通常胶体铅酸蓄电池采用富液设计，比普通铅酸蓄电池多加了 20% 的酸液。

（2）胶体型铅酸蓄电池的特点

1）结构密封，电解液凝胶，无渗漏；充放电无酸雾、无污染，安全、对环境友好。

2）自放电极小，平均自放电≤1.3%/季度（25℃时）。出厂充足电的蓄电池，在正常温度下，连续存放 12 个月不需充电可投入使用。

3）使用寿命长。由于凝胶电解液有效防止了电解液的分层，使极板活化反应均匀，延长了极板的活化反应循环次数，提高了电池的使用寿命，其正常使用寿命可达 10 ~ 15 年。

4）深度放电循环性能优良，放电至 0V 能正常恢复。

5）优良的抗高低温性能，适用环境范围广，可在 -45 ~ 70℃ 高低温环境下使用。

6）容量高，充电接受能力强；浮充电流小，电池发热量少；可任意位置放置。

（3）胶体型铅酸蓄电池与铅酸蓄电池的性能比较

表 4-7 是胶体型铅酸蓄电池与铅酸蓄电池的性能比较，供读者对比参考。

表 4-7　胶体蓄电池与铅酸蓄电池性能比较表

比较项目	胶体蓄电池	铅酸蓄电池
自放电（正常室内存放时间）	存放 1 年不需要充电可正常使用，存放 2 年后，恒压 14.4V 充电 24h 后，静置 12h，其电池容量可恢复到 95% 以上	每存放 3 ~ 6 个月须充电一次，容量最多能恢复到 70%
电池在 20℃ 的正常使用寿命	12V 电池设计寿命 10 年以上；2V 电池设计寿命 15 年以上	3 ~ 5 年的寿命
深度放电循环性能（过放电至 0V 后接受充电能力）	容量可恢复至 100%	恢复状态较差
耐过充电能力（充电完毕后继续以 $0.3C_{10}$A 充电）	在过充电 16h 后，没有液体泄漏，外壳没有变形	不允许过充电，否则会引起过热而导致电池损坏
使用温度范围	-45 ~ 70℃	-20 ~ 50℃
高低温使用性能	-40℃ 时电池容量可保持在 60% 以上，70℃ 时仍然可以使用	以 25℃ 为基准，温度每升高 10℃，寿命缩短一半，温度降低时，容量将减少
20℃ 时的浮充电流	每单元 2.25 ~ 2.28V 时浮充电流为 0.25mA/A · h	每单元 2.25 ~ 2.28V 时浮充电流为 0.6 ~ 0.8mA/A · h
外壳损坏后，腐蚀性液体的渗漏	不会有液体的泄漏，可继续使用	液体泄漏后不可再使用
制造成本	高	低

6. 铅碳电池

铅碳电池是将高比表面积碳材料（如活性炭、活性炭纤维、碳气凝胶或碳纳米管等）掺入铅负极中，使高导电性碳材料与活性物质结合紧密，发挥高比表面积碳材料的高导电性和对铅基活性物质的分散性，提高铅活性物质的利用率，构建了三维导电网络，显著降低电池内阻，使电池的功率密度高，恢复性能好。

碳纳米材料能够有效地保护负极板，限制硫酸铅结晶的长大和富集，抑制负极硫酸盐化，电池不易失水。铅碳电池具有铅酸蓄电池和超级电容器的优势，是一种新型的超级电池。

铅碳电池具有以下技术特点和优势。

1）改善极板导电性，减少电池内阻，提高电池大倍率放电性能，有利于电池大电流放电。

2）抑制硫酸铅的生长，电池使用过程中无负极硫酸盐化，循环寿命长。电池设计使用寿命 15 年，循环使用寿命≥2000 次（70% DOD）。

3）降低负极平均孔径，提高活性物质负载量，增加电池能量密度；增加负极比表面积，提高活性物质反映效率。

4）促使硫酸铅在负极板均匀分布，延长电池使用寿命。

5）降低极化，提高电池充放电性能，减少析氢。

6）双电层电容效应，兼具铅酸电池和超级电容器的特性。

7）适合于高功率部分荷电态循环，更适用于储能系统及循环使用系统。

8）高比功率，可快速充电。传统铅酸电池最高只能以 0.2C 充电，铅碳电池可接受最大 0.6C 充电。

9）环境适应性能好，可在 -40 ~60℃环境温度范围正常运行。铅碳电池中加入了碳元素，碳有良好的导热性能，所以电池适合高温工作。另外，铅碳电池还有较好的低温放电性能。

4.4.2 锂离子和磷酸铁锂蓄电池

锂离子电池的正极材料有钴酸锂、锰酸锂、或镍钴锰三元锂及磷酸亚铁锂等，以二氧化锰等材料为负极，锂电池作为优质的储能电池，在光伏发电、光伏储能及微电网系统中将得到广泛应用。

1. 锂离子电池的结构原理

锂离子电池的原理结构如图 4-58 所示。锂离子电池作为一种化学电源，正极材料通常由锂的活性化合物组成，负极则是特殊分子结构的石墨，常见的正极材料主要成分为 $LiCoO_2$。充电时，加在电池两极的电势迫使正极的化合物释放出锂离子，穿过隔膜进入负极分子排列呈片层结构的石墨中。放电时，锂离子则从片层结构的石墨中脱离出来，穿过隔膜重新和正极的化合物结合，随着充放电的进行，锂离子不断在正极和负极中分离与结合。锂离子的移动产生了电流。锂离子电池具有高容量、质量轻、无记忆等优点，但其主要缺点是成本高，价格贵。单体的锂离子电池外形如图 4-59 所示。

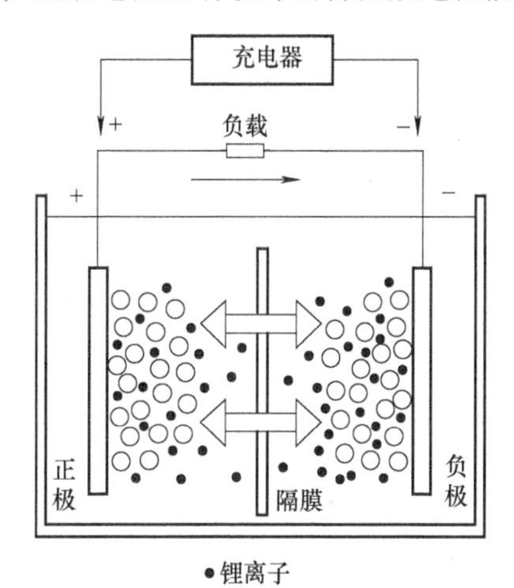

图 4-58　锂离子电池原理结构示意图

2. 锂离子电池的性能特点

锂离子电池具有优异的性能，其主要特点如下：

1）单体工作电压高。锂离子电池单体电压高达 3.7V，是镍镉电池、镍氢电池的 3 倍，铅酸电池的近 2 倍，这也是锂电池比能量大的一个原因，因此组成相同容量（相同电压）的电池组时，锂电池使用的串联数目会大大少于铅酸、镍氢电池，使得电池的一致性能够做得很好，寿命更长。例如 36V 的锂电池只需

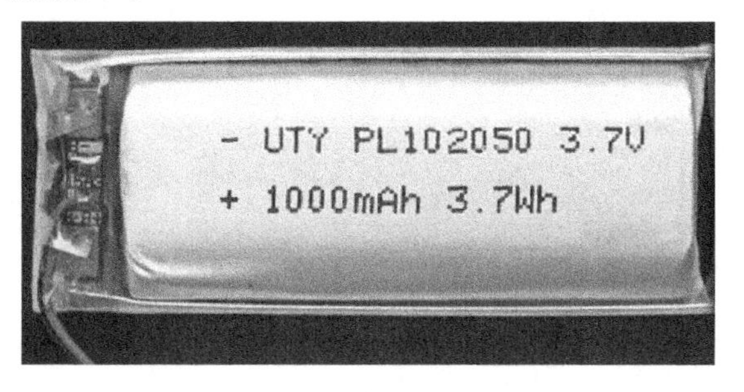

图 4-59　单体的锂离子电池外形图

要 10 个电池单体，而 36V 的铅酸电池需要 18 个电池单体，即 3 个 12V 的电池组，每只 12V 的铅酸电池内由 6 个 2V 单格组成。

2）能量密度大。锂离子电池的能量密度为 190W · h/kg，是镍氢电池的 2 倍，铅酸蓄电池的 4 倍，因此重量是相同能量的铅酸蓄电池的 1/4。

3）体积小。锂离子电池的体积比高达 500W · h/L，体积是铅酸蓄电池的 1/3。

4）锂离子电池的循环使用寿命长，循环次数可达 2000 次。

5）自放电率低，每月小于 3%，充电速度快。

6）工作温度范围宽。锂离子电池可在 -20 ~ 60℃之间工作，尤其适合低温使用。

7）无记忆效应。锂离子电池因为没有记忆效应，所以不用像镍镉电池一样需要在充电前放电，它可以随时随地的进行充电，而且充放电深度不影响电池的容量和寿命。

8）保护功能完善。锂离子电池组的保护电路能够对单体电池进行高精度的监测，低功耗智能管理，具有完善的过充电、过放电、温度、过电流、短路保护以及可靠的均衡充电功能。

3. 磷酸铁锂电池

磷酸铁锂电池是一种以磷酸铁锂为正极材料的新型锂离子电池。它有超长寿命、使用安全、耐高温等特点，完全符合现代动力电池和储能电池的发展需要。目前磷酸铁锂电池已经广泛应用于电动自行车、电动汽车、电动工具、汽车启动、UPS 电源、通信基站、新能源储能、智能微电网等领域。磷酸铁锂电池输出电压为 3.2V，具有良好的电化学性能，充电放电性能十分平稳，在充放电过程中电池结构稳定、无毒、无污染、安全性能好、材料来源广泛。

磷酸铁锂电池相对于铅酸电池具有比能量高、重量轻、体积小、环保、无污染、免维护、寿命长、高低温适应性能好、无记忆效应和 100% 安全等优点，可高倍率放电，可接受大电流快速充电。在 80% 深度放电条件下，循环寿命大于 2000 次（能量型的磷酸铁锂电池循环次数可以达到 6000 次），在深度放电状态下，仍能提供高功率输出。

常见的磷酸铁锂电池单体外形分为圆柱型、软包型、塑料壳、铝壳封装型等，外形如图 4-60 所示。表 4-8 是常用锂离子电池性能参数对比表。

表 4-8　常用锂离子电池性能参数对比表

性能参数	磷酸铁锂电池	三元锂电池	锰酸锂电池
标称电压/V	3.2	3.6	3.7
充放电电压范围/V	2.5 ~ 3.6	3.0 ~ 4.2	2.5 ~ 4.2
功率密度/(mA · h/g)	130	160 ~ 190	110
能量密度/(W · h/L)	140 ~ 160	330 ~ 380	210 ~ 250
比能量密度/(W · h/kg)	150	198	160
循环性能（80%）	>2000 次	>2000 次	>800 次
工作温度/℃	-30 ~ +60	-30 ~ +65	-20 ~ +60
价格	一般	较高	低廉
大功率能力	一般	较低	很好
材料来源	锂、氧化铁磷酸盐储量丰富	钴元素缺乏	

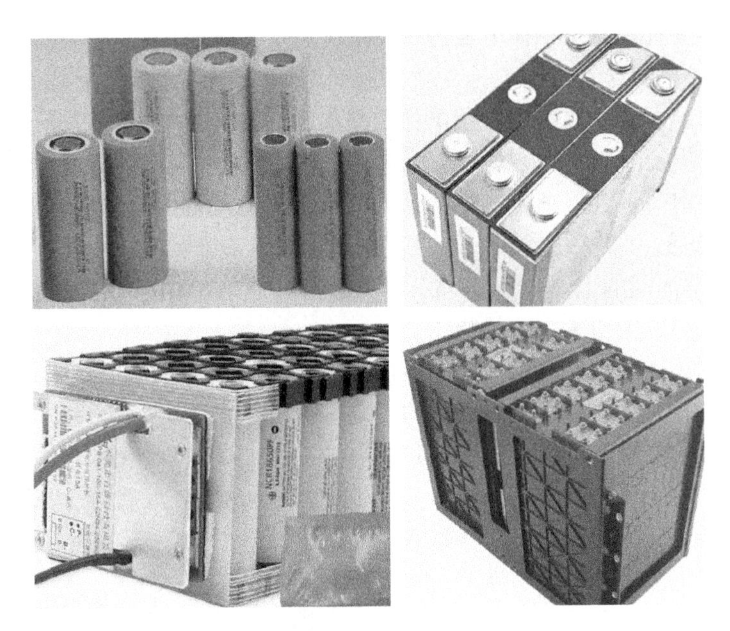

图 4-60　磷酸铁锂电池单体及电池组外形图

尽管磷酸铁锂电池在制造成本上还不能与铅酸蓄电池抗衡，但磷酸铁锂电池的优异性能是铅酸蓄电池无法比拟的，其质量为同容量铅酸蓄电池的 1/3 左右，使用寿命是铅酸蓄电池的 5 倍以上，且安装方便，施工和维护成本低，长期使用的综合效益是显著的。常见磷酸铁锂电池的规格尺寸及技术参数可参看本书附录 3 中有关内容。

磷酸铁锂电池与铅酸蓄电池的性能对比见表 4-9。

表 4-9　磷酸铁锂电池与铅酸蓄电池的性能对比表

项　　目	磷酸铁锂电池	铅酸蓄电池
寿命（循环次数）	10C 充放电 80% DOD 循环 2000 次	80% DOD 放电 300 次，100% DOD 放电 150 次，需经常维护
温度耐受性	正常工作温度为 -20 ~ 75℃	正常工作温度为 25℃，0℃以下容量锐减
自放电率	每 3 个月小于 2%	高
充放电性能	支持大倍率充放电，无记忆效应	大倍率充放电性能差，有记忆效应
安全性	不爆炸、不起火、不冒烟	高温会变形胀裂
体积	同容量磷酸铁锂蓄电池是铅酸蓄电池体积的 65%	
重量	同容量磷酸铁锂蓄电池是铅酸蓄电池重量的 1/3	
长期使用成本	完全免维护，最经济	需维护，全寿命使用成本高于磷酸铁锂电池
环保	绝对无污染，不含重金属和稀有金属	严重污染

4. 蓄电池组的管理与应用

蓄电池组在实际应用中，需要配置 BMS（Battery Management System，电池管理系统），BMS 是由微处理器技术、检测技术和控制技术等构成的蓄电池管理装置，其功能不只是对电池进行充放电保护，还要对单体电池及蓄电池组电压、电流、温度等信号高精度的测量及采集，对电池组均衡管理及对单体电池进行均衡充电等重要功能。

1）保护电池组的安全。在蓄电池充放电过程中，BMS 系统实时采集蓄电池组中每只电池的端电压及工作温度、充放电电流及电池组总电压，防止电池发生过充电和过放电现象。

2）准确估测电池组的剩余电量，随时预报电池组的剩余能量和荷电状态。蓄电池组的电量和端电压有一定关系，但不是线性关系，不能依靠检测端电压来估算剩余电量，需要通过 BMS 来检测和报告。

3）保证单体电池间的电量均衡。BMS 要检测和控制对单体电池的均衡充电，使电池组中的每一只单电池都达到均衡一致的状态。

目前，以磷酸铁锂电池为基础构成的模块化家庭光伏储能系统和高压直流储能系统，已经逐步应用到有储能需求的分布式光伏发电系统及智能微电网系统中。这种储能系统以磷酸铁锂电池构成的 48V/50A · h 模块化电池组为基本单元，配置定制化电池管理系统，通过可靠的电池管理技术和高性能的电池充放电均衡技术，使整个系统具有配置灵活、操作简单和可靠性高的特点，既可以代替传统蓄电池用于离网分布式光伏系统储能，也可以通过电池组模块的串联，在 150 ~ 800V 的并网光伏发电系统中做储能应用。这种储能系统的外形如图 4-61 所示，技术参数与特性见表 4-10。

图 4-61　磷酸铁锂电池储能系统

表 4-10　磷酸铁锂电池储能系统技术参数与特性

家庭光伏储能系统	高压直流储能系统
标称电压（V）：48	系统电压（V）：384
标称容量（A · h）：50	系统容量（A · h）：50
外形尺寸（mm）：440 × 410 × 89	系统能量（kW · h）：19
重量（kg）：24	外形尺寸（mm）：600 × 600 × 1600
放电电压（V）：45 ~ 54	重量（kg）：280
充电电压（V）：52.5 ~ 54	放电电压（V）：420 ~ 432
最大放电电流（A）：100（2C)@ 1Min	充电电压（V）：432 ~ 360
最大充电电流（A）：100（2C)@ 1Min	额定放电电流（A）：25
通信接口：RS232，RS485，CAN	额定充电电流（A）：25
工作温度（℃）：0 ~ 50	最大放电电流（A）：100（2C)@ 1Min
储存温度（℃）：-40 ~ 80	最大充电电流（A）：100（2C)@ 1Min
使用寿命：>10 年	通信接口：RS232，RS485，CAN
循环次数：6000 次	工作温度（℃）：0 ~ 50
——	储存温度（℃）：-40 ~ 80
——	使用寿命：>10 年
——	循环次数：3500 次

（续）

家庭光伏储能系统	高压直流储能系统
产品特性： 1. 多台电池可并联扩大储能容量，最大可支持1000A·h，多台并机地址自动获取 2. 电池组可安装在配套的机柜内，落地或挂墙安装，比铅酸电池节省50%占用空间 3. 采用多级能耗管理，电池充放电管理、保护、告警等均为自动实现，无需人工操作 4. 高兼容性，与主流储能逆变器均能友好对接	产品特性： 1. 系统由1个主控模块和多个电池模块组成，通过48V电池模块串联组成150～800V之间不同电压等级系统，系统适应电压范围宽 2. 通过多个机柜并联，可以在同一电压平台上扩展容量，可以通过串并联组成MW级的储能系统 3. 定制化产品，系统电压、容量按需配置

光伏发电+储能系统的应用有利于电网调节负荷、削峰填谷、弥补线路损失、提高电能质量、实现局部区域独立供电运行等。储能系统就像一个储电的“水库”，可以把用电低谷期富余的电能存储起来，在用电高峰的时候拿出来使用，减少了电能的浪费，改善了电能质量，使电网系统布局得到优化。

4.4.3 液流电池与钠硫电池

1. 液流电池

液流电池全称为全钒氧化还原液流电池（Vanadium Redox Battery，VRB），是一种新型的储能电池，是一种活性物质呈循环流动液态的氧化还原电池，其基本工作原理如图4-62所示。

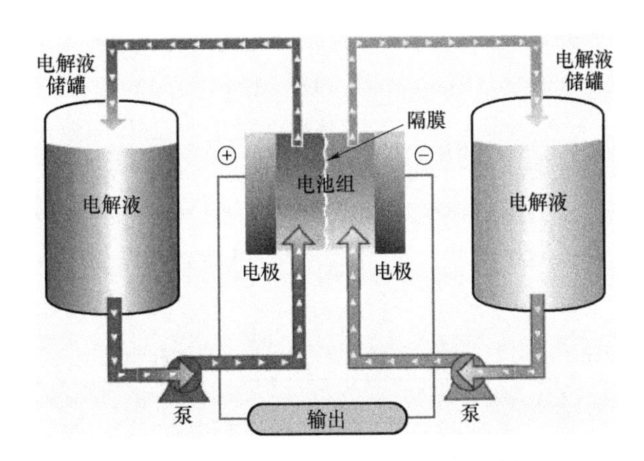

图4-62 全钒液流电池工作原理示意图

全钒液流电池将化学能和电能相互转换，采用不同价态的钒离子硫酸溶液作为正负极的活性物质，分别储存在各自的电解液储罐中，并通过外接的输送泵将电解液输送到各自的半电池堆体内，使其在各自的储罐和电堆形成的闭合回路中循环流动，正负极之间的隔膜为离子交换膜，当电解液平行流过电极表面时，两种电解液发生电化学反应，将电解液中的化学能转化为电能，通过正负电极板收集和传导电流。这个反应过程可以逆反进行，对电池进行充电、放电和再充电。

液流电池的储能功率取决于电池单体的面积、电堆的层数和电堆的串并联数，而储能容量取决于电解液的容积，储能功率和容量可以独立设计，应用比较灵活。液流电池具有大功率、大容量、高效率、绿色环保、循环寿命长、运行维护费用低、几乎无自放电的特点，适用于大容量储能。是高效、大规模并网发电储能、调峰调频装置的首选之一，可用于改善电能质量、提高可靠性、备用电源与能量管理等方面。液流储能技术是世界各国新能源发展关注的热点，液流电池生产所需要的钒矿等原材料价格高昂，使得液流电池的价格一直居高不下，因而对目前的液流电池来讲，降低储能成本是首要的问题。

2. 钠硫电池

钠硫电池是一种以金属钠为负极、硫为正极、陶瓷管为电解质隔膜的二次电池。在一定的工作温度下，钠离子透过电解质隔膜与硫之间发生的可逆反应，形成能量的释放和储存。

电池通常都是由正极、负极、电解质、隔膜和外壳等几部分组成。一般常规二次电池如铅酸电池、镉镍电池等都是由固体电极和液体电解质构成，而钠硫电池则与之相反，它是由熔融液态电极和固体电解质组成的，构成其负极的活性物质是熔融金属钠，正极的活性物质是硫和多硫化钠熔盐，由于硫是绝缘体，所以硫一般是填充在导电的多孔的炭或石墨毡里，固体电解质兼隔膜的是一种专门传导钠离子被称为 Al_2O_3 的陶瓷材料，外壳则一般用不锈钢等金属材料。

钠硫电池是新型化学电源家族中的一个新成员。早在1966年，美国福特公司首次提出了钠硫电池系统。钠硫电池具有很长的循环使用寿命，高质量的一般能达到20000次以上。还具有高能量、高功率密度、无自放电现象，便于现场安装，材料来源容易，价格适当等优势，让钠硫电池在大容量储能领域获得广泛青睐。

钠硫电池由于采用固体电解质，所以没有通常采用液体电解质二次电池的那种自放电及副反应，充放电电流效率几乎100%。当然，事物总是一分为二的，钠硫电池也有不足之处，其工作温度在300~350℃，电池工作时需要一定的加热和保温措施，采用高性能的真空绝热保温技术，可有效地解决这一问题。钠硫电池是在各种成熟的二次电池中最成熟和最具有潜力的先进储能电池。目前，钠硫电池产业化应用的条件日趋成熟，我国储能用钠硫电池已进入产业化的前期准备阶段。表4-11是铅酸蓄电池、磷酸铁锂蓄电池、液流电池和钠硫电池的特性对比。

表4-11 铅酸蓄电池、磷酸铁锂蓄电池、液流电池和钠硫电池特性对比

类型	主要特性	缺点	产业化
铅酸蓄电池	1. 价格低廉，原材料易获得 2. 使用可靠性强 3. 适用于大电广泛的环境温度	1. 体积大 2. 不便安装维护 3. 存在漏液污染环境的风险	是
磷酸铁锂电池	1. 体积、重量小，无污染 2. 充放电效率达到95% 3. 安装方便	1. 不适合大容量存储 2. 成本高	是

（续）

类　型	主要特性	缺　点	产业化
液流电池（VRB）	1. 容量大（适用于千瓦级和兆瓦级电站）、适应性强 2. 充放电性能好、充放电次数极大 3. 能量效率高、使用寿命极长 4. 环保、容易维护	1. 能量密度低 2. 高成本	5年以后
钠硫电池	1. 能量是铅酸的3~4倍 2. 大电流，高功率放电 3. 充放电效率高，80%以上 4. 使用寿命极长、安装方便	高成本	是

4.4.4 超级电容器

1. 超级电容器简介

超级电容器是一种介于传统电容器和蓄电池之间的一种新型储能器件，它通过极化电解质来储能。其外形如图4-63所示。它是一种电化学元件，但在其储能的过程中并不发生化学反应，这种储能过程是可逆的，也正因为如此，超级电容器可以反复充放电数十万次。超级电容器可以被视为悬浮在电解质中的两个无反应活性的多孔电极板，在极板上加电，正极板吸引电解质中的负离子，负极板吸引正离子，实际上形成两个容性存储层，被分离开的正离子在负极板附近，负离子在正极板附近。超级电容器具有充电速度快、功率密度大、容量大、使用寿命长、免维护、经济环保等优点，它的存储容量是普通电容器的20~1000倍，同时又保持了传统电容器释放能量速度快的优点，超级电容器与电解电容器及铅酸蓄电池的性能对比见表4-12。近年来随着碳纳米技术的发展，超级电容器的制造成本不断降低，而功率密度和能量密度不断提高。

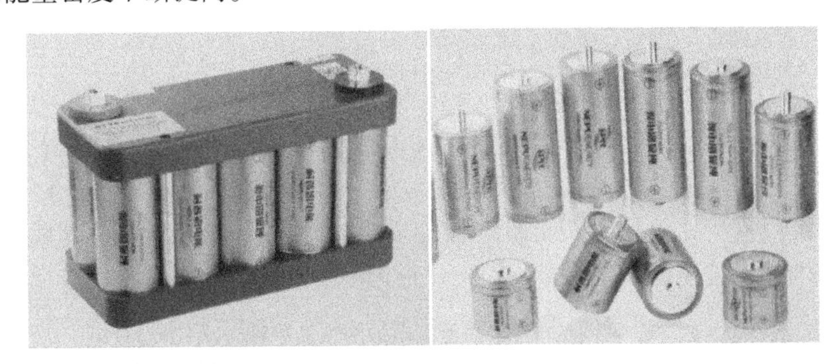

图4-63　超级电容器单体及模组的外形

表4-12　3种储能装置的性能对比

项　目	单　位	电解电容器	超级电容器	铅酸蓄电池
放电时间	h，s	10^{-6}~10^{-3}s	1秒~几分钟	0.3~3h
充电时间	h，s	10^{-6}~10^{-3}s	1秒~几分钟	1~5h

（续）

项　　目	单　　位	电解电容器	超级电容器	铅酸蓄电池
能量密度	W·h/kg	<0.1	3~15	20~100
功率密度	W/kg	10000	1000~2500	50~200
充放电效率	%	≈100	>95	70~85
循环寿命	次	$>10^6$	$>10^5$	300~1000

2. 超级电容器的工作原理

超级电容器所用电极材料包括活性炭、金属氧化物、导电高分子等，电解质分为水溶性和非水溶性两类，前者导电性能好，后者可利用电压范围大。超级电容器的结构原理如图4-64所示。当外加电压加到超级电容器的两个极板上时，与普通电容器一样，正极板存储正电荷，负极板存储负电荷，在超级电容器的两极板上电荷产生的电场作用下，在电解液与电极间的界面上形成相反的电荷，以平衡电解液的内电场，这种正电荷与负电荷在两个不同相之间的接触面上，以正负电荷之间极短间隙排列在相反的位置上，这个电荷分布层叫作双电层，因此电容量非常大。当两极板间电势低于电解液的氧化还原电极电位时，电解液界面上电荷不会脱离电解液，超级电容器为正常工作状态（通常为3V以下），如电容器两端电压超过电解液的氧化还原电极电位时，电解液将分解，为非正常状态。由于随着超级电容器放电，正、负极板上的电荷被外电路泄放，电解液的界面上的电荷相应减少。由此可以看出：超级电容器的充放电过程始终是物理过程，没有化学反应。因此性能是稳定的，与利用化学反应的蓄电池是不同的。

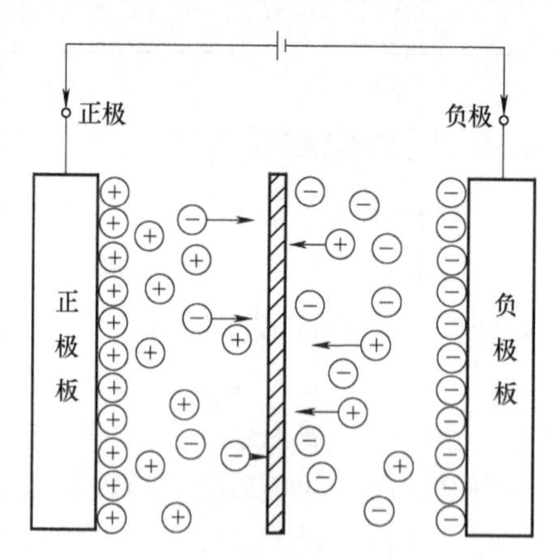

图4-64　超级电容器结构原理图

4.4.5　蓄电池的选型

选择蓄电池时，除了要考虑蓄电池的种类和电压、电流特性等电气性能外，还要考虑蓄电池的尺寸、重量、体积、比能量、使用温度范围、投资成本、可维护性、安全性、使用寿命及可再利用等因素，并根据系统类型、储能需求及负载用电特性等来具体选择和确定。表4-13是几种常用储能电池的性能参数对比，供选型时参考。

表4-13　几种常用储能电池的性能参数对比

电池类型	磷酸铁锂电池	三元锂离子电池	铅碳电池	全钒液流电池
单体电压/V	3.2	3.7	2	1.2~1.6
能量密度/(Wh/kg)	90~160	120~220	35~55	25~40
放电深度（DOD）	90%	90%	70%	100%
充放电倍率	4C	2C	0.3C	1C
循环寿命	>5000次	>4500次	3000次	15000次

（续）

电池类型	磷酸铁锂电池	三元锂离子电池	铅碳电池	全钒液流电池
安全性	★★★★	★★	★★★★★	★★★★★
库伦效率	>95%	>95%	80%	70%
自放电率	2%	2%	4%~50%	3%~9%
总体评价	技术成熟、安全性高、寿命长、环境适应性好	技术成熟、安全性稍差、能量密度高	技术成熟、价格低廉、有效利用率低、放电倍率低	技术成熟度低、价格高、运维麻烦

蓄电池的选型一般是根据光伏发电系统设计和计算出的结果，来确定蓄电池或蓄电池组的电压和容量，选择合适的蓄电池种类及规格型号，再确定其数量和串并联连接方式等。为了使逆变器能够正常工作，同时为了给负载提供足够的能量，必须选择容量合适的蓄电池组，使其能够提供足够大的冲击电流来满足逆变器的需要，以应付一些冲击性负载如电冰箱、冷柜、水泵和电动机等在启动瞬间产生的很大电流。

利用下面的公式可以验证我们前面设计计算出的蓄电池容量是否能够满足冲击性负载功率的需要。

$$蓄电池容量 \geq 5h \times 逆变器额定功率/蓄电池(组)额定电压$$

其中蓄电池容量单位是A·h，逆变器功率单位是W，蓄电池电压是V。蓄电池选型举例见表4-14。

表4-14 蓄电池选型举例表

逆变器额定功率/W	蓄电池（组）额定电压/V	蓄电池（组）容量/A·h
200	12	>100
500	12	>200
1000	12	>400
2000	12	>800
2000	24	>400
3500	24	>700
3500	48	>350
5000	48	>500
7000	48	>700

附录3提供了光伏发电系统常用储能电池及器件的规格尺寸和技术参数，可供选型时参考。

4.5 汇流箱与配电柜——能量汇集与分配的枢纽

4.5.1 直流汇流箱与配电柜的原理结构

1. 直流汇流箱

小型光伏发电系统一般不用直流汇流箱，光伏组件的输出线就直接接到了控制器或者逆变器的输入端子上。直流汇流箱主要是用在中、大型光伏发电系统中，用于把光伏组件方阵的多路输出电缆集中输入、分组连接，不仅使连线井然有序，而且便于分组检查、维护，当光伏组件方阵局部发生故障时，可以局部分离检修，不影响整体发电系统的连续工作。再大型的光伏发电系统，除了采用许多个直流汇流箱外，还要用若干个直流配电柜作为光伏发电系统中二、三级汇流之用。直流配电柜一般安装在配电室内，主要是将各个直流汇流箱输出的直流电缆接入后再次进行汇流，然后再与控制器或并网逆变器连接，方便安装、操作和维护。

图 4-65 所示为直流汇流箱的电路原理图，它们由光伏直流熔断器、直流断路器、直流防雷器件、接线端子等构成，有些直流汇流箱还把防反充二极管、智能监测模块、数据无线传输扩展模块等也放在其中，形成了汇流 + 防雷、汇流 + 防雷 + 监控功能、汇流 + 防雷 + 监控 + 数据采集传输等各种配置的系列产品供用户选择。另外，根据输入到直流汇流箱的光伏组串的路数可以将直流汇流箱分为 4 路、8 路、10 路、12 路、16 路等几种类型。根据汇流箱是否带监控功能可以将汇流箱分为智能型汇流箱和普通汇流箱两种类型。图 4-66 所示为一款 16 路输入直流汇流箱内部结构图和元器件排列图，供读者选型和自行设计时参考。

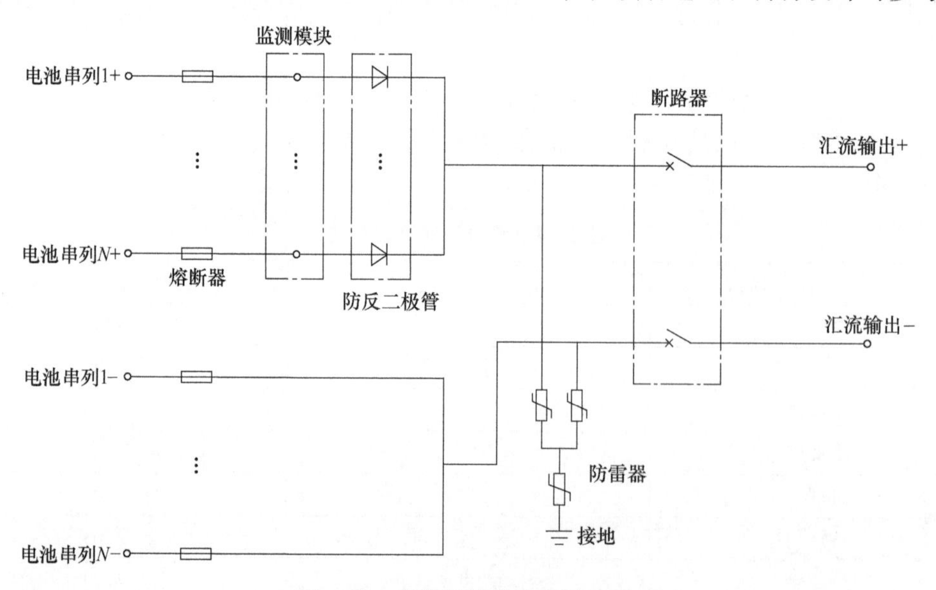

图 4-65　直流汇流箱电路原理图

2. 直流配电柜

直流配电柜主要用来连接汇流箱与光伏逆变器，并提供防雷及过电流保护，监测光伏方阵的电流、电压及防雷器状态等，具有 RS485 等通信接口。直流配电柜与直流汇流箱一样，也要配备分路断路器、主断路器、避雷防雷器件、接线端子、直流熔断器等，面板上还要有显示各直流回路的直流电压、直流电流指示表，显示屏等，其电路原理如图 4-67 所示。图 4-68所示为光伏发电系统直流配电柜的局部连接实体图。

直流配电柜可根据需要在每个输入端或输出端配置直流电流传感器，用于监视和测量输入输出端电流；汇流输出端配置电压变送器，可监测光伏输出电压，还能监视输入输出断路器的工作状况。可配置绝缘监视模块，监测输入输出回路的绝缘情况，确保系统安全稳定运行。上述所有监视和测量的数据可通过 RS485 通信接口传至后台监控系统。

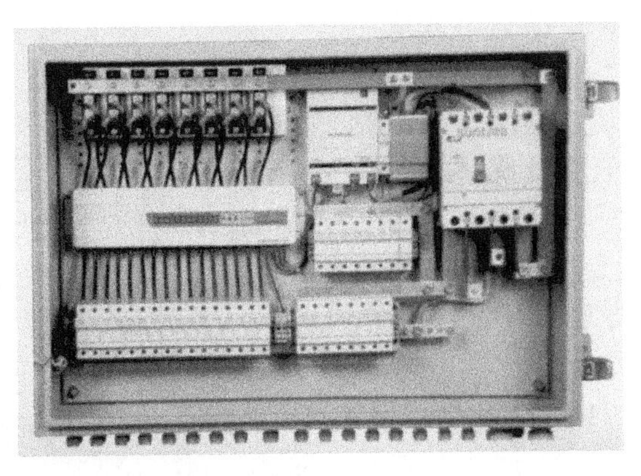

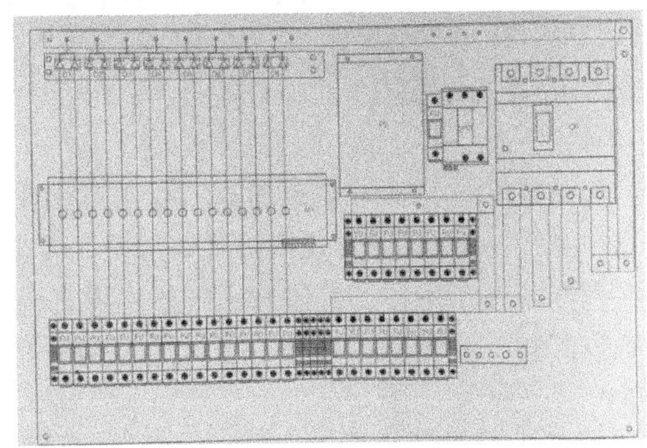

图4-66　16路输入直流汇流箱内部结构图和元器件排列图

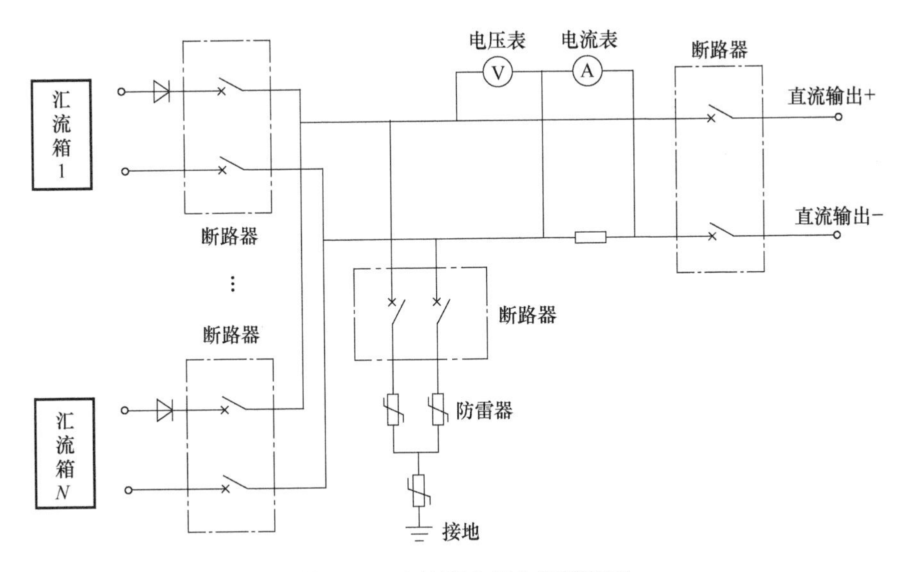

图4-67　直流配电柜电路原理图

4.5.2　直流汇流箱和配电柜的选型

直流汇流箱和直流配电柜一般都由逆变器生产厂家或专业厂家生产并提供成型产品。选用时主要考虑根据光伏方阵的输出路数、最大工作电流和最大输出功率等参数以及所需要的配置，当没有成型产品提供或成品不符合系统要求时，还可以根据实际需要自己设计制作了。无论是选型还是自己设计制作，对直流汇流箱的主要技术参数和性能要求如下：

图 4-68　直流配电柜局部连接实体图

1）机箱的防护等级要达到 IP65，要具有防水、防灰、防锈、防晒、防盐雾性能，满足室外安装使用的要求。

2）可同时接入 4 ~ 24 路的电池组串，每路电池组串的允许输入最大电流不小于 20A。

3）每路接入的电池组串的最大开路电压可达到 1000V。

4）每路电池组串的正负极都配有光伏专用熔断器，对组件串出现故障时进行保护，熔断器配有配套的底座，方便维修人员检修，有效保护维修人员的人身安全。

5）直流输入端要配置直流输入断路器、直流输出端要配置直流输出断路器。

6）采用光伏专用高压防雷器对汇流后的母线正极对地、负极对地进行保护，持续工作电压（U_c）要达到 DC1000V。

7）对于智能型直流汇流箱，内部装有汇流检测模块，能监测每路电池组串输入的电流、汇总输出的电压、箱体内的温度及防雷器状态、断路器状态等。

8）智能型直流汇流箱还具备 RS485/MODBUS-RTU 等数据通信串口。

9）组件串列回路数、各种功能单元模块可根据客户需要灵活配置。

直流配电柜的设计制作也可以参考上述要求进行。

表 4-15 和表 4-16 分别是某品牌直流汇流箱和直流配电柜的规格参数表，供选型时参考。

表 4-15　直流汇流箱规格参数表

规格型号	输入电压范围/V	输入路数	单路最大电流/A	最大输出电流/A	标准配置	可选配置	防护等级	环境条件
KBT-PVX4	DC 24 ~ 1000	4 回路	1 ~ 20	63	◎ 正极熔断器 ◎ 负极熔断器 ◎ 输出断路器 ◎ 防雷模块 ◎ 电缆防水锁头	◇ 防反二极管 ◇ 电流检测 ◇ 电压检测 ◇ 断路器状态检测 ◇ 防雷器状态检测 ◇ 无线路由扩展	IP65	温度： -25 ~ +70℃ 湿度： 0 ~ 99%
KBT-PVX6		6 回路		80				
KBT-PVX8		8 回路		100				
KBT-PVX10		10 回路		125				
KBT-PVX12		12 回路		160				
KBT-PVX16		16 回路		200				
KBT-PVX18		18 回路		250				
KBT-PVX20		20 回路		250				
KBT-PVX24		24 回路		250				

表 4-16　直流配电柜规格参数表

型　号	规　格	额定电压/V	额定电流/A	防护等级	环境温度	空气湿度	防反装置	智能监控	绝缘监测
KBT-PVG	Z63	DC 250/500/750/1000	DC63	IP30	-25～45℃	小于95%	选配	选配	选配
	Z100		DC100						
	Z250		DC250						
	Z400		DC400						
	Z630		DC630						
	Z1000		DC1000						
	Z1250		DC1250						
	Z1600		DC1600						
	Z2000		DC2000						

4.5.3　直流汇流箱的设计

直流汇流箱由箱体、分路断路器、总断路器、防雷器件、防逆流二极管、端子板、直流熔断器等构成。下面就以图 4-69 所示电路为例，介绍直流汇流箱的设计及部件选用。

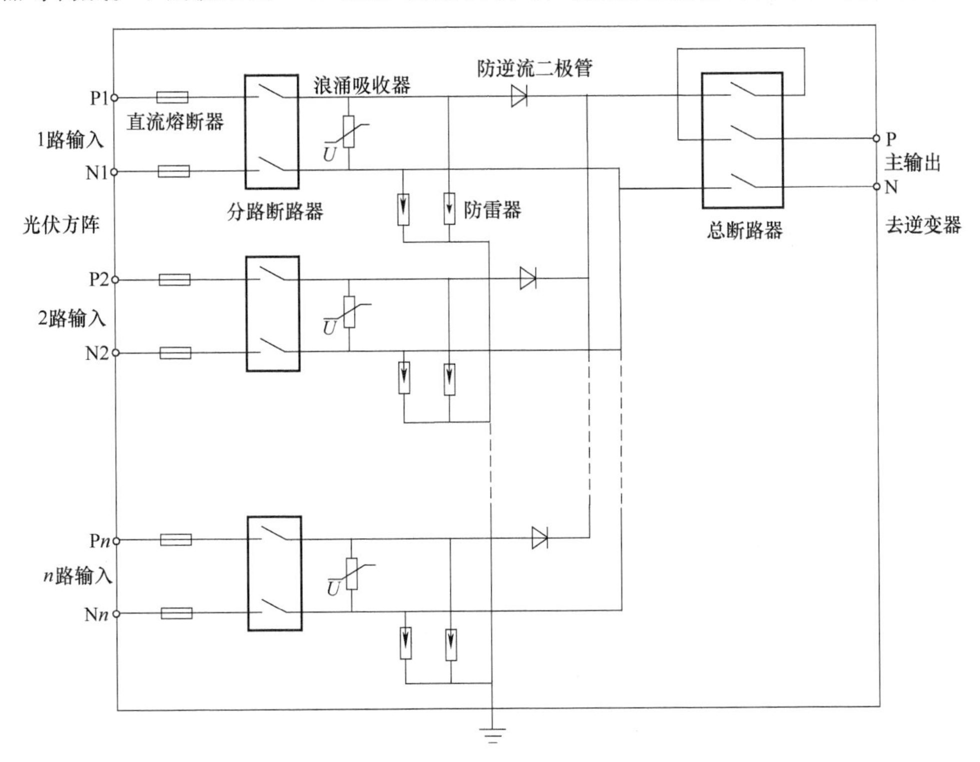

图 4-69　直流汇流箱内部电路示意图

1. 机箱箱体

机箱箱体的大小根据所有内部器件数量及排列所占用的位置确定，还要考虑布线排列整齐规范，开关操作方便，不宜太拥挤。箱体根据使用场合的不同分为室内型和室外型，根据材料的不同分为铁制和不锈钢制和工程塑料制作。金属制机箱使用板材厚度一般为 1.0～

1.6mm。机箱可以根据需要定制，也可以直接购买尺寸合适的机箱产品。

2. 分路断路器和总断路器

断路器也叫空气开关，一般由触点系统、灭弧系统、操作机构、脱扣器、外壳等构成。断路器可用来分配电能，对电源线路等实行保护。也可用来接通和断开负载电路。它具有电路开合、过电流保护、失压保护、过热保护及漏电保护等多种保护功能，当线路或负载发生严重的过载或者短路及欠电压等故障时能自动切断电路，起到保护作用。

断路器根据工作电流大小，可分为微型断路器、塑壳断路器和框架断路器（万能断路器）。微型断路器工作电流一般不超过63A，塑壳断路器一般不超过600A，框架断路器不超过4000A。

在光伏发电系统的直流侧使用的断路器，要选用直流专用的断路器，这种断路器也可称为光伏断路器。市场上常见的各种断路器件大多是为用在交流电路中而设计的，当把这些断路器用在直流电路中时，断路器触点所能承受的工作电流为交流电路的1/2～1/3，也就是说，在同样工作电流状态下，断路器能承受的直流电压是交流电压的1/2～1/3。例如，某断路器的技术参数里，标明额定工作电流为5A，额定工作电压为AC220V/DC110V就是这个意思。因此，当系统直流工作电压较高时，应选用直流工作电压满足电路要求的断路器，如没有参数合适的断路器，也可以多用1～2组断路器，并将断路器按照如图4-70所示方法串联连接，这样连接后的断路器将可以分别承受450和800V的直流工作电压。

目前已经有部分电气元件生产厂家开始生产光伏专用的各种直流电气开关产品。如光伏专用小型直流断路器、塑壳直流断路器、直流隔离开关、直流转换开关等，这些光伏专用直流断路器的额定工作电压可达到DC500V、DC750V、DC1000V、DC1200V等，具有直流逆电流保护、交流反馈电流保护、直流负荷隔离开关、远程脱扣和报警等功能。这类直流断路器采用特殊的灭弧、限流系统，可以迅速断开直流配电系统的故障电流，保护光伏组件免受高直流反向电流和因逆变器故障导致的交流反馈电流的危害，保证光伏发电系统的可靠运行。图4-71所示为直流断路器在不同额定直流电压状态下应用的接线示意图，从图中可以看出，其接线方式与图4-70中交流断路器直流应用串联接法很相似。

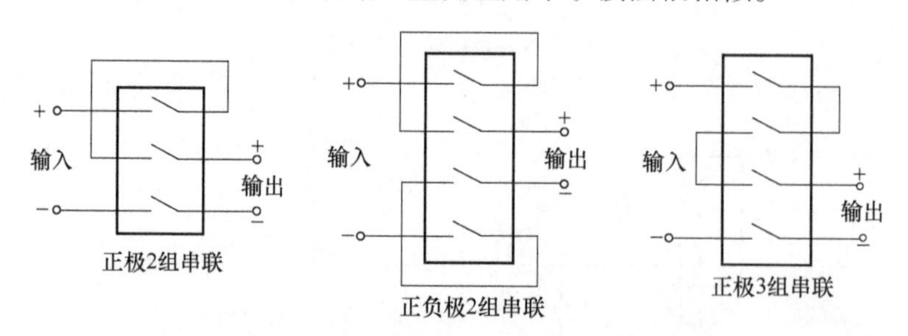

图4-70　交流断路器直流应用串联接法示意图

设置在光伏方阵输入端的各分路断路器是为了在光伏方阵组件局部发生异常时，或需要维护检修时，从回路中把该路方阵组件切断，与方阵分离。

总断路器安装在直流汇流箱的输出端与交流逆变器输入端之间。对于输入路数较少的系统或功率较小的系统，分路断路器和总断路器可以合二为一，只设置一种断路器。但必要的熔断器等依然需要保留。当汇流箱要安装到有些不容易靠近的场合时，也可以考虑把总断路

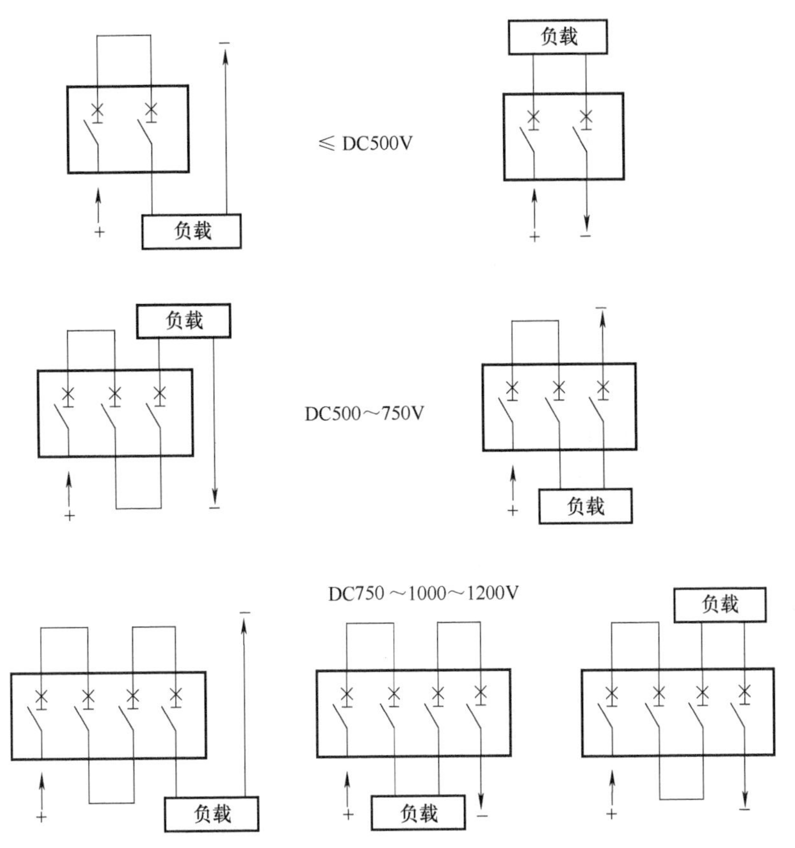

图 4-71　直流断路器接线示意图

器与汇流箱分离另行安装。

无论是分路断路器还是总断路器，都要采用能满足各自光伏方阵最大直流工作电压和通过电流的断路器，所选断路器的额定工作电流要大于等于回路的最大工作电流，额定工作电压要大于等于回路的最高工作电压。

3. 浪涌保护器件

浪涌保护器件是防止雷电浪涌侵入到光伏方阵或交流逆变器及交流负载或电网的保护装置。在直流汇流箱内，为了保护光伏方阵，每一个组件串中都要安装浪涌保护器件。对于输入路数较少的系统或功率较小的系统，也可以在光伏方阵的总输出电路中安装。浪涌保护器件接地侧的接线可以一并接到汇流箱的主接地端子上。

关于浪涌保护器件及安装使用的具体内容，将在第 5 章防雷接地系统的设计一节中详细介绍。

4. 端子板和防反充二极管器件

端子板可根据需要选用，输入路数较多时考虑使用，输入路数较少时，则可将引线直接接入开关器件的接线端子上。端子板要选用符合国标要求的产品。

防反充二极管有时会装在电池组件的接线盒中，当组件接线盒中没有安装时，可以考虑在直流汇流箱中加装。为方便二极管与电路的可靠连接，建议安装前在二极管两端的引线上焊接两个铜焊片或小线鼻子，也可以直接使用一些厂家生产的用于直流汇流箱的防反充二极管模块。

5. 直流熔断器

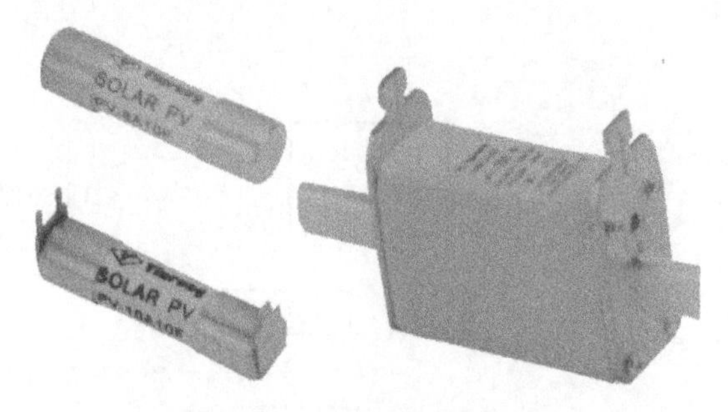

图 4-72 直流熔断器的外形

直流熔断器主要用于汇流箱中对可能产生的光伏组串及逆变器的电流反馈所产生的线路过载及短路电流的分断保护。直流熔断器的外形分圆管和方管，如图 4-72 所示，内部是由银带或纯铜带制成的变截面导体，封装于耐高温、高强度的陶瓷管中，瓷管中填充足够的高硅石英砂作为填料，起灭弧作用。直流熔断器的规格参数：额定电压为 DC1000V 和 DC1500V，额定电流圆柱形为 1 ~ 63A，方管形为 32 ~ 630A。

选用直流熔断器时，不能简单地照搬交流熔断器的电气规格和结构尺寸，因为两者之间有许多不同的技术规范要求和设计理念，这些都关乎能否安全可靠分断故障电流和保证不发生意外事故的综合考量。这是因为在相同的额定电压下，直流电弧产生的燃弧能量是交流电燃弧能量的 2 倍以上，由于直流电流没有电流的过零点，因此在开断故障电流时，只能依靠电弧在石英砂填料强迫冷却的作用下，自行迅速熄灭进行关断，比关断交流电弧要困难许多，熔片的合理设计与焊接方式，石英砂的纯度与粒度配比、熔点高低、固化方式等因素，都决定着对直流电弧强迫熄灭的效能和作用。

选用直流熔断器时，额定电压一般不应低于 1000V，额定电流应该不小于该路所接光伏组串最大短路电流的 1.5 倍。表 4-17 是常用圆柱形直流熔断器规格参数表，供选用时参考。

表 4-17 常用圆柱形直流熔断器规格参数表

产品型号	安装类型	规格尺寸/mm	额定电流/A	额定电压/V
CF-10PV	圆柱形	直径 10 × 长度 38	1 ~ 32	1000
CF-11PV		直径 10 × 长度 65	1 ~ 25	1500
CF-12PV		直径 10 × 长度 85	2 ~ 32	1500
CF-13PV		直径 14 × 长度 51	15 ~ 50	1000
CF-14PV		直径 14 × 长度 51	2 ~ 32	1500
CF-16PV		直径 14 × 长度 85	2 ~ 50	1500
CF-17PV		直径 22 × 长度 58	2 ~ 63	1500

4.5.4 交流汇流箱与配电柜的原理结构

1. 交流汇流箱

光伏交流汇流箱一般用于组串式光伏发电系统中，它是承接组串逆变器与交流配电柜或升压变压器的重要组成部分，可以把多路逆变器输出的交流电汇集后再输出，大大简化组串式逆变器与交流配电柜或升压变压器之间的连接线，交流汇流箱有常规汇流箱和智能汇流箱两类，常规汇流箱的电路原理及内部结构如图 4-73 所示。交流汇流箱一般为 4 ~ 8 路输入，每路输入都通过断路器控制，经母线汇流和二级防雷保护后，通过断路器或隔离开关输出。系统额定电压最高为 AC690V，防护等级为 IP65，可满足防水、防尘、防紫外线、防盐雾腐蚀的室外安装要求。

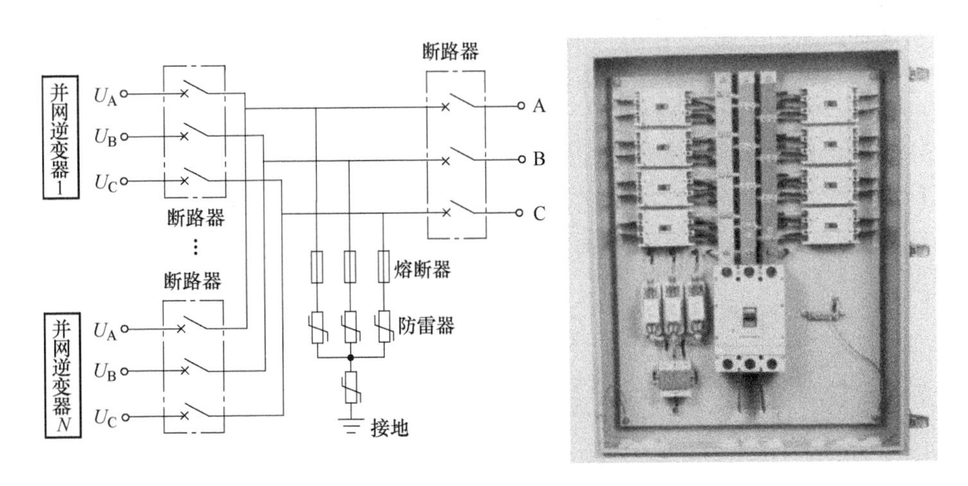

图4-73 交流汇流箱电路原理及内部结构图

智能汇流箱在常规汇流箱的基础上，增加了可检测电压、电流、功率、频率等电气参数的检测装置，和可以监测箱体内温度、烟雾、断路器通短状态等内容的装置，并可以通过RS485通信接口输出检测数据。

2. 交流配电柜

交流配电柜是光伏发电系统中连接在逆变器与交流负载或升压变压器之间的接受、调度和分配电能的电力设备，它的主要功能如下。

（1）电能调度

在离网光伏发电系统中，往往还要采用光伏/市电互补、光伏/风力互补和光伏/柴油机互补等形式作为光伏发电系统发电量不足的补充或者应急使用等，因此交流配电柜需要有适时根据需要对各种电力资源进行调度的功能。

（2）电能分配

在离网光伏发电系统中，配电柜要对不同的负载线路设有各自的专用开关进行切换，以控制不同负载和用户的用电量和用电时间。例如，当日照很充足，蓄电池组充满电时，可以向全部用户供电，当阴雨天或蓄电池未充满电时，可以切断部分次要负载和用户，仅向重要负载和用户供电。

（3）保证供电安全

配电柜内设有防止线路短路和过载、防止线路漏电和过电压的保护开关和器件，如断路器、熔断器、漏电保护器和过电压继电器等，线路一旦发生故障，能立即切断供电，保证供电线路及人身安全。

（4）显示参数和监测故障

配电柜要具有三相或单相交流电压、电流、功率和频率及电能消耗等参数的显示功能，以及故障指示信号灯、声光报警器等装置。

交流配电柜主要由开关类电器（如断路器、切换开关、交流接触器等）、保护类电器（如熔断器、防雷器、漏电保护器等）、测量类电器（如电压表、电流表、电度表、交流互感器等）以及指示灯、母线排等组成。交流配电柜按照负载功率大小，分为大型配电柜和小型配电柜；按照使用场所的不同，分为户内型配电柜和户外型配电柜；按照电压等级不同，分为低压配电柜和高压配电柜。

中小型光伏发电系统一般采用低压供电和输送方式，选用低压配电柜就可以满足输送和电力分配的需要。大型光伏发电系统大都采用高压配供电装置和设施输送电力，并入电网，因此要选用符合大型发电系统需要的高压配电柜和升、降压变压器等配电设施。

交流配电柜一般由专业生产厂家设计生产并提供成型产品。当没有成型产品提供或成品不符合系统要求时，还可以根据实际需要自己设计制作。图 4-74 所示为一款光伏交流配电柜的电路原理图。

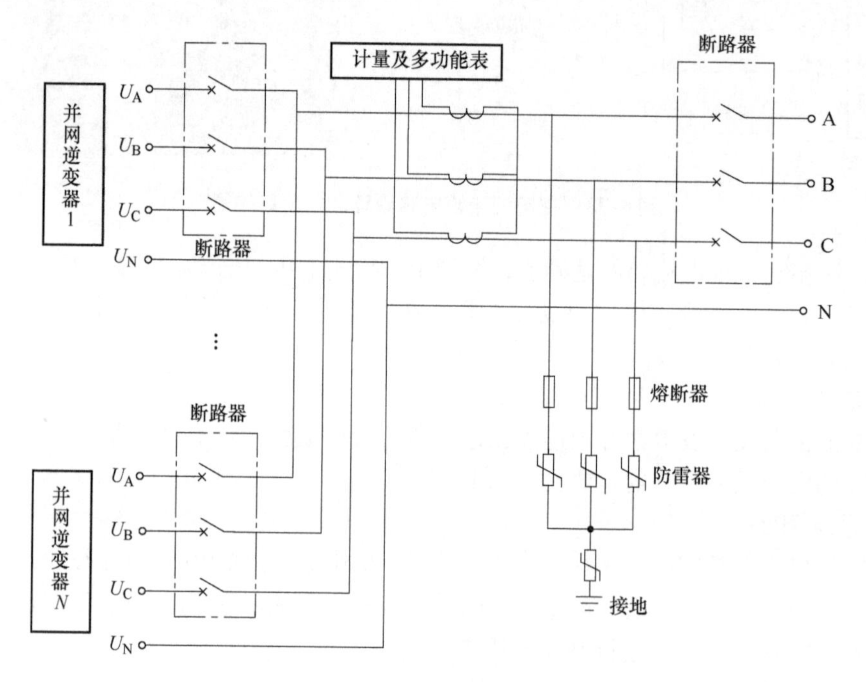

图 4-74　光伏交流配电柜电路原理图

4.5.5　交流配电柜的设计

光伏发电系统的交流配电柜与普通交流配电柜大同小异，也要配置总电源开关，并根据交流负载设置分路开关，面板上要配置电压表、电流表，用于检测逆变器输出的单相或三相交流电的工作电压和工作电流等，电路结构可参看图 4-74。对于相同部分完全可以按照普通配电柜的模式进行设计，无论是选购或者设计生产光伏发电系统用交流配电柜，都要符合下列各项要求。

1）选型和制造都要符合国家标准要求，配电和控制回路都要采用成熟可靠的电子线路和电力电子器件。

2）要求操作方便、运行可靠、双路输入时切换动作准确。

3）发生故障时能够准确、迅速切断事故电流，防止故障扩大。

4）在满足需要、保证安全性能的前提下，尽量做到体积小、重量轻、工艺好、制造成本低。

5）当在高海拔地区或较恶劣的环境条件下使用时，要注意加强机箱的散热，并在设计时对低压电气元器件的选用留有一定余量，以确保系统的可靠性。

6）交流配电柜的结构应为单面或双面门开启结构，以方便维护、检修及更换电气元器件。

7）配电柜要有良好的保护接地系统。主接地点一般焊接在机柜下方的箱体骨架上，前后柜门和仪表盘等都应有接地点与柜体相连，以构成完整的接地保护，保证操作及维护检修人员的安全。

8）交流配电柜还要具有过载或短路的保护功能。当电路有短路或过载等故障发生时，相应的断路器应能自动跳闸或熔断器熔断，断开输出。

在此主要介绍设计光伏发电系统交流配电柜与普通配电柜的不同部分，供设计时参考。

1. 接有浪涌保护器装置

光伏交流配电柜中一般都接有浪涌保护器装置，用来保护交流负载或交流电网免遭雷电破坏。浪涌保护器一般接在总开关之后，具体接法如图 4-75 所示。

2. 接有发电和用电双向计量的电能表

在可逆流的并网光伏发电系统中，除了正常用电计量的电度表之外，为了准确的计量发电系统馈入电网的电量（卖出的电量）和电网向系统内补充的电量（买入的电量），就需要在交流配电柜内另外安装两块电能表进行用电量和发电量的计量，其连接方法如图 4-76 所示。目前，在并网光伏发电系统中已经逐步使用具有双向计量功能的智能电能表来替代用两块电能表的分别计量，这种电能表可以通过显示屏分别读出正向电量和反向电量并将电量数据存储起来，具有双向有功和四象限无功计量功能、事件记录功能，配有标准通信协议接口，具备本地通信和通过电能信息采集终端远程通信的功能。其具体接入要求如下。

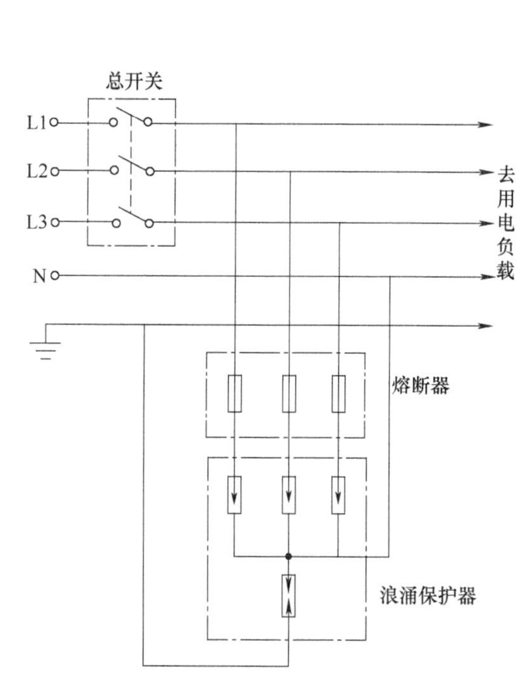

图 4-75 交流配电柜中浪涌保护器接法示意图

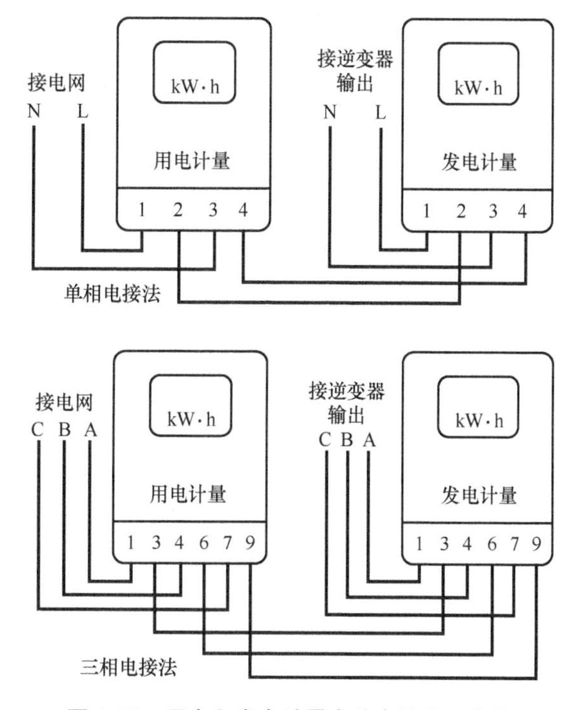

图 4-76 用电和发电计量电能表接法示意图

1）对于低压供电，负荷电流为50A及以下时，宜采用直接接入式电能表；负荷电流为50A以上时，宜采用经电流互感器接入式的接线方式。

2）对三相三线制接线的电能计量装置，其两台电流互感器二次绕组与电能表之间宜采用四线连接。对三相四线制连接的电能计量装置，其三台电流互感器二次绕组与电能表之间宜采用六线连接。

更多发电和用电计量电表的接入方法在第3章中有详细介绍。

3. 接有防逆流检测保护装置

对于有些不允许逆流向电网送电的并网光伏发电系统，例如“全额自发自用”的项目，无法申请并网或变压器容量受到限制的项目，在交流配电柜中还要接入一个叫“防逆流检测保护装置”的设备，如图4-77所示。其作用是当检测到光伏发电系统有多余的电能送向电网时，立即切断给电网的供电，或者由防逆流检测装置给逆变器发送指令，迫使逆变器自动降负荷运行，使逆变器的输出功率和负载的用电量相匹配，从而达到不向电网逆向送电的目的。当光伏发电系统发电量不够负载使用时，电网的电能可以向负载补充供电。图4-78所示为一种开关型的防逆流检测保护装置电路原理图，其工作原理如下。

图4-77　防逆流检测保护装置的外形

1）逆流检测装置检测交流电网（AC 380V 50Hz）供电回路三相电压、电流，判断功率流向和功率大小。如果电网供电回路出现逆功率现象，逆流检测装置输出信号驱动三相复合开关断开。

2）当逆功率现象消失，并且检测到负荷功率大于某一设定值时，逆流检测装置将输出信号，驱动三相复合开关闭合。

3）当检测点出现电压过高、电压过低、电流过大等情况时，逆流检测装置液晶屏将显示报警信息，并可以通过通信系统将报警信息上传。

在AC220V 50Hz交流供电电路中使用的防逆流检测装置工作原理与上述电路相同。

4.5.6　并网配电箱

并网配电箱也是一种小型的交流配电箱，主要用于400kW以下的分布式光伏发电系统与交流电网的并网连接和控制，满足光伏发电系统对并网断路点的如下要求：

1）分布式电源并网点应安装易操作、具有明显开断指示、具备开断故障电流能力的断路器。断路器可选用微型、塑壳型或万能断路器，要根据短路电流水平选择设备开断能力，并应留有一定余量。

2）分布式电源以380/220V电压等级接入电网时，并网点和公共连接点的断路器应具备短路速断、延时保护功能和分励脱扣、失压跳闸及低压闭锁合闸等功能，同时应配置剩余

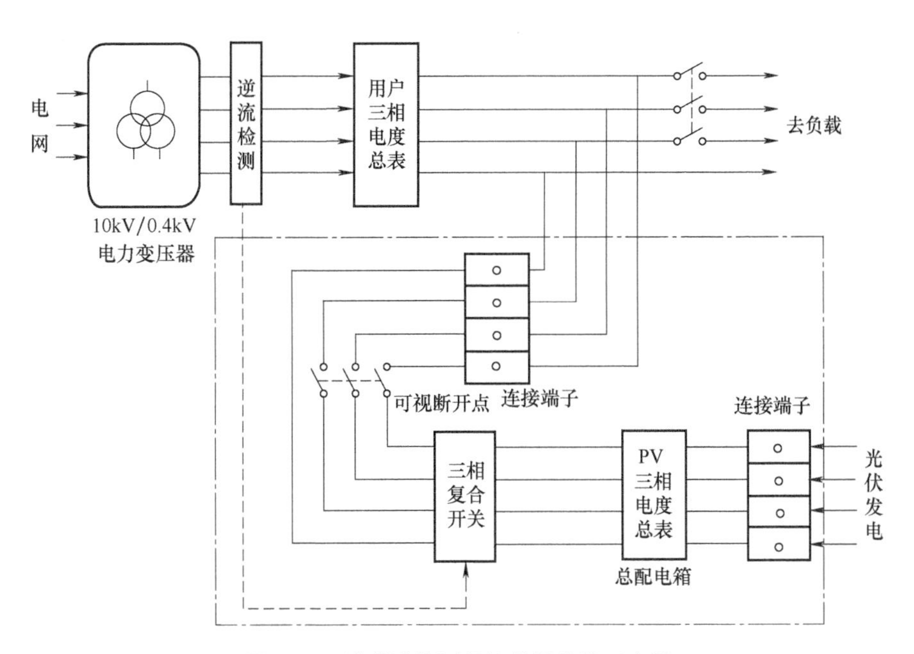

图 4-78　防逆流检测保护装置连接示意图

电流保护功能。

并网配电箱一般有两类，一类是带电能表位置的配电箱，电力公司只需要在并网时直接将电能表安装在已有的配电箱内，进行并网连接，如图 4-79a 所示；另一类配电箱是没有电能计量表位置的，如图 4-79b 和 c 所示。电力公司在并网时还要安装一个包含计量电能表及必要的互感器、断路器等装置的配电箱与现有配电箱连接并网。配电箱与计量表放在一起的好处是，接线距离短，线损比较少，还节省一个箱子，检查和维修都方便，适合 30kW 以下的系统。并网配电箱的主要功能有：

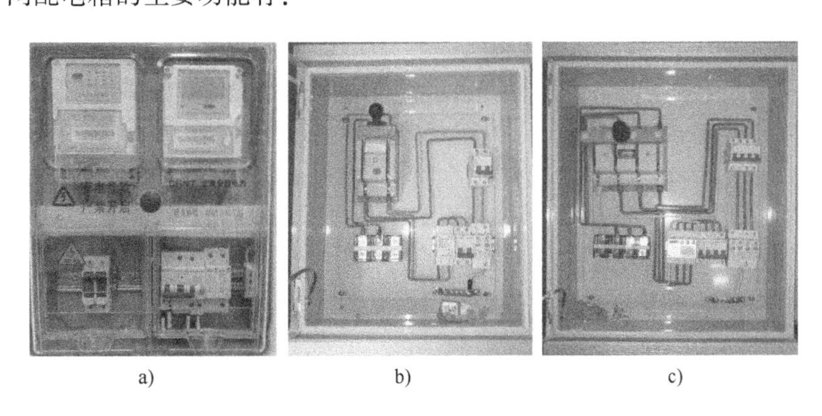

a)　　b)　　c)

图 4-79　几款并网配电箱实体构造图

a）带计量电表的并网配电箱　b）单相并网配电箱　c）三相并网配电箱

1）计量功能。配电箱为系统并网所需要安装的电能计量表提供 1 个或 2 个标准安装位置，对光伏发电系统的发电量、上网量和用电量进行计量，支持具备 RS485 抄表方式的计量表。

2）分合闸功能。用于电网电源与光伏系统电源之间的连通与断开，并可根据并网要求配置过/欠电压脱扣保护器以满足电力公司的并网要求。

3）浪涌保护。在交流输出端口安装浪涌保护器，防止雷电及过电压对光伏系统和家用电器等家庭电器设备造成损害。

4）接地保护。对交流配电箱提供有效接地位置，提高系统的可靠性和安全性。

并网配电箱主要由配电箱箱体、刀闸（隔离）开关、自复式过/欠电压保护器、断路器、浪涌保护器后备断路器、浪涌保护器和接地端子等组成。

（1）配电箱箱体

尽量选用金属箱体。在金属箱体中，镀锌板喷塑箱体性价比较高，喷塑有二次防腐的功能，不锈钢箱体性能最好。光伏配电箱户外安装要达到IP65等级，室内安装要达到IP21等级，如果是在海边或者盐雾环境比较恶劣的地区，最好选用不锈钢箱体。

（2）刀闸（隔离）开关

刀闸开关主要作为手动接通和分断交、直流电路，在电路中起隔离作用。刀闸开关在分断时，触头间有符合规定要求的绝缘距离和明显的断开点，能起到安全提示的作用。

根据并网相关要求，并网配电箱内必须要有一个物理隔离器件，使电路有明显断开点，以便在检修和维护的情况下，保证操作人员的安全。这个器件叫隔离开关，一般选用刀闸开关。断路器虽然也能起到隔离作用，但由于结构的原因有可能被击穿或失灵，因此不宜在此使用，只有刀闸开关，才能明显直观地彻底断开回路。

由于刀闸开关没有灭弧能力，只能在电路没有负荷电流的情况下分、合电路，所以在送电操作时，要先合刀闸开关，后合同一回路的断路器或负荷类开关；在断电操作时，要先断开断路器或负荷类开关，后断开隔离开关。

在刀闸开关的设计选型时，一般额定电流要≥同回路主断路器额定电流，或大于回路最大负载电流的150%。额定电压要大于回路标称电压的1.1倍。

（3）自复式过/欠电压保护器

自复式过/欠电压保护器是常用的一种保护开关，主要应用于低压配电系统中，当线路中过电压和欠电压超过规定值时能自动断开，并能自动检测线路电压，当线路中电压恢复正常时能自动闭合。自复式过/欠电压保护器和逆变器自动过/欠电电压保护功能形成双层保护，常见型号规格有20A、25A、32A、40A、50A、63A等，选型时要求自复式过/欠电压保护器额定电流≥主断路器额定电流。

（4）断路器

断路器俗称空开或微型断路器，在线路中主要起到过载、短路保护作用，同时起到正常情况下不频繁开断线路的作用。主要技术参数是额定电流和额定电压，额定电流取逆变器交流侧最大输出电流的1.2～1.5倍，常见规格有16A、25A、32A、40A、50A和63A等。额定电压有单相230V和三相400V等。

（5）浪涌保护器

又称防雷器，当电气回路或者通信线路中因为外界的干扰突然产生尖峰电流或者电压时，浪涌保护器能在极短的时间内导通分流，从而避免浪涌对回路中其他设备的损害。选型规则，最大运行电压$U_c > 1.15U_0$，U_0是低压系统相线对中性线的标称电压，即相电压220V。单相一般选择275V，三相一般选择440V，标称放电电流选$I_n = 20kA$（$I_{max} =$

40kA）。

（6）浪涌保护断路器

当通过浪涌保护器的涌流大于其 I_{max} 时，浪涌保护器将被击穿而失效，从而造成回路的短路故障，为切断短路故障，需要在浪涌保护器上端加装断路器或熔断器。断路器或熔断器的电流根据浪涌保护器的最大电流选择，一般 $I_{max}<40KA$ 的宜选 20～32A 的，$I_{max}>40kA$ 的宜选 40～63A 的。

浪涌保护器上端的保护器件可选用熔断器和断路器。熔断器的特点是有反时限特性的长延时和瞬时电流两段保护功能，分别作为过载和短路防护用，就是因雷击保护熔断后必须更换熔断体。用断路器的特点是有瞬时电流保护和过载热保护，因雷击保护断开后，可以手动复位，不必更换器件。

4.6 升压变压器与箱式变电站——能量变换的利器

小容量的分布式光伏发电系统一般都是采用用户侧直接并网的方式，接入电压等级为 0.4kV 的低压电网，以自发自用为主，不向中高压电网馈电。容量几百千瓦以上的分布式光伏发电站往往都需要并入中高压电网，逆变器输出的电压必须升高到跟所并电网的电压一致，才能实现并网和电能的远距离传输。实现这一功能的升压设备主要是升压变压器以及由升压变压器和高低压配电系统组合而成的箱式变电站。

4.6.1 升压变压器与箱式变电站的原理结构

1. 升压变压器

光伏电站使用的升压变压器从相数上可分为单相和三相变压器；从结构上可分为双绕组、三绕组和多绕组变压器；从容量大小上可分为小型（630kV·A 及以下）、中型（800～6300kV·A）、大型（8000～63000kV·A）和特大型（90000kV·A 及以上）变压器；从冷却方式上可分为干式和油浸式变压器，也就是说两者的冷却介质不同，后者是以变压器油作为冷却及绝缘介质，前者是以空气作为冷却介质。油浸式变压器是把由铁心及绕组组成的器身置于一个盛满变压器油的油箱中。干式变压器是把铁心和绕组用环氧树脂浇注包封起来，也有一种现在用得多的是非包封式的，绕组用特殊的绝缘纸再浸渍专用绝缘漆等，起到防止绕组或铁心受潮。

干式变压器因为没有变压器油，大多应用在需要防火防爆的场所，如大型建筑、高层建筑等场所，可安装在负荷中心区，以减少电压损失和电能损耗。但干式变压器价格高，体积大，防潮防尘性差，而且噪声大。而油浸式变压器造价低、维护方便，但是可燃、可爆，万一发生事故会造成变压器油泄露、着火等，大多应用在室外场合。干式变压器具有轻便，易搬运的特点，油浸式变压器具有容量大、负载能力强和输出稳定的优势。

油浸式升压变压器一般为整体密封结构，没有储油柜。变压器在封装时采用真空注油工艺，完全去除了变压器中的潮气，运行时变压器油不与大气接触，有效地防止空气和水分浸入变压器而使变压器绝缘性能下降或变压器油老化，变压器箱体要具有良好的防腐能力，要能有效地防止风沙和沿海盐雾的侵蚀。

变压器器身与冷却油箱为紧密配合，并有固定装置。高低压引线全部采用软连接，分接引线与无载分接开关之间采用冷压焊接并用螺栓紧固，其他所有连接（线圈与后备熔断器、插入式熔断器、负荷开关等）都采用冷压焊接，紧固部分带有自锁防松措施，变压器能够承受长途运输的震动和颠簸，到用户安装现场后无需进行常规的吊芯检查。

升压变压器低压侧一般采用断路器自带保护，高压侧一般采用负荷开关加熔断器，作为过载及短路保护。图 4-80 所示为一台 35kV 变 110kV 的升压变压器外形图。

在并网光伏发电工程中，往往采用低压侧双分裂或双绕组升压变压器来实现两台光伏逆变器的并联运行，如图 4-81 所示，这两个低压绕组具有相同容量、连接级别和电压等级，在电路上不相连而在磁路上有耦合关系，分裂绕组的每一支路可以单独运行，也可以在额定电压相同时并联运行。每个绕组可以接一台逆变器。双分裂变压器虽然成本较高，但由于结构优势，实现了两台逆变器之间的电气隔离，减小了两支路间的电磁干扰和环流影响，解决了两台并网逆变器直接并联升压而带来的寄生环流现象。逆变器的交流输出分别经变压器滤波，输出电流谐波小，提高了输出的电能质量。

图 4-80　35kV 变 110kV 升压变压器外形图

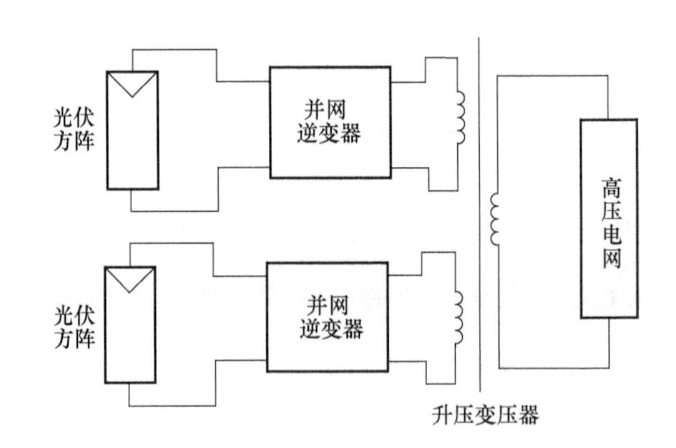

图 4-81　逆变器并联升压应用示意图

选择使用双分裂变压器还是双绕组变压器，主要看前级所连接的光伏逆变器输出滤波电路设计方案，一般来说，使用 LC 滤波电路方案的逆变器，如果是两台并联，推荐使用双分裂变压器，因为是电容并联，容易在两个支路间产生较大的环流，影响逆变器的正常输出；如果使用 LCL 滤波电路方案的逆变器，为了降低成本，可以考虑使用双绕组变压器。

升压变压器选型时要优先选用能够自然冷却的干式、低损耗、无励磁调压型电力变压器，变压器的容量要根据光伏方阵单元接入的最大输出功率确定。

2. 高压配电系统与箱式变电站

高压配电系统是指在高压电网中，用来接受电力和分配电力的电气设备的总称，是变电站电气主线路中的开关电器、保护电器、测量电器、母线装置和辅助设备按主线路要求构成的配电总体。其作用一是在正常情况下用来交换功率和接受、分配电能；发生事故时迅速切除故障部分，恢复正常运行；二是在个别设备检修时隔离检修设备，不影响其他设备的运行。其中开关电器包括断路器、负荷开关、隔离开关等；保护电器包括熔断器、继电器、避雷器等；测量电器包括互感器、电压表、电流表等。

箱式变电站也叫组合式变电站、预装式变电站和落地式变电站等，主要由高压配电室、升压变压器室和操作室（低压配电室）三部分组成，是一种把高压开关设备，配电变压器，低压开关设备，电能计量设备和无功补偿装置等按一定的接线方案组合在一个或几个箱体内的紧凑型成套配电装置，结构如图4-82所示，具有低压配电、变压器升压、高压输出的功能，一般可安装2000kV·A及以下容量的变压器。箱式变电站有无焊接拼装式、集装箱式结构和框架焊接式结构等，具有占地面积小、选址灵活、施工周期短、能深入场站中心等优点。图4-83所示为某品牌10kV箱式变电站实体图。

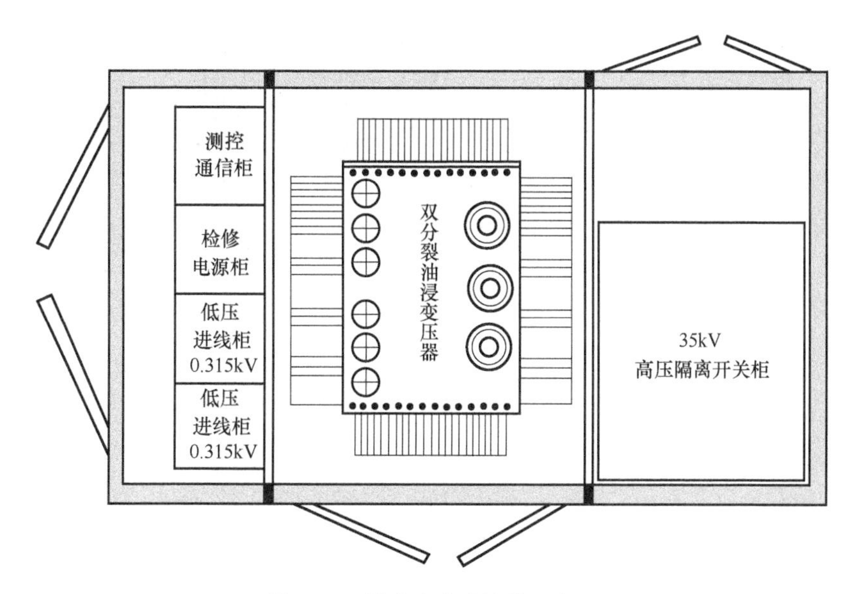

图4-82 箱式变电站结构示意图

图4-84所示为一款逆变升压一体箱式变电站结构示意图，供选型或设计时参考。这种逆变升压一体变电站方式，将逆变升压、中压配电及监控系统高度集成，采用集装箱形式设计，方便运输安装和维护，可缩短施工周期，降低施工费用，提高系统效率，单台系统容量最大可达2.5MW。

图4-83 10kV箱式变电站实体图

4.6.2 配电室的结构设计

光伏电站的配电室要合理布局，安排好控制器和逆变器及交、直流配电柜的位置，做到布局合理、接线可靠、测量方便。如果是并网系统，还要考虑电网连接位置及进出线方式等。在利用现有配电室或配电系统进行并网时，考虑到配电系统安全和成本，在满足电力系统接入要求的前提下，尽量不改造原有的配电系统。

有储能蓄电池的光伏发电系统还要考虑控制器、逆变器尽量与蓄电池靠近，又要与蓄电池相互隔离，蓄电池组最好在配电室单独隔离房间安装，根据蓄电池的数量和尺寸大小，设

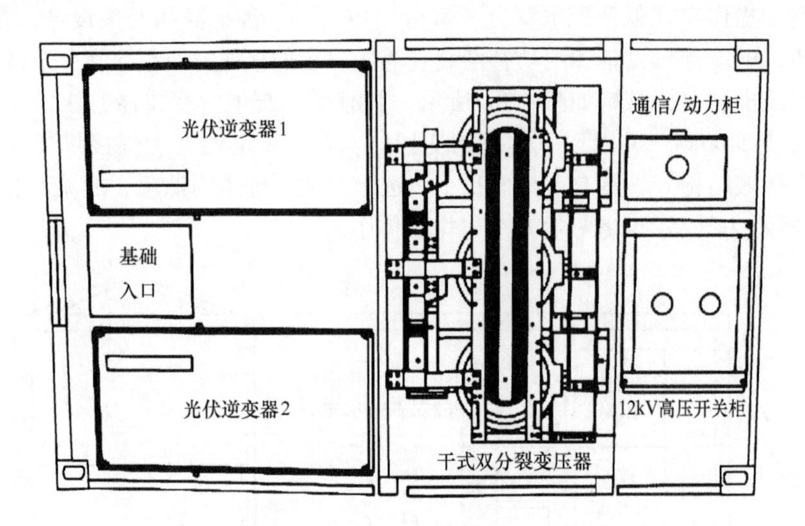

图4-84　逆变升压一体箱式变电站结构示意图

计蓄电池的支架和结构，要做到连接线路尽量短，要排列整齐，干燥通风，维护操作方便。

对于重要的和比较复杂的光伏发电系统，应当画出系统结构的平面或立体布置图。MW级以上的分布式发电系统一般都采用分单元、模块化的布置方式，单元模块的容量需结合逆变器和升压变压器的配置选取，一般选择1MW（2个500kW逆变器+1个分裂升压变压器）为一个模块单元，最多不宜超过2MW。逆变升压配电室一般都是就地布置在整个光伏方阵单元模块的中部，并且要靠近主要通道处。逆变升压配电室布置在光伏方阵单元模块中部是为了尽量缩短光伏方阵汇流直流线缆的敷设长度，进而降低直流线损、减少投资。靠近主要通道是为了方便设备安装及检修。

4.6.3　并网变压器的容量确定

光伏发电并网，有通过现有公共变压器并网和使用专用变压器并网两种方案，如果通过现有的公共降压变压器并网，根据国家电网公司《光伏电站接入电网技术规定》中相关要求，光伏电站总容量不宜超过上一级变压器供电区域内的最大负荷的25%，这主要是从电网安全角度考虑的。因为光伏发电受天气和环境影响，输出功率不稳定，需要电网提供强大的平衡能量，而这些能量需要变压器高低压绕组的电磁交换来提供，25%这个比例是一个比较保守的安全值。在2018年3月实施的国家标准GB/T 33342—2016《户用分布式光伏发电并网接口技术规范》中，取消了不高于接入变压器容量25%的规定。新标准虽然放宽了对接入变压器容量的限制，但不等于是可以无限制的接入，为保证电网安全稳定运行，建议不超过变压器容量的70%。另外在农村地区，单相并网比较多，要尽量均衡每一相的并网功率容量，保持三相平衡。

如果通过光伏专用变压器并网，变压器没有别的负载，主要考虑的因素就是逆变器的最大输出功率不能超过变压器的容量。而逆变器最大输出功率又与光伏方阵的容量、安装倾角和方位角，以及天气条件，逆变器安装场所等多种因素有关，光伏逆变器最大输出功率一般是光伏方阵容量的90%左右，变压器的功率因数一般在0.9左右，所以确定变压器容量时，一般要求是变压器容量与相对应的光伏方阵容量按1:1配置，或者变压器容量稍大于光伏方阵容量。

4.7 光伏线缆——输送能量的血脉

在光伏发电系统中，除主要设备如光伏组件、逆变器、升压变压器等外，配套连接的光伏线缆材料对光伏电站系统运行的安全性、高效性及整体盈利的能力，同样起着至关重要的作用。所以我们称光伏线缆为输送能量的血脉。

4.7.1 光伏线缆的使用分类及电气连接要点

1. 光伏线缆的分类

光伏线缆按照在光伏发电系统中的不同部位及用途可分为直流线缆和交流线缆。

直流线缆主要用于：组件与组件之间的串联连接；组串之间及组串至直流配电箱（汇流箱）之间的并联连接；直流配电箱至逆变器之间的连接。直流线缆基本都在户外使用，需要具有防潮、防曝晒、耐热、耐寒、抗紫外线功能，某些特殊的环境下还需要防酸碱等化学物质。

交流线缆主要用于：逆变器至升压变压器之间的连接；升压变压器至配电装置之间的连接；配电装置至电网或用户之间的连接。交流线缆与一般电力线缆的使用要求基本一致。

2. 光伏线缆电气连接要点

在光伏发电系统的设计、施工中，光伏线缆的电气连接要根据光伏方阵中光伏组件的串并联要求，确定光伏组件的连接方式，合理安排组件连接线路的走向，确定直流汇流箱各分箱和总箱的位置及连接方式，尽量采用最经济、最合理的连接途径。

在光伏线缆选型上，要根据光伏发电系统各部分的工作电压和工作电流，选择合适的连接电缆电线及附件。

对于比较重要的或大型的工程，要画出电气连接原理与结构示意图，以便在安装施工及以后的运行维护和故障检修时参考。

4.7.2 光伏线缆和连接器的选型

1. 认识直流线缆

光伏系统使用的直流线缆，是专为光伏发电直流配电系统设计的单芯、双芯多股软线缆。由于光伏发电系统的发电效率不是很高，在实际应用时又会有不少的电能损耗在输电线路上，不能使光伏发电得到最大化的利用，因此，直流线缆的合理选用对提高光伏发电利用率，减少线路损耗至关重要。光伏直流线缆使用双层绝缘外皮，其绝缘层及护套均使用辐照交联聚烯烃材料，导体采用多股绞合镀锡软铜线，外形如图4-85所示，要求能承载超强的机械负荷，具有良好的耐磨、耐高温、耐候特征，具有超常的使用寿命。直流线缆的基本特性有：

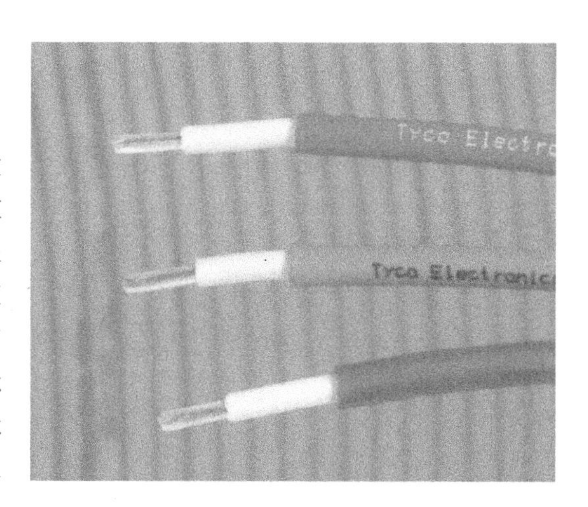

图4-85 光伏直流线缆外形图

1）使用温度 -40 ~ +90℃；

2）参考短路允许温度可达 5s +200℃；

3）绝缘及护套交联材料高温下使用不融化、不流动；

4）耐热、耐寒、耐磨、抗紫外线、耐臭氧、耐水解；

5）有较高的机械强度，防水、耐油、耐化学药品；

6）柔软易脱皮、高阻燃。此外，选用的光伏线缆还应通过 TUV、UL 等的产品质量认证。

2. 光伏线缆的选型

光伏发电系统中使用的线缆，因为使用环境和技术要求的不同，对不同部件的连接有不同的要求，总体要考虑的因素有线缆的导电性能、绝缘性能、耐热阻燃性能、抗老化抗辐射性能及线径规格（截面积）及线路损耗等。同时在系统设计安装过程中，还应优化设计，采用合理的电路分布结构，使线缆走向尽量短且直，最大限度地降低线路损耗电压，实现光伏发电电能的最大利用率，具体要求如下：

1）首先线缆的耐压值选择要大于系统的最高电压。如 380V 输出的交流线缆，就要选择 450/750V 耐压值的线缆。直流系统一般要选择耐压 1000V 的线缆。

2）组件与组件之间的连接线缆，一般使用组件接线盒附带的连接线缆直接连接，长度不够时还可以使用延长线缆连接，如图 4-86 所示，延长线缆的截面积一般与组件自带线缆的截面积相同即可。依据组件功率大小（最大短路电流）的不同，该类连接线缆截面积有 $2.5mm^2$、$4.0mm^2$、$6.0mm^2$ 三种规格。

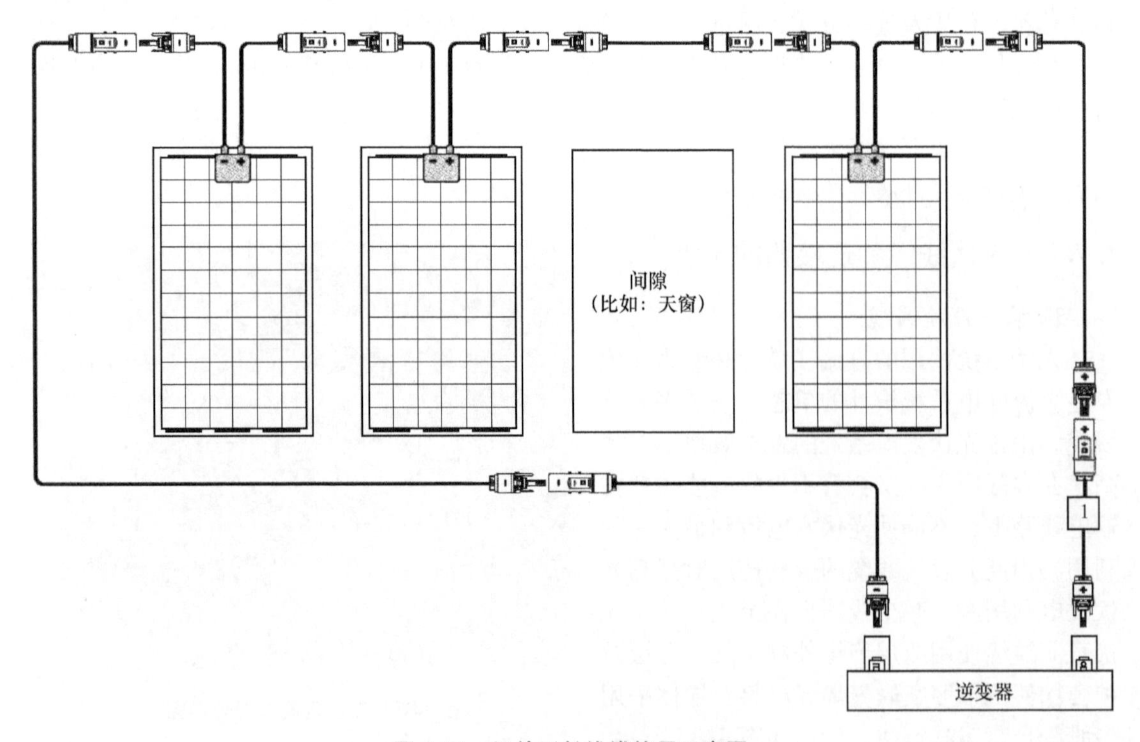

图 4-86　组件延长线缆使用示意图

3）光伏组串或方阵与直流汇流箱之间的连接线缆，也要使用通过 UL 测试或 TUV 认证的直流线缆，截面积将根据方阵输出的最大短路电流而定。

4）在有二次汇流的光伏发电系统中，直流汇流箱到直流配电柜之间的直流线缆，其截面积一般根据直流汇流箱的汇集路数和每一路的最大短路电流乘积的1.25倍确定。

5）在有储能蓄电池的系统中，蓄电池与控制器或逆变器之间的连接线缆，要求使用通过UL测试或TUV认证的多股软线，尽量就近连接。选择短而粗的线缆可使系统减小损耗，提高效率，增强可靠性。

6）交流线缆可按照一般交流电力线缆的选型要求选择。

选择光伏线缆既要考虑经济性，又要考虑安全性。线缆截面积偏大，线损就偏小，但会增加线路投资；线缆截面积偏小，线损就偏大，满足不了载流需要，而且安全系数也小。在光伏线缆的选型中，最好的办法就是按照线缆的经济电流密度来选择电缆的截面积。

各部位光伏线缆截面积依据下列原则和计算方法确定。

组件与组件之间的连接线缆、蓄电池与蓄电池之间的连接线缆、交流负载的连接线缆，一般选取的线缆额定电流为各线缆中最大连续工作电流的1.25倍；电池方阵与方阵之间的连接线缆、蓄电池（组）与逆变器之间的连接线缆，一般选取的线缆额定电流为各线缆中最大连续工作电流的1.5倍。另外，考虑温度对线缆性能的影响，线缆工作温度不宜超过30℃，线路的电压降不宜超过2%。线缆的截面积一般可用以下方法计算：

$$S = \rho LI/0.02U$$

式中，S为线缆截面积，单位是m^2；ρ为电阻率，铜的电阻率$=0.0176\times10^{-6}\Omega\cdot m/m^2$（20℃）；$L$为线缆的长度，单位是m；$I$为通过线缆的最大额定电流，单位是A；$0.02U$为线缆的电压降，$U$为额定工作电压。

为方便线缆截面积的选取，表4-18列出了额定电压为12V光伏发电系统线缆选取计算值，供选型计算时参考。

表4-18　12V光伏发电系统线缆选取计算表

截面积/mm^2	线缆长度/m							
电流/A	1	2	5	10	20	50	100	200
0.1	0.1	0.1	0.1	0.1	0.1	0.24	0.49	0.98
0.2	0.1	0.1	0.1	0.1	0.2	0.49	0.98	1.96
0.5	0.25	0.25	0.25	0.25	0.49	1.22	2.44	4.89
1	0.25	0.25	0.25	0.49	0.98	2.44	4.89	
2	0.5	0.5	0.5	0.98	1.96	4.89		
5	1.25	1.25	1.25	2.44	4.89			
8	2.0	2.0	2.0	3.91				
10	2.5	2.5	2.5	4.89				
20	5.0	5.0	5.0					
50	5.0							

注：截面积超过5mm^2的数据未列出。

通过表4-18可知，当额定电流为10A、线缆长度为10m时，导线的截面积为4.89mm^2。如果线缆长度超过10m，则要选用截面积为10mm^2的线缆。

表4-19是符合TUV和UL认证要求的光伏线缆性能参数表。

表4-19 符合TUV和UL认证要求的光伏线缆性能参数表

性能参数	TUV	UL
额定电压	U_0/U=600/1000V AC，1800V DC	U=600V、1000V及2000V AC
成品电压测试	6.5kV AC，15kV DC，5min	U=600V 18~10 AWG U_0=3000V，50Hz，1min 8~2 AWG U_0=3500V，50Hz，1min 1~4/0 AWG U_0=4000V，50Hz，1min U=1000V，2000V 18~10 AWG U_0=6000V，50Hz，1min 8~2 AWG U_0=7500V，50Hz，1min 1~4/0 AWG U_0=9000V，50Hz，1min
环境温度	-40~+90℃	-40~+90℃
导体最高温度	+120℃	/
使用寿命	≥25年（-40~+90℃）	/
参考短路允许温度	200℃ 5s	/
耐酸碱测试	EN60811-2-1	UL854
冷弯实验	EN60811-1-4	UL854
耐日光测试	HD605/A1	UL2556
成品耐臭氧测试	EN50396	/
阻燃测试	EN60332-1-2	UL1581VW-1

表4-20是某品牌光伏线缆产品的技术参数与规格尺寸，供线缆选型时参考。

表4-20 光伏线缆产品技术参数与规格尺寸

TUV认证产品						
产品编号	导线截面积/mm^2	导体结构/(n/mm)	导体绞合外径/mm	成品外径/mm	导体直流电阻AT20℃/(Ω/km)	载流量AT60℃/A
TUV150	1.5	30/0.25	1.58	4.90	13.7	30
TUV250	2.5	49/0.25	2.02	5.45	8.21	41
TUV400	4.0	56/0.30	2.60	6.10	5.09	55
TUA400	4.0	52/0.30	2.50	4.60	5.09	55
TUV600	6.0	84/0.30	3.20	7.20	3.39	70
TUVA10	10	84/0.40	4.60	9.00	1.95	98
TUVA16	16	128/0.40	5.60	10.20	1.24	132
TUVA25	25	192/0.40	6.95	12.00	0.795	176
TUVA35	35	276/0.40	8.30	13.80	0.565	218

（续）

UL 认证产品					
线规 AWG	标称截面/mm^2	导体结构/（n/mm）	600V 成品线缆外径/mm	1000V 及 2000V 线缆外径/mm	导体直流电阻 AT20℃/（Ω/km）
18	0.823	16/0.254	4.25	5.00	23.2
16	1.31	26/0.254	4.55	5.30	14.6
14	2.08	41/0.254	4.95	5.70	8.96
12	3.31	65/0.254	5.40	6.20	5.64
10	5.261	105/0.254	6.20	6.90	3.546
8	8.367	168/0.254	7.90	8.40	2.23
6	13.3	266/0.254	9.80	10.30	1.403
4	21.15	420/0.254	11.70	11.70	0.882
2	33.62	665/0.254	13.30	13.40	0.5548
1	42.41	836/0.254	15.20	16.10	0.4398
1/0	53.49	1045/0.254	17.00	17.10	0.3487
2/0	67.43	1330/0.254	18.30	18.80	0.2766
3/0	85.01	1672/0.254	19.80	20.40	0.2194
4/0	107.20	2109/0.254	21.50	22.10	0.1722

表 4-21 是光伏系统接地专用线的技术参数与规格尺寸。

表 4-21　光伏系统接地专用线技术参数与规格尺寸

导线截面积/mm^2	外皮颜色	导体结构（n/d）	成品外径/mm	导体直流电阻 AT20℃/（Ω/km）	载流量 AT60℃/A	重量/（kg/km）
0.5	黄绿	1/0.8	2.0	36.0	12	8.3
0.75	黄绿	1/0.97	2.17	24.5	15	10.87
1.0	黄绿	1/1.13	2.53	18.1	19	14.76
1.5	黄绿	1/1.38	2.78	12.1	22	19.94
2.5	黄绿	1/1.78	3.38	7.41	30	31.55
4.0	黄绿	1/2.25	3.85	4.61	39	46.50
6.0	黄绿	1/2.75	4.35	3.08	50	65.80
10	黄绿	7/1.34	6.05	1.83	70	116.77
16	黄绿	7/1.68	7.10	1.15	94	175.77
25	黄绿	7/2.14	8.85	0.727	124	281.25
35	黄绿	7/2.52	9.96	0.524	154	379.29

另外，线缆外皮的颜色表明了它的不同功能。设计施工要了解和遵守常规线缆的色彩标记规则，确保安装使用的正确，同时便于以后的运行维护和故障排除。常用线缆的色彩标记

规则见表4-22。

表4-22 常用线缆色彩标记规则

直流线缆		交流线缆	
颜色	用途	颜色	用途
棕色	正极	黄、绿、红色	相线（A、B、C）
蓝色	负极	淡蓝色	中性线（零线）
黄绿色	安全接地	黄绿色	安全接地
		黑色	设备内部布线

3. 光伏连接器

光伏连接器是光伏方阵线路连接的一个很重要的部件，这种连接器不仅应用到接线盒上，在光伏电站中很多需要接口的地方都会大量使用到连接器，如组件接线盒输出引线接口、延长电缆接口、汇流箱输入输出接口、逆变器直流输入接口等。每个接线盒用一对连接器，每个汇流箱根据设计一般用8～16对连接器，而逆变器也会用到2～4对或者更多，组件方阵组合用延长电缆也会用到一定数量的连接器，一般1MW的光伏发电系统，大约会用到3500套连接器。

光伏连接器的主要特性有：

1）简单、安全的安装方式；

2）良好的抗机械冲击性能；

3）大电流、高电压承载能力；

4）较低的接触电阻；

5）卓越的高低温、防火、防紫外线等性能；

6）强力的自锁功能，满足拔脱力的要求；

7）优异的密封设计，防尘防水等级达到IP67；

8）选用优良的树脂材料，能满足UL94-V0阻燃等级。

在光伏组件生产过程中，连接器是一个很小的部件，成本占比也很小，特别是在整个光伏电站建设中，连接器更是一个不引人关注的小细节，甚至大家都认为，连接器就是一对插头插座，能通电就行。但在近几年的电站建设中却因为连接器引发了很多问题，如：接触电阻变大、连接器发热、寿命缩短、接头起火、连接器烧断、组件串断电、接线盒失效、组件漏电等，轻则影响发电效率，增加维护工作量，重则造成工程返工、组件更换，甚至酿成火灾。

为此在光伏组件的制造过程中和光伏电站的设计施工过程中，要重视接线盒及连接器的选择，优先选用国内外知名品牌和有各种检测认证的产品，并要考虑和其他设备连接器的兼容问题，最好都统一使用同一品牌型号的连接器产品，否则会因为不同厂家的连接器生产技术和产品材料的差异、生产过程控制和质量标准的差异、公差配合和原材料的差异等造成隐患。瑞士公司Multi-Contact是光伏连接器的开拓者之一，其产品MC3和MC4光伏连接器几乎成为了国内企业模仿的样板。而该公司连接器真正的核心技术是使用Multilam技术对连接器中的公针和母针之间进行气密性连接。铜合金接触带由无数个Multilam叶片组成，可通过一系列导电触点实现电接触。每个Multilam叶片形成一个独立、弹簧式功率桥。并且所有的叶片都并行排放以减少接触电阻，形成良好稳定的连接。

劣质的连接器一是缺乏抗紫外线能力，使用寿命不能和光伏组件相辅相成；二是接触电阻大，会降低发电效率，消耗电能。过高的接触电阻可能导致连接器过热而融化、燃烧甚至引发火灾。

典型的光伏连接器主要技术参数为

额定电压：1000V DC　　额定电流：30A

接触电阻：≤1mΩ　　安全等级：class Ⅱ

温度范围：-40～+85℃　　防护等级：IP67

线缆范围：2.5mm² 4mm²　　主要材料：PPE、PC/PA

导体材料：紫铜镀锡　　阻燃等级：UL94-V0

4.8 监测装置——光伏系统的守护神

光伏发电系统的监控测量装置是各相关企业针对光伏发电系统开发的管理服务平台。小型并网光伏发电系统可配合逆变器对系统进行实时持续的监视记录和控制、系统故障记录与报警以及各种参数的设置，还可通过有线或无线网络进行远程监控和数据传输。中大型并网光伏发电系统的管理平台则要通过现代化物联网技术、人工智能及云端大数据分析技术等实现光伏发电系统的智能化数据监测和运维管理。

光伏发电系统监测装置一般都具有下列功能。

（1）实时监测功能

1）可实时采集、监测并显示光伏发电系统的当前发电总功率、日总发电量、累计总发电量、累计 CO_2 总减排量等数据。

2）可实时采集、查看并显示每台逆变器的运行参数，如逆变器直流侧的直流电压、电流和功率；交流侧的交流电压、电流、功率和频率；交流侧的有功功率、无功功率、视在功率及功率因素的大小；单台逆变器的日发电量、累计发电量、累计 CO_2 减排量、日运行时间、总运行时间、每日发电功率曲线等。

3）通过光伏电站配备的环境检测系统，可实时采集和显示环境温度、环境湿度、超声波风向风速、组件温度、太阳辐射强度等参数。

4）可实时采集并显示智能直流汇流箱工作状态及输入到汇流箱的各光伏组串支路的输入电流。

5）可对箱式变压器及电能质量监测仪的运行数据进行查询和显示。

（2）故障信息的存储和查看功能

当光伏发电系统出现故障时，监控测量系统可存储和查看发生故障的相关信息、发生故障的原因及发生故障的时间。可存储和查看的故障信息主要有：电网电压过高或过低；电网频率过高或过低；直流侧电压过高或过低；逆变器过载、过温或短路；逆变器风扇故障及散热器过热、逆变器“孤岛运行”、逆变器软启动故障等；系统紧急停机、通信失败、环境温度过高等。

（3）历史数据查询功能

如气象仪数据查询、逆变器数据查询、汇流箱数据查询、箱式变压器数据查询、开关柜数据查询、电能质量监测仪数据查询、智能电表数据查询等。

（4）日常报表的统计

通过监测系统可以获得发电量报表、逆变器运行日报表、周报表、月报表等。

（5）运行图表分析

通过监测系统可以进行发电量与辐射量对比分析图表、光伏方阵输出功率与太阳辐射强度对比图表、日负荷曲线图表等。

常见的监测系统运行显示界面如图4-87所示，上级管理或运维中心的大屏幕显示界面如图4-88所示。光伏发电系统的各种运行数据通过RS485接口等与监控测量系统主机中的数据采集器（如图4-89所示）连接。

图4-87 光伏发电监控测量系统显示界面

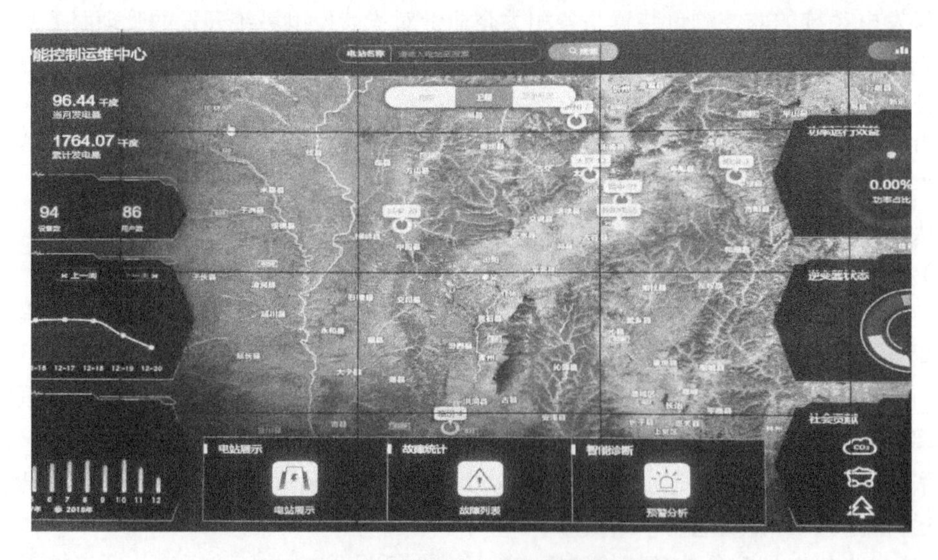

图4-88 管理或运维中心大屏幕显示界面

目前，用于分布式光伏发电系统的并网逆变器也都自带了监控测量系统，以监控棒或监控盒的形式直接连接到逆变器主机上，并可通过CAN、RS485、Wi-Fi及GPRS等多种通信方式进行数据传输，其中WiFi及GPRS监控软件可通过电脑软件，也可在手机APP中下载，通过电脑或手机就可以随时随地直接查看光伏发电系统的发电状况，进行实时监控。

图4-90所示为一种能直接插接到逆变器的WiFi或GPRS数据采集器外形图。

图4-91所示为分布式光伏发电系统的几种监控方式示意图。其中以太网监控方式就是通过网线将逆变器和路由器连接起来，逆变器通过路由器所连接的互联网络数据上传到服务器，然后通过电脑或者手机查看逆变器的运行状态，读取发电数据。WiFi监控方式是通过无线网络将逆变器和无线路由器连接起来，逆变器通过路由器所连接的互联网将数据上传到服务器。GPRS监控方式就是通过GPRS模块内置的GSM卡，连接移动或联通的通信基站，

通过基站网络将数据上传到服务器，实现实时的监控逆变器运行状态。

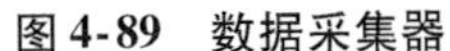
图 4-89　数据采集器

图 4-90　监控数据采集器外形图

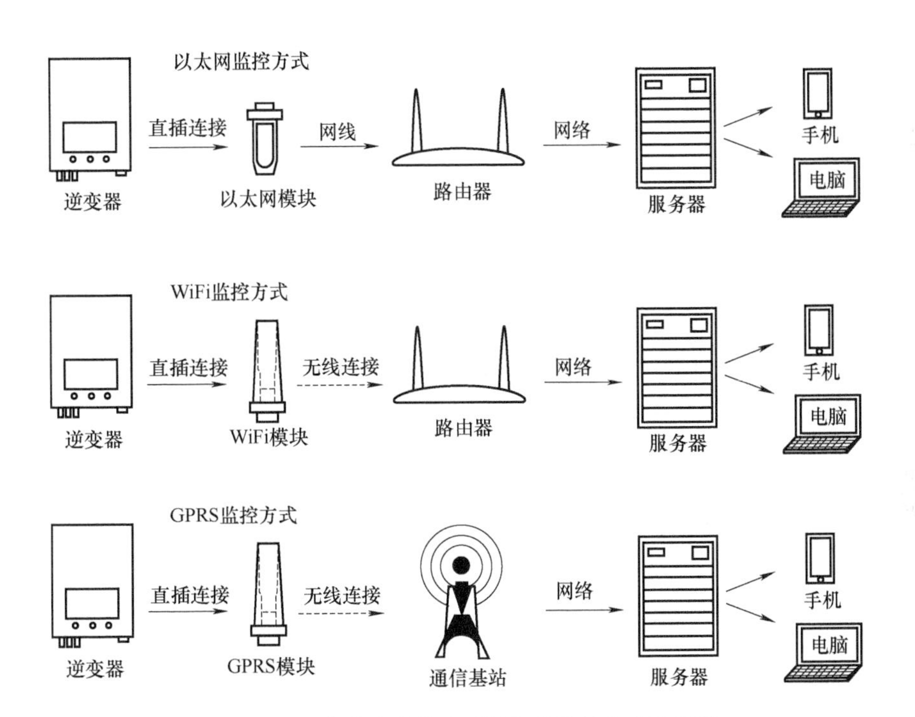

图 4-91　分布式光伏发电系统几种监控方式示意图

在这几种监控方式中，以太网方式需要铺设网线，增加施工内容；WiFi 方式虽然采用无线连接，但距离较远或者隔墙时网络信号会不稳定，甚至短时间中断，不仅影响监测，还会造成一些虚假故障，给经销商的售后运维带来麻烦。GPRS 方式是在只要有 2G 以上手机信号覆盖的地方，GPRS 模块就能通过手机信号上传逆变器数据。GPRS 通信仅仅依靠 2G 网络就可以实现，应用场合基本不受限制，但 GPRS 每个月会产生少量的流量费用。在实际使用中，究竟采用哪一种监控方式，还是要根据现场实际环境和设施，因地制宜，合理选择。

在一些较大容量的分布式光伏电站、农村乡镇光伏扶贫电站及大型地面电站等，将通过如图 4-92 和图 4-93 所示的智能管理平台进行系统的监控测量和运维管理。在智能管理平台中，数据采集主要通过逆变器、直流汇流箱、直流、交流配电柜、计量电表、环境检测仪等，通过数据通信协议，以有线或无线的方式将数据传输到数据采集器，然后通过网络接口存入大数据平台。数据存储服务器通过实时计算和离线计算，实时发出异常告警信息和分析历史数据，统一监控、管理电站和设备的运行状态和指标。异常告警信息及通过web系统、邮件、短信等方式实时提醒；指标分析和图文报表都可以在电脑、手机等终端进行及时查看。在运营管理中心还可以通过大屏幕实时监控电站运营情况。

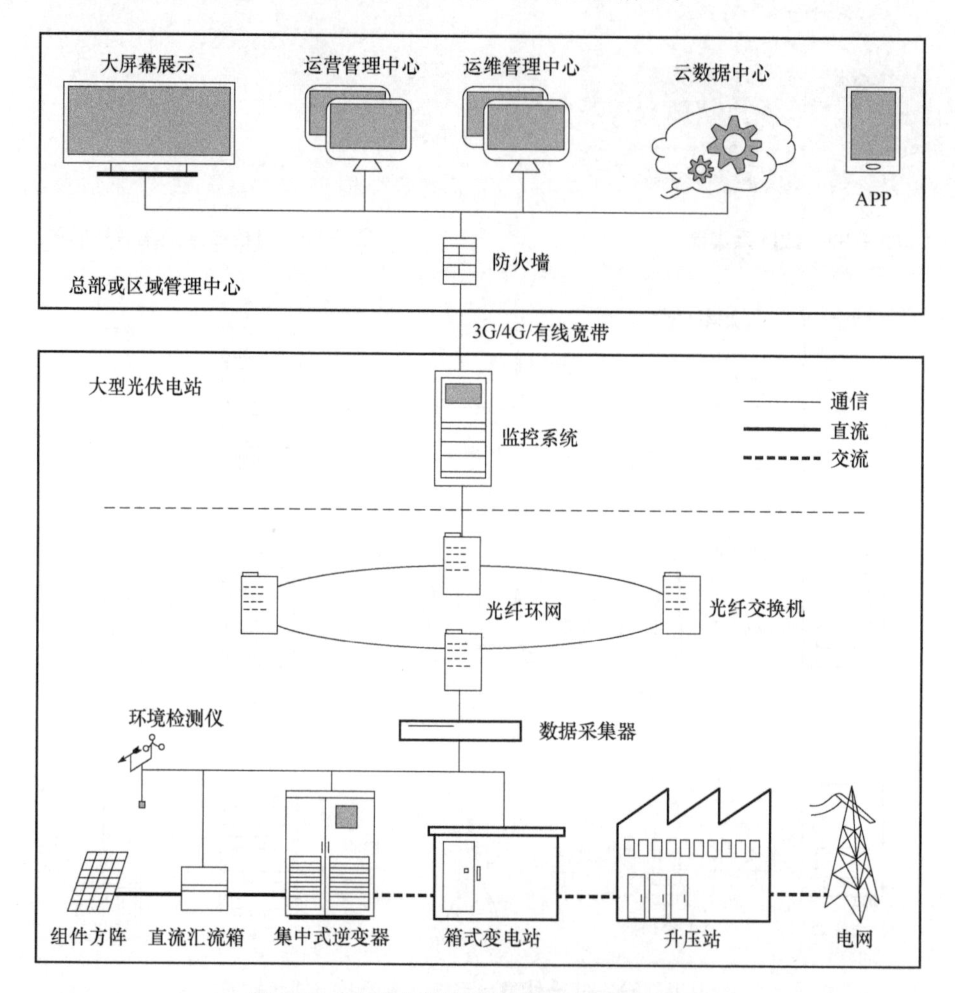

图4-92　大型光伏电站智能管理平台示意图

在光伏发电监测装置中，根据不同的场合，常用的通信传输方式为有线通信传输方式、无线通信传输方式和有线无线综合传输方式。用电线或者光缆作为通信传导的通信方式叫做有线通信，利用无线电波进行通信传导的通信方式叫做无线通信。目前常用的通信方式主要有：

1）光纤通信。光纤通信是一种以光波作为信息载体，以光导纤维作为传输介质的先进的通信方式。

2）RS485总线通信。总线传输方式是连接智能设备和自动化系统的数字化双向传输、多分支结构的通信网络，一对数据线可以连接多台设备，使通信简单化。RS485串行接口最多可支持64～256个发送/接收器，最远传输距离为2.3km，最高传输速率为2.4Mbit/s。

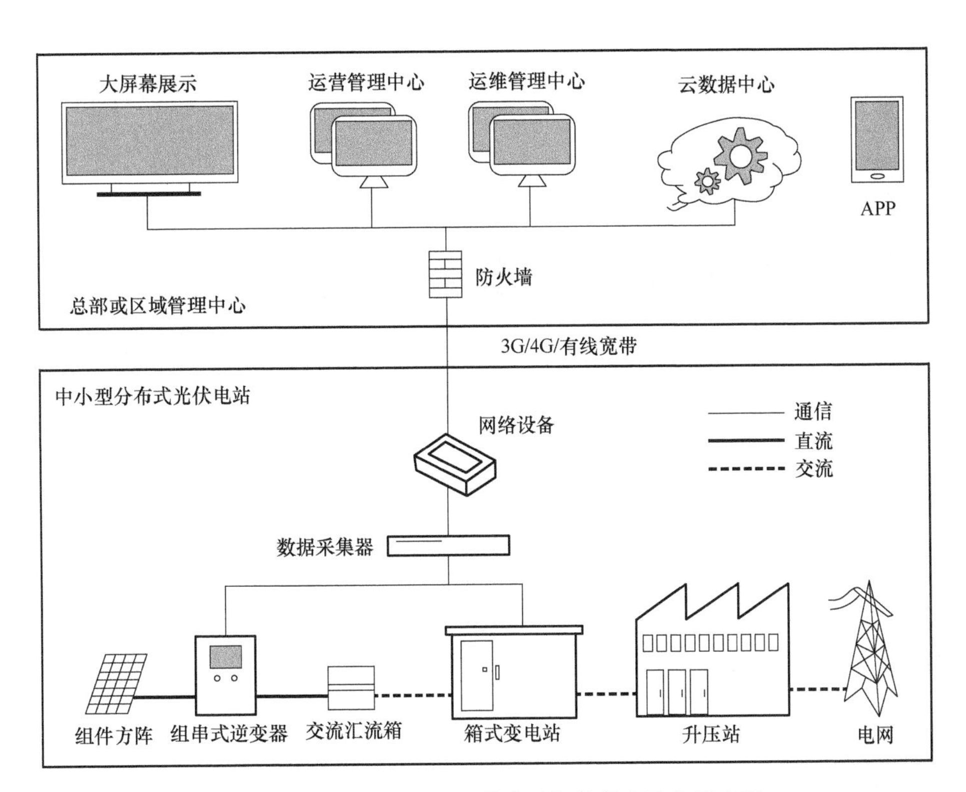

图 4-93　中小型分布式光伏电站智能管理平台示意图

3）电力载波通信。电力载波通信就是利用原有电力传输电缆进行通信数据和指令的传输，不用另外设置专用线路，其基本原理是将信号和指令调制为高频信号并加载在电力传输中。而在接收端通过信号采集设备及滤波装置等将信号及指令解调并发送至信号处理或指令执行单元。

电力载波通信在光伏发电监测系统应用中，相比其他通信方式，能有效降低系统通信的复杂程度、减少线缆铺设成本和后期运维投入，应用比较广泛。但电力线载波通信数据传输速率较低，容易受到非线性失真、信道间交叉调制等各种干扰的影响。

4）无线通信。无线通信主要借助微波站或人造卫星的中继传输技术。如利用移动通信基站专用的通信信号频段进行信号传输。利用 3G 以上的移动通信技术，无线远程监控还可以实现音频和视频数据的海量传输。

第 5 章

光伏发电系统的基础、支架与防雷接地

光伏发电系统的基础、支架及防雷接地装置是光伏发电系统的主要附属设施，认识和了解这些附属设施并正确选择设计和使用，对保证光伏发电系统的收益大、寿命长和性价比高都有着积极的作用。

5.1　光伏方阵基础——坚如磐石的保证

5.1.1　方阵基础类型

光伏方阵基础主要有混凝土预埋件基础、混凝土配重块基础、螺旋地桩基础、直接埋入式基础、混凝土预制桩基础和地锚式基础等几类，如图 5-1 所示。这几种基础都具有稳固、可靠的优点，可以根据电站设计安装要求及建设场地地质土壤情况等选择应用，图 5-2 所示为几种光伏方阵基础的实体应用图。

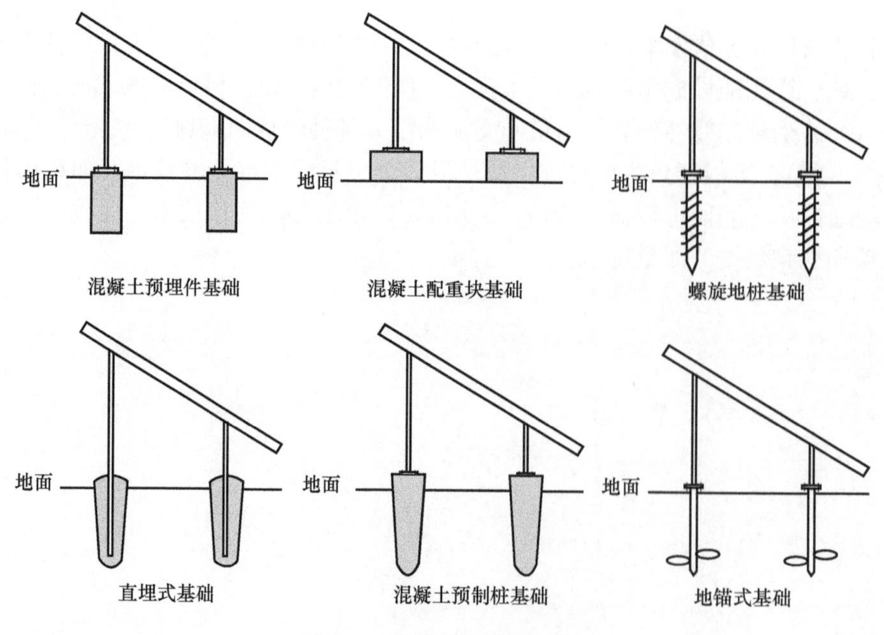

图 5-1　光伏方阵基础类型

预埋件基础　　螺旋地桩基础　　直埋式基础

图 5-2　几种光伏方阵基础实体应用图

1. 混凝土预埋件基础

混凝土预埋件基础是适用范围较广的一种基础形式，也是光伏方阵最早采用的传统基础形式，它是在光伏支架前后固定立柱下分别设置的独立基础，通过用混凝土现场浇筑，将预埋件钢板或预埋螺栓浇筑在其中。这种基础的横断面可以做成正方形、圆形等。有时为了解决电站场地表层土承载力低的问题，还可以做成前后立柱基础连为一体的长条形基础，如图 5-2 中左图所示。

混凝土预埋件基础的优点是适用范围广，受力可靠，无需专用机械施工等，缺点是土方开挖和回填工程量大，施工周期长，破坏周围环境，未来在土地中会留下大量的废弃物和建筑垃圾。

2. 混凝土配重块基础

混凝土配重块基础经常与预埋件基础一起用于屋顶光伏发电系统建设或改造中，这样可以有效地避免或减少破坏屋顶防水层等结构。

3. 螺旋地桩基础

螺旋地桩基础是近年来日益广泛使用的光伏支架基础形式，螺旋地桩采用带有螺旋状叶片的热镀锌钢管造成，其叶片可大可小，可连续可间断，螺旋叶片与钢管之间采用连续焊接。常见的螺旋地桩如图 5-3 所示，其长度有 0.55m、0.7m、1.0m、1.2m、1.6m、1.8m、2.0m、2.7m 等多种规格，直径有 60mm、65mm、76mm、89mm、114mm、168mm、219mm 等规格，顶部有管状、法兰盘状、U 形叉状、方筒状、圆筒状等，可根据需要选择。螺旋地桩基础上部露出地面，可随地势调节支架高度，与支架立柱之间通过螺栓连接。螺旋地桩的施工工具有电动打桩机，施工机械有螺旋地桩钻机，如图 5-4 所示。

螺旋地桩是一种新型的基础施工方法。该方法无需挖掘土地和预制灌注混凝土，只需要用专用工具或专用机械直接夯入或钻入地下，相比传统的混凝土基础，具有安装简单、方便快捷，省时省力省料的特点，使基础安装时间缩短、施工费用降低，并且可以随时随地移动和循环使用，能最大限度地保护场地植被，对土地和环境无污染，系统寿命期满拆除后，基础可一并快速拆除，土地中无弃留物，场地易恢复原貌。

4. 直埋式基础

直埋式基础也叫灌注桩基础，直埋式基础施工最简便，通过现场挖坑浇筑施工，只需要使用开孔机在现场开孔并灌注混凝土，在混凝土未凝固之前将槽钢或钢管预制件直接插入孔中即可。在夯实混凝土的同时，根据需要调整好基础预制件平面的高度。直埋式基础虽然施工过程简单，但与螺旋地桩相比有施工速度慢，施工周期较长的不足，由于直埋式基础对混凝土强度等级要求不高，所以造价较低。

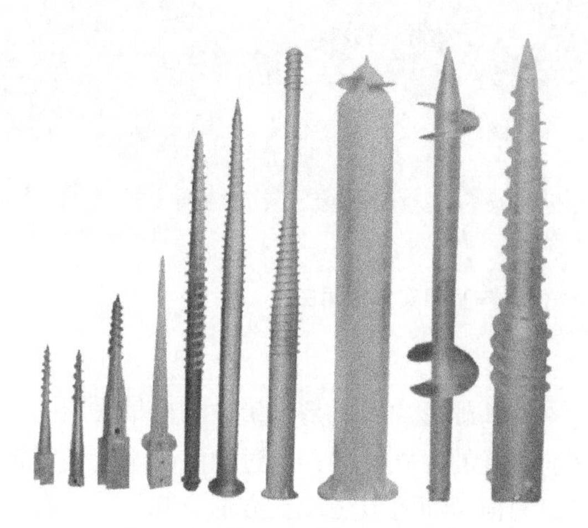

图 5-3 常见螺旋地桩的外形

图 5-4 螺旋地桩钻机的外形

直埋式基础桩柱对周边土壤无挤压作用，对现场土壤的自立性要求较高，所以是否采用直埋式基础需要进行前期的地质勘测试验，松散的沙性土层和土质坚硬的碎石、卵石土层都不适用于直埋式基础施工。松散的沙性土层容易造成塌孔，土质坚硬的碎石、卵石土层会造成开孔困难。

5. 混凝土预制桩基础

混凝土预制桩基础一般由专业厂家制作，其截面尺寸一般为 200mm × 200mm 的方形或 ϕ300mm 的圆形，顶部预留了钢板或螺栓，方便与支架立柱连接，底部一般做成尖形，方便施工时打入或压入土层中。混凝土预制桩具有桩体规整，桩身质量好，抗腐蚀能力强，施工简单、快捷的优点，造价比直埋式基础略高一点。

相比螺旋地桩而言，混凝土预制桩基础由于底面积与侧面积相对较大，在相同的地质条件下容易获得较大的结构抗力，且成本也略低于螺旋桩基础，只是在施工过程中，桩顶标高不容易控制，对施工技术要求较高。

6. 地锚式基础

地锚式基础的工作原理与螺旋桩基础类似，在国外应用较多。其结构是在锚杆中下部安装有 2～3 个可以向上收起的叶片，当锚杆被压入或旋入土层时，叶片会向上收起，锚杆到位后，轻轻向上提起锚杆或反方向旋转锚杆，收起的叶片就会水平打开，使锚杆牢固的植入土层中。根据国外的施工经验，地锚式基础最为牢固，安全性也最高。但是地锚与支架连接部位需要特别定做，造价很高。

5.1.2 方阵基础相关设计

1. 混凝土基础的设计

常见的混凝土预埋件基础的尺寸示意如图 5-5 所示，分为单螺栓预埋件基础和钢板预埋件基础两类。单螺栓预埋件基础一般用于几千瓦到几百千瓦以内的小型光伏电站，对于一般土质，每个基础地面以下部分根据方阵大小一般选择 200mm × 200mm、250mm × 250mm、

300mm×300mm、350mm×350mm（长×宽）等几种规格的方形基础或 ϕ200～350mm 的圆形基础，高度根据方阵大小及土质情况在400～900mm间选择。对于钢板预埋件基础可根据方阵大小及土质情况在表5-1中选择。

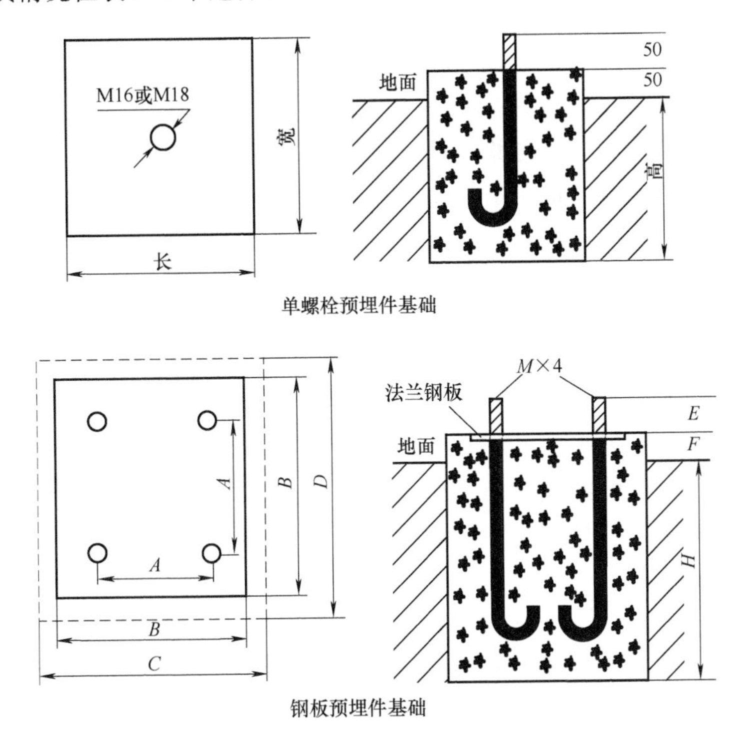

图5-5　混凝土预埋件基础尺寸示意图

表5-1　钢板预埋件基础尺寸表

螺距尺寸 A×A/mm	法兰盘尺寸 B×B/mm	基础尺寸 C×D/mm	E/mm	F/mm	H/mm	M/mm
160×160	200×200	300×300	40	50～400	≥400	14
180×180	250×250	350×350	40		≥600	16
210×210	300×300	400×400	50		≥700	18
250×250	350×350	450×450	60		≥800	20
300×300	400×400	500×500	80		≥1000	22

注：A为预埋件螺杆中心距离；B为法兰盘边缘尺寸；C、D为基础平面尺寸；E为露出基础面的螺纹高度；F为基础高出地面高度；H为基础深度；M为螺纹直径。

对于在比较松散的土质地面做基础时，基础部分的长宽尺寸要适当放大，高度要加高，或者制作成长条型基础，由于长条形基础可以通过较大的基础底面积获得足够的抗水平载荷的能力，一般选择埋深为200～300mm，不需要埋的太深。对于大型分布式光伏发电系统的混凝土基础要根据GB 5007—2011《建筑地基基础设计规范》中的相关要求进行勘察设计。

2. 混凝土基础制作的基本技术要求

1）基础混凝土水泥、砂石混合比例一般为1:2。

2）基础上表面要平整光滑，同一支架的所有基础上表面要在同一水平面上。

3）基础预埋螺杆要保证垂直并在正确位置，单螺杆或预埋件要位于基础中央，不要倾斜。

4）基础预埋件螺杆高出混凝土基础表面部分的螺纹在施工时要进行保护，防止受损。施工后要保持螺纹部分干净，如粘有混凝土要及时擦干净。

5）在土质松散的沙土、软土等位置做基础时，要适当加大基础尺寸。对于太松软的土质，要先进行土质处理或重新选择位置。

3. 螺旋地桩基础的应用设计要求

螺旋地桩可根据施工现场地质条件选用图 5-3 中的多种形式，其应用设计应满足下列要求。

1）依据 GB 50797—2012《光伏发电站设计规范》附录 C 的要求，螺旋地桩基础应满足光伏发电站 25 年的设计使用年限要求。

2）螺旋地桩钢管壁厚不应小于 4mm；螺旋叶片外伸宽度≥20mm 时，叶片厚度应 > 5mm；螺旋叶片外伸宽度 <20mm 时，叶片厚度应 >2mm；螺旋叶片与钢管之间应采用连续焊接，焊接高度不应小于焊接工件的最小壁厚。

3）螺旋叶片的外伸宽度与叶片厚度之比不应 >30。

4）螺旋地桩基础与支架连接节点在保证满足设计要求的承载力基础上，在高度方向上应具有可调节功能。

5）螺旋地桩的防腐设计应满足电站使用年限的要求。由于螺旋电站埋入地下，腐蚀性相对较大，而且在打桩过程中，热镀锌层会有一定的破坏，因此要求螺旋地桩的外表热镀锌层厚度应≥100μm。

6）带法兰盘的螺旋地桩可用于单柱安装或双柱安装，而不带法兰盘的螺旋地桩一般只用于双柱安装。

7）宽叶片间隔形螺旋地桩的抗拉拔性要好于连续窄叶片型螺旋地桩，在风力较大的地区应优先考虑选用宽叶片间隔形螺旋地桩。

不同的土壤级别对螺旋地桩施工的要求见表 5-2。

表 5-2　土壤级别对螺旋地桩施工的要求

土壤等级	土壤性质	土壤成分	螺旋地桩施工
1 等	表层土壤	砂土、沙砾、泥沙	可行
2 等	流质土壤	液体和糊状地下水	可行，但土壤缺乏强度
3 等	松散土壤	松散砂土、沙砾，或者二者混合物	可行，有少许阻力
4 等	有黏度的松散土壤	砂土、沙砾、泥沙和黏土，至少有 15% 粒度 <0.06mm；直径 <63mm（2.5 英寸）、体积 <0.01m³ 的岩石少于 30%	可行，有少许阻力
5 等	有石块的土壤	直径 >63mm（2.5 英寸）、体积为 0.01m³ 的岩石多于 30%	可行，阻力大
6 等	可移动的石质土	带岩石、紧密连接、易碎、板岩、经风化的土壤	需要预先钻锤螺旋洞
7 等	可移动的硬质岩石	具有结构强度的小岩石、风化泥岩、矿渣、铁矿石等	需要预先钻锤螺旋洞

5.2 光伏支架——获取能量的有力支撑

5.2.1 光伏支架的分类

光伏支架可分为固定式、倾角可调式和自动跟踪式三类，其连接方式一般有焊接和组装两种形式。其中固定式支架又可分为屋顶类支架、地面类支架和水面类支架。自动跟踪式支架分为单轴跟踪支架和双轴跟踪支架。光伏支架的具体分类如图5-6所示。

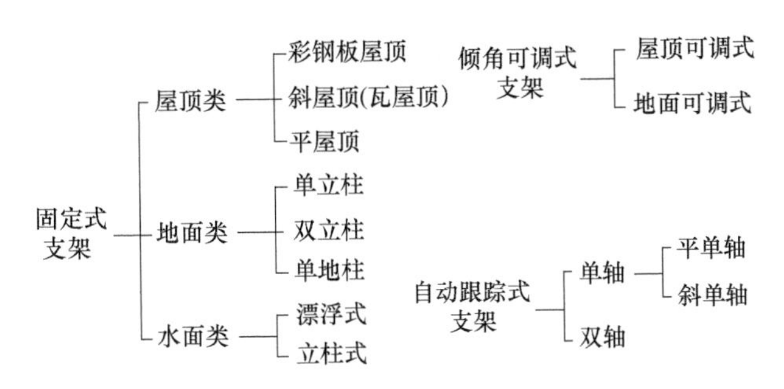

图5-6 光伏支架的具体分类

1. 固定式支架

固定式支架也叫固定倾角支架，支架安装完成后组件倾角和方位都不能调整。固定式支架分为屋顶类、地面类和水面类等几种。

（1）屋顶类支架

屋顶类支架一般分为彩钢板屋顶支架、斜屋顶（瓦屋顶）支架和平屋顶支架三类。

彩钢板屋顶支架主要由彩钢板夹具或固定件、导轨（横梁）、组件压块、导轨连接件、螺栓垫圈、滑块螺母等组成，如图5-7所示。

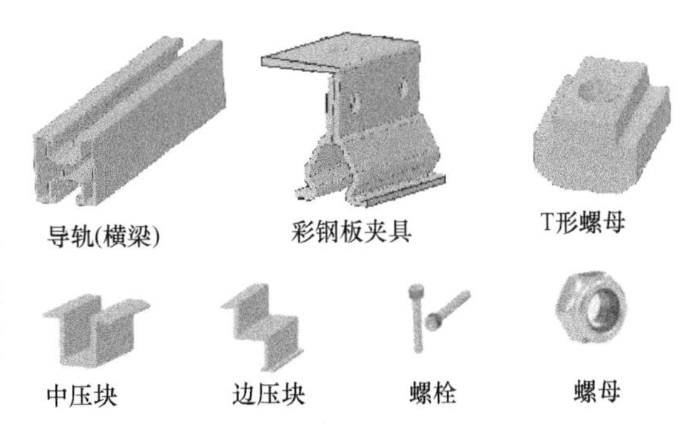

图5-7 彩钢板屋顶支架主要配件

斜屋顶支架主要由屋顶固定挂钩、导轨（横梁）、组件压块、导轨连接件、螺栓垫圈、螺母滑块等组成。图5-8所示是屋顶支架常用固定件的外形结构。

上述两种支架一般以成品C型钢或铝合金作为主要支撑结构件，具有拼装、拆卸速度快，无需焊接，防腐涂层均匀，耐久性好，安装速度快，外形美观等优点。

平屋顶支架与地面类支架结构类似，一般以混凝土配重块作为支架基础，尽量不破坏屋顶面防水层，具有结构灵活，安装便捷的特点。

（2）地面类支架

地面类支架分为单立柱支架、双立柱支架和单地柱支架三类。

单立柱支架也就是支架靠单排立柱支撑，每个单元只有单排支架基础。单立柱支架主要由立柱、斜支撑、导轨（横梁）、组件压块、导轨连接件、螺栓垫圈、螺母滑块等组成，立

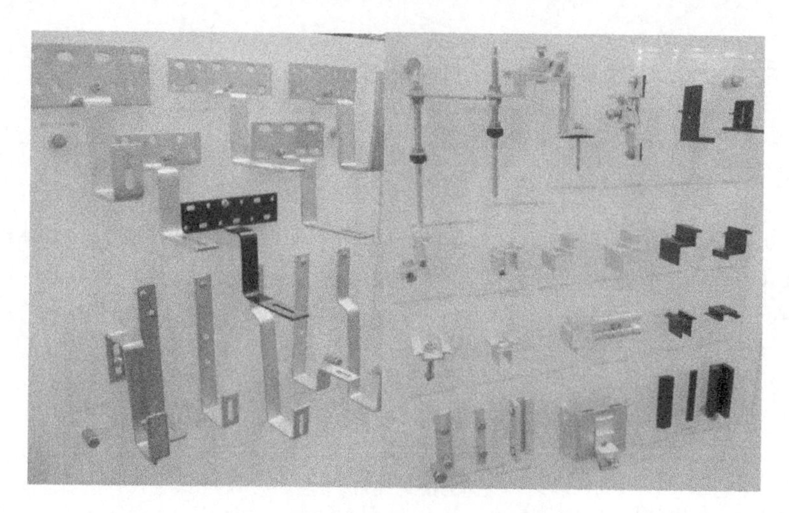

图 5-8　屋顶支架常用固定件的外形

柱采用 C 型钢、H 型钢或方钢管等材料。单立柱支架可以减少土地施工量，适用于地形地势复杂地区。

双立柱支架为前后立柱形式，主要由前立柱、后立柱、斜支撑、导轨（横梁）、后支撑、组件压块、导轨连接件、螺栓垫圈、螺母滑块等组成，立柱根据方阵大小采用 C 形钢、H 形钢、方钢管、圆钢管等材料制作，其他部件根据需要采用 C 形钢、铝合金、不锈钢等材料。双立柱支架受力均匀、加工制作简单，适用于地势较为平坦的地区。

单地柱支架就是指一个方阵单元支架只有一个立柱的支架形式。由于整个方阵只有一个立柱，单套支架上可以布置的光伏组件数量有限，一般有 8 块、12 块、16 块等。单地柱支架主要由立柱、纵梁、导轨（横梁）、组件压块、导轨连接件、螺栓垫圈、螺母滑块等组成，立柱可采用钢管、预制水泥管等，纵梁、横梁由于悬挑较多，一般采用方钢管，导轨采用 C 型钢或铝合金。这种支架适用于地下水位较高和地面植被较丰富的地区。

（3）水面类支架

随着分布式光伏发电项目的不断推进，充分利用海面、湖泊、河流等水面资源安装分布式光伏电站，实施渔光互补等新的光伏农业形式，是解决光伏发电受限于土地资源的又一途径。水面类支架一般有漂浮式和立柱式两种，漂浮式支架由浮筒和支架两部分造成，如图 5-9 所示，浮筒采用高强度材料制作并进行连体设计，稳定性好，抗冲击能力强，可有效地防止各种水流和大风造成光伏组件的损坏。支架一般采用不锈钢、铝合金等抗腐蚀能力强的材料制作。

图 5-9　水面漂浮式支架

立柱式支架和地面类支架结构大同小异，只是立柱更长，保证支架露出水面，同时立柱材料要选择能承受长期在水中浸泡的抗腐蚀能力。

2. 倾角可调式支架

倾角可调式支架结构与固定式支架类似，比固定式支架多了一个调节机构，使支架的倾角可以通过手动进行调节，可调节机构有分档式和连续可调式，分档式一般设为2～3档，一年按季节调整2～3次；连续可调式则可以根据需要经常调整。为了便于倾角调整，单个支架上安装的组件不宜太多，通常安装的组件数量要正好构成一个或两个组串。倾角可调式支架有推拉杆式、圆弧式、千斤顶式和液压杆式等，图5-10所示是几种倾角调节机构实体图。

图5-10 几种倾角调节机构实体图

3. 自动跟踪式支架

光伏方阵采用固定式支架安装时，光伏方阵不能随着太阳位置的变化而移动，无法提高光伏系统的发电效率。为提高光伏系统的发电效率和光伏方阵的有效发电量，自动跟踪式支架在国内外光伏发电系统中逐步得到了认可和推广应用。

自动跟踪支架可以使光伏组件始终保持与太阳光线垂直，消除固定电站的余弦损失，使光伏组件接收到更多的光能量，从而提高发电量。自动跟踪支架分为单轴式跟踪和双轴式跟踪，其共同点是使光伏方阵表面法线依照太阳的运动规律做相应的运动，使太阳光的入射角减小。通过自动跟踪，一方面可以提高太阳辐射能的利用率，使发电系统转换效率提高；另一方面在获取相同的发电量时可以减少光伏组件的使用量，使系统的建造成本降低。同等条件下，采用自动跟踪支架的发电量要比用固定式支架的发电量提高15%～30%（单轴跟踪）和25%～40%（双轴跟踪），这是经过多次工程验证得出的结论，也是被光伏业界普遍认可的数据。

（1）自动跟踪式支架的分类和适用范围

自动跟踪支架一般分为单轴跟踪支架和双轴跟踪支架两大类，其中，单轴跟踪支架又分为水平单轴和斜单轴跟踪，水平单轴跟踪适用于小于30°的低纬度地区，斜单轴跟踪适用于30°以上的中、高纬度地区；双轴跟踪适用于任何纬度地区和聚光光伏系统。

水平单轴跟踪就是让支架围绕一根水平方向的轴跟踪太阳进行旋转，通过跟踪太阳的高度角来提高太阳光线在光伏组件面板的垂直分量，提高发电量，具体应用如图5-11所示。

斜单轴跟踪就是让支架围绕一根南北方向倾斜的轴跟踪太阳进行旋转，通过转轴的倾斜角补偿纬度角，然后在转轴方向跟踪太阳高度角，以更好地增大光伏发电量，具体应用如图5-12所示。

图 5-11　水平单轴自动跟踪支架

图 5-12　斜单轴自动跟踪支架

双轴自动跟踪系统可以使支架同时沿两个独立的轴进行旋转，一个轴可以使支架沿方位角方向自由旋转，另一个轴可以使支架沿倾角方向自由旋转，使光伏方阵平面始终与太阳光线保持垂直，以获得最大的发电量。双轴自动跟踪系统的应用如图 5-13 所示。

图 5-13　双轴自动跟踪支架系统

（2）自动跟踪系统的工作原理与技术

1）光控跟踪技术。光控太阳能跟踪技术纯粹利用太阳光线制导，这种跟踪技术一般通过温度适应性能强，工作较为可靠的晶体硅光敏器件和砷化镓光敏器件作为传感器件实现信号采集。

光控太阳能跟踪的工作原理有以下两种，一种是受光面平行法，依靠阴影遮挡使布置在方阵上的若干个光敏元件出现电压或电流的差异为电路提供信号，这种方法探测太阳光线范围广，性能稳定，工作可靠；另外一种方法是利用暗合投影的原理，当太阳出现偏离时，激发传感器件输出差异信号进行工作，这种传感方法的显著优点是跟踪精度高，缺点是探知太阳光线偏离位置的角度范围太有限，无法实现大角度搜索跟踪。

光控太阳能主控制电路最好选用数字电路，因为模拟电路的待机损耗太大，且故障率较高。光控太阳能跟踪技术的缺点是完全依赖太阳光，一旦出现阴雨天，系统就无法实现跟踪，而一旦天气忽阴忽晴，系统会忽跟忽停或者直接放弃跟踪。

2）时控跟踪技术。时控太阳能跟踪技术就是利用数字化单片机时间控制电路，定时跟踪，这种跟踪方法技术可靠，性能稳定，跟踪精度可达0.5°，其优点是不受阴雨天影响，跟踪可靠、性能稳定，缺点是没有光控跟踪方法的跟踪精度高。

3）光控和时控复合跟踪技术。光控和时控复合跟踪技术是针对天气忽阴忽晴变化莫测的特点研发的。当上午半天阴天时，纯光控太阳能跟踪系统就会出现上午半天不跟踪的现象。当下午半天晴天时，对于探测范围较广的太阳能跟踪探测器，系统可以实现跟踪，但由于太阳能跟踪传动系数比较大，所以跟踪到位需要相当长的时间，这段时间内太阳能无法收集利用。而对于探测范围较窄的太阳能跟踪器，由于其根本探测不到，所以无法跟踪。这样，尽管下午半天有太阳，但系统无法采集利用。

光控和时控复合跟踪技术的跟踪方式：当天空有太阳时，系统会自动转入光控跟踪，跟踪精度不大于0.1°；当天空阴天时，跟踪系统自动转入时控跟踪，跟踪精度不大于0.5°。这样，天气在由阴转晴的瞬间，跟踪控制系统仅仅在0.5°~0.1°的跟踪精度范围内调整。这就大大缩短了系统跟踪到位的所需时间，最大限度地提高了太阳能的采集利用率。光控和时控复合跟踪系统是比较理想的跟踪方式，值得推广。

4）跟踪系统用电动机及减速机。用于太阳能跟踪系统的电动机可以是直流电动机也可以是交流电动机，可以是步进电动机或伺服电动机。无论是哪种电动机都要满足跟踪精度的要求。都必须满足防水、防尘、耐曝晒、抗严冬等室外环境要求。对于高寒地区，可以考虑采用冷库专用电动机，以满足其特殊低温环境的要求。

跟踪用减速机的传动间隙不能过大，以免因间隙过大使系统较大幅度地抖动。一般的跟踪系统减速机，要求其末级输出必须是较为精密的蜗轮蜗杆减速装置，以承受较大的脉冲负荷的冲击。

5.2.2 光伏支架的选型与设计

1. 光伏支架的选型

光伏支架成本虽然在整个光伏发电系统总成本中占比不大，只有百分之几，但选型确很重要，主要考虑因素之一就是耐候性。光伏支架在25年的寿命周期内必须保证结构牢固可靠，能承受环境侵蚀和风、雪载荷。还要考虑安装的安全可靠，能以最小的安装成本达到最优的使用效果。另外，后期是否能够免维护，有没有可靠的维修保证以及支架寿命周期结束以后是否可回收等都是需要考虑的重要因素。在设计和建设光伏电站时，选择固定式支架、倾角可调式支架还是自动跟踪式支架，需要因地制宜综合考虑，因为各种方式毕竟各有利弊，都在探索和完善之中，不同类型光伏支架的特点见表5-3。

表5-3 不同类型光伏支架的特点

项目 \ 类型	固 定 式	倾角可调式	平单轴跟踪	斜单轴跟踪	双轴跟踪
适用纬度	任何纬度		低纬度	中高纬度	任何纬度
发电量增益	无	固定式的1.1~1.15倍	固定式的1.1~1.2倍	固定式的1.2~1.25倍	固定式的1.3~1.4倍
占地面积	最少	固定式的1~1.05倍	固定式的1.1~1.2倍	固定式的1.4~1.5倍	固定式的1.8~2.5倍

（续）

类型 项目	固　定　式	倾角可调式	平单轴跟踪	斜单轴跟踪	双轴跟踪
太阳能资源条件	无限制		更适合直接辐射较强地区		
参考成本	0.4～0.5元/W	0.5～0.7元/W	1.4～1.8元/W	1.5～2.1元/W	2.8～3.5元/W
可靠性	好		较好	较差	差

固定倾角支架是在大多数场合下最经常使用的结构，安装简单，成本低，安全性较高，可以承受高风速和地震状况。支架在整个寿命周期内几乎无需维护，运维费用低，唯一的不足是在高纬度地区使用时功率输出偏低。

倾角可调式支架与固定支架相比，将全年分成几个时间段，使方阵在每个时间段都能获得平均最佳倾角条件，以此来获得优于固定支架的全年太阳能辐射量，其发电量可比固定支架提高5%左右。与自动跟踪式支架的技术不完善，投资成本高，故障率高，运维费用高等缺点相比，优势也很明显，是一种具有实际应用意义和经济价值的方式。

单轴跟踪支架具有更好的产能表现，与固定式支架相比，平单轴支架在低纬度地区使用可提高发电量20%～25%，在其他地区使用也可提高发电量12%～15%。斜单轴支架在不同地区使用则可提高发电量20%～30%。

双轴跟踪支架理论上具有最高的产能率，凭借双轴跟踪来调整支架倾角和方位，可以准确捕捉光照方向，比固定支架可提高发电量30%～40%。但是复杂的跟踪控制和伺服系统，较高的基础设施成本，以及频繁的维护工作和较高故障率，往往使发电量的提高不尽如人意，甚至得不偿失。

所以，在支架选型时首先要考虑电站的地理位置、气候条件、当地日照时间、建设成本、工程质量和提高发电效率等。例如，在我国的西北沙漠地区，由于光照充足、地域宽广，就比较适合应用自动跟踪式支架，可以有效地提高发电效率。原则上讲，在高纬度地区和光照较强地区，自动跟踪支架带来的收益会比较大。

表5-4介绍了光伏电站采用自动跟踪支架的优缺点。当确定使用自动跟踪类支架时，选择高质量的产品和供应商很重要，不仅要考虑跟踪支架的硬件参数和价格，还要考察软件结构和可靠性等因素。尽管双轴跟踪系统比单轴跟踪系统具有性能上的优势，但如果选择不好，较高的故障风险足以抵消其所带来的额外收益。就长期来看，简单的支架结构或许才是更佳的选择。

表5-4　自动跟踪式支架的优缺点

优　点	缺　点
1. 可以大幅提高光伏电池组件的发电效率，采用双轴跟踪，同等规模的光伏电站，年平均发电量最大可以提高35%～40%，甚至更高（纬度较高地区）	1. 电站建设投入成本更高。相对于固定安装的支架，跟踪由于需要传动、驱动和控制系统，单轴跟踪其成本要高出2～3倍，双轴跟踪更高达5倍以上。另外电缆需要量更大，线路布置更复杂，基础投入也更高
2. 减小对电网的冲击。跟踪技术的采用，可以使日发电高峰值的曲线更宽平，峰值时间段更长，减小了对电网的冲击	2. 电站运行风险加大。跟踪系统活动的结构，使得支架抗风性能降低；驱动电机和控制系统的采用，增加了机械和电子系统的故障风险

（续）

优　　点	缺　　点
3. 地形适应性更强。由于跟踪系统采用的是独立支撑，无需对地面进行平整，无论是山地、洼地，都可以直接安装	3. 电站维护费用增加，需要增加专业技术人员进行管理维护
4. 具有更强的抗震性。独立支撑对强烈地震产生的纵波和横波的抵抗性较好，保证跟踪支架不产生扭曲，电池组件不受损坏	4. 绝对意义上土地的占有量增加。跟踪由于要适时进行角度调整，在东西方向会产生巨大的阴影遮挡，需留有更大的间隔空间。一般情况下，在低纬度地区，如果从太阳高度角 30°时开始跟踪，电站的土地占有量约是固定电站的 2 倍以上；纬度越高，由于采用跟踪在南北方向的阴影区会得到充分利用，土地占有量将越节省。通过菱形布阵，综合土地占有量也会逐渐减少。该问题需要结合采用跟踪支架后提高的发电量综合计算
5. 更好的防雪功能。暴雪时跟踪支架可以直立放置，避免电池组件表面积雪，晴天后可及时跟踪发电，避免了电池组件被积雪压损，减少了清除积雪的人工投入，延长了发电时间	
6. 减少电池组件表面灰尘。因为跟踪支架始终处于动态运行，并有大角度倾斜角，在西北沙漠地区，可以有效减少组件表面沙尘积累，减少清洁频率，间接提高电池组件发电效率	
7. 能更充分利用电站现有资源。跟踪技术的采用，峰值时间段的延长，使得汇流箱和逆变器的最大功率得到更充分的利用，基建投入也无需增加	

另外，要优先选择使用具有高耐磨、强载荷、抗腐蚀、抗 UV 老化性能的阳极氧化铝合金、超厚热镀锌以及不锈钢等材料生产的支架。

铝合金支架一般用在民用建筑屋顶上，铝合金支架具有耐腐蚀、质量轻、美观耐用的特点，但其承载力低，无法应用在大型光伏电站上，且价格稍高于热镀锌钢材。

热镀锌钢材支架具有性能稳定，制造工艺成熟，承载力强，安装简便的特点，可广泛应用于民用、工商业等各种光伏电站中。

铝合金支架与热镀锌钢材支架的性能对比见表 5-5。

表 5-5　铝合金支架与热镀锌钢材支架性能对比表

支架性能	铝合金支架	热镀锌钢材支架
防腐性能	一般采用阳极氧化（>15μm），后期使用中不需要防腐维护，防腐性能好	一般采用热浸镀锌（>65μm），后期使用中需要防腐维护，防腐性能较差
机械强度	铝合金型材的变形量约是钢材的 2.9 倍	钢材强度约是铝合金的 1.5 倍
材料重量	2.70～2.72t/m³	7.8～7.85t/m³
材料价格	约为热镀锌钢材价格的 3 倍	
适用项目	对承重有要求的家庭屋顶电站；对抗腐蚀性有要求的工业厂房屋顶电站	强风地区，跨度比较大等对强度有要求的电站

2. 光伏支架的设计

根据光伏发电系统容量设计，计算出的光伏组件数量和尺寸大小以及方阵最佳倾角，并确定光伏组件安装位置、安装方式等内容，进行光伏支架的选择和设计。光伏支架的设计要尽量结构简单、受力合理、牢固可靠、结实耐用，造价经济且便于施工，充分考虑承重、抗风、抗震、抗腐蚀等因素。光伏支架设计还应考虑尽量减少焊接，优先采用铰接或螺丝固定组合连接，方便安装调节和移装拆除。无论哪种安装结构，都要确保支架的支撑牢固及对光伏组件的良好固定，目标是能够使光伏方阵在光伏发电系统 20 多年的寿命周期内稳固工作，能抵受住各种恶劣气象条件的侵袭。

（1）屋顶类光伏支架的设计

屋顶类光伏支架的设计要根据不同的屋顶结构分别进行，对于斜面屋顶可设计与屋顶斜面平行的支架，支架的高度离屋顶面 10 ~ 15cm，以利于光伏组件的通风散热。也可以根据最佳倾斜角设计成前低后高的屋顶倾角支架，以满足光伏组件的太阳能最大接收量。平面屋顶一般要设计成三角形支架，支架倾斜面角度为光伏组件的最佳接收倾斜角，3 种支架设计示意图如图 5-14 所示。

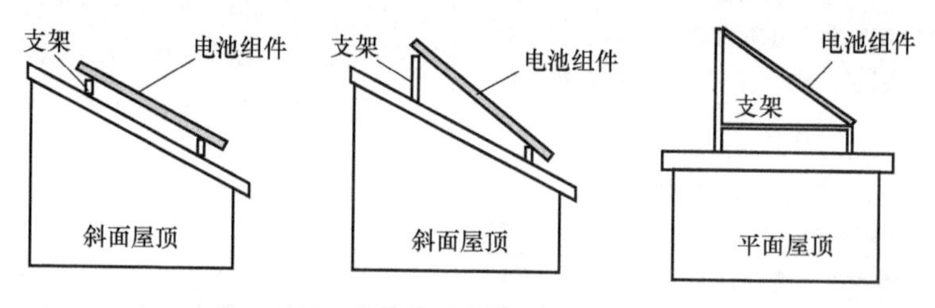

图 5-14　屋顶支架设计示意图

屋顶类光伏支架必须与建筑物的主体结构相连接，而不能连接在屋顶材料上。如果在屋顶采用混凝土水泥基础固定支架的方式，需要将屋顶的防水层揭开一部分，抠开混凝土表面，最好找到屋顶混凝土中的钢筋，然后和基础中的预埋件螺栓焊接在一起。不能焊接钢筋时，要在屋顶打眼预埋钢筋，或者将做基础部分的屋顶表面处理的凸凹不平，增加屋顶表面与混凝土基础的附着力，然后对屋顶防水层破坏部分做二次防水处理。对于不能做混凝土基础的屋顶一般都直接用角钢支架固定光伏组件，支架的固定就需要采用钢丝绳（或铁丝）拉紧法、支架延长固定法等。如图 5-15 所示。三角形支架的光伏组件的下边缘离屋顶面的间隙要大于 15cm，以防下雨时屋顶面泥水溅到光伏组件玻璃表面，使组件玻璃脏污。

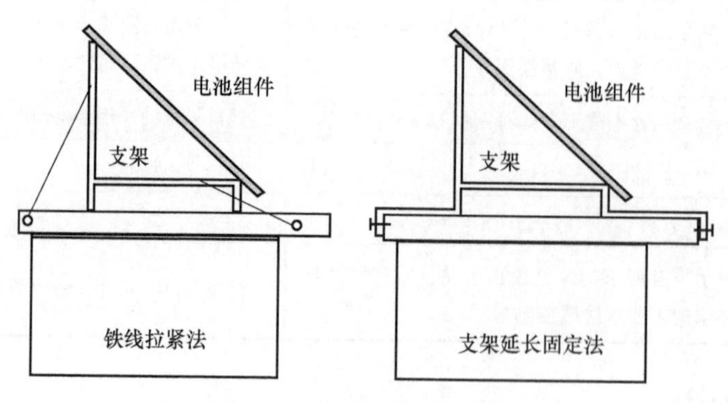

图 5-15　支架在屋顶的固定方法

屋顶光伏支架的制作可以用角钢和槽钢等镀锌钢材加工焊接，也可以直接选择专业支架厂家生产的专用 C 型钢冲压支架或铝合金支架。这些屋顶专用光伏支架包括有平屋顶钢支架和铝合金支架、倾角可调式屋顶钢支架和铝合金支架、彩钢瓦屋顶钢支架和铝合金支架、琉璃瓦屋顶铝合金支架等。设计和选用专业支架时所需要的具体规格尺寸和技术参数可参考各支架生产厂家提供的技术资料手册。图 5-16 所示为用角钢制作的三角形组件支架实体图。图 5-17 所示为大型光伏屋顶电站组件支架结构实体图。图 5-18 所示为彩钢板屋顶用钢制冲压结构件和铝合金结构件固定光伏组件的结构和方法示意图。图 5-19 所示为瓦房屋顶用钢制冲压结构件和铝合金结构件固定电池组件的结构和方法示意图。

图 5-16　三角形组件支架实体图

图 5-17　大型光伏屋顶电站组件支架结构实体图

图 5-18　彩钢板屋顶光伏组件固定示意图

图 5-19　瓦房屋顶光伏组件固定示意图

图 5-20 和图 5-21 所示为分布式光伏发电屋顶工程安装实例图片。

（2）地面光伏方阵支架的设计

地面用光伏方阵支架可分为固定式、可调式和自动跟踪式等。地面安装的光伏支架要有足够的强度，满足光伏方阵静载荷（如积雪重量）和动载荷（如台风）的要求，保证方阵安装安全、牢固、可靠。支架应保证组件与支架连接牢固可靠，支架与基础连接牢固，要能抵抗 120km/h(33.3m/s) 的风力而不被破坏。

图 5-20　屋顶工程安装实例 1

图 5-21　屋顶工程安装实例 2

组件支架下边缘离地面距离最小不低于 0.5m，主要考虑下面几个因素：

1）要考虑当地最大积雪深度。

2）高于当地发生洪水时的水位高度。

3）防止下雨时泥沙溅到光伏组件表面。

4）防止小动物的破坏。

方阵支架应保证可靠接地，钢结构支架应经过防锈涂镀处理，以满足长期野外使用的要求，使用的紧固件应采用不锈钢件或经过表面处理的金属件。同屋顶光伏方阵支架一样，地面光伏方阵支架可以用角钢和槽钢等镀锌钢材进行加工焊接，也可选择光伏支架专业厂家生产的地面专用钢制冲压支架或铝合金支架。地面用光伏支架主要有单立柱钢支架和铝合金支架、双立柱钢支架和铝合金支架、倾斜角可调钢支架等，具体使用安装方法及规格尺寸等技术参数可参考支架生产厂家的相关产品手册。图 5-22 是两个地面方阵固定安装应用实例，供读者参考。

图 5-22　光伏方阵地面固定安装应用实例

5.3 防雷接地系统——光伏发电的“保护伞”

由于光伏发电系统的主要部分都安装在露天状态下，且分布的面积较大，因此存在着受直接和间接雷击的危害。同时，光伏发电系统与相关电气设备及建筑物有着直接的连接，因此对光伏系统的雷击还会涉及相关的设备和建筑物及用电负载等。为了避免雷击对光伏发电系统的损害，就需要设置防雷与接地系统进行防护。

5.3.1 雷电对光伏发电系统的危害

1. 关于雷电及开关浪涌的有关知识

雷电是一种大气中的放电现象。在云雨形成的过程中，它的某些部分积聚起正电荷，另一部分积聚起负电荷，当这些电荷积聚到一定程度时，就会产生云层与云层之间或云层与地之间的放电现象，形成雷电。这种自然放电过程将产生强烈的闪光和巨大的声响，能在短时间内释放出大量的电荷并产生很强的冲击电压和很高的电弧温度。

雷电对光伏发电系统的危害分为直击雷、感应雷。直击雷是指带电云层与地面目标之间的强烈放电。直击雷的电压峰值通常可达几万伏甚至几百万伏，电流峰值可达几十千安到几百千安，雷电云层所蕴藏的巨大能量要在几微秒到几百微秒的极短时间内释放出来，瞬间功率十分巨大，破坏性很强。在太阳能光伏发电系统中，直击雷的侵入途径有两条：一条是雷电直接落到光伏方阵、直流配电系统、电气设备及其配线等处，以及近旁周围，使大部分高能雷电流被引入到建筑物或设备、线路上；另一条是雷电直接通过避雷针接地体等可以直接传输雷电流入地的装置放电，产生放射状的电位分布，使得地电位瞬时升高，一大部分雷电流通过保护接地线反串入到设备、线路上，这种现象也叫做地电位反击。

感应雷也叫雷电感应或感应过电压，它分为静电感应雷和电磁感应雷。感应雷是指当雷云来临时地面上的一切物体，尤其是导体，由于静电感应，都聚集起大量的与雷电极性相反的束缚电荷，在雷云对地或对另一雷云闪击放电后，云层中的电荷就变成了自由电荷，从而产生出很高的静电电压（感应电压），其过电压幅度值可达到几万到几十万伏，这种过电压往往会造成建筑物内的导线、接地不良的金属导体和大型的金属设备放电而引起电火花，从而引起火灾、爆炸、危及人身安全或对供电系统造成危害。一般来说，感应雷没有直击雷那么猛烈，但发生的概率比直击雷高得多。在太阳能光伏发电系统中，感应雷会引起相关建筑物、设备和线路的过电压，这个浪涌过电压通过静电感应或电磁感应的形式串入到相关电子设备和线路上，对设备、线路造成危害。

除了雷电能够产生浪涌电压和电流外，在大功率电路的闭合与断开的瞬间、感性负载和容性负载的接通或断开的瞬间、大型用电系统或变压器等断开等也都会产生较大的开关浪涌电压和电流，也会对相关设备、线路等造成危害。在并网系统中，电网的瞬间电压波动也能够在光伏发电系统内部产生过电压，同样会对相关设备、线路等造成危害。

对于较大型的或安装在空旷田野、高山上的光伏发电系统，特别是雷电多发地区，必须配备防雷接地装置。

2. 雷击对光伏发电系统的危害

1）对光伏组件的危害。光伏组件是光伏发电系统中的核心部分，其大多安装在室外屋顶或是空旷的地方，这些位置极易遭受具有强大的脉冲电流、炽热的高温、猛烈的电动力的直击雷的冲击而导致电池组件接线盒内部旁路二极管击穿、电池片击穿、线路烧断等故障，使部分方阵无法发电或整个发电系统瘫痪。

2）对光伏控制器的危害。当光伏控制器遭受到雷击或是过电压损坏时会出现以下情况。

① 充电系统一直充电，放电系统无放电，导致蓄电池一直处于充电状态，充电过饱轻则缩短蓄电池使用寿命、容量降低、重则导致蓄电池爆炸，造成对整个系统的损坏和人员伤亡。

② 充电系统无充电，放电系统一直处于放电状态，蓄电池无法将电能储存起来，导致用户在有太阳光时设备可正常工作，无太阳光或光线不强时设备无法工作。

3）对蓄电池的危害。当系统遭受到雷击使过电压入侵到蓄电池时轻则损害蓄电池，缩短电池的使用寿命，重则导致电池爆炸，引起严重的系统故障和人员伤亡。

4）对逆变器的危害。如果逆变器遭受雷击损坏将会出现以下情况。

① 用户负载无电压输入，用电设备无法工作。

② 逆变器无法将电压逆变，导致光伏组件产生的直流电压直接供负载使用，如果光伏组件串电压过高将直接烧毁用电设备。

3. 雷电侵入光伏发电系统的途径

1）地电位反击电压通过接地体入侵。雷电击中避雷针时，在避雷针接地体附近将产生放射状的电位分布，对靠近它的电子设备接地体地电位反击，入侵电压可高达数万伏。

2）由光伏方阵的直流输入线路入侵。这种入侵分为以下两种情况。

① 当光伏方阵遭到直击雷打击时，强雷电电压将邻近土壤击穿或直流输入线路电缆外皮击穿，使雷电脉冲侵入光伏系统。

② 带电荷的云对地面放电时，整个光伏方阵像一个大型无数环形天线一样感应出上千伏的过电压，通过直流输入线路引入，击坏与线路相连的光伏系统设备。

3）由光伏系统的输出供电线路入侵。供电设备及供电线路遭受雷击时，在电源线上出现的雷电过电压平均可达上万伏，并且输出线还是引入远处感应雷电的主要因素。雷电脉冲沿电源线侵入光伏微电子设备及系统，可对系统设备造成毁灭性的打击。

5.3.2 防雷接地系统的设计

防雷工作是一个系统工程，一套完整的防雷体系包括直击雷防护、等电位连接措施、屏蔽措施、规范的综合布线、电涌保护器防护和完善合理的共用接地系统六个部分组成，这是现代防雷新理念，叫综合防雷。在防雷接地系统的设计中，一个环节考虑不周，不但起不到防雷作用，还有可能引雷入室而损坏设备。

1. 光伏发电系统的防雷措施和设计要求

光伏发电系统的主要防雷措施主要有接地系统、均压和等电位联结、线缆屏蔽及浪涌保护等内容，如图5-23所示。其中接地系统由避雷针（接闪器）、引下线和接地体构成，其作用是把雷电流尽快地散泄到大地中，对光伏发电系统接地系统的要求是要有足够小的接地电阻和合理的布局。

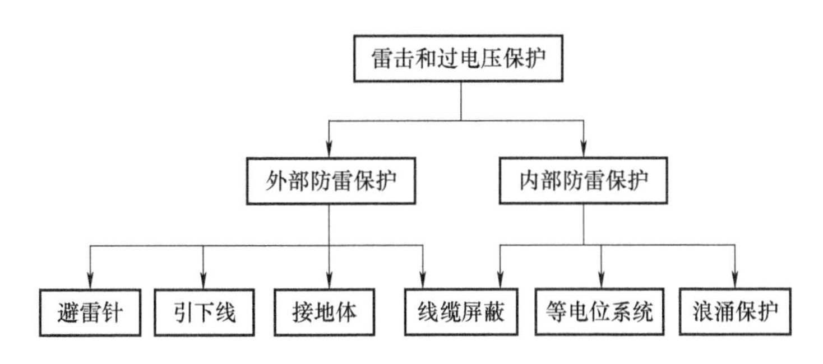

图5-23　光伏发电系统的主要防雷措施

光伏发电系统防雷设计的主要要求如下。

1）光伏发电系统或发电站建设地址的选择，要尽量避免放置在容易遭受雷击的位置和场合。

2）避雷针的布置既要考虑光伏系统设备在保护范围内，又要尽量避免避雷针的投影落在光伏方阵组件上。

3）根据现场状况，可采用避雷针、避雷带和避雷网等不同防护措施对直击雷进行防护，减少雷击概率。无论是地面还是屋顶光伏发电系统，系统的组件方阵都要在防雷装置的保护范围之内，一般安装在建筑物屋顶的光伏方阵，可尽量利用原有建筑物的外部防雷系统。如果原建筑物没有接地装置或接地装置不符合光伏发电系统的要求时，就需要重新设置避雷针及接地系统。电池组件的边框及光伏支架都要与避雷针及接地系统做可靠的等电位联结，并与原建筑物的接地系统相连。

4）尽量采用多根均匀布置的引下线将雷击电流引入地下。多根引下线的分流作用可降低引下线的引线压降，减少侧击的危险，并使引下线泄流产生的磁场强度减小。

5）为防止雷电感应的电磁脉冲使系统不同金属物之间产生电位差和故障电压，而造成对系统设备的危害，要将整个光伏发电系统的所有金属物，包括光伏组件的边框、支架；逆变器、控制器及各种汇流箱、配电柜的金属外壳；金属线管、线槽、桥架；线缆的金属屏蔽层等都要与联合接地体等电位连接，并且做到各自独立接地。图5-24所示为光伏发电系统等电位联结示意图。

6）在系统回路上逐级加装防雷器件（浪涌保护器），实行多级保护，使雷击或开关浪涌电流经过多级防雷器件泄流。一般在光伏发电系统直流线路部分采用直流防雷器，在逆变后的交流线路部分，使用交流防雷器。防雷器在光伏发电系统中的基本应用如图5-25所示。

7）光伏发电系统的接地类型和要求主要包括以下几个方面：

① 防雷接地。包括避雷针（带）、引下线、接地体等，要求接地电阻小于10Ω，并最好考虑单独设置接地体。

② 安全保护接地、工作接地、屏蔽接地。包括光伏组件外框、支架，控制器、逆变器、配电柜外壳，蓄电池支架、金属穿线管外皮及蓄电池、逆变器的中性点等，要求接地电阻小于等于4Ω。

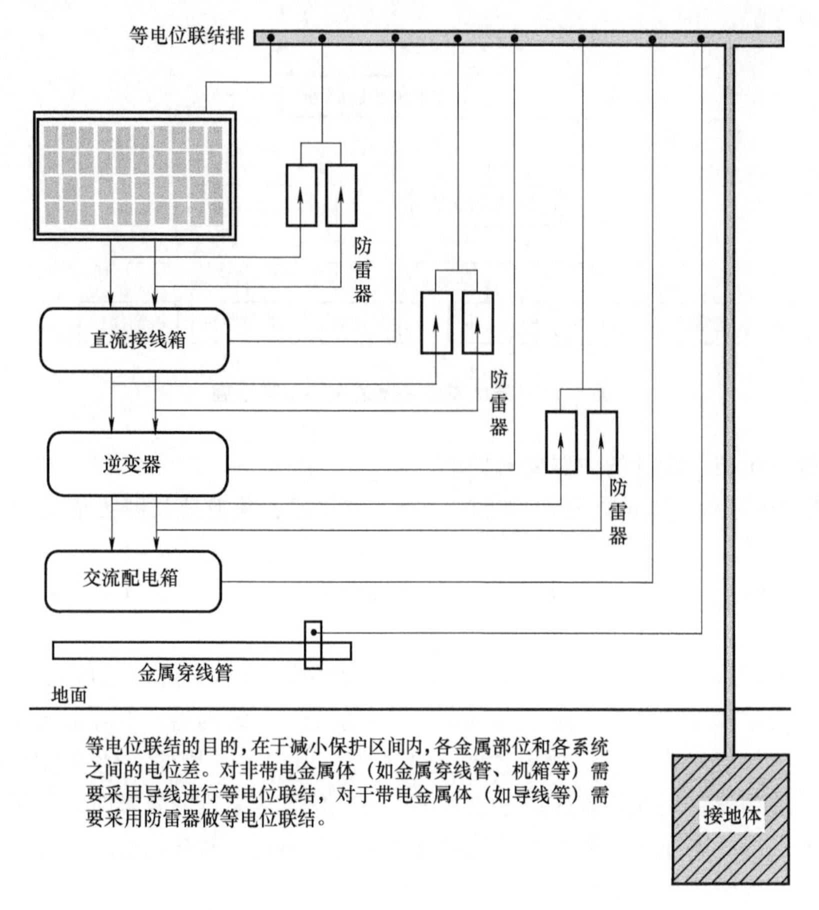

图 5-24　光伏发电系统等电位联结示意图

③ 当安全保护接地、工作接地、屏蔽接地和防雷接地 4 种接地共用一组接地装置时，其接地电阻按其中最小值确定；若防雷已单独设置接地装置时，其余 3 种接地宜共用一组接地装置，其接地电阻不应大于其中最小值。

④ 条件许可时，防雷接地系统应尽量单独设置，不与其他接地系统共用，并保证防雷接地系统的接地体与公用接地体在地下的距离保持在 3m 以上。

光伏发电系统中常用的接地方法示意如图 5-26 所示。

其中无接地就是光伏发电系统没有接地装置。

设备接地是指将系统所有的金属箱体、盒、支架和设备外壳连接到接地基准点上，如果箱体带电时（电路漏电）可以将电流分流到大地。

系统接地是指将光伏发电系统中的一路导线（例如光伏组串负极输出引线）连接到设备接地端的接地方式。系统接地的重要作用是当系统工作正常时，它能够稳定电气系统对地的电压，还能在发生故障时，使过电流装置更容易运行。

系统中点接地是指在直流输出为三线输出时，将中性线或中心抽头接地。

当实际施工中采用系统接地方式时，二线系统中的一根导线，或三线系统中的中性线要按照下列方法牢固接地。

① 直流电路可以在光伏方阵输出电路的任意一点上接地，但接地点要尽可能靠近光伏

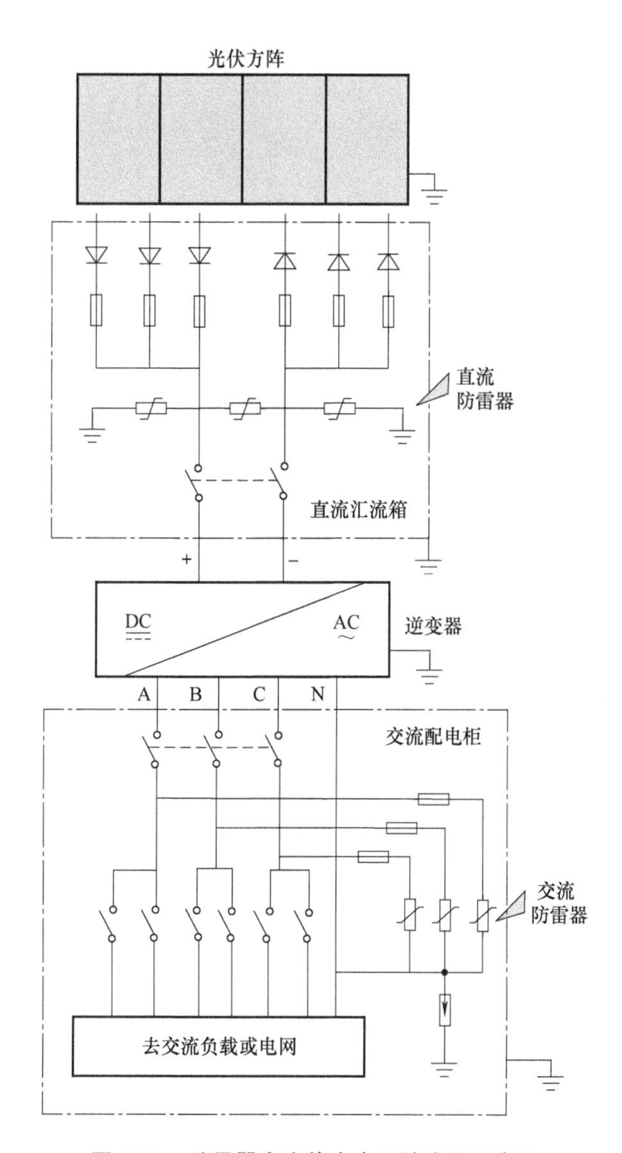

图 5-25　防雷器在光伏发电系统应用示意图

组件前端，在开关、熔断器、保护二极管等之前，以更好地保护系统免遭雷击引起的电压冲击。

② 当从组串或方阵中拆去任何一块组件时，系统接地、设备接地都不应该被切断。

③ 直流电路的地线和设备的地线应共用同一接地电极。如果是中性接地，要把此地线与供电设施干线的中性地线连接。直流系统与交流系统的所有地线应该是共同的。

2. 接地系统的材料选用

（1）避雷针（带）

避雷针和避雷带统称为接闪器。避雷针一般选用直径 12 ~ 16mm 的圆钢制作，如果采用避雷带，则使用直径 8mm 的圆钢或厚度 4mm 的扁钢。避雷针高出被保护物的高度应大于等于避雷针到被保护物的水平距离，避雷针越高保护范围越大。

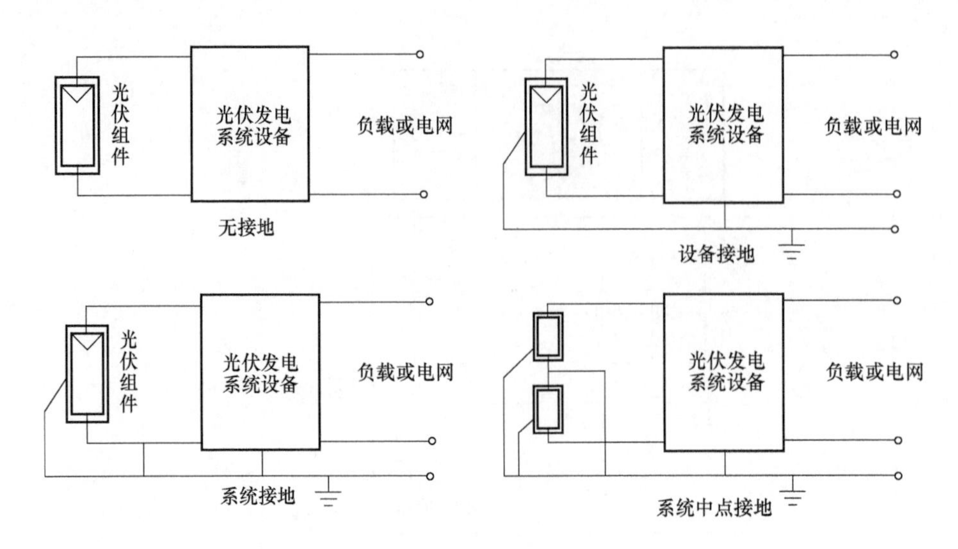

图 5-26　光伏发电系统中常用接地方法示意图

（2）接地体

接地体宜采用热镀锌钢材，其规格一般为：直径 50mm 钢管，壁厚不小于 3.5mm 或 50mm×50mm×5mm 角钢，长度一般为 2～2.5m。接地体的埋设深度为上端离地面 0.7m 以上，接地体与引下线的连接可以用螺栓连接也可以焊接，如果是焊接连接，焊接过的部位要重新做防腐防锈处理。

为提高接地效果，也可以使用专用金属接地体（如图 5-27 所示）非金属石墨接地体模块（如图 5-28 所示），这种模块是一种以非金属材料为主的接地体，它由导电性、稳定性较好的非金属矿物和电解物质组成，这种接地体克服了金属接地体在酸性和碱性土壤里亲和力差且易发生金属体表面锈蚀而使接地电阻变化，当土壤中有机物质过多时，容易形成金属体表面被油墨包裹的现象，导致导电性和泄流能力减弱的情况。这种接地体增大了本身的散流面积，减少了接地体与土壤之间的接触电阻，具有强吸湿保湿能力，使其周围附近的土壤电阻率降低，介电常数增大，层间接触电阻减小，耐腐蚀性增强，因而能获得较小的接地电阻和较长的使用寿命。接地体模块外形为方形，规格尺寸一般为 500mm×400mm×60mm，引线电极采用 90mm×40mm×4mm 的镀锌扁钢。重量 20kg 左右。接地体可根据地质土壤状况和接地电阻需要埋入 1～5 块。

图 5-27　专用金属接地体

（3）引下线

引下线一般使用圆钢或扁钢，要优先选用圆钢，直径不小于 8mm；如用扁钢，截面积

应不小于 $40mm^2$；要求较高的要使用截面积 $35mm^2$ 的双层绝缘多股铜线。

图5-28 非金属石墨接地体模块外形图

(4) 专用降阻剂

接地系统专用降阻剂属于物理性长效防腐环保降阻剂，是由高分子吸水材料、电子导电材料、碳基复合材料结合而成的树脂类共生物，具有无毒、无异味、无腐蚀、无污染等优点，符合国家优质土壤环境标准的要求。其导电能力不受酸、碱、盐、温度等变化的影响，具有良好的吸湿、保湿、防冻能力，不会因地下水的存在而产生流失，对土壤电阻率有长期改良作用。在接地系统中使用专用降阻剂可节约工程成本，降低土壤电阻率，使接地电阻稳定，接地系统寿命长久。

(5) 接地模块与降阻剂的用量计算

根据地网土层的土壤电阻率，采用下列公式计算接地模块用量，接地模块水平埋置，单个模块接地电阻 $R=0.068\rho/\sqrt{a\times b}$,并联后的总接地电阻 $R_n=R/(n\eta)$。

式中，ρ 为土壤电阻率，单位是 $\Omega\cdot m$；a、b 为接地模块的长、宽，单位是m；R 为单个模块的接地电阻，单位是Ω；R_n 为总接地电阻，单位是Ω；n 为接地模块个数；η 为模块调整系数，一般取0.6~0.9。

降阻剂的用量根据土壤的不同，在接地体上的敷设厚度应在5~15cm之间，接地体水平放置，按每0.5m 6kg左右的用量使用。

3. 防雷器的选型

防雷器也叫浪涌保护器或电涌保护器(Surge Protection Device，SPD)。光伏发电系统常用防雷器的外形如图5-29所示。防雷器内部主要有热感断路器和金属氧化物压敏电阻组成，另外还可以根据需要同NPE火花放电间隙模块配合使用。其结构示意图如图5-30所示。

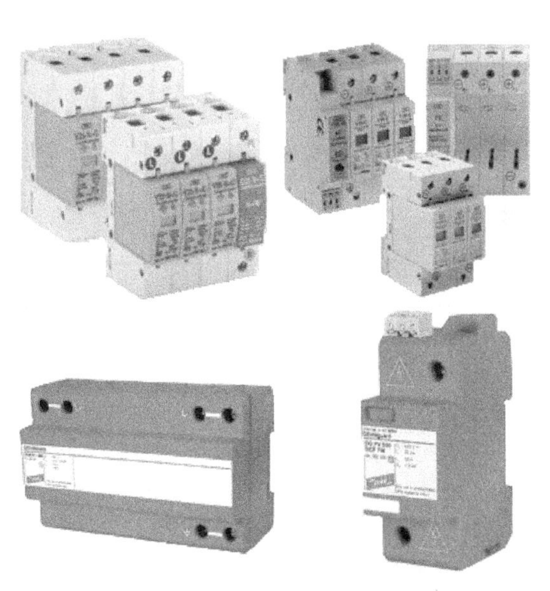
图5-29 光伏发电系统常用防雷器的外形

光伏发电系统常用防雷器品牌有OBO、DEHN（德和盛）、CITEL（西岱尔）、WEIDMULLER（魏德米勒）及国内的环宇电气、新驰电气等。其中常用的型号为OBO的V25-B+C/3、V25-B+C/4、V25-B+C/3+NPE、V20-C/3、V20-C/3+NPE交流电源防雷器和V20-C/3-PH直流电源防雷器；DEHN的DLG PV 1000、DG PV 500 SCP、DG PV 500 SCP FM、DG M TN275和DV M TNC 255；环宇电气的HUDY1-PV-40-600DC、HUDY1-PV-40-1000DC；新驰电气的SUP4-PV等。表5-6是OBO的V25-B+C和V20-C防雷器模块的技术参数，表5-7是环宇电气和新驰电气光伏专用浪涌保护器的主要技术参数，供选型时参考。

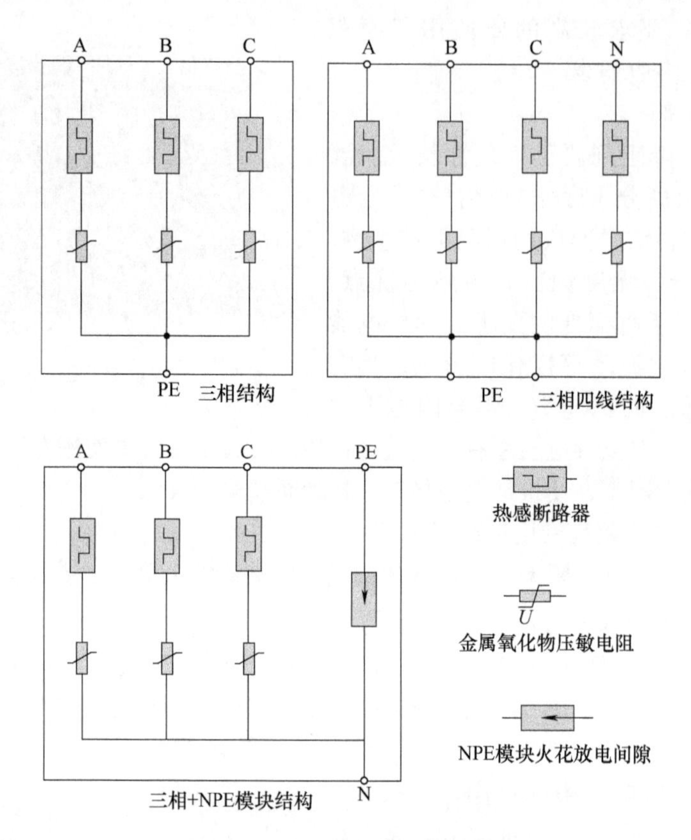

图 5-30　防雷器内部结构示意图

表 5-6　OBO 公司 V25-B+C 和 V20-C 防雷器模块技术参数

模块名称	V25-B+C 单模块	
	V25-B/0-320	V25-B/0-385
标称电压（交流）/V	230	
最大交流工作电压/V	320	385
最大直流工作电压/V	410	505
防雷等级	B 级	
最大放电电流 I_n(8/20μs)/kA	60	
残压 U_{res}(kV)（当 I_s=20kA 时）	小于 1.3	小于 1.4
残压 U_{res}(kV)（当 I_s=60kA 时）	小于 1.6	小于 2.0
响应时间 t/ns	小于 25	
连接线截面积/mm^2	10～25（单芯或多芯线）	
安装	防雷器底座安装于 35mm 导轨上，模块与底座间为热插拔方式	
颜色	橘黄色，RAL203	
材料	聚酰亚胺 6	
模块窗口显示	绿色代表正常，红色表示已损坏需要更换	
工作温度范围/℃	-40～+85	

（续）

模 块 名 称	V20-C 单模块			
	V20-C/0-320	V20-C/0-385	V20-C/0-550	V20-C/0
标称电压（交流）/V	230		500	75
最大交流工作电压/V	320	385	550	75
最大直流工作电压/V	420	505	745	100
防雷等级	C 级			
额定放电电流 I_n(8/20μs)/kA	15			
最大放电电流 I_n(8/20μs)/kA	40			
残压 U_{res}(kV)（当 I_s =1kA 时）	1	1.2	1.7	0.24
残压 U_{res}(kV)（当 I_s =5kA 时）	1.2	1.4	2	0.3
残压 U_{res}(kV)（当 I_s =10kA 时）	1.4	1.7	2.3	0.35
残压 U_{res}(kV)（当 I_s =15kA 时）	1.5	1.8	2.5	0.4
残压 U_{res}(kV)（当 I_s =40kA 时）	2.1	2.3	3.5	0.55
长时间放电电流（2000μs）/A	200			
响应时间 t/ns	小于 25			
连接线截面积/mm^2	4～16（单芯或多芯线）			
安装	防雷器底座安装于 35mm 导轨上，模块与底座间为热插拔方式			
颜色	灰色，RAL7035			
材料	聚酰亚胺 6			
模块窗口显示	绿色代表正常，红色表示已损坏需要更换			
工作温度范围/℃	-40～+85			

表 5-7　光伏专用浪涌保护器主要技术参数

技 术 参 数	型　　号				
	环 宇 电 气		新 驰 电 气		
	HUDY1-PV-40	HUDY1-PV-40	SUP4-PV	SUP4-PV	SUP4-PV
额定工作电压 U_n/Vdc	600	1000	500	800	1000
最大持续运行电压 U_c/Vdc	670	1000	530	840	1060
标称放电电流（I_n）（8/20μs）/kA	15	15	5	20	30
最大放电电流（I_{max}）（8/20μs）/kA	40	40	10	40	60
保护水平 U_p/kV	2.8	4.0	≤1.5	≤3.0	≤3.2
响应时间 t_a	≤25μs	≤25μs	—	—	—
工作温度/℃	-40～+85				
相对湿度	≤95%（25℃）				
工作窗口指示	正常时：绿色；失效时：红色				
防护等级	IP20				
安装方式	35mm 标准导轨				
建议接线（多股）/mm^2	16～25				

下面是光伏发电系统常用防雷器主要技术参数的具体说明。

1）最大持续工作电压（U_c）：该电压值表示可允许加在防雷器两端的最大工频交流电压有效值。在这个电压下，防雷器必须能够正常工作，不可出现故障。同时该电压连续加载在防雷器上，不会改变防雷器的工作特性。

2）额定电压（U_n）：防雷器正常工作下的电压。这个电压可以用直流电压表示，也可以用正弦交流电压的有效值来表示。

3）最大冲击通流量（I_{max}）：防雷器在不发生实质性破坏的前提下，每线或单模块对地通过规定次数、规定波形的最大限度的电流峰值数。最大冲击通流量一般大于额定放电电流的2.5倍。

4）额定放电电流（I_n）：也叫标称放电电流，是指防雷器所能承受的8/20μs雷电流波形的电流峰值。

5）脉冲冲击电流（I_{imp}）：在模拟自然界直接雷击的波形电流（标准的10/350μs雷电流模拟波形）下，防雷器能承受的雷电流的多次冲击而不发生损坏的数值。

6）残压（U_{res}）：雷电放电电流通过防雷器时，其端子间呈现出的电压值。

7）额定频率（f_n）：防雷器的正常工作频率。

在防雷器的具体选型时，除了各项技术参数要符合设计要求外，还要特别考虑下列几个参数和功能的选择。

（1）最大持续工作电压（U_c）的选择

氧化锌压敏电阻防雷器的最大持续工作电压值（U_c）是关系到防雷器运行稳定性的关键参数。在选择防雷器的最大持续工作电压值时，除了符合相关标准要求外，还应考虑到安装电网可能出现的正常波动及可能出现的最高持续故障电压。例如，在三相交流电源系统中，相线对地线的最高持续故障电压有可能达到额定交流工作电压220V的1.5倍，即有可能达到330V。因此在电流不稳定的地方，建议选择电源防雷器的最大持续工作电压值大于330V的模块。

在直流电源系统中，最大持续工作电压值与正常工作电压的比例，根据经验一般取1.5~2。

（2）残压（U_{res}）的选择

在确定选择防雷器的残压时，单纯考虑残压值越低越好并不全面，并且容易引起误导。首先不同产品标注的残压数值，必须注明测试电流的大小和波形，才能有一个共同比较的基础。一般都是以20kA（8/20μs）的测试电流条件下记录的残压值作为防雷器的标注值，并进行比较。其次对于压敏电阻防雷器选用残压越低时，将意味着最大持续工作电压也越低。因此，过分强调低残压，需要付出降低最大持续工作电压的代价，其后果是在电压不稳定地区，防雷器容易因长时间持续过电压而频繁损坏。

在压敏电阻型防雷器中，选择最合适的最大持续工作电压和最合适的残压值，就如同天平的两侧，不可倾向任何一边。根据经验，残压在2kV以下（20kA、8/20μs），就能对用户设备提供足够的保护。

（3）报警功能的选择

为了监测防雷器的运行状态，当防雷器出现损坏时，能够通知用户及时更换损坏的防雷器模块，防雷器一般都附带各种方式的损坏指示和报警功能，以适应不同环境的不同要求。

1）窗口色块指示功能：该功能适合有人值守且天天巡查的场所。所谓窗口色块指示功能就是在每组防雷器上都有一个指示窗口，防雷器正常时，该窗口是绿色；当防雷器损坏时，该窗口变为红色，提示用户及时更换。

2）声光信号报警功能：该功能适合在有人值守的环境中使用。声光信号报警装置是用来检查防雷模块工作状况，并通过声光信号显示状态的。装有声光报警装置的防雷器始终处于自检测状态，防雷器模块一旦损坏，控制模块立刻发出一个高音高频报警声，监控模块上的状态显示灯由绿色变为闪烁的红灯。当将损坏的模块更换后，状态显示灯显示为绿色，表示防雷模块正常工作，同时报警声音关闭。

3）遥信报警功能：遥信报警装置主要用于对安装在无人值守或难以检查位置的防雷器进行集中监控。带遥信功能的防雷器都装有一个监控模块，持续不断检查所有被连接的防雷模块的工作状况，如果某个防雷器模块出现故障，机械装置将向监控模块发出指令，使监控模块内的常开和常闭触点分别转换为常闭和常开，并将此故障开关信息发送到远程有相应的显示或声音装置上，触发这些装置工作。

4）遥信及电压监控报警功能：遥信及电压监控报警装置除了具有上述功能外，还能在防雷器运行中对加在防雷器上的电压进行监控，当系统有任意的电源电压下降或防雷器后备保护断路器（或熔断器）动作以及防雷器模块损坏时，远距离信号系统均会立即记录并报告。该装置主要用于三相电源供电系统。

第 6 章

光伏发电系统的安装、检测与验收

光伏发电系统是涉及多个专业领域的高科技发电系统，不仅要进行合理可靠、经济实用的优化设计，选用高质量的设备、部件，还必须进行认真、规范的安装施工和检测调试。系统容量越大、电流越大、电压越高，安装调试工作就越重要。安装调试不到位，轻则会影响光伏发电系统的发电效率，造成资源浪费；重则会频繁发生故障，甚至损坏设备。另外还要特别注意在安装施工和检测全过程中的人身安全、设备安全、电气安全、结构安全及工程安全问题，做到规范施工、安全作业，安装施工人员要通过专业技术培训合格，并在专业工程技术人员的现场指导和参与下进行作业。

6.1 光伏发电系统的安装施工

光伏发电系统的安装施工分为三大类：一是光伏支架基础、配电室、电缆沟等土建类施工；二是光伏组件方阵支架及光伏组件在屋顶或地面的安装，及汇流箱、配电柜、逆变器、避雷系统等电气设备的安装；三是光伏组件间的线缆连接及各设备之间的线缆连接与敷设施工，以及连接用电负载（用电户）和连接电网的高低压配电线路的敷设施工。光伏发电系统安装施工的主要内容如图 6-1 所示。

6.1.1 安装施工准备及基础施工

1. 安装位置的确定

在光伏发电系统设计时，就要在计划施工的现场进行勘测，确定安装方式和位置，测量安装场地的尺寸，确定光伏组件方阵的朝向方位角和倾斜角。光伏组件方阵的安装地点不能有建筑物或树木等的遮挡，如实在无法避免，也要保证光伏方阵在 9 时到 16 时能接收到阳光。光伏方阵与方阵的间距等都应严格按照设计要求确定，确保前排方阵对后排方阵无阴影遮挡。按照行业规范，在我国北方地区，以冬至日当天下午 15 时前不被遮挡为设计原则；在南方地区，以冬至日当天下午 16 时点前不被遮挡为设计原则。

2. 对安装现场的基本要求

1）现场土地或屋顶面积要能满足整个电站所用面积的需要，一般每 10kW 光伏电站占地面积为 70 ~ 100m^2。要尽可能利用空地、荒地、劣地及空闲屋顶，不能占用耕地。

2）现场地形要尽可能平坦，要选择地质结构及水文条件好的地段，尽可能远离有断

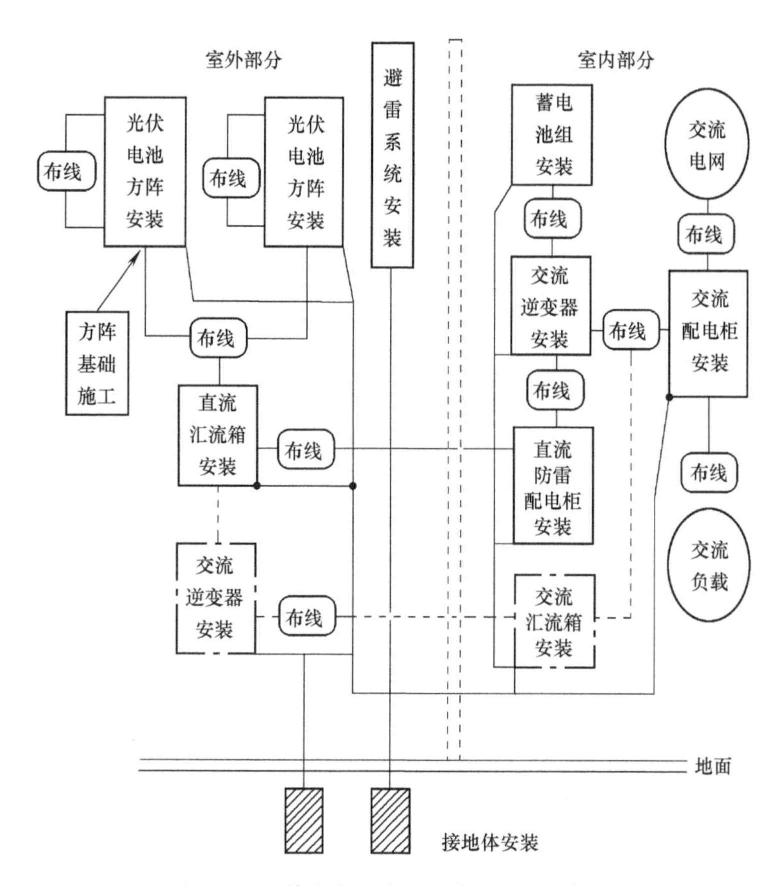

图6-1　光伏发电系统安装施工内容示意图

层、滑坡、泥石流及容易被水淹没的地段。

3）安装现场要尽可能处于供电中心，以利于输电线路的架设和传输，使输电线路距离最短、施工容易、维护管理方便。

4）若施工现场地处山区，要尽可能选择开阔地带，并尽量避开东面和南面高山对太阳的遮挡。若在屋顶施工，也要尽量避开四周的树木、高楼、烟囱等的遮挡。

3. 施工准备

无论是屋顶施工还是地面施工，施工负责人及施工人员都要根据不同施工现场的具体情况，提前做好工程所需要的一切工具和材料的准备，最好列出详细的清单。施工人员要根据工程设计图纸确定施工范围，并确定具体施工方案、施工流程和施工进度。

（1）施工流程

光伏发电系统的项目施工流程如图6-2所示，一般包括施工现场勘测与确认，工程规划与技术准备，工具、材料准备、基础、配电土建施工，光伏支架制作、安装、调平，电池组件安装调整，逆变器、汇流箱、控制器、储能蓄电池组、升压变压器等电气设备的安装调试，各类交直流线缆的铺设，系统调试、试运行，正式投入运行、进行竣工验收。

（2）技术准备

技术准备的详尽与否是决定施工质量的关键因素，一般有以下几个方面的工作。

1）项目技术负责人会同设计部门核对施工图样，并对施工作业人员进行安装施工技术

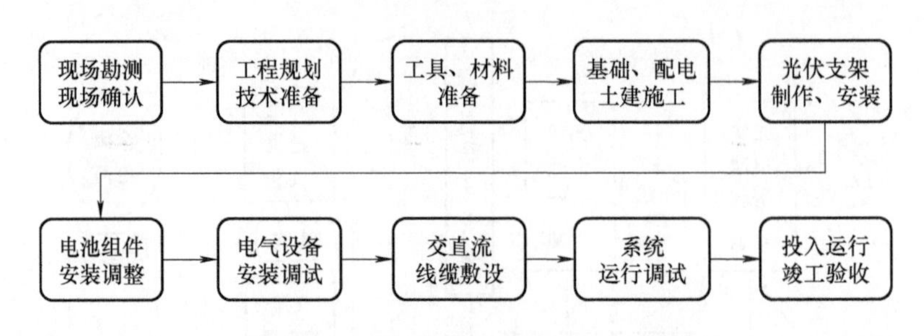

图 6-2 光伏发电系统项目施工流程图

交底。项目技术负责人要充分熟悉、了解设计文件和施工图样的主要设计意图，明确工程所采用的设备和材料，明确设计图样所提出的施工要求，以便尽早采取措施，确保项目施工顺利进行。

2）项目施工负责人要熟悉与工程有关的其他技术资料，如施工合同，施工技术规范、验收规范，质量检验评定等强制性文件条文。准备好施工中所需要的各种规范文件、作业指导书、施工图册、有关资料及施工所需要的各种记录表格。

3）项目经理要根据工程设计文件和施工图样的要求，结合施工现场的客观条件、材料设备供应和施工人员数量等情况，编制施工组织设计，并针对有特殊要求的分项工程编制专项施工方案，安排施工进度计划和编制施工组织计划，做到合理有序地进行施工。施工计划必须详细、具体、严密和有序，便于监督实施和科学管理。

（3）现场准备

现场准备的好坏是决定工程施工效率的关键因素。通常，为了确保工程施工顺利进行，必须首先高质量完成施工现场各种辅助设施的建设。

1）根据施工工作量大小及施工现场平面布置情况，建设临时的办公和生活设施。

2）建设临时周转仓库，用于存放设备、部件、施工工器具、辅助材料、劳保用品，库存物品要分类存放、专人管理。

3）要准备施工供电设施，条件许可时，尽量采用市电供电。无有市电时，要自备燃油发电机组。燃油发电机尽量选用高效环保型的设备。

4）尽量利用施工现场周边道路进行施工运送，没有道路的地方要根据现场地域条件提前开辟简易道路。开辟道路和施工运送都要尽量避免破坏施工地域的生态环境和树木植被。

除上述几个主要环节外，施工准备通常还包括施工队伍准备、施工物资准备、施工作业准备、设备及材料进场计划等内容。

4. 光伏方阵基础的施工

光伏方阵基础主要有混凝土预埋件基础、混凝土配重块基础、螺旋地桩基础、直接埋入式基础、混凝土预制桩基础和地锚式基础等几类，这几种基础可以根据设计安装要求及地质土壤情况等选择。其中混凝土块配重基础、混凝土预埋件基础经常应用于屋顶光伏发电系统建设或改造中，这样可以有效地避免破坏屋顶防水层等结构；预埋件基础、螺旋地桩基础、直接埋入式基础、混凝土预制桩基础和地锚式基础都可以应用到任何地面光伏电站中，具有稳固、可靠性高的优点。

（1）场地平整

基础施工前首先进行场地平整，平整面积应考虑除光伏电站本身占地面积外还应留有余地，平地四周应预留0.5m以上，靠山面应预留0.5m以上，沿坡面应预留1m以上，靠山面的坡度应在60°以下，且应做好防护工作。

（2）定位放线

在平整过的场地上，按设计施工要求的方法和位置进行定位，主要根据光伏电站现场方位、各项工程施工图、水平基准点及坐标控制点确定基础设施、避雷接地及各种设备、设施的排布位置。具体方法是利用指南针确定正南方的平行线，配合角尺，按照电站设计图样要求找出横向和纵向的水平线，确定各个基础立柱的中心位置，并依据施工图样要求和基础控制轴线，确定基础开挖线。

（3）基坑开挖

采用螺旋桩和地锚式基础的基础施工一般不需要挖基坑，只需要用专业的机械设备在确定好的基础中心点将螺旋桩或地锚桩旋入或压入地下即可，在施工的过程中要注意地桩露出地面部分的高度符合设计要求，使各个地桩顶平面保持一致。

采用预埋件法基础、直埋法基础以及混凝土预制桩基础时，都需要进行基坑的开挖施工。当然不同类型的基础，基坑开挖的大小和深度都不一样。对于混凝土预制桩基础，需要根据预制桩的横截面尺寸，以及施工地土质情况的不同，用专用设备开挖一个较小的引导孔，以方便预制桩的打入，引导孔的具体尺寸按照施工设计要求确定。

预埋件法基础、直埋法基础都需要根据设计要求利用机械或人工开挖基坑，施工过程中要注意控制基坑的开挖深度，以免造成混凝土材料的浪费，开挖尺寸应符合施工图纸要求，遇沙土或碎石土质挖深超过1m时，应采取相应的防护措施。

预埋件法和直埋法基础要按设计要求的位置制作浇注光伏方阵的支架基础，基础预埋件要平整牢固。将预埋件或直埋桩放入基坑中心，用C20混凝土进行浇注，浇注到与地平面一致时，用振动棒夯实。在振动过程中要不断地浇注混凝土，保证振实后的水平面高度一样。完成后的基础要保证预埋件螺丝的高度或直埋桩的高度符合图样要求。浇筑前要用保护套或胶带对预埋件螺栓进行包裹保护。

6.1.2 光伏支架及组件的安装施工

1. 光伏支架的地面安装

光伏支架有角度固定的钢结构支架、自动跟踪支架及铝合金支架等，其中，铝合金支架一般用在小规模屋顶光伏发电系统中和大型钢结构支架中固定电池组件的部分支架，铝合金支架具有耐腐蚀、重量轻、美观耐用的特点，但承载能力低，且价格偏高；自动跟踪支架由于成本、效率等原因，应用也还不普遍；钢结构支架性能稳定，制造工艺成熟，承载力高，安装简便，可以广泛应用于各类光伏电站中。

光伏支架按照连接方式不同，可分为焊接和拼装式两种。焊接支架对型钢（槽钢和角钢）生产工艺要求低，连接强度较好，价格低廉，但焊接支架也有一些缺点，如连接点防腐难度大，如果涂刷油漆，则每1~2年油漆层就会发生剥落，需要重新涂刷，后续维护费用较高。焊接支架一般采用热镀锌钢材或普通角钢制作，沿海地区可考虑采用不锈钢等耐腐蚀钢材制作。热镀锌钢材镀锌层平均厚度应大于50μm，最小厚度要大于45μm。支架的焊接制作质量要符合国家标准《钢结构工程施工质量验收规范》（GB 50205—2001）的要求。普通钢材支架的全部及热镀锌钢材支架的焊接部位，要进行涂防锈漆等防腐处理。

拼装式支架以成品型钢或铝合金作为主要支撑结构件，具有拼装、拆卸方便，无需焊接，防腐涂层均匀，耐久性好，施工速度快，外形美观等优点，是目前普遍采用的支架连接方式。

光伏支架的安装顺序是

1）安装前后立柱底座及立柱，立柱要与基础垂直，拧上预埋件螺母，吃上劲即可，先不要拧紧。如果有槽钢底框时，先将槽钢底框与基础调平固定或焊接牢固，再把前后立柱固定在槽钢底框上的相应位置。

2）安装斜梁或立柱连接杆。安装立柱连接杆时应将连接杆的表面放在立柱外侧，无论是斜梁或连接杆，都要先把固定螺栓拧至6分紧。

3）安装前后横梁。将前后横梁放置于钢支柱上，与钢支柱固定，用水平仪将横梁调平调直，再次紧固螺栓，用水平仪对前后梁进行再次校验，没有问题后，将螺栓彻底拧紧。

不同类型的支架其结构及连接件款式虽然有差异，但安装顺序基本相同，具体安装方法可参考设计图样或支架厂家提供的技术资料。图6-3所示为一种拼装式支架工程实例图，图6-4所示为一种焊接式支架的工程实例图，供支架安装施工时参考。

图6-3　拼装式支架工程实例图

图6-4　焊接式支架工程实例图

光伏支架与基础之间应焊接或安装牢固，立柱底面与混凝土基础接触面要用水泥浆添灌，使其紧密结合。支架及光伏组件边框要与保护接地系统可靠连接。

2. 光伏支架的屋顶安装

光伏支架屋顶安装的主要类型有钢筋混凝土屋顶、彩钢板屋顶和瓦片屋顶等，不同的屋顶类型，有着不同的支架结构和安装固定方法。

（1）钢筋混凝土屋顶的安装

在混凝土平面屋顶安装光伏支架，主要有两种安装方式，一种是固定预埋件基础方式，另一种是混凝土配重基础方式。当采用固定预埋件基础方式时，如果是新建屋顶，可以在建屋顶的同时，将基础预埋件与屋顶主体结构的钢筋牢固焊接或连接，并统一做好防水处理。如果是已经投入使用的屋顶，需要将原屋顶的防水层局部切割掉，刨出屋顶的结构层，然后将基础预埋件与屋顶主体结构的钢筋牢固焊接或通过化学植筋等方法进行连接，然后进行基础制作，完成后再将切割过防水层的部位重新进行修复处理，做到与原屋顶防水层浑然一体，保证防水效果。

当屋顶受到结构限制无法采用固定预埋件基础方式时，应采取混凝土块配重基础方式，通过重力和加大基础与屋顶的附着力将光伏支架固定在屋顶上，并可采用前面介绍的铁线拉紧法或支架延长固定法等措施对支架进行加强固定。特别是在东南沿海台风多发地，配重基础直接关系到光伏发电系统的安全，使光伏方阵抗台风能力不足，存在被大风掀翻的安全隐患，所以，配重块基础的设计施工都要再增加负重，并进一步加固，也可以在支架后立柱区域及支架边缘区域多使用混凝土配重压块增加负重，使这些区域的配重质量达到其他区域的1.3倍以上。负重不足的配重基础还有被局部移动的风险，可能会导致支架变形，组件损坏等。屋顶基础制作完成后，要对屋顶被破坏或涉及部分按照国家标准《屋面工程质量验收规范》（GB 50207—2012）的要求做防水处理，防止渗水、漏雨现象发生。

混凝土屋顶支架的安装与地面支架安装的方法、步骤基本相同，可参考前述方式进行。需要特别注意的是，在光伏方阵基础与支架的施工过程中，要杜绝出现支架基础没有对齐，造成支架前后立柱不在一条线上以及组件方阵横梁不在一个水平线上，出现弧形或波浪形的现象。还应尽量避免对相关建筑物及附属设施的破坏，如因施工需要不得已造成局部破损，应在施工结束后及时修复。

（2）彩钢板屋顶的安装

在彩钢板屋顶安装光伏方阵时，光伏组件可沿屋顶面坡度平行铺设安装，也可以设计成一定倾角的方式布置。目前的彩钢板屋顶多为坡面形，常见的坡度为5%和10%，屋面板为压型钢板或压型夹芯板，下部为檀条，檀条搭设在门式三角形钢架等支撑结构上。组件方阵支架一般都是通过不同的夹具、紧固件与屋顶彩钢板的瓦楞连接，夹具的固定位置要尽可能选择在彩钢板下有横梁或檩条的位置，尽量通过屋顶钢结构承受光伏方阵的重量。两个夹具之间的固定间距一般在1.2m左右，两根横梁之间的间距根据电池组件长度的不同，在1～1.1m（60片板）或1.2～1.4m（72片板）之间，具体尺寸要根据设计图纸要求进行确定。

彩钢板屋顶支架安装的步骤是，根据设计图纸进行测量放线，确定每一个夹具的具体位置，逐一安装固定夹具，然后进行方阵横梁的安装。在安装过程中要保证横梁在一条直线，如图6-5所示。在屋顶边缘区域，在受风情况下容易产生乱气流，可通过增加夹具数量来增强光伏方阵的抗风能力。

常见的彩钢板屋顶瓦楞有直立锁边型、角驰（咬口）型、卡扣（暗扣）型、明钉（梯形）型等。其中直立锁边型、角驰型和卡扣型都可以通过夹具夹在彩钢板楞上，不对彩钢板造成破坏。明钉型则需要用固定螺丝穿透彩钢板表面对夹具进行固定，如图6-6所示。在选用夹具时，不仅要确定夹具类型，还需要将夹具带到现场进行锁紧测试，确认夹具与屋顶瓦楞的尺寸是否合适。

在彩钢板屋顶安装光伏组件方阵时，其安装方式与支撑彩钢板屋顶的钢架结构、屋顶架结构、檀条强度与数量及屋面板形式等有着直接的关系，对于不同承重结构的彩钢板屋顶将采取不同的安装方式。

1）钢架、屋顶支架、檀条的承重强度和屋顶板刚性强度都能满足安装要求。

这种情况是最合理的安装条件，光伏支架及方阵可以直接进行安装。把光伏支架采用连接件与屋顶板连接，并尽可能靠近檀条位置进行固定。

图 6-5　夹具的放线排布

图 6-6　明钉型彩钢板连接件固定方式

2）钢架、屋顶支架、檀条的承重强度能满足安装要求，但屋顶板刚性强度较小，变形较大。

这种类型的彩钢屋顶主要应用在简易车间、车棚、公共候车厅、养殖场等一些要求程度不太高的场所。光伏支架可以采用连接件与檀条处的屋顶板直接连接，也可以采用将连接件通过穿透屋顶板与檀条进行连接。

3）仅钢架和屋顶支架能满足安装要求，檀条和屋顶板承载能力小。

这种情况，只能采用连接件直接与钢架或屋顶支架连接，具体连接安装方式也是将连接件通过穿透屋顶板的方式进行。还有一种方式是将固定支架位置的屋顶板割开，用角钢槽钢等做支柱焊接到钢架或屋顶支架上。

在上述几种方式中，凡是涉及穿透屋顶的连接方式，必须带有防水垫片或采用密封结构胶进行处理，保证防水能力。若钢架、屋顶支架、檀条和屋顶板强度均不能满足安装要求时，是不能进行光伏方阵安装的。如果非要安装，就需要先对彩钢屋顶的整个钢结构重新进行加固。

（3）瓦片屋顶的安装

在瓦片屋顶安装光伏发电系统，需要了解瓦屋顶的几种形式，以便确定那些屋顶可以安装，那些屋顶不能安装。常见的屋顶瓦片有空心瓦、双槽瓦、鱼鳞瓦、平屋面瓦、平板瓦、油毡瓦、石棉瓦等几种，屋顶结构有檩条屋顶、混凝土屋顶、土层屋顶、石棉瓦屋顶等。单层的石棉瓦屋顶，由于承重较差，施工难度大，施工安全不好保证，一般不考虑安装。尽管各种瓦片的形状、颜色和性能特点不同，屋顶结构也不一样，但安装方式都是采用专用挂钩，与屋顶内部结构进行连接，并从瓦片的上下接缝处伸出来，然后在各个挂钩上固定横梁。由于挂钩的固定点都在建筑结构上，且基本不破坏瓦的防水结构，所以能保证方阵支架固定的可靠性，同时确保屋顶的防水性能不受破坏。

屋顶瓦片类型和结构的不同，所适用的挂钩也有些细节上的不同，挂钩的材质一般为不锈钢或热镀锌碳钢，挂钩具体式样可参看本书第 5 章中相关内容。

瓦片屋顶光伏组件的具体安装步骤为

1）把确定好挂钩安装位置的瓦片揭开，将挂钩固定在屋顶上，然后把瓦片按原样铺上去；

2）在横梁方向每隔1.2m左右安装一个挂钩，竖排方向（两根横梁之间）根据电池组件长度的不同，每隔0.9~1.1m（60片板）或1.2~1.4m（72片板）安装一个挂钩，具体安装间隔尺寸可根据设计图样要求确定；

3）将横梁导轨安装在挂钩上；

4）将电池组件摆放到横梁上，用固定组件的中压块和边压块加以固定。

不同的屋顶结构，需要采用不同的方法进行固定，对于揭开瓦片就能看到檩条的屋顶，一般将挂钩直接用木螺丝固定在檩条上，每个挂钩至少要用3个以上的木螺丝。对于比较粗壮结实的檩条，挂钩间距可以在1.2m左右。如果檩条较细小，支撑度不够，可以减小挂钩之间的横向间距。

对于混凝土瓦屋顶，屋顶的结构组成一般是瓦片+（防水层）+混凝土层+芦苇层或薄木板+檩条（或横梁），若混凝土结构密实且厚度超过10cm，可以用膨胀螺栓直接打入混凝土中，对挂钩进行固定。若混凝土层较薄或结构疏松（例如俗称的沙子灰），则不宜使用膨胀螺栓固定，要将固定点的土层轻轻砸开挖出，将挂钩固定在檩条或者横梁上。固定完成后，用混凝土将挖开部位填充摸平，将瓦片恢复原样铺好。

有些混凝土屋顶是将瓦片直接铺在水泥上的，无法揭开，需要在相应位置通过切割破坏瓦片才能固定挂钩，进行安装。这种情况需要在安装完挂钩后，对破坏部位进行修补和防水处理。

还有一种农村常见的瓦屋顶是平瓦+（防水层）+薄土层+薄木板+圆木横梁的结构，这种结构的挂钩固定方法与沙子灰结构方法一样，挂钩要固定在圆木横梁上，不能固定在薄木板上。

对于屋顶载荷强度不够，横梁太少、固定点不够以及一些拱形屋顶等，可采取先在承重墙上搭建钢结构，然后在钢结构上固定导轨支架的施工方法。

在光伏方阵基础与支架的施工过程中，应尽量避免对相关建筑物及附属设施的破坏，如因施工需要不得已造成局部破损，应在施工结束后及时修复。

3. 光伏组件的安装

1）光伏组件在存放、搬运、安装等过程中，不得碰撞或受损，特别要注意防止组件玻璃表面及背面的背板材料受到硬物的直接冲击。禁止抓住接线盒来搬运和举起组件。

2）组件安装前应根据组件生产厂家提供的出厂实测技术参数和曲线，对光伏组件进行分组，将峰值工作电流相近的组件串联在一起，将峰值工作电压相近的组件并联在一起，以充分发挥光伏组串的整体效能。光伏组件的测量最好在正午日照最强的条件下进行。如组件厂商提供的是经过生产线测试调配好的组件，可直接进行安装。

3）光伏组件的安装应自下而上逐块进行，螺杆的安装方向为自内向外，将分好组的组件依次摆放到支架上，并用螺杆穿过支架和组件边框的固定孔，将组件与支架固定。固定时要保持组件间的缝隙均匀，横平竖直，组件接线盒方向一致。组件固定螺栓应有弹簧垫圈和平垫圈，紧固后应将螺栓露出部分及螺母涂刷防锈漆，做防松动处理。

4）地面或平面屋顶安装组件的时候若单排组件比较长，可以从中间往两边依次安装，这样可以将组件安装得更水平。

5）按照光伏方阵组件串并联的设计要求，用电缆将组件的正负极进行连接，在进行作业时需认真按照操作规范进行，先串联后并联。对于接线盒直接带有连接线和连接器的组件，在连接器上都标注有正负极性，只要将连接器接插件直接插接即可。电缆连接完毕，要用绑带、钢丝卡等将电缆固定在支架上，以免长期风吹摇动造成电缆磨损或接触不良。

6）斜面彩钢板屋顶和瓦屋顶安装组件时要提前考虑好组件串的连接方式和组串数，在安装下一块组件时要先将这块组件与上一块组件的连接器端子提前插接好，即边安装边连接，否则组件安装好后，就无法连接组件之间的连线了。

7）安装中要注意方阵的正负极两输出端不能短路，否则可能造成人身事故或引起火灾。在阳光下安装时，最好用黑塑料薄膜、包装纸片等不透光材料将光伏组件遮盖起来，以免输出电压过高影响连接操作或造成施工人员触电的危险。

8）安装斜坡屋顶的建材一体化光伏组件时，互相间的上下左右防雨连接结构必须严格施工，严禁漏雨、漏水，外表必须整齐美观，避免光伏组件扭曲受力。屋顶坡度超过10°时，要设置施工脚踏板，防止人员或工具物品滑落。严禁下雨天在屋顶面施工。

9）光伏组件安装完毕之后要先测量各组串总的电流和电压，如果不合乎设计要求，就应该对各个支路分别测量。当然为了避免各个支路互相影响，在测量各个支路的电流与电压时，各个支路要相互断开。

10）光伏方阵中所有光伏组件的铝边框之间都要用专用的接地线进行连接，光伏方阵的所有金属件都应可靠接地，防止雷击可能带来的危害，同时为工作人员提供安全保证。光伏方阵仅通过组件的铝边框和支架的接触间接接地时，接地电阻大且不可靠，铝边框有漏电的危险。在实际工程中，多数光伏系统的负极都接到设备的公共地极上。系统其他的绝缘及接地要求看参考相应的设计方案和国家标准中有关内容。

6.1.3 光伏控制器和逆变器等电气设备的安装

1. 控制器的安装

1）控制器安装前，应先开箱检查，按照装箱单和技术手册进行逐项检查，检查外观有无损坏，内部连接线和螺钉有无松动，还要核对设备型号是否符合实际要求，零部件和辅助线材是否齐全等。

2）安装控制器时，要将光伏电池方阵用塑料布进行遮挡，或在早晚太阳光较弱时进行，或断开光伏组串相应断路器，以免高压拉弧放电。断开负载以保护设备及人员安全，按照要求连接线路。

3）控制器接线时要将工作开关放在关的位置，接线步骤是先连接蓄电池，再连接逆变器，然后对系统进行检查和试运行，具备通电使用条件后，最后连接光伏组串或方阵。

4）控制器应尽量安装在阴凉通风的地方，以防止散热部件温度过高。要特别注意出风口的灰尘问题，有过滤网的通风口要注意定期进行清理。中功率控制器可固定在墙壁或者摆放在工作台上，大功率控制器可直接在配电室内地面安装。控制器若需要在室外安装时，必须符合密封防潮要求。

5）不同类型的蓄电池对充放电电压的要求有差异，安装连接后需要对预置电压进行核对或调整。

2. 逆变器的安装

1）逆变器在安装前同样要进行外观及内部线路的检查，检查无误后先将逆变器的输入开关断开，然后进行接线连接。接线时要注意分清正负极极性，并保证连接牢固。接线内容包括，直流侧接线、交流侧接线、接地连接、通信线连接等。

2）接线完毕，可接通逆变器的输入开关，待逆变器自检测正常后，如果输出无短路现象，则可以打开输出开关，检查温升情况和运行情况，使逆变器处于试运行状态。

3）逆变器的安装位置确定可根据其体积、重量大小分别放置在工作台面、地面等，若需要在室外安装时，要考虑周围环境是否对逆变器有影响，应避免阳光直接照射，并符合密封防潮通风的要求。过高的温度和大量的灰尘会引起逆变器故障和缩短使用寿命。同时要确保周围没有其他电力电子设备干扰。

4）逆变器的安装应与其周围保持一定的间隙，方便逆变器散热，同时便于后期逆变器的维护操作。如果逆变器本身无防雷功能，还要在直流输入侧配置防雷系统，并且保持良好接地。

5）在大功率离网光伏系统中，逆变器安装要尽量靠近蓄电池组，但又不能和蓄电池组同处一室，一是防止蓄电池散发的腐蚀性气体对逆变器等设备的侵蚀，二是防止逆变器开关动作产生的电火花引起腐蚀性气体爆炸。

6）逆变器安装要合理选择并网点，在某一区域安装3台以上逆变器时，要选择接入不同相位的相线并网，防止用电低峰时因电网电压高造成逆变器过电压保护而间隙工作。在农村电网末端严禁安装大容量光伏发电系统。

7）安装中所使用的线缆质量必须合格，连接要牢固，直流光伏线缆连接器必须用专用压线钳压制，以避免后期因接触不良引起故障或着火事故。

根据光伏系统的不同要求，各厂家生产的控制器和逆变器的功能和特性都有差别。因此欲了解控制器和逆变器的具体接线和调试方法，要详细阅读随机附带的技术说明文件。

3. 直流汇流箱的安装

1）直流汇流箱安装前也应开箱检查，首先按照装箱清单检查汇流箱所带的产品使用手册、合格证、保修卡及箱门钥匙等配件、资料齐全。检查汇流箱内元器件应完好，连接线应无松动，所有开关和熔断器应处于断开状态。

2）汇流箱的安装位置应符合设计要求，安装支架及紧固螺钉等都应为防锈件。汇流箱防护等级虽然能满足户外安装的要求，但也要尽量安装在干燥、通风和阴凉的地方，避免安装在阳光直射和环境温度过高的区域。

6.1.4 防雷与接地系统的安装施工

1. 防雷器的安装

（1）安装方法

防雷器的安装比较简单，防雷器模块、火花放电间隙模块及报警模块等，都可以非常方便地组合并直接安装到配电箱中标准的35mm导轨上。

（2）安装位置的确定

一般来说，防雷器都要安装在根据分区防雷理论要求确定的分区交界处。B级（Ⅲ级）防雷器一般安装在电缆进入建筑物的入口处，如安装在电源的主配电柜中；C级（Ⅱ级）防雷器一般安装在分配电柜中，作为基本保护的补充；D级（Ⅰ级）防雷器属于精细保护级防雷装置，要尽可能地靠近被保护设备端进行安装。防雷分区理论及防雷器等级是根据

DIN VDE0185 和 IEC61312-1 等相关标准确定的。

（3）电气连接

防雷器的连接导线必须保持尽可能短，以避免导线的电阻和感抗产生附加的残压降。如果现场安装时连接线长度无法小于 0.5m 时，则防雷器必须使用 V 字形方式连接，如图 6-7 所示。同时，布线时必须将防雷器的输入线和输出线尽可能地保持较远距离排布。

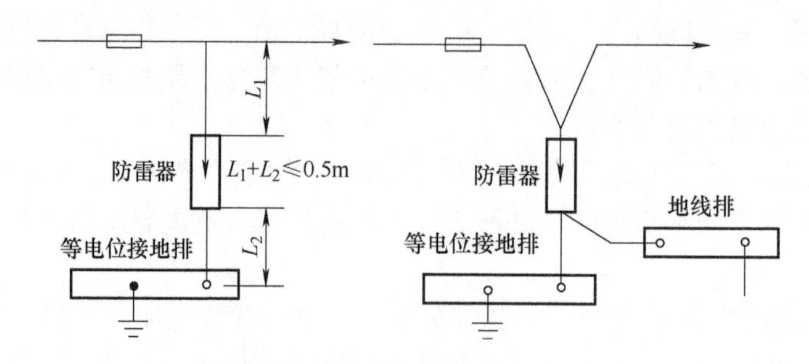

图 6-7　防雷器连接方式示意图

另外，布线时要注意已经保护的线路和未保护的线路（包括接地线）绝对不要近距离平行排布，它们的排布必须有一定空间距离或通过屏蔽装置进行隔离，以防止从未保护的线路向已经保护的线路感应雷电浪涌电流。

防雷器连接线的截面积应和配电系统的相线及中性线（A、B、C、N）的截面积相同或按照表 6-1 选取。

表 6-1　防雷器连接线截面积选取对照表

	导线截面积/mm^2（材质：铜）		
主电路导线截面积	≤35	50	≥70
防雷器接地线截面积	≥16	25	≥35
防雷器连接线截面积	10	16	25

（4）中性线和地线的连接

中性线的连接可以分流相当可观的雷电流，在主配电柜中，中性线的连接线截面积应不小于 $16mm^2$，当用在一些用电量较小的系统中，中性线的截面积可以相应选择的较小些。防雷器接地线的截面积一般取主电路导线截面积的一半，或按照表 6-1 选取。

（5）接地和等电位联结

防雷器的接地线必须和设备的接地线或系统保护接地可靠连接。如果系统存在雷击保护等电位联结系统，防雷器的接地线最终也必须和等电位联结系统可靠连接。系统中每个局部的等电位排也都必须和主等电位联结排可靠连接，连接线截面积必须满足接地线的最小截面积要求，如图 6-8 所示。

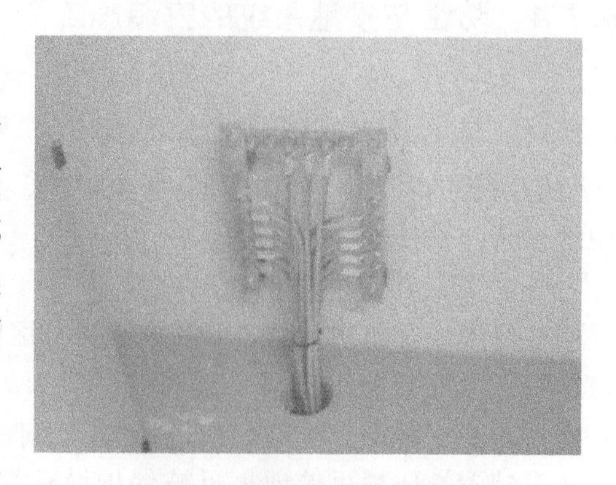

图 6-8　等电位联结示意图

（6）防雷器的失效保护方法

基于电气安全的原因，任何并联安装在市

电电源相对零或相对地之间的电气元件，为防止故障短路，必须在该电气元件前安装短路保护器件，如断路器或熔断器。防雷器也不例外，在防雷器的入线处，也必须加装断路器或熔断器，目的是当防雷器因雷击保护击穿或因电源故障损坏时，能够及时切断损坏的防雷器与电源之间的联系，待故障防雷器修复或更换后，再将保护断路器复位或将熔断的熔丝更换，防雷器恢复保护待命状态。

为保证短路保护器件的可靠起效，一般 C 级防雷器前选取安装额定电流值为 32A（C 类脱扣曲线）的断路器，B 级防雷器前可选择额定电流值约为 63A 的断路器。

2. 接地系统的安装施工

（1）接地体的埋设

在进行配电室基础建设和光伏方阵基础建设的同时，在配电机房附近选择一地下无管道、无阴沟、土层较厚、潮湿的开阔地面，根据接地体的形状和尺寸一字排列挖直径 0.3 ~ 1m、深 2 ~ 2.5m 的坑 2 ~ 3 个（其中的 1 或 2 个坑用于埋设电器、设备保护等地线的接地体，剩余的一个坑用于单独埋设避雷针地线的接地体），坑与坑的间距应为 3 ~ 5m，如图 6-9 所示。坑内放入专用接地体或设计制作的接地体，接地体应根据要求垂直或水平放置在坑的中央，其上端离地面的最小高度应不小于 0.7m，放置前要先将引下线与接地体可靠连接。引下线与接地体的连接部分必须使用电焊或气焊，不能使用锡焊。现场无法焊接时，可采取铆接或螺栓连接，确保有不少于 $10cm^2$ 的接触面。

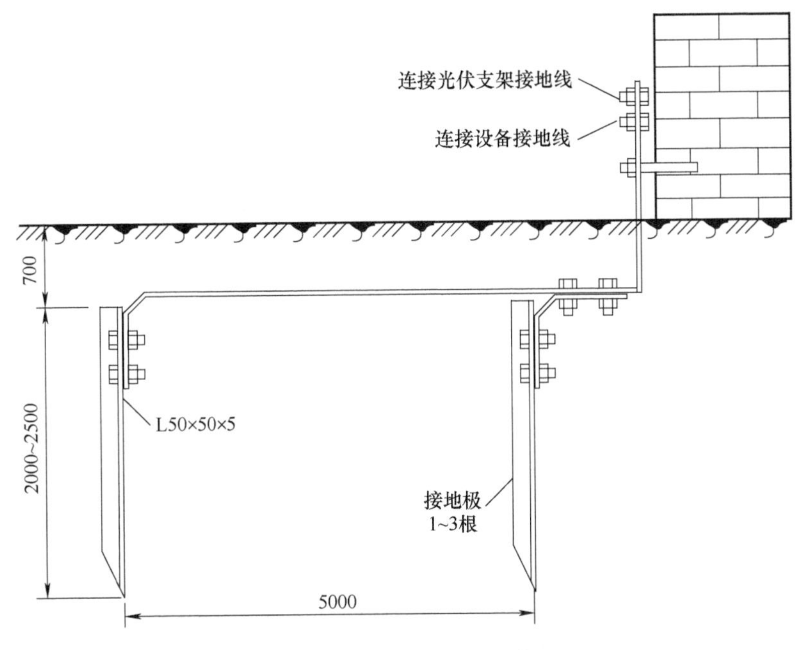

图 6-9　接地装置施工示意图

埋设引下线和接地体应尽量放在人们不走或很少走过的地方，避免受到跨步电压的危害，还应注意使接地体与周围金属体或电缆之间保持一定的距离。

将接地体放入坑中后，在其周围填充接地专用降阻剂，直至基本将接地体掩埋。填充过程中应同时向坑内注入一定的清水，以使降阻剂充分起效。最后用原土将坑填满夯实。电器、设备保护等接地线的引下线最好采用截面积为 35mm^2 的接地专用多股铜芯电缆连接，避雷针的引下线可用直径为 8mm 圆钢或截面积不小于 40mm^2 的镀锌扁钢连接。

占用面积比较大的发电系统场站，接地系统要采用环网接地的形式，如图 6-10 所示。环网各接地体之间也可用直径为 8mm 镀锌圆钢或截面积不小于 40mm^2 镀锌扁钢连接。

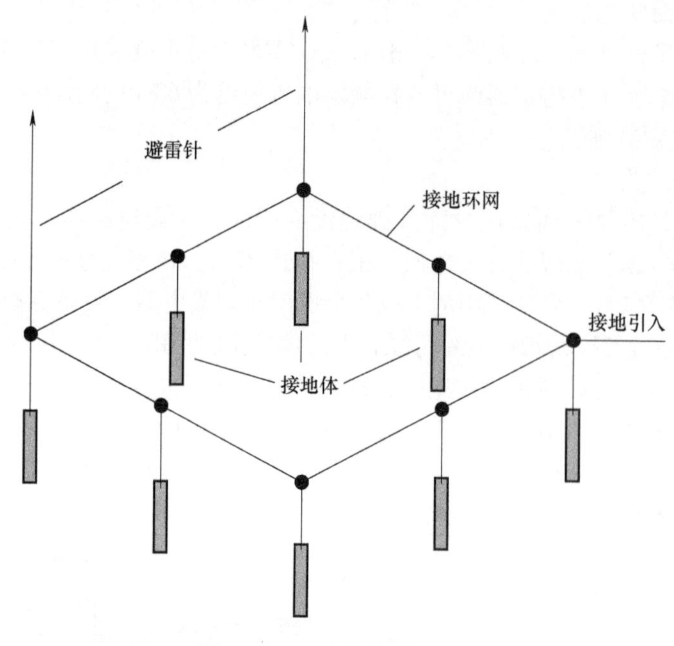

图 6-10　环网接地示意图

（2）避雷针的安装

避雷针的安装最好依附在配电室、光伏支架等建构筑物旁边，以利于安装固定，并尽量在接地体的埋设地点附近。避雷针的高度根据要保护的范围而定，条件允许时尽量单独做地线。

6.1.5　蓄电池组的安装

蓄电池的安装质量直接影响蓄电池组运行的可靠性。蓄电池安装总的原则是：在小型光伏发电系统中，蓄电池的安装位置应尽可能靠近光伏组件和控制器。在中大型光伏发电系统中，蓄电池最好与控制器、逆变器及交流配电柜等分室而放。蓄电池的安装位置要保证通风良好，排水方便，防止高温，防止阳光直射，远离加热器或其他辐射热源，环境温度应尽量保持在 10 ~ 25℃之间，最大不超过 0 ~ 35℃范围。

1. 安装前的检测

1）安装前应首先对蓄电池的外观进行检查，防止因生产和运输过程中搬运不当造成对蓄电池外壳及内部结构的影响和伤害。应检查外观有无破裂、漏酸。检查接线端子极柱是否有弯曲和损坏，弯曲和损坏的端子极柱会造成安装困难或无法安装，并有可能使端子密封失效，产生爬酸、渗酸现象，严重时还会产生高的接触电阻，甚至有熔断的危险。在检查过程中，如果外壳上有湿润状的可疑点，可用万用表一端连接蓄电池极柱，另一端接触湿润处，若电压为零，说明外壳未破损；若电压大于零，说明该处存在酸液，应进一步仔细检查。

2）安装前要检查蓄电池的出厂时间，验证生产与安装使用之间的时间间隔，逐只测量蓄电池的开路电压，确定是否需要进行充电。新蓄电池一般要在3个月以内投入使用。如搁置时间较长，开路电压将会很低，这样的蓄电池不能直接安装使用，应先对其进行充电后才能进行安装。

2. 安装注意事项

1）蓄电池与地面之间应采取绝缘措施，一般可垫木板或其他绝缘物，以免蓄电池与地面短路而放电。如果蓄电池数量较多时，可以安装在蓄电池专用支架上，且支架要可靠接地。

在安装多组蓄电池之间的连接器之前，必须将单体蓄电池排列整齐，使连接器安装顺畅，不要吃力扭劲，以免蓄电池极柱受力使密封处发生泄漏。

2）蓄电池在充放电过程中，会产生一定的热量，所以安装时蓄电池与蓄电池的间距一般要大于50mm，以保证蓄电池散热良好。蓄电池间要有良好的通风设施，以免因蓄电池损坏产生可燃气体引起爆炸及燃烧。

3）置于室外的蓄电池组要设置防雨水措施，当环境温度低于0℃或高于35℃时，蓄电池组应设置防冻、防晒和隔热措施。

4）蓄电池间的连接线应符合放电电流的要求，对于并联的蓄电池组连接线，其阻抗要相等。蓄电池与充电装置及负载之间的连接线不能过细过长，以免电流传输过程中在线路上产生过大的电压降和由于电能损耗产生热量，给安全运行造成隐患。

5）蓄电池串联连接的回路组中应设有断路器以便维护。并联组最好每组有一个断路器，以方便日后维护更替操作。

6）一个蓄电池组不能采用新老结合的组合方式，而应全部采用新蓄电池或全部采用原来为同一组的旧蓄电池，以免新老蓄电池工作状态之间不平衡，影响所有蓄电池的使用寿命和效能。对于不同容量的蓄电池，也绝对不能在同一组中串联使用，否则在大电流充放电工作状态时将有安全隐患存在。

7）蓄电池极柱与接线之间必须保证紧密接触，安装前要用铜丝刷去除极柱表面的氧化层，使极柱的接线部位露出金属光泽，并用软布擦拭电池表面的铅屑和灰尘。并在极柱与连接点涂一层凡士林油膜，以防天长日久腐蚀生锈造成接触不良。

3. 蓄电池支架的安装

1）电池柜或架要放在预先确定的位置并找平，要求水平度误差不超过±1mm/m，垂直度误差不超过±1.5mm/m。注意电池柜与电池柜、墙壁及其他设备之间要留有50~70cm的维修距离，并注意地板的承重能力是否能满足要求。

2）先将支架侧框架平稳放置在地面，然后将搁梁摆放在侧框架上，对好两侧安装螺孔，拧上螺丝但先不要拧紧。

3）用连接板分别将左右侧梁和侧框架连接，拧上固定螺丝但不拧紧。

4）调整好各零部件相互间的配合，若无错位现象，将各处螺丝拧紧。

5）若电池支架需要与地面固定时，将电池支架就位，做好固定孔标记，挪开支架在标记处钻孔，并清理现场。

6）在孔中放入膨胀螺栓，然后挪回支架就位，将支架固定。

4. 蓄电池的安装

1）蓄电池安装时需要人工将蓄电池搬抬到支架上摆放整齐，同排同列的蓄电池应摆放一致、排列整齐，符合连接顺序。蓄电池的连接要参照设计图样和出厂说明。

2）使用蓄电池附带的专用连接器或连接线，按设计要求连接蓄电池的正负极，串联、并联成蓄电池组。连接时严禁造成极柱短路，工具也要进行绝缘处理，以免发生电池短路和对人员的伤害。

3）蓄电池连接好后应将极柱端盖扣好或者用凡士林油、耐高温油脂涂抹，以防止端子被酸液侵蚀。

4）当蓄电池组输出电压较高时，将存在触电危险，拆装接线是要注意防护，并使用绝缘工具。

5）蓄电池在多只并联使用时，按电池标识正、负极性依次排列，且连接点要拧紧，以防产生火花和接触不良。

6）电池间的安装距离通常为10～15mm，以便对流冷却。

7）蓄电池应放在远离热源和容易产生火花的地方（如变压器、电源开关或熔丝等），安全距离为0.5m以上，不能在电池系统附近吸烟或使用明火。

8）将蓄电池（组）和外部设备连接之前，要使设备处于关断状态，并再次检查蓄电池的连接极性是否正确，然后再将蓄电池（组）的正极连接设备的正极端，蓄电池（组）的负极连接设备的负极端，并紧固好连接线。

9）蓄电池或电池组若需要并联使用，一般不能超过4只（组）并联。

10）不要单独增加电池组中某几个单体电池的负载，否则将造成单体电池间容量的不平衡。

11）蓄电池间连接电缆应尽可能短，不能仅考虑容量输出来选择电缆的大小规格，电缆的选择还应考虑不能产生过大的电压降。

12）特别提示：不同容量、不同厂家或不同新旧程度的蓄电池严禁连接在一起使用。

13）条件许可的较大型光伏发电场（站），蓄电池室最好配备空调和净化通风设备，使环境温度维持在20～25℃。

5. 安装后的检测

蓄电池安装结束后的检测项目包括安装质量检查、容量测试、内阻测试等几个方面。

1）安装质量检查：首先要根据上述注意事项内容逐项检查安装是否符合要求，保证接线质量；其次测量蓄电池的总电压和单只电压，单只电压大小要相等。

2）容量测试：用安装完好的蓄电池组对负载在规定的时间内放电，以确定其容量是否合理。新安装的系统必须将容量测试作为验收测试的一项内容。

3）负载测试：用实际在线负载来测试蓄电池系统，通过测试的结果，可以计算出一个客观准确的蓄电池容量及大电流放电特性。要求测试时，尽可能接近或满足实际负载放电电流和放电时间的要求。

4）内阻测试：蓄电池内部电阻大小是反映蓄电池工作状态的最佳标志，测量内阻的方法虽然没有负载测试那样绝对，但通过测试内阻也至少能检测出80%～90%有问题的蓄电池。

6.1.6 线缆的敷设与连接

光伏发电系统工程的线缆工程建设费用也较大，线缆敷设方式直接影响着建设费用。所以合理规划、正确选择线缆的敷设方式，是光伏线缆设计选型工作的重要环节。

光伏发电系统的线缆敷设方式要根据工程条件、环境特点和线缆类型、数量等因素综合考虑，并且要按照满足运行可靠、便于维护的要求和技术经济合理的原则来选择。光伏发电系统直流线缆的敷设方式主要有直埋敷设、穿管敷设、桥架内敷设、线缆沟敷设等。交流线缆的敷设与一般电力电气工程施工方式相仿。无论哪种敷设都要在整体布线前应事先考虑好走线方向，然后开始放线。当地下管线沿道路布置时，要注意将管线敷设在道路行车部分以外。

1. 光伏发电系统连接线缆敷设注意事项

1）在建筑物表面敷设光伏线缆时，要考虑建筑的整体美观。明线走线时要穿管敷设，线管要做到横平竖直，应为线缆提供足够的支撑和固定，防止风吹等对线缆造成机械损伤。不得在墙和支架的锐角边缘敷设线缆，以免切割、磨损伤害线缆绝缘层引起短路，或切断导线引起断路。

2）线缆敷设布线的松紧度要均匀适当，过于张紧会因四季温度变化及昼夜温差热胀冷缩造成线缆断裂。

3）考虑环境因素影响，线缆绝缘层应能耐受风吹、日晒、雨淋、腐蚀等。

4）线缆接头要特殊处理，要防止氧化和接触不良，必要时要镀锡或锡焊处理。同一电路馈线和回线应尽可能绞合在一起。

5）线缆外皮颜色选择要规范，如相线、零线和地线等颜色要加以区分。敷设在柜体内部的线缆要用色带包裹为一个整体，做到整齐美观。

6）线缆的截面积要与其线路工作电流相匹配。截面积过小，可能使导线发热，造成线路损耗过大，甚至使绝缘外皮熔化，产生短路甚至火灾。特别是在低电压直流电路中，线路损耗尤其明显。截面积过大，又会造成不必要的浪费。因此，系统各部分线缆要根据各自通过电流的大小进行选择确定。

2. 线缆的铺设与连接

光伏发电系统的线缆铺设与连接主要以直流布线工程为主，而且串联、并联接线场合较多，因此施工时要特别注意正负极性。

1）在进行光伏方阵与直流汇流箱之间的线路连接时，所使用线缆的截面积要满足最大短路电流的需要。各组件方阵串的输出引线要做编号和正负极性的标记，然后引入直流汇流箱。

2）线缆在进入接线箱或房屋穿线孔时，要做如图6-11所示的防水弯，以防积水顺线缆进入屋内或机箱内。当线缆铺设需要穿过楼面、屋面或墙面时，其防水套管与建筑主体之间的缝隙必须做好防水密封处理，建筑表面要处理光洁。

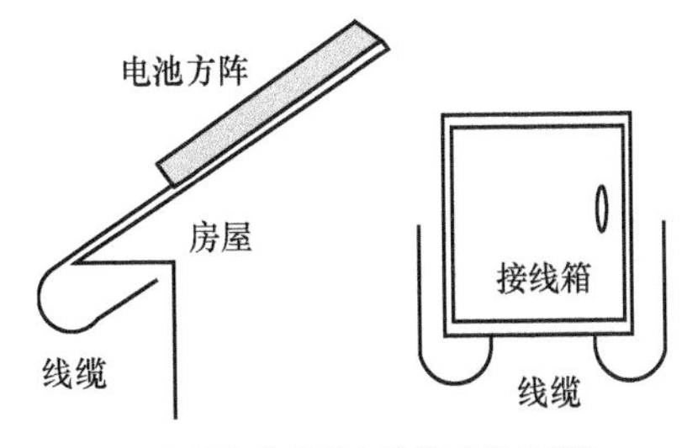

图6-11　线缆防水弯示意图

3）对于组件之间的连接电缆及组串与汇流箱之间的连接电缆，一般都是利用专用连接器连接，线缆截面积小、数量大，通常情况下敷设时尽可能利用组件支架作为线缆敷设的通道支撑与固定依靠。

4）在敷设直流线缆时，有时需要在现场进行连接器与线缆的压接。连接器压接必须使用专用的压接钳进行，不能使用普通的尖嘴钳或者老虎钳压接，以免留下隐患。连接器压接后从外观上检查，应该无断丝和漏丝，无毛边，左右匀称。

5）当光伏方阵在地面安装时要采用地下布线方式，地下布线时要对导线套线管进行保护，掩埋深度距离地面在0.5m以上。

6）交流逆变器输出的电气方式有单相二线制、单相三线制、三相三线制和三相四线制等，要注意相线和中性线的正确连接，具体连接方式与一般电力系统连接方式相仿。

7）线缆敷设施工中要合理规划线缆敷设路径，减少交叉，尽可能的合并敷设以减少项目施工过程中的土方开挖量以及线缆用量。

6.2 光伏发电系统的检查测试

光伏发电系统在安装施工的过程中及安装完毕后，需要对整个系统进行直观检查和必要的测试，使系统能够长期稳定的正常运行，并履行工程验收和交接手续。

施工检查要贯穿在光伏发电系统工程施工的全过程中。在施工阶段，要根据现场检查的要求，重点检查施工方案是否合理，能否全面满足设计要求，并根据设计要求和供货清单等资料，检查配套的设备、部件、材料等是否按照要求配齐，供货质量是否符合要求。对一些重要或关键的设备、部件、材料，可根据具体情况进行抽样检查。基础工程及光伏支架安装施工完工后，重点检查光伏方阵基础施工质量，光伏方阵支架安装质量，以及其他如电缆沟、配电室等土建设施的施工质量，并做好相应记录。系统设备安装和线缆敷设完成后，要根据设计要求，参照产品说明书，对电池组件、逆变器、控制器、汇流箱、配电柜、蓄电池组、交直流线缆等进行检查。

6.2.1 光伏发电系统的检查

光伏发电系统的检查主要是对各个电气设备、部件等进行外观检查，内容包括光伏组件方阵、基础支架、直流汇流箱、直流配电柜、交流配电柜、控制器、逆变器、系统并网装置和接地系统等的检查。

1. 光伏组件及方阵的检查

检查组件的电池片有无裂纹、缺角和变色，表面玻璃有无破损、脏物和油污，边框有无损伤、变形等。

检查方阵外观是否平整、美观，组件是否安装牢固，连接引线是否接触良好，引线外皮有否破损等。

检查组件或方阵支架是否有腐蚀生锈和螺栓松动之处。

检查方阵接地线是否有破损，连接是否可靠。

2. 直流汇流箱和直流、交流配电柜的检查

检查箱体表面有无腐蚀、生锈、变形、破损，内部接线有无错误，接线端子有无松动，外部接线有无损伤，各断路器开关是否灵活，防雷模块是否正常，接地线缆有无破损，端子连接是否可靠。

3. 控制器、逆变器、箱式变压器的检查

检查箱体表面有无腐蚀、生锈、变形、破损，接线端子是否松动，输入、输出等接线是否正确，接地线有无破损、接地端子是否牢固，辅助电源连接是否正确，逆变器自检是否正常，各断路器开关是否灵活，防雷模块是否正常。

变压器表面有无破损，温度、过载保护等动作是否正常，绝缘是否正常。

4. 接地系统的检查

检查接地系统是否连接良好，有无松动；连接线是否有损伤；所有接地是否为等电位连接，电缆铠甲是否接地。

5. 配电线缆的检查

光伏发电系统中的线缆在施工过程中，很可能出现碰伤和扭曲等情况，这会导致绝缘被破坏以及绝缘电阻下降等现象。因此在工程结束后，在做上述各项检查的过程中，同时对相关配电线缆进行外观检查，通过检查确认线缆有无损伤。

重点检查：电缆与连接端是否采用连接端头，并且有抗氧化措施；连接紧固无松动，电缆绝缘良好，标示标牌齐全完整；高压电缆经过了高压测试并合格，电缆铠甲接地和防火措施良好。

6.2.2 光伏发电系统的测试

1. 光伏方阵的测试

一般情况下，方阵组件串中的光伏组件的规格和型号都是相同的，可根据组件生产厂商提供的技术参数，查出单块组件的开路电压，将其乘以串联的数目，应基本等于组件串两端的开路电压。

通常由36片、60片或72片电池片制造的光伏组件，其开路电压分别约为21V、36.5V和43V。如有若干块光伏组件串联，则其组件串两端的开路电压应分别约为21V、36.5V和43V的整数倍。测量光伏组件串两端的开路电压，看是否基本符合上述要求，若相差太大，则很可能有组件损坏、极性接反或是连接处接触不良等问题，可逐个检查组件的开路电压及连接状况，找出故障。

测量光伏组件串两端的短路电流，应基本符合设计要求，若相差较大，则可能有的组件性能不良，应予以更换。

若光伏组件串联的数目较多时，开路电压将达到600～700V甚至更高，测量时要注意安全。

所有光伏组件串都检查合格后，进行光伏组件串并联的检查。在确认所有的光伏组件串的开路电压基本上相同后，方可进行各串的并联。并联后电压基本不变，总的短路电流应约等于各个组件串的短路电流之和。在测量短路电流时，也要注意安全，电流太大时可能跳火花，会造成设备或人身事故。

若有多个子方阵，均按照以上方法检查合格后，方可将各个方阵输出的正负极接入汇流箱或控制器，然后测量方阵总的工作电流和电压等参数。

2. 绝缘电阻的测试

为了了解光伏发电系统各部分的绝缘状态，判断是否可以通电，需要进行绝缘电阻测试。绝缘电阻的测试一般是在光伏发电系统施工安装完毕准备开始运行前、运行过程中的定期检查时以及确定出现故障时进行。

绝缘电阻测试主要包括对光伏方阵、直流汇流箱、直流配电柜、交流配电柜以及逆变器系统电路的测试。由于光伏方阵在白天始终有较高电压存在，在进行光伏方阵电路的绝缘电阻测试时，要准备一个能够承受光伏方阵短路电流的开关，先用短路开关将光伏方阵的输出端短路，根据需要选用500V或1000V的绝缘电阻表（俗称兆欧表或摇表），然后测量光伏方阵的各输出端子对地间的绝缘电阻，绝缘电阻值应不小于10MΩ，具体测试方法如图6-12所示。当光伏方阵输出端装有防雷器时，测试前要将防雷器的接地线从电路中脱开，测试完毕后再恢复原状。

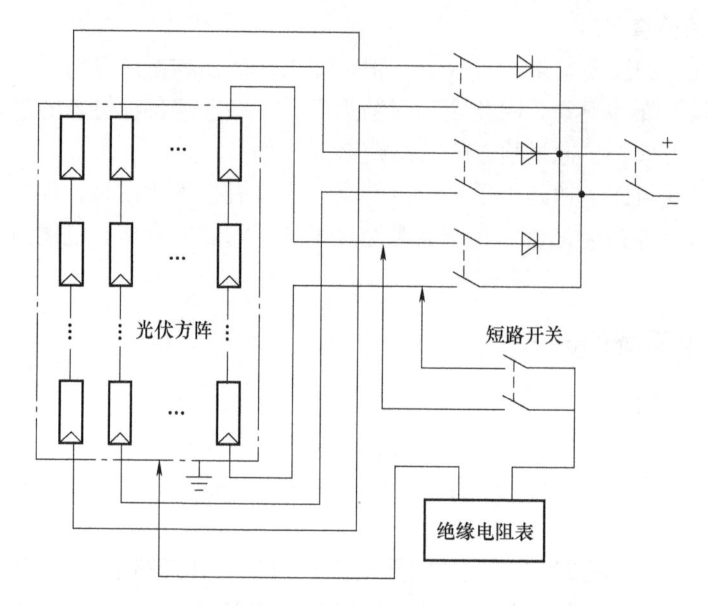

图6-12　光伏方阵绝缘电阻的测试方法示意图

逆变器电路的绝缘电阻测试方法如图6-13所示。根据逆变器额定工作电压的不同选择500V或1000V的绝缘电阻表进行测试。

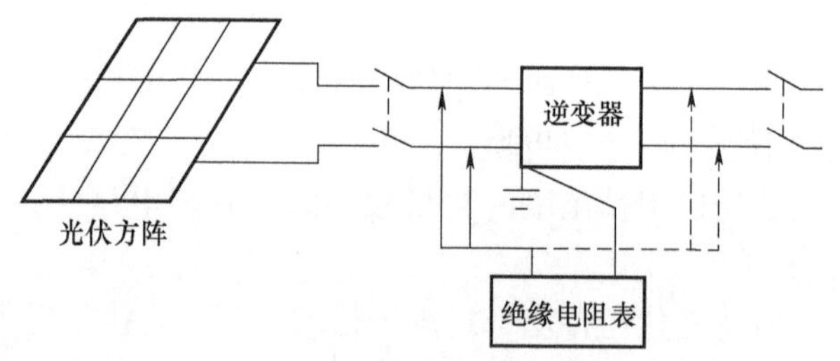

图6-13　逆变器的绝缘电阻测试方法示意图

逆变器绝缘电阻测试内容主要包括输入电路的绝缘电阻测试和输出电路的绝缘电阻测试。在进行输入和输出电路的绝缘电阻测试时，首先将光伏电池与汇流箱分离，并分别短路直流输入电路的所有输入端子和交流输出电路的所有输出端子，然后分别测量输入电路与地线间的绝缘电阻和输出电路与地线间的绝缘电阻。逆变器的输入、输出绝缘电阻值应不小于2MΩ。

直流汇流箱、直流配电柜、交流配电柜的绝缘电阻测试方法与逆变器的测试基本相同，其输入、输出引线与箱体外壳的绝缘电阻都应不小于10MΩ。

3. 绝缘耐电压的测试

对于光伏方阵和逆变器，根据要求有时需要进行绝缘耐电压测试，测量光伏方阵电路和逆变器电路的绝缘耐电压值。测量的条件和方法与上面的绝缘电阻测试相同。

在进行光伏方阵电路的绝缘耐电压测试时，将标准光伏方阵的开路电压作为最大使用电压，对光伏方阵电路加上最大使用电压的1.5倍的直流电压或1倍的交流电压，测试时间为10min左右，检查是否出现绝缘破坏。绝缘耐电压测试时一般要将防雷器等避雷装置取下或者从电路中脱开，然后进行测试。

在对逆变器电路进行绝缘耐电压测试时，测试电压与光伏方阵电路的测试电压相同，测试时间也为 10min，检查逆变器电路是否出现绝缘破坏。

4. 接地电阻的测试

接地电阻一般使用接地电阻计进行测量，接地电阻计还包括一个接地电极引线以及两个辅助电极。接地电阻的测试方法如图 6-14 所示。测试时要使接地电极与两个辅助电极的间隔各为 20m 左右，并成直线排列。将接地电极接在接地电阻计的 E 端子上，辅助电极接在电阻计的 P 端子和 C 端子，即可测出接地电阻值。接地电阻计有手摇式、数字式及钳型式等几种，详细使用方法可参考具体机型的使用说明书。

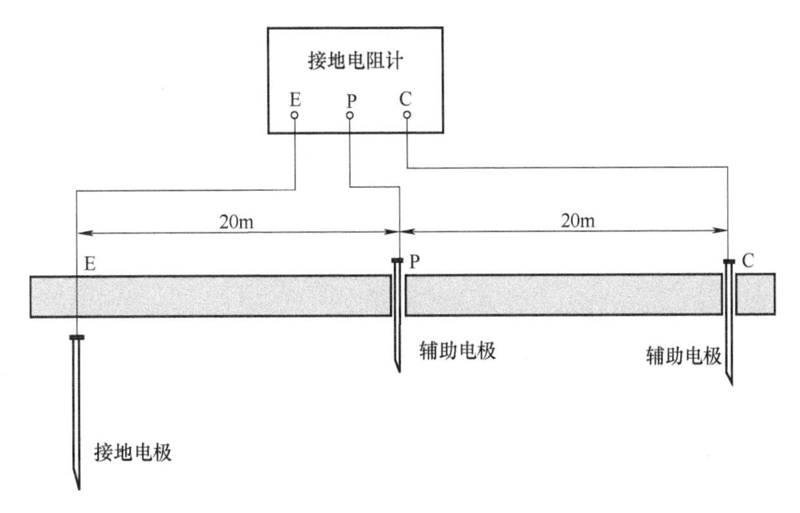

图 6-14　接地电阻测试示意图

5. 控制器的性能测试

对于有条件的场合最好对控制器的性能也进行全面检测，验证其是否符合国家标准 GB/T 19064—2003 规定的具体要求。

对于一般的离网光伏系统，控制器的主要功能是防止蓄电池过充电和过放电。在与光伏系统连接前，最好先对控制器单独进行测试。可使用合适的直流稳压电源，为控制器的输入端提供稳定的工作电压，并调节电压大小，验证其充满断开、恢复连接及低压断开时的电压是否符合要求。有些控制器具有输出稳压功能，可在适当范围内改变输入电压，测量输出是否保持稳定。另外还要测试控制器的最大自身耗电是否满足不超过其额定工作电流的 1% 的要求。

若控制器还具备智能控制、设备保护、数据采集、状态显示、故障报警等功能，也可进行适当的检测。

对于小型光伏系统或确认控制器在出厂前已经调试合格，并且在运输和安装过程中并无任何损坏，在现场也可不再进行这些测试。

6.3　光伏发电系统的调试运行

光伏发电系统经过检查和测试后，就可以进入分段调试和试运行环节，在调试运行的过程中一定要严格按照相关的规范和设计要求及设备技术手册的规定，仔细检查和测试运行各个环节，确保在系统送电前排除所有隐藏的问题，如在调试过程中发现某些设备的实际性能指标与技术手册参数不符时，要及时督促设备厂家采取补救措施或现场更换。调试过程中各个工作环节要注意安全，做到井然有序、一丝不苟。下面以一个 MW 级并网光伏电站的运行调试过程为例，介绍光伏发电系统的调试运行过程。

6.3.1 光伏发电系统的并网调试

1. 供电操作顺序

（1）合闸顺序

合上方阵汇流箱开关→检查直流配电柜所有直流输入电压→检测 35kV 电压供电是否输入→合上箱变低压侧开关→合上逆变器辅助电源开关→合上逆变器直流输入开关→合上直流配电柜输出开关→合上逆变器输出交流开关。

（2）断电顺序

分断逆变器输出交流开关→分断逆变器直流输入开关→分断直流配电柜输出开关→分断逆变器辅助电源开关→分断箱变低压侧开关。

2. 送电调试

（1）35kV 高压送电调试（略）

（2）向变压器送电并做冲击试验

当外线高压送至光伏电站高压开关柜且一切正常后，开始向箱式变压器进行送电，做变压器冲击试验。变压器冲击试验做 3 次，第 1 次送电 3min，停 2min，待现场确认一切正常后进行第 2 次冲击试验；第 2 次送电 5min，停 5min，待现场确认正常后做第 3 次冲击试验；第 3 次送电后在现场观察 10min，无异常情况后不再断电，该线路试验完毕。保持变压器空载运行 24h，运行期间变压器应声音均匀、无杂音、无异味、无弧光。

3. 直流系统和逆变系统并网调试

在变压器空载运行 24h 正常后，可以开始直流系统和逆变系统的调试。直流系统和逆变系统的调试按 500kW 一个单元进行，直流系统和逆变系统的送电顺序为：合上该区域所有直流汇流箱的输出断路器→在直流配电柜上依次检查每路汇流箱的直流电压是否正常→合上变压器低压侧断路器→合上逆变器辅助电源开关→合上逆变器直流输入开关→送入一路直流电源对逆变器进行送电测试，试验逆变器直流输入端是否正常→每两路一组送入全部直流电→合上逆变器交流输出开关→逆变器并网送电。

并网运行后，要对逆变器各功能进行检测

1）自动开关机功能检测：检测逆变器在早晨和晚上的自动启动运行和自动停止运行功能，检查逆变器自动功率（MPPT）跟踪范围。

2）防孤岛保护检测：逆变器并网发电，断开交流开关，模拟电网停电，查看逆变器当前告警中是否有“孤岛”告警，是否自动启动孤岛保护功能。

3）输出直流分量测试：光伏电站并网运行时，并网逆变器向电网馈送的直流分量不应超过其交流额定值的 0.5%。

4）手动开关机功能检测：通过逆变器“启动/停止”控制开关，检查逆变器手动开关机功能。

5）远方开关机功能检测：通过监控上位机“启动/停止”按钮，检查逆变器远方开关机功能，看是否能通过监控上位机的“启动/停止”按钮控制逆变器的开关机。

逆变器的转换效率、温度保护功能、并网谐波、输出电压、电压不平衡度、工作噪声、待机功耗等反映逆变器本身质量优劣的各项性能指标可根据需要和现场条件进行测试，在此就不详细叙述了。

4. 监控系统的调试

1）检查监控的信息量正常。

2）遥信遥测直流配电柜上每路的直流输入的电流和电压参数。

3）遥信遥测逆变器上直流电流、电压，交流电流、电压，实时功率，日发电量，累计发电量及频率等参数。

4）遥信遥测箱式变压器的超温报警、超温跳闸、高压刀开关、高压熔断器、低压断路器位置等信号；遥控箱式变压器低压侧低压断路器等有电控操作功能的开关进行远程合、分操作；遥测箱式变压器低压侧三相电流、三相电压、频率、功率因数、有功功率、无功功率等参数。

5）遥测电站环境的温度、风速、风向、辐照度等参数。

6.3.2 并网试运行中各系统的检查

1）检查关口电能表、35kV 进线柜电能表工作是否正常。

2）检查监控系统数据采集是否正常。

3）检查箱式变压器、逆变器、直流汇流箱、直流配电柜等运行温度，以及电缆连接处、出线隔离开关触头等关键部位的温度。

4）检查 35kV 开关柜、110kV 变压器、出线设备运行是否正常。

5）在带最大负荷发电条件下，观察设备是否有异常告警、动作等现象。再次检测箱式变压器、逆变器、直流汇流箱、直流配电柜运行温度，以及电缆连接处、出线隔离开关触头等关键部位的温度。

6）检查电站电能质量状况。

① 电压偏差：三相电压的允许偏差为额定电压的 ±7%，单相电压的允许偏差为额定电压的 +7%、-10%。

② 电压不平衡度：不应超过 ±2%，短时间不得超过 ±4%。

③ 频率偏差：电网额定频率为 50Hz，允许偏差值为 ±0.5Hz。

④ 功率因数：逆变器输出大于额定值的 50% 时，平均功率因数应不低于 0.9。

⑤ 直流分量：逆变器向电网馈送的直流电流分量不应超过其交流额定值的 ±1%。

7）全面核查电站各电压互感器（PT）、电流互感器（CT）的幅值和相位。

8）全面检查各自动装置、保护装置、测量装置、计量装置、仪表、控制电源系统等装置的工作状况。

9）全面检查监控系统与各子系统、装置的上传数据。

10）检查调度通信、传送数据等是否正常。

6.4 光伏发电系统（电站）施工案例

在此介绍一个 MW 级的屋顶光伏电站的施工工程案例，整个工程可分为屋顶基础制作工程、支架结构制作工程、光伏组件安装工程、直流侧电气工程和配电室电气工程等几个部分。

6.4.1 屋顶基础制作工程

屋顶基础制作工程分为测量定位、钢板预埋、打孔植筋、基础找平、基础浇注与养护和基础防水处理等几个步骤。

1. 测量定位

屋顶光伏电站的基础施工，根据屋顶结构，要采取预埋件法和混凝土配重块法相结合的基础制作方式，基本原则是在有房梁的部位进行基础钢板预埋，无房梁的部位制作可移动的混凝土配重块。测量定位就是要结合屋顶结构图纸，通过测量确定房梁位置，划出基础预埋件位置，并对施工部位的防水层进行切割，具体步骤如图 6-15 和图 6-16 所示。

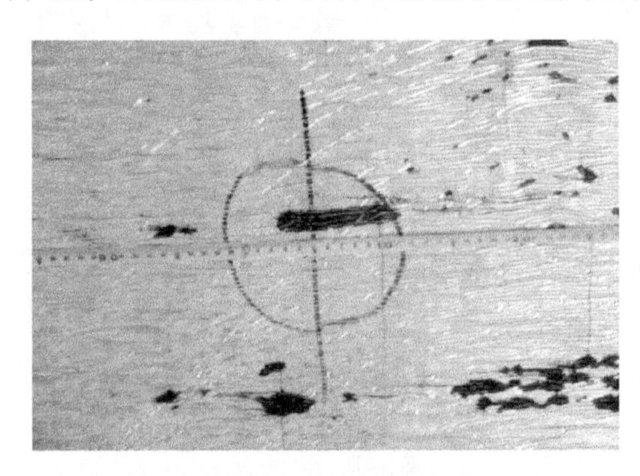

图 6-15 基础中心确定

图 6-16 屋顶防水层切割

2. 钢板预埋件制作

钢板预埋件有两种，如图 6-17 和图 6-18 所示。一种是用于屋顶固定基础的钢板预埋件，其钢筋要植入房梁上提前打好的植入孔中；另一种是要预埋到屋顶移动基础的钢筋混凝土基

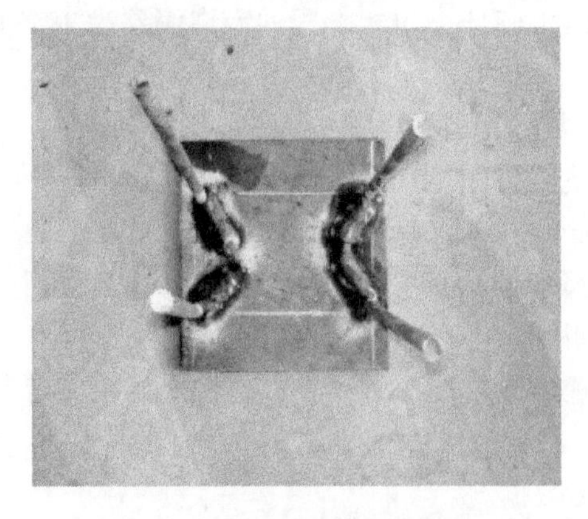

图 6-17 固定基础用钢板预埋件

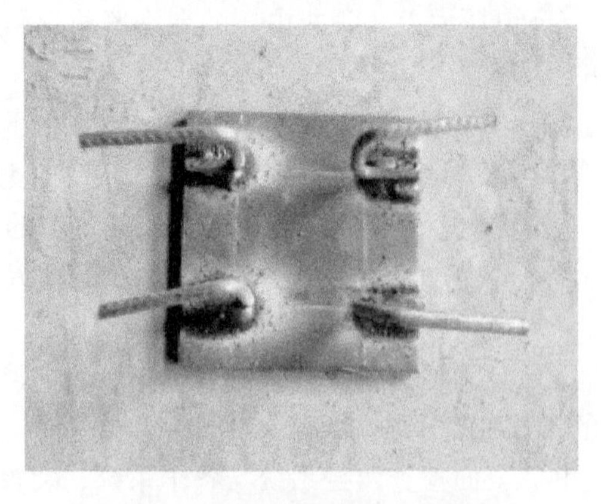

图 6-18 移动基础用钢板预埋件

础块中。用于制作基础的钢筋网片如图6-19所示。

3. 打孔植筋

打孔植筋就是在切割了防水层的部位，按照要求间距和深度，打4个略大于预埋件钢筋直径的孔，例如ϕ8mm钢筋，可以打ϕ10mm的孔。打好的孔要用气泵把孔里的灰尘吹干净，如图6-20所示。

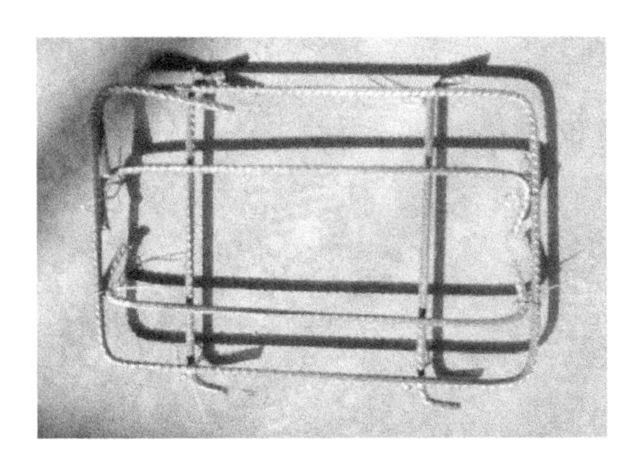

图6-19　基础用钢筋网片

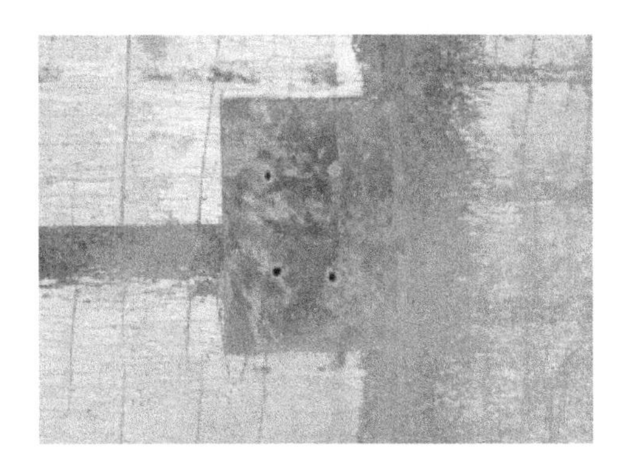

图6-20　打好的植筋孔

用植筋枪把植筋胶注入植筋孔内，如图6-21所示，注入量和洞口平齐。植筋前需将要植入的钢筋用钢丝刷除锈，待预埋件植入后，在孔洞口再补注一定量的胶，以保证植筋强度，如图6-22所示。植筋后的钢板钢筋要按要求进行养护，养护期间不要进行其他作业。

图6-21　把植筋胶注入植筋孔中

图6-22　植入钢筋的预埋件

4. 基础找平

基础预埋钢板养护结束后，要进行基础找平，使各基础统一与屋面平行，对地标高一致。东西、南北方向所有基础钢板都要矫正在同一平面上。

5. 基础浇注

基础浇注的工艺流程分为架设模板、制作混凝土、基础浇注、基础表面处理和基础养护几个步骤。

首先按照基础预定规格尺寸做好浇注用模板，将做好的模板架设于植筋好的预埋件外围，如图6-23所示，保证每排模板上下边都在一条直线上。

浇注用混凝土按要求比例配置成C25混凝土，基础浇注前，在植筋好的基础屋面处用水泥浆均匀刷一遍。将搅拌均匀的混凝土用小桶运至架设好的模板处，将其用小泥铲先铲入少量混凝土在屋面上捣平，加一层钢筋网片再加入混凝土后，用小振荡器将混凝土捣实，然后再加一层钢筋网片后倒入混凝土捣实，直至与预埋铁板平齐为止。浇筑好的基础表面用泥铲抹平，将预埋钢板上的泥浆铲干净，浇注完成的基础如图 6-24 所示。基础浇注完成后要进行基础表面处理，待拆模后将基础表面用水泥和固化胶配制好涂刷一遍，保证基础表面平整、光滑、美观，制作好的基础如图 6-25 和图 6-26 所示。

图 6-23　架设好的基础模板

图 6-24　浇注完成的基础

图 6-25　制作好的固定基础

图 6-26　制作好的移动基础

6. 基础防水处理

1）清洁基础表面及四周。用小泥铲将基础表面及四周多余的混凝土铲除，同时用毛刷将基础表面及四周扫干净。

2）进行基础表面找平。用水泥与黏合剂配合（3∶0.6）搅匀，将基础表面涂刷找平，经找平后的基础表面光滑、整洁，为后续涂刮防水涂料做好准备，经过找平处理的基础如图 6-27 所示。

图 6-27　处理找平的基础

3）确定基础底座涂刷范围。用白纸胶带将基础底座四周涂刷防水层的范围标识出来，确保基础防水材料涂刷范围一致、整齐美观。

4）涂刮防水层。将防水涂料盛于塑料小桶内，用刮板将其均匀的涂刮到基础表面及四周，与屋面原有防水卷材搭接处涂刷要满足设计要求，涂层厚度为 3mm。经过防水处理的基础如图 6-28 所示。

图 6-28　经过防水处理后的基础

6.4.2　支架结构制作工程

支架结构制作的主要内容有槽钢、角钢、角支撑定位与焊接，焊缝防锈处理，结构件拼装。

1. 槽钢、角钢定位

根据施工图将槽钢、角钢的具体位置用油性笔标出，并确定其开口方向。先使槽钢与基础钢板焊接定位，如图 6-29 所示。

2. 槽钢、角钢、加强肋焊接

依据施工图要求，对槽钢、角钢、加强肋进行焊接固定，如图 6-30 所示。焊缝的长度与堆焊厚度满足设计要求和施工规范。

图 6-29　槽钢与基础钢板焊接定位

图 6-30　槽钢、角钢等结构件的焊接

3. 防锈处理

将焊接后的焊缝用工具将焊渣敲掉，先涂刷防锈红丹底漆一遍，接着再涂刷一层防锈银粉漆进行美化处理。对在焊接过程中破坏的槽钢、角钢的镀锌防锈层也要涂刷一层银粉漆进行防锈处理，如图 6-31 和图 6-32 所示。

4. 结构件拼装

（1）角支撑拼装、紧固

将所有角支撑结构件进行拼装、调平和紧固，如图 6-33 所示。

图 6-31　涂刷红丹底漆防锈处理

图 6-32　焊缝涂刷银粉漆防锈处理

图 6-33　角支撑的拼装紧固

对支撑结构件预紧后检查整个方阵机架是否存在明显变形，对变形处及时进行校正。然后将每列纵向后支撑用水平尺找平，每列角支撑用白线拉直将其调整到一条线上。使整个方阵角支撑、后支撑纵向一条线，横向一个面。

（2）铝横梁的拼装、调平

根据方阵尺寸要求将铝横梁拼装到主支撑上，并用螺栓将其预紧，铝横梁端头连接处用专门的连接片连接，保证方阵一端留齐 5cm，将多余的长度留置方阵另一端，以便后续断齐处理。将拼装好预紧的铝横梁用白线带直，将不平的地方调平。再用水平尺将安装组件的铝横梁面调平至一个平面上，如图 6-34 所示。调平后的铝横梁要再次进行紧固。

6.4.3　光伏组件安装工程

组件安装工程包括：组件装卸、存储、吊装，组件拆箱、搬运、安装、调平、紧固等工序。

准备安装的组件要规整的堆放在施工现场材料成品库指定位置，组件包装托盘在堆放时要留适当间隙，以便装卸并能在托盘间进行巡检和点数作业，如图 6-35 所示。

吊装组件前需做好吊装方案，吊至施工屋面的组件需将其暂时分散堆放到屋面的结构梁上，在不影响屋面载荷的情况下进行吊装作业，如图 6-36 所示。

图6-34　拼装后的铝横梁

图6-35　组件的存储

图6-36　组件的吊装

组件拆箱后，单块组件搬运、固定时，不得由一人单独操作，应由两人配合进行，防止磕、碰、划伤组件，以确保组件的安全。组件安装前，先将每排固定组件所需的不锈钢螺栓滑进铝横梁凹槽内。将组件放到支架上后，一人扶住组件以防滑落，另一人则由上往下用螺母把组件固定在支架上，预紧螺栓，如图6-37所示。

将组件调平调直，同时应确保组件横向间隙为20mm。使各行各列之间横平竖直。调平时，组件与铝横梁不平的地方应用金属片将其垫平。安装完成后的组件方阵如图6-38所示。

图6-37　组件的搬运、安装

图6-38　安装、调平后的组件方阵

6.4.4 直流侧电气工程

直流侧电气工程包括屋面主桥架安装、汇流箱安装、直流侧线缆铺设、汇流接线、线缆连接器压接、组串电压测试、组件边框接地连接等工序。

1. 屋面主桥架安装、敷设

屋面桥架安装时，需先将桥架安装所需的支架安装固定，使用5#普通小槽钢根据现场实际情况预制好材料（断料、焊接、刷防锈银粉漆），在屋面支架安装处应先用墨线定位（水平支架间距为1.5～3m，垂直支架间距小于2m），使用膨胀螺栓打入支架固定处，将做好的支架固定于墙面上，将固定好的支架调平。

将桥架敷设于已安装好的支架上，桥架连接处用连接板和专用固定螺栓连接固定，跨接处同时应有六角头螺栓用跨接编织带进行接地。将连好的桥架调平调直后用自攻螺钉将其与支架固定，并将桥架内施工时产生的垃圾用扫帚清扫干净。桥架弯头、爬坡和下坡处加工时的切割边要用角磨机打磨平滑，以防划伤线缆。桥架螺栓拧紧后切口须喷防锈镍铬银粉漆做防锈处理，以免切口处生锈。安装后的桥架各部位如图6-39所示。

图6-39　安装后的桥架各部位示意图

2. 汇流箱安装

汇流箱的安装位置应严格按照图样要求选择。汇流箱安装固定时需注意上端与电池组件的间距。

汇流箱安装时，施工人员应戴好干净手套，保证施工结束箱体的洁净度。安装过程中不应损坏箱体表面及内部结构。汇流箱安装过程如图6-40所示。

图6-40　汇流箱的安装

3. 直流侧线缆敷设

线缆敷设前根据线缆盘的尺寸、重量，设置好线缆架，将放盘的中轴处抹上一定量的黄油润滑，以便于转动。直流侧线缆为小线，盘不大，可多人一起用力将线缆盘架设至线缆架上。线缆盘架设示意如图 6-41 所示。

线缆敷设前，应将桥架内清扫干净。在桥架端口处垫上一层布料防止线缆划伤。放线缆时，线缆盘处应有一人松盘，其余人应随松盘人的节奏拉动线缆至接线处。将放到位的线缆用断线钳断掉，线缆端头用电工胶带包起来，同时在端头处贴好线缆标识牌。将放到位的线缆梳理排列整齐，该绑扎的地方用扎带绑好，倾斜敷设的线缆每隔 2m 处设固定点。水平敷设的线缆，首尾两端、转弯两侧及每隔 5 ~ 10m 处设固定点。敷设于垂直桥架内的线缆固定点间距应不大于 2m。敷设整理好的线缆如图 6-42 所示。

图 6-41　线缆盘架设

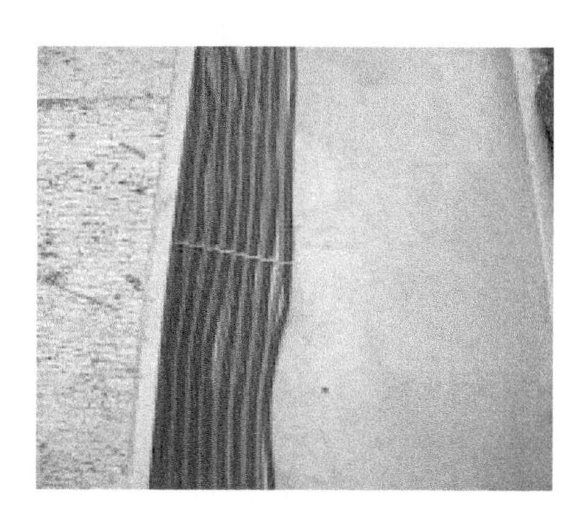

图 6-42　桥架内线缆整理

4. 汇流接线、线缆连接器压接

接线前，要将线缆头梳理整齐，按照接线需要将线缆切齐。线头剥线时，长度按接线孔的深度进行剥线，不宜剥线过长而露出铜线。

压接线缆连接器的线缆线头剥线长度要与连接器压线护套长度一致，不能过长，剥好的线头要进行上锡处理，如图 6-43 和图 6-44 所示。

图 6-43　线缆接头剥线

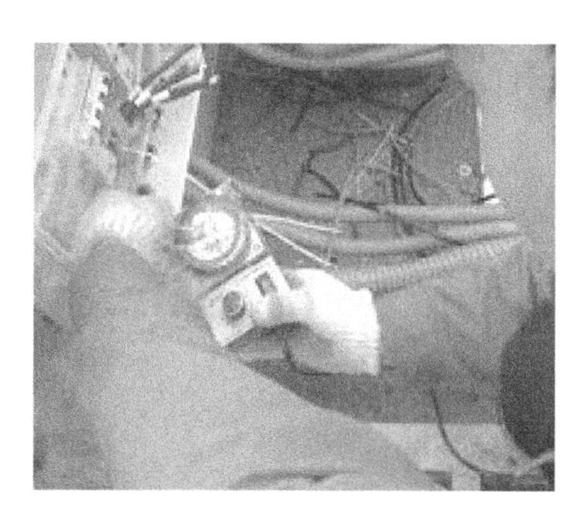

图 6-44　线缆接头上锡

压线前将每路线头上好码管，将上好锡的线缆压接到汇流箱端子排上，连接器戴好外护套，如图6-45和图6-46所示。

图6-45 汇流箱线缆连接固定

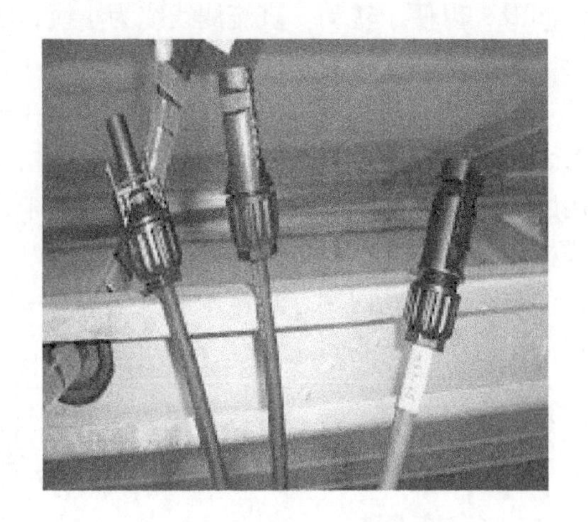

图6-46 线缆连接器压接制作

5. 组串电压测试

测试组串电压前，要先对万用表进行检查，看表笔是否完好。由于组串直流电压较高，因此要根据组串整串电压的高低将万用表测试档放在直流电压500V或1000V档进行测试。

在汇流箱接线端子逐对进行测试，表笔正负极一一对应汇流箱相应组串的正负极。如图6-47所示。如果某组串测试数据异常，应对该组串各连接器插头进行排查，必要时要逐个检查该组串的各电池组件和线路。故障排除测试完毕后，可将线缆桥架端口封堵，并上好桥架的上盖板。

图6-47 组串电压测试

6. 组件边框接地连接

组件边框接地连接用扁铁或专用接地线，组件边框一般都有接地线固定孔。连接时将焊接好的扁铁用自攻螺钉与组件接地孔对接，如图6-48所示，施工中要注意电钻力度和方向以免损坏组件。

每排方阵的接地扁铁与组件连接安装结束后，将扁铁两头弯回与支架槽钢焊接在一起，使整个方阵组件和基础结构件连接成一个整体。

使用扁铁将屋面每个方阵的四角与屋顶避雷网搭接在一起，并牢固焊接，如图6-49所示，使屋顶所有方阵与避雷网多点连接焊接在一起，保证良好的防雷接地效果。图6-50所示为几种支架接地连接方法示意图。

用接地电阻测试仪对选取的测试点进行测试，如图6-51所示，以保证接地电阻符合要求。

图 6-48　组件与接地扁铁连接

图 6-49　接地扁铁与避雷网焊接

图 6-50　支架接地连接方法示意图

图 6-51　接地电阻的测试

6.4.5　配电室电气工程

配电室电气工程包括设备基础制作、设备安装固定和设备接线工程。

1. 设备基础制作

根据配电室设备安装施工图样要求以及电缆沟实际位置进行设备基础定位。将每个设备具体位置和实际底座尺寸标出，并按照设备底座实际尺寸将做基础用的槽钢用切割机下料。

将下好的材料搬运至设备基础安装标定位置，用电焊机焊接连接，如图 6-52 所示。焊接中要将每道焊缝进行焊渣清理和打磨平整，并做防锈美化处理。

将做好的基础框架进行调平调直处理，如图 6-53 所示，用水平尺将基础调平，对基础不平处可以垫金属片进行找平，将调平后的基础用膨胀螺栓固定，如图 6-54 所示。

设备基础接地用扁铁接入发电专用接地系统，如图 6-55 所示。设备基础接地不要接到屋面防雷接地系统上。

图 6-52　基础焊接

图 6-53　基础的调平调直

图 6-54　基础的固定

图 6-55　基础的接地

设备基础制作时水平直线定位偏差不能超过 ±2mm。设备基础必须与地面可靠固定。

2. 设备安装固定

将设备移动至安装位置，将设备顶端用钢丝绳穿好卡住，用小型吊车或手拉葫芦轻轻吊起，在设备下端用液压小叉车将设备向上抬起，将设备底部升到和基础一样高时，再用撬杠慢慢撬动让设备就位。将就位的设备正面底边用水平尺找直，使设备排列整齐，设备与设备之间缝隙间距一致，如图 6-56 所示。最后将就位调整好的设备用螺栓进行固定。

3. 设备接线工程

（1）柜内穿线、定位

将已放至柜体旁边的线缆从柜底穿入柜内，将每根线缆与其将要接入的开关一一对应，同时使用绑扎带将分组线缆下部绑扎固定，并将每根线缆挂上线缆牌，如图 6-57 所示。

图 6-56　设备的安装就位

图 6-57　柜内穿线、绑扎、整理

（2）断线、剥线、穿热缩管

将每根线缆留余量后使用断线钳将缆头断齐，使用电工刀将每根线缆剥线，从缆头剥至下约 1m 处。将分别代表正负极的红蓝热缩管与线缆正负极对应留约 100mm 后用剪刀剪断，将热塑管穿在线缆外层，再用喷枪将其热缩到线缆外表，如图 6-58 所示。

（3）压接线缆端头

将线缆端头留出压线端子进线长度后，剥开绝缘表皮，再将相应孔径的压线端子套入缆头用手动液压钳将其压紧，端子线套全部压接压实，最后将端子护套戴好，如图 6-59 所示。

图 6-58　线缆分类热缩

图 6-59　压接接线端子

（4）端子固定

将已做好压线端子的线缆沿柜子的一侧排布好用扎带固定，弯曲处应注意勿伤及热塑管和绝缘表皮，最后把压好的线缆端子与开关端子接线排用螺栓连接后紧固，如图6-60所示。

图6-60　穿端子护套、排线

（5）交流侧电气接线

交流配电系统线缆连接与普通电力工程施工相似，完工后要将线缆出入的线缆沟、孔、配电柜等进行密封处理，以防灰尘进入及蛇鼠危害。

6.5　光伏发电系统安全作业

在光伏发电系统的安装施工和检查调试全过程中，安全是贯穿始终的工作，真正树立安全第一的思想，确保施工过程中的人身安全，谨防事故发生，是每个施工人员的首要责任。因此，光伏发电系统的安装施工和现场管理人员都要严格遵守安全操作规范和各项规章制度，做到规范施工、安全作业，保持清洁和有序的施工现场，配备合理的安全防护用品。对安装施工人员要进行专业技术培训，并在专业工程技术人员的现场指导和参与下进行作业。

6.5.1　施工现场常见安全危害及防护

光伏发电系统的施工现场和其他工程的施工现场一样，也存在着许多的不安全因素，包含许多带电的和非电的危险，多人同现场操作等。光伏发电系统工程绝大多数是在户外、野外或屋顶施工，当进行光伏发电系统的安装及检测操作时，要随时警惕可能发生的潜在的物理、电气及化学方面的危害，例如太阳暴晒、昆虫和蛇咬、撞击、扭伤、坠落、灼伤、触电、烫伤等，下面一一列举。

1. 常见安全危害

（1）物理危害

在户外对光伏发电系统进行操作时，通常是用手或者电动工具对电气设备进行操作，在有些系统中，还需要对蓄电池进行相关的操作，操作中稍有不慎，就可能给操作者造成灼伤、电击等物理危害。因此，正确安全的使用工具并进行必要的防护措施是非常重要的。

（2）阳光辐射

光伏发电系统都安装在阳光充足、没有阴影的地方，因此长时间在烈日下进行施工作业，一定要戴上遮阳帽，并涂抹防晒霜，以保护自己不被烈日灼伤。天气炎热时，要大量饮水，每工作一个小时在阴凉处休息几分钟。

（3）昆虫、蛇及其他动物

马蜂、蜘蛛及其他昆虫经常会在接线箱、光伏方阵的外框及其他光伏系统的保护壳中栖息，某些偏远的野外，蛇也免不了出没。同样，蚂蚁也不会闲着，也会在光伏方阵基础或蓄电池箱周围栖息。因此，在打开接线箱或其他设备外壳时，需要做好一定的防备措施。在到光伏方阵下面或背后工作之前，需要仔细观察周围的环境，以免意外状况的发生。

（4）切伤、撞击与扭伤

许多光伏系统的零部件都有锋利的边角，稍不注意就有可能发生伤害。这些零部件包括光伏组件的铝合金边框、接线箱外壳翻边、螺栓螺母毛刺、支架边缘毛刺等。特别是进行有关金属的钻孔与锯切时，一定要戴上防护手套。另外，在低矮的光伏方阵或系统设备下进行作业时，一定要戴好安全帽，以防一不留神撞伤脑袋。

在搬运蓄电池、光伏组件及其他光伏设备时，要注意用力均匀，或者两人一起搬运，防止用力过猛而扭伤。

（5）热灼伤

光伏方阵在夏季的阳光下，其玻璃表面或铝合金边框等处的温度会达到80℃以上，是比较高的。为确保安全，防止皮肤被灼伤，在夏季对光伏系统进行操作时一定要戴好防护手套，尽量避开发热部位。

（6）电气伤害

电击可以导致人员的烧伤或休克，造成肌肉收缩或外伤，甚至死亡。如果流经人体的电流大于0.02A，便会对人体造成伤害，电压越高，流经人体的电流越大。因此，不管是直流电还是交流电，光伏电还是电网电，只要有一定的电压，就会造成伤害。虽然单块光伏组件的输出电压没有多高，但十几块组件串联起来输出电压就了不得了，往往比逆变器输出的交流电压还要高。操作时为避免电击伤害，一是要确保切断相关电源；二是尽量使用钳形电流表进行线路电流的测试；三是戴上绝缘手套。

（7）化学危害

离网光伏发电系统往往使用蓄电池作为储能系统，最常见的蓄电池是铅酸蓄电池。铅酸蓄电池使用硫酸作为电解液，硫酸具有很强的腐蚀性，它可能会在操作过程中发生泄漏或在充电过程中产生喷洒。如果接触到身体裸露的地方，皮肤便会被化学烧伤。另外眼睛也是特别容易被伤害到的，衣服也往往会被烧出洞。尽管密封性铅酸蓄电池发生电解液泄漏的事情比较少，但还是要防万一。

另外，蓄电池在充电过程中会排放出少量氢气，氢气是可燃气体，当氢气积聚到一定浓度时遇明火、电火花时极易发生爆炸或火灾。因此蓄电池放置场所要保持通风良好，避免可燃气体的积聚，避免爆炸或火灾事故发生对人员造成的伤害。

2. 安全防护

施工现场的安全防护，不仅要保护好自己，还要保护好一起施工和操作的周围伙伴，首先是要各自穿戴好防护用品，还要在工作当中互相关照、提醒、协作，并且每个施工人员都要保持一定的警觉，切不可麻痹大意。需要两个人一起操作的事情，或者需要双人在场的工作，不要单独行事，不要为省时省钱而降低用人成本，因为没有比保证人身安全更重要的，安全就是最大的节约。

常用的安全防护用品有安全帽、防护眼镜、手套、鞋子、安全带、防护围裙等。

安全帽主要是保护脑袋不被撞伤或坠落物砸伤。

防护眼镜有两个作用，一个是保护眼睛不受强烈阳光的刺激，二是进行蓄电池系统的安装维护操作时，防止酸液溅入。

手套分好多种，不同的工作内容要选择不同的手套。进行安装操作可以选用线手套；搬动有锐角或毛刺的金属类物件，可以选择帆布手套；进行蓄电池维护操作要选择橡胶耐酸手套；进行电气检测要选择高压绝缘手套等。当然也可以选择优质的全功能手套进行操作。

鞋子的选择取决于工作场合和环境，如果光伏施工现场是新建的工业环境，最好选择穿硬头劳保皮鞋；如果是地面或山地环境，最好选择标准工作鞋或登山鞋；如果是在屋顶作业，最好选择胶底工作鞋。

防护围裙是在对蓄电池进行操作时需要配备的。

安全带是在屋顶、梯子等环境下进行作业需要配备的。

6.5.2 施工现场安全作业指导

1. 工具使用安全

在光伏电站施工现场，会使用到很多工具，所以，为了保证操作者本人和现场其他工作人员的安全，一定要保证这些工具得到妥善的保管和正确的使用，有些工具的安全装置绝对不能因为嫌碍事而随意拆掉，例如切割锯的锯片防护罩等。在屋顶（特别是斜面屋顶）操作时，要准备合适的工具包来随时收纳工具或选择一个合适的平台来集中存放工具，防止工具从屋顶滑落发生事故。

梯子是安装屋顶光伏的重要工具，在使用直梯或伸缩梯上屋顶时，要注意正确安放。如果梯子放的太陡，梯子顶部就有从屋顶翻落下来的危险。如果放的太斜，梯子底部又会滑动。因此梯子使用除了安放角度要合适以外，还要想办法将梯子底部固定，或者在使用时有人在底部将梯子把住。

2. 屋顶作业安全

屋顶应该是光伏发电系统安装操作最危险的场所，操作人员只要踏上屋顶，就会处于各种可能的危险之中。对于一些轻薄的屋顶，可能存在被踩塌的危险，在屋顶边缘操作有跌落的危险，两个人一起操作，例如抬一块大的光伏组件存在顾前不顾后的危险等，所以在屋顶操作要做好跌落防护措施，安全带的使用必不可少。必要时，光伏方阵之间还需要留出50cm左右宽度的步行通道，以方便安装检测和维修操作。

另外在屋顶作业时，还要注意屋顶是否有架空的电源线，特别是安放和使用金属梯子时，或在梯子上操作时，要注意往上看，防止触碰到电线，如果是高压电缆，要注意留有安全距离。

3. 电气作业安全

光伏发电系统的安装操作过程中，存在直流电、交流电等多种电源，有电就会有电击的

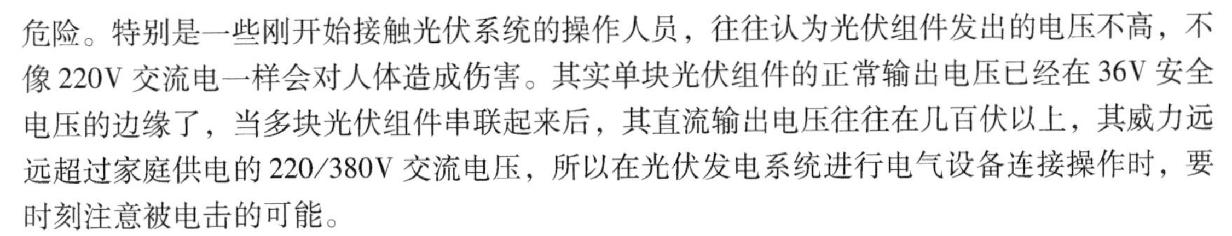

危险。特别是一些刚开始接触光伏系统的操作人员，往往认为光伏组件发出的电压不高，不像 220V 交流电一样会对人体造成伤害。其实单块光伏组件的正常输出电压已经在 36V 安全电压的边缘了，当多块光伏组件串联起来后，其直流输出电压往往在几百伏以上，其威力远远超过家庭供电的 220/380V 交流电压，所以在光伏发电系统进行电气设备连接操作时，要时刻注意被电击的可能。

（1）电气操作安全

光伏组件安装完毕，只要有阳光，就会输出直流电压，为避免被电击，一定要最后插接组件输出引线到汇流箱，不使汇流箱过早带电，影响汇流箱内的其他作业。当需要在汇流箱内进行电气测量时，一定要带上绝缘手套。在直流配电柜、交流汇流箱、交流配电柜进行接线操作时，如果配电箱带电，就会有触碰到带电线路的风险，所以，操作时一定要切断前端电源，以避免危险。特别是多个逆变器并联输出的交流电路，要保证该回路上所有的逆变器都不输出电流。

（2）遵守连线顺序

在光伏组件的安装过程中，通常都是十几块组件构成一个组串，组件与组件之间都是串联连接，在线缆连接时，正确的顺序应该是，先连接组件与组件之间的连接器插头，例如，第 1 块组件的正极接头与第 2 块组件的负极接头连接，第 2 块组件的正极接头与第 3 块组件的负极接头连接，以此类推，当整个组串连接起来后，第 1 块组件的负极接头和最后一块组件的正极接头要连接到逆变器或者汇流箱，就需要铺设 1 根归巢电缆，这根电缆的一端有快接插头，可以与组件的快接插头连接，另一端是裸露线，需要与逆变器或汇流箱的相应端子连接，这时就需要讲究一下线缆连接顺序，正确的做法是，先把归巢电缆的裸露端与相应端子连接牢固后，再把另一端的快接插头与组件相连，这样才能保证安全，减少电击危险。现在有一部分逆变器或者汇流箱已经将接线端子改成了快接插头，并将快接插头安装在机箱箱体下端，对于这种结构，要使用两端都有快接插头的归巢电缆，连接线路时，就不用讲究连线顺序了。

为保证整个系统的无电操作，归巢电缆的连接要放在最后进行。也就是说，当把逆变器、汇流箱等所有设备线路连接完毕，元器件安装到位之后，断开设备隔离开关，最后连接各组串的归巢电缆。

在整个系统的安装连线过程中，同样要遵循这个顺序，首先要进行系统端部不带电部分的接线，然后向系统有电压源的部分作业。对于并网系统，要从逆变器到电网的顺序作业，对于离网系统或带蓄电池的并网系统，要从逆变器向蓄电池组方向作业。作业过程中要保证一直断开逆变器、汇流箱和配电柜等内的断路器、隔离开关等，这样才能保证在各种箱体内操作、接线等不会发生危险。

6.6 光伏发电系统工程验收

6.6.1 光伏发电系统的工程验收

光伏发电系统项目的验收分为居民项目和非居民项目两类，项目验收一般由政府主管部门组织安排，项目单位或用户配合，成立验收专家小组负责执行。其中项目单位的组成，对于非居民项目，要由项目投资方、设计方、施工方、监理方、运维方和屋顶业主单位各派代表共同参加。对于居民项目，要由项目投资方、实施方、运维方和屋顶业主各派代表共同参加。

验收专家小组至少由3名成员组成，原则上应邀请电网公司参加。小组成员应是涵盖光伏系统、电气及接入、土建安装和运维等领域的工程技术人员，验收组长应由所有成员共同选出，负责主持项目验收。

1. 验收流程

1）验收小组首先要听取项目单位的项目汇报，并检查项目是否符合前置要求，此后对项目进行实地检查及资料审查，针对验收中存在的问题与项目单位逐一确认后，形成书面验收意见。

2）实地检查和资料审查中，验收小组应对所有必查项逐条检查，如不符合相应要求，则验收结论为不合格。

①项目中列出的检查项，除非特别标注，均为必查项；②不合格的必查项应在验收意见中明确列出，并提出整改意见，对于无法整改的给予事实披露。

3）实地检查和资料审查中，验收小组如发现实施到位符合要求的加分项，应在验收结论中明确列出，并给出特点说明。

4）书面验收意见应有验收小组全体成员签字。

2. 非居民项目验收

（1）非居民项目的前置要求

验收小组若发现项目存在以下情况，则对该项目不予验收。

①临时建筑。②有甲类、乙类火灾危险性的生产企业建筑和有火灾危险性储存物品的仓储建筑。③有大量粉尘、热量、腐蚀气体、油烟等影响的建筑。④屋面整体朝阴或屋面大部分受到遮挡影响的建筑。⑤与屋顶业主因项目质量存在纠纷的项目。⑥其他根据相关标准规定不能安装屋顶分布式光伏发电项目的建筑。

（2）支架基础及与屋面结合的验收

光伏支架的混凝土基础、屋顶混凝土结构块或配重块及砌体应符合下列要求：

①基础外表应无严重的裂缝、蜂窝麻面、孔洞、露筋等情况。②所用混凝土的强度要符合设计规范要求。③砌筑整齐平整，无明显歪斜、前后错位和高低错位。④与原建（构）筑物的连接应牢固可靠，连接处已经做好防腐和防水处理，屋顶防水结构未见明显受损。⑤配电箱、逆变器等设备壁挂安装于墙体时，墙体结构荷载需满足要求。⑥如采用结构胶粘结地脚螺栓，连接处应牢固无松动。⑦预埋地脚螺栓和预埋件螺母、垫圈三者要匹配配套，预埋地脚螺栓的螺纹和螺母完好无损，安装平整、牢固、无松动，防腐处理要符合规范。⑧屋面保持清洁完整，无积水、油污、杂物，有通道、楼梯的平台处无杂物阻塞。

（3）光伏组件与方阵支架的验收

①光伏组件的标签要与认证证书保持一致。②光伏组件的安装要按照设计图纸进行，组件方阵与方阵位置、连接数量和路径应符合设计要求。③组件方阵要平整美观，整个方阵平面和边缘无波浪形。④光伏组件不得出现破碎、开裂、弯曲或外表面脱附，包括上层、下层、边框和接线盒。⑤光伏连接器外观完好，表面不得出现严重破损裂纹；接头压接规范，

固定牢固，不得出现自然垂地的现象，不得放置于积水区域；不得使用两种不同厂家的光伏连接器进行连接。

方阵支架应符合下列要求：

①外观及防腐涂镀层完好，不得出现明显受损情况。②采用紧固件的支架，紧固应牢固，不得出现抱箍松动和弹垫未压平现象。③支架安装整齐，不得出现明显错位、偏移和歪斜。④支架及紧固件材料防腐处理符合规范要求。

（4）线缆连接铺设的验收

①光伏线缆要外观完好、表面无破损、重要标识无模糊脱落现象。②连接电缆两端应设置规格统一的标识牌，字迹清晰、不褪色。③线缆铺设应排列整齐和固定牢固，采取保护措施，不得出现自然下垂现象；电缆原则上不应直接暴露在阳光下，应采取桥架、管线等防护措施或使用耐辐射型线缆。④单芯交流电缆的敷设应严格符合相关规范要求，以避免产生涡流现象，严禁单独敷设在金属管或桥架内。⑤双拼和多拼电缆的敷设应严格保证路径同程、电气参数一致。⑥电缆穿越隔墙的孔洞间隙处，均应采用防火材料封堵。各类配电设备进出口处均应保证密封性好。⑦使用桥架与线管时要做到布置整齐美观，转弯半径符合规范要求。桥架、管线与支撑架连接牢固无松动，支撑件排列均匀、连接牢固稳定。⑧屋顶和引下桥架盖板应采取加固措施。桥架与管线及连接固定位置的防腐处理符合规范要求，不得出现明显锈蚀情况。⑨屋顶管线不得采用普通 PVC 管作线管。

（5）汇流箱的验收

①汇流箱箱体外观完好，无变形、破损迹象。箱门表面标志清晰，无明显划痕、掉漆等现象。②应在箱体显要位置设置铭牌、编号、高压警告标识，不得出现脱落和褪色。③箱体门内侧应有接线示意图，接线处应有明显的规格统一的标识牌，字迹清晰、不褪色。④箱体安装应牢固可靠，且不得遮挡组件，不得安装在易积水处或易燃易爆环境中。⑤箱内接线应牢固可靠，压接导线不得出现裸露部分。⑥箱门及电缆孔洞密封严密，雨水不得进入箱体内；未使用的穿线孔洞应用防火泥封堵。⑦有阳光照射位置，箱体外要有遮阳棚等防晒措施。

（6）光伏逆变器的验收

①逆变器应外观完好，不得出现外观变形和损坏，无明显划痕、掉漆等现象。②应在箱体显要位置设置铭牌，型号与设计一致，清晰标明负载的连接点和直流侧极性；应有安全警示标志。③有独立风道的逆变器，进风口与出风口不得有物体堵塞，散热风扇工作应正常。④所接线缆应有规格统一的标识牌，字迹清晰、不褪色。⑤逆变器的安装位置应在通风处，附近无发热源，且不得安装在易积水处和易燃易爆环境中。⑥落地现场安装要牢固可靠，安装固定处无裂痕。壁挂安装要与安装支架的连接牢固可靠，不得出现明显歪斜，不得影响墙体自身结构和功能。⑦逆变器连接接线应牢固可靠。接头端子应完好无破损，未接的端子应安装密封盖。

（7）防雷与接地装置的验收

①接地干线应在不同的两点及以上与接地网连接或与原有建筑屋顶防雷接地网连接。②接地干线（网）连接、接地干线（网）与屋顶建筑防雷接地网的连接应牢固可靠。铝型材连接需刺破外层氧化膜；当采用焊接连接时，焊接质量要符合要求，不应出现错位、

平行和扭曲等现象，焊接点应做好防腐处理。③带边框的组件、所有支架、电缆的金属外皮、金属保护管线、桥架、电气设备箱体导电部分应与接地干线（网）牢固连接，并对连接处做好防腐处理措施。④接地线不应做其他用途。

（8）环境监控装置的验收

①环境监控仪安装无遮挡并可靠接地，牢固无松动。②敷设线缆整齐美观、外皮无损伤、线扣间距均匀。③终端数据与逆变器、汇流箱数据一致，参数显示清晰，数据不得出现明显异常。④数据采集装置和电参数监测设备宜有防护装置。

（9）巡检通道与水清洁系统的验收

①屋顶应设置安全便利的上下屋面检修通道。光伏阵列区应有设置合理的日常巡检通道，便于组件更换和冲洗。②巡检通道部位要设置屋面保护措施，以防止巡检人员由于频繁踩踏而破坏屋面。③光伏方阵的水清洁系统用水接自市政自来水管网时，应采取防倒流污染隔断措施。④清洁系统管道安装牢固、标示明显，无漏水、渗水等现象发生，水压符合要求。⑤保温层安装正确，外层清洁整齐、无破损。⑥出水阀门安装牢固、启闭灵活、无漏水渗水现象发生。

（10）电气配电室的验收

①配电室室内应整洁干净并有通风或空调设施，室内环境应满足设备正常运行和运检要求。②室内应挂设值班制度、运维制度和光伏系统一次模拟图。③室内应在明显位置设置灭火器等消防用具且标识正确、清晰。④柜、台、箱、盘应合理布置，并设有安全间距。⑤室内安装的逆变器应保持干燥，通风散热良好，并做好防鼠措施。逆变器散热风道应具有防雨防虫措施，不得有物体遮挡封堵。⑥柜、台、箱、盘的电缆进出口应采用防火封堵措施。⑦室内要设置接地干线，电气设备外壳、基础槽钢和需接地的装置应与接地干线可靠连接。⑧装有电器的可开启门和金属框架的接地端子间，应选用截面积不小于4m^2 的黄绿色绝缘铜芯软导线连接，导线应有标识。⑨电缆沟盖板应安装平整，并网开关柜应设双电源标识。

对预装式配电室还应符合下列要求：

①预装式配电室原则上应安装在室外地面，其防护等级要满足室外运行要求和当地环境要求。②预装式配电室基础应高于室外地坪，周围排水要通畅。③预装式配电室表面要设置统一的标识牌，字迹清晰、不褪色，外观完好，无形变破损。④预装式配电室内部若带有高压设施和设备，均应有高压警告标识。⑤预装式配电室或箱体的井门盖、窗和通风口需有完善的防尘、防虫、通风设施，以及防小动物进入和防渗漏雨水设施。⑥预装式配电室和门应可完全打开，灭火器应放置在门附近，并方便拿取。⑦配电室室内设备应安装完好，检测报警系统完善，内门上附电气接线图和出厂试验报告等。⑧配电室外壳及内部的设施和电气设备中的屏蔽线应可靠接地。

（11）光伏电站集中监控室的验收

①电站运行状态及发电数据应具备远程可视功能，可通过网页或手机远程查看电站运行状态及发电数据。②能显示电站当日发电量、累计发电量和发电功率等信息，并支持历史数据查询和报表生成功能。③显示信息还应包含汇流箱直流电流、直流电压、逆变器直流侧、交流侧电压电流，配电柜交流电流、交流电压和电气一次图。④显示信息还应包含太阳辐射、环境温度、组件温度、风速、风向等，并支持历史数据查询和报表生成等功能。⑤监控

室内设备通风良好，并挂设运维制度和光伏系统一次模拟图。⑥室内监控设备运行正常，并有日常巡检记录。⑦监控室要设有专职运维作业人员，熟悉项目每日发电情况，并佩戴上岗证。

3. 具体资料审查

非居民项目的资料审查各项内容见表6-2。

表6-2　非居民屋顶分布式光伏发电项目资料审查表

类型：必查项目			
验收资料	380V及以下并网	10kV及以上并网	资料要求
项目验收申请及项目信息一览表	√	√	信息清晰、完整
项目备案文件	√	√	真实、完整，与项目实际匹配一致
电力并网验收意见单	√	√	通过电网验收
并网前单位工程调试报告（记录）	√	√	由建设单位提供，其中光伏并网系统调试检查表中的各个检查项目应都符合要求
并网前单位工程验收报告（记录）	√	√	由建设单位提供，包括内部验收专家组及专家组出具的“单位工程验收意见书”
房屋（建构筑物）安装光伏后的载荷安全计算书（双梯板屋面和金属屋面）/载荷安全说明资料（混凝土屋面）	√	√	安全计算书计算完整；安全说明资料逻辑清晰。最后结论：载荷安全，可安装
各专业竣工图纸	√	√	应包含以下专业：土建工程（混凝土部分、砌体部分、支架结构图）、安装工程（电气一次、二次图样、防雷与接地图样、光伏布置图、给排水图样）、安全防范工程、消防工程等
设计单位营业执照及资质证书	√	√	应具备住建部门颁发的《电力行业（新能源发电）设计资质证书》或《工程设计综合甲级资质证书》
施工单位营业执照、资质证书及竣工报告	√	√	应具备住建部门颁发的《电力工程施工总承包资质证书》或《机电安装工程施工总承包资质证书》以及电监会/能源局颁发的《承装（修试）电力设施许可证》
监理单位营业执照、资质证书及项目总结报告和质量评估报告		√	应具备住建部门颁发的《电力工程监理资质证书》《机电安装工程监理资质证书》《房屋建筑工程监理资质证书》或《工程监理综合资质证书》

（续）

类型：必查项目			
验收资料	380V及以下并网	10kV及以上并网	资料要求
如采用结构胶粘接地脚螺栓，需提供拉拔试验的正式试验报告	√	√	测试数据应符合设计要求
运行维护及其安全管理制度	√	√	清晰完整
运维人员接受培训记录	√	√	需组织过专业人员培训
接地电阻检测报告	√	√	建设单位提供，符合设计要求
主要设备材料认证证书或质检报告	√	√	由建设单位提供，必须出具以下产品的证书或者报告，并要求产品与现场使用情况必须一致： 1. 组件、逆变器、光伏连接器：需出具由国家认监委认可的认证机构提供的产品认证报告（通常为CQC、金太阳、TUV、UL、CCC或领跑者认证报告）； 2. 断路器和电缆：CCC认证； 3. 光伏专用直流电缆：CQC、TUV或UL认证报告； 4. 现场如有汇流箱、变压器、箱变，也应提供有资质的第三方检测机构出具的认证证书或质检报告
类型：备查项目			
设计交底及变更记录	√	√	建设单位提供
接入系统方案确认书	√		电网确认受理项目接入系统申请并制定初步接入方案
接入电网意见函		√	电网同意项目接入电网，双方确认接入方案
购售电合同	√	√	严格执行审查会签制度，合规合法
并网调度协议		√	项目公司与电网共同签订
分项工程质量验收记录及评定资料（含土建及电气）	√	√	完整齐备，施工单位自行检查评定合格，监理验收合格
分部（子分部）工程质量验收记录及评定资料（含土建及电气）	√	√	完整齐备，监理验收合格
隐蔽工程验收记录（含土建、安装）	√	√	完整齐备，施工单位自行检查，监理单位验收合格
监理质量、安全通知单、周会议纪要		√	完整齐备，监理单位提供
项目运行人员专业资质证书		√	1. 由安监局颁发的特种作业操作证书（高压电工证书及低压电工证书）； 2. 由能源局颁发的电工进网作业许可证； 3. 由劳动局颁发的电工职业资格证书（单独持此证不能从事电工工作）
若委托第三方管理，提供项目管理方资料（营业执照、税务登记证、委托代管协议）	√	√	合法注册

（续）

验收资料	380V及以下并网	10kV及以上并网	资料要求
类型：备查项目			
组件厂家10年功率和25年功率衰减质保书	√	√	承诺多晶硅和单晶硅电池组件的光电转换效率分别不低于15.5%和16%；硅基、铜铟镓硒、碲化镉及其他薄膜电池组件的光电转换效率分别不低于8%、11%、11%、10%；多晶硅、单晶硅和薄膜电池组件自项目投产运行之日起，一年内衰减率分别不高于2.5%、3%、5%，之后每年衰减率不高于0.7%，项目全寿命周期内衰减率不高于20%
类型：加分项目			
支架拉拔力测试报告	√	√	第三方检测机构提供
电能质量监测记录或检测报告	√	√	第三方检测机构提供
逆变器或汇流箱拉弧检测报告	√	√	厂家提供
电站综合发电效率（PR）测试报告	√	√	第三方检测机构提供
组件抗PID性能检测报告（或采用PID-free组件的证明）	√	√	第三方检测机构提供
抽样组件第三方EL测试报告	√	√	第三方检测机构提供
抽样组件耐老化检测报告	√	√	第三方检测机构提供
组件回收协议	√	√	组件厂家提供
关键结构件的第三方检测报告	√	√	第三方检测机构提供
直流光伏连接器耐盐雾及氨第三方测试报告	√	√	第三方检测机构提供

4. 居民户用项目的验收

（1）居民用户项目前置要求

对于居民用户项目，验收小组若发现有以下不符合前置要求的情况，则项目不予验收通过。

①混凝土平屋顶项目施工破坏了原有防水层且未进行防水修复处理。②光伏系统超过建筑最高点，安装方式严重影响美观。③屋面整体朝阴或屋面大部分受到遮挡影响的住宅建筑。④屋面瓦片已经年久失修或结构安全存在风险的住宅建筑。⑤房屋内有生产活动，且生产中的火灾危险性为甲、乙类的住宅建筑。⑥储存有火灾危险性为甲、乙类物品的住宅建筑。⑦各种寿命周期不够25年的住宅建筑及临时建筑。

（2）具体资料审查

居民用户项目的资料审查各项内容见表6-3。

表 6-3　居民用户屋顶分布式光伏发电项目资料审查表

类型	序号	验收要求	资料要求
必查项	1	项目验收申请和项目验收一览表	信息清晰、完整
	2	设计图样（原理图、平面图）	由建设单位提供，并与项目实际一致
	3	主要设备信息表	由建设单位提供，列明所使用的组件、逆变器、支架、线缆、配电箱或电表箱的厂家、型号和主要参数
	4	主要设备材料认证证书或质检报告	由建设单位提供，必须出具以下产品的证书或者报告，并要求产品与现场使用情况必须一致： 1. 组件、逆变器、光伏连接器：需出具由国家认监委认可的认证机构提供的产品认证报告（通常为 CQC、金太阳、TUV、UL、CCC 或领跑者认证报告）； 2. 电缆、电气开关、成套配电箱：CCC 认证； 3. 光伏专用直流电缆：CQC、TUV 或 UL 认证报告
	5	电网验收意见	通过电网验收
	6	光伏电站接地电阻测试记录表	由建设单位提供，符合设计要求
	7	建设工程竣工表和验收报告	由 EPC 单位或施工单位提供
备查项	1	接入系统方案确认单（含备案资料）	由国家电网出具
加分项	1	拉弧检测记录单	由逆变器设备厂家提供
	2	组件检测报告（抽检）	由建设单位提供
	3	施工单位资质	由建设单位提供

6.6.2　光伏发电系统的用户自助验收

随着分布式光伏发电系统逐步走进寻常百姓家，作为居民业主有必要了解和知道一些家庭屋顶光伏电站在建设过程中及工程完工验收中应注意的一些事项，间接起到“工程监理”和“验收专家”的作用，多涨一些知识，多操一份心，以保证自家光伏电站系统的施工质量和运行效果。

1. 支架安装的验收

支架是光伏电站的根基，在施工安装和验收时要注意下列事项。

1）对于瓦房屋顶，屋顶支架挂钩的数量应按设计的数量安装，不可少装。现场情况特殊时，可调整挂钩的固定位置，但沿导轨的相邻挂钩间距应不超过 1.4m；

2）挂钩与木梁或木板固定时，螺钉数量不得少于 6 颗，且拧紧力度要符合要求；

3）导轨两端挑出挂钩的长度不超过 0.5m；

4）采用紧固件的支架，紧固点应牢固，不应有弹垫未压平等现象；

5）支架安装的垂直度及水平度的偏差应符合现行国家标准《光伏电站施工规范》的有关规定；

6）支架的防腐处理应符合设计要求。

2. 光伏组件安装的验收

光伏组件是光伏电站中最重要的部分，在施工安装和验收时要注意下列事项。

1）光伏组件的外观及接线盒、连接器应完好无损，无划伤及隐裂现象；

2）公母连接器的制作应采用专门工具压接牢固，正负极无误，塑料外壳旋紧到位；

3）连接器及线缆应使用扎带扎在导轨上，禁止落在瓦片上，且扎带应采用包塑镀锌铁丝或耐候性更好的绑扎线；

4）组件压块位置应符合组件安装规范，压块与邻近边框的距离应控制在20～40cm；

5）相邻光伏组件边缘高度差要≤2mm，同组光伏组件边缘高度差要≤5mm；

6）组串接线严格按照设计图样进行，标记应准确、清晰、不褪色，粘贴牢固，并对开路电压进行测试。

3. 光伏逆变器安装的验收

光伏逆变器是光伏电站的中枢神经，在施工安装和验收时要注意下列事项。

1）逆变器安装应按照其说明书要求进行，确保逆变器之间或逆变器与其他物品之间预留30cm以上的间距，以保证逆变器的良好散热，在室外露天安装逆变器时要加装防雨棚，要避免安装在有易燃易爆物品场所附近；

2）逆变器外观及主要零部件不应有损坏和受潮现象，元器件不应有松动或丢失；

3）逆变器的型号与设计清单要一致，标签内容应符合要求，应标明负载的连接点和直流侧极性等；

4）交直流连接头应连接牢固，避免松动，交直流进出线应套软管。

4. 电表箱（配电箱）安装的验收

电表箱（配电箱）是用电安全的保障，在施工安装和验收时要注意下列事项。

1）电表箱（配电箱）应尽量靠近并网点安装，安装高度为1.8m，避免安装在易燃易爆物品附近；

2）电表箱（配电箱）的外观及主要零部件不应有损坏和受潮现象，元器件不应有松动或丢失；

3）电表箱（配电箱）的型号要与设计清单一致，标签内容应符合要求，对光伏侧进线和负载侧出线有明确标示；

4）电表箱内连接端子应连接牢固，避免松动，交直流进出线应套软管。

5. 线缆安装的验收

线缆在施工安装和验收时要注意下列事项。

1）直流线缆的规格应符合设计要求，标志牌应装设齐全、正确、清晰；

2）走线应横平竖直，美观牢固，从组串的引出线开始所有交直流线缆等应全部套管敷设，特殊情况可用软管过渡，管卡应采用不锈钢等耐候性材料，电缆管内径尺寸与电缆外径尺寸之比不得小于1.5；

3）交直流线缆采用PVC管穿管后，因采取措施避免将雨水引入室内或电表箱内；

4）防火措施应符合设计要求；

5）交流线缆安装的验收应符合现行国家标准《电气装置安装工程电缆线路施工及验收规范》中的有关规定。

6. 电站监控系统安装的验收

监控系统的正常运行关系到对电站发电量和电站运行状况的监测，在施工安装和验收时要注意下列事项。

1）监控模块安装是否牢固，外观是否破损，信号是否正常；

2）登录客户管理网站，检查发电量等数据是否正常。

7. 防雷与接地系统安装的验收

防雷与接地系统关系到光伏电站的安全性，在施工安装和验收时要注意下列事项。

1）光伏发电站防雷接地系统的施工应按照设计文件的要求进行；

2）组件通过接地片与支架连接，应确保接地片刺破铝轨及组件边框的氧化膜；

3）支架接地线应使用16mm^2及以上铜线或者35mm^2及以上铝线，并在电缆端头压配套鼻头，单独套管走线，禁止与逆变器交流电缆一起套管，禁止将支架的接地引下线直接接到电表箱的接地排上；

4）接地连接采用焊接，焊接长度符合规范要求，焊接段应除焊渣做防腐处理，有色金属连接线应采用螺栓连接或压接方式；

5）电表箱到接地极的接地线应使用10mm^2及以上铜线或者25mm^2及以上铝线，并在电缆端头压配套鼻头，禁止使用4mm^2光伏电缆代替；

6）光伏发电站的接地电阻阻值应满足设计要求（$\leqslant 4\Omega$）。

第7章

光伏发电系统的运行维护与故障排除

光伏发电系统建成之后，运行维护就应该是一个长期和持续性的工作，运行维护工作的好坏对保证光伏发电系统长期稳定安全的运行、提高整个寿命周期内的发电效率和最大电量产出，以及光伏电站投资人的投资回报周期和回报率都有着直接的关系。目前，光伏电站的运维也逐渐向着机械化、数据化、智能化的方向发展。

7.1 光伏发电系统的运行维护

影响光伏发电系统稳定运行的主要因素有下面几个方面：

1）故障处理不及时或不到位，造成因故障停机过多或停机时间过长，发电量减少；

2）因受地理位置或环境的限制及分布式电站分散布局等造成现场管理难度加大，专业运行维护人员的缺乏，没有专业的运行维护管理系统等造成运行维护效率低下；

3）维护检测方式落后，维修检测工具缺乏；

4）无有效的预防火灾、偷盗、触电等事故的安全防范措施；

5）监测数据采集和分析能力不足、数据误差较大、数据存储空间不足、数据传输丢失以及数据采集范围缺失等。

7.1.1 光伏发电系统运行维护的基本要求

1. 光伏发电系统运行维护的基本要求

光伏发电系统运行维护主要有三个指标，一是保证安全运行，包括人员、设备及系统安全；二是通过各种手段随时关注系统发电量，发现问题及时处理；三是合理控制运营成本，实施精细化管理。

1）光伏电站的运行维护应保证系统本身安全，保证系统不会对人员造成危害，并保证系统能保持最大的发电量。

2）系统的主要部件应始终运行在产品标准规定的范围之内，达不到要求的部件应及时维修或更换。

3）光伏电站主要设备和部件周围不得堆积易燃易爆物品，设备本身及周围环境应通风散热良好，设备上的灰尘和污物应及时清理。

4）整个系统的主要设备与部件上的各种警示标识应保持完整，各个接线端子应牢固可靠，设备的进线口处应采取有效措施防止昆虫、小动物进入设备内部。

5）整个系统的主要设备与部件应运行良好，无异常的温度、声音和气味出现，指示灯和仪表应正常工作并保持清洁。

6）系统中作为显示和计量的主要计量设备和器具，都要按规定进行定期校验。

7）系统运行维护人员应具备相应的电气专业技能或经过专业技能培训，熟悉光伏发电原理及主要系统构成。工作中做到安全作业。运行维护前要做好安全准备，断开相应需要断开的开关，确保电容器、电感器完全放电，必要时要穿戴安全防护用品。

8）系统运行维护和故障检修的全部过程都要进行详细记录，所有记录要妥善保管，并对每次的故障记录进行分析，提出改进措施意见。

2. 优质高效运维具有的效果

1）光伏电站系统实时数据的稳定即时采集，可以让业主和投资人随时随地掌握发电数据，对电站运转情况了如指掌。

2）用预防性运维理念对光伏电站系统的潜在故障进行实时分析和报警，防范潜在风险，及时处理故障，保证资产投资收益的增值。

3）通过对光伏电站运营数据分析，能够持续优化电站的运营管理，维护和提高电站全生命周期的发电效率和电量产出。

4）精准的发电量预测，可以使电网公司调度系统灵活处理用电峰谷期的电力调配。

5）光伏电站火灾远动预警系统将极大程度降低火灾隐患，全面保护电站安全。

6）实现平均故障间隔时间（MTBF）的最大化和平均故障恢复时间（MTTR）的最小化。

3. 常用的检查维护工具和设备

“工欲善其事，必先利其器”，光伏发电系统的运行维护同样需要配备一些常用的工具、测试仪器和设备，特别是一些大型光伏电站，更是应该配备齐全。

（1）常用工具和测试仪器

常用工具：光伏发电系统及电站的常用工具主要是指拆装、检修各类设备和元器件时使用的工具，如各种扳手、螺钉旋具、电烙铁、连接器压线钳等。

测试仪器：万用表、示波器、钳形电流表、红外热像仪、温度记录仪、太阳辐射传感器、IU 曲线测试仪、电能质量分析仪、绝缘电阻测试仪、接地电阻测试仪等。

防护用品：安全帽、绝缘手套、绝缘鞋、安全标志牌、安全围栏、灭火器等。

此外，还要根据光伏发电系统的具体情况配备一些常用易损的备品备件。

（2）新型运维设备

目前新型的专业运维设备主要有光伏电站清洗设备、光伏电站运维无人机等。

1）光伏电站清洗设备。光伏电站清洗设备主要有便携式光伏电站清洗系统、地面光伏电站清洗机器人、地面光伏电站清洗车、屋顶光伏电站清洗机器人、光伏大棚全自动清洗系统、屋顶光伏电站全自动清洗系统等多种设备，如图 7-1 所示。

这类清洗设备无论什么形式，基本都是用毛刷清扫灰尘，用清水进行清洗。通过水泵、水枪加压，并经过毛刷或滚轮刷对组件表面进行清扫和清洗。

2）光伏电站运维无人机。图 7-2 所示为一款光伏运维无人机外形图。光伏电站运维无人机是解决光伏电站系统大面积巡检的有力武器，巡检是光伏电站运维管理中极为重要的环

图7-1　几种光伏组件清洗设备

节，光伏电站面积大，地形地势复杂，人工有时无法有效地进行大面积的巡检，且巡检周期长、频率低，电站故障及安全隐患无法及时发现，从而影响电站整体收益。

运维无人机具有携带方便、操作简单、管理智能、检测精确的特点。无人机采用“航点巡航”模式，无需专业人员操作控制，只要根据用户输入的关键点位置信息，就可以自动规划出最优的巡检航线，实现“一键巡检”功能，巡检过程实现一键起飞、自动巡航返航、自动规划航线，巡检完毕后能自动返回起飞点。具备断点续航功能，当电池电量不足时，自动返回起飞点，更换电池或充电后自动返回断点处，继续巡航，保证无人机安全稳定地运行。

图7-2　光伏运维无人机外形图

运维无人机在飞行过程中，通过自身携带的高精度热成像红外相机和高清可视相机，自定义飞行高度和速度，不停机自动拍摄红外及高清照片，实现光伏电站的全覆盖拍摄，同时通过无线图像传输系统，实现3km范围内实时视频传输。

高精度热成像红外相机通过检测光伏组件表面温度差，来检测组件是否存在隐患，在巡检过程中定点自动拍摄照片，通过软件准确标注问题组件，并对其进行精确定位。巡检或通过后台处理系统自动生成巡检日志，使维修人员可以很方便地排除故障。

4. 运行维护相关资料和记录

(1) 光伏发电系统（电站）技术资料

1）光伏发电系统全套技术图纸，电气主接线图，设备巡视路线图等；

2）系统主要关键设备说明书、图样、操作手册、维护手册等；

3）系统主要关键设备出厂检验记录、检验报告等；

4）系统主要关键设备运行参数表；

5）系统设备台账、设备缺陷管理档案；

6）系统设备故障维修手册；

7）系统事故预防及处理预案。

（2）光伏发电系统运维技术资料

1）运维安全手册；

2）光伏系统停开机操作说明、监控检测系统操作说明；

3）电池组件及支架运行维护作业指导书；

4）光伏直流汇流箱运行维护作业指导书；

5）直流配电柜运行维护作业指导书；

6）交流配电柜运行维护作业指导书；

7）光伏逆变器运行维护作业指导书；

8）光伏控制器运行维护作业指导书；

9）升压变压器、箱式变压器运行维护作业指导书；

10）断路器、隔离开关、避雷器、电抗器等器件运行维护作业指导书；

11）母线运行维护作业指导书；

12）光伏系统运维安全防护用品及使用规范。

（3）光伏发电系统设备运维检修记录

1）光伏发电系统运营维护记录；

2）光伏发电系统巡检及维护记录；

3）光伏发电系统运行状态记录；

4）光伏发电系统设备检修记录；

5）光伏发电系统事故处理记录；

6）光伏发电系统防雷器、熔断器动作记录；

7）光伏发电系统逆变器自动保护动作记录；

8）断路器、开关、继电器保护及自动装置动作记录；

9）关键主要设备更换记录；

10）光伏发电系统各项性能指标及运行参数记录。

5. 运维团队建设及运维人员技能要求

（1）运维团队建设要求

运维管理单位或组织需要建立完善的质量管理体系，运营维护管理部门或团队要建立符合 ISO 9001—2015 质量管理体系认证的运维管理流程和内审体系。

运维管理单位或组织应由专业技术人员进行光伏发电系统的运行维护管理工作，运维人员要由具有维修电工证、高压上岗证、特种作业操作证、弱电工程师资格证等的各类专业技术人员组成构成，按照专业分类，可分为电气运维人员、高压作业运维人员、数据中心运维人员、结构运维人员和其他运维人员等。

运维人员在上岗前，要进行上岗前安全培训和上岗前运维技能培训，并在年度内实时进行年度上岗实操评核和再培训、年度应急预案演习培训等。

（2）运维人员技能要求

运维人员技能的设定准则以实际工作过程中对安全作业的要求和对技能的实际需求为制定依据，一般要求是：电气运维人员应持有维修电工中级证书；弱电类运维人员应持有弱电上岗证；高压作业类运维人员应持有高压上岗证；数据中心运维人员应持有国家计算机等级四级证书、网络工程师证书和数据库工程师证书；其他运维人员应持有电工类的特种作业操作证。

7.1.2 光伏发电系统的日常检查和定期维护

光伏电站的运行维护分为日常检查和定期维护，其运行维护和管理人员都要有一定的专业知识和技能资质、高度的责任心和认真负责的态度，每天检查发电系统的整体运行情况，观察设备仪表、计量检测仪表以及监控检测系统的显示数据，定时巡回检查，做好检查记录。

1. 发电系统的日常检查

在光伏发电系统的正常运行期间，日常检查是必不可少的，一般对于容量超过 80kW 的系统应当配备专人巡检，容量在 80kW 以内的系统可由用户自行检查。日常检查一般每天或每班进行一次。

日常检查的主要内容如下：

1）观察电池方阵表面是否清洁，及时清除灰尘和污垢，可用清水冲洗或用干净抹布擦拭，但不得使用化学试剂清洗。检查了解方阵有无接线脱落等情况。

2）注意观察所有设备的外观锈蚀、损坏等情况，用手背触碰设备外壳检查有无温度异常，检查外露的导线有无绝缘老化、机械性损坏，箱体内有无进水等情况。检查有无昆虫、小动物对设备形成侵扰等其他情况。设备运行有无异常声响，运行环境有无异味，如有应找出原因，并立即采取有效措施，予以解决。

若发现严重异常情况，除了立即切断电源，并采取有效措施外，还要报告有关人员，同时做好记录。

3）观察蓄电池的外壳有无变形或裂纹，有无液体渗漏；充放电状态是否良好，充电电流是否适当；环境温度及通风是否良好，室内是否清洁，蓄电池外部是否有污垢和灰尘等。

2. 发电系统的定期维护

光伏发电系统除了日常巡检以外，还需要专业人员进行定期的检查和维护，定期维护一般每月或每半月进行一次，内容如下：

1）检查、了解运行记录，分析光伏系统的运行情况，对于光伏发电系统的运行状态做出判断，如发现问题，立即进行专业的维护和指导。

2）设备外观检查和内部的检查，主要涉及活动和连接部分导线，特别是大电流密度的导线、功率器件、容易锈蚀的地方等。

3）对于逆变器应定期清洁冷却风扇并检查是否正常，定期清除机内的灰尘，检查各端子螺丝是否紧固，检查有无过热后留下的痕迹及损坏的器件，检查电线是否老化。

4）定期检查和保持蓄电池电解液相对密度，及时更换损坏的蓄电池。

5）有条件时可采用红外探测的方法对光伏发电方阵、线路和电气设备进行检查，找出异常发热原因和故障点，并及时解决。

6）每年应对光伏发电系统进行一次系统绝缘电阻以及接地电阻的检查测试，以及对逆变控制装置进行一次全项目的电能质量和保护功能的检查和试验。

所有记录特别是专业巡检记录应存档妥善保管。

总之，光伏发电系统的检查、管理和维护是保证系统正常运行的关键，必须对光伏发电系统认真检查，妥善管理，精心维护，规范操作，发现问题及时解决，才能使得光伏发电系统处于长期稳定的正常运行状态。

7.1.3 光伏组件及光伏方阵的检查维护

1. 光伏组件的清洗

（1）光伏组件清洁的必要性

光伏发电系统在运行中，要经常保持光伏组件采光面的清洁。因为灰尘遮挡是影响光伏发电系统发电能力的第一大因素，其主要影响有

1）遮蔽太阳光线，影响发电量；

2）影响组件散热，从而降低组件转换效率；

3）带有酸碱性的灰尘长时间沉积在组件表面，侵蚀组件玻璃表面造成玻璃表面粗糙不平，使灰尘进一步积聚，同时增加了玻璃表面对阳光的漫反射，降低了组件接受阳光的能力；

4）组件表面长期积聚的灰尘、树叶、鸟粪等，会造成组件电池片局部发热，造成电池片、背板烧焦炭化，甚至引起火灾。所以，组件需要不定期地进行擦拭清洁。

（2）光伏组件的清洁方式

光伏组件的清洁可分为普通清扫和水冲清洗两种方式。如组件积有灰尘，可用干净的线掸子或抹布将组件表面附着的干燥浮尘、树叶等进行清扫。对于紧附在玻璃表面的硬性异物如泥土、鸟粪、黏稠物体，则可用稍微硬些的塑料或木质刮板进行刮除处理，防止破坏玻璃表面。如有污垢清扫不掉时，可用清水进行冲洗。清洗的过程中可使用拖把或柔性毛刷来进行，如遇到油性污物等，可用洗洁精或肥皂水等对污染区域进行单独清洗。清洗完毕后可用干净的抹布将水迹擦干。切勿用有腐蚀性的溶剂清洗或用硬物擦拭。目前，组件清洁方式主要有人工清洁、洒水车和智能机械等方式。

（3）光伏组件清洗注意事项

1）光伏组件的清洗一般选择在清晨、傍晚、夜间或阴雨天进行。主要考虑以下几个原因：

① 为了避免在高温和强烈光照下擦拭清洗组件对人身的电击伤害以及可能对组件的破坏；

② 防止清洗过程中因为人为阴影造成光伏方阵发电量的损失，甚至发生热斑效应；

③ 中午或光照较好时组件表面温度相当高，防止冷水激在玻璃表面引起玻璃炸裂或组件损坏。同时在早晚清洗时，也需要选择阳光暗弱的时间段进行。也可以考虑利用阴雨天进行清洗，因为有降水的帮助，清洗过程会相对高效和彻底。

2）光伏组件铝边框及光伏支架或许有锋利的尖角，在清洗过程中需注意清洗人员安全，应穿着佩戴工作服、帽子、绝缘手套等安全用品，防止漏电、碰伤等情况发生。在衣服或工具上不能出现钩子、带子、线头等容易引起牵绊的部件。

3）在清洗过程中，禁止踩踏或其他方式借力于光伏组件、导轨支架、电缆桥架等光伏系统设备。

4）严禁在大风、大雨、雷雨或大雪天气下清洗光伏组件。冬季清洁应避免冲洗，以防止气温过低而结冰，造成污垢堆积；同理也不要在组件面板很热时用冷水冲洗。

5）严禁使用硬质和尖锐工具或腐蚀性溶剂及碱性有机溶剂擦拭光伏组件。禁止将清洗水喷射到组件接线盒、电缆桥架、汇流箱等设备。清洁时水洗设备对组件的水冲击压力必须

控制在一定范围内，避免冲击力过大引起组件内电池片的隐裂。

2. 光伏组件和光伏方阵的检查维护

1）使用中要定期（如1~2个月）检查光伏组件的边框、玻璃、电池片、组件表面、背板、接线盒、线缆及连接器、产品铭牌、带电警告标识、边框和支撑结构及其他缺陷等。如发现有下列问题要立即进行检修或更换。

① 光伏组件存在玻璃松动、开裂、破碎的情况；

② 光伏组件存在封装开胶进水、电池片变色、背板有灼焦、起泡和明显的颜色变化；

③ 光伏组件中存在与组件边缘或任何电路之间形成连通的气泡；

④ 光伏组件接线盒脱落、变形、扭曲、开裂或烧毁，接线端子松动、脱线、腐蚀等无法良好连接；

⑤ 中空玻璃幕墙组件结露、进水、失效，影响光伏幕墙工程的视线和保温性能；

⑥ 光伏组件和支架是否结合良好，组件压块是否压接牢固，有无扭曲变形的情况。

2）使用中要定期（如1~2个月）对光伏组件及方阵的光电参数、输出功率、绝缘电阻等进行检测，以保证光伏组件和方阵的正常运行。

3）要定期检查光伏方阵的金属支架和结构件的防腐涂层有无剥落、锈蚀现象，并定期对支架进行涂装防腐处理。方阵支架要保持接地良好，各点接地电阻应不大于4Ω。

4）检查光伏方阵的整体结构不应有变形、错位、松动，主要受力构件、连接构件和连接螺栓不应松动、损坏，焊缝不应开裂。

5）用于固定光伏方阵的植筋或后置螺栓不应松动，采取预制配重块基座安装的光伏方阵，预制配重块基座应放置平稳、整齐，位置不得移动。

6）对带有极轴自动跟踪系统的光伏方阵支架，要定期检查跟踪系统的机械和电气性能是否正常。

7）定期检查方阵周边植物的生长情况，查看是否对光伏方阵造成遮挡，并及时清理。

7.1.4 蓄电池（组）的检查维护

在蓄电池的使用管理中，蓄电池的检查维护和测试工作必不可少。无论是人工操作维护，还是自动监控管理，都是为了及时检查和检测出个别电池的异常故障或影响电池充放电性能的设备系统故障，积极采取纠正措施，确保电源系统稳定可靠运行。蓄电池的检查维护分为日常维护、季度维护和年度维护。蓄电池的定期测试分为月度测试、季度测试和年度测试。

1. 日常维护

1）保持蓄电池室内清洁，防止尘土入内；保持室内干燥和通风设施良好，光线充足，但不应使阳光直射到蓄电池上。室温要控制在5~25℃之间，当室温较低时，要对蓄电池采取适当的保温措施。

2）室内严禁烟火，尤其在蓄电池处于充电状态时。

3）在维护或更换蓄电池时，维护人员应配戴防护眼镜和身体防护用品，使用绝缘器械和带绝缘套的工具（如扳手），防止人员触电，防止蓄电池短路和断路。

4）经常进行蓄电池正常巡视的检查项目。蓄电池表面要保持清洁，如出现腐蚀漏液、凹瘪或鼓胀现象应及时处理，并查找原因。

5）经常检查蓄电池在线浮充电压和电池组浮充总电压（终端总电压），并与面板显示对照，必要时加以校正。

6）正常使用蓄电池时，应注意请勿使用任何有机溶剂清洗电池，切不可拆卸电池的安全阀或在电池中加入任何物质，电池放电后应尽快充电，以免影响电池容量。

7）蓄电池单体间连接螺丝应保持紧固。

8）对停用时间超过 3 个月以上的蓄电池，应补充充电后再投入运行。

9）更换蓄电池时，最好采用同品牌、同型号的产品，以保证其电压、容量、充放电特性、外形尺寸的一致性。

日常维护以天天巡回检查为主，主要注意电池室的温度，要经常给电池室通风，由于蓄电池的使用寿命与环境温度关系很大，因此电池室的温度要尽量保持在 5～30℃之间，温度过高或过低都会影响电池的性能，使蓄电池的使用寿命严重缩短。严重过热会产生热腐蚀，导致蓄电池破损。而温度过低又有可能冻坏、冻裂，使电池提前报废。蓄电池运行中会产生热量，在巡检过程中，要特别注意电池壳体有无裂缝、渗漏和变形，极柱、安全阀周围是否有酸雾酸液溢出，电池极柱（板）、连接板（条）有无锈蚀氧化。

蓄电池在运行中因化学反应还会产生氢气，氢气浓度过大时有导致爆炸或火灾的危险，所以要时常给电池室通风。

另外需要注意的是，日常巡检以观察为主，出现异常时切勿单人单独操作处理，应该双人配合，避免蓄电池中的稀硫酸烧伤人体。

2. 季度维护

1）目测检查电池外表面的清洁度，外壳和盖的完好情况，电池外观有无鼓包变形等变化，电池有无过热痕迹。

2）每季度在电池系统的同一检测点，检测并记录蓄电池系统的环境温度和可代表系统的平均温度。当温度低于 15℃或高于 25℃时，应调节温度控制系统，如没有安装温控系统，应采取相应的保温或通风降温措施，同时应对浮充电压进行调整。

3）在电池端测量并记录浮充总电压，与面板电表显示值对照，如有差异及时查找原因加以纠正。

4）测量并记录系统中每只电池的浮充电压，正常情况下应该在一定范围内波动，如发现异常，找出原因加以纠正。

无论是蓄电池组还是单只电池，浮充电压（充电电压）的微小变化，会造成充电量也就是充电电流的较大变化。充电电压偏低会造成充电不足，充电电压偏高会造成充电过度。充电电压的偏差有电路的原因，也有电压表的指示偏差。因此在维护中要定期用经过校验的标准电压表检测充电电压，有偏差的要及时调整。

在进行蓄电池的定期清洁时，要先将操作者身体上的静电放掉后再进行。日常对蓄电池清扫时不要使用干布、掸子等，以防产生静电引起爆炸；也不要使用汽油、香蕉水、挥发油等有机溶剂或洗涤剂，防止蓄电池外壳与有机溶剂发生反应而溶解，使蓄电池外壳损坏。

3. 年度维护

一般日常维护以看为主，年度维护将以动手为主。

1）重复季度所有维护内容；

2）检查所有电池极柱端子及电池间的连接点并确保连接紧固可靠，发现松动要紧固，发现锈蚀要清洁后再用凡士林涂抹保护；

3）随意抽取几只电池进行内阻测试。由于电池的内阻与其容量无线性关系，因此电池的内阻不能用来直接表示电池的准确容量，但电池内阻可作为电池“健康”状态好坏的指示信号；

4）做“恢复性”放电试验，用假负载或实际负载放电，即切断供电电源，用蓄电池供电，发现个别电池容量偏低后，将电池均衡充电，经均衡充电后仍不能恢复容量的，要将容量过低的电池换掉。

4. 定期测试

定期测试分为月度测试、季度测试和年度测试。

1）月度测试主要检测蓄电池组的浮充总电流和总电压，以标称值12V蓄电池组为例，基准分别为：浮充总电流≤$0.03C_{10}$（A）；浮充总电压为（13.85V±0.1V）/块×总块数。在检测中，若发现浮充总电流高于$0.03C_{10}$（A），需要对电池组进行均衡充电。例如以（14.2V±0.1V）/块×总块数的电压对电池组恒压充电8～16h，然后再转为浮充电状态观察。若浮充总电压超标，调整到基准值即可。

2）季度测试主要是检测蓄电池组每块电池的浮充电压。每块电池的浮充电压：一年内的新电池为13～15V，一年以后的电池为13.2～14V。当电池浮充电压超标时，需要对电池组进行均衡充电（方法同月度检测），然后再转为浮充电进行观察。

3）年度测试主要是对蓄电池组进行放电检查，以10h放电率电流［$0.1C_{10}$（A）］放电3h，每块电池的放电终止电压高于11.4V，当放电终止电压低于基准值时，可对电池组进行均衡充电（方法同月度检测），然后再转为浮充电进行观察。

7.1.5 光伏控制器和逆变器的检查维护

光伏控制器和逆变器的操作使用要严格按照使用说明书的要求和规定进行，机器上的警示标识应完整清晰。开机前要检查输入电压是否正常；操作时要注意开关机的顺序是否正确，各表头和指示灯的指示是否正常。控制器的过充电电压、过放电电压的设置应符合设计要求。

控制器和逆变器在发生断路、过电流、过电压、过热等故障时，一般都会进入自动保护状态而停止工作。这些设备一旦停机，不要马上开机，要查明原因并修复后再开机。

逆变器机箱或机柜内有高压，操作人员一般不得打开机箱或机柜，柜门平时要锁死。

当环境温度超过30℃时，应采取降温散热措施，防止设备发生故障，延长设备使用寿命。

经常检查机内温度、声音和气味等是否异常。逆变器中模块、电抗器、变压器的散热器风扇根据温度自行启动和停止的功能应正常，散热风扇运行时不应有较大振动和异常噪声，如有异常情况应断电检修。

检查直流母线的正极对地、负极对地、正负极之间的绝缘电阻应大于2MΩ。

控制器和逆变器的维护检修：严格定期查看控制器和逆变器各部分的接线和接线端子有无松动和锈蚀现象（如熔断器、风扇、功率模块、输入和输出端子以及接地等），发现接线有松动时要立即修复。

定期将交流电网输出侧（网侧）断路器断开一次，逆变器应能立即停止向电网馈电。

7.1.6 直流汇流箱、配电柜及输电线路的检查维护

1. 直流汇流箱的检查维护

1）直流汇流箱不得存在变形、锈蚀、漏水、积灰现象，箱体外表面的安全警示标识应完整无破损，箱体上的防水锁启闭应灵活。

2）要定期检查直流汇流箱内的断路器等各个电气元件的接线端子有无接头松动、脱线、锈蚀、变色等现象。箱体内应无异常噪声、无异味。

3）检查直流母线的正极对地、负极对地、正负极之间的绝缘电阻均应大于2MΩ。

4）直流输出母线端配备的直流断路器，其分断功能应灵活、可靠。

5）在雷雨季节，还要特别注意汇流箱内的防雷器模块是否失效，如已失效，应及时更换。

2. 直流配电柜的检查维护

1）维护配电柜时应停电后验电，确保在配电柜不带电的情况下维护。

2）直流配电柜不得存在变形、锈蚀、漏水、积灰现象，箱体外表面的安全警示标识应完整无破损，箱体上的防水锁开启灵活。

3）检查直流配电柜的仪表、开关和熔断器有无损坏，各部件接线端子有无松动、发热和烧损变色现象，漏电保护器动作是否灵敏可靠，接触开关的触点是否有损伤，防雷器是否在有效状态。

4）直流配电柜的直流输入接口与汇流箱的连接，直流输出接口与逆变器的连接都应稳定可靠。

5）直流配电柜的维护检修内容主要有定期清扫配电柜、修理更换损坏的部件和仪表、更换和紧固各部件接线端子；箱体锈蚀部位要及时清理并涂刷防锈漆。

3. 交流配电柜的检查维护

1）交流配电柜维护前应提前通知停电起止时间，并提前准备好维护工具。停电后应检查验电，确保在配电柜不带电的情况下进行维护作业。

2）在分段维护保养配电柜时，要在已停电与未停电的配电柜分界处装设明显的隔离装置。

3）在操作交流侧真空断路器时，应穿绝缘鞋、戴绝缘手套，并有专人监护。

4）配电柜的金属支架与基础应连接良好、固定可靠。柜内灰尘要清洁，各接线螺钉要紧固。

5）交流母线接头应连接紧密，不应变形，无放电变黑痕迹，绝缘无松动或损坏，紧固连接螺丝无锈蚀。

6）配电柜中的开关、主触点不应有烧熔痕迹，灭弧罩不应烧黑或损坏。

7）柜内的电流互感器、电流电压表、电度表、各种信号灯、按钮等部件都应显示正常，操作灵活可靠。

8）配电柜维护完毕，再次检查是否有遗留工具，拆除安全装置，断开高压侧接地开关，合上真空断路器，观察变压器投入运行没有问题后，才可以向低压配电柜逐级送电。

4. 输电线路的检查维护

1）定期检查输电线路的干线和支线，不得有掉线、搭线、垂线、搭墙等现象。

2）线缆在进出设备处的部位应封堵完好，不应存在直径大于10mm的孔洞，如发现孔

洞要立即用防火堵泥封堵。

3）要及时清理线缆沟或井里面的垃圾、堆积物，如发现线缆外皮损坏，要及时进行处理。

4）电缆沟或电缆井的盖板应完好无缺，沟道中不应有积水或杂物，沟内支架应牢固，无锈蚀、松动现象。

5）金属电缆桥架及其支架和引入或引出的金属电缆导管必须接地可靠。桥架与桥架连接处的连接线应牢固可靠。

6）桥架与穿墙处防火封堵应严密无脱落，桥架与支架间的固定螺栓及桥架连接板螺栓都要固定完好。

7）定期检查进户线和用户电表，不得有私拉偷电现象。

7.1.7 防雷接地系统的检查维护

1）每年雷雨季节前应对接地系统进行检查和维护。主要检查连接处是否紧固、接触是否良好、接地体附近地面有无异常，必要时挖开地面抽查地下隐蔽部分锈蚀情况，如果发现问题应及时处理。

2）光伏组件、支架、线缆金属铠甲与接地系统应可靠连接。

3）接地网的接地电阻应每年进行一次测量。

4）每年雷雨季节前应对运行中的防雷器利用防雷器元件老化测试仪进行一次检测，雷雨季节中要加强外观巡视，发现防雷器模块显示窗口出现红色应及时更换处理。

7.1.8 监控检测与数据通信系统的检查

光伏电站都有完善的监控检测系统，所有跟电站运行相关的参数都会通过各种通信方式汇总并通过显示系统实时显示。

通过显示系统可看到实时显示的累计发电量、方阵电压、方阵电流、方阵功率、电网电压、电网频率、实际输出功率、实际输出电流等参数信息。在检查过程中可以通过比对存档在微机上的历史记录以及相关操作手册上的数据来发现电站当前运行状况是否正常，并重点检查：

1）监控检测与数据传输系统的设备应保持外观完好、螺栓和密封件齐全、操作按键接触良好、显示读数清晰；

2）对于无人值守的数据传输系统，系统的终端显示器每天至少检查1次有无故障报警，如果有故障报警，应及时通知维修；

3）每年至少1次对数据传输系统中的检测传感器进行校验，同时对系统的A/D转换器的精度进行检验；

4）数据传输系统中的主要部件，凡是超过使用年限的，均应该及时更换。

当发现电站运行异常时要及时找出异常原因并加以排除，如无法解决则应及时上报。

7.2 光伏发电系统的故障排除

在光伏发电系统的长期运行中，直流侧和交流侧都会产生故障，只是有些部位和设备故障率低，有些故障率高。其中逆变器、升压站和汇集线缆这些部位，发生故障的频率虽然较少，但是一旦发生故障，基本上就是系统瘫痪，对发电量影响很大，这些故障可以从后台监控的实时运行状态看到。而对于直流侧光伏方阵组串，由于组串数量较多，发生故障也不太容易被发现，且发生故障的频次较多，对系统发电量的影响也占重要位置。

在整个光伏发电系统中，光伏组件、直流汇流箱和逆变器合计发生故障的频次占总故障比例的90%左右，而线缆、箱变、土建、支架和升压站等方面的故障占比较小。

7.2.1 光伏组件与方阵常见故障

光伏组件和方阵的常见故障有组件外电极开路、内部焊带脱焊或断裂、旁路二极管短路、旁路二极管反接、接线盒脱落、背板起泡或开裂、EVA老化黄变、EVA与玻璃分层进水、铝边框开裂、组件玻璃破碎、电池片或电极发黄、电池栅线断裂、组件效率衰减、组件热斑效应、导线老化、导线短路、组件被遮挡、组件安装角度和方位偏离、组件固定松动等。可根据具体情况检查修理、调整或更换。在这些故障中，大部分故障与组件本身质量有关。

典型故障及解决办法

故障现象：系统发电量偏小，达不到正常的发电功率。

原因分析：影响光伏发电系统发电量的因素很多，包括太阳辐射量，电池组件安装方位和倾斜角度，灰尘和阴影遮挡，组件的温度特性等，这里主要针对因光伏组件配置安装不当造成系统发电量偏小的故障。

解决办法：

1）安装前，要逐块检查或抽查光伏组件的标称功率是否足够；

2）检查或者调整组件或方阵的安装角度和朝向；

3）检查组件或方阵是否有灰尘或阴影遮挡；

4）检测组件串的串联电压是否在正常电压范围内；

5）多路组串安装前，先检查各路组串的开路电压是否一致，要求电压差不超过5V，如果发现电压不对，要检查线路和接头有没有接触不良现象；

6）安装时，可以分批接入，每一组接入时，记录每一组的功率，组串之间功率相差不要超过2%；

7）安装地点通风不良，逆变器的热量没有及时散发出去，或者逆变器直接在阳光下曝晒，使逆变器温度过高，效率降低；

8）系统线缆接头有接触不良，线缆线径选择过细，线缆敷设太长，有电压损耗，造成输出功率损耗；

9）并网交流开关容量过小，达不到逆变器输出要求；

10）当选用具有双路MPPT输入的逆变器时，每一路输入功率只有总功率的50%。原则上每一路设计安装功率应该相等，如果只接在一路MPPT输入端，逆变器输出功率将减半。

7.2.2 蓄电池常见故障及解决方法

阀控密封蓄电池常见故障有外壳开裂、极柱断裂、螺丝断裂、失水、漏液、胀气、不可逆硫酸盐化、电池内部短路、气阀质量不好、自放电率高等，可归纳为下面几个方面。

1. 蓄电池外观方面故障

蓄电池外观方面故障及解决方法见表7-1。

表7-1　蓄电池外观方面故障及解决方法

故障现象	故障原因	故障后果	解决方法
电池壳裂纹或碎裂	运输或撞击损坏	电池液干涸或接地故障	更换损坏的蓄电池
电池爆炸，壳盖碎裂	电池内短路，产生火花点燃电池内部或外在原因累积的气体	不能支持负载，严重时易造成设备损坏	更换损坏的蓄电池
	超期服役和维护不良的蓄电池都有爆炸的隐患		不使用超期服役的电池
电池端子上有腐蚀	制造过程残留的电解液或电池端子密封不严渗漏的电解液腐蚀了端子	增加了接触电阻，连接部位发热并加大电压降	拆下连接线，清洁连接面再安装，并涂保护油脂，渗漏严重时必须更换蓄电池
电池端子上有熔化的油脂痕迹	因为连接松动或接触面有污物造成接触不良，使连接处发热	输出电压下降，使用时间缩短，端子损坏	重新拧紧松动连接，清除连接处污物后再连接
电池壳发热膨胀	因为高温环境、过大浮充电压或充电电流，或上述故障的组合，造成热失控	电池失水严重，缩短使用寿命，严重时电池外壳熔化，释放臭鸡蛋味的硫化氢气体	改善环境条件；纠正导致热失控的项目，换掉膨胀严重的电池
	蓄电池超期服役	电池内阻增大，有爆炸危险	更换超期服役的电池

2. 蓄电池温度升高故障

蓄电池温度升高故障及解决方法见表7-2。

表7-2　蓄电池温度升高故障及解决方法

故障现象	故障原因	故障后果	解决办法
电池温度升高	环境温度升高	缩短电池使用寿命	降低环境温度
	未安装空调		安装空调
	电池柜通风不良		改善通风条件
	浮充电压过高		纠正充电系统
	浮充电流过大		更换短路电池
	电池内部短路		更换短路电池

3. 蓄电池组浮充总电压过高或过低故障

蓄电池组浮充总电压过高或过低故障及解决方法见表7-3。

表 7-3 蓄电池组浮充总电压过高或过低故障及解决方法

故障现象	故障原因	故障后果	解决办法
25℃时，系统浮充电压平均大于每只 13.8V，即电池单体 >2.3V	电池板输出设计不正确，控制器输出设置不正确，控制器内部电路或元器件故障	过度充电会导致蓄电池析出气体过多和电解液干涸及发生热失控的危险	重新核实电池板输出电压，调整控制器的输出设置，检修或更换控制器
25℃时，系统浮充电压平均小于每只 13.5V，即电池单体 <2.25V	电池板输出设计不正确，控制器输出设置不正确，控制器内部电路或元器件故障	充电不足会缩短负载工作时间或使蓄电池容量逐步丧失，严重时会造成电池失效	重新核实电池板输出电压，调整控制器的输出设置，检修或更换控制器
	个别电池单格短路	故障电池发热并影响该电池组的充电电压	更换故障电池

4. 单只蓄电池浮充电压过高或过低故障

单只蓄电池浮充电压过高或过低故障及解决方法见表 7-4。

表 7-4 单只蓄电池浮充电压过高或过低故障及解决方法

故障现象	故障原因	故障后果	解决办法
电池浮充电压 <13.2V，即电池单体 <2.2V	该电池可能有单格短路的现象	缩短负载工作时间。浮充电流增大，放电时单格发热，潜在的热失控危险	更换故障电池
个别电池浮充电压 >14.5V，即电池单体 >2.42V	该电池存在没有完全断路的单体，使电池虚连接	无法为负载正常供电，并可能产生引爆电池内部气体的电弧	更换故障电池

7.2.3 光伏控制器常见故障

光伏控制器的常见故障有因电压过高造成损坏、蓄电池极性反接损坏、因雷击造成损坏、工作点设置不对或漂移造成充放电控制错误、断路器或继电器触点拉弧、功率开关晶体管器件损坏、温度补偿失控等。可根据具体情况维修或更换控制器系统。

7.2.4 逆变器常见故障

逆变器的常见故障有因运输不当造成损坏、因极性反接造成损坏、因内部电源失效损坏、因遭受雷击而损坏、因散热不良造成功率开关模块或主板损坏、因输入电压不正常造成损坏、输出熔断器损坏、散热风扇损坏、烟感器损坏、断路器跳闸、接地故障等。可根据具体情况检修或更换逆变器系统。另外有一些故障，虽然不是逆变器本身故障，但是能通过逆变器的工作不正常或报警显示反映出来，在此将这类故障也归到逆变器故障类来解决处理。

1. 检修注意事项

1）检修前，首先要断开逆变器与电网的电气连接，然后断开直流侧电气连接。要等待至少 5min，让逆变器内部大容量电容器等元件充分放电后，才能进行维修工作。

2）在维修操作时，先初步目视检查设备有无损坏或其他危险状况，具体操作时要注意防静电，最好佩戴防静电手环。要注意设备上的警告标示，注意逆变器表面是否冷却下来。同时要避免身体与电路板间不必要的接触。

3）维修完成后，要确保任何影响逆变器安全性能的故障已经解决，才能再次开启逆变器。

2. 典型故障及解决办法

（1）逆变器屏幕没有显示

原因分析：逆变器直流电压输入不正常或逆变器损坏。常见原因有：①组件或组串的输出电压低于逆变器的最低工作电压；②组串输入极性接反；③直流输入开关没有合上；④组串中某一接头没有接好；⑤某一组件短路，造成其他组串也不能正常工作。

解决办法：用万用表直流电压档测量逆变器直流输入电压，电压正常时，总电压是各串中组件电压之和。如果没有电压，依次检测直流断路器、接线端子、线缆连接器、组件接线盒等是否正常。如果有多路组串，要分别断开单独接入测试。如果外部组件或线路没有故障，说明逆变器内部硬件电路发生故障，可联系生产厂家检修或更换。

（2）逆变器不能并网发电，显示故障信息“No grid”或“No Utility”

原因分析：逆变器和电网没有连接。常见原因有：①逆变器输出交流断路器没有合上；②逆变器交流输出端子没有接好；③接线时，把逆变器输出端子上排松动了。

解决办法：用万用表交流电压档测量逆变器交流输出电压，正常情况下，输出端子应该有 AC 220V 或 AC 380V 电压，如果没有，依次检测接线端子是否有松动，交流断路器是否闭合，漏电保护开关是否断开等。

（3）逆变器显示电网错误，显示故障信息为电压错误“Grid Volt Fault”或频率错误“Grid Freq Fault”“Grid Fault”

原因分析：交流电网电压和频率超出正常范围。

解决办法：用万用表相关档位测量交流电网的电压和频率，如果确实不正常，等待电网恢复正常。如果电网电压和频率正常，说明逆变器检测电路发生故障。检查时先把逆变器的直流输入端和交流输出端全部断开，让逆变器断电 30min 以上，看电路能否自行恢复，如能自行恢复可继续使用；若不能恢复，则联系生产厂家检修或更换。逆变器的其他电路如逆变器主板电路、检测电路、通信电路、逆变电路等发生的一些软故障，都可以先用上述方法试一试能否自行恢复，不能自行恢复的再进行检修或更换。

（4）交流侧输出电压过高，造成逆变器保护关机或降额运行

原因分析：主要是因为电网阻抗过大，当光伏发电用户侧用电量太小，输送出去时又因阻抗过高，造成逆变器交流侧输出电压过高。

解决办法：①加大输出线缆的线径，线缆越粗，阻抗越低；②逆变器尽量靠近并网点，线缆越短，阻抗越低。例如，以 5kW 并网逆变器为例，交流输出线缆长度在 50m 之内时，可以选用截面积为 2.5mm^2 的线缆；长度在 50～100m 之间时，要选用截面积为 4mm^2 的线缆；长度大于 100m 时，要选用截面积为 6mm^2 的线缆。

（5）直流侧输入电压过高报警，显示故障信息“Vin over voltage”或者“PV Over Voltage”

原因分析：组件串联数量过多，造成直流侧输入电压超过逆变器最大工作电压。

解决办法：根据光伏组件的温度特性，环境温度越低，输出电压越高。一般单相组串式逆变器输入电压范围在80~500V，建议设计组串电压在350~400V之间。三相组串式逆变器的输入电压范围在200~800V之间，建议设计组串电压范围在600~650V之间。在这个电压区间，逆变器效率较高，早晚辐照度低时逆变器还可以保持启动发电状态，又不至于使直流侧电压超出逆变器电压上限，引起报警停机。

（6）**光伏系统绝缘性能下降，对地绝缘电阻小于2MΩ，显示故障信息“Isolation error”和“Isolation Fault”**

原因分析：一般都是光伏组件、接线盒、直流线缆、逆变器、交流电缆、接线端子等部位有线路对地短路或者绝缘层破坏，组串连接器松动进水等。

解决办法：断开电网、逆变器，依次检查各部件线缆对地的绝缘电阻，找出问题点，更换相应线缆或接插件。

（7）**逆变器本身硬件故障**

原因分析：这类故障一般是逆变器内部的逆变电路、检测电路、功率回路、通信电路等电路或零部件发生故障。

解决办法：逆变器出现上述故障，要先把逆变器直流侧和交流侧电路全部断开，让逆变器停电30min以上，然后通电试机，如果机器恢复正常就继续观察使用，如果不能恢复，就需要进行现场或返厂检修。

这些硬件故障显示信息有

“Consistent Fault”一致性错误；

“Over Temp Fault”内部温度异常；

“Relay Fault”继电器故障；

“EEPROM Fail”EEPROM错误；

“Com Lost”、“Com failure”通信故障；

“Bus Over Voltage，Bus Low Voltage”直流母线过电压或欠电压；

“Boost Fault”升压故障；

“GFCI Device Fault”漏电保护器装置故障；

“Inv Curr Over”变频器电路过电流故障；

“Fan Lock”风扇故障；

“RTC Fail”实时时钟失败；

“SCI Fault”串行通信接口故障。

7.2.5 直流汇流箱、配电柜及交流配电柜常见故障

直流汇流箱、直流配电柜常见故障有：熔断器频繁烧毁故障（主要熔断器质量问题或熔断器额定电流选型是否偏小）、断路器故障（主要是断路器发热、跳闸）、通信异常故障（信息采集器、包括汇流箱通讯采集模块损坏、RS485通信线缆接触不良等）、接线端子发热故障（端子松动、接触电阻过大）、某一组串支路故障（接地绝缘不良、过电流）、直流拉弧故障等。

交流配电柜常见故障有：断路器端子因接触不良发热烧坏、防雷器因雷击击穿保护、过/欠电压保护器失效损坏、漏电保护器频繁跳闸等。可针对不同情况进行检修或更换。对于漏

电保护器频繁跳闸，要区分是漏电保护器本身损坏还是光伏系统有漏电流过大的情况，若是光伏发电系统漏电流过大，要重点检查交流侧接地线是否有漏接现象，交流零线是否接触良好，接地系统线路是否规范，交流用电设备是否有漏电现象等。另外要考虑漏电保护器的漏电流检测阈值是否太小，可以更换阈值电流更高的漏电保护器（不可调节型），或者适当调高漏电保护器的阈值电流（可调节型）。

造成上述这些设备发生故障的原因，主要是设备内部各种直流、交流电器配件如熔断器、断路器、剩余电流动作保护器等本身质量不佳或容量等级选择不当，在长时间运行或夏季高温运行时，常常会发生故障。特别是一些产品投入运行不久就频繁发生故障，更说明设备产品本身质量欠佳。

在光伏发电系统的长期运行期间，发生故障在所难免，上述常见各类故障可能在运行期间会重复发生，或者又会暴露出新的问题，我们需要做的就是通过分析、统计和对比的方法，定期对各种故障进行分析和分类整理，对故障频发区和故障部位做到心中有数，发生故障后能够第一时间及时处理，并且在日常的巡检过程中，对故障频发区域加强巡检，尽量将故障处理在萌芽状态，将故障损失减少到最小。另外，通过对各类故障的发现、分析、处理、解决过程，也是迅速提高运维人员自身水平和能力的主要途径。

第 8 章

分布式光伏发电系统工程实例

本章主要介绍几个分布式光伏发电工程的具体设计施工实例，内容涉及工商业屋顶、家庭屋顶、光伏车棚、荒山荒坡及离网发电系统等不同容量规模的光伏发电系统（站）。以期帮助大家对各个实例的设计思路、技术应用等有一个系统的了解，达到学习和借鉴的目的。

8.1 工商业屋顶光伏发电系统工程实例

8.1.1 84kW 光伏车棚发电系统

光伏车棚，顾名思义就是把光伏发电和车棚结合起来，既能解决车辆的遮风挡雨、风吹日晒，还能通过光伏发电自发自用，为电动车充电、照明或上网获得收益，一举两得。特别是光伏 + 储能 + 充电（简称光储充一体化）项目会逐步被大力推广。光伏车棚项目几乎没有地域限制，非常灵活方便，可以综合利用空间资源发展新能源。随着新能源电动汽车的发展，越来越多的加油站、高速服务区都利用光伏发电建光伏车棚和充电桩，为新能源汽车提供便利服务。

光伏车棚一般采用热镀锌钢结构支架和铝合金型材支架，可通过模块化组合灵活布置车位，少则几个车位，多则几百个车位。光伏车棚根据光伏方阵坡的数量不同可分为单坡车棚和双坡车棚。根据车棚使用组件类型的不同，可分为普通光伏车棚和透光的 BIPV 光伏车棚。光伏车棚设计两个立柱的间距一般以 2 ~3 个车位为一个跨度，棚顶一般不做防水处理。

1. 工程概况

这是一个山西某工业园区的光伏车棚，项目地年最高气温 39℃，最低气温 -16℃。本项目经前期踏勘，车棚顶共有可安装面积约 538m²。经设计计算可铺设 260W 光伏组件 324 块，安装容量约 84kW，项目通过单点 380V 低压并网，并采用自发自用为主，余电上网的模式。建成的光伏车棚发电系统如图 8-1 所示。

2. 系统设计原则和依据

（1）系统设计原则

1）美观性。光伏方阵与建筑的结合，要协调统一，美观大方。要在不改变原有建筑风格和外观的前提下，设计光伏方阵的布局。

2）高效性。优化设计方案，在给定的安装面积内，尽可能提高光伏组件的利用效率，

图8-1　光伏车棚发电系统

达到充分利用太阳能，提高最大发电量的目的。

3）安全性。设计的光伏系统要安全可靠，不能给建筑物内的其他用电设备和人员带来安全隐患，施工过程中要保证绝对安全，不能从施工棚顶掉下任何设备和器具。尽可能减少运行中的维修维护费用，同时应考虑到方便施工和利于维护。

4）经济性。在满足光伏发电系统外观效果和各项性能指标的前提下，充分考虑分布式光伏发电系统装机容量小、安装分散等特点，最大限度的优化设计方案，合理选用各种设备材料，把不必要的浪费消除在设计阶段，降低工程造价，为业主节约投资。

（2）系统设计依据

1）根据现场勘察技术参数及业主提供技术要求；

2）《光伏发电站设计规范》GB 50797—2012；

3）《光伏发电站施工规范》GB 50794—2012；

4）《太阳能光伏电站设计与施工规范》DB 44/T 1508—2014；

5）《光伏发电工程验收规范》GB/T 50796—2012；

6）《光伏发电站防雷技术要求》GB 32512—2016；

7）《光伏发电站接入电力系统设计规范》GB/T 50866—2013；

8）《光伏发电工程施工组织设计规范》GB/T 50795—2012；

9）《民用建筑太阳能光伏系统应用技术规范》JGJ 203—2010；

10）国家现行光伏行业相关法律、法规、标准和规范。

3. 系统构成概况

该光伏车棚发电项目设计总功率为84.24kW，整个系统在车棚顶构成1个方阵，方阵由324块260W多晶硅光伏组件组成。系统使用了3台组串式三相并网逆变器，其中1台为20kW，2台为33kW。光伏方阵产生的直流电通过逆变器变为380V的三相交流电，通过交流并网柜并入附近办公大楼内部的380V三相交流电网，使光伏方阵发出的电能可就近为车棚下的充电桩及办公大楼提供部分电力，余电通过办公大楼配电室三相交流电网上网。整个方阵排布设计如图8-2所示。

图8-2　光伏车棚组件排布设计示意图

4. 系统主要配置和设备选型

本系统主要由光伏组件方阵、3 台并网逆变器及监控系统、并网配电柜等组成。

（1）光伏组件

本系统选用山西“三晋阳光”260W 多晶硅光伏组件，主要性能参数见表 8-1。

表 8-1 “三晋阳光”光伏组件主要性能参数

太阳能电池类型	多晶硅电池
最大功率 P_{max}/W	260
最佳工作电压 U_{mp}/V	30.6
开路电压 V_{oc}/V	38.2
最佳工作电流 I_{mp}/A	8.5
短路电流 I_{sc}/A	9.03
最大系统电压/V	1000
适用温度范围/℃	-40 ~ 85
长/mm	1640
宽/mm	992
重量/kg	18

（2）光伏逆变器

选用易事特集团股份有限公司生产的 EA33KTLSI 和 EA20KTL 三相光伏并网逆变器，主要技术参数见表 8-2。

表 8-2 “易事特”三相光伏并网逆变器主要技术参数

逆变器型号	EA20KTL	EA33KTLSI
最大直流输入功率/kW	21.2	33.8
最大直流输入电压/V	1000	1000
直流工作电压范围 MPPT/V	400 ~ 850	480 ~ 800
最大输入电流/A	22/11	3 × 23
输入连接端数	2 × 3	2 × 6
额定交流输出功率/kW	20	30
最大交流输出功率/kW	20	33
最大输出电流/A	26.0	3 × 45.9
额定交流电压/V	240/415	240/415
额定交流频率/Hz	45 ~ 55/55 ~ 65	45 ~ 55/55 ~ 65
直流绝缘阻抗监测	有	有
直流开关	可选	可选
漏电流监控模块	内部集成	内部集成
电网监控及保护	有	有
尺寸（宽 × 高 × 厚）/mm	558 × 560 × 182	580 × 800 × 260
重量/kg	44.5	65
防护等级	IP65	IP65
RS485/无线通信	支持	支持

这两款逆变器具有完善的保护功能，包括过电压、欠电压、过载过流，速断、短路、漏电及防孤岛效应等保护功能；有极高的转换效率：98.7%。主要性能如下。

1）三相平衡能力。设计时根据光伏组件布局，将接受太阳能辐射强度相同区域内的光伏组件所发电通过逆变器均衡匹配并接到外部公共三相电网上，尽量使得每一相上功率匹配，三相平衡。

2）最大功率跟踪功能。逆变器最基本的功能，保证光伏发电逆变输出最大电能。

3）保护功能。具有过电压、欠电压、频率检测与保护、过载、过流、漏电、防雷、接地短路、自动隔离电网等。

4）防孤岛效应功能。能有效地防止孤岛效应的发生。

5）通信功能。逆变器自带 RS485/USB 通信接口，可与 PC 进行对话，可采用多种通信方式，包括有线通信、无线通信等。通过数据电缆的连接可以在电脑或手机上显示测量到的光伏系统各种运行参数并统计发电量。

6）安全性能。因为整个光伏发电系统设有安全可靠防雷装置，同时设有直流防雷、交流防雷，光伏防雷接地，光伏系统与建筑物主体的防雷接地系统联结成一体，能有效防止雷击。

（3）光伏组串匹配计算

按照并网容量设计的方法结合当地最低气温进行计算，使用该组件 20 块一串时，最大开路电压为 870.5V；21 块一串时，最大开路电压为 913.8V，均小于所配逆变器 1000V 的最大输入电压。组串最大工作电压 20 块一串时为 697V，21 块一串时为 732V，都在所配逆变器的 MPPT 直流工作电压范围内。其他数据如光伏方阵各回路直流输出功率和直流输出电流等，都没有超出所配逆变器的最大直流输入功率和最大直流输入电流的参数要求，说明光伏组件和逆变器选型配置合理。

（4）监控系统

该工程的监控装置采用了内部集成了 GPRS 模块的数据采集器，通过 RS485 端口与三台逆变器的 RS485 端口进行连接，获取光伏发电系统的各种工作状态数据及信息，通过 GPRS 移动网络传输数据，确保用户可以长期、稳定地获取采集器数据，不间断地监控光伏发电系统工作状况。光伏发电系统的实时状况以及历史数据都能以图表方式呈现，清晰易懂。用户还可以自定义故障报警方式，通过短信、邮件等方式及时了解系统的异常及故障状况，使用户能随时随地地监控光伏发电系统，极大地简化维护工作。用户可通过手机、电脑等设备下载 APP，经网络远程访问云平台，实现光伏发电系统的运营管理。

5. 系统连接及接地

光伏车棚电站系统连接如图 8-3 所示，整个光伏方阵分为三部分接入各自的逆变器中。第 1 方阵用 80 块光伏组件，每 20 块串联连接共构成 4 个组串，以 2 串为 1 组分别接入 20kW 逆变器的两路 MPPT 输入端口中；第 2 方阵用 120 块光伏组件，每 20 块串联连接共构成 6 个组串，以 2 串为 1 组分别接入 33kW 逆变器的 3 路 MPPT 输入端口中；其余 124 块组件构成第 3 方阵，用每串 21 块组件串联连接构成 4 个光伏组串，以 2 串为 1 组分别接入另一台 33kW 光伏逆变器的两路 MPPT 输入端口中，用每串 20 块组件串联连接构成 2 个光伏组串，接入 33kW 光伏逆变器的另 1 路 MPPT 输入端口中。

3 台逆变器输出的 380V 交流电，通过交流汇流箱汇集成一路后，输入到附近办公楼配

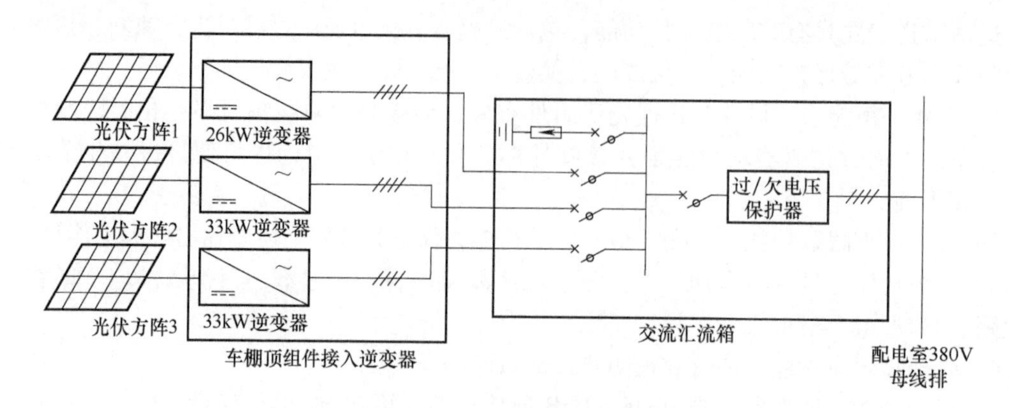

图 8-3 光伏车棚电站系统连接示意图

电室的 380V 母线排，并在配电室进行过/欠电压保护和光伏发电计量装置的接入。交流汇流箱各路及总回路都通过相应断路器进行分合控制。

该车棚因为有电动汽车充电桩系统，所以在车棚施工时，已经埋设了接地装置，并敷设接地干线用于电气设备的接地。光伏组件安装在车棚顶部钢结构构架上，整个光伏发电系统施工时不再需要安装新的接地装置，采用和原车棚的接地装置连接。经测试该车棚的接地电阻为 3.4Ω，小于规范要求 4Ω，完全满足光伏系统的接地要求。

现场施工时，要求用 -40×4mm 镀锌扁钢把车棚的接地干线和车棚顶构架可靠连接，焊接工艺要满足施工规范要求。配电箱接地端子和车棚接地干线用不小于 $16mm^2$ 多股软铜线进行连接。

光伏车棚棚内状况如图 8-4 所示。

图 8-4 光伏车棚棚内实景图

8.1.2 100kW 商业屋顶光伏发电系统

这个 100kW 商业屋顶光伏发电项目建设在山西省忻州市五台县时代购物广场屋顶，该地位于北纬 38° 43′，东经 113°15′，年最高气温 40.6℃，最低气温 -21℃。光伏组件安装面积约 $1625m^2$。

1. 工程概况

该项目设计总功率为 104kW，整个系统共用 400 块光伏组件分成了 4 个阵列，系统使用了 4 台“锦浪科技”的 GCI-25K 三相组串式逆变器。逆变器将光伏组件所生成的直流电转化为 380V 的三相交流电，通过交流并网柜并入大楼内部三相 380V 交流电网，使光伏方阵发出的电能可直接供大楼使用，因光伏发电系统运行时段与这个商业大楼的用电时段比较吻合，所以该项目采用自发自用，余电上网模式时，光伏电力的消纳能力较强，经济效益也比较显著。

2. 系统设计原则和依据

具体内容参看 8.1.1 节中相关内容。

3. 系统构成概况

根据现场实际情况，系统共分为4个光伏方阵，布局于五台县时代购物广场楼顶，400块光伏组件，每20块连接为一个光伏组串，共分为20个光伏组串，每5个光伏组串接入1台25kW逆变器中。光伏方阵的方位角是南偏西5°，朝向较为理想。4个方阵组件倾角均按30°设计，使组串间的功率匹配比较理想，光伏系统平衡稳定可靠运行。光伏方阵排布时充分考虑了方阵之间及与周围物体的距离，保证完全不存在阴影遮挡现象。图8-5所示为该项目光伏方阵在屋顶的排布情况示意图。

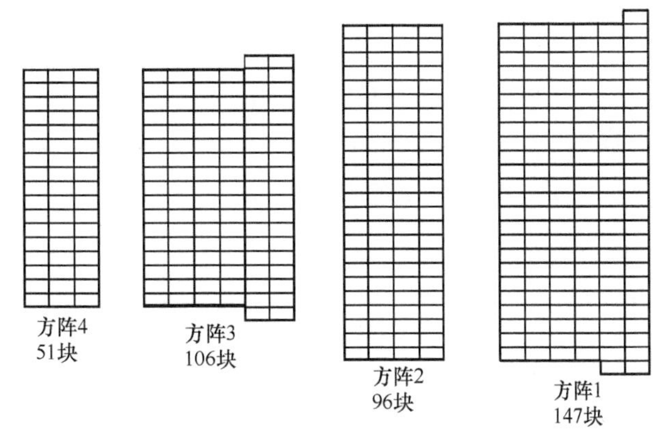

图8-5　光伏方阵排布示意图

4. 系统主要配置和设备选型

本方案系统由光伏组件、并网逆变器、并网配电柜、逆变器监控系统等组成。

（1）光伏组件

本系统选用山西“三晋阳光”260W多晶硅光伏组件，主要性能参数可参看表8-1所示内容。

（2）光伏逆变器

在考虑系统效率、组串连接方便等因素后，选用宁波“锦浪”GCI-25K三相组串式逆变器，容配比为1.04。该逆变器具有4路MPPT输入，每路两组输入端口，其主要性能特点：

1）独立的最大功率跟踪，精确的MPPT算法，适合连接不同的光伏组件；

2）输入电压范围广，输入电流大，适用于大功率光伏组件连接；

3）在小功率状态能高效运行，符合太阳能运行特点；

4）适合户外安装运行，IP65防护等级；

5）环境温度范围：-25～60℃；

6）支持RS485、WiFi、GPRS等多种通信方式，WiFi和GPRS监控软件可在手机APP中下载；

7）内置多种电网保护功能，能够自动断开电网连接。主要性能参数见表8-3。

表8-3　“锦浪”25kW并网逆变器主要性能参数

逆变器型号	GCI-25K
最大直流输入功率/kW	28
最大直流输入电压/V	1000
MPPT工作电压范围/V	200～800
最大输入电流/A	18+18+18+18
输入连接端数	4/8
额定交流输出功率/kW	25

（续）

最大交流输出功率/kW	27.5
交流输出电压范围/V	304 ~ 460
额定交流电压/V	380
额定交流频率/Hz	50
工作频率范围/Hz	47 ~ 52
直流绝缘阻抗监测	有
集成直流开关	可选
漏电流监控模块	内部集成
电网监控及保护	有
孤岛保护	有
尺寸（宽×高×厚）/mm	530×700×356
重量/kg	58.2

（3）光伏组串匹配计算

本系统按照并网容量设计的方法结合当地最低气温进行计算，使用该组件 20 块一串时，最大开路电压为 883.5V，小于所配逆变器 1000V 的最大输入电压。组串最大工作电压 20 块一串时为 708V，符合所配逆变器的 MPPT 直流工作电压范围内。其他数据如光伏方阵各回路直流输出功率和直流输出电流等，都没有超出所配逆变器的最大直流输入功率和最大直流输入电流的参数要求，说明光伏组件和逆变器选型配置合理。

（4）监控系统

该工程的监控装置采用 4 只内置 GPRS 芯片的数据棒，直接插到各个逆变器的数据端口，通过 GPRS 移动网络传输数据，确保用户可以长期、稳定、不间断地监控光伏发电系统工作状况。

（5）并网配电柜

配电柜外壳采用厚度 1.5m 的冷轧钢板制作，并做喷塑防腐处理，防护等级不低于 IP20。柜内电气元件采用知名品牌产品，使配电柜具备防雷接地、隔离、防逆流、过载保护等功能。

本配电柜逆变器输出并网开关选用 DZ47S-63A 型空气断路器；配电柜内配置一组浪涌保护系统，用于防止电网雷电感应过电压对逆变器造成的伤害，其中保护开关采用 DZ47S-25A 型空气断路器，浪涌保护器采用 ADM5-4P/40kA 型；逆变器输出回路串接一只自复式过欠电压保护器，用于同逆变器一起（逆变器本身自带孤岛保护功能）实现双重孤岛保护；配电柜输出并电网侧要安装一台 HDF-11/200A 型刀闸，用于在光伏发电系统和公共电网系统之间设置明显的并网断开点。并网配电柜内部实体结构可参看第 4 章图 4-79c。

4 台逆变器和并网配电箱安装在光伏方阵 2 支架的背面，并做防雨棚进行保护，如图 8-6 所示。这个工程外貌如图 8-7 所示。

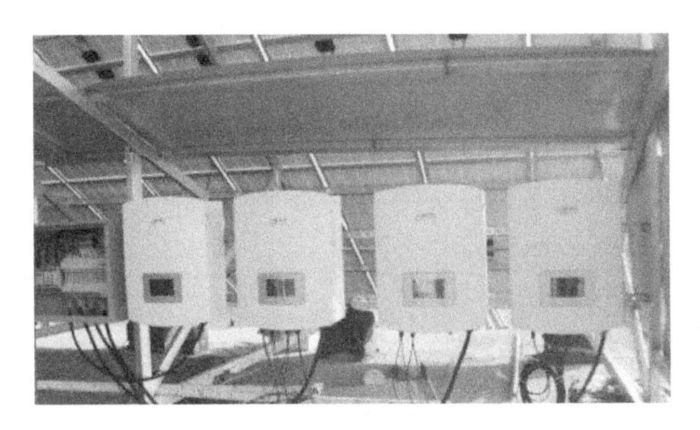

图 8-6　逆变器与配电箱的安装

图 8-7　100kW 商业屋顶光伏发电工程外貌

5. 系统连接与接地

该工程系统连接如图 8-8 所示，整个光伏方阵分为四部分接入各自的逆变器中，每台逆变器接入由 100 块组件构成的 5 个组串。其中方阵 1 的 100 块组件构成 5 个组串接入 1#逆变器；方阵 1 剩余的 47 块组件与方阵 2 中的 53 块组件构成 5 个组串接入 2#逆变器；方阵 2 剩余的 43 块组件与方阵 3 中的 57 块组件构成 5 个组串接入 3#逆变器中；方阵 3 剩余的 59 块组件和方阵 4 的 51 块组件构成 5 个组串接入 4#逆变器中。该逆变器共有 4 路 MPPT 输入，每个 MPPT 有 2 组端口，连接时统一将 4 台逆变器的第 1 路、第 2 路 MPPT 各接入两组组串，第 3 路 MPPT 接入 1 组组串，第 4 路 MPPT 备用。

4 台逆变器输出的 380V 交流电，通过并网配电箱内汇流及过/欠电压保护后，汇集成一路后，输入到商业大楼配电室的 380V 母线排，并在配电室进行光伏发电计量装置的接入。交流汇流箱各路及总回路都通过相应断路器进行分合控制。

该系统的接地装置采用和该建筑物的现有接地装置连接。经测试该建筑物的接地电阻为 3.25Ω，能够满足光伏发电系统的接地要求。现场施工时，要求使用 -40×4mm 镀锌扁铁把建筑物的接地干线与光伏组件方阵支架可靠连接，焊接工艺要满足施工规范要求。配电箱接地端子和建筑物接地干线用不小于 16mm^2 的多股软铜线连接。

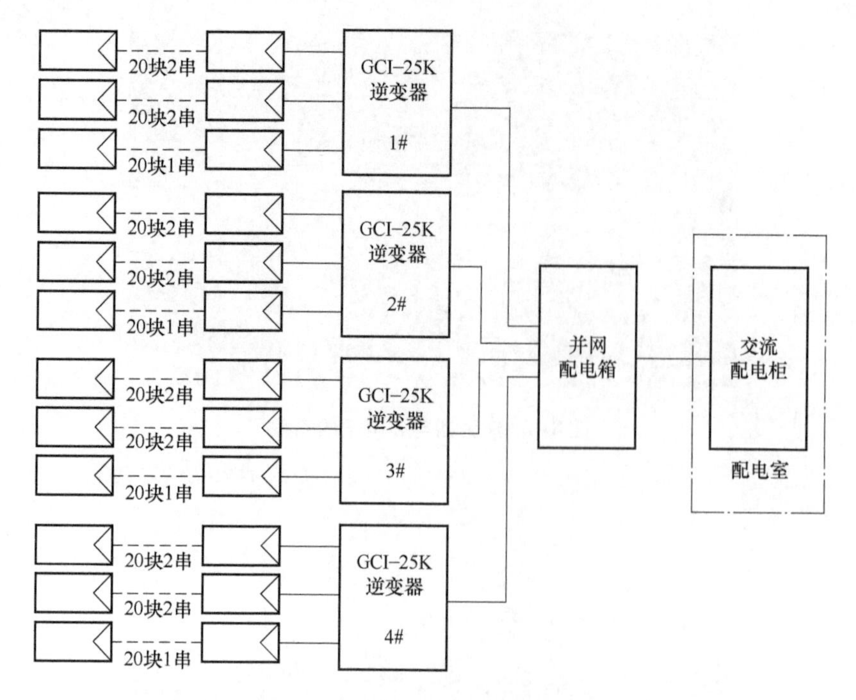

图 8-8　100kW 商业屋顶光伏项目系统连接示意图

6. 基础与支架

支架基础采用现浇配重基础，支架与基础预埋件焊接。通过对一个阵列配重基础模拟计算，得知单个基础配重要求达到 210.45kg 即可满足阵列在极限风荷载情况的配重要求，设计选用 500mm×500mm×400mm 的混凝土基础，单个基础重量为 250kg。考虑现场施工吊装的难度，基础采用现场浇注混凝土方式。具体计算参数见表 8-4。

表 8-4　支架配重基础计算参数表

组件自重/kg	20
组件尺寸/m	1.64×0.992
组件数量/片	96
安装倾角/°	30
基础数量/个	27
支架自重/(kN/m^2)	0.08
基本风压(kN/m^2)	0.57
风振系数 β_z	1
风压高度变化系数 μ_z	0.62
负风压荷载体型系数 μ_s	-1.3
安全系数	1
单块组件恒载荷/kN	0.33
作用在组件上逆风载荷/(kN/m^2)	-0.46
作用在单块组件上逆风载荷/kN	-0.75
作用组件上竖向逆风载荷/(kN/m^2)	-0.40

（续）

作用单块组件上竖向逆风载荷/kN	-0.65
恒载组合系数	1
风压组合系数	1.4
单块组件组合后荷载/kN	-0.58
阵列负载荷/kN	-55.68
单个基础重量/kg	210.45
混凝土基础尺寸/m	0.5×0.5×0.4
混凝土密度/(2500kg/m^2)	2500
混凝土基础重量/kg	250

为了最大限度利用光照强度，将光伏方阵倾角设计为最佳倾角，相应增加了光伏支架的风载荷系数，为保证光伏系统支架强度，光伏支架采用方钢焊接的钢结构支架。支架材料全部采用热浸镀锌方钢，主材和立柱采用□50×100×2.5mm 材料，斜撑及辅材采用□40×80×2.0mm 材料。支架制作具体尺寸如图 8-9 所示。

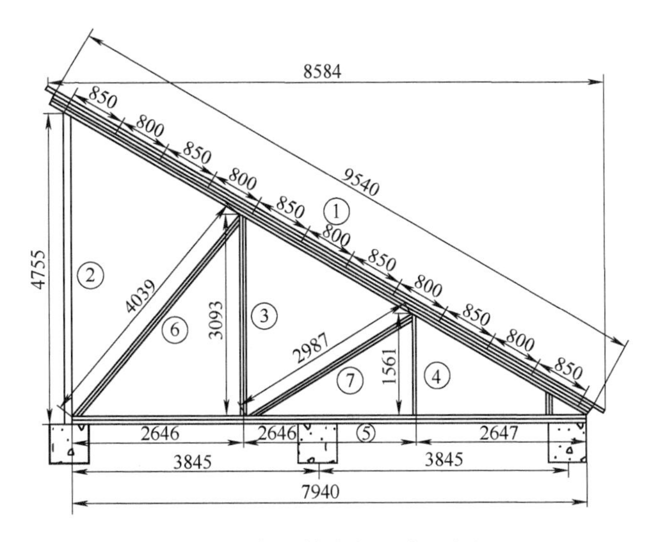

图 8-9　钢结构支架尺寸示意图

8.1.3　200kW 工业厂房屋顶光伏发电系统

1. 工程概况

这个项目工程位于太原市晋源区某家具厂房屋顶，整个厂区构成是一个类似四合院的形状，厂房及办公区屋顶全部是彩钢板屋顶结构。根据业主要求和现场勘测情况，先在南、北和西侧三个屋顶铺设光伏方阵，东侧屋顶留做以后开发。该地位于北纬 37.73°，东经 112.48°，年最高气温为 38℃，最低气温基本为 -15℃，历史最低气温曾经达到 -21℃。

该业主因开展电动汽车充电业务，已经安装了 6 台充电桩，并申请自备了 630kV·A 箱式变电站，为充电桩供电。利用厂房屋顶申请安装 200kW 光伏发电系统，主要是以自发自用为主，通过太阳能光伏发电补充工厂及充电桩用电，剩余电量并入电网，因此本项目采用自发自用、余电上网的模式，通过380V低压并网，并网点设于箱式变电站低压端专为光伏发电系统并网预留的空余配电柜内。这个工程的实施也为今后建设光储充（光伏发电+储能+充电桩）一体化项目奠定了良好的基础。建成的200kW工厂屋顶光伏发电系统外观如图8-10所示。

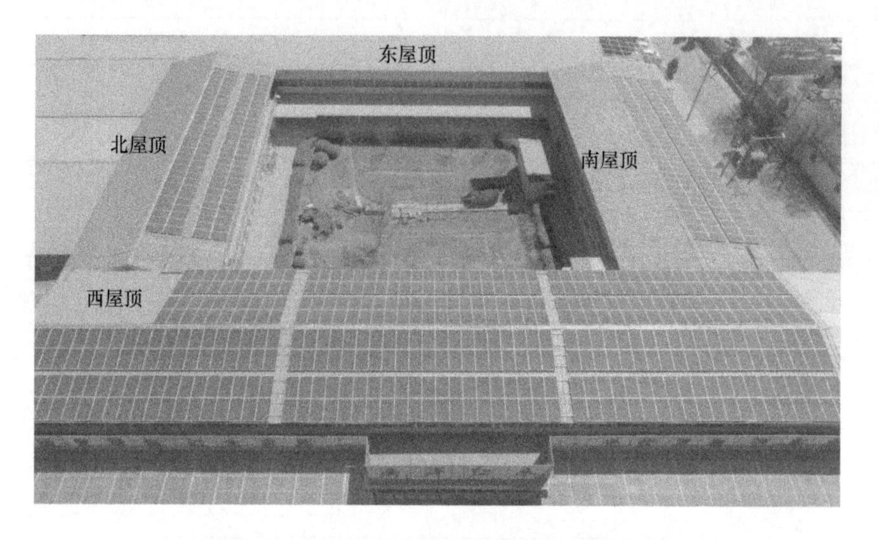

图8-10　200kW工厂屋顶光伏发电系统外观

2. 系统设计原则和依据

参看8.1.1节中相关内容。

3. 系统构成概述

该项目设计总容量为204kW，整个系统共用680块300W的单晶硅光伏组件分成了4个方阵，分布在南屋顶、北屋顶的朝南坡面和西屋顶的东西坡面。设计为每20块光伏组件构成一个光伏组串，其中南、北屋顶各安装光伏组件120块，各构成6组光伏组串；西屋顶的东坡面安装光伏组件200块，构成10组光伏组串；西屋顶的西坡面安装光伏组件240块，构成12组光伏组串。考虑到光伏支架强度、系统成本、屋顶结构强度、使用安全性等因素，没有按照当地最佳倾角设计光伏方阵角度，光伏方阵按照屋顶坡度倾角平铺安装。系统使用了4台额定功率50kW的“锦浪科技”GCI—50K大三相组串式光伏逆变器。逆变器将光伏组件所产生的直流电转化为380V的三相交流电，通过交流汇流箱、并网配电柜后并入业主自备的箱式配电柜的380V三相交流电网中。

4. 系统主要配置和设备选型

该系统主要由光伏组件、光伏逆变器、交流汇流箱、并网配电柜及防雷接地装置等组成。

（1）光伏组件

为尽量提高有效面积的发电量，本系统在光伏组件选型时，经过考察对比，结合业主意见，选用了西安“隆基乐叶”300W单晶硅光伏组件，组件型号为LR6-60PE-300M，其主要性能参数见表8-5。

表 8-5 “隆基乐叶”300W 光伏组件主要性能参数

太阳能电池类型	单晶硅电池
最大功率 P_{max}/W	300
最佳工作电压 U_{mp}/V	31.32
开路电压 V_{oc}/V	38.86
最佳工作电流 I_{mp}/A	9.527
短路电流 I_{sc}/A	10.01
最大系统电压/V	DC1000
组件效率（%）	18.35
适用工作温度/℃	-40～85
最大保险丝额定电流/A	15
输出线长/mm	1000
尺寸（长/宽/厚）/mm	1650×991×40
重量/kg	18.2

（2）光伏逆变器

在考虑系统效率、组串连接方便、MPPT 路数等因素后，对比选用宁波“锦浪”GCI-50K 大三相组串式逆变器，光伏方阵容量与逆变器额定功率容配比为 1.02。该逆变器具有 4 路 MPPT 输入，每路 3 组输入端口，其主要性能特点：

1）独立的最大功率跟踪，高精确、高速度的 MPPT 追踪算法；

2）4 路 MPPT 输入，电压范围宽，输入电流大，兼容大功率光伏组件；

3）在小功率状态能高效运行，符合太阳能运行特点；

4）户外 IP65 防护等级，设计轻便，安装简单；

5）抗谐振，单体变压器可并联容量 6M 以上；

6）完善的电站监控解决方案；

7）智能后备冗余散热设计；

8）具有直流反接、交流短路、交流输出过电流、输出过电压、绝缘阻抗保护，浪涌、孤岛、温度保护，残余电流检测，并网检测等功能。

主要性能参数见表 8-6。

表 8-6 “锦浪”50kW 并网逆变器主要性能参数

逆变器型号	GCI-50K
最大直流输入功率/kW	60
最大直流输入电压/V	1100
启动电压/V	200
MPPT 工作电压范围/V	200～1000
最大输入电流/A	28.5×4
输入连接端数	4/12
额定交流输出功率/kW	50

（续）

最大交流输出功率/kW	55
交流输出电压范围/V	304～460
额定电网电压/V	380
电网电压范围/V	304～460
额定交流频率/Hz	50
工作频率范围/Hz	47～52
额定电网输出电流/A	76
电网相位	3/N/PE
最大效率	98.8%
MPPT 效率	99.9%
尺寸（宽/高/厚）/mm	630W×700H×357D
重量/kg	63
拓扑	无变压器
自耗电	<1W（夜晚）
工作环境温度/工作环境湿度	-25～60℃/0～100%
最高工作海拔/m	4000
设计工作年限	>20 年
直流端口	原厂 MC4 配套端子
通信接口	RS485 4 芯端子，2 个 RJ45 接口，2 组端子台
显示屏	LCD，2×20 Z

（3）交流汇流箱

交流汇流箱选用深圳“科士达”KSC-4-100A 交流防雷汇流箱，这款交流汇流箱的主要特点：

1）电压覆盖范围广，可配套 AC400～690V 不同输出电压的逆变器使用；

2）重量轻、体积小、安装方便；

3）可满足极端环境条件使用要求，防护等级为 IP65；

4）标配防雷模块，防雷性能可靠。该汇流箱采用单母线接线，4 进 1 出方式，输入侧 4 路各设 1 个额定电流 100A 的断路器，总输出开关为额定电流 400A 的断路器，主回路并接了交流浪涌防雷器。

汇流箱的主要性能参数见表 8-7。

表 8-7　科士达交流汇流箱主要性能参数

型　　号	KSC-4-100A
额定工作电压/V	480
最大工作电压/V	690
输入路数	4 路
输出路数	1 路

（续）

输入单路额定电流/A	100
输入总额定电流/A	400
防雷性能（标称/最大）/kA	20/40
绝缘电阻/MΩ	≥10
外形尺寸（W×D×H）/mm	769×753×236
重量/kg	44
接线方式	下进下出
工作温度/℃	-40～60
相对湿度	≤95%，无凝露
工作海拔/m	≤3000

交流汇流箱的内部结构与线路连接如图 8-11 所示。

图 8-11　交流汇流箱内部结构与线路连接图

（4）并网配电柜

并网配电柜是根据系统设计要求，结合现场实际安装位置等因素加工定制的，其内部结构如图 8-12 所示。

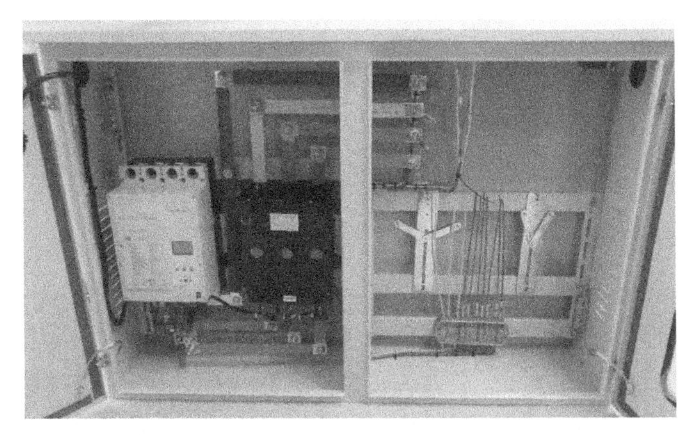

图 8-12　并网配电柜内部结构图

并网柜内分为两个区域，左边为光伏发电输入部分，接有剩余电流动作断路器和带熔断器的刀闸开关。右边是安装电网公司计量表和电流互感器的位置，由电网公司安装了专变采集终端和三相四线智能计量电度表及配套的电流互感器等。

5. 系统连接及接地

该工程系统连接如图 8-13 所示，整个 4 个光伏方阵被调配为四部分接入各自的逆变器中。1#逆变器接入由西屋顶西坡面的 180 块组件构成的 9 个组串，共 54kW，每 3 串 1 组分别接入 1#逆变器的 3 个 MPPT 输入端，另外 1 路 MPPT 输入端口备用；2#逆变器接入由西屋顶东坡面的 180 块组件构成的 9 个组串，共 54kW，每 3 串 1 组分别接入 2#逆变器的 3 个 MPPT 输入端，另外 1 路 MPPT 输入端口备用；3#逆变器接入由南屋顶的 120 块组件构成的 6 个组串，和西屋顶西坡面剩余的 3 个组串，共 54kW。其中南屋顶组串每 3 串 1 组分别接入 3#逆变器的 2 个 MPPT 输入端，西屋顶的 3 个组串接入 3#逆变器的另外 1 路 MPPT 输入端，剩余的 1 个 MPPT 端口备用；4#逆变器接入由北屋顶的 120 块组件构成的 6 个组串，和西屋顶东坡面剩余的 1 个组串，共 42kW。其中北屋顶组串每 3 串 1 组分别接入 4#逆变器的 2 个 MPPT 输入端，西屋顶东坡面的 1 个组串接入 4#逆变器的另外 1 路 MPPT 输入端，剩余的 1 个 MPPT 端口备用。

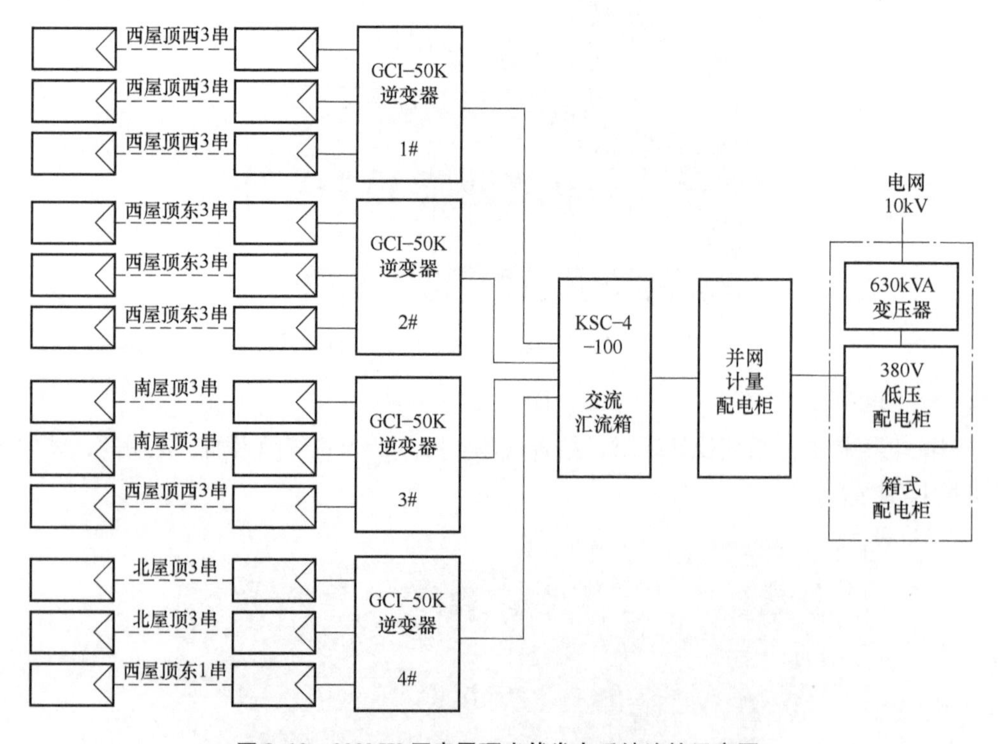

图 8-13　200kW 厂房屋顶光伏发电系统连接示意图

4 台逆变器输出的 380V 交流电，通过 4 × 35mm² 线缆分别连接到交流汇流箱；交流汇流箱输出到并网计量配电柜及从并网计量配电柜输出到箱式变电站低压侧的接线均采用 4 × 150mm² 线缆连接。所有屋顶及墙面敷设的直流和交流线缆，都采用电缆槽盒敷设，直流线缆选用阻燃铜芯线缆，交流线缆采用铠装阻燃线缆，充分消除火灾隐患。由于现场各设备距离较近，基本都是在墙面壁挂方式安装，如图 8-14 所示，且安装位置充裕，因此没有洪水威胁，周围无电磁干扰，也没有污染源。

图8-14　200kW厂房屋顶光伏发电系统设备安装布局图

因该项目厂房基本是钢结构为主，原屋顶没有另外加装防雷接闪设施和接地线，另外屋顶四周附近有一些高出屋顶的树木和10kV输电线路等，因此该项目的防雷接地系统也不考虑安装避雷针设施。光伏组件边框与支架本身就可以防止半径为30m的滚雷，将方阵所有光伏组件边框与支架横梁可靠连接，充分利用每个光伏方阵和支架基础作为自然接地体，就可以起到良好防雷效果。为增加雷电流散流速度，在屋顶4个光伏方阵周边统一用—40×4mm镀锌扁铁各做一个接地环网，各方阵的光伏组件边框及横梁等都就近与环网连接，所有支架横梁均采用等电位连接，光伏组件边框之间通过接地跳线互相连接后，也全部与环网连接接地。接地装置采用L50×5×2000（mm）的镀锌角钢接地极垂直埋入厂房外围土质较好的地下，距地面距离不小于800mm，接地装置通过—40×4镀锌扁钢与组件方阵的四个环网进行连接。配电箱、逆变器、并网计量配电柜及电缆铠甲等电气设备都通过BVV-1×16导线与系统接地连接，保证接地可靠。实测本项目接地装置接地电阻小于4Ω，保证系统与设备正常运行，确保人身安全。

6. 支架连接与固定

该项目屋顶全部为梯形彩钢板屋顶，考虑屋顶承重，抗腐蚀性等因素，光伏支架全部选用铝合金固定件、横梁导轨、横梁连接件及304不锈钢螺钉进行组合。本项目屋顶彩钢板强度良好，所以采用支架铝合金固定件直接与彩钢板用螺钉进行固定，而没有采用穿透彩钢板与屋顶钢结构檩条固定的方式，固定件下面要垫防水胶皮或用防水结构胶进行封堵，防止屋顶漏水。光伏支架横梁的固定和连接如图8-15所示，图8-16所示为一面屋顶铺设好的支架横梁示意图。

由于屋顶坡面宽度较小，屋顶边缘到屋脊宽度只有7.3m，四排组件的纵向长度为6.6m。在排布光伏方阵时，在组件方阵的下边缘与屋顶边缘预留了0.1m的距离，组件方阵的上边缘与屋脊之间预留了0.2m的距离，方阵与方阵之间横向只能有0.4m的安装通道，方阵与方阵之间纵向预留了1m的安装通道。

7. 安装施工步骤及要点

按照施工图纸及屋顶现场实际情况放线定点→标出固定件位置（间距1.2m，接地环网固定件间距3m）→固定件安装（包括接地网固定件）→横梁导轨安装→屋顶线缆槽盒敷设固

图 8-15　光伏支架横梁的固定和连接

图 8-16　铺设好的支架横梁

定→直流延长线缆敷设→接地网扁铁敷设→组件安装（组件安装过程中，同时要将一组组串的组件连接器连接好，组件之间接地线也同时连接好，每一组串的延长线缆要按照设计位置提前固定到横梁上，否则组件安装后，线缆无法固定）→逆变器安装固定→交流汇流箱安装固定→并网配电柜安装固定→墙面设备间线缆槽盒固定→光伏方阵直流线缆与逆变器分组连接→逆变器与汇流箱之间交流线缆连接→汇流箱与并网配电柜之间交流线缆连接→并网配电柜与箱式变电站之间交流线缆连接→接地极埋设→接地系统连接→系统分部检查测试→调试并网。

8.2　办公、户用屋顶光伏发电系统工程实例

8.2.1　10kW 办公区采光棚光伏发电系统

该办公区地处大连市，主要负载为 10 台台式计算机和 1 台 3 匹空调，合计功率大约

5.5kW，还有些附加负载，预计最大负载功率合计为6.5kW。负载使用时间为正常上班时间，每天白天工作8h，平均日用电量为50kW·h，市电及负载电源均为单相 AC 220V/50Hz。

办公区屋顶有一个采光棚，可以安装规格尺寸为1580mm×808mm×40mm 的185W光伏组件54块，如图8-17所示。利用这54块组件为办公区供电，实现太阳能光伏发电与建筑结合，基本实现办公用电自给自足。

图 8-17　10kW 太阳能光伏方阵

设计安装的54块光伏组件总容量为185W×54=9990W，根据选定的并网逆变器输入电压要求，确定安装的光伏组件连接方式为每18块串联为1串，对应一台3kW的组串式逆变器，3个光伏组串对应3台组串式逆变器。系统构成框图如图8-18所示。

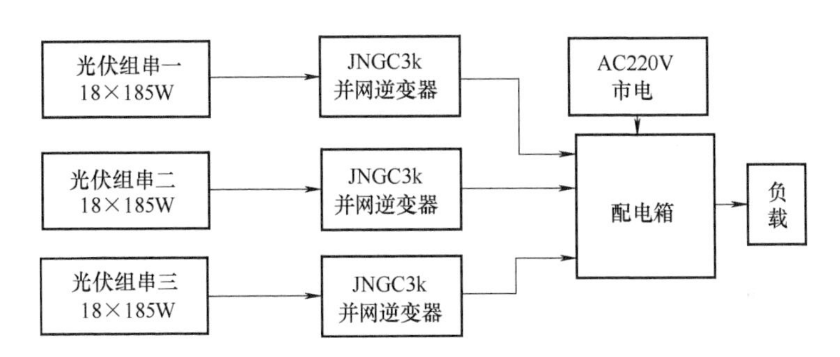

图 8-18　10kW 光伏并网发电系统构成框图

本系统设计时没有直接选用1台10kW的并网逆变器，而是选用了3台3kW的并网逆变器，主要原因如下。

其一，10kW并网逆变器通常为三相逆变器，考虑用户负载不具备三相均衡分配条件，因此不宜选用单台10kW逆变器将负载分配到三相上。

其二，选用3台3kW并网逆变器可并联使用，可以满足不同容量负载使用的要求，不存在均衡分配问题，可以满足用户空调容量使用要求。

另外选用3kW组串式逆变器，有利于光伏组件MPPT自动调节，使发电量最大化，并且可以减少光伏组串因局部遮挡等原因带来的损失和组串间的相互影响。

本方案选用的JNGC3K型并网逆变器采用挂壁安装方式，如图8-19所示。它可以像普通用电设备一样，通过断路器直接连接到交流220V市电回路中。由于本地负载用电时间与光伏发电的有效时间基本重合，扣除发电系统的损耗后，用电量略大于发电量，基本上做到全部自发自用，所以光伏逆变所产生的电能不会逆向流入电网。

实际运行中，当日照条件较好时，光伏逆变的电能完全可以满足本地负载使用，这时本系统几乎不从电网吸取能量；而当日照条件较差时，本系统会部分或全部从电网获取能量。这些状态的变化是连续的、不间断的，若从负载侧来看，就像普通市电供电的系统一样，唯一的区别只在于进线处的电度表转得很慢很慢。

本方案在设计初期，也曾经考虑过采用离网运行方案，经过对比最终选择了并网运行方案。离、并网运行方案对比如下。

（1）适用性方面

两种方案都能充分发挥9990W光伏组件的发电作用，都能满足对所列负载的保障供电。

（2）实用性方面

并网方案结构简单，安装方便；而离网方案环节较多，系统自损耗较大，需要占用超过$20m^2$的室内空间。

（3）经济性方面

从一次性投入来看，离网方案多出一个蓄电池设备，且蓄电池容量不能设计得太小，因为大电流充放电（相对于小容量蓄电池来说）及频繁深度充放电将严重影响蓄电池的寿命，所以如果蓄电池设计容量偏小，一般深充深放200次左右就可能损坏，为了延长蓄电池使用寿命又将导致投入较大，这是一对矛盾。从长期运行来看，离网方案中的蓄电池毕竟存在使用寿命问题，运行中还得再投入，并网方案则不存在这个问题；而且由于离网方案环节较多，各个环节的效率的乘积等于系统总效率，所以并网方案的系统总效率明显高于离网方案。通常，离网方案的优势在于有储能环节，可以将光伏能量储存起来，使得日照条件不好时（比如夜间）也能向负载供电，但是这个优势在本系统中却不能体现，而并网系统发电运行与用电基本同步的优势则体现非常明显。

图8-19 并网逆变器挂壁安装

8.2.2 10kW农村住宅屋顶光伏发电系统

1. 工程概况

吕梁市文水县某村住户，建设地位于北纬37.42°，东经111.97°。该地区年最高气温39℃，最低气温-25℃，属于太阳能资源三类地区。经勘查屋顶可安装面积约$81m^2$。拟建设10kW屋顶光伏发电系统，采用单点380V低压并网全额上网模式。

整个光伏系统拟采用260W多晶硅光伏组件40块构成光伏方阵，通过逆变器及并网配电箱后并入低压电网，光伏系统整体配置要保证系统安全、稳定可靠的运行，并通过逆变器监控系统实时监测光伏系统运行状况及数据。

2. 系统设计原则和依据

参看8.1.1节中相关内容。

3. 系统构成概况

本方案屋顶有效面积约$81m^2$，根据屋顶状况，整个系统采用“三晋阳光”品牌260W多晶硅光伏组件40块组成1个方阵，共计设计总容量为10.4kW，其中每20块光伏组件串联连接构成一个组串，两个光伏组串接入一台10kW逆变器中。逆变器选用“锦浪科技”生产的GCI-10K三相组串式逆变器，逆变器将光伏组件产生的直流电转化为380V三相交流电，通过交流并网配电柜连接后完美的并入住户附近380V三相交流电网中。

数据采集器通过RS485接口从逆变器获取运行状态信息，包括：光伏阵列的直流电压、直流电流、直流功率、并网逆变器内部温度、交流输出电压、交流输出电流、交流输出功率、当日发电量、总发电量等数据信息进行处理。并通过GPRS/WiFi/网线等方式传到网上，通过电脑或者手机进行查看。

组件方阵布局于住户瓦房房顶的朝阳面，考虑到光伏支架强度、系统成本、屋顶面积利用率等因素，组件方阵倾角按照屋顶坡度倾角进行安装，布局时充分考虑光伏组件之间及与周围物体的距离，保证不存在阴影遮挡现象。图8-20所示为光伏组件及光伏支架施工排布图。

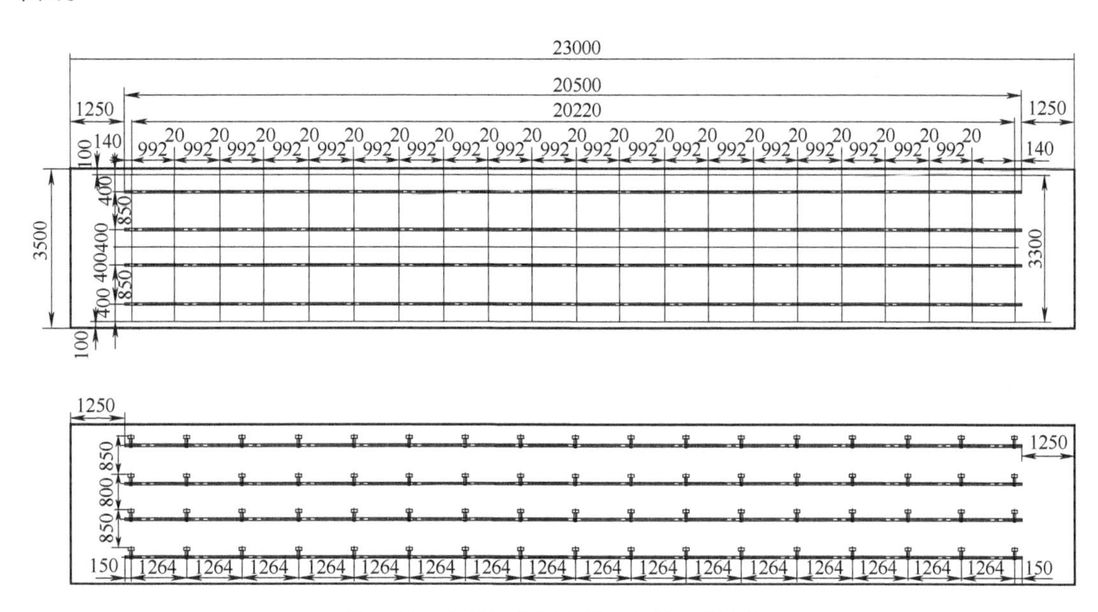

图8-20　光伏组件及光伏支架施工排布图

4. 系统主要配置和设备选型

本方案系统由光伏组件、并网逆变器、并网配电柜、逆变器监控系统等组成。

（1）光伏组件

本系统选用山西“三晋阳光”260W多晶硅光伏组件，主要性能参数见表8-1。

（2）光伏逆变器

选用宁波“锦浪”GCI-10K三相组串式逆变器。该逆变器的主要性能特点：

1）独立的最大功率跟踪，精确的MPPT算法，适合连接不同的光伏组件；

2）输入电压范围广，输入电流大，适用于大功率光伏组件连接；

3）在小功率状态能高效运行，符合太阳能运行特点；

4）适合户外安装运行，IP65防护等级；

5）环境温度范围：-25~60℃；

6）支持RS485、WiFi、GPRS等多种通信方式，WiFi和GPRS监控软件可在手机APP中下载；

7）内置多种电网保护功能，能够自动断开电网连接。主要性能参数见表8-8。

表 8-8 “锦浪”10kW 并网逆变器主要性能参数

逆变器型号	GCI-10K
最大直流输入功率/kW	11.5
最大直流输入电压/V	1000
MPPT 工作电压范围/V	200~800
最大输入电流/A	18+18
输入连接端数	2/4
额定交流输出功率/kW	10
最大交流输出功率/kW	11
交流输出电压范围/V	313~470
额定交流电压/V	380/400
额定交流频率/Hz	50
工作频率范围/Hz	47~52
直流绝缘阻抗监测	有
集成直流开关	可选
漏电流监控模块	内部集成
电网监控及保护	有
孤岛保护	有
尺寸（宽×高×厚）/mm	430×613×269
重量/kg	29

（3）并网配电柜

配电柜外壳采用厚度 1.5m 的冷轧钢板制作，并做喷塑防腐处理，防护等级不低于 IP20。柜内电气元件采用知名品牌产品，使配电柜具备防雷接地、隔离、防逆流、过载保护等功能。

本配电柜逆变器输出并网开关选用 DZ47S-32A 型空气断路器；配电柜内配置一组浪涌保护系统，用于防止电网雷电感应过电压对逆变器造成的伤害，其中保护开关采用 DZ47S-25A 型空气断路器，浪涌保护器采用 ADM5-4P/40kA 型；逆变器输出回路串接一只自复式过/欠电压保护器，用于同逆变器一起（逆变器本身自带孤岛保护功能）实现双重孤岛保护；配电柜输出并电网侧要安装一台 HDF-11/100A 型刀闸，用于在光伏发电系统和公共电网系统之间设置明显的并网断开点。该并网配电箱内部结构如图 8-21 所示，电气连接如图 8-22 所示。

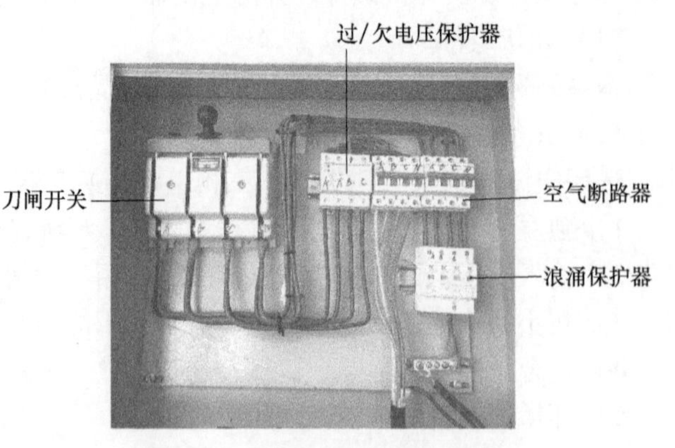

图 8-21 并网配电箱内部结构图

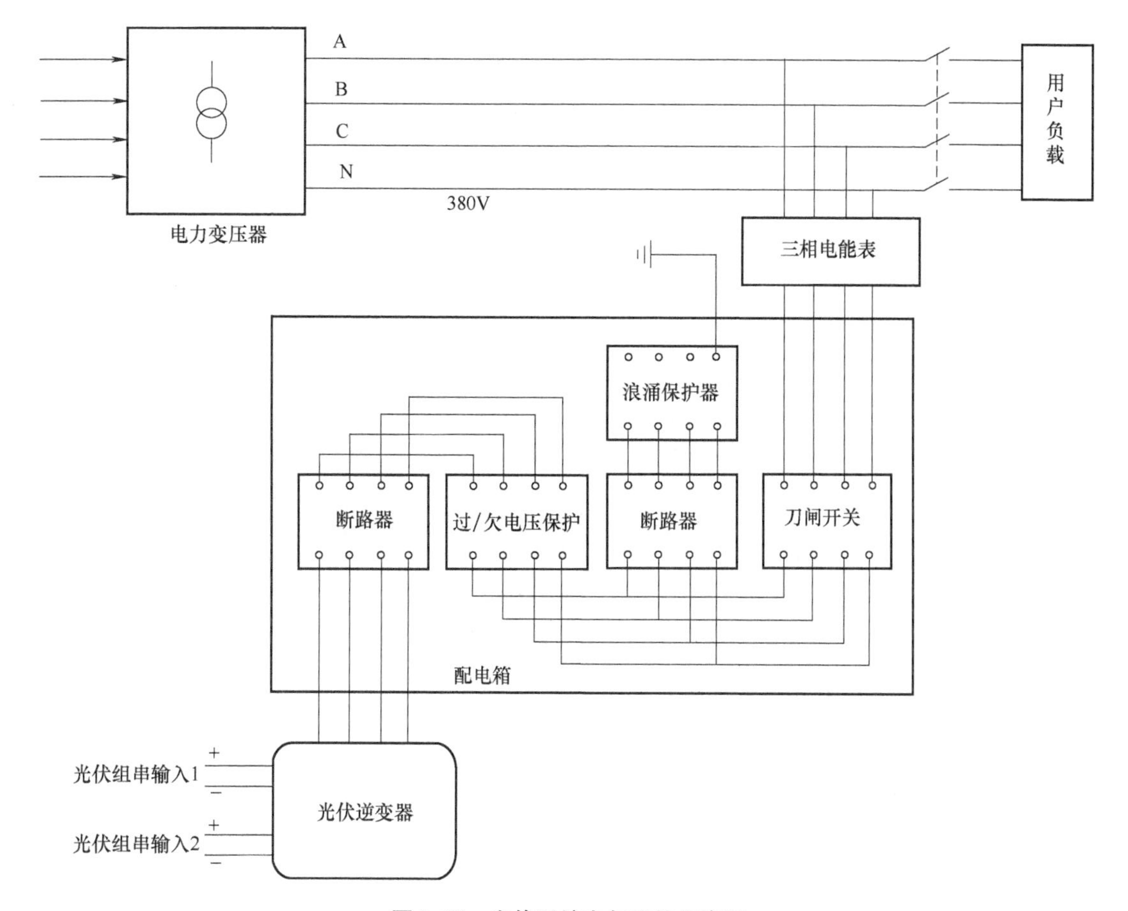

图 8-22 光伏系统电气连接示意图

（4）光伏线缆

本系统选用通过 TUV、CE 等认证的专业光伏线缆产品。该线缆有以下特点：阻燃，极低的烟释放量；耐化学腐蚀；最高长期工作温度可达 90℃；低温条件下的温度保持，敷设时的环境温度在 -40 ℃及以上；敷设时的最小弯曲半径可达 $4d$。

5. 防雷接地系统

严格按照 GB 32512—2016《光伏发电站防雷技术要求》的规定要求设计施工，本方案在整个系统都设有安全可靠防雷装置，光伏支架方阵安装有避雷针，有效防止直击雷。配电箱配用浪涌保护系统，能有效防止系统过电压（感应雷入侵），所有支架均采用等电位连接，光伏组件边框也全部接地。接地装置采用 L50 ×5 ×2000（mm）的镀锌角钢接地极垂直打入土质较好的地中，距地面距离不小于 800mm，接地装置通过 40 ×4 镀锌扁钢与组件方阵支架连接，通过 BVV-1 ×16 导线与配电箱地排连接，配电箱、逆变器电气设备均做了可靠接地。实测接地电阻小于 4Ω，保证系统与设备正常运行，确保人身安全。

6. 光伏支架及施工安装

光伏支架材料采用热镀锌型钢材料，钢种、牌号和质量等级符合现行国家标准和行业标准的规定；所用螺栓等五金件符合现行国家标准和行业标准的规定。本系统支架基础采用专用 Z 型连接件（Z 型钩）通过螺钉与房屋木椽固定。

光伏支架安装步骤：根据组件支架排布图尺寸要求做Z型钩定位，掀开相应位置的瓦片，安装固定Z型钩，每个Z型钩用4个需要长度的自攻螺钉固定到屋顶的檩条上，然后根据需要做防水处理，并把瓦片复原扣好。所有Z型钩固定后，开始连接安装U型钢横梁，之后把光伏组件依次用压块安装固定在横梁上。安装施工时要注意作业安全，所有设备、钢材、组件轻拿轻放，小心滑落伤人，小心损坏瓦片。光伏方阵安装效果如图8-23所示。

图8-23　光伏方阵安装效果图

农村住宅屋顶光伏发电系统根据院落和房屋建筑结构不同，光伏发电容量可以根据用户投资多少和屋顶面积大小确定选择，从3kW、5kW到20kW、30kW都应该可以实施，特别是一些尖顶瓦房、四合院的农户，为了充分利用屋顶面积，要求采用钢结构支架的形式进行安装，实例如图8-24所示，实现了尖顶瓦房全覆盖、四合院屋顶全利用，虽然支架成本费用略有提高，但总的投资收益还是很划算的。

图8-24　农村屋顶钢结构支架形式实例图

8.2.3 40kW 光伏扶贫屋顶发电系统

在建筑物屋顶安装光伏发电系统，建设规模主要与可利用安装面积，选用的光伏组件功率和安装倾角，线路的铺设方式，电气设备的安装位置以及电网的接纳能力等都有关系。

1. 工程概况

本项目是山西省长治市武乡县分水岭乡某村的分布式光伏扶贫电站项目，项目所在地位于东经 113°26′，北纬 38°33′，海拔 1181m。光伏方阵朝向正南，倾角 15°~25°。项目建设将利用该村村委会院内屋顶及院内空闲位置，可利用面积合计约 660m²。本项目经前期踏勘，分析计算拟定安装容量约 40kW，光伏方阵占用屋顶及院落面积约为 300m²。项目通过单点 380V 低压并网，并采用全额上网模式。由于该项目供电区域电力消纳能力较强，所发电量基本可以在该区域内就地消纳，因此，虽然采用全额上网的模式，但符合就地消纳的原则。

2. 系统设计原则和依据

参看 8.1.1 节相关内容。

3. 系统构成概况

本方案可使用面积在 300m² 以上，根据屋顶和院落状况，考虑到屋顶安装位置是瓦片屋顶，屋顶老旧，荷载能力比较差，故屋顶部分方阵安装角度依附于屋顶的表面。屋顶倾斜角度约为 25°，基本符合光伏发电最大发电量的角度需求，同时为保证系统整体发电的稳定性，院落部分方阵安装角度将与屋顶部分安装角度统一。光伏组件将平铺在屋顶及院落的钢框架上，屋顶部分组件排布如图 8-25 所示。

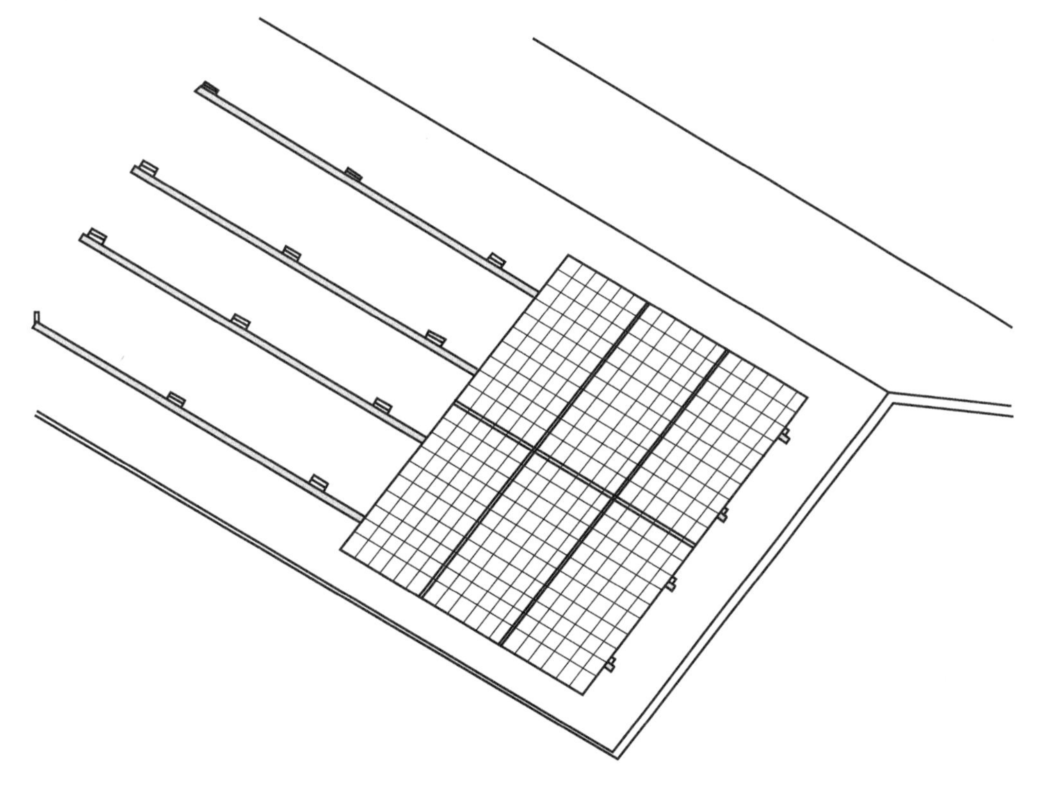

图 8-25 屋顶部分组件排布图

该电站共采用宁波“华顺”品牌265W多晶硅光伏组件160块，设计为每20块串联构成一组组串，共8组组串，总装机容量为42.4kW。8组组串接入一台40kW的组串式逆变器中，逆变器选用宁波“锦浪”GCI-40K-HV大三相组串式逆变器，逆变器输出的380V三相交流电，通过交流并网配电柜连接后并入该村380V三相交流配电网中。

4. 系统主要配置和设备选型

本系统主要由光伏组件方阵、并网逆变器及监控系统、并网配电柜、光伏支架等组成。

（1）光伏组件

本系统选用宁波“华顺”265W多晶硅光伏组件，其主要性能参数见表8-9。

表8-9 “华顺”265W光伏组件主要性能参数

太阳能电池类型	多晶硅电池
最大功率 P_{max}/W	265
最佳工作电压 U_{mp}/V	30.8
开路电压 V_{oc}/V	38.3
最佳工作电流 I_{mp}/A	8.61
短路电流 I_{sc}/A	9.1
最大系统电压/V	1000
适用温度范围	-40～85℃
长/mm	1640
宽/mm	992
重量/kg	19

（2）光伏逆变器

选用宁波“锦浪”GCI-40K-HV大三相组串式逆变器。该逆变器的主要性能特点：

1）独立的最大功率跟踪，精确的MPPT算法，适合连接不同的光伏组件；

2）输入电压范围广，输入电流大，适用于大功率光伏组件连接；

3）最大效率大于99%；

4）采用大尺寸彩色液晶显示屏；

5）适合户外安装运行，IP65防护等级，设计轻便，安装容易；

6）支持RS485、WiFi、GPRS等多种通信方式，WiFi和GPRS监控软件可在手机APP中下载；

7）内置多种电网保护功能，能够自动断开电网连接。主要性能参数见表8-10。

表8-10 “锦浪”40kW并网逆变器主要性能参数

逆变器型号	GCI-40K-HV
最大直流输入功率/kW	48
最大直流输入电压/V	1100
MPPT工作电压范围/V	200～1000
最大输入电流/A	18+18+18+18
输入连接端数	4/8

（续）

额定交流输出功率/kW	40
最大交流输出功率/kW	44
交流输出电压范围/V	384～576
额定交流电压/V	480
额定交流频率/Hz	50
工作频率范围/Hz	47～52
直流绝缘阻抗监测	有
集成直流开关	可选
漏电流监控模块	内部集成
电网监控及保护	有
孤岛保护	有
尺寸（宽×高×厚）/mm	630×700×357
重量/kg	61
直流端口	MC4
通信接口	RS485 4芯端子，RJ45接口
监控方式	WiFi或GPRS

逆变器配套的数据采集棒通过RS485接口从逆变器中获取光伏发电运行状态信息，包括：光伏阵列的直流电压、直流电流、直流功率、并网逆变器内部温度、交流输出电压、交流输出电流、交流输出功率、当日发电量、总发电量等数据信息进行处理，并通过GPRS/WiFi/网线等方式传到网上，通过电脑或者手机进行实时监控。组串式并网逆变器的优点是不占场地，可以安装在不十分显眼但通风散热良好的场所。

（3）并网配电箱

并网配电箱具备防雷接地、隔离、防逆流、过载保护等功能。在配电箱表面设置专用标识和“警告”“双电源”等提示性文字和符号。该配电箱在供电负荷与并网逆变器之间，公共电网与负荷之间都使用断路器设置了手动隔离开关和自动断路器，具有明显断开点指示及断零功能。

5. 系统连接及接地

此屋顶光伏发电系统峰值功率为42.4kW，容量符合《国家电网公司光伏电站接入电网技术规定》第4条“一般原则”中“小型光伏电站——接入电压等级为0.4KV低压电网的光伏电站”的条件。该系统电气连接如图8-26所示。每20块光伏组件构成1个光伏组串，每2组组串接入逆变器的1路MPPT回路。逆变器将光伏直流变换为380V交流电后，通过并网配电箱采取“全额上网”方式接入用户配电箱的三相交流母线中。光伏电站所产生的电能大部分被区域内自行消纳，不足部分由电网供给。

该项目的接地系统分两块，地面支架部分的光伏方阵通过钢支架的四个立柱及基础预埋件四点接地。屋顶部分利用30mm×3mm镀锌扁铁在屋顶光伏方阵四周做一个接地环网，光伏组件边框及横梁等都就近与环网连接，环网延伸出的扁铁与地面支架进行焊接连接，焊接处做防锈处理。因该屋顶周边有高于光伏方阵的树木和山坡，所以没有为光伏方阵单独安装避雷针。

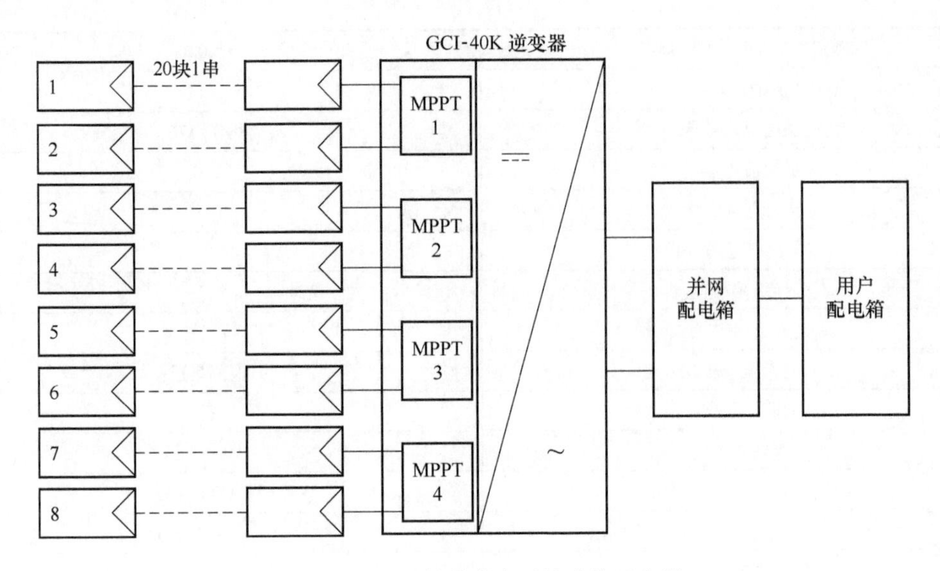

图 8-26　40kW 扶贫发电系统连接示意图

6. 光伏支架

本项目选用国内知名品牌的光伏支架，其产品通过 ISO 9001 认证中心认证。具有多种规格，适合所有支架零配件安装要求，角度调节可以自由调节。与专利塑翼螺母配合，抗震，防松，防滑，抗剪，抗疲劳荷载。设计厚度合理，保证连接点受力。屋顶支架及安装示意如图 8-27 所示，地面支架及制作安装示意如图 8-28 所示。

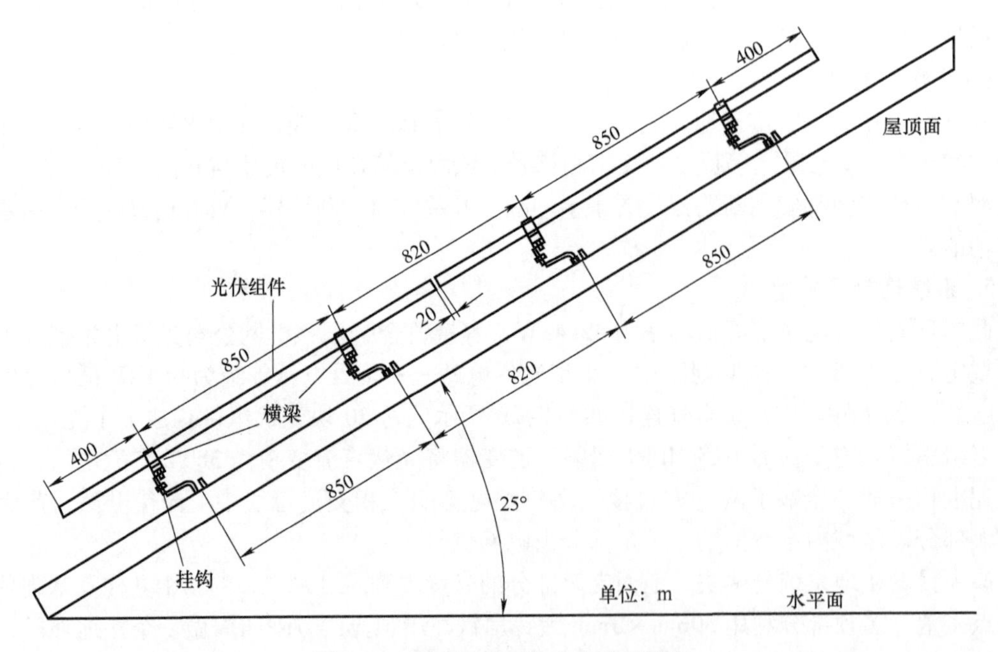

图 8-27　屋顶支架及组件安装示意图

40kW 光伏扶贫电站如图 8-29 所示。

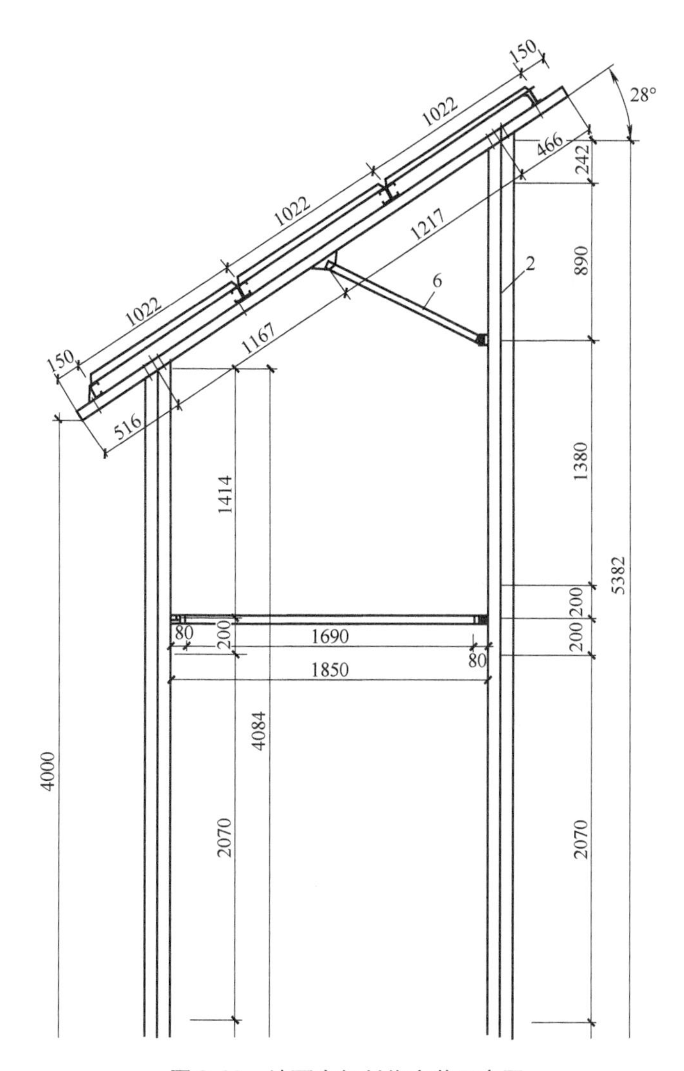

图 8-28　地面支架制作安装示意图

图 8-29　40kW 光伏扶贫电站实例图

8.3 地面光伏发电系统（电站）工程实例

8.3.1 3.2MW 荒山坡光伏扶贫电站

1. 工程概况

该工程位于山西省长治市某县，长治市位于山西东南部，紧邻太行山脉，部分老百姓相对贫困，有很多无法种植的石头山梁山坡，利用这些荒山荒坡建设分布式光伏电站，实施光伏扶贫，为当地老百姓和贫困户提供一份额外收入，是各级政府对贫困县、乡、村实现精准扶贫、快速脱贫的主要措施之一。项目地位于东经 113.28°，北纬 36.15°，海拔 1190m。当地多年极端最高气温为 37.4℃，多年极端最低气温为 -24.5℃，部分工程外貌如图 8-30 所示。

图 8-30 3.2MW 荒山坡电站部分工程外貌图

2. 系统设计原则和依据

（1）系统设计原则

1）高效性。优化设计方案，在给定的安装场地面积内，尽可能地利用地理条件，充分利用平缓地势和各种朝向合适的缓坡，合理排布光伏方阵，提高光伏组件的利用效率，达到充分利用太阳能，提高最大发电量的目的。

2）安全性。设计的光伏系统要安全可靠，保证抗风、抗雪载荷能力，消除各种安全隐患，保证系统安全稳定运行。施工过程中要保证绝对安全，遵守各种安全作业规范和施工操作规范。尽可能地减少系统运行中的维修维护费用，同时应考虑到方便施工和利于维护。

3）经济性。在满足光伏发电系统发电效果和各项性能指标的前提下，充分考虑光伏发电系统装机容量分散、安装距离远等特点，最大限度的优化设计方案，优化调整布局，合理选用各种设备、材料，把不必要的浪费消除在设计阶段，降低工程造价，为业主节约投资。

（2）系统设计依据

1）现场勘察技术参数及业主提供技术要求；

2）《光伏发电站设计规范》GB 50797—2012；

3）《光伏发电站施工规范》GB 50794—2012；

4）《太阳能光伏电站设计与施工规范》DB44/T1508—2014；

5）《光伏发电工程验收规范》GB/T 50796—2012；

6）《光伏发电站防雷技术要求》GB 32512—2016；

7）《光伏发电站接入电力系统设计规范》GB/T 50866—2013；

8）《光伏发电工程施工组织设计规范》GB/T 50795—2012；

9）《建筑地基基础数据规范》GB 50007—2011；

10）国家现行光伏行业相关法律、法规、标准和规范。

3. 系统构成概况

根据施工地地形地貌及可利用面积，设计总发电容量为 3.256MW，采用分块发电，集中并网方案。整个系统共使用 265W 多晶硅光伏组件 12288 块，每 24 块光伏组件构成一个方阵，共有 512 个方阵，方阵固定倾角为 34°。系统使用 50kW 组串式逆变器 64 台，4 进 1 出交流汇流箱 16 台，1.6MW/10kV 箱式变电站 2 台。

由于 3.2MW 的光伏并网电站功率容量较大，同时考虑到受安装现场地形地貌的限制，所有的光伏组件很难具有统一的安装倾斜角度和方位，所以，本系统采用以 50kW 为一个组成单元，4 个单元为 1 个子阵的多组并联的方案，即系统中每 24 块组件串联连接构成一个组串方阵，每 8 个方阵汇入一台 8 路输入逆变器中构成 50kW 输出容量的 1 个单元，每 4 个单元构成 1 个子阵，输出的三相交流电汇入交流汇流箱并联构成 200kW 的输出容量，经 4 台交流汇流箱输出的交流电进入箱式变电站后并联汇流形成 800kW 的输出容量接入双分裂升压变压器的一个绕组，另一路 800kW 容量构成相同。进入升压配电站后的 1600kW 容量经 0.5/10kV（1600kV·A）变压器升压装置后，实现整个并网发电系统的并入 10kV 中压交流电网。1.6MW 系统构成示意如图 8-31 所示，整个系统由两个 1.6MW 的系统组成。

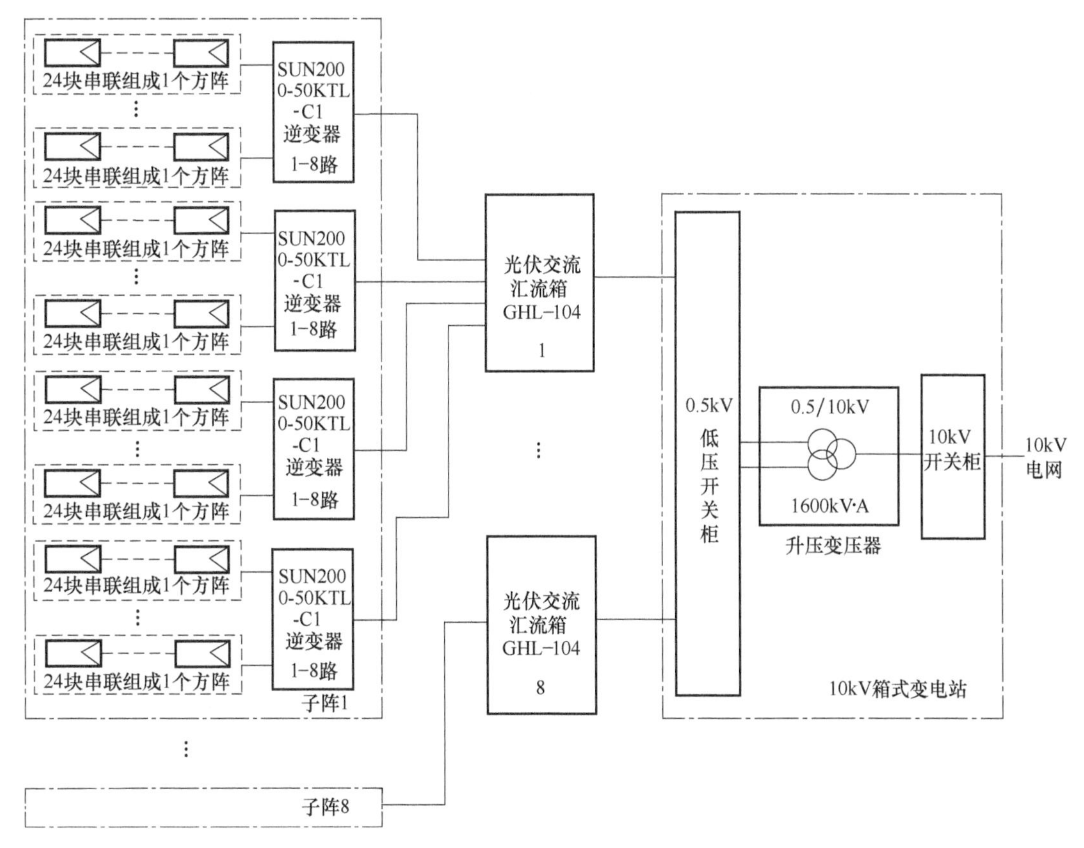

图 8-31　1.6MW 系统构成示意图

4. 系统主要配置和设备选型

该系统主要由光伏组件、光伏逆变器、交流汇流箱、箱式变电站等构成。

（1）光伏组件

本系统选用山西潞安 265W 多晶硅光伏组件，组件型号 LA60-6-265P，其主要性能参数见表 8-11。

表 8-11 “潞安”265W 多晶硅光伏组件主要性能参数

太阳能电池类型	多晶硅电池
最大功率 P_{max}/W	265
最佳工作电压 U_{mp}/V	31.2
开路电压 V_{oc}/V	38.0
最佳工作电流 I_{mp}/A	8.5
短路电流 I_{sc}/A	9.1
最大系统电压/V	1000
适用温度范围	-40～85℃
长/mm	1640
宽/mm	992
重量/kg	18

（2）光伏逆变器

在光伏逆变器的选择上，考虑到施工地的山地地形起伏较大，光伏组件安装方位角可能不完全一致，方阵朝向一致性较低，其光伏方阵受地形影响相对分散，所以选用组串型光伏逆变器以保证系统技术性能。本项目选用了“华为”品牌的 SUN2000-50KTL-C1 型 50kW 逆变器，外形如图 8-32 所示。这款逆变器是将直流汇流和逆变器“二合一”的产品，有 8 路输入，其电路框图如图 8-33 所示。该逆变器的主要性能特点：

图 8-32 华为 50kW 组串逆变器外形图

1）8 路高精度智能组串检测，减少故障定位时间 80%；

2）采用 PLC 电力载波通信技术，无需专用通信线缆；

3）最高效率 99%，中国效率 98.49%；

4）500V 交流电压输出，比 400V 交流电压输出可减少 36% 的线损；

5）交流输出无 N 线，可节省 20% 的交流线缆投资；

6）无熔丝设计，避免直流侧故障引起的火灾隐患；

7）自然散热，IP65 防护等级，设计轻便，安装容易；

8）内置交直流防雷模块，全方位防雷保护。主要性能参数见表 8-12。

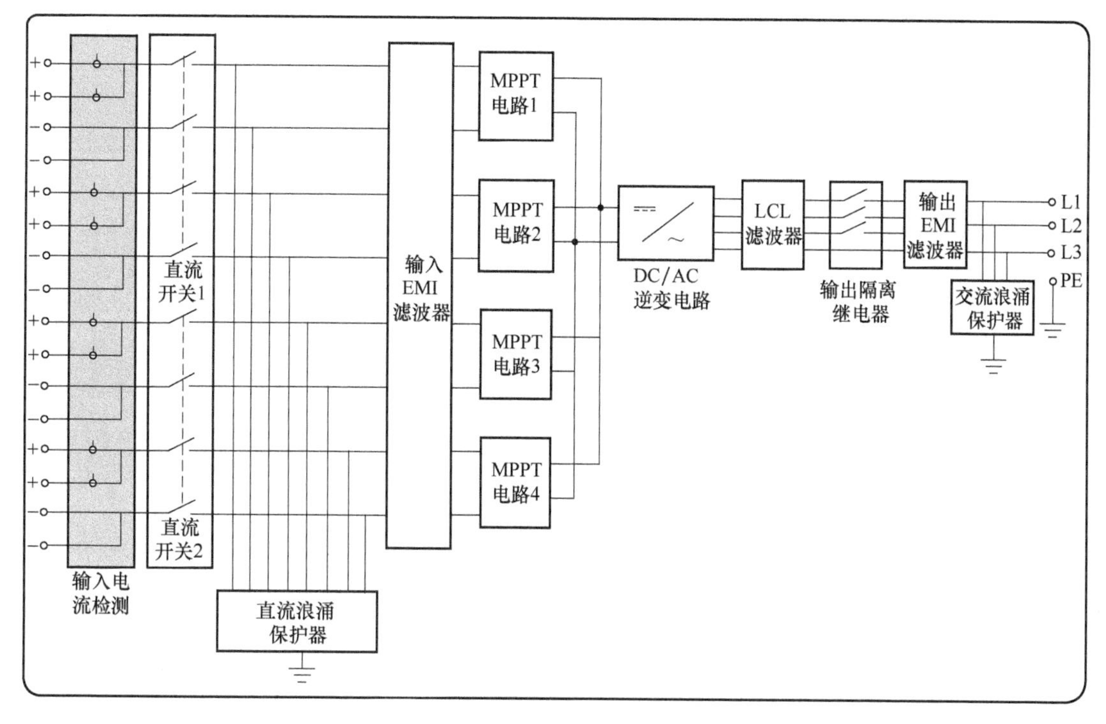

图 8-33　华为 50kW 逆变器电路原理框图

表 8-12　华为 50kW 并网逆变器主要性能参数

逆变器型号	SUN2000-50KTL-C1
最大直流输入功率/kW	53.5
最大直流输入电压/V	1100
MPPT 工作电压范围/V	200 ~ 1000
额定输入电压/V	750
最大输入电流/A	22 + 22 + 22 + 22
最大输入路数	8
MPPT 数量	4
额定交流输出功率/kW	47.5
最大视在功率/kV · A	52.5
额定输出电压/V	3 × 288/500 + PE
额定输出电流/A	54.9
额定电压频率/Hz	50
最大输出电流/A	60.8
功率因数	0.8 超前……0.8 滞后
最大总谐波失真	<3%
输入直流开关	支持
防孤岛保护	支持

（续）

输出过流保护	支持
输入反接保护	支持
组串故障检测	支持
直流浪涌保护	TYPE Ⅱ
交流浪涌保护	TYPE Ⅱ
绝缘阻抗监测	支持
RCD 检测	支持
显示	LED 指示灯；蓝牙 + APP
RS485、USB、PLC	支持
尺寸（宽×高×厚）/mm	930×550×260
重量/kg	55
工作温度/℃	-25~60
冷却方式	自然对流
最高不降额工作海拔/m	4000
相对湿度	0~100%
输入端子	Amphenol H4
输出端子	防水 PG 头 + GT 端子
防护等级	IP65
夜间自耗电	<1W
拓扑	无变压器

（3）交流汇流箱

交流汇流箱采用单母线接线，4 进 1 出方式，输入侧 4 路各设 1 个 3 极微型断路器，额定电流 63A，额定电压 AC 540V，额定绝缘电压 690V；输出侧为 1 路，设 3 极负荷隔离开关，额定电流 250A，额定电压 AC 540V，额定绝缘电压 690V；主回路并接光伏专用防雷器，额定工作电压 540V，动作电压 1600V，标称放电电流 20kA，最大放电电流 40kA。

汇流箱箱体外壳采用不锈钢加涂防腐漆，防水、防灰、防锈、防晒、防盐雾，防护等级为 IP65，可满足室外安装的要求。汇流箱进出线电缆采用下进下出方式，电缆进入汇流箱处设有防水密封圈。

（4）箱变内交流汇流柜

箱变内交流汇流柜与交流汇流箱原理结构类似，也是采用单母线接线，9 进 1 出方式，输入侧 9 路各设 1 个 3 极塑壳断路器，额定电流 250A，额定电压 AC 540V，额定绝缘电压 690V；输出主回路设 3 极空气断路器（框架开关），额定电流 2000A，额定电压 AC 540V，额定绝缘电压 690V；主回路由箱变低压侧开关柜内部设导体连通至变压器低压侧。

主回路并接光伏专用防雷器，额定工作电压 540V，动作电压 1600V，标称放电电流 40kA，最大放电电流 80kA。

5. 系统连接及接地

本项目系统连接可参看图 8-31 所示的系统构成示意图。光伏方阵的排布采用了 3 行横向排列的方案，每个方阵由 24 块组件构成。光伏组件之间的接线，主要利用光伏组件自带的正负极引出线缆顺序连接，即前一块组件的正极与后一块组件的负极连接，将 24 块组件串联成一个组件串，如图 8-34 所示。组件串到逆变器之间的连线，采用 1 ×4mm² 直流光伏线缆。

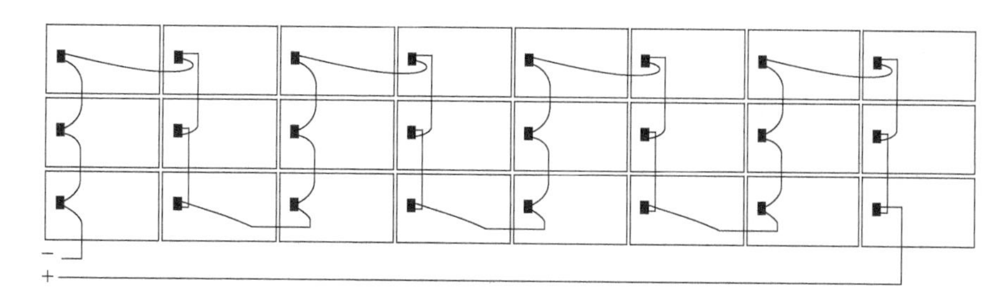

图 8-34　光伏方阵出线方向示意图

逆变器输出到交流汇流箱的接线采用 3 ×16mm² 线缆；交流汇流箱输出到箱式变电站低压侧的接线采用 3 ×95mm² 线缆。

系统的防雷接地。本系统在光伏方阵群内没有单独架设直击雷接闪器，而是利用光伏组件边框和方阵支架的等电位连接形成接闪器装置。逆变器、交流汇流箱、箱式升压站等设备均采用金属外壳作为防直击雷接闪器。

这个工程设置了防雷接地、系统接地、保护接地和工作接地共用的接地系统，接地系统由接地引下线和接地极构成。光伏系统所有外露的金属构件（包括光伏组件边框、光伏方阵支架、线缆桥架、逆变汇流设备的外壳等）都将通过防雷接地引下线引入地下接地极。接地极主要有水平接地极和垂直接地极组成，以水平接地极为主，垂直接地极为辅，形成复合接地网。水平接地极采用 -60 ×6（mm）热镀锌扁钢，埋深距地面 0.8m，垂直接地极采用 L60 ×60 ×6（mm）热镀锌角钢，长度 2.5m 打入地下，顶端距地面 0.8m 的位置。

6. 基础与支架

该工程根据现场地质条件，选用了微孔灌注桩（直埋式）基础。基础地面开孔孔径约 130mm，基础孔深度为 1.5m。基础桩选用预制钢管桩，桩体长度 1.5m 左右，钢管直径 78mm，桩体露出地面高度约 0.3m。

该工程全部采用钢结构支架，由下往上分别由立柱、斜梁、斜撑、横梁等组成。各构件碳型钢材或冷弯薄壁型钢制造，材质为 Q235B，镀锌层厚度为 65μm。组件压块为铝合金材质。支架立柱与调节板螺栓连接，用于调节上下高度，立柱前后设置一道斜梁，与立柱采用三角件连接，斜梁上设置四道横梁，横梁与斜梁采用螺栓连接。横梁与光伏组件采用托板和压块连接。为了确保支架立柱与斜梁的结构稳定性，在斜梁与后立柱之间设置一道斜支撑。在两个后立柱之间设置固定两道横梁，用于放置安装逆变器。

8.4　离网光伏发电系统工程实例

8.4.1　森林防火监测站离网光伏发电系统

1. 工程概述

2019 年 3 月，山西长治市沁源县发生森林火灾后，各级政府高度重视，采取各种措施积极预防和监测森林火灾的再次发生，森林防火监控及森林防火监测站的建立就是措施之一。

本工程项目位于山西省长治市沁源县，在森林覆盖区域利用集装箱式活动房建立若干个森林防火监测站，配备专人在火灾多发期进行防火巡查。这种站点无法利用交流电网供电，但又需要解决值班巡查人员的照明、热饭、取暖、风扇等基本用电问题，所以需要利用太阳能离网光伏发电系统为巡查站提供基本工作和生活用电。监测站工程外貌如图 8-35 所示，所用设备负载耗电量统计见表 8-13。

图 8-35　森林防火监测站光伏发电系统

表 8-13　森林防火监测站负载耗电量统计表

负载名称	负载功率/W	数　量	合计功率/W	每日工作时间/h	每日耗电量/W·h	连续阴雨天
LED 照明灯	15	1 盏	15	4	60	3 天
电炒锅	1500	1 套	1500	0.5	750	
电风扇	120	1 台	120	8（夏季）	960	
小太阳电热器	1000	1 台	1000	3（冬季）	3000	
手机充电	10W	1 台	10	4	40	
合计	—	—	2645	—	4810	

2. 系统设计概述

光伏发电系统的设计计算要以先进性、合理性、可靠性和高性价比为原则。根据负载耗电量统计数据，该系统每日平均耗电量为 4810W·h，也就是说光伏发电系统也应该发出相应的电量才能满足负载用电。但是通过负载耗电量统计表发现，电风扇是在夏季使用，小太阳电热器是在冬季使用，如果把这两个季节性用电器的耗电量叠加计算，肯定不合理，会加大系统成本。考虑到小太阳电热器的日耗电量远远大于电风扇的日耗电量，况且冬季太阳辐照度相对较低，光伏发电系统的发电量相对较弱，所以本系统要以满足冬天用电量为依据进行设计和计算后，系统在其他季节的发电量会富富有余。

该系统在冬季的实际日耗电量为：4810 - 960 = 3850W · h，也就是说光伏发电系统只要满足每日 3850W · h 的用电量就比较合理了。当地的峰值日照时数为 4.04h，室外最低气温为 -21℃。根据系统总体容量要求及常规光伏组件、离网逆变器等设备的相关参数，本系统在设计计算时，要考虑光伏组件或方阵的输出功率容量要基本等于系统需求的功率容量；离网逆变器的输入功率要大于光伏组件的输出功率，逆变器的输出功率要满足所有用电器同时使用的要求功率。按照用电器冬季使用要求，合计用电功率为 2645 - 120 = 2525W，因为本项目用电器基本都是电阻性负载，所以选择输出功率为 3KW 的逆变器就能满足要求。根据逆变器相关参数，确定系统直流电压为 48V。

3. 容量计算及设备选型

（1）光伏组件

按照前面介绍的计算方法，计算出光伏组件容量为 1384W。选择额定功率为 330W 的高效多晶光伏组件 4 块，总容量为 1320W，采取 2 块串联，2 串并联的连接方式组成光伏方阵，符合系统容量要求和对 48V 蓄电池组充电电压的要求。光伏组件型号为 SJ-330P6-24，主要性能参数见表 8-14。

表 8-14 SJ-330P6-24 光伏组件主要性能参数

太阳能电池类型	多晶硅电池
标称峰值功率/W_p	330
最佳工作电压 U_{mp}/V	38.15
标称开路电压 V_{oc}/V	44.86
最佳工作电流 I_{mp}/A	8.65
标称短路电流 I_{sc}/A	9.804
最大系统电压/V	DC 1000
适用工作温度范围/℃	-40 ~ 85
组件尺寸（长×宽×厚）/mm	1956 × 992 × 40
重量/kg	24

（2）离网逆变控制一体机

根据光伏方阵容量及用电负载功率要求，选用广东“欣顿”品牌的 NB30248 型工频逆控一体机，主要性能参数见表 8-15。

表 8-15 NB30248 型工频逆控一体机主要性能参数

额定功率/W	3000
电池电压/V	48
太阳能控制器充电电流/A	10 ~ 60（PWM）
光伏输入电压范围/V	60 ~ 88
最大光伏输入电压/V	100
最大光伏输入功率/W	2240

（续）

逆变输出电压/V	220
逆变输出频率/Hz	50
逆变输出波形	纯正弦波
逆变转换效率	≥85%
散热方式	智能风扇控制
工作温度/℃	-10～40
机器尺寸（$L\times W\times H$）/mm	420×208×348
重量/kg	29

（3）蓄电池组

根据蓄电池容量计算方法，计算出蓄电池组容量为48V，535A·h，根据计算结果，选用河北“奥冠”品牌6-GFM-250型12V/250A·h蓄电池8块，4块串联2串并联组成电池组，总电压总容量为48V/500A·h，基本符合系统储能要求。

4. 施工要点

（1）光伏支架

光伏支架方阵倾斜角为45°，充分考虑光伏方阵冬季的辐照度。光伏支架选用热镀锌U型钢材制作，因施工现场无法焊接，所以根据支架设计尺寸提前切割好底梁、前后立柱、横梁、斜拉梁等，通过三角连接件在现场组合连接。由于集装箱活动房屋顶无法通过铰接或焊接的方法固定支架，采用了钢丝绳斜拉的方式，将光伏支架的4边的前后立柱与集装箱屋顶4个角的吊装孔通过钢丝绳拉紧，解决了整个光伏方阵在活动房屋顶的固定问题。系统光伏支架组合方式如图8-36所示。

图8-36 系统光伏支架的组合

（2）防雷接地系统

在活动房靠山体位置埋设用50角钢制作的接地体，埋至离地面0.7m以下。接地体与屋顶支架用25mm²接地铜线进行连接。光伏组件边框、光伏支架、逆控一体机和配电箱接地端都通过4mm²接地铜线与25mm²接地铜线进行连接。配电箱内接有浪涌保护器，防止雷击对逆变器及蓄电池的损害。

（3）系统的主要配置（见表8-16）。

表8-16 监测站系统主要配置表

名　称	规格或技术参数	数　量
太阳能光伏组件	多晶330W	4块（2块串×2串）
蓄电池组	250A·h/12V胶体铅酸蓄电池	8块（4块串×2串）

（续）

名　称	规格或技术参数	数　量
逆变控制一体机	48V/30A，AC220V/3kW	1 台
蓄电池支架	250Ah 蓄电池专用	1 套
光伏支架	41 ×41U 型镀锌型材	1 套
防雷配电箱		1 套
光伏直流线缆	FL-1 ×4mm^2	30m
直流接线连接器	MC4 1-1/MC4 1-2	10 套

8.4.2　家用大容量离网光伏发电系统

1. 工程概述

本项目位于河北省石家庄市藁城区，项目业主是一位太阳能光伏发电的热爱者，居住地家中虽然有电网供电，但还是愿意在自家屋顶建设一个容量大一些的离网光伏发电系统，平时尽量以光伏发电作为家庭的基本生活用电，光伏发电量不够使用时，自动切换为电网市电供电。如果遇到阴雨天或者电网停电时，这套光伏发电系统也能满足家庭 10h 以上的基本用电量。本系统设计为单相离网光伏供电系统，由光伏发电产生的 220V 交流电为家庭中的主要用电设备空调、热水器、冰箱、照明等供电，该地区的峰值日照时数为 5.03h。图 8-37 所示为该系统光伏方阵外观图片，所用负载设备耗电量统计见表 8-17。

图 8-37　家用离网光伏发电系统光伏方阵

表 8-17　家庭离网系统供电负载耗电量统计表

负载名称	负载功率/W	数　量	合计功率/W	每日工作时间/h	每日耗电量/W·h	连续阴雨天
立式空调器	1700	1 台	1700	6（白天）	10200	0.5
挂式空调器	900W	1 台	900	6（夜间）	5400	
热水器	1500	1 套	1500	2	3000	
茶吧机	1425	1 台	1425	2	960	
冰箱	130	1 台	130	12	1560	
照明灯	18W	5 盏	90	4	360	
合计	—	—	5745	—	21480	

2. 系统设计概述

光伏发电系统的设计计算要以先进性、合理性、可靠性和高性价比为原则。根据负载耗电量统计数据，该系统每日平均耗电量约为21480W·h，也就是说家庭正常用电大概一天要有21.5kW·h左右，那么这个光伏发电系统除了要满足家庭每日正常用电外，还要在蓄电池中有一定的电量储备，以保证在阴雨天或电网停电时能满足家庭平均10h以上的正常用电，也就是说这个光伏发电系统还要保证有相当于0.5天的阴雨天供电量保证。系统设计就将按照用户的这些要求进行。

3. 容量计算及设备选型

（1）光伏组件

根据上面统计的用户负载每日耗电量约为21.5kW·h，按照前面介绍的计算方法，计算出需要的光伏组件容量为6203W。根据现场屋顶面积尺寸，结合系统综合成本及性价比等因素，特别是该系统不像其他纯离网类型的系统供电可靠性要求严格，随时有电网市电可以切换使用，所以选择了目前市场价格偏低的额定功率为270W多晶光伏组件24块，采取6块串联4串并联的连接方式组成光伏方阵，总容量为6480W，基本满足设计要求。光伏组件型号为SJ-270P6-20，主要性能参数见表8-18。

表8-18　SJ-270P6-20光伏组件主要性能参数

太阳能电池类型	多晶硅电池
标称峰值功率/W_p	270
最佳工作电压 U_{mp}/V	30.94
标称开路电压 V_{oc}/V	37.94
最佳工作电流 I_{mp}/A	8.73
标称短路电流 I_{sc}/A	9.489
最大系统电压/V	DC 1000
适用工作温度范围/℃	-40~85
组件尺寸（长×宽×厚）/mm	1640×992×35
重量/kg	18

（2）光伏控制器

根据太阳能光伏方阵容量、最大工作电压、最大工作电流及用电负载特性，选用广东“欣顿”96V/100A的MPPT光伏控制器，主要性能参数见表8-19。本项目选择MPPT光伏控制器，是因为系统的光伏组件选择的是并网光伏电站常用的60片电池片光伏组件，而不是离网系统用的36片或72片光伏组件。36片和72片光伏组件，其最大工作电压正好是满足12V、24V蓄电池正常充电所需要的电压，而60片组件的最大工作电压充12V蓄电池过高，充24V蓄电池又欠缺，通过与MPPT控制器的配合，由于MPPT控制器的工作电压范围比普通PWM控制器要宽，而且MPPT电路始终自动工作在最大功率点状态，可以满足相应蓄电池正常充电的要求，所以选用MPPT控制器，拓宽了光伏组件的选择范围。关于MPPT光伏控制器更详细的内容可参看第4章中相关介绍。

表 8-19 “欣顿”MPPT 型光伏控制器主要性能参数

额定充放电电流/A	100
额定系统电压/V	96
光伏输入电压范围/V	120～160
最大光伏输入电压/V	300
最大光伏输入功率/kW	5.6×2
MPPT 输入路数	2
蓄电池类型	阀控型铅酸电池、胶体电池
充电模式	MPPT 自动最大功率点跟踪
充电方式	三段式充电：恒流、恒压、浮充
保护	过电压、欠电压、过温、反接等
整机效率	>98%
MPPT 效率	>99%
机器尺寸（$L \times W \times H$）/mm	315×250×108
净重	5.6kg

（3）离网逆变器

该系统总的用电负载功率虽然只有 5.75kW，但是用电负载中有两台空调器属于电动机类负载，工作启动电流较大，为保证系统使用的可靠性，在此选用广东“欣顿”的 NB10396 型 10kW 纯正弦波工频逆变器，主要性能参数见表 8-20。

表 8-20 NB10396 型纯正弦波工频逆变器主要性能参数

额定功率/kW	10
电池电压/V	96
逆变输出电压/V	220
逆变输出频率/Hz	50
逆变输出波形	纯正弦波
逆变转换效率	≥85%
散热方式	智能风扇控制
工作温度/℃	－10～40
机器尺寸（$L \times W \times H$）/mm	485×300×646
净重	66kg

（4）蓄电池组

根据蓄电池容量计算方法，计算出蓄电池组容量为 96V，530A·h，根据计算结果，选用选用河北“奥冠”品牌 6-GFM-250 型 12V/250A·h 蓄电池 16 块，8 块串联 2 串并联组成电池组，总容量为 500Ah/96V，基本符合系统储能要求。

（5）系统的主要配置（见表8-21）。

表8-21　大容量系统主要配置表

名　　称	规格或技术参数	数　　量
太阳能光伏组件	多晶270W	24块（6块串×4串）
蓄电池组	250Ah/12V胶体铅酸蓄电池	16块（8块串×2串
MPPT控制器	96V/100A	1台
交流逆变器	NB10396　AC220V/10KW	1台
蓄电池支架	250A·h蓄电池专用	1套
光伏支架	41×62U型镀锌型材	2套
防雷计量配电箱	含单相电度表、单相浪涌器	1套
双电源自动转换配电箱	含双路断路器、自动转换开关	1套
光伏直流线缆	FL-1×4mm^2	60m
直流接线连接器	MC4 1-1/MC4 1-2	10套

4. 系统连接

图8-38所示为该系统线路连接示意图。每6块光伏组件串成1串光伏组串，每2串光伏组串并联成1组分别接入光伏控制器的2路MPPT输入端。8块串联2串并联的蓄电池组分别连接光伏控制器和交流逆变器的电池输入端。交流逆变器输出的220V交流电接入计量配电柜的输入断路器开关，通过断路器开关后连接到单相电能表的①、③输入端，从电能表②、④输出的交流电送到输出断路器后连接到双电源自动转换开关的常用电源输入端，原来入户的市电接入双电源自动转换开关的备用电源输入端，通过双电源自动转换开关输出的交流电接用户原输入线路，为用户负载供电。

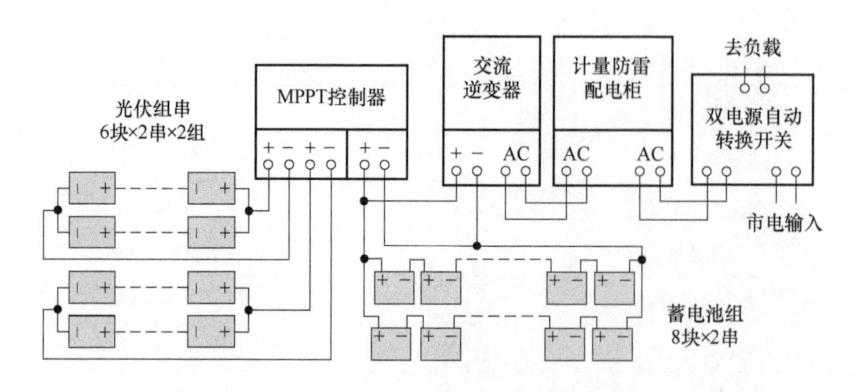

图8-38　大容量离网系统线路连接示意图

防雷计量配电箱的内部结构如图8-39所示，柜内设置了防雷浪涌模块，用于保护用户家中的电器设备。设置的计量电能表用来计量光伏发电系统的发电量。图8-40所示为双电源自动转换开关配电箱的内部结构。

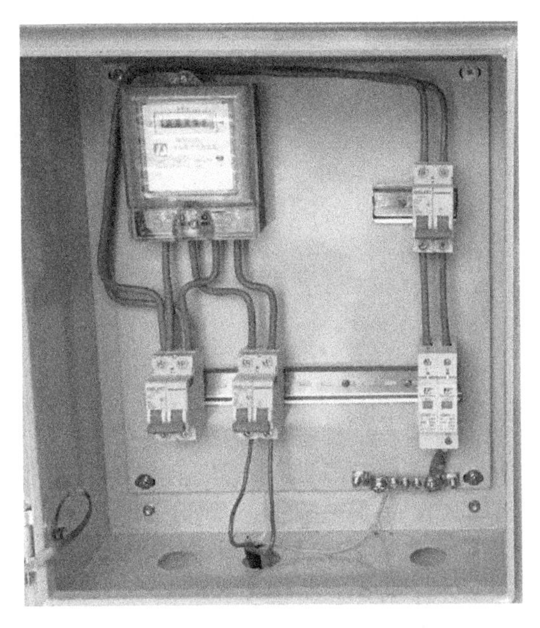

图 8-39　防雷计量配电箱的内部结构

图 8-40　双电源自动转换开关配电箱的内部结构

附录

附录 1　太阳能及光伏发电词语解释

1. 太阳能

太阳能是由太阳中的氢经过核聚变而产生的一种能源。太阳每秒所释放的能量大约为 3.8×10^{26}J，太阳发出的能量大约只有二十二亿分之一能够到达地球大气层的范围，约为每秒 1.73×10^{17}J。经过大气层的吸收和反射，到达地球表面的约占 51%（如附图 1-1 所示），大约为 8.8×10^{16}J。由于地球表面大部分被海洋覆盖，真正能够到达陆地表面的能量只有到达地球范围辐射能量的 10% 左右，约为 1.73×10^{6}J。尽管如此，把这些能量利用起来，也能够相当于目前全球消耗能量的 3.5 万倍。考虑到太阳的寿命至少还有 50 亿年以及其中不含其他有害成分，可以认为太阳能是一种永久、巨大、清洁的绿色能源。充分而合理地利用太阳能，将会是现在和未来解决能源需求和环境污染的有效手段。

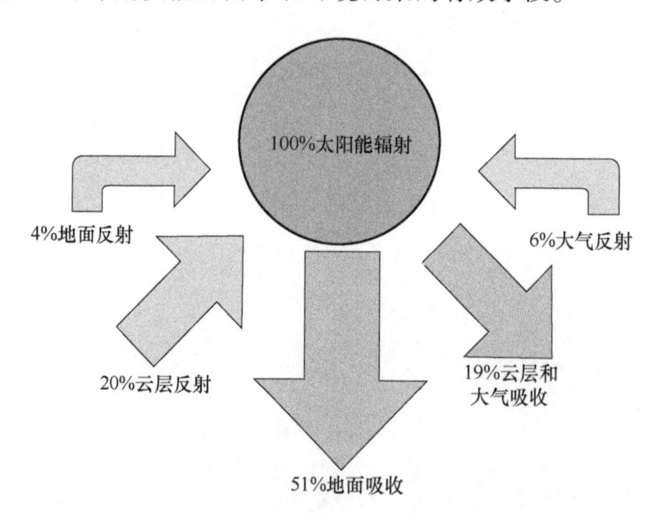

附图 1-1　太阳能的辐射、反射与吸收示意图

2. 太阳及其基本物理参数

太阳是距离地球最近的一颗恒星，日地平均距离为 1.5×10^{11}m。它是一个巨大的炽热球状体，直径为 1.392×10^{6}km，是地球直径的 109 倍。太阳的体积为 1.41×10^{18}km^3，是地球体积的 130 万倍。它的重量为 1.989×10^{30}kg，比地球大 33.3 万倍。它的平均密度为 1.409g/cm^3，密度只有地球的 1/4。它的自转周期为 25 ~ 30 天，距最近的恒星的距离为 4.3 光年。太阳的表面温度为 5770℃，核心温度为 1.560×10^{7}℃，总辐射功率为 3.83×10^{26}J/s。太阳的主要组分是氢和氦等多种元素，其中氢含量约为 81%，氦的含量为 17%。

3. 太阳光的光谱

太阳光发出的是连续光谱。所谓连续光谱，就是太阳光是由连续变化的不同波长的光混合而成的。也就是说，太阳光由许多不同的单色光组合而成。其中由红、橙、黄、绿、青、蓝、紫排列起来的光，都是人的眼睛能看得见的，叫做可见光谱，它的波长范围是0.39～0.77μm。在可见光中，波长较长的部分是红光，波长较短的部分是紫光，中间依次为橙、黄、绿、青、蓝光。在太阳光谱中，可见光只占了极窄的一个波段。波长比红光更长的光（0.77μm以上）叫做红外光，波长比紫光更短的光（0.39μm以下）叫做紫外光。整个太阳光谱波长范围是非常宽广的，从几埃（10^{-10}m）到几十米。虽然太阳光谱的波长范围很宽，但是辐射能的大小按波长的分配却是不均匀的。其中辐射能量最大的区域在可见光部分，占到大约48%，紫外光谱区的辐射能量占到约8%，红外光谱区的辐射能量占到约44%，如附图1-2所示。在整个可见光谱区，最大能量在波长0.475μm处。对太阳电池来讲，太短的短波将不能进行能量变换，过分长的长波只能转换为热量。

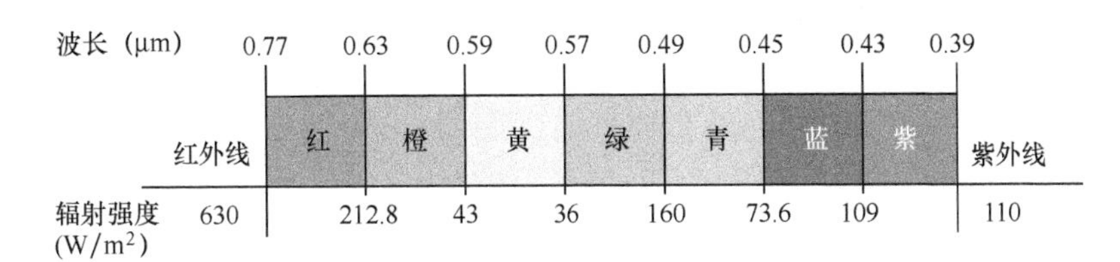

附图1-2 太阳光谱的波长及辐射强度

4. 太阳辐射及能量的计量

自然界中的一切物体，只要温度在热力学温度零度以上，都以电磁波的形式时刻不停地向外传送热量，这种传送能量的方式称为辐射。物体通过辐射所放出的能量称为辐射能，简称辐射。辐射是以电磁波和粒子（如α粒子、β粒子等）的形式向外放散。无线电波和光波都是电磁波。在单位时间内，太阳以辐射形式发送的能量称为太阳辐射功率或辐射通量，单位为瓦（W）；太阳辐射到单位面积上的辐射功率（辐射通量）称为辐射度或辐照度（也可称光照强度或日照强度），单位为瓦/米^2（W/m^2），这个物理量表示的是单位面积上接收到的太阳辐射的瞬时强度；而在一段时间内，太阳辐射到单位面积上的辐射能量称为辐射量或辐照量，单位为千瓦·时/米^2·年[$(kW\cdot h)/m^2\cdot y$]、千瓦·时/米^2·月[$(kW\cdot h)/m^2\cdot m$]或千瓦·时/米^2·日[$(kW\cdot h)/m^2\cdot d$]，这个物理量表示的是单位面积上接收的太阳能辐射量在一段时间里的累积值，也就是某段时间内的辐射总量。

太阳辐射具有周期性、随机性和能量密度低的特点：

1）周期性。太阳辐射的周期性是由地球自身的自转以及地球围绕太阳公转产生的。

2）随机性。地球表面接收到的太阳辐射受云、雾、雨、雪、雾霾和沙尘等因素的影响。这些因素的随机性决定了太阳辐射的随机性。

3）能量密度低。地面接收到的太阳总辐射强度一般会低于世界气象组织确定的太阳常数。

5. 太阳常数

太阳常数是指大气层外垂直于太阳光线的平面上，单位时间、单位面积内所接收的太阳辐射能。也就是说，在日地平均距离的条件下，在地球大气层上界，垂直于太阳光线的

1cm² 的面积上，在 1min 内所接收的太阳辐射能量，为太阳常数。它是用来表达太阳辐射能量的一个物理量。太阳常数值被世界气象组织确定为（1367±7）W/m²。太阳常数在一定程度上代表了垂直到达大气上界的太阳辐射强度。

6. 太阳的高度角和方位角

人们在地球上观察太阳相对于地球的位置时，实际上是太阳相对地球的地平面而言的。通常用高度角和方位角两个角度来确定。同一时刻，在地球上不同的位置，高度角和方位角是不相同的；同一位置，不同的时刻，高度角和方位角也是不相同的。

太阳的高度角是指太阳直射到地面的光线与地（水）平面的夹角，即是指太阳光的入射方向和地平面之间的夹角，如附图 1-3 所示。太阳高度角是反映地球表面获得太阳能强弱的重要因素，日出日落时，高度角为 0°，正午时高度角为最大。人们感觉早晚与中午的阳光强度有很大差异，原因就在于太阳高度角的不同。

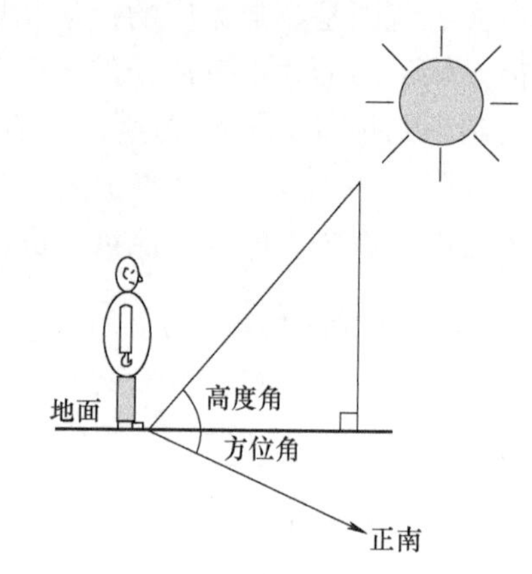

附图 1-3　太阳的高度角和方位角示意图

太阳方位角就是说太阳所在的方位，是指太阳光线在地平面上的投影与当地子午线的夹角，可近似地看作是竖立在地面上的直线在阳光下的阴影与正南方的夹角。方位角以正南方向为 0°，由南向东向北为负角度，由南向西向北为正角度，如太阳在正东方时，方位角为 -90°，在正西方时方位角为 90°。实际上太阳并不总是东升西落，只有在春、秋分两天，太阳是从正东方升起，正西方落下。在夏至时，太阳从东北方升起，在正午（太阳中心正好在子午线上的时间，即太阳方位角由负值变为正值的瞬间）时，太阳高度角的值是一年中最大的，然后从西北方落下。在冬至时，太阳从东南方升起，在正午时，太阳高度角的值是一年中最小的，然后从西南方落下。

太阳方位角决定了阳光的入射方向，决定了各个方向的山坡或不同朝向建筑物的采光状况。当太阳高度角很大时，太阳基本上位于天顶位置，这时太阳方位角的影响较小。

因此，了解太阳高度角和方位角对分析地面的太阳光强、适宜的利用太阳能有重要意义。

7. 地球的经度和纬度

在地图或者地球仪上，可以看到一条一条的经度线和纬度线，它们可以准确地反映某一点在地球上的精确位置。经度和纬度不同，气候也不同，太阳辐射能量的差异也有很大区别。

习惯上我们把与地轴线垂直的地球中腰线线圈叫做赤道，在赤道的南北两边，画出许多和赤道平行的圆圈，就是纬度圈，构成纬度圈的线段就是纬线。纬度共有 90°，即向南向北各为 90°，赤道定为纬度 0°，向两极排列，纬度圈越小，度数越大。位于赤道以北的纬度叫北纬，记为 N，赤道以南的纬度叫南纬，记为 S。北极就是北纬 90°，南极就是南纬 90°。纬度的高低也标志着气候的冷暖，如赤道和低纬度地区无冬天，两极和高纬度地区无夏天，中纬度地区四季分明。纬度在 0°~30°之间的地区叫低纬地区，在 30°~60°之间的地区叫中纬地区，在 60°~90°之间的地区叫高纬地区。

从北极点到南极点，可以画出许多南北方向上与地球赤道垂直的大圆圈，构成这些圆圈的线段就叫经线。即是在地面上连接两极的线，表示南北方向。国际上规定，把通过英国伦敦格林尼治天文台原址的那一条经线定为0°，并称为本初子午线。本初子午线是为了确定地球经度和全球时刻而采用的标准参考子午线。

8. 太阳的直接辐射和散射辐射

太阳的直接辐射就是通过直线路径从太阳射来的光线，它被物体遮挡时，能在物体背后形成边界清晰的阴影。而散射辐射则是经过大气分子、水蒸气、灰尘等质点的反射，改变了方向的太阳辐射。它似乎从整个天空的各个方向来到地球表面，但大部分来自靠近太阳的天空。太阳的散射光线如同阴天和雾天一样，不能被物体遮蔽形成边界清晰的阴影，也不能用凸透镜或反射镜加以聚焦或反射。

太阳辐射的总辐射强度是直接辐射强度和散射辐射强度的总和。直接辐射强度与太阳的位置以及接收面的方位和高度角等都有很大的关系。散射辐射则与大气条件，如灰尘、烟气、水蒸气、空气分子和其他悬浮物的含量，以及阳光通过大气的路径等有关。一般在晴朗无云的情况下，散射辐射的成分较小；在阴天、多烟尘的情况下，散射辐射的成分较大。

散射辐射的强度通常以和总辐射强度的比来表示，不同的地方和不同的气象条件，其差异很大，散射辐射强度一般占到总辐射强度的百分之十几到百分之三十几。

9. 太阳能的吸收、转换和储存

太阳能的吸收其实也包含转换，如太阳光照射在物体上，被物体吸收，物体的温度升高，这就是太阳光能变成了热能。太阳光照射在太阳电池上被它吸收，在电极上产生电压，能通过外电路输出电能，就是把太阳光能变成电能。太阳光照射在植物的叶子上，被叶绿体吸收，通过光合作用变成化学能，而且储存在其中，维持植物生命并促使它生长，在这里太阳能的吸收除了转换，还有储存。

当太阳辐射能入射到任何材料的表面上时，有一部分被反射出去，一部分被材料吸收，另一部分会透过材料。因此，太阳辐射能量应当等于被材料反射的能量、吸收的能量和透过材料的能量之和，即

$$太阳辐射能量 = 吸收率 + 反射率 + 透射率 = 1$$

吸收率是材料吸收的能量占全部入射能量的百分比，反射率是材料反射的能量占全部入射能量的百分比，透射率是材料透射的能量占全部入射能量的百分比。这3个能量的大小，不但与物质表面温度、物理特性、几何形状、材料性质有关，而且与波长也有关。

当透射率等于0时，这种物体就是不透明体；当吸收率等于1时，就是入射能全被物体吸收，这种物体称为黑体。反射分为两种，一种是镜面反射，另一种是漫反射。镜面反射服从入射角等于反射角的反射定律。而漫反射使入射辐射在反射后分散到各个方向上。通常实际物体的表面均具有这两种反射的性质，只是各占的比例不同而已。

对于太阳能热利用的场合来说，太阳辐射能被吸收的同时，实际上已经转换成为热能，然后传送到用热的地方利用，或者传送到储热器储存。如果吸收器达到的温度高，便可用来发电或用于工业加工。如果吸收器达到的温度低，如100℃以下，就可以用来加热水或用作采暖。

太阳能的另一种重要的转换，就是直接由太阳辐射能转换为电能。当光照射在金属或绝

缘体上时，除被表面反射掉一部分外，其余部分都被吸收，变为热能，使其温度升高。当光照射在半导体上时，则和照在金属和绝缘体上截然不同。金属中自由电子很多，光照引起的导电性能的变化完全可以忽略；绝缘体在很高温度下都未能激发出更多的电子参加导电，说明电子所受的束缚力很大，光照也不足以把电子释放出来，影响它的导电性能。在导电性能介于金属和绝缘体之间的半导体中，电子所受的束缚力远小于绝缘体，如可见光的光子能量就能把它从束缚状态激发到自由导电状态，从而降低了它的电阻。这就是半导体的光电效应，它的应用就产生了光敏电阻、光敏晶体管等光敏半导体器件。

当半导体内局部区域存在电场时，光生载流子将被电场吸附，而形成电荷积累。电场两侧由于电荷积累而产生光生电压，这叫做光生伏特效应，简称光伏效应，这就是太阳电池的原理。太阳电池就是把太阳辐射能直接转换为电能的基本器件。

太阳能的另一种重要转换方式是转换成生物质能。生物质是有机物中所有来源于动植物的可再生物质。动物以植物为生，而绿色植物通过光合作用将太阳能转变为生物质的化学能，因此，生物质能都来源于太阳能。

风能实际上也来自太阳能。地球大气层吸收太阳辐射而被加热，由于受热不均而产生压力差，形成空气流动，就产生风，这时太阳能就转变为风的动力能了。同样，水力能也来自太阳能。地球表面的水吸收太阳能而被加热，水蒸发为水蒸气，升到高空遇冷凝结，下降为雨、雪。下降的水由高处流向低处，就形成江河，于是太阳能就转变为水流的动力能了。

当利用太阳电池把太阳能直接转换为电能时，最方便的储能方法就是给蓄电池充电。

10. 多晶硅与单晶硅

多晶硅表面呈现灰色金属光泽，密度为2.32~2.34g/cm^3，熔点为1410℃，沸点高达2355℃，不溶于水，也不溶于硝酸和盐酸，硬度介于锗和石英之间，室温下呈薄片状的硅极易脆裂，高温时则塑性很好，1300℃时易产生明显的变形。多晶硅常温下化学性能很稳定，不活泼，高温熔融状态下具有较大的化学活性，几乎能与任何材料反应，如与氧、氮、硫等反应，生成二氧化硅、氮化硅等，掺入磷、硼等元素可成为重要的优良半导体材料。

多晶硅是单质硅的一种形态。熔融的单质硅在过冷条件下凝固时，硅原子以金刚石晶格形态排列成许多晶核，如这些晶核长成晶格取向不同的许多晶粒，就成了多晶硅。多晶硅除可以直接制作电池片外，还是拉制单晶硅的原材料。

单晶硅也是单质硅的一种形态。熔融的单质硅在凝固时，硅原子以金刚石晶格形态排列成许多晶核，如这些晶核长成晶格取向相同的晶粒，便形成了单晶硅。单晶硅具有准金属的物理性质，有较弱的导电性，其电导率随温度的升高而增加，有显著的半导电性。超纯的单晶硅是本征半导体，在其中掺入微量元素硼可提高导电性能，形成P型硅半导体；掺入微量元素磷也可提高其导电性能，形成N型硅半导体。

11. 光伏控制器三段式充电控制

在光伏发电系统中，光伏控制器的主要作用就是控制光伏组件或方阵向蓄电池充电的电流和电压，这个控制过程一般分为恒流快充、恒压补充（均衡）和浮充电三个阶段，在这三个阶段，充电电流和电压都会发生不同程度的变化，如附图1-4所示，下面就介绍三个阶段的作用。

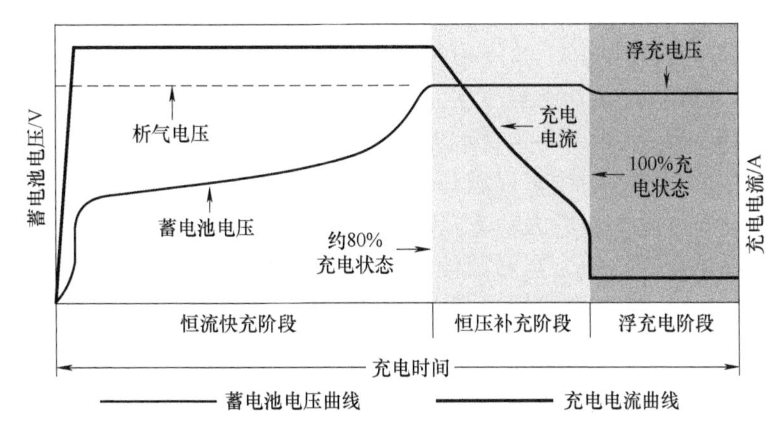

附图 1-4 蓄电池充电阶段状况示意图

1）恒流快充阶段。当蓄电池电压较低时，光伏组件或方阵会把尽可能多的电流注入蓄电池，但充电电流过大会损坏蓄电池。为了缩短充电时间，只能用蓄电池容许的最大充电电流进行恒流充电，恒流充电的过程就是通过不断调高充电电压来保持充电电流的不变，根据不同容量的蓄电池，充电电流一般为 0.18 ~ 3C。当 2V 单体蓄电池的端电压达到 2.45V 时（相当于额定电压 12V 的蓄电池充电到 14.7V），充电转入下一个阶段。恒流快充阶段是蓄电池的主要充电阶段，蓄电池已经充入了 80% 以上的电量。

2）恒压补充阶段。当恒流充电阶段结束以后，充电电路保持充电电压恒定不变，开始对蓄电池进行小电流的补充充电。补充充电过程中，控制器要保持充电电压不变，因为充电电压过高会造成蓄电池过度失水和过度充电，电压过低又会导致蓄电池欠充电和电池极板硫化。有些控制电路，将充电时的平滑直流电改为脉冲电流充电，利用脉冲电流有间隔的短时间高电压大电流的充电特性，既改善了蓄电池的受电能力，又有极板除硫效果。在恒压充电过程中，电池端电压会渐渐升高，充电电流会越来越小，当充电电流下降到 0.5C 以下时，恒压补充过程结束，转入浮充电过程。恒压充电阶段就是对蓄电池的补充充电，这个阶段结束时，蓄电池已经基本充满了。

对通过串并联构成的蓄电池组来说，这一阶段也是各个蓄电池均衡充电的阶段。因为蓄电池组中的各个蓄电池性能参数总会有一些差异，通过恒压充电的过程，可以使蓄电池基本都达到最佳性能水平。

3）浮充电阶段。浮充充电也叫涓流充电，它的作用是保持蓄电池的充满状态。浮充电阶段实际上也是恒压充电，只是充电电压比上一阶段偏低，充电电流较小。充电电压一般控制在 13.6 ~ 13.8V，充电电流比自放电电流略大，一般在 0.01 ~ 0.03C 之间。通过浮充电阶段，可以把蓄电池电量充到接近 100%，并保持不变。

12. 最大功率点跟踪控制（MPPT）

在一般电气设备中，如果使负载电阻等于供电系统的内电阻时，可以在负载上获得最大功率。由于太阳电池是一个极不稳定的供电电源，即输出功率是随着日照强弱、天气阴晴、温度高低等因素随时变化的，因此，就需要通过最大功率点跟踪控制技术和电路，来跟踪太阳电池发电功率输出的变化，并实时获得太阳电池的最大发电功率或最大发电功率附近的值。

目前，常采用的最大功率点控制方法是通过DC/DC变换器中的功率开关器件来控制太阳电池或方阵工作在最大功率点，从而实现最大功率跟踪控制。从附图1-5所示太阳电池的输出功率特性P-U曲线可以看出，曲线最高点是太阳电池输出的最大功率点，曲线以最大功率点处为界，分为左右两侧。当太阳电池工作在最大功率点电压右边的D点，明显偏离最大功率点较远时，跟踪控制电路将自动调低太阳电池输出工作电压，使输出功率点由D点向C点偏移，输出功率增加；同理，当太阳电池工作在最大功率点电压左边的A点时，跟踪控制电路将自动调高太阳电池输出工作电压，使输出功率点由A点向B点偏移，使输出功率增加。

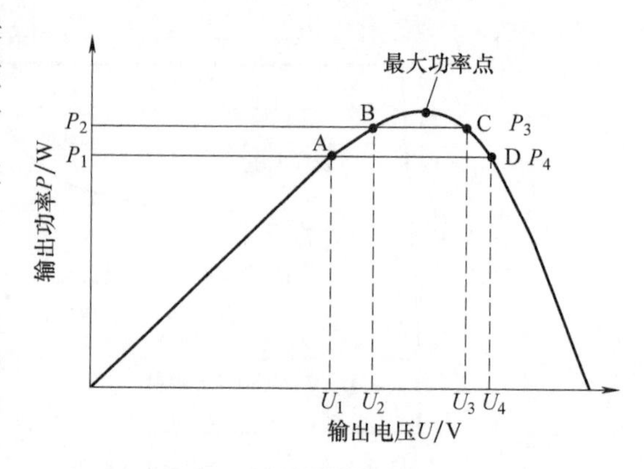

附图1-5　最大功率点跟踪控制示意图

13. 光伏组件的PID

PID（电位诱发衰减）是在高压光伏系统中由于较高的接地电位而产生的光伏组件功率快速衰减现象，这种现象与光伏系统的规模和极性相关。具体地说，就是光伏组件长期在高电压作用下使得玻璃、封装材料之间存在漏电流，大量电荷聚集在电池片表面，使电池表面的钝化效果恶化，从而导致光伏组件的FF、I_{sc}、V_{oc}等指标降低，使组件性能低于设计标准，有的功率衰减甚至超过40%。特别是近年来1000～1500V高电压系统的流行，更增加了高电位PID对光伏组件的影响。

对于PID的产生目前认为有很多因素，它们可被划分为环境因素、系统因素、组件因素和电池因素，目前整个行业还在进行各种测试且存在争议，对PID现象亦没有公认的统一的检测标准，对组件出现的PID现象，有可能是上述某种或多种因素共同导致的。

环境因素主要是指高湿度和高温度是导致PID现象的两个主要因素，研究表明，PID在高湿度并伴随着高温度的环境下更容易发生，特别是相对湿度达到60%以上的情况下。

系统因素主要是指接地系统电源和逆变器类型可在极大的程度上影响系统产生PID的难易程度。

组件因素主要指组件的设计、所使用的面板玻璃和背板、EVA等封装材料不同，也可能会增加PID现象的发生。

电池因素主要是电池片的减反射涂层和PN结的电阻率等也可能与PID的发生有关。

14. 光伏农业与农业光伏

光伏农业与农业光伏尽管都是光伏发电与农业设施的结合，但含义确大不相同。

光伏农业以现有农业设施为基础，主要侧重光伏系统的投资和建设本身，几乎不考虑农业的需求，基本是光伏电站与传统农业设施的简单叠加。目前国内的主要表现形式有低支架光伏电站、固定式高支架或半高支架光伏电站或现有农业设施屋顶的利用等。

农业光伏是把农业作为重点，光伏仅仅是设施农业的附加或是农业富余阳光的再利用，是优先考虑土地中农业的需求，且光伏运行过程中能够满足农业对光照的适时需要。农业光伏作为一体化并网发电项目，将光伏发电、现代农业种植和养殖、高效设施农业相结合。一

方面光伏发电系统可以利用农业用地直接低成本发电，另一方面可以根据作物生长的阳光需求，通过光伏跟踪系统对阳光照射量进行适时调节。

农业光伏系统将光伏组件及方阵、系统集成、智能控制技术、设施农业、农业种植等领域的最新技术、经验相结合，以构建现代健康生态的农业生产组织为核心，以农业光伏一体化并网发电站为平台，是新能源与新农业的互通互溶，是农业与光伏的精准结合，是我国未来新农村建设的重要方式。

附录 2　光伏发电常用晶体硅电池组件的技术参数

1. 光伏发电系统用电池组件技术参数

组件规格/W	电池片规格/mm	最大输出功率 P_m	最大功率电压 U_{mp}	最大功率电流 I_{mp}/A	开路电压 U_{oc}/V	短路电流 I_{sc}/A	重量/kg	组件尺寸/mm			电池片排列
								长	宽	高	
5	125×125	5	17.5	0.29	21.0	0.33	0.45	280	160	17	4×9 切片
10	156×156	10	17.5	0.57	21.0	0.67	0.85	350	235	25	4×9 切片
15	125×125	15	17.5	0.85	21.0	1.00	1.39	455	305	25	4×9 切片
20	156×156	20	18.1	1.11	21.8	1.25	1.56	410	350	25	4×9 切片
30	156×156	30	18.1	1.66	22.0	1.83	2.35	505	440	25	3×12 切片
40	156×156	40	18.2	2.20	22.2	2.41	2.85	670	420	25	4×9 切片
50	156×156	50	18.2	2.75	22.3	2.99	3.58	670	520	25	4×9 切片
60	156×156	60	18.2	3.29	22.3	3.54	5.05	670	590	25	4×9 切片
70	156×156	70	18.2	3.85	22.3	4.23	5.16	690	670	25	4×9 切片
80	156×156	80	18.2	4.40	22.3	4.72	5.65	830	670	30	4×9 切片
90	156×156	90	18.2	4.95	22.3	5.65	6.26	920	670	30	4×9 切片
90	125×125	90	18.2	4.95	22.3	5.41	7.10	1200	550	35	4×9
100	125×125	100	18.8	5.22	22.5	5.76	7.10	1200	550	35	4×9
100	156×156	100	18.3	5.46	22.6	5.86	6.95	1015	670	35	4×9 切片
110	156×156	110	18.0	6.11	21.6	7.33	10.0	1240	680	35	4×9 切片
120	156×156	120	18.2	6.59	21.8	7.91	10.0	1240	680	35	4×9 切片
130	156×156	130	18.2	7.15	21.8	8.56	10.0	1240	680	35	4×9 切片
140	156×156	140	18.2	7.69	21.9	9.23	10.5	1480	680	35	4×9
150	156×156	150	18.6	8.06	22.3	9.68	10.5	1480	680	35	4×9
160	156×156	160	18.8	8.51	22.5	10.21	10.5	1480	680	35	4×9
200	125×125	200	38.0	5.27	45.3	5.92	15.5	1580	808	35/40	6×12
210	125×125	210	38.3	5.48	45.5	5.95	15.5	1580	808	35/40	6×12
220	125×125	220	38.6	5.69	45.8	5.98	15.5	1580	808	35/40	6×12
220	156×156	220	24.5	8.99	31.0	9.32	13.5	1324	992	35/40	6×8

（续）

组件规格/W	电池片规格/mm	最大输出功率 P_m	最大功率电压 U_{mp}	最大功率电流 I_{mp}/A	开路电压 U_{oc}/V	短路电流 I_{sc}/A	重量/kg	组件尺寸/mm			电池片排列
								长	宽	高	
225	156×156	225	24.9	9.05	31.2	9.38	13.5	1324	992	35/40	6×8
230	156×156	230	25.3	9.11	31.4	9.42	13.5	1324	992	35/40	6×8
245	156×156	245	27.4	8.95	34.6	9.27	16.3	1482	992	35/40	6×9
250	156×156	250	27.8	9.01	34.8	9.33	16.3	1482	992	35/40	6×9
255	156×156	255	28.2	9.06	35.0	9.39	16.3	1482	992	35/40	6×9
260	156×156	260	28.5	9.13	35.2	9.45	16.3	1482	992	35/40	6×9

2. 光伏电站用电池组件技术参数

组件规格/W	电池片规格/数量	最大输出功率 P_m/W	最大工作电压 U_{mp}/V	最大工作电流 I_{mp}/A	开路电压 U_{oc}/V	短路电流 I_{sc}/A	最大系统电压	重量/kg	组件尺寸/mm		
									长	宽	厚
265	125×125 单晶/96片	265	50.3	5.27	59.5	5.83	1000V DC (IEC)/ 600V DC (UL)	21.5	1580	1056	35/40
270		270	50.6	5.34	59.8	5.89					
275		275	50.8	5.42	60.1	5.94					
280		280	51.1	5.48	60.2	5.95					
285		285	51.4	5.55	60.4	5.98					
290		290	51.6	5.62	60.7	5.99					
290	156.75×156.75 单晶/60片	290	32.2	9.01	39.3	9.58		18.5	1640	992	35/40
295		295	32.5	9.08	39.6	9.61					
300		300	32.8	9.15	39.9	9.70					
305		305	33.2	9.19	40.3	9.77					
310		310	33.5	9.26	40.7	9.83					
340	156.75×156.75 单晶/72片	340	38.2	8.91	47.3	9.29		21.5	1956	992	35/40
345		345	38.2	9.04	47.8	9.31					
350		350	38.5	9.10	48.3	9.34					
355		355	38.8	9.15	48.7	9.40					
360		360	39.1	9.21	49.1	9.45					
265	156.75×156.75 多晶/60片	265	30.9	8.60	37.6	9.22		18.5	1640	992	35/40
270		270	31.0	8.71	37.9	9.28					
275		275	31.3	8.81	38.1	9.37					
280		280	31.4	8.94	38.3	9.45					
285		285	31.5	9.06	38.4	9.54					
290		290	31.6	9.18	38.6	9.62					
295		295	31.8	9.29	38.8	9.69					

（续）

组件规格/W	电池片规格/数量	最大输出功率 P_m/W	最大工作电压 U_{mp}/V	最大工作电流 I_{mp}/A	开路电压 U_{oc}/V	短路电流 I_{sc}/A	最大系统电压	重量/kg	组件尺寸/mm		
									长	宽	厚
305	156.75×156.75 多晶/72片	305	36.6	8.35	45.1	8.94	1000V DC (IEC)/ 600V DC (UL)	21.5/22	1956	992	35/40
310		310	36.7	8.45	45.3	9.00					
315		315	37.0	8.53	45.5	9.08					
320		320	37.1	8.63	45.6	9.15					
325		325	37.2	8.74	45.7	9.25					
330		330	37.4	8.83	45.8	9.33					
335		335	37.5	8.94	45.9	9.40					
340		340	37.7	9.03	46.1	9.45					
290	156.75×156.75 单晶半片/ 60（120）片	290	32.1	9.04	38.1	9.75		19	1675	992	35/40
295		295	32.5	9.08	38.5	9.80					
300		300	32.9	9.13	39.0	9.83					
305		305	33.3	9.18	39.5	9.86					
310		310	33.7	9.21	39.9	9.91					
350	156.75×156.75 单晶半片/ 72（144）片	350	39.0	8.98	46.2	9.71		22	1997	992	35/40
355		355	39.2	9.06	46.5	9.76					
360		360	39.5	9.12	47.0	9.79					
365		365	39.8	9.18	47.4	9.83					
370		370	40.1	9.24	47.9	9.87					
270	156.75×156.75 多晶半片/ 60（120）片	270	30.7	8.81	37.8	9.14		19	1675	992	35/40
275		275	31.0	8.87	38.3	9.15					
280		280	31.6	8.88	38.8	9.16					
285		285	32.1	8.90	39.3	9.18					
290		290	32.2	9.01	39.7	9.19					
320	156.75×156.75 多晶半片/ 72（144）片	320	36.6	8.75	45.3	9.12		22	1997	992	35/40
325		325	37.0	8.79	45.6	9.15					
330		330	37.3	8.85	46.1	9.18					
335		335	37.7	8.89	46.4	9.20					
340		340	38.0	8.95	46.7	9.23					

注：1. 电池组件参数标准测试条件是，辐照度：1000W/m^2；组件温度：25℃；AM：1.5。

2. 组件型号由各生产厂商自行命名，没有统一的命名方法。型号中一般包括厂商拼音字头简称、组件功率、规格尺寸、硅片材料等内容。因此本表中无法具体体现组件的型号，只根据组件规格进行区分。

3. 不同生产厂家的组件固定孔距将略有差异。

附录3　光伏发电常用储能电池及器件的技术参数

1. 阀控型储能铅酸蓄电池（见附表3-1～附表3-2）

附表3-1　阀控型储能铅酸蓄电池（12V）规格尺寸与技术参数

规格型号	额定电压/V	额定容量/（A·h/10h）	参考外形尺寸/（mm±2mm）				参考重量/kg
			长	宽	高	总高	
6-CN-8	12	8	151	65	95	99	2.7
6-CN-12	12	12	151	100	97.5	102	4.2
6-CN-14	12	14	151	100	97.5	102	4.4
6-CN-20	12	20	181	77	170	175	6.4
6-CN-24	12	24	165	126	172	179	8.5
6-CN-30	12	30	196	165	174	181	10.6
6-CN-40	12	40	196	165	174	181	12.2
6-CN-50	12	50	350	166	174	174	17.6
6-CN-60	12	60	350	166	174	174	18.5
6-CN-65	12	65	350	166	174	174	19.9
6-CN-70	12	70	350	166	174	174	20.4
6-CN-80	12	80	329	172	214	236	25.3
6-CN-90	12	90	329	172	214	236	26.9
6-CN-100	12	100	329	172	214	236	28.4
6-CN-110	12	110	406	174	208	232	31.8
6-CN-120	12	120	406	174	208	232	34.1
6-CN-150	12	150	483	170	240	240	41.8
6-CN-180	12	180	522	240	219	244	54.7
6-CN-200	12	200	522	240	219	244	57.7
6-CN-220	12	220	522	240	219	244	59.2
6-CN-250	12	250	520	269	220	245	68.7

附表3-2　阀控型储能铅酸蓄电池（2V）规格尺寸与技术参数

规格型号	额定电压/V	标称容量/（A·h/10h）	参考外形尺寸/（mm±2mm）				参考重量/kg
			长	宽	高	总高	
CN-200	2	200	171	106	330	342	13.1
CN-300	2	300	171	151	330	342	18.2
CN-400	2	400	196	171	330	342	23.4
CN-500	2	500	241	171	330	342	29.4
CN-600	2	600	285	171	330	342	34.8
CN-800	2	800	383	171	330	342	47.8

（续）

规格型号	额定电压/V	标称容量/(A·h/10h)	参考外形尺寸/(mm±2mm)				参考重量/kg
			长	宽	高	总高	
CN-1000	2	1000	471	171	330	342	57.7
CN-1200	2	1200	510	175	337	347	67.7
CN-1500	2	1500	318	341	341	351	84.1
CN-2000	2	2000	433	342	341	351	113.4
CN-2500	2	2500	629	346	341	351	159.2
CN-3000	2	3000	629	346	341	351	169.2

注：附表3-1、附表3-2中外形尺寸和重量因生产厂家不同会略有差异。

2. 阀控型储能胶体蓄电池（见附表3-3和附表3-4）

附表3-3 阀控型储能胶体蓄电池（12V）规格尺寸与技术参数

规格型号	额定电压/V	额定容量/(A·h/10h)	参考外形尺寸/(mm±2mm)				参考重量/kg
			长	宽	高	总高	
6-CNJ-8	12	8	151	65	95	99	2.7
6-CNJ-12	12	12	151	100	97.5	102	4.2
6-CNJ-14	12	14	151	100	97.5	102	4.4
6-CNJ-20	12	20	181	77	170	175	6.4
6-CNJ-24	12	24	165	126	172	179	8.5
6-CNJ-30	12	30	196	165	174	181	10.8
6-CNJ-40	12	40	196	165	174	181	12.4
6-CNJ-50	12	50	350	166	174	174	17.8
6-CNJ-60	12	60	350	166	174	174	18.7
6-CNJ-65	12	65	350	166	174	174	20.1
6-CNJ-70	12	70	350	166	174	174	20.6
6-CNJ-80	12	80	329	172	214	236	25.5
6-CNJ-90	12	90	329	172	214	236	27.1
6-CNJ-100	12	100	329	172	214	236	28.6
6-CNJ-110	12	110	406	174	208	232	32.2
6-CNJ-120	12	120	406	174	208	232	34.5
6-CNJ-150	12	150	483	170	240	240	42.2
6-CNJ-180	12	180	522	240	219	244	55.3
6-CNJ-200	12	200	522	240	219	244	58.3
6-CNJ-220	12	220	522	240	219	244	59.8
6-CNJ-250	12	250	520	269	220	245	69.3

附表 3-4　阀控型储能胶体蓄电池（2V）规格尺寸与技术参数

规 格 型 号	额定电压/V	标称容量/(A·h/10h)	参考外形尺寸/(mm±2mm)				参考重量/kg
			长	宽	高	总高	
CN-200	2	200	171	106	330	342	13.3
CN-300	2	300	171	151	330	342	18.4
CN-400	2	400	196	171	330	342	23.6
CN-500	2	500	241	171	330	342	29.6
CN-600	2	600	285	171	330	342	35.2
CN-800	2	800	383	171	330	342	48.2
CN-1000	2	1000	471	171	330	342	58.3
CN-1200	2	1200	510	175	337	347	68.3
CN-1500	2	1500	318	341	341	351	84.9
CN-2000	2	2000	433	342	341	351	114.6
CN-2500	2	2500	629	346	341	351	160.8
CN-3000	2	3000	629	346	341	351	170.9

注：附表 3-3、附表 3-4 中外形尺寸和重量因生产厂家不同会略有差异。

3. 磷酸铁锂电池（见附表 3-5～附表 3-7）

附表 3-5　SE 系列磷酸铁锂电池尺寸与技术参数

规格型号		SE40AHA	SE60AHA	SE70AHA	SE100AHA	SE130AHA	SE180AHA	SE400AHA
额定容量/A·h		40	60	70	100	130	180	400
额定电压/V		3.2						
充电截止电压/V		3.65						
放电截止电压/V		2.5						
标准充放电电流/A		12(0.3C)	18(0.3C)	20(0.3C)	30(0.3C)	39(0.3C)	54(0.3C)	120(0.3C)
最大瞬间放电电流/A		400(持续 10s)	600(持续 10s)	700(持续 10s)	800(持续 10s)	1000(持续 10s)	1000(持续 10s)	—
循环寿命		2000 次（0.3C 充放电，80% DDC）						
充电工作温度		0～45℃						
放电工作温度		-20～55℃						
存储温度		-20～45℃						
重量		1.4kg	2.5kg		3.2kg	4.4kg	5.6kg	14.3kg
外壳材质		塑料						
尺寸/mm	高	181	217	206	218	278	279	283
	宽	115	142	113	142	182	182	449
	厚	46	50	60.5	67	56	71	71
电极间距/mm		64	81	60	81	106	106	—

附表 3-6　冠军磷酸铁锂钒电池尺寸与技术参数

电池型号		额定电压/V	额定容量/A·h	最大外形尺寸/mm				
				宽 L	厚 W	高 h	总高 H	重量/kg
100×33 系列	LFP1003320	3.2	20	100	33	124	136	0.8
	LFP1003330	3.2	30	100	33	162	174	1.1
	LFP1003340	3.2	40	100	33	183	195	1.5
130×33 系列	LFP1303320	3.2	20	130	33	106	118	0.9
	LFP1303330	3.2	30	130	33	134	146	1.2
	LFP1303340	3.2	40	130	33	163	175	1.5
150×33 系列	LFP1503330	3.2	30	150	33	122	134	1.2
	LFP1503340	3.2	40	150	33	147	159	1.5
	LFP1503360	3.2	60	150	33	197	210	2.1
	LFP1503380	3.2	80	150	33	247	259	2.7
	LFP15033100	3.2	100	150	33	297	309	3.3
170×43 系列	LFP1704340	3.2	40	170	43	114	126	1.5
	LFP1704360	3.2	60	170	43	151	163	2.3
	LFP17043100	3.2	100	170	43	222	234	3.2
	LFP17043160	3.2	160	170	43	324	336	5.0
	LFP17043180	3.2	180	170	43	359	371	5.6
130×78 系列	LFP13078160	3.2	160	130	78	239	251	5.1
	LFP13078180	3.2	180	130	78	268	280	5.8
150×60 系列	LFP1506060	3.2	60	150	60	142	154	2.5
	LFP15060100	3.2	100	150	60	190	202	3.5
	LFP15060160	3.2	160	150	60	265	277	4.6
	LFP15060200	3.2	200	150	60	326	338	6.6
	LFP15060300	3.2	300	150	60	463	475	9.7
	LFP15060400	3.2	400	150	60	600	612	12.8
	LFP15060500	3.2	500	150	60	710	722	14.5
138×60	LFP13860100	3.2	100	136	60	204	216	3.8
445×65	LFP44565550	3.2	550	445	65	267	279	17.5

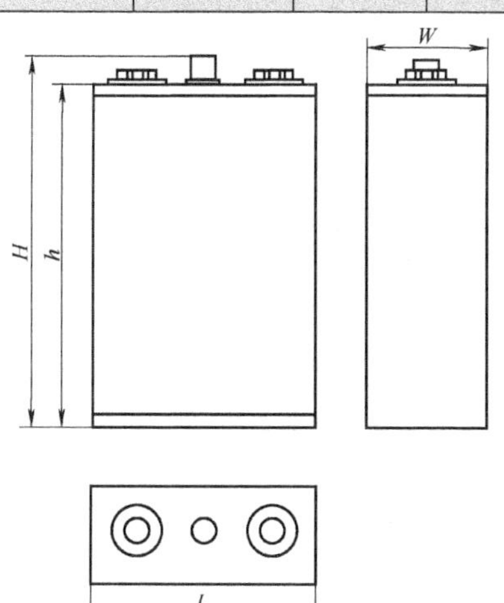

附表 3-7　海霸磷酸铁锂电池尺寸与技术参数

容量型方形电池							
序号	电池型号	单体尺寸/mm	额定容量/A·h	标称电压/V	内阻/mΩ	重量/g	壳体材料
1	33101161	33×101×161	20	3.0	<1.5	700±20	塑料
2	49102159	49×102×159	30	3.0	<1.5	1000±20	塑料
3	57111161	57×111×161	40	3.0	<1.5	1340±20	塑料
4	42152186	42×152×186	50	3.0	<1.5	1620±20	塑料
5	43152226	43×152×226	60	3.0	<1.5	1910±20	塑料
6	57169216	57×169×216	100	3.0	<1.0	3200±50	塑料
7	59224334	59×224×334	200	3.0	<1.0	6350±50	塑料
8	71283306	71×283×306	300	3.0	<1.0	9300±50	塑料

容量型圆柱电池							
序号	电池型号	单体尺寸/mm	额定容量/A·h	标称电压/V	内阻/mΩ	重量/g	壳体材料
1	42107	ϕ42×107	10	3.0	<9	305±5	铝壳
2	38107	ϕ38×107	9	3.0	<10	260±5	铝壳
3	32880	ϕ32×88	6	3.0	<15	150±5	铝壳
4	32650	ϕ32×65	4	3.0	<20	110±5	铝壳
5	26650	ϕ26×65	3	3.0	<28	75±5	铝壳
6	26600	ϕ26×60	2.7	3.0	<35	70±5	铝壳
7	18650	ϕ18×65	1.4	3.0	<40	40±5	铝壳

功率型方形电池							
序号	电池型号	单体尺寸/mm	额定容量/A·h	标称电压/V	内阻/mΩ	重量/g	壳体材料
1	41103168	41×103×168	20	3.0	<1.5	880±20	塑料
2	58103168	58×103×168	30	3.0	<1.5	1215±20	塑料
3	66113168	66×113×168	40	3.0	<1.5	1520±20	塑料
4	55125151	55×125×151	40	3.0	<1.5	1450±20	塑料
5	50152189	50×152×189	50	3.0	<1.5	1930±20	塑料
6	61114199	61×114×199	60	3.0	<1.5	2040±20	塑料
7	73123176	73×123×176	60	3.0	<1.5	2170±20	塑料
8	50163278	50×163×278	100	3.0	<1.0	3400±50	塑料
9	85169235	85×169×235	160	3.0	<1.0	5250±50	塑料
10	72183276	72×183×276	180	3.0	<1.0	5800±50	塑料
11	70255236	70×255×236	200	3.0	<1.0	6400±50	塑料

（续）

功率型圆形电池							
序号	电池型号	单体尺寸/mm	额定容量/A·h	标称电压/V	内阻/mΩ	重量/g	壳体材料
1	42107	$\phi42\times107$	10	3.0	<5	305±5	铝壳
2	38107	$\phi38\times107$	8	3.0	<6	260±5	铝壳
3	32880	$\phi32\times88$	5	3.0	<7	150±5	铝壳
4	32650	$\phi32\times65$	3.5	3.0	<8	110±5	铝壳
5	26650	$\phi26\times65$	2.5	3.0	<10	75±5	铝壳
6	26600	$\phi26\times60$	2	3.0	<12	70±5	铝壳
7	18650	$\phi18\times65$	1.2	3.0	<20	40±5	铝壳

4. 超级电容器（见附表3-8和附表3-9）

附表3-8　常用单体超级电容器规格尺寸与技术参数

型　　号	电压/V	标称容量/F	内阻ESR/mΩ	最大漏电流/mA	24h自放电/V	尺寸D（直径）×L（长度）/(mm±2mm)	引脚高/(mm±0.5mm)	引线直径/(mm±0.05mm)
HP-2R7-J107UY	2.7	100	25	—	2.4	22×45	10	1单端
HP-2R7-J127UY	2.7	120	20	—	2.4	25×54	10	1单端
HP-2R7-J157UY	2.7	150	20	—	2.4	25×54	10	1单端
HP-2R7-J207UY	2.7	200	10	—	2.4	35×62	10	1单端
P-2R7-J307UY	2.7	300	10	—	2.4	35×62	10	1单端
HP-2R7-J407UY	2.7	400	10	—	2.4	35×62	10	1单端
NPNS2P7V650F	2.7	650	—	1.2		60.7×51.5	3.2	14双端
NPNS2P7V1200F	2.7	1200	—	2.5		60.7×74	14	M12双端
NPNS2P7V3000F	2.7	3000	—	5.0		60.7×138	6	M16双端

附表3-9　常用超级电容器模组规格尺寸与技术参数

型　　号	电压/V	标称容量/F	内阻ESR/mΩ	最大电流/A	存储能量/W·h	能量密度/(W·h/kg)	质量/kg	尺寸($L\times W\times H$)/mm
NPNM016V0108F	16	108	4.1	600	3.9	1.4	2.7	242×143×74
NPNM016V0200F	16	200	3.2	970	7.1	2.1	3.2	240×136×117
NPNM027V0300F	27	300	3.6	1900	30.4	4.0	7.5	320×136×197
NPNM048V0165F	48	165	6.3	1900	52.8	3.9	13.5	416×191×178

附录4　气象风力等级表

风级	风名称	一般描述			风速/(m/s)	风速/(km/h)
		陆地	海上	浪高/m		
0	无风	静烟直上	海面如镜	—	小于0.3	小于1
1	软风	烟能表示风向，但风标不能转动	出现鱼鳞似的微波，但不构成浪	0.1	0.3~1.5	1~6
2	轻风	人的脸部感到有风，树叶微响，风标能转动	小波浪清晰，出现浪花，但并不翻浪	0.2	1.6~3.3	6~11
3	微风	树叶和细树枝摇动不息，旌旗展开	小波浪增大，浪花开始翻滚，水泡透明像玻璃，并且到处出现白浪	0.6	3.4~5.4	12~19
4	和风	沙尘飞扬，纸片漂起，小树枝摇动	小波浪增长，白浪增多	1	5.5~7.9	20~28
5	清风	有树叶的灌木动摇，池塘内的水面起小波浪	波浪中等，浪延伸更清楚，白浪更多（有时出现）	2	8.0~10.7	29~38
6	强风	大树枝摇动，电线发出响声，举伞困难	开始产生大的波浪，到处呈现白沫，浪花的范围更大（飞沫更多）	3	10.8~13.8	39~49
7	疾风	整个树木摇动，人迎风行走不便	浪大、浪翻滚、白沫像带子一样随风飘动	4	13.9~17.1	50~61
8	大风	小的树枝折断，迎风行走很困难	波浪加大变长，浪花顶端出现水雾，泡沫像带子一样清楚的随风飘动	5.5	17.2~20.7	62~74
9	烈风	建筑物有轻微损坏（如烟囱倒塌，瓦片飞出）	出现大的波浪，泡沫呈粗的带子随风飘动，浪前倾、翻滚、倒卷、飞沫挡住视线	7	20.8~24.4	75~88
10	狂风	陆地少见，可使树木连根拔起或将建筑物严重损坏	浪变长，形成更大的波浪，大块的泡沫像白色带子随风飘动，整个海面呈白色，波浪翻滚咆哮	9	24.5~28.4	89~102
11	暴风	损毁重大	波峰全呈飞沫	11.5	28.5~32.6	103~117
12	飓风	摧毁极大	海浪滔天	14	>32.7	>117

附录5　光伏领跑者先进技术产品指标

1. 光伏组件指标

1）多晶硅和单晶硅光伏电池组件光电转换效率分别不低于16.5%和17%、光伏组件衰减率要满足1年内不高于2.5%和3%，之后每年衰减率小于0.7%；

2）光伏组件在低辐照度（200W/m^2）情况下折合成高辐照度（1000W/m^2）的光电转换效率不低于97%；

3）高倍聚光光伏组件光电转换效率达到30%以上；

4）硅基、铜铟镓硒（CIGS）、碲化镉（CdTe）及其他薄膜电池组件的光电转换效率分别达到12%、13%、13%和12%以上。

2. 逆变器指标

1）逆变器设备供应商应在国内具有自主研发、设计、生产、试验设备的能力。集中式逆变器供应商年产量不低于1GW；组串式逆变器供应商年产量不低于300MW；

2）具备国家批准的认证机构颁发的认证证书及GB/T 19964—2012《光伏发电站接入电力系统技术规定》标准检测报告，并且须按照CNCA/CTS0004：2009认证技术规范要求；

3）集中式逆变器启动电压不高于480V，组串式逆变器启动电压不高于200V；

4）逆变器最高转换效率不低于99%，中国效率不低于98.2%；

5）逆变器最高输入电压不低于1000V；

6）集中式逆变器在1.1倍额定功率下能正常运行2小时以上；

7）具备零电压穿越功能，具备保护逆变器自身不受损坏的功能；

8）提供现场低电压（零电压）穿越和频率扰动测试报告；

9）具有完善的自动与电网同期功能。

3. 光伏组件设备指标

光伏组件厂商年产量、年出货量达到2.5GW以上，通过CE、TUV、UL、鉴衡CGC等相关国内外认证，并符合IEC61215、IEC61730等国家强制性标准要求。

4. 光伏系统综合指标

1）光伏电站首年系统效率不低于81%；

2）当年太阳总辐射量不低于5464MJ/m^{2}时，100MWp容量光伏电站第一年发电量（关口上网电量）不少于15000万kW·h，太阳能辐射量及电站装机容量不同时，按比例类推。

5. 信息系统采集数据标准

为满足信息管理系统数据的要求，每个光伏电站应安装智能汇流箱，同时具备上传如下信息的功能：电站综合发电效果信息、汇流箱各组串信息、逆变器直流和交流侧信息、就地升压变低压侧信息，35kV开关柜进线信息。

另外根据《关于促进先进光伏技术产品应用和产业升级的意见》要求，普通光伏项目的技术指标要求为

1）多晶硅和单晶硅光伏电池组件光电转换效率分别不低于15.5%和16%；

2）高倍聚光光伏组件光电转换效率不低于28%；

3）硅基、铜铟镓硒（CIGS）、碲化镉（CdTe）及其他薄膜电池组件的光电转换效率分别不低于8%、11%、11%和10%；

4）多晶硅、单晶硅和薄膜电池光伏组件自项目投产运行之日起，1年内衰减率分别不高于2.5%、3%和5%，之后每年衰减率不高于0.7%，项目全生命周期内衰减率不高于20%；

5）高倍聚光光伏组件自项目投产运行之日起，1年内衰减率分别不高于2%，之后每年衰减率不高于0.5%，项目全生命周期内衰减率不高于10%。

2018年1月1日起实施的最新光伏领跑者技术指标：

多晶硅和单晶硅高效光伏电池组件光电转换效率分别不低于17%和17.8%，分别对应的发电功率是60片单晶组件295W、多晶组件280W，光伏组件衰减率要满足1年内不高于2.5%和3%，之后每年衰减率小于0.7%。

此外，2018年1月1日起，普通光伏组件60片单晶要达到270W、60片多晶要达到260W，对应效率为单晶16.8%，多晶16%。如果达不到标准，将不能获得补贴。

附录6　各城市并网光伏电站最佳安装倾角和发电量速查表[㊀]

该速查表中的发电量是按照整个发电系统总效率79%计算的，参考计算时不必再考虑系统效率问题，根据速算表中的每瓦年发电量与电站实际装机容量的乘积就是该电站的年发电量。

速查表中的最佳安装倾角是根据当地经纬度换算出来的，在实际应用中，光伏电站的最佳安装倾角是有一定的角度区间的，最佳安装倾角的确定还要根据当地的气候条件，在满足电站支架强度及整体稳定性的前提下，全年发电量最大的角度是真正的最佳安装角度。

序号	区域	类别	城市名称	安装角度/°	峰值日照时数/（h/天）	每瓦首年发电量/（kW·h/W）	年有效利用小时数/h
1	直辖市	直辖市	北京	35	4.21	1.214	1213.95
2			上海	25	4.09	1.179	1179.35
3			天津	35	4.57	1.318	1317.76
4			重庆	8	2.38	0.686	686.27
5	东北地区	黑龙江省	哈尔滨	40	4.3	1.268	1239.91
6			齐齐哈尔	43	4.81	1.388	1386.96
7			牡丹江	40	4.51	1.301	1300.46
8			佳木斯	43	4.3	1.241	1239.91
9			鸡西	41	4.53	1.308	1306.23
10			鹤岗	43	4.41	1.272	1271.62
11			双鸭山	43	4.41	1.272	1271.62
12			黑河	46	4.9	1.415	1412.92
13			大庆	41	4.61	1.331	1329.29
14			大兴安岭-漠河	49	4.8	1.384	1384.08
15			伊春	45	4.73	1.364	1363.90
16			七台河	42	4.41	1.272	1271.62
17			绥化	42	4.52	1.304	1303.34
18		吉林省	长春	41	4.74	1.367	1366.78
19			延边-延吉	38	4.27	1.231	1231.25
20			白城	42	4.74	1.369	1366.78
21			松原-扶余	40	4.63	1.336	1335.06
22			吉林	41	4.68	1.351	1349.48
23			四平	40	4.66	1.344	1343.71
24			辽源	40	4.7	1.355	1355.25
25			通化	37	4.45	1.283	1283.16
26			白山	37	4.31	1.244	1242.79
27		辽宁省	沈阳	36	4.38	1.264	1262.97

㊀ 各项统计数据均未包括香港特别行政区、澳门特别行政区和台湾地区。

（续）

序号	区域	类别	城市名称	安装角度/°	峰值日照时数/(h/天)	每瓦首年发电量/(kW·h/W)	年有效利用小时数/h
28	东北地区	辽宁省	朝阳	37	4.78	1.378	1378.31
29			阜新	38	4.64	1.338	1337.94
30			铁岭	37	4.4	1.269	1268.74
31			抚顺	37	4.41	1.274	1271.62
32			本溪	36	4.4	1.271	1268.74
33			辽阳	36	4.41	1.272	1271.62
34			鞍山	35	4.37	1.262	1260.09
35			丹东	36	4.41	1.273	1271.62
36			大连	32	4.3	1.241	1239.91
37			营口	35	4.4	1.269	1268.74
38			盘锦	36	4.36	1.258	1257.21
39			锦州	37	4.7	1.358	1355.25
40			葫芦岛	36	4.66	1.344	1343.71
41	华北地区	河北省	石家庄	37	5.03	1.453	1450.40
42			保定	32	4.1	1.182	1182.24
43			承德	42	5.46	1.574	1574.39
44			唐山	36	4.64	1.338	1337.94
45			秦皇岛	38	5	1.442	1441.75
46			邯郸	36	4.93	1.422	1421.57
47			邢台	36	4.93	1.422	1421.57
48			张家口	38	4.77	1.375	1375.43
49			沧州	37	5.07	1.462	1461.93
50			廊坊	40	5.17	1.491	1490.77
51			衡水	36	5	1.442	1441.75
52		山西省	太原	33	4.65	1.341	1340.83
53			大同	36	5.11	1.474	1473.47
54			朔州	36	5.16	1.489	1487.89
55			阳泉	33	4.67	1.348	1346.59
56			长治	28	4.04	1.165	1164.93
57			晋城	29	4.28	1.234	1234.14
58			忻州	34	4.78	1.378	1378.31
59			晋中	33	4.65	1.342	1340.83
60			临汾	30	4.27	1.231	1231.25
61			运城	26	4.13	1.193	1190.89
62			吕梁	32	4.65	1.341	1340.83

（续）

序号	区域	类别	城市名称	安装角度/°	峰值日照时数/（h/天）	每瓦首年发电量/（kW·h/W）	年有效利用小时数/h
63	华北地区	内蒙古自治区	呼和浩特	35	4.68	1.349	1349.48
64			包头	41	5.55	1.6	1600.34
65			乌海	39	5.51	1.589	1588.81
66			赤峰	41	5.35	1.543	1542.67
67			通辽	44	5.44	1.569	1568.62
68			呼伦贝尔	47	4.99	1.439	1438.87
69			兴安盟	46	5.2	1.499	1499.42
70			鄂尔多斯	40	5.55	1.6	1600.34
71			锡林郭勒	43	5.37	1.548	1548.44
72			阿拉善	36	5.35	1.543	1542.67
73			巴彦淖尔	41	5.48	1.58	1580.16
74			乌兰察布	40	5.49	1.574	1583.04
75	华中地区	河南省	郑州	29	4.23	1.22	1219.72
76			开封	32	4.54	1.309	1309.11
77			洛阳	31	4.56	1.315	1314.88
78			焦作	33	4.68	1.349	1349.48
79			平顶山	30	4.28	1.234	1234.14
80			鹤壁	33	4.73	1.364	1363.90
81			新乡	33	4.68	1.349	1349.48
82			安阳	30	4.32	1.246	1245.67
83			濮阳	33	4.68	1.349	1349.48
84			商丘	31	4.56	1.315	1314.88
85			许昌	30	4.4	1.269	1268.74
86			漯河	29	4.16	1.2	1199.54
87			信阳	27	4.13	1.191	1190.89
88			三门峡	31	4.56	1.315	1314.88
89			南阳	29	4.16	1.2	1199.54
90			周口	29	4.16	1.2	1199.54
91			驻马店	28	4.34	1.251	1251.44
92			济源	28	4.1	1.182	1182.24
93		湖南省	长沙	20	3.18	0.917	916.95
94			张家界	23	3.81	1.099	1098.61
95			常德	20	3.38	0.975	974.62
96			益阳	16	3.16	0.912	911.19
97			岳阳	16	3.22	0.931	928.49

（续）

序号	区域	类别	城市名称	安装角度/°	峰值日照时数/(h/天)	每瓦首年发电量/(kW·h/W)	年有效利用小时数/h
98	华中地区	湖南省	株洲	19	3.46	0.998	997.69
99			湘潭	16	3.23	0.933	931.37
100			衡阳	18	3.39	0.978	977.51
101			郴州	18	3.46	0.998	997.69
102			永州	15	3.27	0.944	942.90
103			邵阳	15	3.25	0.937	937.14
104			怀化	15	2.96	0.853	853.52
105			娄底	16	3.19	0.921	919.84
106			湘西	15	2.83	0.817	816.03
107		湖北省	武汉	20	3.17	0.914	914.07
108			十堰	26	3.87	1.116	1115.91
109			襄阳	20	3.52	1.016	1014.99
110			荆门	20	3.16	0.913	911.19
111			孝感	20	3.51	1.012	1012.11
112			黄石	25	3.89	1.122	1121.68
113			咸宁	19	3.37	0.972	971.74
114			荆州	23	3.75	1.081	1081.31
115			宜昌	20	3.44	0.992	991.92
116			随州	22	3.59	1.036	1035.18
117			鄂州	21	3.66	1.057	1055.36
118			黄冈	21	3.68	1.063	1061.13
119			恩施	15	2.73	0.788	787.20
120			仙桃	17	3.29	0.949	948.67
121			天门	18	3.15	0.91	908.30
122			神农架	21	3.23	0.934	931.37
123			潜江	27	3.89	1.122	1121.68
124	西南地区	四川省	成都	16	2.76	0.798	795.85
125			广元	19	3.25	0.937	937.14
126			绵阳	17	2.82	0.813	813.15
127			德阳	17	2.79	0.805	804.50
128			南充	14	2.81	0.81	810.26
129			广安	13	2.77	0.8	798.73
130			遂宁	11	2.8	0.808	807.38
131			内江	11	2.59	0.747	746.83
132			乐山	17	2.77	0.799	798.73

（续）

序号	区域	类别	城市名称	安装角度/°	峰值日照时数/（h/天）	每瓦首年发电量/（kW·h/W）	年有效利用小时数/h
133	西南地区	四川省	自贡	13	2.62	0.756	755.48
134			泸州	11	2.6	0.75	749.71
135			宜宾	12	2.67	0.771	769.89
136			攀枝花	27	5.01	1.445	1444.63
137			巴中	17	2.94	0.849	847.75
138			达州	14	2.82	0.814	813.15
139			资阳	15	2.73	0.789	787.20
140			眉山	16	2.72	0.786	784.31
141			雅安	16	2.92	0.842	841.98
142			甘孜	30	4.17	1.203	1202.42
143			凉山-西昌	25	4.39	1.266	1265.86
144			阿坝	35	5.28	1.523	1522.49
145		云南省	昆明	25	4.4	1.271	1268.74
146			曲靖	25	4.24	1.224	1222.60
147			玉溪	24	4.46	1.288	1286.04
148			丽江	29	5.18	1.494	1493.65
149			普洱	21	4.33	1.25	1248.56
150			临沧	25	4.63	1.335	1335.06
151			德宏	25	4.74	1.367	1366.78
152			怒江	27	4.68	1.35	1349.48
153			迪庆	28	5.01	1.446	1444.63
154			楚雄	25	4.49	1.296	1294.69
155			昭通	22	4.25	1.225	1225.49
156			大理	27	4.91	1.416	1415.80
157			红河	23	4.56	1.314	1314.88
158			保山	29	4.66	1.344	1343.71
159			文山	22	4.52	1.303	1303.34
160			西双版纳	20	4.47	1.291	1288.92
161		贵州省	贵阳	15	2.95	0.852	850.63
162			六盘水	22	3.84	1.107	1107.26
163			遵义	13	2.79	0.805	804.50
164			安顺	13	3.05	0.879	879.47
165			毕节	21	3.76	1.086	1084.20
166			黔西南	20	3.85	1.111	1110.15
167			铜仁	15	2.9	0.836	836.22

（续）

序号	区域	类别	城市名称	安装角度/°	峰值日照时数/（h/天）	每瓦首年发电量/（kW·h/W）	年有效利用小时数/h
168	西南地区	西藏自治区	拉萨	28	6.4	1.845	1845.44
169			阿里	32	6.59	1.9	1900.23
170			昌都	32	5.18	1.494	1493.65
171			林芝	30	5.33	1.537	1536.91
172			日喀则	32	6.61	1.906	1905.99
173			山南	32	6.13	1.768	1767.59
174			那曲	35	5.84	1.648	1683.96
175	西北地区	新疆维吾尔自治区	乌鲁木齐	33	4.22	1.217	1216.84
176			昌吉	33	4.22	1.217	1216.84
177			克拉玛依	41	4.87	1.404	1404.26
178			吐鲁番	42	5.55	1.6	1600.34
179			哈密	40	5.33	1.537	1536.91
180			石河子	38	5.12	1.478	1476.35
181			伊犁	40	4.95	1.427	1427.33
182			巴音郭楞	41	5.42	1.563	1562.86
183			和田	35	5.59	1.612	1611.88
184			阿勒泰	44	5.17	1.494	1490.77
185			塔城	41	4.88	1.407	1407.15
186			阿克苏	40	5.35	1.543	1542.67
187			博尔塔拉	40	4.91	1.416	1415.80
188			克孜勒苏	40	4.92	1.419	1418.68
189			喀什	40	4.92	1.419	1418.68
190			图木舒克	37	5	1.442	1441.75
191			阿拉尔	38	4.92	1.419	1418.68
192			五家渠	36	4.65	1.341	1340.83
193		陕西省	西安	26	3.57	1.029	1029.41
194			宝鸡	30	4.28	1.234	1234.14
195			咸阳	26	3.57	1.029	1029.41
196			渭南	31	4.45	1.283	1283.16
197			铜川	33	4.65	1.341	1340.83
198			延安	35	4.99	1.439	1438.87
199			榆林	38	5.4	1.557	1557.09
200			汉中	29	4.06	1.171	1170.70
201			安康	26	3.85	1.11	1110.15
202			商洛	26	3.57	1.029	1029.41

（续）

序号	区域	类别	城市名称	安装角度/°	峰值日照时数/(h/天)	每瓦首年发电量/(kW·h/W)	年有效利用小时数/h
203	西北地区	甘肃省	兰州	29	4.21	1.214	1213.95
204			酒泉	41	5.54	1.597	1597.46
205			嘉峪关	41	5.54	1.597	1597.46
206			张掖	42	5.59	1.612	1611.88
207			天水	32	4.51	1.3	1300.46
208			白银	38	5.31	1.531	1531.14
209			定西	38	5.2	1.499	1499.42
210			甘南	32	4.51	1.3	1300.46
211			金昌	39	5.6	1.615	1614.76
212			临夏	38	5.2	1.499	1499.42
213			陇南	28	4.51	1.3	1300.46
214			平凉	34	4.76	1.373	1372.55
215			庆阳	34	4.69	1.352	1352.36
216			武威	40	5.17	1.491	1490.77
217		宁夏回族自治区	银川	36	5.06	1.459	1459.05
218			石嘴山	39	5.54	1.597	1597.46
219			固原	34	4.76	1.373	1372.55
220			中卫	37	5.39	1.554	1554.21
221			吴忠	38	5.3	1.528	1528.26
222		青海省	西宁	34	4.7	1.355	1355.25
223			果洛-达日	36	5.19	1.497	1496.54
224			海北-海晏	34	4.7	1.355	1355.25
225			海东-平安	34	4.7	1.355	1355.25
226			海南-共和	38	5.88	1.695	1695.50
227			海西-格尔木	38	5.88	1.695	1695.50
228			海西-德令哈	41	5.65	1.629	1629.18
229			黄南-同仁	39	5.81	1.675	1675.31
230			玉树	34	5.37	1.548	1548.44
231	华南地区	广东省	广州	20	3.16	0.91	911.19
232			清远	19	3.43	0.989	989.04
233			韶关	18	3.67	1.06	1058.24
234			河源	18	3.66	1.056	1055.36
235			梅州	20	3.92	1.132	1130.33
236			潮州	19	4	1.156	1153.40
237			汕头	19	4.02	1.16	1159.17

（续）

序号	区域	类别	城市名称	安装角度/°	峰值日照时数/(h/天)	每瓦首年发电量/(kW·h/W)	年有效利用小时数/h
238	华南地区	广东省	揭阳	18	3.97	1.147	1144.75
239			汕尾	17	3.81	1.1	1098.61
240			惠州	18	3.74	1.079	1078.43
241			东莞	17	3.52	1.017	1014.99
242			深圳	17	3.78	1.089	1089.96
243			珠海	17	4	1.153	1153.40
244			中山	17	3.88	1.118	1118.80
245			江门	17	3.76	1.084	1084.20
246			佛山	18	3.43	0.99	989.04
247			肇庆	18	3.48	1.003	1003.46
248			云浮	17	3.53	1.018	1017.88
249			阳江	16	3.9	1.127	1124.57
250			茂名	16	3.84	1.108	1107.26
251			湛江	14	3.9	1.125	1124.57
252		广西壮族自治区	南宁	14	3.62	1.044	1043.83
253			桂林	17	3.35	0.967	965.97
254			百色	15	3.79	1.094	1092.85
255			玉林	16	3.74	1.079	1078.43
256			钦州	14	3.67	1.059	1058.24
257			北海	14	3.76	1.085	1084.20
258			梧州	16	3.63	1.046	1046.71
259			柳州	16	3.46	0.998	997.69
260			河池	14	3.46	0.998	997.69
261			防城港	14	3.67	1.059	1058.24
262			贺州	17	3.54	1.02	1020.76
263			来宾	14	3.55	1.024	1023.64
264			崇左	14	3.74	1.078	1078.43
265			贵港	15	3.61	1.042	1040.94
266		海南省	海口	10	4.33	1.25	1248.56
267			三亚	15	4.75	1.371	1369.66
268			琼海	12	4.71	1.358	1358.13
269			白沙	15	4.76	1.374	1372.55
270			保亭	15	4.74	1.368	1366.78
271			昌江	13	4.55	1.314	1311.99
272			澄迈	13	4.55	1.313	1311.99

（续）

序号	区域	类别	城市名称	安装角度/°	峰值日照时数/(h/天)	每瓦首年发电量/(kW·h/W)	年有效利用小时数/h
273	华南地区	海南省	儋州	13	4.48	1.294	1291.81
274			定安	10	4.32	1.246	1245.67
275			东方	14	4.84	1.396	1395.61
276			乐东	16	4.77	1.376	1375.43
277			临高	12	4.51	1.302	1300.46
278			陵水	15	4.74	1.366	1366.78
279			琼中	13	4.72	1.362	1361.01
280			屯昌	13	4.68	1.351	1349.48
281			万宁	13	4.67	1.346	1346.59
282			文昌	10	4.28	1.233	1234.14
283			五指山	15	4.8	1.387	1384.08
284	华东地区	江苏省	南京	23	3.71	1.07	1069.78
285			徐州	25	3.95	1.139	1138.98
286			连云港	26	4.13	1.19	1190.89
287			盐城	25	3.98	1.147	1147.63
288			泰州	23	3.8	1.097	1095.73
289			镇江	23	3.68	1.062	1061.13
290			南通	23	3.92	1.13	1130.33
291			常州	23	3.73	1.076	1075.55
292			无锡	23	3.71	1.07	1069.78
293			苏州	22	3.68	1.062	1061.13
294			淮安	25	3.98	1.148	1147.63
295			宿迁	25	3.96	1.141	1141.87
296			扬州	22	3.69	1.065	1064.01
297		浙江省	杭州	20	3.42	0.988	986.16
298			绍兴	20	3.56	1.028	1026.53
299			宁波	20	3.67	1.057	1058.24
300			湖州	20	3.7	1.067	1066.90
301			嘉兴	20	3.66	1.057	1055.36
302			金华	20	3.63	1.047	1046.71
303			丽水	20	3.77	1.089	1087.08
304			温州	18	3.77	1.088	1087.08
305			台州	23	3.8	1.098	1095.73
306			舟山	20	3.76	1.085	1084.20
307			衢州	20	3.69	1.064	1064.01

（续）

序号	区域	类别	城市名称	安装角度/°	峰值日照时数/(h/天)	每瓦首年发电量/(kW·h/W)	年有效利用小时数/h
308	华东地区	福建省	福州	17	3.54	1.021	1020.76
309			莆田	16	3.59	1.035	1035.18
310			南平	18	4.17	1.204	1202.42
311			厦门	17	3.89	1.121	1121.68
312			泉州	17	3.92	1.131	1130.33
313			漳州	18	3.87	1.116	1115.91
314			三明	18	3.92	1.132	1130.33
315			龙岩	20	3.92	1.13	1130.33
316			宁德	18	3.62	1.045	1043.83
317		山东省	济南	32	4.27	1.231	1231.25
318			青岛	30	3.38	0.975	974.62
319			淄博	35	4.9	1.413	1412.92
320			东营	36	4.98	1.436	1435.98
321			潍坊	35	4.9	1.413	1412.92
322			烟台	35	4.94	1.424	1424.45
323			枣庄	32	4.11	1.349	1185.12
324			威海	33	4.94	1.424	1424.45
325			济宁	32	4.72	1.361	1361.01
326			泰安	36	4.93	1.422	1421.57
327			日照	33	4.7	1.355	1355.25
328			莱芜	34	4.88	1.407	1407.15
329			临沂	33	4.77	1.375	1375.43
330			德州	35	5	1.442	1441.75
331			聊城	36	4.93	1.422	1421.57
332			滨州	37	5.03	1.45	1450.40
333			菏泽	32	4.72	1.361	1361.01
334		江西省	南昌	16	3.59	1.036	1035.18
335			九江	20	3.56	1.026	1026.53
336			景德镇	20	3.63	1.047	1046.71
337			上饶	20	3.76	1.084	1084.20
338			鹰潭	17	3.68	1.062	1061.13
339			宜春	15	3.37	0.973	971.74
340			萍乡	15	3.33	0.962	960.21
341			赣州	16	3.67	1.059	1058.24
342			吉安	16	3.59	1.037	1035.18

（续）

序号	区域	类别	城市名称	安装角度/°	峰值日照时数/(h/天)	每瓦首年发电量/(kW·h/W)	年有效利用小时数/h
343	华东地区	江西省	抚州	16	3.64	1.049	1049.59
344			新余	15	3.55	1.025	1023.64
345		安徽省	合肥	27	3.69	1.064	1064.01
346			芜湖	26	4.03	1.162	1162.05
347			黄山	25	3.84	1.107	1107.26
348			安庆	25	3.91	1.127	1127.45
349			蚌埠	25	3.92	1.13	1130.33
350			亳州	23	3.86	1.115	1113.03
351			池州	22	3.64	1.048	1049.59
352			滁州	23	3.66	1.056	1055.36
353			阜阳	28	4.21	1.214	1213.95
354			淮北	30	4.49	1.295	1294.69
355			六安	23	3.69	1.065	1064.01
356			马鞍山	22	3.68	1.061	1061.13
357			宿州	30	4.47	1.289	1288.92
358			铜陵	22	3.65	1.054	1052.48
359			宣城	23	3.65	1.052	1052.48
360			淮南	28	4.24	1.223	1223.42

参考文献

[1] 太阳光电协会. 太阳能光伏发电系统设计与施工 [M]. 刘树民, 宏伟, 译. 北京: 科学出版社, 2006.

[2] 李钟实. 太阳能光伏发电系统设计施工与应用 [M]. 北京: 人民邮电出版社, 2012.

[3] 杨贵恒, 强生泽, 张颖超, 等. 太阳能光伏发电系统及其应用 [M]. 北京: 化学工业出版社, 2011.

[4] 马金鹏. 光伏电站价值提升策略之运维 [J]. 光伏信息, 2014 (5): 23-26.

[5] 蒋华庆. 贺广零, 等. 光伏电站设计技术 [M]. 北京: 中国电力出版社, 2014.

[6] 谢霞凌. 光伏平价上网的第一声号角: 从1100V开始 [J]. 光伏领跑者专刊, 2016: 29-31.

[7] 华为技术有限公司. 光伏电站智能化发展趋势 [J]. 光伏领跑者专刊, 2016: 24-26.

[8] 李英姿. 太阳能光伏并网发电系统设计与应用 [M]. 北京: 机械工业出版社, 2014.

[9] 鲁思慧. 锂电池储能前景可期 [J]. 光伏信息, 2013 (5): 58-59.

[10] 郭家宝, 汪毅. 光伏发电站设计关键技术 [M]. 北京: 中国电力出版社, 2014.

[11] 李小永, 马金鹏, 等. 大型荒漠光伏电站并网调试分析 [J]. 光伏信息, 2013 (4): 42-45.

[12] 宋振涛, 田磊, 等. 光伏建筑一体化技术应用与探讨 [J]. 太阳能光伏, 2011 (7): 29-30.

[13] 中华人民共和国住房和城乡建设部. GB/T 50796—2012 光伏发电工程验收规范 [S]. 北京: 中国计划出版社, 2012.

[14] DEGUNTHER R. 达人迷: 家用太阳能系统设计、应用与施工 [M]. 吕书翀, 李玉红, 李钟实, 译. 北京: 人民邮电出版社, 2012.

[15] 李钟实. 分布式光伏电站设计施工与应用 [M]. 北京: 机械工业出版社, 2017.

[16] 王东, 张增辉, 等. 分布式光伏电站设计、建设与运维 [M]. 北京: 化学工业出版社, 2018.

[17] 李钟实. 太阳能光伏发电系统设计施工与应用 [M]. 2版. 北京: 人民邮电出版社, 2019.